EUL VERLAG

Corporate Governance, Internationalisierung und Erfolg

Eine Analyse der internationalen und interkulturellen Zusammensetzung von Boards aus dem angloamerikanischen, germanischen und nordischen Kulturkreis

Inauguraldissertation

zur Erlangung des akademischen Grades eines

Doktors der Wirtschaftswissenschaften

an der Fakultät für Betriebswirtschaftslehre

der Universität Mannheim

vorgelegt von:

Dipl.-Kfm. Andreas Becker

Berliner Strasse 7

D-68161 Mannheim

Frühjahr-/ Sommersemester 2009

Dekan:	Prof. Dr. Hans H. Bauer
Referent:	Prof. em. Dr. Manfred Perlitz
Korreferent:	Prof. Dr. Hans H. Bauer
Tag der mündlichen Prüfung:	30. September 2009

Dr. Andreas Becker

Corporate Governance, Internationalisierung und Erfolg

Eine Analyse der internationalen und interkulturellen Zusammensetzung von Boards aus dem angloamerikanischen, germanischen und nordischen Kulturkreis

Mit einem Geleitwort von Prof. em. Dr. Manfred Perlitz, Universität Mannheim

EUL VERLAG

Bibliografische Information der Deutschen Nationalbibliothek

Die Deutsche Nationalbibliothek verzeichnet diese Publikation in der Deutschen Nationalbibliografie; detaillierte bibliografische Daten sind im Internet über <http://dnb.d-nb.de> abrufbar.

Dissertation, Universität Mannheim, 2009

ISBN 978-3-89936-891-8
1. Auflage Februar 2010

JOSEF EUL VERLAG GmbH
Brandsberg 6
53797 Lohmar
Tel.: 0 22 05 / 90 10 6-6
Fax: 0 22 05 / 90 10 6-88
E-Mail: info@eul-verlag.de
http://www.eul-verlag.de

Bei der Herstellung unserer Bücher möchten wir die Umwelt schonen. Dieses Buch ist daher auf säurefreiem, 100% chlorfrei gebleichtem, alterungsbeständigem Papier nach DIN 6738 gedruckt.

Geleitwort

Unternehmen sehen sich in der heutigen Zeit mit komplexen dynamischen Umweltbedingungen konfrontiert. Bedeutende Kennzeichen dieser Entwicklung sind die Globalisierung von Güter- und Faktormärkten, die Internationalisierung der Wertschöpfungsketten sowie die Auseinandersetzung mit verschiedenen Kulturen. Auch die Führungs- und Überwachungsorgane, die die Ausrichtung eines Unternehmens entscheidend bestimmen, sind von der Globalisierung der Unternehmensaktivitäten betroffen. In der Corporate Governance-Forschung steht dabei der Board im Zentrum der Betrachtung. Hinsichtlich der Board-Besetzung fokussiert sich die Forschung in erster Linie auf die Bedeutung von Insidern und Outsidern sowie der ethnischen und geschlechterbezogenen Diversität. Nur wenige wissenschaftliche Publikationen thematisieren die Internationalität des Boards. Kenntnisse der internationalen bzw. interkulturellen Board-Besetzung, der Bestimmungsfaktoren für die Rekrutierung von ausländischen Board-Mitgliedern und der daraus resultierenden Konsequenzen für die Unternehmen sind rudimentär. Dies erstaunt, da bereits in den 1980er Jahren Hambrick und Mason im Upper Echelons-Ansatz für das Top-Management den Einfluss personenbezogener Charakteristika auf organisationale Ergebnisse theoretisch herausgearbeitet haben.

Die Arbeit von Andreas Becker leistet einen wesentlichen Beitrag zur Corporate Governance-Forschung. Erstmals wird für ein multinationales Sample von Unternehmen aus Deutschland, Österreich, der Schweiz, den Vereinigten Staaten von Amerika, Großbritannien, Schweden, Norwegen und Dänemark der Upper Echelons-Ansatz auf den Board übertragen. Anhand von vier Maßen wird die Internationalität und Interkulturalität von Boards beschrieben. Neben der deskriptiven Analyse werden Bestimmungsfaktoren der internationalen bzw. interkulturellen Board-Besetzung untersucht. Auf Basis einer breiten theoretischen Grundlage zeigt die vorliegende Untersuchung, dass Unternehmen, deren Boards international bzw. interkulturell besetzt sind, erfolgreicher und internationaler sind. Somit leistet die Arbeit auch einen Beitrag zur kontrovers geführten Debatte um die Strategiefunktion des Boards.

Die gewonnenen Erkenntnisse zur Internationalität bzw. Interkulturalität von Boards und deren Konsequenzen für die Unternehmen sind für eine große Leserschaft aus Wissenschaft und Praxis, die sich mit Fragen der Corporate Governance auseinandersetzen, außerordentlich interessant.

Prof. em. Dr. Manfred Perlitz

Vorwort

Die vorliegende Arbeit wurde im Frühjahr-/Sommersemester 2009 von der Fakultät für Betriebswirtschaftslehre der Universität Mannheim als Dissertation angenommen. Im Zentrum der Analyse steht die Internationalität und Interkulturalität von Boards, deren Bestimmungsfaktoren aus der Unternehmensumwelt und die Konsequenzen, die aus einer derartigen Besetzung des Organs für die Unternehmensinternationalisierung und den Unternehmenserfolg resultieren.

Die Fertigstellung dieser Arbeit wäre ohne die Unterstützung und Hilfe, die ich von vielen Seiten erfahren habe, nicht möglich gewesen.

Mein Dank gilt zunächst meinem Doktorvater Prof. em. Dr. Manfred Perlitz. Er hat wesentlich zum Gelingen dieser Arbeit beigetragen. Durch seine konstruktiven Hinweise und die anregenden Diskussionen hat er entscheidende Impulse gegeben, ohne den Forschungsprozess dogmatisch zu beeinflussen und meine Freiräume einzuschränken. Insbesondere in schwierigen Phasen des Dissertationsprozesses stand seine Tür immer offen. Dafür und für die angenehme Zusammenarbeit während meiner Lehrstuhlzeit bin ich ihm sehr verbunden.

Dem Dekan der Fakultät für Betriebswirtschaftslehre, Herrn Prof. Dr. Hans H. Bauer, danke ich für die freundliche und unkomplizierte Übernahme des Korreferats.

Fener bin ich Herrn Prof. Dr. Markus Reihlen und meinen ehemaligen Kollegen, insbesondere Frau Dr. Astrid Barth, Frau Dr. Martine Niederkorn und Herrn Dr. Lasse Schulze, zu Dank verpflichtet. Die gemeinsame Forschung, die spannenden Diskussionsrunden sowie die freundschaftliche Atmosphäre der Zusammenarbeit haben einen wesentlichen Beitrag zum erfolgreichen Abschluss der Dissertation geleistet.

Jede, der in den vergangen Jahren am Lehrstuhl für Internationales Management angestellte wissenschaftliche Hilfskraft, hat ihren Teil zum Gelingen des Forschungsprojektes beigetragen. Stellvertretend für alle Hilfskräfte möchte ich insbesondere Frau Dipl.-Kffr. Nina Landauer für ihre Unterstützung in der Endphase der Dissertation danken.

Mein Dank gilt auch dem Leiter der Abteilung Markt- und Zielgruppenanalyse, Marketing-Projekte der DB Fernverkehr AG, Herrn Hans A. Dethlefsen, sowie meinen jetzigen Kollegen. Diese haben mir mit großem Verständnis Freiräume für die erfolgreiche Beendigung meiner Promotion geschaffen.

Meinen Freunden danke ich für das Ertragen unweigerlicher Launen in der Endphase der Promotion, für die inhaltliche und emotionale Unterstützung sowie das große Verständnis für die notwendige Zeit, die ein solcher Prozess benötigt und die man nicht in andere Dinge des Lebens investieren konnte. Dies gilt insbesondere für Sabrina, deren liebevolle Art mir eine wichtige Stütze war.

Von Herzen danke ich meinen Eltern Albert und Gisela sowie meiner Schwester Barbara. Es ist gut zu wissen, dass wir in allen Lebenslagen füreinander da sind. Euch widme ich diese Arbeit.

Andreas Becker

Inhaltsverzeichnis

Abbildungsverzeichnis

Tabellenverzeichnis

Formelverzeichnis

Abkürzungsverzeichnis

A	Asien
AE	Vereinigte Arabische Emirate
AG	Aktiengesellschaft
AktG	Aktiengesetz
AN	Anglo
AR	Arabic
AT	Österreich
AU	Australien
BE	Belgien
BIP	Bruttoinlandsprodukt
BR	Brasilien
BSIZE	Board-Größe (Board Size)
CA	Kanada
CCGS	Corporate Governance-Systemgleichheit (Congruency of Corporate Governance System)
CEO	Chief Executive Officer
CGSOT	Einstufiges Corporate Governance-System (One-Tier Corporate Governance System)
CH	Schweiz
CLS	Common Law-System
CN	China
CU	Kuba
CULTDIS	Kulturelle Distanz (Cultural Distance)
DAX	Deutscher Aktienindex
DE	Deutschland
DK	Dänemark
DO	Dominikanische Republik
DOICM	Mehrdimensionaler Internationalisierungsindex (Degree of Internationalization as Composite Measure)
DOIICCM	Multidimensionaler Internationalisierungsgrad der Branche (Degree of Internationalization per Industrial Classification as Composite Measure)
EPRG	ethnozentrisch, polyzentrisch, regiozentrisch, geozentrisch
ES	Spanien
EU	Europa
F&E	Forschung & Entwicklung
FAGE	Unternehmensalter (Firm Age)
FBMTBM	Ausländeranteil im Board (Ratio Foreign Board-Members to Total Board-Members)
FE	Far Eastern
FEMBMTBM	Anteil von Frauen im Board (Ratio Female Board-Members to Total Board-Members)
FHOLD	Ausländischer Anteilsbesitz (Foreign Holdings)
FI	Finnland
FR	Frankreich
FSIZE	Unternehmensgröße (Firm Size)
GDP	Bruttoinlandsprodukt (Gross Domestic Product)
GDPG	Wachstum des BIP (GDP-Growth)

GE	Germanic
GEODIS	Geographische Distanz (Geographic Distance)
GHOLD	Staatlicher Anteilsbesitz (Governmental Holdings)
GR	Griechenland
HETAGE	Altersheterogenität im Board (Heterogeneity of Age)
HETCULT	Kulturelle Heterogenität im Board (Cultural Heterogeneity)
HETNAT	Nationale Heterogenität im Board (National Heterogeneity)
HK	Hong Kong
IC1	Branche 1: Land-, Forstwirtschaft und Fischerei
IC2	Branche 2: Bergbau und Baugewerbe
IC3	Branche 3: Verarbeitende Industrie
IC4	Branche 4: Transportwesen, Kommunikation sowie Energie- und Versorgungswirtschaft
IC5	Branche 5: Groß- und Einzelhandel
IC6	Branche 6: Dienstleistungen
IDV	Individualismusindex
IE	Irland
IL	Israel
IN	Indien
IND	Independent
INIK-Maße	Internationalitäts-/Interkulturalitäts-Maße
IPO	Initial Public Offering
IR	Iran
IT	Italien
JM	Jamaika
JP	Japan
k.A.	keine Angaben
LA	Latin American
LE	Latin European
LI	Liechtenstein
LU	Luxemburg
M&A	Merger & Acquisition
MAS	Maskulinitätsindex
MDAX	Mid-Cap-DAX
MDI	Machtdistanzindex
ME	Middle East
MFD	Markt für Direktoren (Market for Directors)
MX	Mexiko
NCLBMTBM	Anteil an Nicht-Cluster Board-Mitglieder (Ratio Non-Cluster Board-Members to Total Board-Members)
NE	Near Eastern
NL	Niederlande
NO	Norwegen
NOR	Nordic
NZ	Neuseeland
OECD	Organisation für wirtschaftliche Zusammenarbeit und Entwicklung (Organisation for Economic Co-operation and Development)
OLANG	Gleichheit der Amtssprachen (Official Language)
PDIV	Produktdiversifikationsindex (Product Diversification)

POPFC	Bevölkerungszahl im Herkunftsland (Population of Foreign Country)
PR	Puerto Rico
QRATIO	Tobin's Q
R&D	Research & Development
RDINT	Forschungs- und Entwicklungsintensität (Research & Development Intensity)
ROA	Return on Assets
ROCE	Return on Capital Employed
ROE	Return on Equity
ROI	Return on Investment
ROW	Rest of World
SA	Saudi Arabien
SE	Schweden
SG	Singapur
SHAFDIREC	Anteil ausländischer Direktoren (Share of Foreign Directors)
SHVMO	Shareholder Value-, Markt-, Outsiderorientierung (Shareholder Value-, Market-, Outsider-Orientation)
SIC	Standard Industrial Classification
TecDAX	Deutscher Aktienindex für Technologiewerte
TNC	Transnational Corporation (Transnationales Unternehmen)
TNCGDP	TNC-Index
UK	Großbritannien
UNCTAD	United Nations Conference on Trade and Development
US	Vereinigte Staaten
USA	Vereinigte Staaten von Amerika
USD	U.S.-Dollar
UVI	Unsicherheitsvermeidungsindex
VE	Venezuela
ZA	Südafrika

„Transnational corporations (TNCs) are driving globalisation,
but is there any evidence that the boards
who govern these corporations are becoming more global?
The question is intriguing to those who study corporate governance and
those interested in the sociology of global capitalism,
but up to now evidence on the extent of TNC board globalisation
is largely anecdotal or weak."
(Clifford L. Staples, University of North Dakota, 2007)

1 Board-Zusammensetzung und ihr Einfluss auf Internationalisierung und Erfolg

1.1 Grundlegende Problemstellung

Die in den vergangenen Jahrzehnten voranschreitende Globalisierung der Güter- und Faktormärkte sowie die Internationalisierung der Unternehmenstätigkeiten führen für Unternehmen zu einer zunehmenden Dynamisierung und Komplexität der Umfeldbedingungen. Hierbei handelt es sich um eine zentrale, wenn nicht sogar die bedeutsamste Entwicklung für die interdependenten Bereiche Wirtschaft, Wissenschaft, Politik und Gesellschaft. Dabei wird auf diesen Ebenen kein neues Phänomen diskutiert. Vielmehr hat die Geschwindigkeit mit der sich diese Prozesse vollziehen durch die Liberalisierung des Welthandels, die Integration des globalen Finanzsystems, den technologischen Fortschritt, die fortschreitende Industrialisierung sowie die wirtschaftliche Entwicklung in Schwellenländern in den letzten Jahrzehnten zugenommen. Diese Entwicklung umfasst neben der Verflechtung von Märkten auch die von Volkswirtschaften und Unternehmen. Im Rahmen der Internationalisierung der Wertkette eines Unternehmens können bspw. Effizienzvorteile durch die weltweite Erschließung von Beschaffungs- und Absatzmärkten generiert sowie Arbeitsplätze und Wohlstand geschaffen werden. Diesen positiven Aspekten stehen aber auch Risiken gegenüber. In diesem Zusammenhang sind z.B. der durch höhere Lohnkosten bedingte Arbeitsplatzabbau in der industriellen Massenfertigung klassischer Industriegesellschaften sowie z.T. intransparente, durch die einzelnen Unternehmen und Staaten nur schwer beeinflussbare Entwicklungen zu nennen. Die weltweite Vernetzung der Märkte und die dramatischen Folgen einer Störung von Marktkreisläufen werden durch die globale Finanzkrise im Jahre 2008 drastisch vor Augen geführt. In diesem Kontext sind nicht nur die zwischen den einzelnen Staaten z.T. sehr unterschiedlichen ökonomischen und sozialen, sondern auch die rechtlich-institutionellen Rahmenbedingungen relevant.[1]

[1] Vgl. Cavusgil/ Knight/ Riesenberger (2008), S. 4, S. 30 ff.; vgl. Henkel (2008), S. 37 ff.; vgl. Kutschker/ Schmid (2008), S. 1 ff.; vgl. Niederkorn et al. (2008), S. 21 ff.; vgl. Palmer/ Varner (2007), S. 1 f.; vgl. Meckl (2006), S. VII f., S. 1 ff.; vgl. Perlitz (2004), S. 1 ff.; vgl. Scherm/ Süß (2001), S. 1 ff.

Diese dynamisch-komplexen Umweltbedingungen stellen international agierende Unternehmen und damit verbunden auch die Ausgestaltung ihrer Corporate Governance, also i.e.S. ihre Führung und Überwachung, vor neue Herausforderungen.[2] Dementsprechend wandelt sich der Anforderungskatalog im Hinblick auf die Merkmale, die die mit diesen Aufgaben betrauten Manager und Direktoren bzw. Aufsichtsratsmitglieder in einer globalisierten Welt erfüllen müssen. Die Heterogenisierung der Unternehmensumwelt erfordert demnach eine Heterogenisierung der personellen Strukturen in der Spitzenverfassung von Unternehmen, um eine dauerhafte Generierung von Wettbewerbsvorteilen, z.B. durch eine entsprechende Ausgestaltung der Internationalisierungsstrategien, sicherzustellen und damit den erfolgreichen Fortbestand des Unternehmens zu gewährleisten.[3] Neben fundiertem Fachwissen und einem breiten Erfahrungsschatz zählen dazu im internationalen Geschäft auch zunehmend Kenntnisse der ökonomischen, politischen, sozialen, rechtlich-institutionellen, technologischen und ökologischen Umweltbedingungen außerhalb des Heimatlandes sowie interkulturelle Kompetenz. Bezogen auf den letzten Aspekt halten Hall und Hall fest, dass gerade der Faktor Kultur das größte Hindernis geschäftlichen Erfolgs im internationalen Kontext darstelle.[4] Die Generierung einer derartigen Kompetenz im Unternehmen kann u.a. durch die Berufung von ausländischen Staatsbürgern aus anderen Kulturkreisen in die jeweiligen Unternehmensorgane sichergestellt werden.[5] Dabei fungieren die beobachtbaren demographischen Merkmale Nationalität bzw. kulturelle Zugehörigkeit als Proxyvariablen für nicht-beobachtbare personenbezogene Eigenschaften wie Einstellungen, Werthaltungen und Denkmuster.[6]

Die Bedeutung beobachtbarer und nicht-beobachtbarer personenbezogener Merkmale für Entscheidungsprozesse und deren organisationale Konsequenzen wurde von Hambrick und Mason im Upper Echelons-Ansatz aufgegriffen und ist schon seit den 1980er Jahren Gegenstand der angloamerikanisch geprägten Top Management Team-Forschung.[7] Im Zentrum der Betrachtung steht dabei die stärker operativ ausgerichtete Unternehmensführung.[8]

Obwohl bereits 1996 von Finkelstein und Hambrick die Übertragung des Upper Echelons-Ansatzes auf das in erster Linie mit der Überwachung des Managements beauftragte Board gefordert wurde,

---

2 Vgl. Clarke (2007), S. 2; vgl. Schmid/ Kretschmer (2005), S. 2; vgl. Ruigrok/ Wagner (2001), S. 2; vgl. Mahoney (2000), S. 12.
3 Vgl. Macharzina/ Oesterle (2002), S. 5.
4 Vgl. Hall und Hall zitiert bei CulturalFactor (2008), online.
5 Vgl. Palmer/ Varner (2007), S. 1; vgl. Schmid (2007), S. 7; vgl. Schmid/ Kretschmer (2005), S. 2; vgl. Alexander/ Esser (1999), S. 5.
6 Vgl. Schmid/ Daniel (2006), S. 1.
7 Vgl. Schmid/ Kretschmer (2005), S. 2.
8 Vgl. Tacheva (2007), S. 6 f., S. 32 ff.

sind wissenschaftliche Untersuchungen dieser Art kaum verbreitet.[9] So setzt sich die klassische Board-Composition-Forschung bis dato stärker mit der institutionellen Unterscheidung zwischen internen und externen Direktoren im einstufigen bzw. der Rollenverteilung zwischen Vorstand und Aufsichtsrat im zweistufigen Corporate Governance System auseinander. Im Zentrum dieser zumeist aus Sicht der Agenturtheorie vorgenommenen Analysen steht i.d.R. die Überwachungseffizienz des Organs.[10] Eine weitere, soziologisch geprägte Forschungsrichtung umfasst die Untersuchung sog. Interlocking Directorships mittels der sozialen Netzwerkanalyse.[11] Dabei handelt es sich um personelle Verflechtungsstrukturen zwischen Unternehmen, die durch z.T. reziproke Wahrnehmung von Board-Mandaten durch externe Mandatsträger zustande kommen. Hier werden häufig funktionsspezifische Aspekte, wie sie in der Rolle einzelner Direktoren z.B. als Kapitaleignervertreter zum Ausdruck kommen, thematisiert.

Die Forderung nach einer Berücksichtigung personenbezogener Merkmale im Hinblick auf die Board-Zusammensetzung wird häufig unter dem Begriff Board-Diversity geführt. Im Mittelpunkt dieser U.S.-amerikanisch geprägten Forschungsrichtung stehen zumeist die Rollen von Frauen und ethnischen Minderheiten in den Organen sowie deren Altersstrukturen.[12] Die Betrachtung der demographischen Merkmale Nationalität bzw. kulturelle Herkunft ist jedoch bislang von untergeordneter Bedeutung.[13] Insbesondere Personalberatungen nehmen seit Anfang der 2000er Jahre diese Ausprägungen in ihre ausschließlich deskriptiven Analysen der Zusammensetzung von Boards auf, ohne diese jedoch wissenschaftlich zu analysieren und dabei auf die Determinanten aus der Unternehmensumwelt und die Folgen derartiger Besetzungsstrukturen einzugehen. So berücksichtigen nur wenige wirtschaftwissenschaftliche Studien, die sich mit der Zusammensetzung von Boards auseinandersetzen, ausländische Mandatsträger und deren Bedeutung für die Unternehmen.[14] In diesem Kontext lässt sich beispielhaft die Untersuchung von Oxelheim und Randøy zum Einfluss angloamerikanischer Board-Mitglieder auf den Unternehmenswert anführen.[15]

---

9 Vgl. Keller (2003), S. 19; vgl. Finkelstein/ Hambrick (1996), S. 244.

10 Vgl. Nicholson/ Kiel (2007), S. 585 ff.; vgl. Palmer/ Varner (2007), S. 5; vgl. Ruigrok et al. (2006), S. 120; vgl. Dalton/ Dalton (2005), S. S92; vgl. Kiel/ Nicholson (2003), S. 190 f.; vgl. Lynall/ Golden/ Hillman (2003), S. 418; vgl. Bhagat/ Black (1999), S. 921 ff.; vgl. Heslin/ Donaldson (1999), S. 81; vgl. Dalton et al. (1998), S. 270 f.; vgl. Sherman/ Kashlak/ Joshi (1998), S. 319 f.; vgl. Wagner/ Stimpert/ Fubara (1998), S. 654 ff.; vgl. Hermalin/ Weisbach (1988), S. 589 ff.

11 Zu Unternehmensverflechtungen über Personen und Kapitalbeteiligungen vgl. u.a. Carroll/ Fennema (2002), S. 393 ff. und Windolf/ Nollert (2001), S. 51 ff.

12 Die traditionelle Sichtweise von Diversität fokussiert demnach Aspekte wie Rasse, ethnische Herkunft, Geschlecht und Alter. Vgl. hierzu Dedeoglu et al. (2004), S. 10.

13 Vgl. Staples (2008), S. 33; vgl. Palmer/ Varner (2007), S. 1 f., S. 6; vgl. Staples (2007), S. 311.

14 Hier sind die Beratungsunternehmen Heidrick & Struggles, SpencerStuart sowie KornFerry exemplarisch anzuführen.

15 Vgl. Oxelheim/ Randøy (2003), S. 2369 ff.

Forschungsdesigns zur Untersuchung der personellen Zusammensetzung von Boards nehmen bisher nur implizit Bezug zum Upper Echelons-Ansatz. Dies ist vor dem Hintergrund der Bedeutung des Organs, den Erkenntnissen der psychologischen Gruppenforschung und den Forderungen aus der Praxis nach der Berufung ausländischer Mandatsträger verwunderlich. Dementsprechend wird zunehmend eine heterogene Besetzung des Organs gefordert.[16]

So wandelt sich bspw. das deutsche Überwachungsorgan, ausgehend von der in § 111 AktG rechtlich kodifizierten Kernaufgabe der Überwachung, insbesondere in Krisenzeiten, zunehmend zu einem das Management in strategischen Fragen beratenden Organ. Neben den zustimmungspflichtigen Geschäften und der Wahrnehmung der Personalfunktion impliziert diese Funktion einen, wenn auch z.T. indirekten Einfluss auf strategische Unternehmensentscheidungen und damit verknüpft auf den Unternehmenserfolg. In diesem Kontext sind Entscheidungen, die im Zusammenhang mit der Unternehmensinternationalisierung stehen, wie z.B. Unternehmenszusammenschlüsse, Kapitalbeteiligungen, Standortverlagerungen etc., betroffen. Neben der Überwachungs- und Strategiefunktion nimmt das Board eine Ressourcen- und Koordinationsfunktion wahr. Es stellt ein Verbindungsglied zu wichtigen externen Ressourcen, z.B. internationalen Kapitalgebern, her und koordiniert diese im Sinne des Unternehmens. Im internationalen Kontext dürften sich diesbezüglich ausländische Direktoren vorteilhaft auswirken.[17] Dabei wird der Gedanke einer proaktiven Internationalisierung aufgegriffen. Dies bedeutet, dass in Anlehnung an die verhaltenswissenschaftlichen Internationalisierungstheorien ein international geprägter Board den Internationalisierungsprozess im Unternehmen vorantreiben kann.[18] Im Hinblick auf die vom Board auszuübenden Funktionen greifen auch die Erkenntnisse der Sozialpsychologie bezüglich heterogen besetzter Gruppen. So werden mit Bezug auf das Board heterogene Besetzungsstrukturen als positiv für die Zusammenarbeit und das Ergebnis dieser Zusammenarbeit bewertet. Auch aus praxisorientierter Sicht erscheint demnach eine Berücksichtigung ausländischer Mandatsträger in den Überwachungsorganen sinnvoll.[19] So beinhaltet der Deutsche Corporate Governance Kodex u.a. die Forderung, dass hinsichtlich der Zusammensetzung des Aufsichtsrates „die internationale Tätigkeit des Unternehmens“[20] berücksichtigt werden soll. Das Versicherungsunternehmen AEGON Group fordert für sein Aufsichtsorgan eine internationale Besetzung, um der geographischen Ausdehnung

[16] Vgl. Schmid (2007), S. 7; vgl. Staples (2007), S. 310; vgl. Randøy/ Thomsen/ Oxelheim (2006), S. 2 ff.

[17] Vgl. Palmer/ Varner (2007), S. 4 f.; vgl. Schmid/ Kretschmer (2005), S. 3 ff.; vgl. Oxelheim/ Randøy (2003), S. 2369; vgl. Mahoney (2000), S. 16; vgl. Heidrick & Struggles (oJ), S. 15.

[18] Vgl. Schmid (2007), S. 9 für vergleichbare Überlegungen in Bezug auf das Management; vgl. Simmonds/ Smith (1968) S. 95 ff. mit dem Hinweis darauf, dass Ausländer als Initiatoren erster Exportaktivitäten fungieren können.

[19] Vgl. Schmid (2007), S. 7; vgl. Heidrick & Struggles (oJ), S. 15.

[20] Regierungskommission Deutscher Corporate Governance Kodex (2008), Abschnitt 5.4.1.

ihrer Aktivitäten Rechnung zu tragen.[21] Ruigrok und Wagner konstatieren, dass mit 58 % eine Mehrheit der deutschen Aufsichtsratsmitglieder die Ernennung ausländischer Mandatsträger als bedeutsam für eine effektive Überwachung und Beratung im globalen Kontext erachtet.[22] In einer von Corporate Board Member Europe durchgeführten Befragung sprechen sich ferner 55 % der europäischen Direktoren dafür aus, dass bei der Neubesetzung von Board-Positionen die nationale Diversität eine Rolle spielen müsse.[23] So weist Ulrich Hartmann in seiner Funktion als Aufsichtsratschef von E.on auf die Notwendigkeit einer internationalen Ausgestaltung des Überwachungsorgans hin.[24]

Die vorliegende Arbeit greift diese Gedankengänge auf und überträgt die prinzipiellen Überlegungen der Upper Echelons-Forschung auf den gem. der OECD definierten Board im Hinblick auf seine internationale und interkulturelle Zusammensetzung. Die Definition des Organs umfasst den Board in den Ländern mit einem einstufigen System und den Aufsichtsrat in Staaten mit einem zweistufigen System der Unternehmensführung und -überwachung. Die grundsätzliche Problemstellung setzt sich mit der Frage auseinander, in welchem Ausmaß Boards unter der Berücksichtigung zentraler Einflussfaktoren aus der Unternehmensumwelt international bzw. interkulturell besetzt sind und welche Auswirkungen diese Besetzungsstrukturen für die Internationalisierung und den Erfolg der Unternehmen nach sich ziehen.[25] Die untersuchten Unternehmen stammen aus den Vereinigten Staaten von Amerika, Großbritannien, Kanada, Deutschland, Österreich, der Schweiz, Schweden, Norwegen und Dänemark. Demnach finden der angloamerikanische, der germanische und der nordische Kulturkreis Berücksichtigung. Die Beantwortung der skizzierten Fragestellung erfolgt in drei Schritten:

I.) *Wie sind die Boards in den gewählten Untersuchungsländern auf Mandatsebene national und kulturell zusammengesetzt? Welche Faktoren beeinflussen diese Zusammensetzung?*

II.) *Aus welchen Ländern bzw. Kulturkreisen stammen die ausländischen Direktoren in den Boards? Welche Faktoren beeinflussen die Herkunft eines ausländischen Board-Mitglieds?*

III.) *Welche Folgen hat das Ausmaß der internationalen bzw. interkulturellen Zusammensetzung der Boards für den Internationalisierungsgrad von Unternehmen und den Unternehmenserfolg?*

[21] Vgl. AEGON (2004), S. 2.
[22] Vgl. Ruigrok/ Wagner (2000), S. W1.
[23] Corporate Board Member Europe (2004), S. 10.
[24] Vgl. Scheele (2008), S. 2.
[25] Vgl. Finkelstein/ Hambrick (1996), S. 211.

1.2 Gang der Untersuchung

Zur Beantwortung der dargelegten Problemstellung werden in Kapitel 2 die begrifflichen Grundlagen erörtert und im Sinne einer theoriegeleiteten empirischen Forschung ein theoretisch-konzeptioneller Analyserahmen zur Bestimmung eines Untersuchungsmodells und der mit diesem verbundenen Hypothesen entwickelt. Dies umfasst zunächst die kurze Darstellung der Phänomene Globalisierung und Internationalisierung als Rahmenbedingungen des Wirtschaftens. In diesem Zusammenhang wird auf den Begriff der Internationalen Unternehmung und die Möglichkeiten, deren Internationalisierungsgrad zu erfassen, eingegangen. Dem schließt sich die Erörterung des Faktors Kultur als originäre Determinante des Internationalen Managements an, da die Akteure in international agierenden Unternehmen in besonderem Maße mit kulturellen Unterschieden konfrontiert sind und diese bewältigen müssen. Darüber hinaus ist die kulturelle Herkunft der Direktoren ein zentraler Untersuchungsgegenstand der vorliegenden Arbeit. Des Weiteren wird auf den Themenkreis Corporate Governance, also die Organisation von Führung und Überwachung im Unternehmen, eingegangen. Dies beinhaltet die Darstellung des einstufigen und des zweistufigen Modells der Unternehmensführung und -überwachung als den zwei grundlegenden Ausprägungen eines Corporate Governance-Systems. Damit verknüpft ist die Thematisierung des Boards als bedeutsames institutionalisiertes Corporate Governance-Organ. Der Grundlagenteil schließt mit der Entwicklung eines umfangreichen theoretisch-konzeptionellen Analyserahmens zur Untersuchung der internationalen und interkulturellen Zusammensetzung von Boards und deren Folgen. Ausgehend von der Betrachtung des Unternehmens als ein offenes mit der Umwelt interagierendes System, werden die vom Board wahrgenommenen theoretischen Funktionen und die Bedeutung von Personen als Entscheidungsträger im organisationalen bzw. organspezifischen Entscheidungsfindungsprozess thematisiert.

An die theoretischen Ausführungen schließt sich in Kapitel 3 die Darstellung des aktuellen Standes der Forschung zur internationalen und interkulturellen Zusammensetzung von Boards sowie deren Folgen für die Unternehmen an, um den bestehenden Forschungsbedarf aufzuzeigen und die im Rahmen der hier vorliegenden empirischen Untersuchung gewonnenen Erkenntnisse einordnen zu können. Dabei werden zunächst deskriptive Studien vorgestellt, die hauptsächlich von Personalberatungsunternehmen publiziert werden. Im Anschluss daran werden Arbeiten dargestellt, die den Zusammenhang zwischen Formen der Board-Internationalisierung und der Internationalisierung von Unternehmen bzw. dem Unternehmenserfolg zum Gegenstand haben. Abschließend werden Studien betrachtet, die weiterführende Erkenntnisse zum Themenkreis beisteuern können.

Die begrifflichen bzw. theoretisch-konzeptionellen Grundlagen sowie der aktuelle Forschungsstand werden in Kapitel 4 in der Entwicklung eines problemadäquaten Untersuchungsmodells zusammengeführt. Dieses Modell umfasst drei konstituierende Fragenkomplexe, denen wiederum jeweils empirisch prüfbare Hypothesen zugeordnet sind. Die drei Komplexe entsprechen inhaltlich den o.a. drei forschungsleitenden Fragestellungen.

In Kapitel 5 wird das Untersuchungsmodell aufgegriffen und die Hypothesen einer empirischen Analyse unterzogen. In den ersten beiden Schritten erfolgt eine deskriptive Betrachtung der internationalen und interkulturellen Board-Besetzung sowie der Herkunft der ausländischen Mandatsträger. Diese werden mittels Mittelwertvergleichen und bivariaten Korrelationsanalysen auf unterschiedliche Einflussfaktoren aus der Unternehmensumwelt untersucht. Im dritten Schritt werden unter Anwendung der multiplen Regressionsanalyse mögliche Auswirkungen einer internationalen bzw. interkulturellen Besetzung des Boards auf die Unternehmensinternationalisierung und den Unternehmenserfolg analysiert. Das Kapitel endet mit einer Zusammenfassung der zentralen Ergebnisse und deren Bedeutung für Wissenschaft und Unternehmenspraxis.

Kapitel 6 schließt die Untersuchung in Form eines zusammenfassenden Fazits ab.

Abbildung 1 stellt den Gang der Untersuchung graphisch dar.

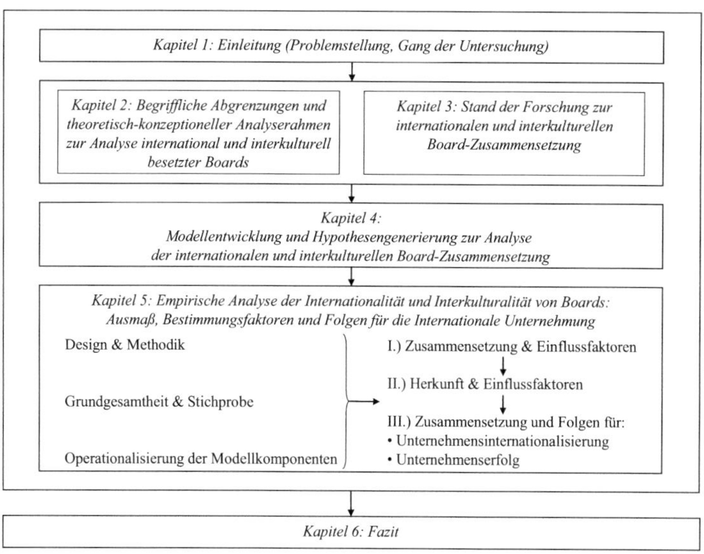

Abbildung 1: Gang der Untersuchung
Quelle: Eigene Darstellung.

2 Begriffliche Abgrenzungen und theoretisch-konzeptioneller Analyserahmen

2.1 Globalisierung und Internationalisierung als zentrale Herausforderung für die Internationale Unternehmung

Die Diskussion um international ausgestaltete Führungs- und Überwachungsorgane von Unternehmen wird zumeist vor dem Hintergrund der Globalisierungs- bzw. Internationalisierungsthematik geführt. Zahlreiche Publikationen greifen diese zentralen Aspekte des Internationalen Managements auf, da die Herausforderungen, mit denen sich die Führung und Überwachung von Unternehmen in der heutigen Zeit konfrontiert sehen, von diesen geprägt sind. Um ein besseres Verständnis der komplexen Rahmenbedingungen zu erhalten, werden im Folgenden die beiden Phänomene vorgestellt und auf die Konsequenzen für international agierende Unternehmen eingegangen.

a) Globalisierung

Czinkota und Ronkainen führen in ihrer Delphi-Studie die Globalisierung als das für Manager, Politiker und Akademiker wichtigste Politikfeld an.[26] Der komplexe, schwer zu erfassende und z.T. missverständliche Globalisierungsbegriff ist nicht nur in Presse, Politik und Gesellschaft allgegenwärtig, sondern auch originärer Bestandteil wirtschaftlichen Agierens.[27] Trotz dieser offensichtlichen Bedeutsamkeit besteht hinsichtlich des Begriffs ein Inhaltspluralismus.[28] Nähert man sich dem Terminus von Seiten der Semantik, so hat dieser offensichtlich eine weltumspannende Dimension. Der Begriff geht zurück auf die lateinische Bezeichnung „globus", was Kugel, Klumpen oder Erdkugel bedeutet. Fest steht, dass das Phänomen über eine rein ökonomische Betrachtung hinausgeht und sich auf soziokultureller und ökologischer Ebene auswirkt.[29] Dabei darf Globalisierung jedoch nicht gleichgesetzt werden mit Internationalisierung, auch wenn dies häufig im alltäglichen Sprachgebrauch geschieht.[30] Obwohl es sich im Falle der Globalisierung nicht um eine neue Erscheinung handelt, stellt sie und die mit ihr einhergehende Dynamisierung der Umweltbedingungen die Unternehmen zunehmend vor große Herausforderungen, auf die diese entsprechend im Zuge der Aus-

[26] Vgl. Czinkota/ Ronkainen (2005), S. 114. An dieser Stelle soll jedoch keine Diskussion über das Für und Wider der Globalisierung geführt werden. Es geht vielmehr darum, das Phänomen begrifflich zu erfassen und die Bedeutung für das Management darzulegen. Für eine umfassende Einführung in den Begriff und seine Bedeutung vgl. Kutschker/ Schmid (2008), S. 159 ff.

[27] Vgl. Heß (2006), S. 17.

[28] Vgl. Kutschker/ Schmid (2008), S. 159 f.; vgl. Bergemann/ Bergemann (2005), S. 8.

[29] Vgl. Haas (2006b), S. 4; vgl. Fisch/ Oesterle (2003), S. 2.

[30] Vgl. Haas (2006b), S. 6; vgl. Fisch/ Oesterle (2003), S. 2, S. 20.

richtung der Unternehmensaktivitäten reagieren müssen.[31] Aus der hier im Vordergrund stehenden ökonomischen Perspektive ist im Sinne eines weiten Begriffsverständnisses unter Globalisierung der Prozess der Erweiterung des Wettbewerbs auf Güter- und Faktormärkten auf eine weltweite Ebene mit vielschichtigen Rückkopplungseffekten und der Beeinflussung weiterer Lebensbereiche zu verstehen.[32] Jene Prozesssicht verdeutlicht, dass es sich um eine andauernde Entwicklung und nicht um den Zustand eines Endstadiums handelt.[33] Dies beinhaltet die zunehmende Verflechtung von Volkswirtschaften und Unternehmen sowie eine wachsende Bedeutung supranationaler Institutionen (z.B. Organisation for Economic Co-operation and Development, The World Bank, United Nations, World Trade Organization etc.) und Nicht-Regierungsorganisationen (z.B. Amnesty International, Greenpeace, United Nations International Children's Emergency Fund, World Wide Fund For Nature etc.), die eine gewisse und nicht immer problemlos durchsetzbare Kontroll- und Regulierungsfunktion innehaben. Abbildung 2 verdeutlicht die von der Globalisierung betroffenen Ebenen.

Abbildung 2: Globalisierungsebenen
Quelle: Kutschker/ Schmid (2008), S. 171.

Die zentralen Ursachen für die Globalisierungsentwicklung werden als Globalisierungstreiber bezeichnet.[34] Diese beziehen sich zum einen auf generelle Rahmenbedingungen wirtschaftlichen Agierens, zum anderen auf die Angebots-, Nachfrage- und Wettbewerbssituation auf Güter- und

[31] Vgl. Henkel (2008), S. 37; vgl. Kutschker/ Schmid, (2008), S. 31; vgl. Niederkorn et al. (2008), S. 21 ff.; vgl. Heß (2006), S. 17.

[32] Vgl. Cavusgil/ Knight/ Riesenberger (2008), S. 30, S. 35; vgl. Kutschker/ Schmid (2008), S. 6; vgl. Niederkorn et al. (2008), S. 21 f.; vgl. Deresky (2006), S. 231 f.; vgl. Haas (2006b), S. 4 ff.; vgl. Cullen/ Parboteeah (2005), S. 6, S. 8; vgl. Perlitz/ Becker/ Heubischl (2004), S. 2; vgl. Fisch/ Oesterle (2003), S. 3.

[33] Vgl. Fisch/ Oesterle (2003), S. 15, S. 20.

[34] Vgl. Yip (1989), S. 35.

Faktormärkten. Abbildung 3 bildet zentrale Globalisierungstreiber ab, ohne einen Anspruch auf Vollständigkeit zu erheben. Die Beziehung zwischen Globalisierungstreibern und den Unternehmen ist gekennzeichnet durch einen gewissen Grad an Reziprozität, da die Unternehmen in ihrer Reaktion auf die Globalisierungsentwicklungen zumeist auch in diese eingreifen und dadurch selbst zu Treibern werden.[35]

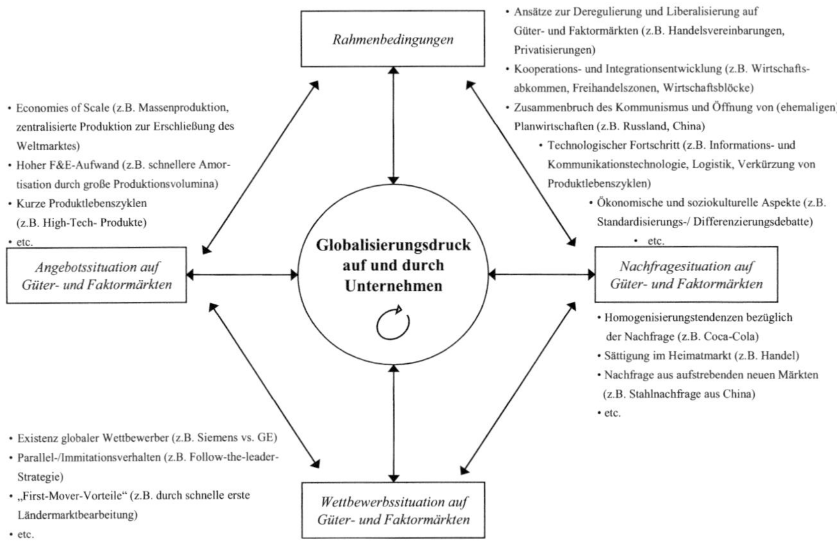

Abbildung 3: Globalisierungstreiber aus Unternehmenssicht
Quelle: Eigene Darstellung in Anlehnung an Kutschker/ Schmid (2008), S. 199.

Eine bedeutende und zugleich paradoxe Kritik an der Globalisierung besteht darin, dass diese eigentlich nicht existent sei. Demnach seien, so Rugman und Verbeke, die wenigsten Unternehmen in der Lage, standardisierte Produkte anzubieten und somit nicht wirklich global, da sie einen Großteil ihres Umsatzes national bzw. regional generieren.[36] Dies könne, so Deresky, als Folge multinational ausgerichteter Branchen verstanden werden, in denen die Unternehmen zur Sicherung von Wettbewerbsvorteilen auf Länderbasis agieren müssten.[37] Diese Argumentation verdeutlicht, dass die Reaktion auf das und die Auswirkungen des Globalisierungsphänomens immer vor dem Hintergrund der jeweiligen Branchenstruktur zu betrachten ist.[38] Wie Rugman und Verbeke zutreffend

---

[35] Vgl. Rugman/ Verbeke (2004), S. 3.
[36] Vgl. Macharzina/ Wolf (2005), S. 924; vgl. Rugman/ Verbeke (2004), S. 3, S. 6.
[37] Vgl. Deresky (2006), S. 232.
[38] Vgl. Macharzina/ Wolf (2005), S. 951 ff.; vgl. Porter (1989b), S. 22 ff.; vgl. Yip (1989), S. 35; vgl. Meffert (1986), S. 689 ff.

schildern, müssen die vor- und nachgelagerten Aktivitäten der Wertkette auf ihr Globalisierungspotential hin untersucht werden.[39] So bestehen auch für produktseitig national bzw. regional agierende Unternehmen vielfältige Möglichkeiten, die Globalisierung der Märkte im Rahmen der Wertkettenoptimierung zu nutzen, indem sie z.B. Aktivitäten geographisch streuen.[40]

Nach der kurzen Einführung in den Begriff der Globalisierung, der Vorstellung von zentralen Globalisierungstreibern und der Darstellung der Herausforderungen für international agierende Unternehmen, setzt sich der nächste Abschnitt mit dem Themenkreis Internationalisierung auseinander.

b) Internationalisierung und internationale Unternehmenstätigkeit

Die Internationalisierung ist vergleichbar der Globalisierung kein neues Phänomen.[41] Insbesondere die Zeit nach dem Zweiten Weltkrieg ist durch eine rasch fortschreitende Internationalisierung wirtschaftlicher Aktivität geprägt.[42] Während das Globalisierungsphänomen eher auf einer Meta-Ebene anzusiedeln ist, weist die Internationalisierung eine direkte Beziehung zum Unternehmen auf und wird in der Literatur z.T. „als Vorstufe bzw. als Interimszustand zur Globalisierung“[43] betrachtet. Andere Autoren sehen in den Internationalisierungstendenzen auf der einen Seite eine Antwort auf die Globalisierung bzw. eine Folgeerscheinung, auf der anderen Seite einen ihrer Treiber.[44] Versucht man sich dem Begriff der Internationalisierung definitorisch anzunähern, zeigt sich eine Vielschichtigkeit, die von der generellen Diskussion um das Auslandsengagement der Unternehmen, über Formen der internationalen Marktbearbeitung bis hin zu Detailfragen der Führung ausländischer Tochtergesellschaften reicht.[45] Nach Perlitz sollte ein ganzheitliches Begriffsverständnis gewählt werden, was gerade vor dem Hintergrund der Mannigfaltigkeit an engen und weiten Begriffsauslegungen sinnvoll erscheint.[46] So subsumiert er „unter Internationalisierung die länderübergreifende Ausdehnung des unternehmerischen Aktionsfeldes“[47], ohne dies auf bestimmte funktionsspezifische Aspekte der Unternehmen zu beschränken.[48] Dabei kann die Internationalisierung sowohl als Prozess als auch als Zustandsbeschreibung aufgefasst werden.[49]

39 Vgl. Rugman/ Verbeke (2004), S. 5.
40 Vgl. Bergemann/ Bergemann (2005), S. 8.
41 Vgl. Kutschker/ Schmid (2008), S. 7 ff.
42 Vgl. Adler/ Gundersen (2008), S. 6; vgl. Kutschker/ Schmid (2008), S. 159; vgl. Perlitz (2004), S. 1; vgl. Black (1997), S. 1.
43 Haas (2006b), S. 4.
44 Vgl. Birkner (2005), S. 32; vgl. Heijltjes/ Olie/ Glunk (2003), S. 89; vgl. Dörrenbächer (2000), S. 119.
45 Vgl. Perlitz (2004), S. 8.
46 Eine Auflistung und Bewertung von Definitionsansätzen findet sich bei Kutschker/ Schmid (2008), S. 242 ff.
47 Perlitz (2004), S. 9.
48 Vgl. auch Cavusgil/ Knight/ Riesenberger (2008), S. 51, S. 114 f., Birkner (2005), S. 32, Fisch/ Oesterle (2003), S. 3 und Athanassiou/ Nigh (2002), S. 159.
49 Vgl. Dörrenbächer (2000), S. 119 f.; vgl. Bäurle (1996), S. 1 ff.; vgl. Welch/ Luostarinen (1988), S. 36.

Die Bedeutung der Internationalisierung für Unternehmen lässt sich durch zahlreiche Indikatoren abbilden. Als die zwei zentralen Säulen der Internationalisierung gelten der Außenhandel und die Direktinvestitionen.[50] Während der Außenhandel auf die Handelsbeziehungen zwischen inländischen und ausländischen Wirtschaftssubjekten abstellt, umfassen die Direktinvestitionen grenzüberschreitende Investitionen zur Sicherstellung eines Einflusses auf eine ausländische Wirtschaftseinheit.[51] Anhand dieser beiden Säulen kann die Bedeutung der Internationalisierung auf der Makroebene dargestellt werden. So ist das Welthandelsvolumen zwischen 1960 und 2006 etwa um den Faktor 93 auf 12.083 Mrd. US-Dollar angestiegen.[52] Im Vergleich zum Weltbruttosozialprodukt hat der Welthandel in den vergangenen vier Jahrzehnten einen etwa viermal so starken Anstieg erfahren. Diese Entwicklung verdeutlicht aus unternehmensstrategischer Sicht die große Bedeutung des Außenhandels als Wachstumsmotor für Unternehmen.[53] In Bezug auf die zweite Säule zeigt sich, dass die weltweiten Direktinvestitionsbestände in den Jahren 1996 bis 2006 um mehr als das dreifache auf über 12 Bio. U.S.-Dollar angewachsen sind.[54] Der starke Zuwachs zwischen 1995 und 2000 ist auf internationale Akquisitionen und Fusionen zurückzuführen.[55]

Diese Entwicklungen bieten den Unternehmen zahlreiche Chancen. So eröffnen sich durch die Erschließung neuer ausländischer Absatzmärkte Wachstums- und damit Gewinnpotentiale. Ferner können Unternehmen von globalen Beschaffungsstrategien profitieren. Durch die Erschließung neuer Beschaffungsquellen können Kosten reduziert und die Versorgung mit Rohstoffen und Zwischenprodukten sichergestellt werden. Auch besteht durch internationale Aktivitäten in unterschiedlichen Märkten die Möglichkeit, Wissen und Erfahrungen zu sammeln und so Produkt- bzw. Dienstleistungsinnovationen zu generieren sowie Geschäftsmodelle bzw. -methoden weiterzuentwickeln. Auch aus wettbewerbsstrategischen Überlegungen heraus können Unternehmen profitieren, indem sie Wettbewerber auf internationalen Märkten oder auf deren Heimatmärkten unter Druck setzen. Ferner bieten sich für expandierende Unternehmen im Rahmen der Markterschließung Investitionen in eine Zusammenarbeit mit ausländischen Partnern an.[56]

[50] Vgl. Kutschker/ Schmid (2008), S. 84.
[51] Vgl. Schürings (2008), S. 81 f.; vgl. Oppenländer (2002), S. 364.
[52] Vgl. Anhang 1.
[53] Vgl. Anhang 2.
[54] Vgl. Anhang 3.
[55] Vgl. Kutschker/ Schmid (2008), S. 112.
[56] Vgl. Cavusgil/ Knight/ Riesenberger (2008), S. 16 ff., S. 52; vgl. Rugman/ Collinson (2006), S. 43 f.; vgl. Birkner (2005), S. 32 f.; vgl. Macharzina/ Wolf (2005), S. 928; vgl. Ruigrok/ Wagner (2003), S. 65; vgl. Carpenter/ Fredrickson (2001), S. 534; vgl. Scherm/ Süß (2001), S. 6. Als Beispiel für international ausgerichtete Beschaffungsstratgien lässt sich der smart fortwo anführen. Vgl. dazu Anhang 4.

Diesen aus der Internationalisierung prinzipiell erwachsenden Chancen stehen Risiken gegenüber, die auch die Komplexität des Agierens im internationalen Umfeld und dessen schwierige Überwachung verdeutlichen. Die zentralen Risiken sind in Abbildung 4 zusammengefasst.

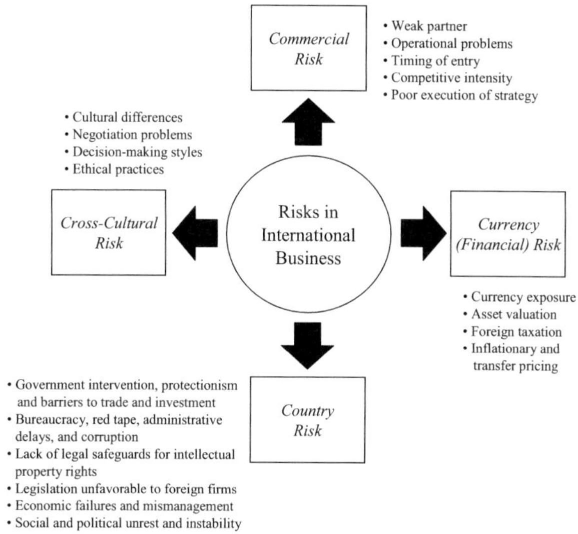

Abbildung 4: Internationalisierungsrisiken für Unternehmen
Quelle: Cavusgil/ Knight/ Riesenberger (2008), S. 11.

Zum einen sehen sich Unternehmen mit kulturellen Risiken konfrontiert, die Internationalisierungsbestrebungen u.U. aufgrund von resultierenden Missverständnissen behindern können. Zum anderen spielt das Länderrisiko eine bedeutsame Rolle. So können länderspezifische Entwicklungen auf politischem, rechtlichem und ökonomischem Gebiet das Auslandsengagement von Unternehmen in bestimmten Regionen behindern. Ein weiteres zentrales Risikofeld stellt das Währungsrisiko durch stark schwankende Wechselkurse dar. So verteuert bspw. eine Aufwertung des Euros die Exporte deutscher Automobilhersteller in den Währungsraum des U.S.-Dollars. Letztendlich besteht immer auch ein kaufmännisches Risiko, wenn die Unternehmen unzureichende oder nicht zielführende strategische Planung betreiben, ein nicht-profitables Geschäftsmodell haben oder für bestimmte Ländermärkte unpassende Taktiken verfolgen. Einige der o.a. Risiken stellen sich als sehr herausfordernd dar, so dass Kenntnisse der jeweiligen Kulturen bzw. Ländermärkte für den Strategieerfolg respektive die Zielerreichung unabdingbar sind und hohe Anforderungen an die Führung und Überwachung der Unternehmen richten.[57]

Die institutionelle Fortführung der Internationalisierungsdiskussion auf Unternehmensebene leitet über zum Begriff der Internationalen Unternehmung.[58] Hierbei werden die Internationalisierungsaspekte mit dem einzelnen Unternehmen verknüpft. Hinsichtlich der Betrachtungsmöglichkeiten der Internationalen Unternehmung herrscht in der wissenschaftlichen Literatur ein Pluralismus. Die oft angeführte und auf Bartlett und Goshal zurückgehende Unterscheidung zwischen Internationaler, Transnationaler, Multinationaler und Globaler Unternehmung erscheint, wie Macharzina und Wolf betonen, aufgrund der Facettenhaftigkeit der Auslandsaktivitäten nur wenig zweckmäßig.[59] Letztendlich repräsentiert diese Unterscheidung lediglich Abstufungen einer internationalen Unternehmenstätigkeit.[60] Dementsprechend wird in der vorliegenden Arbeit der Sammelbegriff der „Internationalen Unternehmung“ genutzt.[61] Unternehmen gelten dann als international, wenn sie Aktivitäten im Ausland nachgehen, die für die „Erreichung und Sicherstellung der Unternehmensziele von wesentlicher Bedeutung sind.“[62] Ähnlich argumentieren Kutschker und Schmid. Sie sehen Unternehmen dann als international an, wenn diese „in substantiellem Umfange in Auslandstätigkeiten involviert sind.“[63] Dies zieht wiederum „regelmäßige Transaktionen bzw. dauerhafte Transaktionsbeziehungen mit Wirtschaftssubjekten im Ausland“[64] nach sich.

Hieran schließt sich die Frage nach dem Grad der Internationalisierung von Unternehmen an.[65] Je nach Operationalisierungsansatz drückt dieser u.a. die Abhängigkeit von ausländischen Märkten, Kunden, Produktionsfaktoren etc. und die Verteilung dieser Abhängigkeit auf Regionen bzw. Län-

57 Vgl. Cavusgil/ Knight/ Riesenberger (2008), S. 11 ff.; vgl. Kutschker/ Schmid (2008), S. 931 f.; vgl. Rugman/ Collinson (2006), S. 373 ff.; vgl. Birkner (2005), S. 32 ff.; vgl. Perlitz (2004), S. 177 f.; vgl. Ruigrok/ Wagner (2003), S. 65; vgl. Carpenter/ Fredrickson (2001), S. 534.

58 Vgl. Perlitz (2004), S. 9.

59 Vgl. Macharzina/ Wolf (2005), S. 927; vgl. Bartlett/ Goshal (1990), S. 32.

60 Vgl. Macharzina/ Wolf (2005), S. 927; vgl. Perlitz (2004), S. 10.

61 Ausnahmen stellen die Bezüge zu anderen Publikationen und die jeweils dort benutzten Termini dar.

62 Perlitz (2004), S. 10.

63 Kutschker/ Schmid (2008), S. 251.

64 Kutschker/ Schmid (2008), S. 251.

65 Vgl. Perlitz (2004), S. 10. Kutschker und Schmid (2008) reflektieren die Bezeichnung „Internationalisierungsgrad“ kritisch. Sie sind der Ansicht, dass der Begriff vorsichtig angewandt werden müsse. So dürfe dieser weder mit der Auslandsquote noch mit einem Internationalisierungsindex gleichgesetzt werden. Bezüglich der Auslandsquoten könne ein Internationalisierungsgrad nur einzeln für Bestands- oder Bewegungsgrößen ermittelt werden. Der Internationalisierungsindex wiederum reduziere durch die Indexbildung den Informationsgehalt dahingehend, dass nicht ersichtlich werde, wie die Unternehmen bezüglich der darin einfließenden Einzelgrößen internationalisiert sind. So lasse sich konstatieren, dass ein Unternehmen immer unterschiedliche Internationalisierungsgrade aufweise. In Anlehnung an die Autoren wird jedoch auch in dieser Arbeit bezüglich der mehrdimensionalen Maßzahl von „Internationalisierungsgrad“ gesprochen. Vgl. dazu Kutschker/ Schmid (2008), S. 271 f.

der aus.[66] Demzufolge existieren zahlreiche qualitative und quantitative Einzelindikatoren sowie aus verschiedenen Indikatoren zusammengesetzte Internationalisierungsindizes.[67] Im Gegensatz zu qualitativen Indikatoren, wie z.B. dem EPRG-Modell nach Perlmutter sowie Perlmutter und Heenan, eignen sich zum Testen von Hypothesen auf Basis einer Vielzahl von Untersuchungseinheiten vor allem die quantitativen Indikatoren.[68] Neben dieser eher formalen Sichtweise der Internationalisierungsgrößen können aus inhaltlicher Perspektive drei Dimensionen individueller Internationalisierungsindikatoren unterschieden werden. Dabei handelt es sich um die strukturelle, die leistungsbezogene und die einstellungsbezogene Dimension.[69] Die strukturellen Indikatoren versuchen die internationale Verknüpfung eines Unternehmens abzubilden, wohingegen die leistungsbezogenen Indikatoren stärker auf die Verbindung des Erfolgs bzw. Misserfolgs mit dem Auslandsengagement abstellen.[70] Die einstellungsbezogenen Indikatoren greifen die Einstellung des Managements gegenüber den Auslandsmärkten respektive den ausländischen Niederlassungen auf.[71] Tabelle 1 stellt die Dimensionen und beispielhaft gewählte Indikatoren überblicksartig dar. Bezüglich dieser Indikatoren werden z.T. sog. Auslandsquoten herangezogen, die Bestandsgrößen, wie z.B. die Anzahl der Länder, in denen ein Unternehmen Niederlassungen hat, oder Bewegungsgrößen, wie z.B. den im Ausland erzielten Umsatz, zu den jeweiligen Inlandsgrößen (Foreign-to-Domestic-Ratios) bzw. zu Größen auf Gesamtunternehmensebene (Foreign-to-Total-Operations-Ratios) in Bezug setzen. Die Auslandsquoten sind demnach ein Ausdruck für die Auslandsorientierung bezogen auf ein Vergleichsmaß. Führt man die Vielzahl der Berechnungsmöglichkeiten zusammen, so lassen sich aus den Auslandsquoten Internationalisierungsprofile, die diese graphisch abbilden, und Internationalisierungsindizes entwickeln.[72]

---

[66] Vgl. Carpenter/ Fredrickson (2001), S. 534; vgl. Sanders/ Carpenter (1998), S. 158; vgl. Sullivan (1994), S. 331 ff.

[67] Vgl. Fisch/ Oesterle (2003), S. 4 ff.; vgl. Dörrenbächer (2000), S. 119; vgl. Hassel et al. (2000), S. 503. Für eine verständliche und sehr ausführliche Diskussion der Betrachtungsmöglichkeiten der Internationalen Unternehmung sei an dieser Stelle auf Kutschker/ Schmid (2008), S. 235 ff. verwiesen.

[68] Vgl. Kutschker/ Schmid (2008), S. 256 ff.; vgl. Hassel et al. (2000), S. 503 ff. Vgl. dazu auch Abschnitt 2.4.

[69] Vgl. Sullivan (1994), S. 331 f.

[70] Vgl. Dörrenbächer (2000), S. 120 f.

[71] Vgl. Dörrenbächer (2000), S. 121 f.

[72] Vgl. Kutschker/ Schmid (2008), S. 256 ff.; vgl. Hassel et al. (2000), S. 502 ff.; vgl. Scherm/ Süß (2001), S. 7 ff.

Strukturelle Indikatoren	Leistungsbezogene Indikatoren	Verhaltensbezogene Indikatoren
Bezug zu Auslandsaktivitäten • Anzahl der Länder, in denen ein Unternehmen tätig ist • Anzahl/ Anteil ausländischer Tochtergesellschaften • Anzahl/ Anteil ausländischer Nicht-Kapitalbeteiligungen • Höhe/ Anteil ausländischer Aktiva • Höhe/ Anteil der Wertschöpfung im Ausland • Höhe/ Anteil des Beschaffungsvolumens im Ausland • Anzahl/ Anteil ausländischer Arbeitnehmer	Auslandsumsatz • Nachfrageseitig: Höhe des Auslandsumsatzes nach Kunden • Angebotsseitig: Höhe des Umsatzes ausländischer Tochtergesellschaften	„Weiche" Indikatoren • Ethno-, poly-, regio- oder geozentrischer Managementstil im Hinblick auf Organisationskomplexität, Befugnisse, Entscheidungsfindung, Kommunikationsfluss, Personalbeschaffung, Stellenbesetzung und Überwachung
Corporate Governance-Bezug • Anzahl der Börsen, an denen ein Unternehmen gelistet ist • Höhe/ Anteil an von Ausländern gehaltenen Beteiligungen • Anzahl/ Anteil der Ausländer im Board	Ausländisches Betriebsergebnis	„Harte" Indikatoren • Internationale Erfahrung des Top-Managements • Verteilung der Tochtergesellschaften über die 10 Ländergruppen nach Ronen und Shenkar (Psychic Dispersion)

Tabelle 1: Individuelle Internationalisierungsindikatoren
Quelle: Vgl. Dörrenbächer (2000), S. 120; vgl. Sullivan (1994), S. 331 ff.

Als Beispiele für Internationalisierungsindikatoren auf der Mikroebene lassen sich der Auslandsumsatz deutscher Unternehmen und die Anteile der im Ausland befindlichen Mitarbeiter im Zeitverlauf anführen.[73] Bezüglich des Auslandsumsatzes ist ein stetiger Bedeutungszuwachs ausländischer Märkte für die deutschen Unternehmen zu verzeichnen, da sich das Wachstum des Auslandsumsatzes deutscher Unternehmen zwischen den Jahren 1994 und 2006 mehr als verdoppelt hat, wohingegen ihr Inlands- und Gesamtumsatz nur moderat angestiegen sind.[74] Demnach ist das Auslandsgeschäft als ein vitaler Faktor der Unternehmensstrategie anzusehen. Die Verflechtung mit dem Ausland drückt sich auch im Anstieg des Anteils der in ausländischen Staaten arbeitenden Mitarbeiter aus. Waren z.B. im Jahre 1996 etwa 47 % der Siemens-Mitarbeiter im Ausland tätig, so sind dies im Jahre 2006 bereits 65 %.[75] Diese Tendenz steht exemplarisch für zahlreiche Großunternehmen. An diesem Beispiel wird deutlich, wie sich die Internationalisierung auf Ebene der Humanressourcen fortsetzt.

[73] Leider werden Angaben zum Anteil ausländischer Mitarbeiter nicht publiziert.
[74] Vgl. Anhang 5.
[75] Vgl. Anhang 6.

Die Einzelindikatoren lassen sich, wie bereits erwähnt, zu sog. Internationalisierungsindizes kombinieren, um so die Internationalisierung in ihrer Komplexität besser zu erfassen.[76] Diese individuellen Internationalisierungsindikatoren werden u.a. in den drei bekanntesten mehrdimensionalen Internationalisierungsindizes aufgegriffen: dem „Degree of Internationalization Scale" von Sullivan, dem „Transnationality Index" der UNCTAD sowie dem „Transnational Activity Spread Index" von Ietto-Gillies. Deren jeweilige Berechnung ist in Tabelle 2 dargestellt.[77]

Degree of Internationalization Scale (Sullivan 1984)	**Transnationality Index (UNCTAD 1995)**	**Transnational Activity Spread Index (Ietto-Gillies 1998)**
Ratio of foreign sales to total sales + Ratio of foreign asstes to total assets + Ratio of foreign affiliates to total affiliates + "International experience of top Management" +"Psychic dispersion" of international operations"	Ratio of foreign sales to total sales + Ratio of foreign asstes to total assets + Ratio of foreign employment to total employment divided by 3	Ratio of foreign sales to total sales + Ratio of foreign asstes to total assets + Ratio of foreign employment to total employment divided by 3 multiplied by Number of foreign countries in which a company owns affiliates as a proportion of total number of countries in which foreign direct investment has occurred minus one (= home country of the company)

Tabelle 2: Internationalisierungsindikatoren nach Sullivan, UNCTAD und Ietto-Gillies.
Quelle: Dörrenbächer (2000), S. 122 (modifiziert).

Von diesen drei Indizes wird Sullivans Index am häufigsten im Zusammenhang mit der Messung des Internationalisierungsgrades von Unternehmen zitiert.[78] Sullivan berücksichtigt in Anlehnung an Vernon, Stoppford und Wells sowie Perlmutter drei Dimensionen der Internationalisierung. Diese sind die ergebnisorientierte Dimension, die strukturelle Dimension und die einstellungsbezogene Dimension. Der ersten Dimension wird der Anteil des im Ausland erzielten Umsatzes am Gesamtumsatz des Unternehmens zugeordnet. Das strukturelle Moment der Internationalisierung decken der Anteil der ausländischen Aktiva an den Gesamtaktiva des Unternehmens und der Anteil der ausländischen Niederlassungen an der Gesamtzahl der Niederlassungen ab. Diese beiden Quoten greifen somit die im Ausland befindlichen Ressourcen des Unternehmens auf. Die einstellungsbezogene Dimension weist die größten Probleme hinsichtlich der Operationalisierbarkeit auf, da sich diese kaum in den Geschäftsberichten der Unternehmen widerspiegelt. Sullivan integriert diesbezüglich zwei Kennzahlen in seine multidimensionale Internationalisierungskennzahl. Dies sind zum einen die internationale Erfahrung des Top Managements und zum anderen die Verteilung der ausländischen Niederlassungen auf zehn von Ronen und Shenkar ermittelte Kulturcluster, die sog. „psychic zones". Da diese Zonen durch unterschiedliche kognitive Strukturen der agierenden

[76] Vgl. Fisch/ Oesterle (2003), S. 4 f.; vgl. Dörrenbächer (2000), S. 123.
[77] Vgl. Hassel et al. (2003), S. 709; vgl. Dörrenbächer (2000), S. 123 f.
[78] Vgl. Fisch/ Oesterle (2003), S. 5.

Personen geprägt sind, divergieren auch die Managementstile. Sullivan geht dabei von der Annahme aus, dass bei steigender Verteilung der Niederlassungen über die zehn Kulturcluster hinweg, die psychische Dispersion der internationalen Unternehmenstätigkeit zunimmt. Der Index ist eine empirisch fundierte Linearkombination aus diesen Kennzahlen und hat eine Spannweite von 0 bis 5.[79]

Aus den vorangegangenen Ausführungen ist ersichtlich, dass sich die Verantwortlichen an der Spitze der Unternehmung der Globalisierungs- und Internationalisierungsthematik sowohl auf betriebswirtschaftlicher als auch auf gesellschaftlicher Ebene nicht entziehen können und dieser begegnen müssen. Die Reaktion sollte dabei keine passive, sondern eine aktive, gestalterische sein. Vor dem Hintergrund der Globalisierung der Märkte sind die Unternehmen in verstärktem Maße gefordert, permanent ihre Wettbewerbsfähigkeit sicherzustellen.[80] Dabei schafft die Internationalisierung Problemfelder für die Unternehmen, von denen national agierende nicht tangiert sind.[81] Der Wettbewerbsdruck fördert aber die internationale Ausrichtung auf neue Märkte. Internationale Unternehmen sehen sich demnach mit einem multiplen Wettbewerb in mehreren Ländern konfrontiert, auf den das Unternehmen als integriertes Ganzes reagieren muss, um erfolgreich zu sein.[82] Dies beeinflusst wiederum die strategische Ausrichtung der Unternehmen, deren Wettbewerbsverhalten und die Suche nach der Generierung von Wettbewerbsvorteilen, die für den Fortbestand eines Unternehmens essentiell sind.[83] Globalisierung und Internationalisierung ziehen demnach durch ein heterogenes kulturelles, institutionelles und kompetitives Umfeld komplexere Entscheidungssituationen nach sich. Dies betrifft nicht nur das Management, sondern die gesamte Governance-Struktur eines Unternehmens.[84]

Die letzte Anmerkung leitet zur Darstellung des Faktors Kultur über, mit dem international agierende Unternehmen in besonderer Weise konfrontiert sind. Diese Konfrontation erfordert eine entsprechende Sensibilisierung aller Mitarbeiter für kulturelle Fragestellungen.

[79] Vgl. Sullivan (1994), S. 325 ff.

[80] Vgl. Adler/ Gundersen (2008), S. 9 f.; vgl. Barkema/ Shvyrkov (2007), S. 663; vgl. Prahalad/ Lieberthal (1998), S. 69 ff.; vgl. Black (1997), S. 1.

[81] Vgl. Perlitz (2004), S. 20.

[82] Vgl. Sanders/ Carpenter (1998), S. 158; vgl. Roth (1995), S. 202; vgl. Prahalad/ Doz (1987), S. 13 ff.

[83] Vgl. Becker (2008), S. 167 f.; vgl. Sanders/ Carpenter (1998), S. 158; vgl. Porter (1989b), S. 18 ff.

[84] Vgl. Sanders/ Carpenter (1998), S. 158 f.

2.2 Kultur als originäre Determinante des Internationalen Managements

Ein mangelndes interkulturelles Verständnis kann, z.B. im Zuge von Verhandlungen, bei Joint Ventures oder Unternehmenszusammenschlüssen, schnell zu Missverständnissen und Problemen führen. Der kulturelle Aspekt ist sowohl auf institutioneller als auch auf funktionaler Ebene ein „originärer Problembereich für das Internationale Management“[85], mit dem sich die Unternehmensspitze aber auch alle im internationalen Geschäft tätigen Mitarbeiter auseinandersetzen müssen.[86] Hall und Hall formulieren sogar: „Im Gegensatz zur allgemeinen Meinung ist das überhaupt größte Hindernis des geschäftlichen Erfolges das von der Kultur errichtete Hindernis.“[87]

Der Kulturbegriff lässt sich definitorisch nur schwer erfassen und operationalisieren.[88] So konnte Allison in Abhängigkeit vom jeweiligen Forschungsfeld 241 Definitionsansätze eruieren.[89] Von Keller nähert sich dem Begriff in seiner Untersuchung, wie im Folgenden dargestellt, über eine Eigenschaftszuordnung. Demnach ist Kultur vom Menschen durch kollektives soziales Denken und Handeln geschaffen. Bei ihr handelt es sich um ein gesellschaftliches Phänomen, das über dem einzelnen Individuum steht und es überdauert. Sie wird im Zuge eines Enkulturationsprozesses erlernt, durch Symbole vermittelt und steuert durch Normen, Regeln und Kodizes menschliches Verhalten. Kultur fördert ein Streben nach innerer Ausgeglichenheit und Integration in ein größeres Ganzes. Sie fungiert als Instrument zur Anpassung an die Umwelt und ist nur langfristig adaptiv wandlungsfähig.[90]

Einer der bekanntesten Ansätze zur Erfassung des Kulturphänomens ist der von Geert Hofstede.[91] Dieser dient den meisten Studien des Kulturvergleichenden Managements als definitorisch-konzeptionelle Basis.[92] Hofstede äußert sich zum Kulturaspekt wie folgt: „I treat culture as the collective programming of the mind that distinguishes the members of one group or category of people from another. [...] Culture is to a human collectivity what personality is to an individual.”[93] In diesem Kontext wird häufig das Bild eines „kulturellen Eisbergs” herangezogen, dessen größter Teil sich

---

85 Perlitz (2004), S. 249.
86 Zur Diskussion der Rolle des Faktors Kultur im Internationalen Management vgl. Kutschker/ Schmid (2008), S. 668 ff., Müller/ Gelbrich (2004), S. 40 ff., Perlitz (2004), S. 249 ff. sowie Tayeb (2003), S. 8 ff.
87 Hall und Hall zitiert bei CulturalFactor (2008), online.
88 Vgl. Stahl et al. (2007), S. 4; vgl. Rehner (2006), S. 349.
89 Vgl. Allison (1995), S. 92.
90 Vgl. von Keller (1982), S. 114 ff.
91 Vgl. Perlitz (2004), S. 254.
92 Vgl. Weiser (2004), S. 112.
93 Hofstede (2001a), S. 9 f.

unsichtbar unter Wasser befindet.[94] Wie Abbildung 5 verdeutlicht, kann zwischen einem expliziten, sichtbaren Bereich, der sog. Percepta-Ebene, und einem impliziten unsichtbaren Bereich, der sog. Concepta-Ebene, differenziert werden.[95] Dabei drücken sich die tieferen, impliziten Kulturbereiche der Concepta-Ebene in den Ausprägungen der Percepta-Ebene aus. Das Bild eines Eisbergs zeigt, dass sich insbesondere die unsichtbaren Aspekte bei entsprechender kultureller Unkenntnis zu Fallstricken im Geschäftsleben entwickeln können.

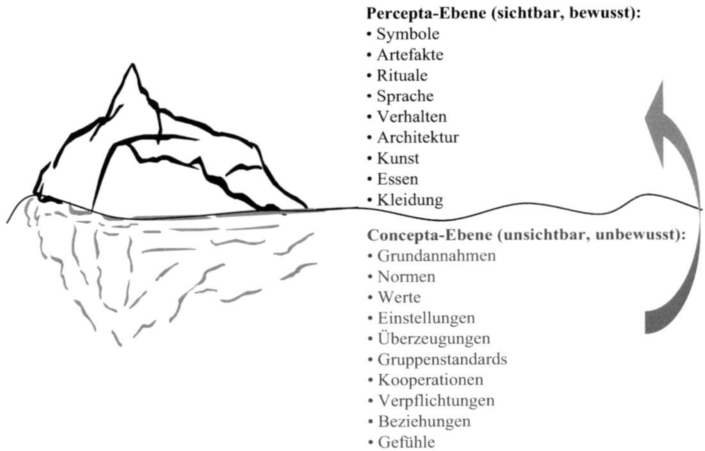

Abbildung 5: Kultureller Eisberg
Quelle: Eigene Darstellung in Anlehnung an Kutschker/ Schmid (2008), S. 673 und Perlitz (2004), S. 215.

Kultur nimmt zahlreiche Funktionen wahr, auch wenn diese z.T. als Hintergrundphänomen unbewusst im Prozess der Enkulturation übernommen werden. Sie fungiert als Orientierungshilfe und Beurteilungsinstanz, auf deren Basis Verhalten und Erfahrungen eingeschätzt und die Reaktionen der anderen Individuen antizipiert werden können. Ferner dient sie für jedes Individuum als Identitäts- und Sinnstiftungsfunktion, indem sie Gruppen voneinander abgrenzt und individuellem Handeln eine grundlegende Bedeutung zuweist. Des Weiteren kommt ihr eine Koordinations- bzw. Integrationsfunktion zu, da Kultur durch die Ausübung einer normativen Kraft soziale Gruppen zusammenhält und deren Verhalten steuert. Die Ordnungsfunktion ist eng mit der Orientierungsfunktion verbunden und klärt die Beziehungsstrukturen innerhalb einer sozialen Gemeinschaft. Kultur beinhaltet auch eine Komplexitätsreduktionsfunktion, da sie das Zusammenleben der sozialen Einheiten einer Gruppe erleichtert. Handlungen, denen komplexe Ursache-Wirkungs-Zusammenhänge

[94] Vgl. Kutschker/ Schmid (2008), S. 673; vgl. Perlitz (2004), S. 250 f.
[95] Vgl. Kutschker/ Schmid (2008), S. 673 f.; vgl. Perlitz (2004), S. 250 f.; vgl. Osgood (1951), S. 36.

zugeschrieben werden, können besser verstanden und ausgerichtet werden. Die Legitimationsfunktion des Konstruktes Kultur ermöglicht es, Begründungen für das jeweilige Agieren innerhalb sozialer Einheiten bereitzustellen. Die vorgestellte funktionale Bedeutung von Kultur zeigt auch, dass ihr eine bedeutende Kommunikationsfunktion zuzuschreiben ist.[96]

Betrachtet man die Concepta-Ebene des kulturellen Eisbergs und die Funktionen, die der Faktor Kultur erfüllt, so wird deutlich, dass auch das Sammeln von Erfahrungen kulturell beeinflusst ist.

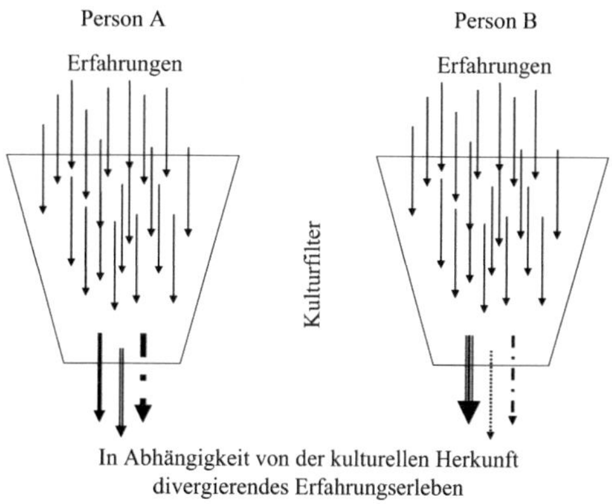

Abbildung 6: Kulturell beeinflusstes Erfahrungserleben
Quelle: Eigene Darstellung.

Demnach kann davon ausgegangen werden, dass z.B. Auslandserfahrungen je nach kulturellem Hintergrund der jeweiligen Person unterschiedlich aufgenommen werden und die Persönlichkeit verschiedenartig beeinflussen. So nimmt eine Person aus Kulturkreis A Situationen und die damit zusammenhängenden Erfahrungen anders wahr als eine Person aus Kulturkreis B. Dementsprechend haben die jeweiligen Erfahrungen auch einen divergierenden Einfluss auf die Persönlichkeit. In diesem Sinne kann von einer übergeordneten Beeinflussung des Erfahrungserlebens durch den Aspekt Kultur gesprochen werden. Diese Überlegungen sind in Abbildung 6 schematisch dargestellt.

Bezogen auf die internationale Unternehmenstätigkeit wird Kultur als Bestandteil der Unternehmensumwelt betrachtet. Diese beeinflusst wiederum das Agieren der Individuen und Organisationen sowie deren Strukturen.[97] Nach Terpestra und Sarathy sind Kulturen durch bestimmte Ausprägungen an Veränderlichkeit charakterisiert, womit ein bestimmtes Niveau an Unsicherheit

[96] Vgl. Kutschker/ Schmid (2008), S. 674 ff.; vgl. Müller/ Gelbrich (2004), S. 40 ff; vgl. Perlitz (2004), S. 251.
[97] Vgl. Rehner (2006), S. 349.

einhergeht. Dies muss die Unternehmensspitze bei der Umsetzung der Unternehmenspolitik bzw. -strategie berücksichtigen. In manchen Kulturkreisen sehen sich Unternehmen auch mit kultureller Feindseligkeit gegenüber allem Fremden konfrontiert, die die Umsetzung von Strategien und Markterfolge behindern kann. Auch richten Länder mit einem hohen Maß an kultureller Heterogenität große Herausforderungen an die Unternehmen, die in solche Märkte vorstoßen wollen, da hier keine standardisierte Vorgehensweise möglich ist und zahlreiche Anspruchsgruppen berücksichtigt werden müssen. Die Antizipation kultureller Interdependenzen zwischen zwei oder mehreren Staaten ermöglicht Unternehmen im Gegensatz zu Mitbewerbern, die interkulturell nicht sensibilisiert sind, die Beeinflussungsstrukturen früh aufzugreifen und einen Zeitvorteil im Rahmen der Marktbearbeitung zu generieren. Schließlich erfordert die kulturelle Komplexität in Form unterschiedlicher Bedeutung von Ritualen, Gesten und Kommunikationsformen von den Unternehmen und deren Vertretern interkulturelle Kompetenz zur Vermeidung von Missverständnissen und damit geschäftlichen Misserfolgen.[98]

Zur Operationalisierung des Phänomens Kultur existieren in der Literatur zahlreiche Studien. In dieser Arbeit wird die ländervergleichende Studie von Geert Hofstede herangezogen. Diese fußt auf einer breiten Datenbasis und ist aufgrund des Bezugs der nachfolgend beschriebenen Kulturdimensionen zur Arbeitssituation für Studien innerhalb der Betriebswirtschaftslehre besonders geeignet. Auch wenn die Datengenerierung zwischen 1967 und 1973 stattfand, bestätigen zahlreiche Folgestudien die Resultate – trotz einer z.T. kritisch geführten Auseinandersetzung mit Hofstedes Untersuchung, z.B. im Hinblick auf die Datenbasis und das Alter.[99]

Hofstede differenziert in seiner Ursprungsstudie vier originäre Kulturdimensionen. Er weist den von ihm untersuchten Ländern für die jeweiligen Ausprägungen der Kulturdimensionen Punktwerte zu,

98 Vgl. Müller/ Gelbrich (2004), S. 52 ff.

99 Vgl. Perlitz/ Seger (2004a), S. 4 f.; vgl. Weiser (2004), S. 115. Aufgrund des Bekanntheitsgrades und der erwähnten Vorteilhaftigkeit der Untersuchung Hofstedes für betriebswirtschaftliche Studien, wurde auf eine ausführliche Darstellung weiterer, in der Literatur häufig zitierten Ansätze und deren kulturelle Dimensionen, wie z.B. die Studien von Kluckhohn/ Strodtbeck, Hall, Trompenaars, Dülfer und die GLOBE-Studie, verzichtet. Hall und Halls differenzieren z.B. in Low- und High-Context-Kulturen und deren Auswirkungen auf das Kommunikationsverhalten. High-Context-Kulturen, so z.B. asiatische und arabische Staaten, drücken nur wenige Informationen explizit aus. Hier müssen vielmehr Rahmenbedingungen und nonverbale Aspekte beachtet werden. Im Gegensatz dazu werden in Low-Context-Kulturen, wie z.B. den USA sowie Mittel- und Nordeuropa, Informationen durch direkte verbale Kommunikation vermittelt, was widerum Personen aus Low-Context-Kulturen in hohem Maße irritieren kann. Vgl. dazu Hall/ Hall (1990), S. 6 ff. An dieser Stelle sei auf die Ausführungen in Kutschker/ Schmid (2008), S. 700 ff., Müller/ Gelbrich (2004), S. 75 ff. sowie Perlitz (2004), S. 252 ff. verwiesen.

um so Index-Werte zu bestimmen, auf deren Basis Staaten durch die Berechnung der kulturellen Distanz, verglichen werden können. Die vier Kulturdimensionen stellen sich wie folgt dar:[100]

- *Machtdistanz*

Unter dem Begriff Machtdistanz versteht Hofstede das Ausmaß an der Erwartung und der Akzeptanz ungleich verteilter Macht durch weniger mächtige Mitglieder einer Institution oder Organisation innerhalb eines Landes. Eine hohe Ausprägung der Machtdistanz beinhaltet demnach die Erwartungshaltung und die Akzeptanz einer Ungleichverteilung von Macht innerhalb eines Landes.

- *Maskulinität/ Femininität*

Diese Kulturdimension umfasst die Vorstellung einer klaren Unterscheidung zwischen den Rollen, die die Geschlechter einnehmen. Maskuline Gesellschaften zeichnen sich durch eine ausgeprägte Leistungs- und Erfolgsorientierung sowie Selbstbewusstsein aus. Konflikte werden offen ausgetragen und abweichende Einstellungen und divergierendes Verhalten nicht akzeptiert. Demgegenüber fokussieren sich feminine Kulturen stärker auf zwischenmenschliche Beziehungen, sind verständnisvoller und offener, setzen auf kooperatives Verhalten und sind stärker an der Qualität von Lebens- und Umweltbedingungen interessiert.

- *Individualismus/ Kollektivismus*

Die Unterscheidung, ob Menschen sich als Teil eines großen Ganzen, einer Gruppe verstehen oder ob sie sich als einzelne, unabhängige Individuen betrachten, ist Gegenstand dieser Dimension. Individualistische Gesellschaften weisen geringere Bindungen zwischen den Individuen auf. Im Fokus steht jeder Einzelne und seine individuelle Interessenlage, die primär verfolgt wird. Innerhalb kollektivistischer Gesellschaften ist jeder Einzelne von Geburt an in eine starke, kohäsive, abgeschlossene Gruppe integriert und durch diese umsorgt. Für diesen Schutz erwartet die Gruppe jedoch bedingungslose Loyalität.

---

[100] Vgl. Hofstede/ Hofstede (2005), S. 46, S. 76, S. 120, S. 167; vgl. Hofstede (2001a), S. 29, S. 79 ff. Hofstede ergänzt die vier originären Kulturdimensionenn im Zuge einer später durchgeführten Studie um eine weitere, die Langfrist-/Kurzfrist-Orientierung. Diese wird jedoch im Rahmen der eigenen empirischen Analyse nicht herangezogen, da diese im Vergleich zur Ursprungsstudie auf Grundlage einer anderen Datenbasis beruht. Die nachträglich ergänzte Dimension bezieht sich auf die Zeitvorstellung. Eine Langfristorientierung steht für die Pflege von Werthaltungen, die auf den zukünftigen Erfolg ausgerichtet sind. Dazu zählen u.a. Fleiß und Durchhaltevermögen sowie die Beachtung von statusorientierten Rangordnungen. Demgegenüber drückt sich in der Kurzzeitorientierung ein stärkerer Vergangenheits- bzw. Gegenwartsbezug aus. Demnach sind Traditionen, soziale Normen und Konformität mit diesen von besonderer Bedeutung. Vgl. dazu Hofstede (2001a), S. 351 ff.

- *Unsicherheitsvermeidung*

Diese Dimension erfasst das Ausmaß, inwieweit sich die Mitglieder einer Kultur durch ungewisse und unbekannte Situationen bedroht fühlen. Die Mitglieder von Kulturen, die durch eine starke Unsicherheit gekennzeichnet sind, werden versuchen, die Zukunft z.B. durch das Aufstellen von Regeln, Gesetzen, Verhaltenskodizes und Sicherheitsmaßnahmen zu kontrollieren. Als nicht regelkonform eingestuftes Verhalten wird nicht toleriert und nur schwer vorhersagbaren Ereignissen wird ablehnend gegenüber gestanden.

Der Einfluss der kulturellen Unterschiede auf den Managementprozess ist Gegenstand der Kulturvergleichenden Managementforschung.[101] Adler und Gundersen betonen deren Bedeutung im heutigen Geschäftsalltag und umreißen die wesentlichen Aufgabenfelder: „The importance of world business has created demand for managers sophisticated in global management and skilled at working with people from countries other than their own. Cross-cultural management explains the behavior of people in organizations around the world and shows people how to work in organizations with employee and client populations from many different cultures."[102] Bezüglich der dabei zu erfüllenden Aufgaben formulieren die Autoren: „Cross-cultural management describes organizational behavior within countries and cultures; compares organizational behavior across countries and cultures; and most important seeks to understand and improve the interaction of co-workers, managers, executives, clients, suppliers, and alliance partners from countries and cultures around the world."[103] Das vergleichende Moment kommt dabei in der Identifikation, Bewertung und Interpretation von Unterschieden und Gemeinsamkeiten in den Grundannahmen, Normen, Werten und Verhaltensmustern von Mitgliedern zweier oder mehrerer Staaten zum Ausdruck.[104] Dabei werden sowohl deskriptiv-klassifikatorische, heuristische als auch falsifikatorische Erkenntnisziele verfolgt.[105] Erstere thematisieren „die Beschreibung, die Erfassung, den Vergleich und die Klassifikation verschiedener Kulturen."[106] Heuristische Erkenntnisziele wiederum umfassen „die Entdeckung und Generierung von Hypothesen und Theorien über den Zusammenhang zwischen Managementvorgängen und kulturellen Faktoren".[107] Im Rahmen von falsifikatorischen Zielsetzungen „wird die Gültigkeit von Theorien, Hypothesen und Erklärungsmodellen in fremden Kulturen an der Realität

[101] Vgl. Perlitz (2004), S. 265.
[102] Adler/ Gundersen (2008), S. 13.
[103] Adler/ Gundersen (2008), S. 13.
[104] Vgl. Schmid (1996), S. 230 ff.
[105] Vgl. von Keller (1982), S. 30 ff.
[106] Perlitz (2004), S. 265.
[107] Perlitz (2004), S. 265.

überprüft".[108] Hinsichtlich der Kulturvergleichenden Managementforschung haben sich zwei konträre Grundhaltungen herauskristallisiert:[109]

- *Universalisten*

Die Universalisten sind der Ansicht, dass das Management im Zuge der Lösung unternehmerischer Probleme rationalen Überlegungen folgt und sich dabei vor dem Hintergrund von Effizienzbestrebungen nicht an verschiedenen kulturellen Lösungsansätzen orientiert. Demnach sind Managementansätze nicht kulturgebunden und universell gültig. Diese Überlegung wird als „Culture Free-These" bezeichnet.

- *Kulturisten*

Die Kulturisten negieren die universelle Gültigkeit von Managementkonzepten und propagieren die Kulturabhängigkeit des Managements. Die sog. „Culture Bound-These" besagt, dass in Abhängigkeit von divergierenden kulturellen Umfeldbedingungen, Werten und Motiven, die Notwendigkeit angepasster Managementtechniken besteht. Somit sind Unternehmen gezwungen, ihre Organisation, Strukturen und Prozesse an die jeweiligen kulturellen Gegebenheiten anzupassen. Diese Überlegungen gelten insbesondere für die mensch- und verhaltensbezogenen Aspekte, wie z.B. den Führungsstil, die Motivation, die Kommunikation und das Konfliktverhalten.

Ausgehend von der Culture Bound-These und vor dem Hintergrund eines deskriptiv-klassifikatorischen Erkenntniszieles, werden im Rahmen der Kulturvergleichenden Managementforschung nicht nur kulturelle Distanzen berechnet, sondern auch Länder aufgrund bestimmter kultureller Ausprägungen zu Ländergruppen zusammengefasst.[110] Um eine breite Fundierung der Einteilung von Ländern zu in sich homogenen und zueinander heterogenen kulturellen Clustern zu gewährleisten, haben Ronen und Shenkar in ihrer häufig zitierten Publikation acht Cluster-Studien synthetisiert.[111]

---

[108] Perlitz (2004), S. 266.

[109] Vgl. Kutschker/ Schmid (2008), S. 805 ff.; vgl. Weiser (2004), S. 114; vgl. Sriramesh/ Kim/ Takasaki (1999), S. 273 ff.; vgl. Nass (1998), S. 23; vgl. Schmid (1996), S. 272; vgl. Osterloh (1994), S. 95 ff.; vgl. Tayeb (1988), S. 20 ff.; vgl. von Keller (1982), S. 539 ff.; vgl. Oberg (1963), S. 129.

[110] Vgl. Manev/ Stevenson (2001), S. 290 f.; vgl. Morosini/ Shane/ Singh (1998), S. 143 f.; vgl. Kogut/ Singh (1988), S. 422.

[111] Diese sind: Badawy (1979), Redding (1976), Griffeth et al. (1980), Hofstede (1980), Ronen/ Kraut (1977), Sirota/ Greenwood (1971), Haire/ Ghiselli/ Porter (1966).

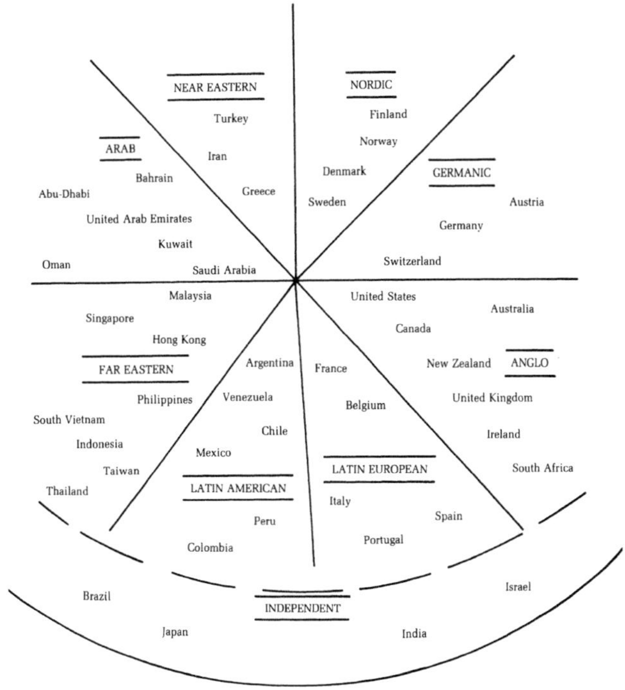

Abbildung 7: Ländercluster und dazugehörige Staaten nach Ronen und Shenkar
Quelle: Ronen/ Shenkar (1985), S. 449.

Diese Metastudie bestimmt die kulturellen Ländercluster auf Basis der Einstellung zur Arbeit, um so einen besseren Vergleich von Unterschieden und Gemeinsamkeiten zwischen Ländern aus Unternehmenssicht zu ermöglichen. Aufgrund des Bezugs zur Arbeitswelt eignet sich diese Studie besonders für die betriebswirtschaftliche Forschung. Die Ländergruppierung ist in Abbildung 7 dargestellt. Je näher die einzelnen Länder am Zentrum liegen, desto höher war ihr Bruttoinlandsprodukt zum Untersuchungszeitpunkt. Die Autoren betrachten ihre kulturelle Ländergruppierung zum einen als Grundlage für weiterführende Forschung und zum anderen als Hilfsmittel, das Unternehmen im Rahmen ihres Internationalisierungsprozesses nutzen können, um interkulturelle, auf die Arbeitswelt bezogene Kenntnisse zu generieren. Diese Länderanalyse reduziert die durch die Internationalisierungsprozesse gestiegene Komplexität und erleichtert so die Arbeit von Führung und Überwachung der Unternehmen.[112]

[112] Vgl. Ronen/ Shenkar (1985), S. 435 ff.

Abschließend sei auf die Unterscheidung zwischen Kultur und Nation hingewiesen. Grundsätzlich sind beide nicht gleichzusetzen, da auch innerhalb einer Nation Subkulturen existieren können, die divergierende Denk- und Verhaltensmuster aufweisen.[113] Die Nation fungiert in diesem Kontext dann als eine von vielen kulturellen Ebenen.[114] Die Nationalität wiederum weist in Untersuchungen, die auf kulturelle Eigenschaften abstellen, einige Vorteile auf. Das Konstrukt ist analytisch verwendbar und repräsentiert Werte, Kognitionen, Normen und Einstellungen von Individuen, die sich in sichtbarem Verhalten aber auch in der Sprache widerspiegeln. So zählen z.B. die Kulturdimensionen zu den wichtigsten theoretischen Werthaltungen. Im Vergleich zur Ethnizität ist das Konstrukt Nationalität leichter zu operationalisieren und auf seine Auswirkungen hin zu untersuchen. Ferner können Personen innerhalb einer Gruppe durchaus dieselbe Nationalität aufweisen, aber unterschiedlicher ethnischer Herkunft sein.[115] Es existieren multi-kulturelle Staaten, wie z.B. die Schweiz und Kanada, die in der wissenschaftlichen Literatur zwar je einer bestimmten Ländergruppe zugewiesen werden, aber dennoch mehrere kulturelle Subgruppen umfassen, so dass der Pass eines Menschen nicht unbedingt seine kulturelle Prägung widerspiegelt. Demnach müsse, so Hofstede und Hofstede, die Nationalität als Untersuchungsgegenstand mit Vorsicht behandelt werden.[116] Kultur wird jedoch oft im institutionellen Sinne verwandt, indem auf „eine ganz konkrete, real existierende, soziale Gemeinschaft“[117] abgestellt wird. In diesem Zusammenhang wird zumeist eine Beschränkung auf National- bzw. Landeskulturen vorgenommen, also Landes- mit Kulturgrenzen gleichgesetzt.[118] Dies ist nach Hofstede und Hofstede zu rechtfertigen, da zum einen innerhalb dieser Grenzen starke kohäsive Kräfte wirken, die eine Gemeinschaft formen, und zum anderen forschungspraktische Überlegungen eine Gleichsetzung erfordern.[119] Demnach bezieht sich im Rahmen dieser Arbeit der Begriff Kultur auf die Landeskultur ohne Berücksichtigung von Subgruppen.[120]

---

[113] Vgl. Rehner (2006), S. 360; vgl. Hofstede/ Hofstede (2005), S. 18; vgl. Weiser (2004), S. 113; vgl. Tayeb (2003), S. 12; vgl. Brück (2002), S. 16; vgl. Nass (1998), S. 19; vgl. Ronen/ Shenkar (1985), S. 441.

[114] Vgl. Rehner (2006), S. 359.

[115] Vgl. Caligiuri/ Lazarova/ Zehetbauer (2004), S. 851; vgl. Heijltjes/ Olie/ Glunk (2003), S. 90; vgl. Hambrick et al. (1998), S. 183 ff.

[116] Vgl. Hofstede/ Hofstede (2005), S. 19.

[117] von Keller (1982), S. 119.

[118] Vgl. Tayeb (2003), S. 11; vgl. Brück (2002), S. 15.

[119] Vgl. Hofstede/ Hofstede (2005), S. 19.

[120] Vgl. Podsiadlowski (2002a), S. 38 f.; vgl. Weiser (2004), S. 113. Eine ausführliche Beschreibung des Zusammenhangs zwischen Nation und Kultur bzw. den Ursprüngen nationaler Kulturen findet sich bei Rehner (2006), S. 349 ff. und bei Tayeb (2003), S. 11 ff.

2.3 Corporate Governance als Ordnungsrahmen für Führung und Überwachung von Unternehmen

Der aus dem angloamerikanischen Sprachraum stammende Begriff Corporate Governance wird seit den 1930er-Jahren in verschiedenen Disziplinen, wie z.B. der Betriebswirtschaftslehre, der Rechtswissenschaft aber auch der Soziologie, erörtert. Er hat sich in den 1990er-Jahren zunächst in den USA, dann zunehmend in Europa und Asien zu einem zentralen Thema in Wissenschaft, Wirtschaft, Politik und Gesellschaft entwickelt.[121] Nähert man sich dem Phänomen Corporate Governance begrifflich, sieht man sich mit einem sowohl sprachlichen als auch inhaltlichen Pluralismus konfrontiert.[122] In Anlehnung an zahlreiche Begriffsbestimmungen wird für die vorliegende Untersuchung folgende Arbeitsdefinition formuliert: Corporate Governance setzt sich mit der Ausgestaltung und Implementierung von Führungs- und Überwachungsstrukturen einer Unternehmung sowie deren Einbettung in eine komplexe Unternehmensumwelt auseinander.[123] Abbildung 8 stellt die Komplexität und den Facettenreichtum des Forschungsfeldes dar. Im Fokus der hier vorgenommenen Analyse stehen die Charakteristika von Boards sowie die nationalen und internationalen Einflussfaktoren.

Die Corporate Governance stellt den Ordnungsrahmen für die Ausgestaltung von Führung und Überwachung in einer Unternehmung dar. Die Notwendigkeit eines derartigen Ordnungsrahmens ist durch die bereits von Berle und Means konstatierte Trennung von Eigentum und Verfügungsrechten in der Aktiengesellschaft begründet. Die Eigentümer, hier die Aktionäre, übertragen die Aufgabe der Unternehmensführung an spezialisierte Manager, da sie selbst diese Funktion aufgrund der breiten Kapitalstreuung, der meist fehlenden fachlichen Kenntnisse und den mit der Überwachung verbundenen Kosten selbst nicht wahrnehmen wollen bzw. können.[124] Sie verhalten sich somit „rational apathisch".[125] Dieser geschäftsführenden steht in allen Corporate Governance-Systemen immer auch eine überwachende Instanz gegenüber.[126] Die Frage nach der Wahrnehmung der beiden Funktionen wird jedoch systemimmanent unterschiedlich beantwortet.[127] Dabei kann prinzi-

[121] Vgl. Perlitz/ Seger/ Becker (2006), S. 5; vgl. Burr et al. (2005), S. 43; vgl. Nassauer (2000), S. 1.
[122] Vgl. Perlitz/ Seger/ Becker (2006), S. 5; vgl. Burr et al. (2005), S. 43 f.; vgl. Macharzina/ Wolf (2005), 141.
[123] Vgl. Dillerup/ Stoi (2006), S. 98 f.; vgl. Perlitz/ Seger/ Becker (2006), S. 6.
[124] Vgl. Berle/ Means (1932), S. 9; vgl. Ridder-Aab (1980), S. 72 f. Ridder-Aab weist auf prohibitiv hohe Transaktionskosten einer aktiven Teilnahme an der Leitungs- und Kontrollfunktion hin. In diesem Zusammenhang spricht man vom sog. Collective Action Problem mit der Folge von Absentee Ownership, d.h. dass die Eigentümer ihre Funktion nicht wahrnehmen. Diejenigen Aktionäre, die versuchen Überwachung auszuüben, verhalten sich im Interesse der Allgemeinheit, tragen jedoch einseitig die Kosten. Es besteht Anreiz zum Free Riding. Vgl. Seger (1997), S. 38; vgl. Martens (2000), S. 3; vgl. Leyens (2003), S. 62 f.
[125] Rössler (2001), S. 45 f.
[126] Vgl. Perlitz/ Seger/ Becker (2006), S. 12 ff.
[127] Vgl. Dillerup/ Stoi (2006), S. 96; vgl. Perlitz/ Seger/ Becker (2006), S. 14.

piell zwischen dem einstufigen (monistischen) und dem zweistufigen (dualistischen) Modell der Unternehmensverfassung, die den Agitationsrahmen bezüglich der Ziele, der Funktionen, der Organisation sowie der Rechte und Pflichten in Bezug auf die Spitzenverfassung einer Unternehmung bildet, unterschieden werden.[128]

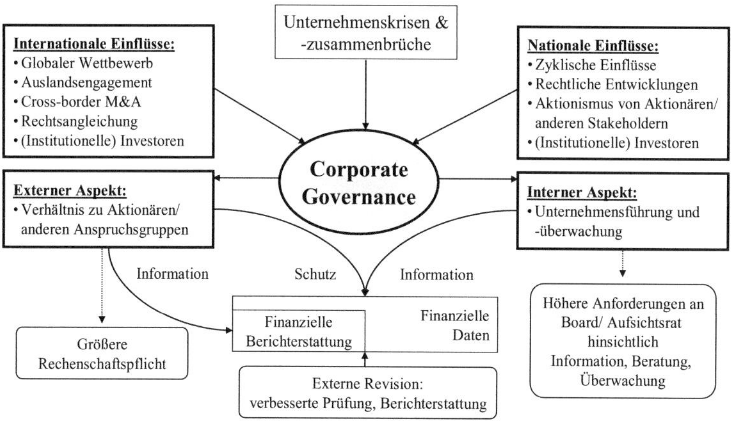

Abbildung 8: Einflussgrößen und Facetten der internationalen Corporate Governance
Quelle: Rössler (2001), S. 24 in Anlehnung an Achleitner (1995), S. 882 (modifiziert).

Der einstufige Systemansatz vereinigt de lege lata die Funktionen von Führung und Überwachung in einem Organ: dem Board. Er setzt sich zusammen aus geschäftsführenden Inside und überwachenden Outside Directors, die auch als Executive und Non-Executive Directors bezeichnet werden.[129] Die zahlenmäßig meist kleinere Gruppe der Inside Directors rekrutiert sich aus den ranghöchsten Managern (Officers) einer Aktiengesellschaft.[130] Bei den von der Anzahl i.d.R. dominierenden Outside Directors handelt es sich oft um ehemalige Spitzenführungskräfte anderer Unternehmen, die in keinem Beschäftigungsverhältnis zur Gesellschaft stehen.[131] Über die Struktur des Boards entscheidet im Grunde die Gesellschaft selbst, da rechtliche Vorschriften oft nicht existieren. Zwischen den Board-Sitzungen übernimmt häufig ein Executive Committee die Funktionen des Boards.[132] Als Prototyp des monistischen Systems gilt das U.S.-amerikanische Modell der

[128] Vgl. Kutschker/ Schmid (2008), S. 576; vgl. Gerum (2007), S. 26; vgl. Dillerup/ Stoi (2006), S. 97; vgl. Perlitz/ Seger/ Becker (2006), S. 14 ff.; vgl. Burr et al. (2005), S. 45; vgl. Böckli (2003), S. 205 ff.; vgl. Wymeersch (2003), S. 90 f.; vgl. Valcárel (2002), S. 148. Das einstufige (monistische) Modell der Spritzenverfassung wird auch als one-tier Modell, Board-Modell oder Vereinigungsmodell, das zweistufige (dualistische) als two-tier Modell, Vorstands-Aufsichtsrats-Modell oder Trennungsmodell bezeichnet.
[129] Vgl. Schmidt (2001), S. 50; vgl. Theisen (2002), S. 10.
[130] Vgl. Perlitz/ Seger/ Becker (2006), S. 57.
[131] Vgl. Kindler (1997), S. 34 ff.
[132] Vgl. Schneider-Lenné (1995), S. 35.

Spitzenverfassung. Daher wird das zugrundeliegende Corporate Governance-System auch als angelsächsisches Modell tituliert.

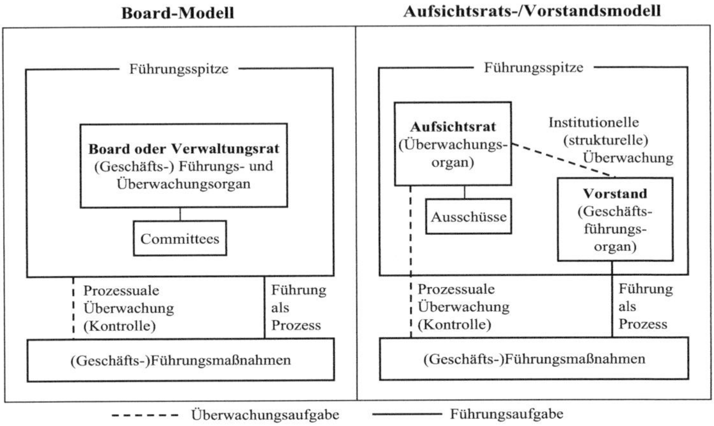

Abbildung 9: Einstufiges und zweistufiges Modell der Spitzenverfassung
Quelle: In Anlehnung an Müller-Stewens/ Lechner (2003), S. 498 (modifiziert).

Demgegenüber sind die beiden Funktionen im zweistufigen Modell auf zwei Organe verteilt. Für diesen Ansatz steht exemplarisch das deutsche Aufsichtsrats-/Vorstandsmodell, das demnach auch als rheinländisches Modell bezeichnet wird. Hier übernimmt der Vorstand die geschäftsführende Funktion, während der Aufsichtsrat, dem keine Mitglieder der Geschäftsführung angehören dürfen, die Geschäftsführung überwachen soll. Das einstufige und zweistufige Modell ist in Abbildung 9 gegenübergestellt. Sowohl das Board als auch der Aufsichtsrat nutzen Ausschüsse (Committees) zur Unterstützung ihrer Arbeit.[133] In Anlehnung an die Definition der OECD wird der Aufsichtsrat im dualistischen Modell als Board betrachtet.

Im internationalen Vergleich zeigen sich Unterschiede in der Ausgestaltung der Corporate Governance-Systeme, was z.T. mit der Pfadabhängigkeit der Systeme, d.h. divergierenden historischen, sozioökonomischen, soziokulturellen und rechtlichen Rahmenbedingungen, erklärt wird. Monistische Systeme werden mit einer dominanten Orientierung in Richtung Shareholder Value, Outsider und Kapitalmarkt assoziiert. Dies bedeutet, dass die Überwachung der Geschäftsführung in erster Linie dem informationseffizienten Kapitalmarkt zugeschrieben wird, durch den auch die Finanzierungsbedürfnisse der Aktiengesellschaften sichergestellt werden. Demnach stehen die Kapitalinte-

[133] Vgl. Dillerup/ Stoi (2006), S. 100; vgl. Perlitz/ Seger/ Becker (2006), S. 15 ff.; vgl. Burr et al. (2005), S. 60 ff.; vgl. Dutzi (2005), S. 26 ff.; vgl. Koen (2005), S. 256. Häufig wird in der Literatur noch das Verwaltungsratsmodell angeführt. Da dieses jedoch de lege lata als monistisches System eingestuft werden kann, wird es an dieser Stelle nicht gesondert vorgestellt. Vgl. dazu Hauser/ Brauchlin (2004) S. 119.

ressen im Vordergrund. Aktionäre können durch den Verkauf ihrer Aktien, der sog. Exit-Option, fehlerhaftes Managementverhalten sanktionieren. Der einzelne Aktionär und die Arbeitnehmer fungieren als Outsider, da sie die Überwachung des Managements anonymen Marktmechanismen überlassen müssen. Der Aktienbesitz ist breit gestreut, die Bedeutung institutioneller Investoren hoch und Unternehmensübernahmen ein wichtiger Kontrollmechanismus.[134]

Anders die dualistischen Systeme. Diese werden mit einer stärkeren Stakeholder-, Insider- und Banken-Orientierung verbunden. Demnach erfolgt die Überwachung der Geschäftsführung in erster Linie durch den Board als Insider, die direkt intervenieren können. Dieses Überwachungskonstrukt bezeichnet man mit dem Begriff der sog. Voice-Option. Die Banken fungieren als Finanzierungspartner der Unternehmen und entsenden z.T. ihre Vertreter in die Boards der Unternehmen, die dort die Interessen der Kapitalgeber wahrnehmen können. Der Aktienbesitz gilt als weitgehend konzentriert, im Zeitverlauf stabil und eher strategisch ausgerichtet. Das Management selbst orientiert sich an den Interessen mehrerer Anspruchsgruppen, den sog. Stakeholdern. Dazu zählen z.B. die Mitarbeiter und die Gesellschaft, aber zunehmend auch die Aktionäre.[135]

Hinsichtlich des rechtlichen Rahmens der Corporate Governance kann zwischen den zwei grundlegenden Rechtskreisen des Civil Law und des Common Law unterschieden werden. Das Civil Law umfasst den kontinentaleuropäischen und das Common Law den angloamerikanischen Rechtskreis. Während sich ersteres stärker auf Gesetze stützt, fokussiert sich letzteres stärker auf die Rechtsprechung der Vergangenheit und wird mit stärkerem Investorenschutz assoziiert.[136]

Systemkriterien	**Outsider-System**	**Insider-System**
Steuerung und Überwachung	Marktmechanismen	Netzwerke
- Ausrichtung	interessenmonistisch	interessenpluralistisch
Finanzsystem	kapitalmarktorientiert	bankenorientiert
- Eigentümerstruktur	breit gestreut	konzentriert
- Kapitalmärkte	sehr liquide	wenig liquide
- Finanzbeziehungen	eher kurzfristige Bindungen	langfristige Bindungen
Rechtssystem	kapitalmarktrechtlicher Fokus	gesellschaftsrechtlicher Fokus
- Schutzinteresse	Anlegerschutz	Gläubigerschutz
- Publizitätsvorschriften	hohe Transparenz	geringe Transparenz

Tabelle 3: Outsider- und Insider-System der Corporate Governance
Quelle: Dutzi (2005), S. 25.

134 Vgl. Kutschker/ Schmid (2008), S. 576 ff.; vgl. Clarke (2007), S. 37, S. 48; vgl. Perlitz/ Seger/ Becker (2006), S. 24 f., S. 97 ff.; vgl. Dutzi (2005), S. 12 ff.; vgl. Licht (2001), S. 149 ff.

135 Vgl. Edmans/ Manso (2008), S. 1 ff.; vgl. Kutschker/ Schmid (2008), S. 576 ff.; vgl. Clarke (2007), S. 37, S. 48; vgl. Gerum (2007), S. 25 ff., S. 36 ff.; vgl. Perlitz/ Seger/ Becker (2006), S. 24 f., S. 97 ff.; vgl. Dutzi (2005), S. 12 ff.; vgl. Koen (2005), S. 256; vgl. Macharzina/ Wolf (2005), S. 170; vgl. Böckli (2003), S. 208 f.; vgl. Franks/ Meyer (2001), S. 943 ff.; vgl. Licht (2001), S. 149 ff.; vgl. Watrin (2001), S. 20 ff.; vgl. Jürgens et al. (2000), S. 1.

136 Vgl. Gerum (2007), S. 21; vgl. Rubin (2004), S. 1 ff.; vgl. LaPorta et al. (1998), S. 1113 ff.

Aus praktischer Sicht müssen bezüglich der zwei Systemansätze einige Anmerkungen gemacht werden. Zum einen könnte aus Sicht der Managementlehre im Hinblick auf die Spitzenverfassung unterstellt werden, dass es eigentlich gar keine monistisch ausgestalteten Systeme gibt, sondern die Unterscheidung zwischen den Systemen eher eine rechtswissenschaftliche Diskussion ist. Dies lässt sich damit begründen, dass die operative Führung im Alltagsgeschäft immer auf eine Gruppe von Managern außerhalb der Boards, z.B. einem Executive Committee, übertragen wird. Auch die Geschäftsberichte unterscheiden in monistischen Systemen häufig zwischen Executive Officers, Executive Management oder Corporate Officers und dem Board. Zum anderen verdeutlicht der inhaltliche Funktionswandel des Boards im monistischen System hin zu einem stärker überwachenden Organ die Dynamik von Corporate Governance-Systemen. Dazu zählt u.a. die zunehmende Auflösung der Personalunion zwischen dem Vorsitzenden des Boards und dem CEO in angloamerikanischen Aktiengesellschaften. Aber auch die zentralen prototypischen Charakteristika der Corporate Governance-Systeme sind einem Wandel unterworfen. So ist bspw. für die stärker auf die Stakeholder ausgerichteten Systeme ein Bedeutungszuwachs des Shareholder Value-Denkens zu konstatieren.[137]

Betrachtet man die organisatorische Ausgestaltung der Spitzenverfassungen so wird deutlich, dass der Board im Zentrum der Corporate Governance-Diskussion steht und die Zukunft eines Unternehmens maßgeblich mitbestimmt.[138] Die bezüglich des Organs im Rahmen dieser Arbeit gewählte Begriffsdefinition erfasst alle Direktoren im Organ mit Ausnahme der Arbeitnehmervertreter in den mitbestimmten Corporate Governance-Systemen. Für diese Vorgehensweise lässt sich folgende Begründungen anführen: Die Gleichsetzung des Board mit dem Aufsichtsrat hat ihren Ursprung im Bedeutungswandel der Board-Funktion. So hat sich letzteres sukzessive zu einem Überwachungsorgan mit weitem rechtlichen Spielraum jedoch ohne eine kodifizierte Funktionsartikulation, wie sie z.B. für den deutschen Aufsichtsrat in Form des § 111 AktG existiert, gewandelt.[139] Auch wenn einige wenige geschäftsführende Direktoren (sog. Executive Directors) Mitglieder des Boards sind, können die Aufgaben, bestärkt durch die Delegation der operativen Geschäftsführung an Ausschüsse und sog. Officers außerhalb des Boards, als verwandt betrachtet werden.[140] Die Berücksichtigung der Inside Directors im Board kann zum einen dadurch gerechtfertigt werden, dass der Entscheidungsfindungsprozess das Board in seiner Gesamtheit erfasst und zum anderen,

[137] Vgl. Perlitz/ Seger/ Becker (2006), S. 97 ff.
[138] Vgl. Clarke (2007), S. 33; vgl. Finkelstein/ Hambrick (1996), S. 222.
[139] Vgl. Perlitz/ Seger/ Becker (2006), S. 35; vgl. Dutzi (2005), S. 28; vgl. Macharzina/ Wolf (2005), S. 174; vgl. Böckli (2003), S. 216; vgl. Oetker (2003), S. 265 f.; vgl. Peltzer (2003), S. 224; vgl. von Werder (2003b), S. 20; vgl. Kindler (1997), S. 51.
[140] Vgl. Dillerup/ Stoi (2006), S. 100; vgl. Burr et al. (2005), S. 66; vgl. Böckli (2003), S. 209.

dass durch die Berufung ehemaliger Manager oder Vorstandsvorsitzender in den Aufsichtsrat desselben Unternehmens auch Insider eine gewisse Rolle spielen und den Entscheidungsfindungsprozess beeinflussen dürften.[141] Den Ausschluss von Arbeitnehmervertretern, also die Ausklammerung der Mitbestimmung, lässt sich theoretisch mit der Machtkonstellation, z.B. im deutschen Aufsichtsrat, begründen.[142] Macht, so Max Weber, ist „die Chance innerhalb einer sozialen Beziehung den eigenen Willen [...] auch gegen den Widerstand anderer durchzusetzen, gleichwohl worauf diese Chance beruht."[143] Bezogen auf wirtschaftliche Zusammenhänge bedeutet dies, dass ein Wirtschaftssubjekt in der Lage ist, ein anderes Wirtschaftssubjekt in Richtung seiner Interessenlage zu beeinflussen, wobei alleine die Fähigkeit dies zu tun, ausschlaggebend ist.[144] Diese Machtkonstellation drückt sich z.B. indirekt auch in der deutschen Mitbestimmungsgesetzgebung aus. So hat der Gesetzgeber die Mitbestimmung derart gestaltet, dass gegen die Kapitalseite im Aufsichtsrat im Grunde genommen keine Entscheidungen getroffen werden können.[145] Auch in Österreich dominieren die Kapitalvertreter. So sind die Arbeitnehmer lediglich berechtigt, ein Drittel der Sitze im Aufsichtsrat und den Ausschüssen zu besetzen. Von daher kann nicht von einer starken Machtstellung der Arbeitnehmer im Weberschen Sinne ausgegangen werden.[146]

Die Frage nach den Funktionen bzw. den Aufgaben, die Boards zu erfüllen haben, kann im Sinne einer vergleichenden Corporate Governance-Forschung nur auf aggregierter Ebene beantwortet werden. So sind z.B. die Aufgaben des deutschen Aufsichtsrates rechtlich definiert wohingegen die Funktionsspezifikation der U.S.-amerikanischen Boards auf der Rechtslage in den einzelnen U.S.-Staaten beruht und mit einem breiten Spielraum für die Unternehmen ausgestaltet ist. Die im Folgenden vorgenommene synthetisierende Darstellung der Funktionen bzw. Aufgaben bezieht sich auf zahlreiche Quellen, die die Rolle des Boards in unterschiedlichen Ländern umfassen. Dies bedeutet jedoch auch, dass zwischen den Corporate Governance-Systemen bzw. den im Rahmen dieser Arbeit erfassten Ländern Unterschiede hinsichtlich der Aufgabengewichtung bestehen.

---

141 Vgl. Perlitz/ Seger/ Becker (2006), S. 44.

142 Im Sinne eines Stakeholder-Ansatzes sehen neben Deutschland auch Österreich, Schweden, Norwegen und Dänemark die Berücksichtigung von Arbeitnehmerinteressen im Board vor. In Deutschland können je nach Mitbestimmungsgesetzgebung bis zu 50 % der Sitze im Aufsichtsrat mit Arbeitnehmern besetzt werden. In Österreich, Schweden, Norwegen und Dänemark können bis zu einem Drittel der Sitze im Organ mit Arbeitnehmervertretern besetzt werden. Vgl. Sinani et al. (2008), S. 33; vgl. Österreichischer Arbeitskreis für Corporate Governance (2007), Pkt. 59; vgl. Perlitz/ Seger/ Becker (2006), S. 38; vgl. Randøy/ Thomsen/ Oxelheim (2006), S. 10; vgl. Macharzina/ Wolf (2005), S. 170; vgl. Altmeyer (2003), S. 66; vgl. Gohde (2003), S. 61 f.

143 Weber (1964), S. 678.

144 Vgl. Seger (1997), S. 8 f.

145 Vgl. Gerum (2000), S. 259 ff.

146 Vgl. Österreichischer Arbeitskreis für Corporate Governance (2007), Pkt. 59. Ferner ist die Besetzung der Arbeitnehmervertreter i.d.R. gesetzlich determiniert, so dass keine „instrinsisch motivierte" Besetzung mit ausländischen Mandatsträgern zu erwarten ist.

Die Personal- und Überwachungsfunktion kommt in der Bestellung und Entlastung des Top Managements, der Regelung von Vergütungsfragen und der Überwachung des Top Managements zum Ausdruck. Ferner ist der Board mit der Überwachung des Risikomanagements, der Reportingsysteme und der Budgetplanung sowie der Genehmigung des Jahresabschlusses beauftragt. Eng mit der auf das Management bezogenen Überwachungsfunktion verbunden ist die Prüfung und Überwachung der strategischen Ausrichtung des Unternehmens. Damit geht häufig eine Beratungs- und Zustimmungsfunktion, die auch als Strategiefunktion bezeichnet wird, einher. So können erfahrene Board-Mitglieder das Management in schwierigen Entscheidungssituationen, so z.B. im Vorfeld von länderübergreifenden M&A-Wachstumsstrategien, beraten. Für konstitutive Entscheidungen ist in vielen Fällen die Zustimmung des Boards einzuholen. Dies gilt bspw. im Falle des deutschen Aufsichtsrates für den Katalog zustimmungspflichtiger Geschäfte. Der Board kann in seiner institutionellen Funktion als Schnittstelle zu und zugleich als Repräsentant von Stakeholdern innerhalb und außerhalb des Unternehmens fungieren. Insofern nimmt er eine Beziehungsfunktion war. Abschließend sei angemerkt, dass diese Aufgaben des Boards insbesondere in Krisenzeiten eine besondere Bedeutung erfahren, da in solchen Situationen zumeist der Board im Fokus des öffentlichen Interesses steht und das Management oft nicht mehr handlungsfähig ist.[147]

Neben der formalistischen Fragestellung nach den Funktionen und Aufgaben des Boards stellt sich aus wissenschaftlicher Sicht die Frage nach möglichen Auswirkungen der Board-Rollen für die Unternehmen. Diesbezüglich haben Finkelstein und Hambrick ein populäres Board-Modell entwickelt, das in Abbildung 10 dargestellt ist. Dieses Modell kann als zentraler Grundstein für die hier vorgelegte empirische Untersuchung angesehen werden.

Auf Basis der Überlegungen von Finkelstein und Hambrick kann festgehalten werden, dass die Zusammensetzung und die Struktur von Boards durch Einflussfaktoren bestimmt wird. Die Struktur und die Zusammensetzung wiederum beeinflussen die Ausübung der Überwachungsfunktion und das Verhalten der Boards, was sich in konkreten strategischen und personalpolitischen Maßnahmen ausdrückt. Letztendlich nehmen die Boards durch ihre Zusammensetzung und ihr Agieren im Unternehmen direkt und indirekt Einfluss auf den Unternehmenserfolg. Diese von Finkelstein und Hambrick auf Basis von Theorien und empirischen Untersuchungen entwickelte logische Kette ist der Leitfaden für die weiteren Überlegungen in der hier vorgelegten empirischen Analyse von Boards international agierender Unternehmen.

[147] Vgl. Clarke (2007), S. 33; vgl. Perlitz/ Seger/ Becker (2006), S. 23 ff.; vgl. Schmid/ Kretschmer (2005), S. 1 f.; vgl. Burr et al. (2005), S. 63; vgl. Albach (2003), S. 364 ff.; vgl. Feddersen (2003), S. 449 ff.; vgl. Kindler (1997), S. 66; vgl. Finkelstein/ Hambrick (1996), S. 209 ff., S. 222.

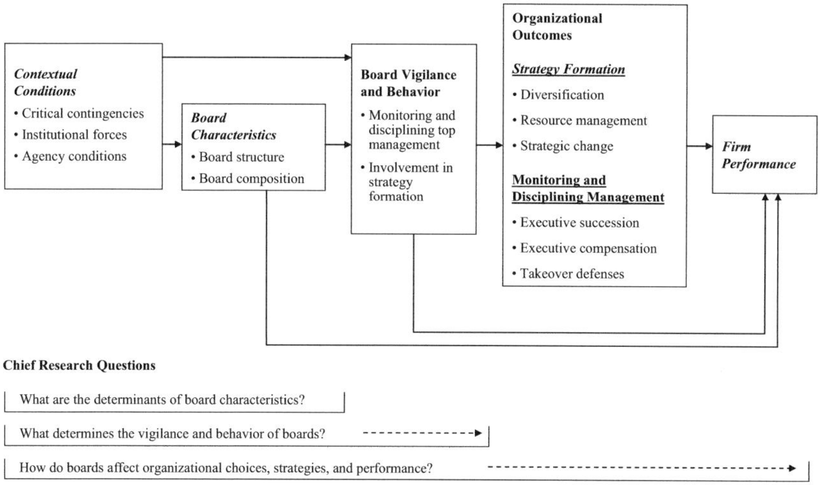

Abbildung 10: Board-Modell nach Finkelstein und Hambrick
Quelle: Finkelstein/ Hambrick (1996), S. 211.

Der neben den konzeptionellen Grundlagen, wie sie in der Globalisierung, der Internationalisierung, der Kulturvergleichenden Managementforschung und der Corporate Governance zum Ausdruck kommen, herangezogene theoretische Analyserahmen wird im folgenden Abschnitt dargestellt.[148]

2.4 Funktionen und Zusammensetzung von Boards aus theoretisch-konzeptioneller Sicht

Zur Analyse der internationalen und interkulturellen Zusammensetzung von Boards, insbesondere hinsichtlich der strategischen und erfolgbezogenen Konsequenzen, werden ökonomische Theorien und sozialpsychologische Erkenntnisse der Gruppenforschung zu einem interdisziplinären Erklärungsansatz zusammengefasst. Dieser theoretisch-konzeptionelle Analyserahmen ist in Abbildung 11 dargestellt.

Ausgangspunkt der Überlegungen ist die Vorstellung von Unternehmen als offene, dynamische Systeme, die mit ihrer Umwelt interagieren müssen (Kontingenzansatz). In diesem Zusammenhang werden Unternehmen nicht als technokratisch-mechanische Konstrukte, sondern vielmehr als Koalition von Individuen betrachtet, die mit z.T. divergierenden Interessenlagen und Zielsetzungen in Verhandlungsprozessen Entscheidungen herbeiführen, die sich wiederum auf das Unternehmen als

[148] Vgl. Finkelstein/ Hambrick (1996), S. 209 ff.

Ganzes auswirken (Verhaltenswissenschaftliche Theorie der Unternehmung). An dieser Stelle wird die besondere Bedeutung von Individuen für Unternehmen deutlich.

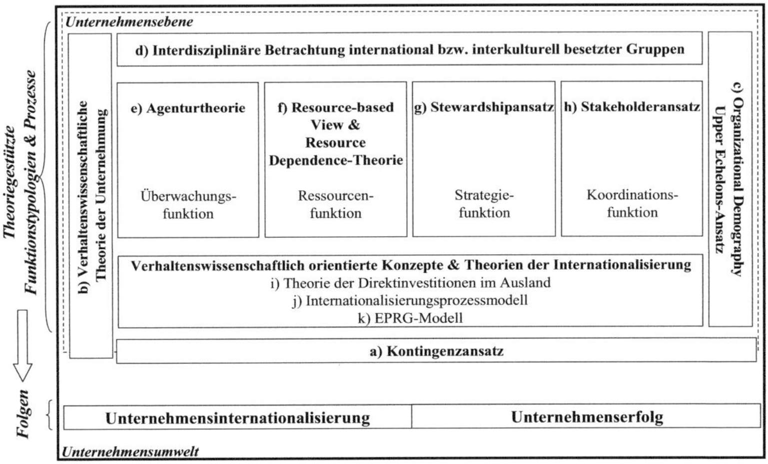

Abbildung 11: Theoretisch-konzeptioneller Analyserahmen
Quelle: Eigene Darstellung.

Diese Überlegung der Beeinflussung der Unternehmensentwicklung, der sog. organizational outcomes, durch die innerhalb des Unternehmens auf Ebene des Top Managements agierenden Personen und deren demographische Merkmale, ist Gegenstand des auf dem Organizational Demography-Ansatz beruhenden Upper Echelons-Paradigmas. Durch die Betrachtung demographischer Merkmale und deren Auswirkungen hinsichtlich der Zusammenarbeit in diesbezüglich heterogen besetzten Teams gewinnt die Beachtung sozialpsychologischer Erkenntnisse der Gruppenforschung an Bedeutung. Verlagert man die Betrachtungsebene des Upper Echelons-Ansatzes im Sinne von Finkelstein und Hambrick auf die Ebene des Boards, so stellt sich zum einen die Frage welche Funktionen der Board aus theoretischer Sicht ausübt und zum anderen wie sich die Heterogenität bzw. Diversität in der Board-Zusammensetzung auf die Arbeitsweise des Organs und dessen Entscheidungsfindungsprozesse auswirkt. Aus theoretischer Sicht nimmt der Board vier zentrale Funktionen wahr, die im Zusammenhang mit den kontingenztheoretischen Überlegungen stehen.[149] Gemäß den Ausführungen von Hillman, Harris und Canella kann zwischen einer „agency or control role“, einer „resource-dependence role“ und einer „expertise or strategy role“ unterschieden werden.[150] Kreitmeier ergänzt diese Auflistung um eine sog. „Coordinating Role“.[151] Diesen gleichzei-

[149] Vgl. Dutzi (2005), S. 133 f.
[150] Hillman/ Harris/ Cannella (2002), S. 92.
[151] Kreitmeier (2001), S. 45.

tig vom Organ zu erfüllenden Rollen- bzw. Funktionstypologien liegen jeweils unterschiedliche theoretische Perspektiven zu Grunde, die erst durch eine Synthetisierung ein Gesamtverständnis der Board-Funktionen liefern.[152] Im Folgenden wird auf die Funktionen und Theorien näher eingegangen. Dabei handelt es sich aus der Perspektive der Agenturtheorie zunächst um die Überwachungsfunktion. Die Ressourcenfunktion des Boards kommt in den beiden ressourcenorientierten Theorieansätzen zum Ausdruck. Der Stewardshipansatz stellt das theoretische Fundament der Beratungs- bzw. Strategiefunktion des Boards dar. Die Aufgabe der Koordination lässt sich aus dem Stakeholderansatz ableiten. Diese Funktionen beinhalten auch Implikationen im Hinblick auf die Internationalisierungsstrategie und den Unternehmenserfolg.

Bezüglich des Einflusses von Personen auf die Internationalisierungsstrategie eines Unternehmens lassen sich ferner die verhaltenswissenschaftlich geprägten Theorien und Konzepte der Internationalisierung anführen (Theorie der Direktinvestition im Ausland, Uppsala Schule, EPRG-Modell), so dass auch diese in den Theoriekranz zur Analyse der Auswirkungen international respektive interkulturell besetzter Boards zu integrieren sind. Im Folgenden werden die Theorien und deren zentrale Aussagen kurz dargestellt. Dies dient als Basis für die Modellentwicklung und die Hypothesengenerierung.

a) Kontingenzansatz

Der in den 1960er- und 1970er-Jahren entwickelte Kontingenzansatz, auch als Situationsansatz oder situativer Ansatz bezeichnet, fußt auf dem Systemansatz, der Unternehmen als offene, sozio-technische Systeme betrachtet.[153] Bedeutende Vertreter dieses Ansatzes sind Woodward, Burns und Stalker, Lawrence und Lorsch sowie Pugh und Hickson.[154] Kreikebaum, Gilbert und Reinhard fassen die zentrale Zielsetzung des Kontingenzansatzes wie folgt zusammen: „Die Kontingenztheorie versucht, empirisch gehaltvolle Aussagen über die Beziehung zwischen Situationsbedingungen, Organisationsstrukturen, dem Verhalten der Organisationsmitglieder sowie dem Zielerfüllungsgrad der Organisation zu entwickeln."[155] Dabei wird unter dem Situationsbegriff „die Gesamtheit der objektiv herrschenden und der von den handelnden Individuen wahrgenommenen und erlebten Handlungsbedingungen"[156] verstanden. Die externe Situation umfasst z.B. Branchencharakteristika

---

[152] Vgl. Clarke (2007), S. 29.

[153] Vgl. Macharzina/ Wolf (2005), S. 71 ff.; vgl. Kreikebaum/ Gilbert/ Reinhardt (2002), S. 22.

[154] Vgl. Kreikebaum/ Gilbert/ Reinhardt (2002), S. 22; vgl. Pugh/ Hickson (1976); vgl. Lawrence/ Lorsch (1967); vgl. Woodward (1965); vgl. Burns/ Stalker (1961); vgl. Woodward (1958). Für eine Übersicht über bekannte kontingenztheoretisch basierte Forschung vgl. Kieser (2001), S. 169 ff.; vgl. Frese (2000), S. 447 ff.; vgl. Wollnik (1980), S. 598 ff.; vgl. Khandwalla (1977), S. 237 ff.

[155] Kreikebaum/ Gilbert/ Reinhardt (2002), S. 22.

[156] Staehle (1991), S. 178.

oder das marktliche Umfeld, die interne Situation z.B. die Unternehmensgröße oder die Rechtsform.[157] Der Systembegriff kann aus der Systemtheorie übernommen werden und bezeichnet demnach eine Organisationsform von interdependenten, interagierenden Elementen, deren gemeinsamer Output im Vergleich zum isolierten Agieren jedes einzelnen Elementes größer ist.[158] Der Ansatz kann als Antwort auf die Kritik, der Systemansatz sei zu allgemein, verstanden werden, da er die dynamischen Situationsbedingungen, mit denen sich Unternehmen konfrontiert sehen, aktiv aufgreift. Demnach ist wirkungsvolles unternehmerisches Handeln immer von spezifischen Kontextsituationen abhängig und divergiert entsprechend.[159] So sollten sich bspw. je nach kulturellem Hintergrund die jeweiligen Führungsstile in Auslandsgesellschaften unterscheiden. Es wird ersichtlich, wie auf Grundlage eines Stimulus-Response-Gedankens dieser Ansatz die Bedeutung interagierender externer und interner Faktoren der Unternehmensführung verbindet.[160] Die Anpassung der Organisation an die externen Stimuli erfolgt dabei jedoch nicht deterministisch, sondern variabel je nach Umweltsituation. Abbildung 12 bildet ein kontingenztheoretisches Basismodell schematisch ab.

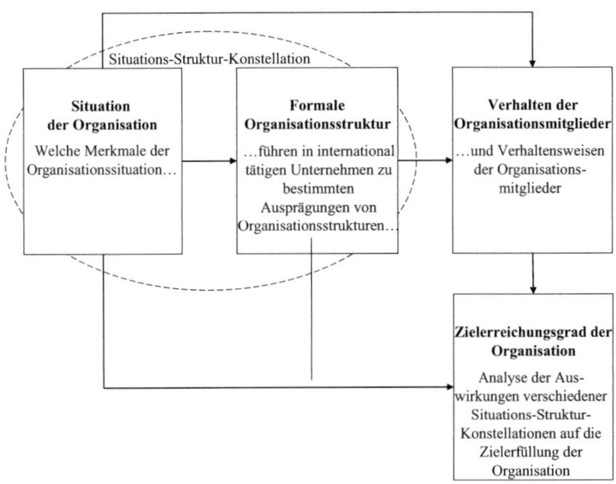

Abbildung 12: Kontingenztheoretisches Grundmodell
Quelle: Kreikebaum/ Gilbert/ Reinhard (2002), S. 24.

Die kontingenztheoretische Forschung formuliert drei zentrale Forschungsfragen: zum einen geht es um die Frage, welche Kontextfaktoren das Vorhandensein unterschiedlicher Gestaltungsformen er-

---

157 Vgl. Dutzi (2005), S. 133.

158 Vgl. Khandwalla (1977), S. 223 f.

159 Vgl. Dillerup/ Stoi (2006), S. 11; vgl. Macharzina/ Wolf (2005), S. 74 f.; vgl. Kreikebaum/ Gilbert/ Reinhardt (2002), S. 24; vgl. Donaldson (2001), S. 7.

160 Vgl. Macharzina/ Wolf (2005), S. 74.

klären können. Zum anderen werden unterschiedliche Operationalisierungsansätze hinsichtlich der Situationen und Gestaltungsformen diskutiert. Ferner werden unterschiedliche Unternehmens-Situations-Konstellationen auf ihre Erfolgswirksamkeit und damit auf ihre Effizienz hin analysiert.[161] Bezüglich der Operationalisierung von Situationen der Organisation können nach Kieser und Walgenbach interne Aspekte, wie z.B. „das Leistungsprogramm, die Größe der Organisation, die Fertigungs- und Informationstechnik, die Rechtsform und die Eigentumsverhältnisse“[162], sowie externe Aspekte, wie „die Konkurrenzverhältnisse, die Kundenstruktur oder die Dynamik der technischen Entwicklung“[163], berücksichtigt werden.

Die Fortführung der kontingenztheoretisch basierten Forschung, wie z.B. durch Thompson, Child und Mintzberg, bezieht ausdrücklich das Management als „explizite (intervenierende) Variable“[164] in das Modell ein und berücksichtigt somit auch einen möglichen Interessenpluralismus auf Seiten der Entscheidungsträger.[165] Auch die Board-Forschung fußt zu großen Teilen auf kontingenztheoretischen Überlegungen.[166] Der Kontingenzansatz bietet daher als offener und leicht zu verstehender Ansatz eine breite Anwendungsmöglichkeit.[167] Nach der Kontingenztheorie wird der mit der Unternehmung und der Umwelt interagierende Board als Spezifikum bzw. Charakteristikum von Organisationen betrachtet, das gemäß der Erweiterung des theoretischen Ansatzes ebenfalls als intervenierende Variable mit Bedeutung für die Organisationsentwicklung verstanden werden kann. Ferner sieht sich der Board mit dynamischen Umweltbedingungen, wie sie z.B. im Globalisierungs-, im Internationalisierungs- und im Kulturphänomen zum Ausdruck kommen, konfrontiert und muss darauf angemessen reagieren. Auch die rechtlichen und wirtschaftlichen sowie sozioökonomischen Rahmenbedingungen der Unternehmensumwelt, wie sie z.B. im Corporate Governance-System, der Marktgröße, der Branchenzugehörigkeit und dem Arbeitsmarkt für Direktoren zum Ausdruck kommen, beeinflussen den Board, seine Zusammensetzung und seine Arbeit.

[161] Vgl. Kieser/ Walgenbach (2007), S. 44; vgl. Macharzina/ Wolf (2005), S. 75; vgl. Kreikebaum/ Gilbert/ Reinhardt (2002), S. 24.
[162] Kieser/ Walgenbach (2007), S. 44.
[163] Kieser/ Walgenbach (2007), S. 44.
[164] Macharzina/ Wolf (2005), S. 76.
[165] Vgl. Kreikebaum/ Gilbert/ Reinhardt (2002), S. 25. Bezüglich der Weiterentwicklungen vgl. auch Mintzberg (1979), Child (1972) und Thompson (1967).
[166] Vgl. Dutzi (2005), S. 121.
[167] Vgl. Kieser/ Walgenbach (2007), S. 46.

b) Verhaltenswissenschaftliche Theorie der Unternehmung

Die Verhaltenswissenschaftliche Theorie der Unternehmung ist Bestandteil des Theoriegebäudes der Verhaltenswissenschaftlichen Entscheidungstheorie und geht auf den interdisziplinären Ansatz von Cyert und March „The Behavioral Theory of the Firm" zurück.[168] Es handelt sich um einen Theorieansatz, der das Treffen wirtschaftlicher Entscheidungen in Unternehmen zur Bestandssicherung in einer komplexen und dynamischen Umwelt thematisiert.[169] Unternehmensziele können dabei auf die Produktion, die Lagerhaltung, den Absatz, den Marktanteil sowie den Gewinn abstellen.[170] Diese Entscheidungen werden letztendlich nicht von der Organisation selbst, sondern von innerhalb der Unternehmen agierenden Individuen, die von ihrer Umwelt und der eigenen Persönlichkeit beeinflusst sind, getroffen.[171] Diese Individuen zeichnen sich i.d.R. durch divergierende Interessenlagen aus.[172] In Verhandlungsprozessen innerhalb dieser Koalition von unterschiedlichen Personen muss eine gemeinsame Entscheidung herbeigeführt werden.[173] Ein wesentliches Moment zur Durchsetzung individueller Interessen stellt die Macht der Akteure dar. Hinsichtlich der am Verhandlungsprozess Beteiligten wird von einer beschränkten Rationalität ausgegangen.[174] Dies bedeutet, dass die Individuen „(1) nur ein unvollständiges Wissen über jene Bedingungen haben, die die Konsequenzen der Entscheidungsalternativen beeinflussen, (2) nur begrenzt in der Lage sind, zukünftige Ereignisse ex ante zu bewerten, und (3) nicht fähig sind, alle Entscheidungsalternativen in Betracht zu ziehen."[175]

Der Prozess der Entscheidungsfindung kann hinsichtlich dreier theoretischer Kategorien untersucht werden. Dies sind zunächst die organisationalen Ziele, deren Beeinflussungsfaktoren (z.B. Organisationsmitglieder), deren Ursachen (z.B. organisationale Probleme) sowie die hinsichtlich der als wichtig erachteten Ziele postulierten Anspruchsniveaus.[176] Des Weiteren sind die organisationalen Erwartungen als Ergebnis der in der Organisation ablaufenden Prozesse von Informationssuche und -verarbeitung Gegenstand der Betrachtung. Die letzte der drei Sub-Theorien umfasst die sog. organisationalen Wahlakte, also die als Reaktion auf organisationale Probleme auf Basis von Verfahrensregeln identifizierten und hinsichtlich der Zielerreichung akzeptierten Alternativen. Bezüglich dieser drei theoretischen Kategorien entwickeln Cyert und March vier relationale Konzepte, die den

[168] Vgl. Kieser/ Walgenbach (2007), S. 40; vgl. Berger/ Bernhard-Mehlich (2006), S. 169; vgl. Carter (1971), S. 413.
[169] Vgl. Berger/ Bernhard-Mehlich (2006), S. 169; vgl. Carter (1971), S. 413.
[170] Vgl. Cyert/ March (1995), S. 46 ff.
[171] Vgl. Kieser/ Walgenbach (2007), S. 42 f.; vgl. Mahoney (2005), S. 34; vgl. Cyert/ March (1995), S. 45 ff.
[172] Vgl. Tacheva (2007), S. 5; vgl. Cyert/ March (1995), S. 156.
[173] Vgl. Berger/ Bernhard-Mehlich (2006), S. 183; vgl. Cyert/ March (1995), S. 48 f.; vgl. Carter (1971), S. 413.
[174] Vgl. Kieser/ Walgenbach (2007), S. 41; vgl. Berger/ Bernhard-Mehlich (2006), S. 177.
[175] Kieser/ Walgenbach (2007), S. 41.
[176] Vgl. Cyert/ March (1995), S. 156.

Kern des Entscheidungsfindungsprozesses ausmachen:[177] die Quasi-Lösung von Konflikten, die Vermeidung von Unsicherheit, die problemorientierte Suche und das organisationale Lernen. Die Quasi-Lösung von Konflikten fußt auf den zwischen den Individuen divergierenden Zielsetzungen.[178] Auf Basis einer lokalen Rationalität werden organisationale Probleme in Subprobleme zerlegt und gemäß des Prinzips der Satisfizierung eine befriedigende, aber nicht unbedingt optimale Problemlösung angestrebt, so dass es innerhalb einer Organisation verstärkt zu sequentiellen, z.T. konträren Zielverfolgungsprozessen kommt.[179] Eine komplexe und dynamische Umwelt führt zu einem gewissen Maß an Unsicherheit, die die Unternehmen und deren Akteure durch eine aktive Beeinflussung der Unternehmensumwelt zu vermeiden suchen, was zu einer verstärkten Fokussierung auf kurzfristige Probleme führen kann.[180] Diese Probleme stoßen ein auf einfachen Regeln basierendes problemorientiertes Suchverhalten nach simplen, bereits erprobten Lösungen an.[181] Wenn diese nicht zufriedenstellend sind, werden komplexere Entscheidungsregeln herangezogen und der Lösungsraum ausgeweitet.[182] Durch ein adaptives Anpassungsverhalten der Organisation in Bezug auf ihre Ziele, Auswahlregeln und Erfahrungen über eine Zeitspanne hinweg erfolgt organisationales Lernen.[183]

Bezogen auf den im Rahmen dieser Arbeit im Mittelpunkt stehenden Untersuchungsgegenstand der internationalen und interkulturellen Board-Zusammensetzung verdeutlicht die Verhaltenswissenschaftliche Theorie der Unternehmung die Bedeutung von Individuen innerhalb organisationaler Entscheidungsprozesse und damit auch für die Ergebnisse des Entscheidungsverhaltens. Die Board-Mitglieder können im Sinne dieser Theorie als aktive Akteure im organisationalen Zielbildungsprozess aufgefasst werden, die einen Beitrag zur Reduktion umweltinduzierter Unsicherheit leisten können.[184]

---

[177] Vgl. Mahoney (2005), S. 35; vgl. Cyert/ March (1995), S. 156 ff.

[178] Vgl. Cyert/ March (1995), S. 130, S. 157 ff.

[179] Vgl. Berger/ Bernhard-Mehlich (2006), S. 184 f.; vgl. Mahoney (2005), S. 36; vgl. Cyert/ March (1995), S. 91, S. 95, S. 157 ff.; vgl. Carter (1971), S. 414.

[180] Vgl. Berger/ Bernhard-Mehlich (2006), S. 185; vgl. Mahoney (2005), S. 36; vgl. Cyert/ March (1995), S. 160 ff.; vgl. Carter (1971), S. 414.

[181] Vgl. Berger/ Bernhard-Mehlich (2006), S. 185; vgl. Mahoney (2005), S. 36; vgl. Cyert/ March (1995), S. 118, S. 123 ff., S. 130, S. 162 ff.; vgl. Carter (1971), S. 414.

[182] Vgl. Berger/ Bernhard-Mehlich (2006), S. 185; vgl. Mahoney (2005), S. 36.

[183] Vgl. Berger/ Bernhard-Mehlich (2006), S. 185; vgl. Mahoney (2005), S. 38; vgl. Cyert/ March (1995), S. 164 ff.

[184] Vgl. Berger/ Bernhard-Mehlich (2006), S. 183.

c) Organizational Demography und Upper Echelons-Ansatz

Sowohl der Organisational Demography- als auch der Upper Echelons-Ansatz stehen in der Tradition der Verhaltenswissenschaftlichen Theorie der Unternehmung. Beide betrachten die auf Seiten der Individuen ablaufenden Prozesse und deren Auswirkungen für Organisationen.

Als Hauptwerk der Organisational Demography gilt der gleichnamige Aufsatz von Pfeffer aus dem Jahre 1983.[185] Sein Konzept begründet eine Forschungsrichtung, die sich mit der „Zusammensetzung des betrieblichen Personals nach sozialen Merkmalen“[186] auseinandersetzt und so die individuelle und die soziostrukturelle Ebene verknüpft.[187] Er leistet sowohl einen Beitrag zur Theoriebildung und -prüfung als auch für die praktische Gestaltung von Organisationen.[188] Ausgehend von der Betrachtung der Unternehmung als eine Art Miniaturgesellschaft, versucht dieser Ansatz die demographischen Strukturen von sozialen Gruppen darzustellen und die Folgen für die Unternehmen aufzuzeigen.[189] Der Begriff Demographie „refers to the composition, in terms of basic attributes such as age, sex, educational level, length of service or residence, race, and so forth of the social entity under study.“[190] Diese beobachtbaren Phänomene dienen der Beschreibung der personellen Zusammensetzung von Organisationen. Dabei spiegelt sich die Organisation in ihrer Gesamtheit in den Merkmalen der Individuen wider.[191] Pfeffer begründet die Vorteilhaftigkeit der Verwendung demographischer Merkmale wie folgt: „ [...] it has the benefit of being objectively measurable and, furthermore, being potentially able to account for a wide range of organizational behaviors and attitudes in a parsimonious and straightforward fashion.“[192] Diese demographischen Variablen fungieren somit als Indikatoren und Messgrößen für im Individuum ablaufende Prozesse, die für den Forscher eigentlich eine Black-Box darstellen. Sie werden demnach auch als Proxies bezeichnet.[193] Hinsichtlich der demographischen Merkmale fokussiert sich Pfeffer in seiner Analyse auf die Dauer der Betriebszugehörigkeit.[194] In diesem Zusammenhang konstatiert er, dass dieses Merkmal zum einen vom Wachstum der Organisation, der Technologie, der Personalpolitik und dem gewerkschaftlichen Organisationsgrad beeinflusst wird und sich zum anderen auf die Verwaltungseffizienz, die Kontrolle im Unternehmen, die Machtverteilung, den strategischen Wandel, die

[185] Vgl. Nienhüser (1991), S. 765.
[186] Nienhüser (1991), S. 765.
[187] Vgl. Wagner/ Pfeffer/ O'Reilly (1984), S. 75.
[188] Vgl. Nienhüser (1991), S. 765.
[189] Vgl. Nienhüser (1991), S. 763.
[190] Pfeffer (1983), S. 303.
[191] Vgl. Nienhüser (1991), S. 765; vgl. Pfeffer (1983), S. 303.
[192] Pfeffer (1983), S. 302.
[193] Vgl. Pfeffer (1983), S. 351.
[194] Vgl. Nienhüser (1991), S. 765.

Innovationsfähigkeit und den Unternehmenserfolg auswirkt.[195] Diese Überlegungen sind in Abbildung 13 dargestellt.

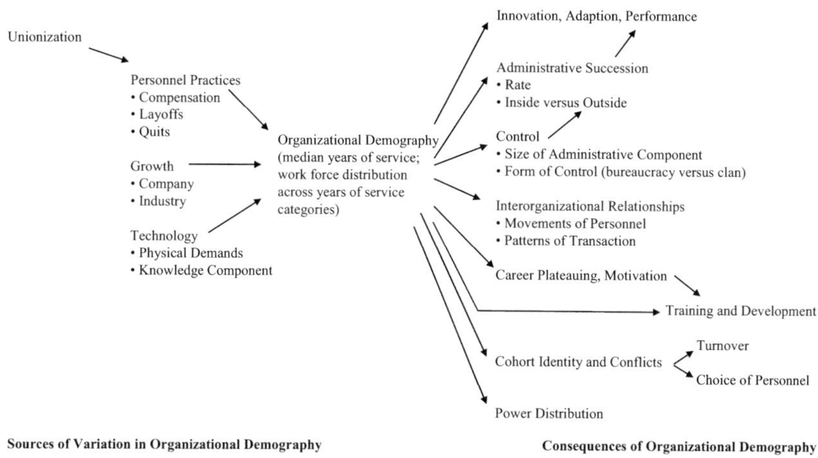

Abbildung 13: Quellen und Folgen von Organizational Demography
Quelle: Pfeffer (1983), S. 321 f.

Hinsichtlich des Gruppenverhaltens lässt sich in Anlehnung an das Modell der Gruppeneffizienz festhalten, dass demographische Merkmale über interne Prozesse Einfluss auf das Ergebnis der Gruppenarbeit und damit auch im weitesten Sinne auf den Unternehmenserfolg haben.[196] Für den Wissenschaftler verweist Pfeffer auf die Vorteilhaftigkeit solcher demographischer Größen innerhalb der empirischen Forschung. Diese Strukturvariablen erlauben die Aufstellung einfacher Modelle und seien leicht mess- und manipulierbar.[197] Intervenierende Größen, so z.B. mental ablaufende Prozesse, seien zwar zur theoretischen Fundierung von Hintergrundprozessen und zur Darstellung der Black-Box interessant, jedoch für eine empirische Analyse nicht zwingend erforderlich.[198]

Die besondere Leistung Pfeffers besteht in der Sensibilisierung der Forschung und Praxis für persönlichkeits- bzw. individuenbezogene Merkmale und deren Bedeutung für Organisationen.[199] Pfeffers Betonung der Wichtigkeit demographischer Merkmale und der Fokussierung auf Gruppenprozesse greifen Hambrick und Mason auf. Die Autoren führen den Organizational Demography

[195] Vgl. Pfeffer (1983), S. 320, S. 350.
[196] Vgl. Podsiadlowski (2002a), S. 75 ff.
[197] Vgl. Nienhüser (1991), S. 763; vgl. Pfeffer (1985), S. 68.
[198] Vgl. Nienhüser (1991), S. 765; vgl. Pfeffer (1985), S. 80.
[199] Vgl. Tasler (2001), S. 23.

Ansatz auf Ebene der Spitzenverfassung speziell für Top Management Teams als die „dominant coalition“[200] der Unternehmung fort und entwickeln den Upper Echelons-Ansatz, der die theoretische Basis der Top Management Team-Forschung darstellt.[201] Zur Beantwortung der Frage, warum Organisationen handeln wie sie handeln, wird das oberste Management Team und deren demographische Merkmale in den Mittelpunkt der Analyse gerückt. Dem Upper Echelons-Ansatz folgend, beeinflussen demographische Strukturmerkmale des Top Managements die Organisation als Ganzes: „organizational outcomes – strategic choices and performance levels – are partially predicted by managerial background characteristics.“[202] In den Upper Echelons-Charakteristika spiegeln sich wiederum interne und externe Kontingenzbeziehungen wider, so dass dieser Ansatz auch Kontextbedingungen berücksichtigt.[203] Abbildung 14 stellt die Upper Echelons-Perspektive graphisch dar.

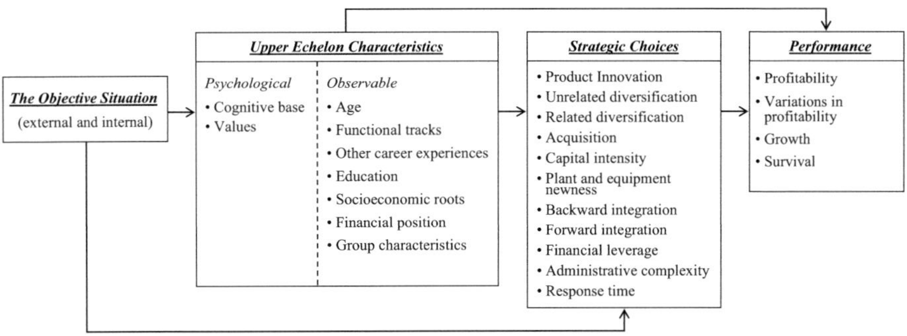

Abbildung 14: Upper Echelons-Perspektive der Organisation
Quelle: Hambrick/ Mason (1984), S. 198.

Der Ansatz greift die Sichtweise der Carnegie School[204] auf, nach der komplexe Entscheidungen größtenteils das Ergebnis von verhaltensbezogenen Faktoren und nicht von mechanistischen Abläufen sind.[205] Dabei ist dieses Entscheidungsverhalten geprägt von begrenzter Rationalität, vielschichtigen, konfligierenden Interessenlagen und zahlreichen Wahlmöglichkeiten – insbesondere im Falle von strategischen Entscheidungen.[206] Die verhaltensbezogenen Charakteristika kennzeichnen das Top Management der Unternehmung und drücken sich in nicht beobachtbaren psychologischen Konstrukten, wie der kognitiven Basis (Cognitive Base) und den Werthaltungen (Values), sowie beobachtbaren Aspekten, wie z.B. dem Alter, der ausgeübten Funktion, den Qualifika-

[200] Hambrick/ Mason (1984), S. 193.
[201] Vgl. Hambrick (2007), S. 334; vgl. Tasler (2001), S. 23, S. 25.
[202] Hambrick/ Mason (1984), S. 193.
[203] Vgl. Hambrick/ Mason (1984), S. 197.
[204] Bekannte Hauptvertreter sind u.a. Cyert/ March (1963) und March/ Simon (1958).
[205] Vgl. Hambrick/ Mason (1984), S. 194.
[206] Vgl. Hambrick (2007), S. 334; vgl. Hambrick/ Mason (1984), S. 194.

tionen, der sozioökonomischen Entwicklung etc., aus.[207] Die kognitive Basis, d.h. Wissen, Annahmen über zukünftige Handlungen, Entscheidungsalternativen und mögliche Konsequenzen sowie die Werthaltungen, d.h. die grundlegenden Prinzipien, die Entscheidungen eines Individuums im Hinblick auf unterschiedliche Entscheidungsalternativen und deren Konsequenzen beeinflussen, sind schwer zu erfassen. Daher werden diese innerhalb des Modells durch die beobachtbaren Charakteristika des Top Managements, die Bezug zu Einstellungen und kognitiven Prozessen haben, approximiert. Organisationale Ergebnisse werden als Folge von Werten und der kognitiven Basis mächtiger Akteure in der Organisation betrachtet. Somit können auch die nicht beobachtbaren Charakteristika als Determinanten für Strategie und Erfolg betrachtet werden.[208] Hambrick und Mason formulieren diesbezüglich: „relatively straightforward demographic data on managers may be potent predictors of strategies and performance levels."[209]

Diesbezüglich liegt es zum einen nahe, in Anlehnung an Finkelstein und Hambricks Forderung nach einer Erweiterung des Upper Echelons-Ansatzes in Richtung des Boards, und vor dem Hintergrund, dass Pettigrew die Analyse der Zusammensetzung von Boards der Top Management Team Forschung zuordnet, die vermuteten Zusammenhänge zwischen den Merkmalen des Top Managements und der Unternehmensstrategie sowie des Unternehmenserfolgs für das Board zu thematisieren.[210] Zum anderen erscheint es sinnvoll, die demographischen Charakteristika um die Aspekte Kultur und Nationalität zu erweitern, da diese die anderen Merkmale z.T. beeinflussen. Ferner können die im Modell aufgelisteten strategischen Ausprägungen um die Unternehmensinternationalisierung und die Performancemerkmale um den kapitalmarktorientierten Unternehmenserfolg ergänzt werden.

Das Aufgreifen psychologischer und beobachtbarer Merkmale der die Spitzenverfassung konstituierenden Gruppen leitet über zu der weiterführenden Überlegung nach den Konsequenzen unterschiedlicher Ausprägungen dieser Merkmale innerhalb in Bezug auf die Nationalität und kulturelle Herkunft der Mitglieder heterogen besetzter Gruppen und der Folgen für die Gruppenarbeit und das Gruppenergebnis. Diese Fragestellungen thematisiert der folgende Abschnitt.

---

[207] Vgl. Hambrick/ Mason (1984), S. 198.
[208] Vgl. Hambrick (2007), S. 335; vgl. Tasler (2001), S. 25; vgl. Knight et al. (1999), S. 447; vgl. Hambrick/ Mason (1984), S. 196.
[209] Hambrick/ Mason (1984), S. 204.
[210] Vgl. Keller (2003), S. 16; vgl. Finkelstein/ Hambrick (1996), S. 213; vgl. Pettigrew (1992), S. 164.

d) Interdisziplinäre Betrachtung international bzw. interkulturell besetzter Gruppen

Um den Anforderungen einer dynamischen globalisierten Wirtschaftswelt Rechnung zu tragen, ist die Zusammenarbeit in internationalen bzw. interkulturellen Teams üblich geworden.[211] In diesem Kontext stellt sich die Frage, was die Vor- und Nachteile sowie die Bedingungen für eine erfolgreiche Zusammenarbeit in diesen heterogen im Vergleich zu homogen besetzten Teams sind. Die Effektivität der Zusammenarbeit in heterogenen Teams ist nicht immer eindeutig. Der Möglichkeit, bessere Ergebnisse zu liefern, steht aufgrund von Konflikten und eines geringeren Gruppenzusammenhalts die Gefahr suboptimaler Ergebnisse gegenüber. Die Zusammensetzung ist dabei ein wesentlicher Inputfaktor für die Effektivität der Arbeit derartiger Gruppen.[212] Ferner spielen Moderatoren, wie die zu erfüllende Aufgabe, der Zeitaspekt und die Umweltbedingungen eine bedeutende Rolle für erfolgreiche Gruppenarbeit.[213] Die Erfolgswirkungen werden dabei sowohl auf den Gruppenerfolg, wie z.B. Zufriedenheit, Anzahl von Problemlösungen, Kommunikation und Gruppenbindung etc., als auch auf den organisationalen Erfolg, wie z.B. die Rentabilität, bezogen.[214]

Zur Auseinandersetzung mit diesen Fragestellungen werden in erster Linie Erkenntnisse der Gruppenforschung, bspw. aus der Sozial- und Organisationspsychologie, sowie der Kulturforschung, z.B. der kulturvergleichenden Psychologie und interkulturellen Kommunikation, herangezogen.[215] Es muss jedoch darauf hingewiesen werden, dass die Diversitätsmerkmale Nationalität und Kultur in der Psychologie erst seit den 1990er-Jahren in Form von Labor- und vor allem in den USA durchgeführten Feldstudien langsam eine größere Aufmerksamkeit erfahren haben.[216] Daher sind die bisherigen allgemeinen Erkenntnisse und Wirkungsmechanismen der vielschichtigen Diversitätsforschung auf die international bzw. interkulturell zusammengesetzten Teams und deren Zusammenarbeit zu übertragen.[217] Grundsätzlich kann Heterogenität von Nationen und Kulturen auch als Globalisierungsindikator sowie als Ausdruck von Wert- und Erwartungshaltungen innerhalb der

---

211 Vgl. Adler/ Gundersen (2008), S. 126; vgl. Bachmann/ Wolf (2007), S. 1035; vgl. Podsiadlowski (2007), S. 576; vgl. DiStefano/ Maznevski (2000), S. 45; vgl. Earley/ Mosakowski (2000), S. 26; vgl. Hambrick et al. (1998), S. 181, S. 199.

212 Vgl. Adler/ Gundersen (2008), S. 134 f.; vgl. Podsiadlowski (2002b), S. 243.

213 Vgl. Adler/ Gundersen (2008), S. 141 ff.; vgl. Stahl et al. (2007), S. 11 ff.; vgl. Gong (2006), S. 773; vgl. Jackson/ Joshi/ Erhardt (2003), S. 814; vgl. Earley/ Mosakowski (2000), S. 27.

214 Vgl. Jackson/ Joshi/ Erhardt (2003), S. 809 f.; vgl. Podsiadlowski (2002b), S. 249; vgl. Hambrick et al. (1998), S. 188.

215 Vgl. Podsiadlowski (2007), S. 576; vgl. Jackson (1996), S. 59.

216 Vgl. Podsiadlowski (2007), S. 577; vgl. Gong (2006), S. 773; vgl. Podsiadlowski (2002b), S. 251.

217 Vgl. Bachmann/ Wolf (2007), S. 1040.

Gruppe respektive der einzelnen Gruppenmitglieder betrachtet werden. Somit liefern diese Diversitätsausprägungen auch Informationen über soziale Kategorien.[218]

Unter einem Team wird eine Gruppe von Individuen verstanden, die in gegenseitiger Abhängigkeit und gemeinsamer Verantwortung zur Erreichung einer gemeinsamen Zielsetzung zusammenarbeitet.[219] Unter der im organisationalen und sozialen Kontext eingebetteten Diversität wird ein theoretisches Konzept der Heterogenität verstanden, nach dem sich Personen aufgrund spezifischer Merkmalsausprägungen wechselseitig als unterschiedlich wahrnehmen.[220] Von zentralem Interesse ist die Frage nach möglichen Synergieeffekten durch die Gruppenarbeit und die Rolle, die Gruppendiversität bzw. -heterogenität im Hinblick auf die Gruppenleistung spielt.[221] Das Bezugsobjekt der Heterogenität drückt sich, vergleichbar dem kulturellen Eisberg, in beobachtbaren und nicht beobachtbaren Merkmalen aus.[222] Zu ersteren zählen demographische Merkmale wie Alter, Geschlecht und Nationalität, zu letzteren zählen Werte, Einstellungen, Persönlichkeit, aber auch die funktionalen Merkmale Wissen, Erfahrungen, Fähigkeiten und Fertigkeiten.[223] Im Rahmen der hier vorgelegten empirischen Analyse werden beobachtbare Merkmale mit der Fokussierung auf die Nationalität herangezogen, was bisher nur Gegenstand weniger Untersuchungen war. Über die Nationalität der Personen wird auch der Kulturraum ihrer Herkunft determiniert und damit auf kulturell beeinflusste Denkhaltungen, Werte und Verhaltensweisen geschlossen. In der wissenschaftlichen Literatur finden bei identischem Untersuchungsgegenstand die Begriffe Diversität und Heterogenität Verwendung, so dass im Rahmen der hier vorliegenden Arbeit diese synonym verwandt werden. Auch inhaltlich thematisieren beide letztendlich Vielfaltsausprägungen, so dass diese Vorgehensweise gerechtfertigt erscheint.[224] Beide Ausprägungen werden im Rahmen der vorliegenden Arbeit im Sinne des zuvor dargestellten Upper Echelons-Ansatzes interpretiert.

Als theoretische Erklärungsansätze zum Verständnis der innerhalb internationaler bzw. interkultureller Teams ablaufenden Prozesse können sowohl die Theorie der sozialen Identität nach Tajfel und Turner als auch das Ähnlichkeits-Attraktions Paradigma nach Byrne herangezogen werden.[225] Auf Grundlage der oben beschriebenen Merkmalsausprägungen entsteht die soziale Identität, die die Gruppenzugehörigkeit beeinflusst. Diesbezüglich untersuchen Tajfel und Turner psychologische

[218] Vgl. Dahlin/ Weingart/ Hinds (2005), S. 1108 f.
[219] In Anlehnung an Podsiadlowski (2002b), S. 243.
[220] Vgl. Podsiadlowski (2007), S. 577; vgl. Gebert (2004), S. 412; vgl. Podsiadlowski (2002b) S. 241 ff.
[221] Vgl. Podsiadlowski (2007), S. 577.
[222] Vgl. Stahl et al. (2007), S. 403 f.; vgl. Tacheva (2007), S. 64; vgl. Milliken/ Martins (1996), S. 403 f.
[223] Vgl. Harrison/ Klein (2007), S. 1200; vgl. Tacheva (2007), S. 64; vgl. Gebert (2004), S. 422 f.
[224] Vgl. Tacheva (2007), S. 39; vgl. Bachmann (2006), S. 726; vgl. Heijltjes/ Olie/ Glunk (2003), S. 89; vgl. Jackson/ Joshi/ Erhardt (2003), S. 805; vgl. Podsiadlowski (2002b), S. 246 f.; vgl. Lau/ Murnighan (1998), S. 326.
[225] Vgl. Podsiadlowski (2002a), S. 95 ff.

Prozesse, auf deren Grundlage sich Gruppenprozesse entwickeln. Die soziale Identität ist Bestandteil eines Selbstkonzeptes des Individuums, welches sich aus der Zugehörigkeit zu einer bestimmten sozialen Gruppe, der sog. In-Group, und der Werthaltung gegenüber dieser Mitgliedschaft ableitet.[226] Die Zugehörigkeit zu einer bestimmten Gruppe entsteht durch kognitive Prozesse der sozialen Kategorisierung, innerhalb derer Individuen ihre Umwelt nach bestimmten sich unterscheidenden Merkmalsausprägungen in soziale Kategorien einteilen.[227] Unterschiede zwischen sozialen Kategorien (z.B. Nationalität, Kultur, Geschlecht) werden übertrieben und individuelle Unterschiede minimalisiert. Dadurch entwickeln sich Loyalität und Bezug zur bzw. Bevorzugung der In-Group und Abgrenzung zur Out-Group, verbunden mit Stereotypisierung und Misstrauen gegenüber den Mitgliedern der Out-Group.[228] Eng verbunden mit der Theorie der sozialen Identität ist das Ähnlichkeits-Attraktions Paradigma nach Byrne.[229] Die grundsätzliche Aussage dieses Ansatzes besteht in der Annahme, dass Personen, die sich als ähnlich wahrnehmen, sich gegenseitig attraktiver finden und sich voneinander angezogen fühlen. Dies hat positiven Einfluss auf die Gruppenkohäsion, also die Kräfte, die die Gruppe im Innern zusammenhalten, hat.[230] Neben gleichen Hintergrundcharakteristika der Gruppenmitglieder, Gruppenisolation, fehlenden Entscheidungsfindungsprozessen, einem dominanten Gruppenführer und Stress, besteht nach Janis gerade durch den verstärkten Zusammenhalt in der Gruppe die Gefahr des Gruppendenkens.[231] Janis beschreibt dieses Phänomen wie folgt: „I use the term "groupthink" as a quick and easy way to refer to a mode of thinking that people engage in when they are deeply involved in a cohesive in-group, when the members striving for unanimity override their motivation to realistically appraise alternative courses of action. [...] Groupthink refers to a deterioration of mental efficiency, reality testing, and moral judgment that results from in-group pressures."[232]

Auch wenn Podsiadlowski nach der Analyse empirischer Feld- und Laborstudien überwiegend positive Wirkungen kultureller Diversität im Hinblick auf Leistung, Kreativität, Produktivität, Perspektivenvielfalt, Zufriedenheit und Schätzung kultureller Vielfalt konstatiert, herrscht hinsichtlich der Auswirkungen der Zusammenarbeit heterogen besetzter Gruppen in der wissenschaftlichen

[226] Vgl. Podsiadlowski (2002a), S. 99; vgl. Tajfel (1981), S. 254.
[227] Vgl. Podsiadlowski (2002a), S. 100; vgl. Tajfel/ Turner (1986), S. 15.
[228] Vgl. Tajfel/ Turner (2004), S. 56; vgl. Podsiadlowski (2002a), S. 99, S. 104 ff.; vgl. Tajfel/ Turner (1986), S. 13, S. 16.
[229] Vgl. Podsiadlowski (2002a), S. 95; vgl. Byrne (1971).
[230] Vgl. Brehm/ Kassin/ Fein (2005), S. 261 f., S. 320; vgl. Podsiadlowski (2002a) S. 102.
[231] Vgl. Brehm/ Kassin/ Fein (2005), S. 282 ff.; vgl. Hambrick/ Mason (1984), S. 202; vgl. Janis (1972), S. 197 ff.
[232] Janis (1972), S. 9.

Literatur dennoch ein ambivalentes Bild.[233] Entweder sind diese sehr oder gar nicht erfolgreich.[234] Offensichtlich arbeiten heterogen besetzte Gruppen effektiv, wenn sie in der Lage sind, Synergiepotentiale zu erschließen und sie so geführt werden, dass Kommunikations- und Integrationsprobleme nicht auftreten.[235] In diesem Zusammenhang spricht man von der „value-in-diversity hypothesis“ [236]. Diese besagt, dass Diversität sinnvoll genutzt einen positiven Wertbeitrag für die Organisation und deren Performance leisten kann.[237] Diesen Zusammenhang stellen Adler und Gundersen, wie in Abbildung 15 verdeutlicht, beispielhaft für multikulturelle Teams fest.[238]

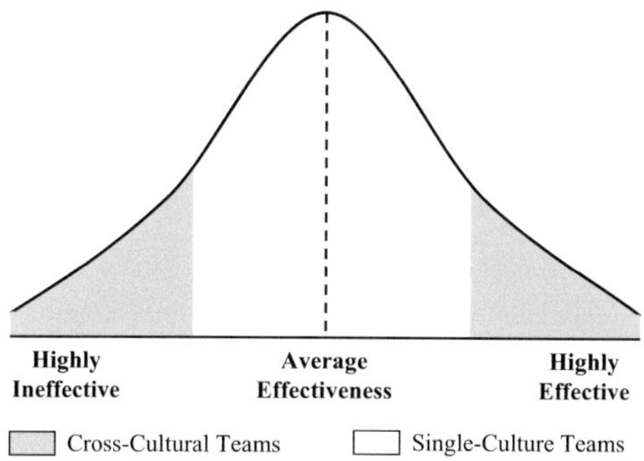

Abbildung 15: Zusammenhang zwischen Teambesetzung und Teameffektivität
Quelle: Adler/ Gundersen (2008), S. 140 in Anlehnung an Kovach (1976) (modifiziert).

Die Vorteile von heterogen besetzten Gruppen bestehen in der Vielfalt an Wissen, Informationen, Perspektiven, Werthaltungen, Erfahrungen, Fähigkeiten und Fertigkeiten. Diese Vielfalt kann als Ressource interpretiert werden, die sich im Rahmen von Problemlösungsprozessen positiv auf das Ergebnis auswirkt und Gruppendenken verringert. Heterogene Gruppen sind im Hinblick auf die Problemlösung produktiver, effektiver, innovativer und kreativer. Dies führt wiederum zu einer größeren Anzahl qualitativ höherwertiger Problemlösungsalternativen und besseren Entscheidungen. Diese Vorteilhaftigkeit beruht zum einen auf konstruktiven kognitiven Konflikten im Team

233 Vgl. Stahl et al. (2007), S. 2, S. 32; vgl. Bachmann (2006), S. 726; vgl. Dahlin/ Weingart / Hinds (2005), S. 1109; vgl. Kirkman/ Shapiro (2005), S. 39; vgl. Podsiadlowski (2002b), S. 252 ff.; vgl. Knight et al. (1999), S. 447. Auch muss berücksichtigt werden, dass einem Großteil der Studien Laborexperimente mit Studenten zu Grunde liegen und daher die Vor- und Nachteile sowie die Übertragbarkeit auf die Organe der Spitzenverfassung mit Bedacht betrachtet werden sollten. Vgl. dazu Podsiadlowski (2007), S. 580.

234 Vgl. Harrison/ Klein (2007), S. 1200 ff.; vgl. Podsiadlowski (2007), S. 576; vgl. Stahl et al. (2007), S. 5 f.; vgl. Dahlin/ Weingart/ Hinds (2005), S. 1109; vgl. Jackson/ Joshi/ Erhardt (2003), S. 808 ff.; vgl. Podsiadlowski (2002b), S. 242; vgl. Earley/ Mosakowski (2000), S. 27; vgl. Hambrick et al. (1998), S. 189; vgl. Milliken/ Martins (1996), S. 403.

235 Vgl. Podsiadlowski (2002a), S. 94.

236 Cox/ Lobel/ McLeod (1991), S. 827.

237 Vgl. Cox/ Lobel/ McLeod (1991), S. 827.

238 Vgl. Adler/ Gundersen (2008), S. 140 f.

und zum anderen auf Lern- und Leistungsvorteilen. Ferner sind auch die Zufriedenheit in der Zusammenarbeit sowie die Wertschätzung kultureller Vielfalt stärker ausgeprägt.[239]

Jedoch besteht durch die Vielfalt auch die Gefahr, dass es zu Kommunikationsproblemen und Konflikten innerhalb der heterogen besetzten Gruppen kommt, was durch affektive, motivationale Nachteile negative Konsequenzen für die Zusammenarbeit und damit für das Ergebnis beinhaltet. Dem einzelnen Gruppenmitglied fällt es aufgrund heterogener sozialer Kategorien und Identitäten schwer, sich mit der Gruppe zu identifizieren und sich in die Gesamtgruppe zu integrieren. Es entstehen sog. Bruchlinien, die zusammen mit einer abnehmenden Gruppenkohäsion sowie sinkender Zufriedenheit zur Bildung von Subgruppen führen, da Unähnlichkeiten stärker wahrgenommen werden. Dies bedeutet, dass in heterogen besetzten Gruppen der Mechanismus des Ähnlichkeits-Attraktions Paradigmas nicht mehr wirkt. Die geringere Kohäsion beeinflusst den Problemlösungs- und Entscheidungsfindungsprozess negativ. Die Gruppen sind weniger effektiv, weniger effizient und somit auch weniger produktiv. An dieser Stelle muss jedoch angemerkt werden, dass die Bildung von Bruchlinien bei multinationalen Teams im Vergleich zu binationalen Teams weniger wahrscheinlich ist, da in diesem Fall die Subgruppenbildung erschwert ist. Die Kommunikationsprobleme und das Konfliktpotential sind davon jedoch nicht betroffen und bleiben auch bei multinationalen Teams weiterhin problematisch.[240]

Im Zusammenhang mit den konträren Ansichten hinsichtlich der Auswirkungen von Heterogenität auf die Qualität von Gruppenprozessen und Entscheidungsergebnissen wird häufig die Bedeutung von Moderatorgrößen thematisiert. Diese Moderatorgrößen beeinflussen die Zusammenarbeit in den Gruppen in Richtung des Ergebnisses. Als bedeutende Moderatoren werden insbesondere die Aufgabe der Gruppe, der Zeithorizont und die Umweltbedingungen genannt.[241]

Im Hinblick auf die zu erfüllende Aufgabe sind heterogene Teams erfolgreich, wenn sie sich mit komplexen, strategischen Fragestellungen, die weitreichende Konsequenzen nach sich ziehen, aus-

239 Vgl. Adler/ Gundersen (2008), S. 138 f.; vgl. Bachmann/ Wolf (2007), S. 1036; vgl. Podsiadlowski (2007), S. 570 f.; vgl. Stahl et al. (2007), S. 5 ff.; vgl. Bachmann (2006), S. 726; vgl. Randøy/ Thomsen/ Oxelheim (2006), S. 5 f.; vgl. Kirkman/ Shapiro (2005), S. 39; vgl. Hillman/ Harris/ Cannella (2002), S. 94 ff.; vgl. Podsiadlowski (2002a), S. 94 f., S. 117 f.; vgl. Podsiadlowski (2002b), S. 242, S. 253; vgl. Earley/ Mosakowski (2000), S. 27; vgl. Hambrick et al. (1998), S. 188 f.; vgl. Milliken/ Martins (1996), S. 403, S. 416; vgl. Maznevski (1994), S. 533 f.; vgl. Watson/ Kumar/ Michaelsen (1993), S. 592.

240 Vgl. Bachmann/ Wolf (2007), S. 1036; vgl. Podsiadlowski (2007), S. 579 f.; vgl. Stahl et al. (2007), S. 6 ff.; vgl. Bachmann (2006), S. 726; vgl. Dahlin/ Weingart/ Hinds (2005), S. 1111 f.; vgl. Kirkman/ Shapiro (2005), S. 39; vgl. Gebert (2004), S. 416, S. 423; vgl. Podsiadlowski (2002b), S. 242; vgl. Earley/ Mosakowski (2000), S. 27, S. 29; vgl. Hambrick et al. (1998), S. 188 f.; vgl. Lau/ Murnighan (1998), S. 325 ff.; vgl. Milliken/ Martins (1996), S. 403.

241 Vgl. Podsiadlowski (2007), S. 580 ff.; vgl. Gong (2006), S. 773; vgl. Hambrick et al. (1998), S. 182.

einander zu setzen haben.[242] Diese Vorteilhaftigkeit heterogener gegenüber homogener Gruppen liegt darin begründet, dass solche Aufgaben kreatives, innovatives und vielschichtiges Denken, das möglichst viele Entscheidungsalternativen berücksichtigt, erfordert. Auch behindert die für homogene Gruppen charakteristische hohe Kohäsion kreative und innovative Entscheidungsfindungsprozesse, da häufig ein Konformitätsdruck innerhalb der Gruppe existiert.[243]

Bezüglich des Zeithorizontes ermitteln die wenigen auf diesen Aspekt bezogenen Studien in konsistenter Weise eine Verbesserung der Zusammenarbeit in multinationalen Gruppen im Zeitverlauf.[244] So übersteigt die Leistungsfähigkeit dieser Gruppen nach einem gewissen Zeitraum die der mononationalen. Daher stellt die Zeit einen wichtigen Moderator der Funktionsfähigkeit heterogen besetzter Gruppen dar. Im Zeitablauf verringern sich die anfänglich negativen Effekte kultureller Diversität und die positiven Auswirkungen hinsichtlich der Gruppenperformance im Sinne von Problemidentifikation und Generierung eines adäquaten Lösungsraums kommen zum tragen.[245] An dieser Stelle dürfte der auf Zajonc zurückgehende Mere Exposure-Effekt einen Einfluss haben, welcher besagt, dass je häufiger Individuen mit einem Stimulus konfrontiert sind, sie diesen im Laufe der Zeit positiv bewerten.[246] Des Weiteren ist in diesem Kontext der Zeitdruck, unter dem eine Gruppe steht, anzuführen. So benötigen heterogen besetzte Gruppen i.d.R. mehr Zeit, um kreative Aufgaben zu erfüllen und eine größere Menge an Entscheidungsalternativen generieren zu können.[247]

Zusammenfassend kann festgehalten werden, dass für das Funktionieren heterogen zusammengesetzter Teams und die Überwindung des „diversity/consensus dilemma“[248], das die Schwierigkeit der Vereinbarkeit von Meinungspluralität und Konsensfindung beschreibt, eine gemeinsame Gruppenidentität und damit verbunden eine Integrität der Gruppe notwendig sind. Dies kann u.a. über eine gemeinsame Aufgabe sichergestellt werden, die gemeinsame Erwartungshaltungen weckt. Ferner bedarf es einer intensiven Kommunikation zwischen den einzelnen Teammitgliedern, was wiederum eine gemeinsame Sprachgrundlage voraussetzt. Auch wirkt sich eine interkulturelle Kompe-

---

[242] Vgl. Adler/ Gundersen (2008), S. 141 f.; vgl. Podsiadlowski (2007), S. 581 f.; vgl. Caligiuri/ Lazarova/ Zehetbauer (2004), S. 851; vgl. Watson/ Kumar/ Michaelsen (1993), S. 599; vgl. Jackson (1992), S. 355; vgl. Hambrick/ Mason (1984), S. 202.

[243] Vgl. Brehm/ Kassin/ Fein (2005), S. 282 f.; vgl. Dahlin/ Weingart/ Hinds (2005), S. 1109; vgl. Jackson (1996), S. 67; vgl. Hambrick/ Mason (1984), S. 202.

[244] Vgl. Stahl et al. (2007), S. 13; vgl. Tacheva (2007), S. 111; vgl. Watson/ Kumar/ Michaelsen (1993), S. 599.

[245] Vgl. Earley/ Mosakowski (2000), S. 26 ff.; vgl. Milliken/ Martins (1996), S. 407; vgl. Watson/ Kumar/ Michaelsen (1993), S. 540.

[246] Vgl. Brehm/ Kassin/ Fein (2005), S. 312 f.

[247] Vgl. Jackson (1992), S. 356.

[248] Argote/ McGarth (1993), S. 336.

tenz und Ambiguitätstoleranz positiv aus, da so die kulturelle Distanz reduziert wird. Insbesondere die nicht sichtbaren kulturellen Unterschiede können die Interaktion im Team behindern. Gleichzeitig beinhalten gerade die kulturellen Unterschiede das größte Wertpotential im oben beschriebenen Sinne. Dies ist von besonderer Bedeutung, da Gruppenarbeit und -prozesse zwischen Kulturen divergieren können.[249]

Auch die Umweltdynamik nimmt eine moderierende Rolle ein. So postulieren Hambrick und Mason, dass homogene Top Management Teams in stabilen und heterogene Top Management Teams in dynamischen Umweltbedingungen einen positiven Bezug zur Performance aufweisen.[250] Diese Zusammenhänge verdeutlicht Abbildung 16.

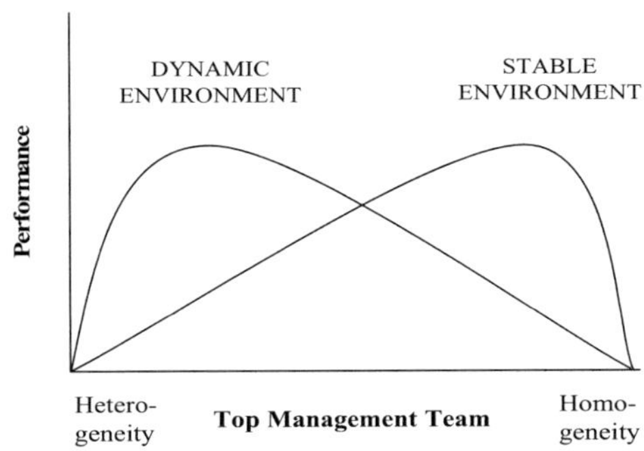

Abbildung 16: Teamstrukturen, Umweltbedingungen und Performance
Quelle: Priem (1990), S. 474 in Anlehnung an Hambrick/ Mason (1984), S. 203 (modifiziert).

Im Hinblick auf den Untersuchungsgegenstand der hier vorliegenden Arbeit lässt sich festhalten, dass dem Board aufgrund seiner spezifischen Gruppencharakteristika insbesondere die positiven Wirkungsmechanismen zuzuordnen sind.[251] Zwar gebe es, so Hillman, Harris und Cannella, die Möglichkeit funktionaler Konflikte, die durch kognitive Konflikte aufgrund divergierender Einstellungen verursacht werden, jedoch seien diese kognitiven Konflikte im Falle des Boards eher mit positiven Auswirkungen verbunden. Da der Board i.d.R. für mehrere Jahre gewählt wird, dürften divers besetzte Organe anfängliche Probleme in der Zusammenarbeit rasch überwinden und der bereits angeführte Zeiteffekt eintreten.[252] Dafür spricht auch der persönliche Charakter der meisten

[249] Vgl. Adler/ Gundersen (2008), S. 136; vgl. Bachmann/ Wolf (2007), S. 1036; vgl. Podsiadlowski (2007), S. 580 f.; vgl. Bachmann (2006), S. 743; vgl. Dahlin/ Weingart/ Hinds (2005), S. 1108 f.; vgl. Gebert (2004), S. 423; vgl. Enayati (2002), S. 85 ff.; vgl. Podsiadlowski (2002b), S. 244; vgl. DiStefano/ Maznevski (2000), S. 46 f.; vgl. Jackson (1996), S. 64; vgl. Maznevski (1994), S. 531, S. 537 ff.

[250] Vgl. Hambrick/ Mason (1984), S. 203.

[251] Vgl. Hillman/ Harris/ Cannella (2002), S. 98; vgl. Goodstein/ Gautam/ Boeker (1994), S. 243.

[252] Vgl. Hillman/ Harris/ Cannella (2002), S. 98 f.

Board-Mitglieder. Demnach handelt es sich oft um managementerfahrene Mandatsträger, die z.T. in mehreren Boards sitzen und bereits Auslandserfahrung gesammelt haben. Aber auch die Tätigkeit selbst spielt im Zusammenhang mit heterogen bzw. multinational besetzten Teams eine bedeutende Rolle, da sich diese insbesondere in Nicht-Routine-Situationen und bei Problemlösungsaufgaben, die eine Vielzahl von Einstellungen, Meinung und Werten erfordern, bewährt haben.[253] Hillman, Harris und Cannella fassen dies wie folgt zusammen: „[t]he tasks faced by a board of directors are non-routine by nature and typically benefit from a variety of perspectives; therefore, [...], we propose that diverse boards lead to more effective problem solving and firm performance.“[254] Schmid und Kretschmer ergänzen im Hinblick auf die Unternehmensinternationalisierung für das deutsche Überwachungsorgan: „it remains undoubted that internationalization of supervisory board members can have an impact on their involvement in international strategy making.“[255] So kann die Aussage von Caligiuri, Lazarova und Zehetbauer „top leader's national diversity should be an important indicator for internationalization“[256] durchaus auf den Board übertragen werden. Auch grundsätzliche Überlegungen wie Ashbys „Law of Requisite Variety” sprechen für eine verstärkte Diversität im internationalen Unternehmen, denn ein System kann nur mit einem System unter Kontrolle gebracht werden, das mindestens eine identische Komplexität aufweist, wie das zu kontrollierende System.[257] Da die Internationale Unternehmung mit komplexen Umweltbedingungen konfrontiert ist, muss auch deren Spitzenverfassung dieser Komplexität entsprechen, um sie effizient kontrollieren zu können.[258] An dieser Stelle ist zwischen Gruppen zu unterscheiden, die hinsichtlich Nationen und Kulturen heterogen besetzt sind.[259] Diese beiden Ausprägungen der Gruppenzusammensetzung sind nicht gleichzusetzen, da ein Board bestehend aus z.B. deutschen, österreichischen und schweizerischen Direktoren zwar unterschiedliche Nationalitäten umfasst, aber nicht kulturell heterogen besetzt ist. Bezogen auf die letztere Form der Zusammensetzung lässt sich festhalten, dass der Koordinationsaufwand und die Kommunikationsprobleme aber gleichzeitig auch die oben beschriebenen möglichen positiven Auswirkungen von Heterogenität in Gruppen größer sind.[260] Jedoch muss einschränkend darauf hingewiesen werden, dass mit Bezug auf Byrnes Ähnlichkeits-Attraktions-Paradigma das Entstehen heterogener Boards dadurch behindert wird, dass Direktoren ihnen ähnliche Direktoren für frei werdenden Positionen bevorzugen. Wie sich Diversität in Bezug auf die ein-

[253] Vgl. Podsiadlowski (2007), S. 580; vgl. Caligiuri/ Lazarova/ Zehetbauer (2004), S. 851; vgl. Milliken/ Martins (1996), S. 416; vgl. Jackson (1992), S. 354 ff.
[254] Hillman/ Harris/ Cannella (2002), S. 99.
[255] Schmid/ Kretschmer (2005), S. 4.
[256] Caligiuri/ Lazarova/ Zehetbauer (2004), S. 851.
[257] Vgl. Harrison/ Klein (2007), S. 1201; vgl. Ashby (1957), S. 206 ff.
[258] Vgl. Schmid/ Kretschmer (2005), S. 6; vgl. Heijltjes/ Olie/ Glunk (2003), S. 93; vgl. Wagner (2001), S. 64.
[259] Vgl. Enayati (2002), S. 85 f.
[260] Vgl. Enayati (2002), S. 86 f.

zelnen vom Board ausgeübten Funktionen auswirkt, wird neben den allgemeinen theoretischen Ausführungen in den folgenden Abschnitten verdeutlicht.

e) Agenturtheorie

Im Zentrum der Agenturtheorie (auch Prinzipal-Agent-Theorie oder Agency Theory) steht das Vertragsmodell und seine Bedeutung für die Austauschbeziehungen zwischen einem risikoneutralen Auftraggeber (Prinzipal) und einem risikoaversen Auftragnehmer (Agent).[261] Hinsichtlich des Agierens dieser beiden Parteien wird von einer beschränkten Rationalität, individueller Nutzenmaximierung und divergierenden Risikoneigungen ausgegangen.[262] Diese Form einer Agency-Beziehung stellt sich dar „as a contract under which one or more persons (the principal(s)) engage another person (the agent) to perform some services in their behalf which involves delegating some decision making authority to the agent."[263] Es ist offensichtlich, dass komplexe Organisationsstrukturen, wie sie z.B. häufig für international agierende Unternehmen zu konstatieren sind, durch eine Vielzahl reziprok-interdependenter Beziehungen zwischen Prinzipal und Agent gekennzeichnet sind und so Netzwerkstrukturen innerhalb aber auch außerhalb von Unternehmen entstehen können.[264] Sollten beide Seiten der Agency-Beziehung individuelle Nutzenmaximierer sein, so kann davon ausgegangen werden, dass der Agent nicht unbedingt im Interesse des Prinzipals handeln wird.[265] Innerhalb dieses komplexen, z.T. gegenläufigen Beziehungsgeflechts beeinflussen „die Handlungen des Auftragnehmers […] sowohl sein eigenes Nutzenniveau als auch das Nutzenniveau des Auftraggebers […]."[266] Die Rolle des Agenten zeichnet sich dabei durch einen Informationsvorsprung bezüglich der Erledigung seiner Aufgabe aus. Da der Prinzipal als Auftraggeber den Agenten bestimmt, stellt sich bei dessen Auswahl die unzureichende Information hinsichtlich des Verhaltens, der Kenntnisse, Fähigkeiten und Fertigkeiten des eigeninteressiert agierenden Agenten als problematisch dar.

Diesbezüglich lassen sich vier Problemtypen konstatieren: Hidden Characteristics, Hidden Action, Hidden Information und Hidden Intention.[267] Ist der Prinzipal nicht in der Lage, bedeutende Eigenschaften des Agenten ex-ante einzuschätzen, so spricht man von Hidden Characteristics. Dement-

---

[261] Vgl. Burr et al. (2005), S. 13; vgl. Macharzina/ Wolf (2005), S. 63; vgl. Ebers/ Gotsch (1999), S. 209; vgl. Hill/ Jones (1992), S. 132.

[262] Vgl. Burr et al. (2005), S. 13.

[263] Jensen/ Meckling (1976), S. 308. Der Prinzipal hat aufgrund der spezifischen Fähigkeiten und Fertigkeiten des Agenten ein originäres Interesse an dessen Diensten. Vgl. dazu Ebers/ Gotsch (1999), S. 209.

[264] Vgl. Kreikebaum/ Gilbert/ Reinhardt (2002), S. 34.

[265] Vgl. Macharzina/ Wolf (2005), S. 63 f.; vgl. Hill/ Jones (1992), S. 132; vgl. Jensen/ Meckling (1976), S. 308.

[266] Kreikebaum/ Gilbert/ Reinhardt (2002), S. 34.

[267] Vgl. Burr et al. (2005), S. 14; vgl. Göbel (2002), S. 100.

sprechend „besteht die Gefahr der Adverse Selection, d.h. der Gefahr der Auswahl falscher Vertragspartner.“[268] Neben den persönlichen Merkmalen ist der Prinzipal i.d.R. kaum in der Lage die Handlungen des Agenten nach Vertragsschluss vollständig zu erfassen. Diesen Sachverhalt umschreibt man mit dem Begriff Hidden Action. Im Falle der „Hidden Information ist eine Beobachtbarkeit der Handlungen durch den Prinzipal möglich, aber keine Beurteilung.“[269] Hieraus erwächst die Gefahr des Moral Hazard, „d.h. der opportunistischen Ausnutzung durch den Agenten.“[270] Hidden Intention umschreibt die prinzipielle Beobachtbarkeit opportunistischen Verhaltens des Agenten durch den Prinzipal, wobei aber letzterer nicht in der Lage ist, dieses zu verhindern.[271] Daraus kann die Gefahr des Hold Up resultieren, „d.h. der bewussten Ausnutzung dieser Situation durch den Agenten, obwohl der Prinzipal dies beobachten kann.“[272]

Jensen und Meckling weisen darauf hin, dass Prinzipal-Agent-Beziehungen auch unter Kostenaspekten zu betrachten sind: „It is generally impossible for the principal or the agent at zero cost to ensure that the agent will make optimal decisions from the principal's viewpoint. In most agency relationships the principal and the agent will incure positive monitoring and bonding costs (non-pecuniary as well as pecuniary), and in addition there will be some divergence between the agent's decisions and those decisions which would maximize the welfare of the principal."[273] Diese Kosten werden als „Agency-Kosten"[274] bezeichnet.

Aus Sicht der Agenturtheorie resultiert in Unternehmen durch die Übertragung der Führungsaufgabe an angestellte Manager ein durch latente Informationsasymmetrie geprägter Eigentümer-Manager-Konflikt.[275] Die Eigner können die Qualifikation der Manager ex-ante nur schwer einschätzen (Hidden Characteristics). Es besteht die potentielle Gefahr, dass ein ungeeignetes Management ausgewählt wird (Adverse Selection), dessen Handlungen nur unzureichend beobachtbar sind (Hidden Action).[276] Von einer Kongruenz der jeweiligen Zielsysteme zwischen den Anteilseignern und dem angestellten Management kann nicht ausgegangen werden.[277] Während Aktionäre i.d.R. an einer Maximierung ihrer Rendite auf das eingesetzte Kapital abstellen, haben die Manager diskreti-

[268] Kreikebaum (1998), S. 27.
[269] Kreikebaum (1998), S. 28.
[270] Kreikebaum (1998), S. 28.
[271] Vgl. Kreikebaum (1998), S. 28.
[272] Kreikebaum (1998), S. 28.
[273] Jensen/ Meckling (1976), S. 308. Gemeint sind „Agency-Costs“ in Form von Kontrollkosten des Prinzipals, Signalisierungskosten des Agenten und residualen Wohlfahrtsverlusten. Vgl. auch Hill/ Jones (1992), S. 132.
[274] Schanz (1997), S. 148 f.
[275] Vgl. Hillman/ Dalziel (2003), S. 385.
[276] Vgl. Martens (2000), S. 35.
[277] Vgl. Smith (1776), S. 700.

onäre Handlungsspielräume und können neben unternehmerischen Formal- und Sachzielen, eigennutzengesteuerte Ziele, wie z.B. Empire Building[278], Einkommensmaximierung, Image- und Prestigegewinn und den damit verbundenen Symbolen (z.B. Sekretärinnen, Dienstwagen, Dienstreisen, Firmenjets, etc.) verfolgen.[279] Die Manager betreiben somit Moral Hazard indem sie individuell Ressourcen des Auftraggebers nutzen (Consumption on the Job) oder sie versuchen ihren Arbeitseinsatz zu minimieren (Shirking).[280] In diesem Zusammenhang ist zum einen die Free-Cash-Flow-Hypothese anzuführen, nach der Manager im Unternehmen verbleibende freie Zahlungsmittelströme zur Ausweitung des eigenen Entscheidungsspielraums verwenden können, anstatt diese den Anteilseignern auszuschütten. Zum anderen besteht nach der Hybris Hypothese die latente Gefahr, dass das Management seine Fähigkeiten zur Integration und zur effizienten Führung eines Akquisitionsobjektes falsch einschätzt und einen zu Lasten der Eigentümer gehenden überhöhten Kaufpreis für das Akquisitionsobjekt akzeptiert.[281] Aus dieser Agenturbeziehung entstehen den Anteilseignern Agency-Kosten in Form von Informations-, Vertrags- und Kontrollkosten.

Aus theoretischer Sicht ist die Übertragung der Führungsfunktion an ein speziell ausgebildetes Top Management durchaus sinnvoll, da zum einen die Kapitalgeber deren Spezialisierungsvorteil nutzen und ihr Portefeuille diversifizieren und zum anderen für die Unternehmung aufgrund der Breite an Investoren günstige Ausgangsbedingungen für Kapitalbeschaffungen gelegt werden können. Jedoch müssen Überwachungsmechanismen geschaffen werden, die es den Eigentümern ermöglichen, die Unternehmensführung effizient zu überwachen. Dieses sog. Kontrollproblem lässt sich nach Ridder-Aab wie folgt formulieren: „Sicherung der Effizienzvorteile aus der mit der Organisationsform der Aktiengesellschaft verbundenen ‚Spezialisierung der Eigentumsfunktion' für die Anteilseigner zu akzeptablen Kosten mit Hilfe adäquater Kontrollmechanismen."[282]

In diesem Kontext weist Schneider darauf hin, dass die in der hier vorliegenden Arbeit thematisierten Boards „nichts anderes als eine institutionalisierte Einrichtung, die der Überwachung der Geschäftsführung im Sinne der Eigenkapitalgeber dient und zu einer Reduktion der mit der arbeitstei-

[278] Manager tendieren z.B. dazu, zwecks Ausweitung des eigenen Autonomiebereichs, Unternehmenswachstum der -wertsteigerung vorzuziehen. Vgl. Nassauer (2000), S. 12 f.
[279] Vgl. Rössler (2001), S. 46 f.; vgl. Martens (2000), S. 26 ff.; vgl. Auge-Dickhut (1999), S. 7 f.
[280] Vgl. Martens (2000), S. 37; vgl. Nassauer (2000), S. 9.
[281] Vgl. Nassauer (2000), S. 21; vgl. Seger (1997), S. 15.
[282] Ridder-Aab (1980), S. 80. Die Autorin weist darauf hin, dass die Trennung von Eigentum und Verfügungsrechten mit keinerlei Kontrollproblemen verbunden sei, wenn alle Anforderungen an die Unternehmensleitung in einem Vertrag vollständig erfasst werden und die Einhaltung der vertraglichen Konditionen durch eine dritte Instanz, bspw. ein Gericht, beobachtbar und durchsetzbar sei. Dies ist aber aufgrund der latenten Informationsasymmetrie nicht zu erreichen, da eine Abschaffung dieser vice versa zu unendlich hohen Transaktionskosten führen würde. Vgl. Auge-Dickhut (1999), S. 8 f.

ligen Organisation der Aktiengesellschaft verbundenen Agency-Kosten beitragen soll“[283], darstellen. Somit wird deutlich, dass die Agenturtheorie die Überwachungsfunktion des Boards hinsichtlich des Managements theoretisch manifestiert und das Organ Einfluss auf strategische und erfolgsrelevante Entscheidungen nehmen kann.[284] Dabei kann bei der Wahrnehmung der Überwachungsfunktion eine hinsichtlich Nationalitäten und Kulturen heterogene Besetzung des Boards dessen Unabhängigkeit erhöhen.[285] Ferner tendiert ein heterogen besetzter Board in stärkerem Maße dazu, den Status quo eines Unternehmens und die Entscheidungen des Managements in Frage zu stellen und bringt die notwendigen Kenntnisse zur Evaluation international ausgerichteter Strategien des Managements und zur Kontrolle bedeutender Investitionen mit sich. Dadurch steigt die Überwachungseffizienz, was sich auch positiv auf die Unternehmensperformance auswirken kann.[286] Aus agenturtheoretischer Perspektive formuliert Kosnik in Hinblick auf Diversität im Board: „Diversity in the outside directors’ occupations may promote the airing of different perspectives and reduce the probability of complacency and narrow-mindedness in a board’s evaluations of executive proposals.”[287] Demnach sollten im Internationalen Unternehmen auch die Boards international ausgestaltet sein.[288]

f) Ressourcenansätze: Resource-based View und Resource Dependence-Theorie

Die von den Anhängern der Chicago School vertretene Forschungsrichtung der Ressourcenorientierung (Resource-based View) wird seit etwa Mitte der 1990er-Jahre verstärkt diskutiert.[289] Aufbauend auf den Arbeiten von Selznick, Penrose und Wernerfelt wird das Unternehmen als ein System von produktiven, im Laufe der Zeit z.T. durch Lernprozesse entwickelten internen Ressourcen verstanden, die es in die Lage versetzen, innovativ zu sein.[290] Demnach ist der mittel- bis langfristige Erfolg einer Unternehmung, d.h. die Fähigkeit, dauerhaft Renten[291] zu erwirtschaften, abhängig von der Existenz einzigartiger, spezifischer Ressourcen, die im Gegensatz zum Verständnis der indu-

---

283 Schneider (2000), S. 69 f. Vgl. dazu auch Goodstein/ Gautam/ Boeker (1994), S. 241 sowie Wiethölter (1961), S. 271. Dabei kann es sich nur um eine Second-Best-Lösung handeln, da Agency-Kosten nie vollständig reduziert werden können.

284 Vgl. Hillman/ Dalziel (2003), S. 383 f.; vgl. Davis/ Schoorman/ Donaldson (1997), S. 22 ff.; vgl. Donaldson/ Davis (1991), S. 50 f.

285 Vgl. Randøy/ Thomsen/ Oxelheim (2006), S. 6.

286 Vgl. Schmid/ Kretschmer (2005), S. 4; vgl. Hillman/ Harris/ Cannella (2002), S. 101.

287 Kosnik (1990), S. 138.

288 Vgl. Schmid/ Kretschmer (2005), S. 4.

289 Vgl. Macharzina/ Wolf (2005), S. 67; vgl. Müller-Stewens/ Lechner (2003), S. 357; vgl. Welge/ Al-Laham (2003), S. 49, S. 256.

290 Vgl. Macharzina/ Wolf (2005), S. 66; vgl. Kor/ Mahoney (2004), S. 184 ff.; vgl. Müller-Stewens/ Lechner (2003), S. 357; vgl. Welge/ Al-Laham (2003), S. 256 ff.; vgl. Penrose (1995), S. 24; vgl. Wernerfelt (1984); vgl. Penrose (1959); vgl. Selznick (1957).

291 Unter einer Rente versteht man den „Ertrag, der die Opportunitätskosten des Ressourceneinsatzes übersteigt.“ Dillerup/ Stoi (2006), S. 30.

strieökonomischen Strategielehre, wie sie z.B. Porter und Bain vertreten, innerhalb des Unternehmens anzusiedeln sind.[292] Die Aufgabe des Managements liegt darin begründet, durch strategische Maßnahmen eine Optimierung der Effizienz und Effektivität der unternehmensspezifischen Ressourcen zu erzielen, um zum einen unter den Bedingungen einer dynamischen und komplexen Umwelt das Unternehmen erfolgreich im Markt zu positionieren und zum anderen diese essentiellen Ressourcen zu erhalten und weiter zu entwickeln.[293] Diese Fähigkeit zur kontinuierlichen Weiterentwicklung von Ressourcen bezeichnet man mit dem Begriff „Dynamic Capabilities".[294] Der Vorteil der Fokussierung auf interne Ressourcen liegt in der im Vergleich zu Ressourcen der externen Umwelt höheren Stabilität und besseren Kontrolle.[295] Diese grundsätzlichen Überlegungen verdeutlicht Abbildung 17.

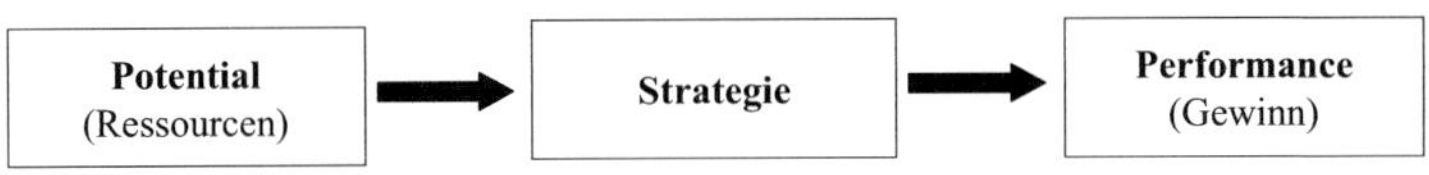

Abbildung 17: Prinzip des Resource-based View
Quelle: Bea/ Haas (2005), S. 28.

Der Ressourcenbegriff ist weit gefasst und uneinheitlich. Wernerfelt formuliert den Ressourcenbegriff wie folgt: „By a resource is meant anything which could be thought of as a strength or weakness of a given firm. More formally, a firm's resources at a given time could be defined as those (tangible and intangible) assets which are tied semipermanently to the firm [...]. Examples of resources are: brand names, in-house knowledge of technology, employment of skilled personnel, trade contacts, machinery, efficient procedures, capital, etc."[296] Barney versteht unter Ressourcen „all assets, capabilities, organizational processes, firm attributes, information, knowledge, etc. controlled by a firm that enable the firm to conceive of and implement strategies that improve its efficiency and effectiveness [...]. In the language of traditional strategic analysis, firm resources are strengths that firms can use to conceive of and implement their strategies."[297] Zu dieser Gruppe von Ressourcen gehören auch die von Prahalad und Hamel als Kernkompetenzen bezeichneten, schwer erzeugbaren, schwer zu imitierenden und nur schwer zu substituierenden heterogenen materiellen und immateriellen Ressourcenbündel, die die Basis von Kernprodukten und darauf aufbauenden

[292] Vgl. Burr et al. (2005), S. 16 f.; vgl. Bea/ Haas (2005), S. 28; vgl. Macharzina/ Wolf (2005), S. 67; vgl. Müller-Stewens/ Lechner (2003), S. 357; vgl. Porter (1989a); vgl. Porter (1988); vgl. Bain (1968); vgl. Bain (1956).
[293] Vgl. Bea/ Haas (2005), S. 28; vgl. Macharzina/ Wolf (2005), S. 68; vgl. Welge/ Al-Laham (2003), S. 260.
[294] Burr et al. (2005), S. 26.
[295] Vgl. Burr et al. (2005), S. 17.
[296] Wernerfelt (1984), S. 172.
[297] Barney (1991), S. 101.

Endprodukten darstellen und dadurch entscheidend für den Geschäftserfolg sind.[298] Um nachhaltige Wettbewerbsvorteile generieren zu können, sollte diese Art von Ressourcen für das Unternehmen werthaltig und knapp sein. Dies bedeutet zum einen, dass sie einen Beitrag zur Effizienz- und Effektivitätssteigerung leisten können und zum anderen, dass sie nicht für jede Unternehmung zugänglich sein dürfen.[299] Abbildung 18 gibt einen Überblick über die Ressourcentypologien und deren notwendige Eigenschaften zur Erzielung nachhaltiger Wettbewerbsvorteile.

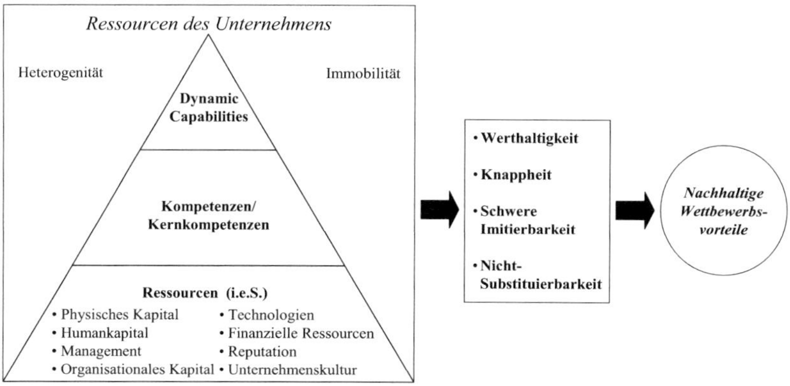

Abbildung 18: Ressourcenarten und nachhaltige Wettbewerbsvorteile
Quelle: Vgl. Burr et al. (2005), S. 19 und Barney (1991), S. 112 (modifiziert).

Im Gegensatz zur Betonung der internen Ressourcen im Rahmen des Resource-based View, fokussiert sich die Resource Dependence-Theorie auf die Bedeutung externer Ressourcen. Als Hauptvertreter des Ansatzes gelten Pfeffer und Salancik, die in ihrem 1978 erstmals erschienenen Buch „The External Control of Organizations. A Resource Dependence Perspective“ die Unternehmung als in externe Abhängigkeiten und Netzwerke, d.h. in einen sozialen Kontext, eingebettet betrachten.[300] Dementsprechend folgt dieser Ansatz durch die Vorstellung des Unternehmens als offenes, mit der dynamischen Umwelt interagierendes System dem Kontingenzansatz.[301] Den neben der Unternehmung als Akteure agierenden Individuen bzw. Gruppen wird ein beschränkt rationales, egoistisches Verhalten unterstellt.[302] Im Zentrum der Überlegungen steht die Frage, inwieweit eine Unterneh-

[298] Vgl. Dillerup/ Stoi (2006), S. 30; vgl. Bea/ Haas (2005), S. 30; vgl. Müller-Stewens/ Lechner (2003), S. 357; vgl. Barney (1991), S. 99, S. 105 ff.; vgl. Prahalad/ Hamel (1990), S. 79 ff.
[299] Vgl. Barney (1991), S. 106 f.
[300] Vgl. Gretzinger (2008), S. 5; vgl. Nienhüser (2008), S. 10; vgl. Pfeffer/ Salancik (2003), S. xii.
[301] Vgl. Gretzinger (2008), S. 4.
[302] Vgl. Gretzinger (2008), S. 7 f.; vgl. Pfeffer/ Salancik (2003), S. 15.

mung ihre Überlebensfähigkeit unter der Berücksichtigung der Abhängigkeit von bedeutenden externen Ressourcen sicherstellen kann. Die Abhängigkeitsverhältnisse zu externen Ressourcenquellen, d.h. zu anderen Organisationen, liegen in der Tatsache begründet, dass die Unternehmung nicht alle notwendigen Ressourcen selbst zur Verfügung stellen kann:[303] „The need for resources, including financial and physical resources as well as information, obtained from the environment, made organizations potentially dependent on the external sources of these resources – hence the characterization of the theory as *resource dependence*. Dependencies are often reciprocal and sometimes indirect.“[304] Dieses grundsätzliche Abhängigkeitsverhältnis in Bezug auf andere Organisationen bestimmt sich durch die Bedeutung der Ressource für den Fortbestand der Unternehmung, den Ermessensspielraum hinsichtlich der Ressourcenallokation bzw. -nutzung sowie die Anzahl möglicher alternativer Ressourcen bzw. deren Kontrolle, also die Ressourcenkonzentration. Die Bedeutung der Ressource drückt sich dabei zum einen im Input-Output-Verhältnis aus und wird zum anderen dadurch bestimmt, inwieweit die Ressource als kritisch für die Funktionsfähigkeit der Organisation bei Wegfall der Ressource oder des Absatzmarktes für den Output ist.[305] Die Bedeutung und die Verteilung von Ressourcen und von Akteuren innerhalb dieses Abhängigkeitsnetzwerkes in der Unternehmensumwelt bestimmt das Ausmaß an Unsicherheit und beschränkt dadurch gleichzeitig das unternehmerische Entscheiden und Handeln.[306] Je weniger Akteure die Organisation mit den bedeutenden Ressourcen versorgen können, desto größer ist erstens das Abhängigkeitsverhältnis von diesen Akteuren, desto stärker können zweitens diese Akteure Macht ausüben und desto stärker ist drittens die Autonomie der eigenen Organisation reduziert. An dieser Stelle kommt die Bedeutung einer weiteren Kerntheorie des Ressourcenabhängigkeitsansatzes zum Ausdruck. Dabei handelt es sich um das Macht-Abhängigkeits-Konzept nach Emerson.[307]

Demnach ist der Akteur X von Akteur Y umso abhängiger, je geringer seine Macht über Y ist, wobei die Abhängigkeit des Akteurs X von Akteur Y umso größer ist, je wichtiger für X Objekte sind, die Y kontrolliert und je weniger diese Objekte von X außerhalb der X-Y-Beziehung beschafft werden können.[308] Die Aufgabe der Organisation bzw. der Individuen und Gruppen innerhalb der Organisation besteht im Management dieser Abhängigkeits- und Machtbeziehungen zur Reduktion des Ausmaßes an umweltinduzierter Unsicherheit.[309]

---

[303] Vgl. Pfeffer/ Salancik (2003), S. 258.
[304] Pfeffer/ Salancik (2003), S. xii.
[305] Vgl. Pfeffer/ Salancik (2003), S. 45 ff.
[306] Vgl. Gretzinger (2008), S. 10; vgl. Dutzi (2005), S. 162.
[307] Vgl. Gretzinger (2008), S. 4; vgl. Nienhüser (2008), S. 12 ff.
[308] Vgl. Emerson (1962), S. 32.
[309] Vgl. Gretzinger (2008), S. 10 ff.; vgl. Nienhüser (2008), S. 13 ff.; vgl. Dutzi (2005), S. 162.

Zunächst besteht die Möglichkeit der Anpassung an die Akteure in der Unternehmensumwelt.[310] Das Management kann auch versuchen, die Nachfragestrukturen aktiv zu managen, indem es neue Ressourcenquellen erschließt, bestehende Ressourcen substituiert, Lagerbestände aufbaut, Geschäftsbereiche schließt oder die eigene Rolle gegenüber der Umwelt aufwertet.[311] Ferner können die organisationalen Abhängigkeiten durch die Erweiterung der Organisationsgrenzen durch Expansionsstrategien, wie sie z.B. Unternehmenszusammenschlüsse, Diversifikation und internes Outsourcing darstellen, verändert werden.[312] Auch Verhandlungen mit der Umwelt, wie sie z.B. in Kooperationsstrategien zum Ausdruck kommen, stellen eine weitere Möglichkeit zur Handhabung der externen Abhängigkeiten dar.[313] In diesem Zusammenhang sind die personellen Verflechtungen über das Board eines Unternehmens anzuführen.[314] Abschließend sei auf die Wahrnehmung von Lobbyaktivitäten zur Durchsetzung der Unternehmensinteressen bei gleichzeitiger Aufwertung der Ressourcenbewertung des eigenen Unternehmens hingewiesen.[315] Neben diesen nach außen gerichteten Aktivitäten existieren auch interne Anspruchsgruppen, die wichtige Ressourcen kontrollieren und unterschiedlich mit Macht ausgestattet sind.[316] Diese werden je nach Interessenlage versuchen, die Reaktion auf Umweltbedingungen entsprechend zu steuern und Einfluss auf die Unternehmensführung auszuüben.[317] Somit ist anzunehmen, dass sowohl interne als auch externe Anspruchsgruppen hinsichtlich der Besetzung der Kerngruppe der Organisation diejenigen Individuen bevorzugen werden, die ihren Ressourcen- und damit Machtinteressen entsprechen und danach handeln.[318] Da diese Handlungen wiederum die Umweltbeziehungen und damit die Abhängigkeiten beeinflussen, kommt es zu Rückkopplungseffekten. Die Organisationsgestaltung, die alle Anspruchsgruppen zufrieden stellt sowie akzeptable Handlungen und Ergebnisse mit sich bringt, führt zur Effektivität und sichert das langfristige Überleben der Organisation.[319] Effizienz fungiert dabei als internes Erfolgskriterium. Sie beinhaltet das Verhältnis zwischen Output und in Form von Wissen und Know-how eingesetzten Ressourcen.[320] Diese Zusammenhänge sind in Abbildung 19 dargestellt.

[310] Vgl. Nienhüser (2008), S. 15 f.; vgl. Pfeffer/ Salancik (2003), S. 106 f.
[311] Vgl. Gretzinger (2008), S. 11; vgl. Pfeffer/ Salancik (2003) S. 108 ff.
[312] Vgl. Gretzinger (2008), S. 11; vgl. Pfeffer/ Salancik (2003), S. 108 ff., S. 114 ff., S. 126 ff.
[313] Vgl. Gretzinger (2008), S. 11 f.; vgl. Pfeffer/ Salancik (2003), S. 143 ff.
[314] Vgl. Nienhüser (2008), S. 15.
[315] Vgl. Gretzinger (2008), S. 12; vgl. Pfeffer/ Salancik (2003), S. 188 ff.
[316] Vgl. Nienhüser (2008), S. 15 f.; vgl. Pfeffer/ Salancik (2003), S. 231 ff.
[317] Vgl. Nienhüser (2008), S. 16; vgl. Pfeffer/ Salancik (2003), S. 234.
[318] Vgl. Nienhüser (2008), S. 16; vgl. Pfeffer/ Salancik (2003), S. 225, S. 236.
[319] Vgl. Pfeffer/ Salancik (2003), S. 11, S. 26.
[320] Vgl. Pfeffer/ Salancik (2003), S. 11 f.

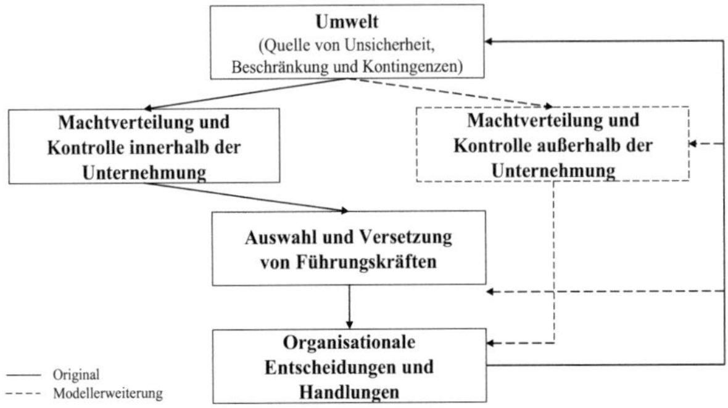

Abbildung 19: Zusammenhang zwischen Umwelt, Organisation und organisationalen Entscheidungen
Quelle: Nienhüser (2004), S. 90 (modifiziert).

Die Zusammenhänge bzw. Unterschiede zwischen den beiden Theorieansätzen werden in Abbildung 20 nochmals visuell veranschaulicht. Während der Resource-based View in erster Linie auf den Aufbau wettbewerbsrelevanter Ressourcen abstellt, fokussiert sich die Resource Dependence-Theorie auf die Steuerung der unsicheren Unternehmensumwelt.

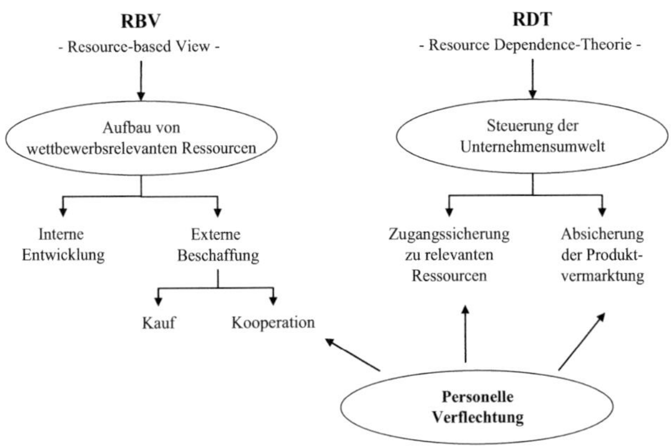

Abbildung 20: Gegenstände ressourcenorientierter Ansätze
Quelle: Dutzi (2005), S. 165 (modifiziert).

Der Board stellt innerhalb des Ressourcenabhängigkeitsansatzes von Pfeffer und Salancik eine potentielle Verbindungsstelle zu bedeutenden materiellen und immateriellen externen Ressourcen dar.[321] Diese Verbindungen kommen dadurch zu Stande, dass zahlreiche Vertreter u.a. aktuelle oder

[321] Vgl. Horner (2006), S. 16; vgl. Randøy/ Thomsen/ Oxelheim (2006), S. 5; vgl. Hillman/ Dalziel (2003), S. 383; vgl. Pfeffer/ Salancik (2003), S. 161 ff.; vgl. Hillman/ Cannella/ Paetzold (2000), S. 236; vgl. Goodstein/ Gautam/ Boeker (1994), S. 241; vgl. Pfeffer (1972), S. 218.

ehemalige Vorstandsvorsitzende anderer Unternehmen, Politiker oder Kapitalgeber sind.[322] In diesem Kontext spielen Interlocking Directorships, also die Wahrnehmung von Mehrfachmandaten in Boards unterschiedlicher Unternehmen, eine bedeutsame Rolle.[323] Damit dient der Board als Mechanismus zum Management externer Abhängigkeiten und reduziert umweltinduzierte Unsicherheit und Kosten.[324] Diese Board-Funktion kann mit positiven Auswirkungen auf den Unternehmenserfolg assoziiert werden.[325] Ferner ist er als Vertreter von Anspruchsgruppen mit der Entscheidung über die Besetzung der Führungspositionen beauftragt. Somit trägt er zur Bestandssicherung und damit zum Unternehmenserfolg bei.[326] Diversität im Hinblick auf die internationale bzw. interkulturelle Besetzung ermöglicht es dem Board, breitere und internationale Ressourcenquellen zu erschließen.[327] Als „board capital"[328] fungiert der Board nicht nur als Verbindungsglied zu externen Ressourcen, sondern stellt im Sinne des Resource-based View in Form von Informationen, Wissen, Fähigkeiten und Fertigkeiten sowie der Beratungsfunktion selbst eine interne Ressource mit Einfluss auf die Unternehmensstrategie und damit indirekt auch auf den Unternehmenserfolg dar.[329] Durch die Interpretation des Boards als ein heterogener Ressourcenpool wird die Verbindung zu Hambrick und Masons Upper Echelons-Ansatz und die Bedeutung personenbezogener Charakteristika für organisationale Ergebnisse evident.[330]

g) Stewardshipansatz

Der Stewardshipansatz entspringt der Kritik an der Agenturtheorie und deren Verhaltensannahmen.[331] Der Agent fungiert als treuhänderischer Manager im Unternehmen, d.h. als Steward. Dies zieht eine Neudefinition des Verhältnisses zwischen Eigentümern und Managern in Form prinzipieller Interessenkongruenz bzw. -konvergenz nach sich.[332] Aus dem individuellen, seinen eigenen Nutzen maximierenden Agenten wird ein an der kollektiven Nutzenmaximierung und damit am Gesamtwohl der Unternehmung und ihrer Anspruchsgruppen interessierter Manager.[333] Im Sinne

---

[322] Vgl. Gerum (2007), S. 223 ff.; vgl. Korn/Ferry International (2006), S. 37; vgl. Perlitz/ Seger/ Becker (2006), S. 41 ff., S. 57 ff.

[323] Vgl. Dutzi (2005), S. 165 ff.; vgl. Carroll/ Fennema (2002), S. 397; vgl. Kreitmeier (2001), S. 50 ff.; vgl. Johnson/ Daily/ Ellstrand (1996), S. 427; vgl. Pfeffer/ Salancik (1978), S. 165 f.

[324] Vgl. Hillman/ Cannella/ Paetzold (2000), S. 236, S. 238.

[325] Vgl. Randøy/ Thomsen/ Oxelheim (2006), S. 5.

[326] Vgl. Horner (2006), S. 16; vgl. Hillman/ Dalziel (2003), S. 383, S. 385.

[327] Vgl. Hillman/ Harris/ Cannella (2002), S. 101.

[328] Hillman/ Dalziel (2003), S. 383.

[329] Vgl. Horner (2006), S. 16, S. 20 f., S. 25; vgl. Hillman/ Dalziel (2003), S. 385 ff.; vgl. Hillman/ Cannella/ Paetzold (2000), S. 236, S. 238.

[330] Vgl. Hillman/ Cannella/ Paetzold (2000), S. 239.

[331] Vgl. Macharzina/ Wolf (2005), S. 65; vgl. Muth/ Donaldson (1998), S. 5; vgl. Donaldson/ Davis (1994), S. 159.

[332] Vgl. Macharzina/ Wolf (2005), S. 65; vgl. Kreitmeier (2001), S. 48; vgl. Davis/ Schoorman/ Donaldson (1997), S. 24; vgl. Donaldson/ Davis (1991), S. 51.

[333] Vgl. Davis/ Schoorman/ Donaldson (1997), S. 24; vgl. Donaldson/ Davis (1991), S. 51.

von Donaldson und Davis sind Manager „good stewards of the corporation and diligently work to attain high levels of corporate profit and shareholder returns.“[334] Dies erfordert zum einen eine hohe Identifikation mit dem Unternehmen und zum anderen einen Interessenausgleich aller Anspruchsgruppen durch das Management im Sinne der Organisation.[335] Der soziologisch bzw. psychologisch geprägte Stewardshipansatz kritisiert die ausschließliche Fokussierung der Agenturtheorie auf ökonomische Handlungsmotive. Stattdessen propagiert er durch den Bezug zu Motivationstheorien, wie z.B. die von Argyris und Maslow, eine Vielfalt von Beweggründen.[336]

	Agency Theory	**Stewardship Theory**
Model of Man	Economic man	Self-actualizing man
Behavior	Self-serving	Collective serving
Psychological Mechanisms		
Motivation	Lower order/ economic needs (physiological, security, economic) Extrinsic	Higher order needs (growth, achievement, self-actualization) Intrinsic
Social Comparison	Other managers	Principal
Identification	Low value commitment	High value commitment
Power	Institutional (legitimate, coercive, reward)	Personal (expert, referent)
Situational Mechanisms		
Management Philosophy	Control oriented	Involvement oriented
Risk orientation	Control mechanisms	Trust
Time frame	Short term	Long term
Objective	Cost control	Performance enhancement
Cultural differences	Individualism High power distance	Collectivism Low power distance

Tabelle 4: Agenturtheorie und Stewardshipansatz im Vergleich
Quelle: Davis/ Schoorman/ Donaldson (1997), S. 37.

Das Management ist demnach auch intrinsisch motiviert, folgt in seinen Handlungen höheren persönlichkeitsbezogenen Werthaltungen und nicht nur finanziellen Motiven.[337] Statt Kontrolle und Überwachung des Managements stehen Unterstützung, Bevollmächtigung und Vertrauen durch die Eigentümer bzw. deren Vertreter im Vordergrund.[338] Beziehungen sind geprägt von durch die Persönlichkeit und nicht von der formalen Stellung ausgehendem gegenseitigem Respekt.[339] Es wird deutlich, dass aus Sicht der Kulturvergleichenden Managementforschung Stewardship-Beziehungen eher in kollektivistischen Kulturen mit einer niedrigen Machtdistanz möglich sind.[340] Tabelle 4 fasst die Grundlagen des Stewardshipansatzes zusammen und kontrastiert diese mit den jeweiligen Annahmen der bereits vorgestellten Agenturtheorie.

---

334 Donaldson/ Davis (1994), S. 159.
335 Vgl. Davis/ Schoorman/ Donaldson (1997), S. 24 ff.
336 Vgl. Kreitmeier (2001), S. 49; vgl. Muth/ Donaldson (1998), S. 5 f.; vgl. Davis/ Schoorman/ Donaldson (1997), S. 24 ff.; vgl. Donaldson/ Davis (1994), S. 159; vgl. Argyris (1973); vgl. Maslow (1970); Argyris (1964).
337 Vgl. Kreitmeier (2001), S. 49; vgl. Charkham/ Simpson (1999), S. 55; vgl. Davis/ Schoorman/ Donaldson (1997), S. 27.
338 Vgl. Davis/ Schoorman/ Donaldson (1997), S. 20, S. 25.
339 Vgl. Davis/ Schoorman/ Donaldson (1997), S. 31 f.
340 Vgl. Davis/ Schoorman/ Donaldson (1997), S. 34, S. 36.

Der Stewardshipansatz ordnet dem Board eine eher unterstützende, motivierende Rolle zu, da nicht von einem individualistischen, den eigenen Nutzen maximierenden Management ausgegangen wird und somit die Notwendigkeit einer Überwachung des Managements sinkt. Die Aufgabe des Boards besteht in einer effizienten Unterstützung der Handlungsfähigkeit des Managements.[341] Muth und Donaldson sprechen in diesem Zusammenhang von „managerial empowerment".[342] Der Board berät das Management in für die Unternehmung bedeutsamen Fragen und hat so die Möglichkeit, Einfluss auf die Unternehmensstrategie und die Anpassung des Unternehmens an dynamische Umweltbedingungen zu nehmen.[343] Insofern kann von einer Strategiefunktion des Boards gesprochen werden, die Auswirkungen auf die Unternehmensperformance hat.[344] Diese bedeutende beratende bzw. strategische Funktion des Boards kommt insbesondere in Zeiten turbulenter Umweltbedingungen und sinkender Unternehmensperformance zur Geltung.[345] Auch hinsichtlich der Strategiefunktion wird Diversität im Organ mit einer Perspektivenvielfalt und der damit einhergehenden Optimierung des Entscheidungsraums zur Problemlösung sowie dynamischen strategischen Wandlungsprozessen assoziiert. Dies kann insbesondere in Situationen, die keine Routineentscheidungen umfassen, zu qualitativ hochwertigeren Entscheidungen führen.[346] Die Beratung des Managements in Fragen der Strategie zählen manche Autoren sogar zu den herausragenden Aufgaben eines Boards.[347]

h) Stakeholderansatz

Der Stakeholderansatz wird bereits seit den 1930er-Jahren diskutiert und hat durch die Publikation von Freeman „Strategic Management. A Stakeholder Approach" im Jahre 1984 bis heute breite Aufmerksamkeit erfahren.[348] Dieser Ansatz betrachtet nicht nur die Interessen der Anteilseigner, sondern berücksichtigt explizit zahlreiche Akteure sowohl innerhalb der Unternehmung als auch in der dynamischen Unternehmensumwelt.[349] Somit handelt es sich um einen interessenpluralistischen Ansatz, in dem das Unternehmen als eine quasi-öffentliche Institution mit sozioökonomischer,

341 Vgl. Kreitmeier (2001), S. 49.
342 Muth/ Donaldson (1998), S. 6.
343 Vgl. Hillman/ Harris/ Cannella (2002), S. 97 ff.; vgl. Goodstein/ Gautam/ Boeker (1994), S. 242; vgl. Baysinger/ Butler (1985), S. 108.
344 Vgl. Schmid/ Kretschmer (2005), S. 4; vgl. Hillman/ Harris/Cannella (2002), S. 97; vgl. Muth/ Donaldson (1998), S. 6.
345 Vgl. Goodstein/ Gautam/ Boeker (1994), S. 242.
346 Vgl. Hillman/ Harris/ Cannella (2002), S. 101.
347 Vgl. Johnson/ Daily/ Ellstrand (1996), S. 424 ff.
348 Vgl. Freeman/ McVea (2005), S. 189; vgl. Bea/ Haas (2005), S. 105; vgl. Burr et al. (2005), S. 51; vgl. Weiser (2004), S. 44; vgl. Seger/ Gaa (2000), S. 3; vgl. Donaldson/ Preston (1995), S. 65.
349 Vgl. Bea/ Haas (2005), S. 105; vgl. Freeman/ McVea (2005), S. 192 ff.; vgl. Weiser (2004), S. 44; vgl. Hill/ Jones (1992), S. 133.

technologischer und politischer Bedeutung aufgefasst wird.[350] Diese Akteure haben ein z.T. mit Risiko verbundenes Interesse bzw. einen Anspruch gegenüber dem Unternehmen. Jener Anspruch wird mit dem Begriff „Stake“ tituliert.[351] Daher nennt man innerhalb dieses Theoriegebäudes die Anspruchsgruppen in Anlehnung an das Standford Research Institute „Stakeholder“. Dies geschieht in bewusster Abgrenzung zum Begriff Share- bzw. Stockholder.[352] Die Definition des Begriffes ist nicht eindeutig. In Anlehnung an die Argumentation von Freeman und Reed wird einer weiten Begriffsauslegung gefolgt.[353] Demnach sind Stakeholder Gruppen oder Individuen, ohne die das Unternehmen nicht existieren kann, die die Ziele des Unternehmens beeinflussen und wiederum von diesem beeinflusst werden.[354] Die zentrale Aufgabe des Managements besteht nun in der Herbeiführung eines Interessenausgleichs zwischen den divergierenden Anspruchsgruppen der Unternehmen und in der Ableitung von Implikationen für die strategische Unternehmensführung.[355] Dabei sollte eine integrierte und längerfristige Strategie entwickelt werden, mit der sich die Anspruchsgruppen identifizieren können. Dies dient der Existenzsicherung und damit dem Unternehmenserfolg.[356] Dazu ist es zwingend notwendig, sich der z.T. sehr vielfältigen internen und externen Anspruchsgruppen und deren jeweiliger Bedeutung bewusst zu werden, um so kritische Stakeholder, die hinsichtlich der Organisationsfähigkeit als kleine Gruppen mit homogenen Interessen und bezüglich ihrer Durchsetzungsfähigkeit als unternehmenswichtige, nicht substituierbare Ressourcenlieferanten agieren, identifizieren und dementsprechend eine adäquate Strategie entwickeln zu können.[357]

Zur Umsetzung dieser Ziele bieten sich eine Vielzahl von mehrstufigen Verfahren an, die die Schritte Identifikation, Bewertung und strategische Handlungsweise umfassen.[358] Aus dem Identifikationsprozess resultiert eine sog. Stakeholdermap, die für ein internationales Unternehmen in Abbildung 21 beispielhaft skizziert ist.[359] Sie umfasst sowohl interne als auch externe Anspruchsgruppen und gestaltet sich insbesondere im internationalen Kontext sehr komplex. Diese Auflistung

[350] Vgl. Müller-Stewens/ Lechner (2003), S. 244; vgl. Kreitmeier (2001), S. 53; vgl. Figge/ Schaltegger (2000), S. 11; vgl. Seger/ Gaa (2000), S. 3; vgl. Liebl (1996), S. 103; vgl. Ulrich/ Fluri (1995), S. 60 f.; vgl. Ulrich (1977), S. 1 ff.; vgl. Berle/ Means (1932), S. 5 ff.

[351] Vgl. Bea/ Haas (2005), S. 105.

[352] Vgl. Freeman/ McVea (2005), S. 190; vgl. Weiser (2004), S. 44; vgl. Freeman (1984), S. 31 ff.; vgl. Freeman/ Reed (1983), S. 88 ff.

[353] Vgl. Freeman/ Reed (1983), S. 91.

[354] Vgl. Freeman (1984), S. vi.

[355] Vgl. Bea/ Haas (2005), S. 107 f.; vgl. Freeman/ McVea (2005), S. 192 ff.; vgl. Weiser (2004), S. 46, S. 48.

[356] Vgl. Freeman/ McVea (2005), S. 194; vgl. Weiser (2004), S. 44.

[357] Vgl. Kreitmeier (2001), S. 53; vgl. Hill/ Jones (1992), S. 133; vgl. Freeman (1984), S. 53.

[358] Vgl. Bea/ Haas (2005), S. 107 f.; vgl. Weiser (2004), S. 45 sowie die dort angegebene Literatur.

[359] Vgl. Freeman/ McVea (2005), S. 192 ff.; vgl. Bea/ Haas (2005), S. 105; vgl. Weiser (2004), S. 46; vgl. Freeman (1984), S. 54 ff.; vgl. Freeman/ Reed (1983), S. 93 ff.

von möglichen Stakeholdern der Unternehmung ist einem stetigen Wandel unterzogen, weist auch konfliktträchtige Zusammenhänge zwischen den einzelnen Gruppen auf und ist i.d.R. unternehmens- bzw. branchenindividuell.[360]

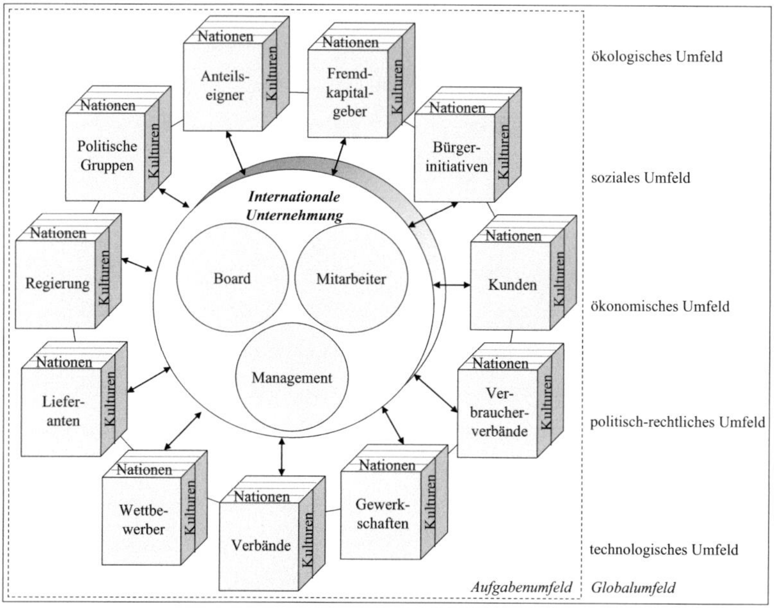

Abbildung 21: Stakeholdermap einer Internationalen Unternehmung
Quelle: Eigene Darstellung in Anlehnung an Weiser (2004), S. 46.

Der Stakeholderansatz weist dem Board eine Koordinationsfunktion zu.[361] Auf Basis der Stakeholderkarte werden kritische Anspruchsgruppen identifiziert. Es besteht nun zum einen die Möglichkeit, durch den Board im Sinne der Ressourcenfunktion Beziehungsstrukturen zu kritischen Stakeholdern aufzubauen und diese in den Board zu integrieren. Zum anderen kann das Beziehungsmanagement im Sinne der Unternehmung und deren strategischen Überlegungen beeinflusst werden.[362] Kritische Anspruchsgruppen sind u.a. Anteilseigner, Geschäftspartner, Zulieferer, bedeutsame Kunden oder der Staat.[363] Der Board kann dabei aus seiner stärker formellen Machtstellung heraus, auch ökonomische und politische Macht ausüben.[364]

---

[360] Vgl. Weiser (2004), S. 45; vgl. Kreitmeier (2001), S. 53; vgl. Grabatin (1981), S. 67.
[361] Vgl. Kreitmeier (2001), S. 54.
[362] Vgl. Dutzi (2005), S. 174 ff.; vgl. Kreitmeier (2001), S. 53 f.; vgl. Freeman (1984), S. 196 f.; vgl. Freeman/ Reed (1983), S. 96.
[363] Vgl. Hillman/ Cannella/ Paetzhold (2000), S. 240 ff.; vgl. Hill/ Jones (1992), S. 133; vgl.; vgl. Freeman/ Reed (1986), S. 89.
[364] Vgl. Freeman/ Reed (1983), S. 93 ff.

Es sei angemerkt, dass es im Sinne der vorliegenden Arbeit für international agierende Unternehmen als erstrebenswert betrachtet wird, den Board international bzw. interkulturell zu besetzen, um die Anforderungen der Stakeholdergruppen aus zahlreichen Ländern und Kulturkreisen besser handhaben zu können.[365] Dies beinhaltet auch eine positive, motivierende Signalwirkung ausländischer Mandatsträger in Richtung der ausländischen Mitarbeiter eines international agierenden Unternehmens.[366] Somit kann ein international bzw. interkulturell besetzter Board zur Glaubwürdigkeit und Reputation der Unternehmung beitragen. Auf der anderen Seite kann eine national geprägte Stakeholdermap der Internationalisierung des Boards entgegenstehen.

i) Theorie der Direktinvestitionen im Ausland

Aharoni setzt sich in seinem im Jahre 1966 erschienen Werk „The Foreign Investment Decision Process" mit der Frage auseinander, wie und warum Direktinvestitionen im Ausland zustande kommen.[367] Obwohl er sich auf Direktinvestitionen fokussiert, kann die Theorie auch als generelle Begründung für Internationalisierungsprozesse gewertet werden.[368] Dabei rücken in der Tradition der verhaltenswissenschaftlichen Theorie nach Cyert und March unternehmensinterne Entscheidungsprozesse in den Mittelpunkt, die nicht nur von ökonomischen Entscheidungsregeln geprägt sind und nicht immer rational ablaufen.[369] Die Entscheidungen werden zumeist von einem Kollektiv von Personen mit divergierenden Interessen und Zielen auf Basis unvollkommener Information und begrenzten Informationsverarbeitungskapazitäten getroffen. Daher kann davon ausgegangen werden, dass die Entscheidungsfindung nicht immer konfliktfrei abläuft, individuelle Machtpositionen bedeutend sind und das Kollektiv nicht die optimale Entscheidung sucht, sondern dem Prinzip der Satisfizierung folgt.[370]

Hinsichtlich der konkreten Entscheidungsfindung für vereinzelte Auslandsinvestitionen nimmt Aharoni eine Prozesssicht ein. Er beschreibt folgende vier Stufen: Anstoßphase („The Decision to Look Abroad"), Bewertungsphase („The Investigation Process"), Investitionsphase („The Decision to Invest") sowie Überprüfungs- und Nachverhandlungsphase („Review and Negotiations").[371] Dabei ist die erste Phase entscheidend für die Frage, wie und warum es zu vereinzelten Auslandsin-

[365] Vgl. Randøy/ Thomsen/ Oxelheim (2006), S. 5; vgl. Schmid/ Kretschmer (2005), S. 5.
[366] Vgl. Schmid (2007), S. 8; vgl. Hillman/ Harris/ Cannella (2002), S. 101.
[367] Vgl. Kutschker/ Schmid (2008), S. 425; vgl. Perlitz (2004), S. 97; vgl. Bäurle (1996), S. 50.
[368] Vgl. Kutschker/ Schmid (2008), S. 425.
[369] Vgl. Kutschker/ Schmid (2008), S. 425 f.; vgl. Meckl (2006), S. 68; vgl. Bäurle (1996), S. 50.
[370] Vgl. Kutschker/ Schmid (2008), S. 425 f.; vgl. Bäurle (1996), S. 50 f.
[371] Aharoni (1966), S. 49 ff.

vestitionen kommt.[372] Hier spielen interne und externe Initialkräfte eine zentrale Rolle.[373] So fungieren häufig Führungskräfte, angetrieben u.a. von Prestigedenken, Reiselust oder Auslandserfahrungen, als Initiatoren für ausländische Direktinvestitionen.[374] Als exogene Anstoßkräfte kommen auch Vorschläge von außerhalb des Unternehmens, z.B. von Händlern, Regierungen, Geschäftspartnern oder Kunden, in Frage. Ferner stellt die Angst vor einem Verlust bedeutsamer Märkte, bspw. durch protektionistische Maßnahmen, eine Motivation für ein Auslandsengagement dar.[375] Auch Mitläufereffekte, d.h. das Folgen eines Konkurrenten ins Ausland zur Wahrung von Wachstumschancen (sog. „Band Wagon Effect"), spielen in diesem Kontext eine Rolle.[376] Abschließend sei auf die Möglichkeit hingewiesen, durch ein Auslandsengagement auf die starke Konkurrenz von Wettbewerbern auf dem Inlandsmarkt zu reagieren und diese Wettbewerber auf ihren eigenen Heimatmärkten zu attackieren.[377] In Abhängigkeit von der jeweiligen Initialkraft werden in der zweiten Phase die Investitionsmöglichkeiten bewertet.[378] Diese Bewertung erfolgt u.a. aufgrund der beschränkt ablaufenden Informationsprozesse nach dem Satisfizierungsprinzip und bezieht demnach nicht alle Entscheidungskriterien ein.[379] Die dritte Phase umfasst die Entscheidung für eine Investitionsalternative, die dann innerhalb des Unternehmens kommuniziert und durchgesetzt werden muss.[380] Je nachdem, ob die Entscheidung durchgesetzt werden kann, wird diese umgesetzt oder Nachverhandlungsprozesse in Gang gesetzt.[381]

Diese Phasen vollziehen sich mehrfach im Laufe der Entwicklung der Unternehmen und lösen Lernerfahrungen aus, die die langfristige Internationalisierung der Unternehmen beeinflussen und das Risiko sowie die Kosten sukzessive sinken lassen.[382] Nach Aharoni laufen auch hier unterschiedliche Phasen ab, die von ersten Exporten bis hin zu ausländischen Direktinvestitionen reichen.[383] Aharoni weist ferner darauf hin, dass zunächst kulturell, geographisch und ökonomisch nahe Länder

[372] Vgl. Perlitz (2004), S. 98; vgl. Meckl (2006), S. 68; vgl. Aharoni (1966), S. 49 ff.
[373] Vgl. Kutschker/ Schmid (2008), S. 426; vgl. Bäurle (1996), S. 52; vgl. Aharoni (1966), S. 54.
[374] Vgl. Kutschker/ Schmid (2008), S. 426; vgl. Meckl (2006), S. 68; vgl. Perlitz (2004), S. 98; vgl. Bäurle (1996), S. 52; vgl. Aharoni (1966), S. 58 f.
[375] Vgl. Kutschker/ Schmid (2008), S. 426; vgl. Perlitz (2004), S. 98; vgl. Aharoni (1966), S. 54 f.
[376] Vgl. Kutschker/ Schmid (2008), S. 426; vgl. Meckl (2006), S. 68; vgl. Perlitz (2004), S. 99; vgl. Bäurle (1996), S. 53; vgl. Aharoni (1966), S. 55.
[377] Vgl. Meckl (2006), S. 68; vgl. Perlitz (2004), S. 99; vgl. Bäurle (1996), S. 53; vgl. Aharoni (1966), S. 55.
[378] Vgl. Kutschker/ Schmid (2008), S. 427; vgl. Meckl (2006), S. 69; vgl. Bäurle (1996), S. 53 f.; vgl. Aharoni (1966), S. 76 ff.
[379] Vgl. Bäurle (1996), S. 53 f.; vgl. Aharoni (1966), S. 78.
[380] Vgl. Kutschker/ Schmid (2008), S. 427; vgl. Meckl (2006), S. 69; vgl. Bäurle (1996), S. 54 f.; vgl. Aharoni (1966), S. 122 ff.
[381] Vgl. Kutschker/ Schmid (2008), S. 427; vgl. Meckl (2006), S. 69; vgl. Bäurle (1996), S. 55; vgl. Aharoni (1966), S. 142 ff.
[382] Vgl. Kutschker/ Schmid (2008), S. 428; vgl. Bäurle (1996), S. 55 f.; vgl. Aharoni (1966), S. 175 ff.
[383] Vgl. Aharoni (1966), S. 175 ff.

in der Investitionsentscheidung berücksichtigt werden.[384] Nordström beurteilt die Erkenntnisse Aharonis wie folgt: „Aharoni's work paved the way for further studies of the firm's internationalization process. Although Aharoni focused very much on decision-making rather than internationalization, his findings served as a source of inspiriation for future research."[385]

Wendet man die Theorie auf den Board an, so wird deutlich, dass auch dessen Mitglieder prinzipiell als Initialkräfte für das Auslandsengagement und damit für die Unternehmensinternationalisierung in Erscheinung treten können.[386] Ferner muss je nach Art und Umfang des Auslandsengagements die Zustimmung des Boards eingeholt werden. Dadurch kann es strategischen und erfolgsrelevanten Einfluss ausüben. Unter Berücksichtigung der Erkenntnisse Aharonis erscheint es hinsichtlich der Board-Zusammensetzung sinnvoll, dieses zunächst mit Ausländern aus dem geographisch und kulturell nahen Umfeld des Unternehmens zu besetzen.

j) Internationalisierungsprozessmodell

Das als Uppsala-Modell bekannt gewordene Internationalisierungsprozessmodel geht in seinen Grundzügen auf die Arbeiten von Johanson und Vahlne sowie Johanson und Wiedersheim-Paul zurück.[387] Das hier dargestellte Basismodell hat zahlreiche Weiterentwicklungen erfahren, die an dieser Stelle nicht vorgestellt werden.[388] Das Modell steht in der Tradition der verhaltenswissenschaftlichen Theorie der Unternehmung nach Cyert und March, der verhaltenswissenschaftlichen Theorie der Direktinvestitionen nach Aharoni sowie der Theorie des Unternehmenswachstums nach Penrose.[389] Wie die Bezeichnung des Ansatzes vermuten lässt, vollzieht sich die Unternehmensinternationalisierung in einem graduellen Prozess auf Basis von Lernprozessen.[390] Im Zuge dessen werden die Kenntnisse und der Bezug zu den ausländischen Märkten sukzessive erhöht und ausgehend vom Heimatland zunächst benachbarte und dann in den nächsten Schritten weiter entfernte Ländermärkte bearbeitet.[391] In diesem Zusammenhang werden zwei empirisch ermittelte Muster von stetig wachsenden Internationalisierungsprozessen (Patterns of Internationalization)

384 Vgl. Bäurle (1996), S. 56; vgl. Aharoni (1966), S. 180.
385 Nordström (1991), S. 19.
386 Vgl. Aharoni (1966), S. 58.
387 Vgl. Kutschker/ Schmid (2008), S. 464; vgl. Perlitz (2004), S. 112; vgl. Scherm/ Süß (2001), S. 63 ff.; vgl. Bäurle (1996), S. 68.
388 Dazu gehören die Arbeiten von Vahlne/ Nordström (1993), Vahlne/ Nordström (1992), Nordström (1991), Johanson/ Mattsson (1988) und Johanson/ Mattsson (1986). Ein fundierter Überblick über die Modellmodifizierungen findet sich bei Scherm/ Süß (2001), S. 65 ff. und Bäurle (1996), S. 74 ff.
389 Vgl. Perlitz (2004), S. 112; vgl. Scherm/ Süß (2001), S. 63; vgl. Bäurle (1996), S. 66; vgl. Johanson/ Vahlne (1990), S. 11; vgl. Johanson/ Vahlne (1977), S. 23.
390 Vgl. Kutschker/ Schmid (2008), S. 464; vgl. Perlitz (2004), S. 112.
391 Vgl. Bäurle (1996), S. 67.

unterschieden.[392] Es wird die Annahme getroffen, dass Unternehmen zunächst keinen Exportaktivitäten nachgehen. Dann werden einzelne Unternehmensaktivitäten in einen bestimmten Auslandsmarkt entlang der sog. Establishment Chain, die das zeitliche Muster der gewählten Markteintritts- und Marktbearbeitungsformen stufenweise abbildet, über den Export durch unabhängige Vertreter und den Aufbau von Verkaufsniederlassungen bis hin zur Produktion im Ausland erweitert. Dabei nehmen sowohl der Ressourceneinsatz als auch die Auslandserfahrung zu.[393] Das zweite Muster umfasst die inkrementale Ländermarktbearbeitung. Dabei werden zunächst in einer konzentrischen Vorgehensweise vertraute, nahe gelegene Märkte und erst zu einem späteren Zeitpunkt weiter entfernte Regionen einbezogen.[394] In diesem Kontext spielt das Konzept der psychischen Distanz, nach dem Unterschiede zwischen den einzelnen Ländermärkten bestehen, die den Informationsfluss beeinträchtigen, eine bedeutende Rolle.[395] Wächst nun im Laufe der Zeit der Informationsstand über ausländische Ländermärkte an, so reduziert sich die wahrgenommene Unterschiedlichkeit im Bezug zum Heimatmarkt und die Unternehmung stößt erst dann in weitere entfernte Märkte vor.[396] Als die psychische Distanz beeinflussende Faktoren konnten die ökonomische Entwicklung und Größe des ausländischen Marktes, der Unterschied zur ökonomischen Entwicklung im Heimatmarkt, das Ausbildungsniveau im Ausland, der Unterschied zum inländischen Ausbildungsniveau, kulturelle und sprachliche Unterschiede, die bereits zum Auslandsmarkt bestehenden Beziehungen sowie die geographische Distanz bestimmt werden.[397] Diese Muster der Internationalisierung bilden Johanson und Vahlne in einem dynamischen Modell ab.

Die Internationalisierungsmuster sind eine Folge der Anpassung an die jeweiligen dynamischen Umweltbedingungen.[398] Im Zentrum steht dabei das Wissen über Ländermärkte (Market Knowledge).[399] Ausgehend von den Überlegungen Penroses unterscheiden Johanson und Vahlne bezüglich des Wissens zwischen objektivem Wissen und Erfahrungswissen.[400] Letzteres ist individuelles, personengebundenes Wissen und demnach nicht durch standardisierte Methoden gewonnen. Daher ist dem Erfahrungswissen eine größere Bedeutung beizumessen. Es ist stärker mit dem Marktwissen

[392] Vgl. Kutschker/ Schmid (2008), S. 464; vgl. Bäurle (1996), S. 67; vgl. Johanson/ Wiedersheim-Paul (1975), S. 306.

[393] Vgl. Kutschker/ Schmid (2008), S. 464 f.; vgl. Scherm/ Süß (2001), S. 63; vgl. Bäurle (1996), S. 67; vgl. Johanson/ Vahlne (1990), S. 13 f.; vgl. Johanson/ Vahlne (1977), S. 24; vgl. Johanson/ Wiedersheim-Paul (1975), S. 307.

[394] Vgl. Kutschker/ Schmid (2008), S. 465; vgl. Scherm/ Süß (2001), S. 63; vgl. Bäurle (1996), S. 67 f.

[395] Vgl. Kutschker/ Schmid (2008), S. 465; vgl. Bäurle (1996), S. 67 f.; vgl. Johanson/ Vahlne (1977), S. 24; vgl. Johanson/ Wiedersheim-Paul (1975), S. 307 f.

[396] Vgl. Bäurle (1996), S. 68; vgl. Johanson/ Vahlne (1977), S. 24; vgl. Johanson/ Wiederheims-Paul (1975), S. 307 ff.

[397] Vgl. Dow (2000), S. 57; vgl. Johanson/ Vahlne (1977), S. 26; vgl. Johanson/ Wiedersheim-Paul (1975), S. 308, S. 320 f.

[398] Vgl. Bäurle (1996), S. 69.

[399] Vgl. Kutschker/ Schmid (2008), S. 468; vgl. Scherm/ Süß (2001), S. 63; vgl. Bäurle (1996), S. 69; vgl. Johanson/ Vahlne (1977), S. 27 f.

[400] Vgl. Penrose (1995), S. 53; vgl. Johanson/Vahlne (1977), S. 28.

assoziiert. Ist dieses Wissen nur gering ausgeprägt, so reduziert sich auch dementsprechend die Internationalisierungsgeschwindigkeit.[401] Das Engagement im ausländischen Markt (Market Commitment) drückt sich in der Gebundenheit materieller und immaterieller Ressourcen in diesen Märkten aus.[402] Je höher diese ist, umso stärker ist die Verbundenheit. Diese beiden Zustandsgrößen (State Aspects) beeinflussen sich wechselseitig, da mit zunehmendem Wissen i.d.R. auch die Ressourcenbindung im entsprechenden Markt zunimmt.[403] Die Ausprägungen der Zustandsgrößen zu einem bestimmten Zeitpunkt beeinflussen wiederum die Entwicklungsgrößen (Change Aspects) in Form der Entscheidung über die weitere Internationalisierung (Commitment Decisions) und der Art der laufenden Geschäftsprozesse (Current Activities), die sich ebenfalls wechselseitig beeinflussen.[404]

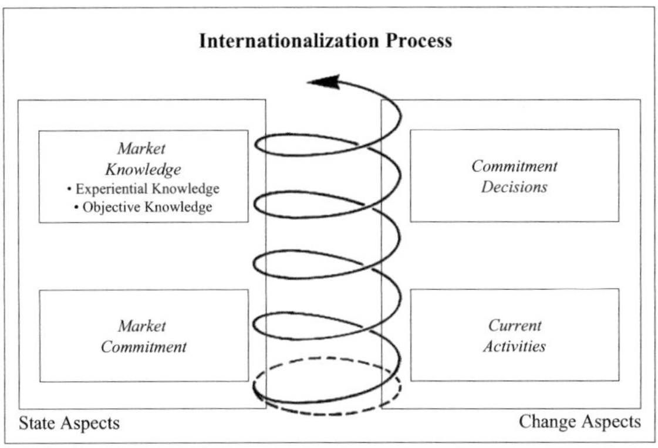

Abbildung 22: Internationalisierungsprozessmodell nach Johanson und Vahlne
Quelle: Johanson/ Vahlne (1977), S. 26 (modifiziert).

Somit kommt es sowohl zwischen den Zustands- und den Entwicklungsgrößen als auch zwischen ihren jeweiligen Ausprägungen zu reziproken Beziehungen.[405] So beeinflusst z.B. zunehmendes Wissen über Auslandsmärkte die Ressourcenbindung und damit die Internationalisierungsprozesse, welche auf die Geschäftsaktivitäten einwirken und so wiederum die Entstehung neuen Erfahrungswissens ermöglicht.[406] Es kommt zu Lernprozessen, im Zuge derer das internationalisierungsinhärente Risiko sinkt und der Ressourceneinsatz und die -bindung zunehmen.[407] Diese Prozesse bezeichnen Johanson und Vahlne als kausale Zyklen.[408]

[401] Vgl. Bäurle (1996), S. 69; vgl. Johanson/ Vahlne (1977), S. 26.
[402] Vgl. Kutschker/ Schmid (2008), S. 466; vgl. Johanson/ Vahlne (1977), S. 27.
[403] Vgl. Scherm/ Süß (2001), S. 64; vgl. Bäurle (1996), S. 69; vgl. Johanson/ Vahlne (1977), S. 26.
[404] Vgl. Kutschker/ Schmid (2008), S. 466.
[405] Vgl. Perlitz (2004), S. 113; vgl. Scherm/ Süß (2001), S. 63; vgl. Johanson/ Vahlne (1977), S. 11 f.
[406] Vgl. Kutschker/ Schmid (2008), S. 467; vgl. Bäurle (1996), S. 70.
[407] Vgl. Kutschker/ Schmid (2008), S. 467; vgl. Perlitz (2004), S. 112; vgl. Johanson/ Vahlne (1990), S. 11 ff.; vgl. Johanson/ Vahlne (1977), S. 26 ff.
[408] Vgl. Johanson/ Vahlne (1990), S. 11.

Bezogen auf den Untersuchungsgegenstand der internationalen bzw. interkulturellen Zusammensetzung von Boards lassen sich einige Implikationen ableiten. Der Ansatz verdeutlicht die Bedeutung von Wissen, Lernen und Erfahrung, die letztendlich immer an Personen gebunden sind.[409] Es besteht die Möglichkeit, dass der Board – insbesondere vor dem Hintergrund seiner Beratungsfunktion – Wissen und Kenntnisse über ausländische Märkte einbringt und dadurch den Internationalisierungsprozess beschleunigt sowie den Ressourcenhaushalt beeinflusst. Somit substituieren ausländische Mandatsträger über Erfahrungswissen generierte Marktkenntnisse. Auf diese Weise kann der Board sowohl den Stand des Unternehmens auf der Establishment Chain als auch die psychische Distanz mitbestimmen und einen Beitrag zur Unternehmensinternationalisierung leisten. Da der Internationalisierungsprozess stufenweise abläuft und zunächst kulturell und geographisch nahe Ländermärkte betrifft, ist zu vermuten, dass in der Übertragung auf die Internationalisierung des Boards zunächst ausländische Direktoren aus kulturell und geographisch nahen Ländern berufen werden.

k) EPRG-Modell

Das auf die Arbeiten von Perlmutter und Kollegen zurückgehende EPRG-Modell stellt eines der bedeutendsten Konzepte des Internationalen Managements dar.[410] Es steht in der Tradition behavioristisch orientierter Ansätze, indem es „Werte und Einstellungen, Erfahrungen und Erlebnisse, Gewohnheiten und Vorurteile von Individuen“[411] als Einflussgrößen auf die Internationalität von Unternehmen berücksichtigt. Im Mittelpunkt stehen dabei die Einstellungen der Führungspersönlichkeiten in Stamm- und Gastland sowie deren Einfluss auf die Ausprägungen der Internationalen Unternehmung und bedeutende Organisationsvariablen. Diese Zusammenhänge sind u.a. geprägt durch den Faktor Kultur.[412]

In diesen Überlegungen zeigt sich Perlmutters Kritik, dass sich die Multinationalität eines Unternehmens nicht nur in objektiven Maßstäben, wie z.B. in Struktur- und Leistungsgrößen, ausdrückt, sondern auch eine qualitative Sichtweise umfasst.[413] Angetrieben durch ein mit der Multinationalität verbundenes Prestige- und Erfolgsdenken, beeinflusst auch die Unternehmensführung die Internationalität der Unternehmung.[414] Perlmutter differenziert zwischen der ethnozentrischen (Heimatland-

[409] Vgl. Kutschker/ Schmid (2008), S. 468.
[410] Vgl. Schmid/ Machulik (2006), S. 1.
[411] Kutschker/ Schmid (2008), S. 285.
[412] Vgl. Kutschker/ Schmid (2008), S. 286; vgl. Schmid/ Machulik (2006), S. 7 f.; vgl. Perlitz (2004), S. 119; vgl. Scherm/ Süß (2001), S. 123; vgl. Perlmutter/ Heenan (1974), S. 123; vgl. Perlmutter (1969), S. 11.
[413] Vgl. Kutschker/ Schmid (2008), S. 286; vgl. Perlitz (2004), S. 119; vgl. Perlmutter/ Heenan (1974), S. 123.
[414] Vgl. Schmid/ Machulik (2006), S. 1, S. 10; vgl. Perlmutter (1969), S. 10.

orientierung), der polyzentrischen (Gastlandorientierung) und der geozentrischen (Weltorientierung) Ausprägung bzw. Führungskonzeption der Internationalen Unternehmung.[415] Im Zuge einer verstärkten Regionalisierung bzw. Blockbildung erweitern Heenan und Perlmutter das ursprüngliche EPG-Modell um die regiozentrische (Regionenorientierung) Ausprägung.[416] Diese inhaltlichen Überlegungen fasst Abbildung 23 zusammen.

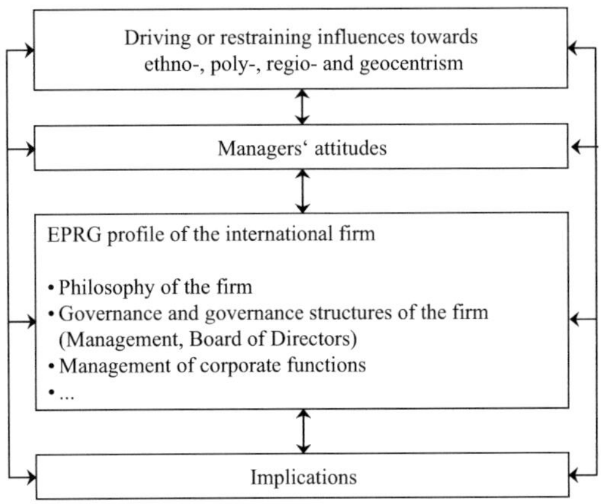

Abbildung 23: Erweiterte Sichtweise des EPRG-Konzeptes
Quelle: Schmid/ Machulik (2006), S. 2 (modifiziert).

Der idealtypische Entwicklungspfad einer Unternehmung besteht in der Abfolge von ethnozentrischer, polyzentrischer, regiozentrischer und geozentrischer Struktur, wobei dieser immer unternehmensindividuell und ohne Determinismus ist.[417] Die Unterschiede in den Ausprägungen der Unternehmensstruktur bzw. Führungsphilosophie manifestieren sich im Wesentlichen in den Beziehungsausprägungen zwischen Muttergesellschaft und Tochtergesellschaften sowie im Hinblick auf die Aspekte Organisation, Führung und Führungsstrukturen, Funktionen, Stakeholderbeziehungen sowie Unternehmensverständnis. Abbildung 24 bildet die grundsätzlichen Organisationsvariablen, die in ihren Ausprägungen zwischen den EPRG-Führungskonzeptionen divergieren, ab.[418]

Die ethnozentrische Struktur umfasst insbesondere auf Strategie- und Managementebene eine Dominanz der Muttergesellschaft gegenüber den ausländischen Tochtergesellschaften. Es herrschen Vorurteile gegenüber ausländischen Mitarbeitern hinsichtlich deren Ausbildung und Intelligenz. Der Board und das Top Management sind sowohl im Stammland als auch im Ausland mit Mitar-

[415] Vgl. Perlitz (2004), S. 119; vgl. Perlmutter (1969), S. 12.
[416] Vgl. Heenan/ Perlmutter (1979), S. 20.
[417] Vgl. Kutschker/ Schmid (2008), S. 290 f.; vgl. Schmid/ Machulik (2006), S. 17; vgl. Perlitz (2004), S. 120.
[418] Vgl. Kutschker/ Schmid (2008), S. 287; vgl. Scherm/ Süß (2001), S. 123 ff.

beitern aus dem Heimatland besetzt. Diese Strukturen werden durch identische Denkmuster im Stammhaus und den Töchtern gefördert.[419]

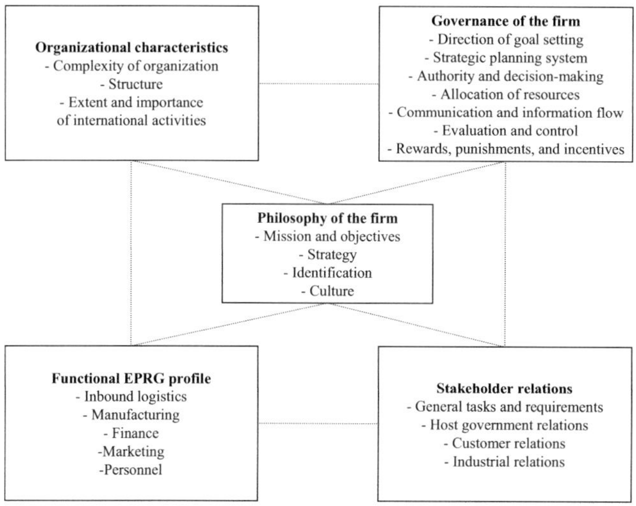

Abbildung 24: Organisationsvariablen innerhalb des EPRG-Ansatzes
Quelle: Schmid/ Machulik (2006), S. 9 (modifiziert).

Das polyzentrische Führungskonzept fußt auf der Akzeptanz unterschiedlicher Kulturen und Denkhaltungen. Zur Bewältigung dieser Unterschiede im Sinne der Gesamtunternehmung werden die Managementpositionen im Gastland mit Personen aus dem Gastland besetzt, die mit entsprechender Entscheidungsautonomie ausgestattet sind. Die Führungsstrukturen des Mutterhauses sind weiterhin national geprägt. Ein Eingriff durch das Stammhausmanagement erfolgt erst bei erfolgskritischen Problemen.[420]

In der Weiterentwicklung des polyzentrischen Ansatzes wurde die regiozentrische Führungsperspektive als Reaktion auf die Bildung von regionalen Wirtschaftsblöcken ergänzt. Die Führungskräfte stammen aus den Ländern der jeweiligen Region. Die Stammhausführung bleibt weiterhin national besetzt.[421]

[419] Vgl. Perlitz (2004), S. 119; vgl. Scherm/ Süß (2001), S. 124 f.; vgl. Heenan/ Perlmutter (1979), S. 17 f.; vgl. Perlmutter/ Heenan (1974), S. 127; vgl. Perlmutter (1969), S. 11 f.

[420] Vgl. Kutschker/ Schmid (2008), S. 286; vgl. Meckl (2006), S. 96 f.; vgl. Perlitz (2004), S. 119 f.; vgl. Scherm/ Süß (2001), S. 125 f.; vgl. Heenan/ Perlmutter (1979), S. 20; vgl. Perlmutter (1969), S. 12 f.

[421] Vgl. Kutschker/ Schmid (2008), S. 287; vgl. Meckl (2006), S. 97; vgl. Perlitz (2004), S. 120; vgl. Scherm/ Süß (2001), S. 125 f.; vgl. Heenan/ Perlmutter (1979), S. 20.

Im geozentrischen Ansatz werden die Weltregionen in einem globalen Ansatz integriert und eine weltweite Einheit gebildet, die auch die globale Ressourcenallokation auf Ebene des Gesamtunternehmens bestimmt. Hinsichtlich der Besetzung von Führungspositionen werden weltweit die fähigsten Kandidaten herangezogen und eine Besetzungsentscheidung nicht auf Basis der Nationalität getroffen. Identitätsstiftend ist dabei das Unternehmen und seine Kultur und nicht ein Land. Die Führung des Stammhauses ist international nach Kompetenz besetzt.[422]

Die vier Führungskonzeptionen schlagen sich in unterschiedlichen Ausprägungen von Organisationsvariablen nieder. Tabelle 5 bildet die Unterschiede zwischen den Führungskonzepten für einige bedeutende Organisationsvariablen exemplarisch ab.

Neben den Einstellungen der Führungspersönlichkeiten werden die vier Führungskonzeptionen noch von zahlreichen weiteren Faktoren beeinflusst. Diese können sowohl das jeweilige Führungskonzept erweitern als auch behindern. Zu diesen Faktoren zählen auf der Makroebene Aspekte der Unternehmensumwelt, wie z.B. Märkte und Technologien, auf der Mesoebene die Unternehmen im Allgemeinen und ihre Funktionsbereiche sowie auf Mikroebene die Individuen in der Organisation mit karrierebezogenen und familiären Einflussfaktoren. Schmid und Machulik identifizieren Nationalismus sowie politische, ökonomische und soziale Unsicherheit als Faktoren, die die Entwicklung hin zu einem geozentrisch geprägten Unternehmen maßgeblich behindern.[423]

Bezogen auf den Untersuchungsgegenstand Board bestehen im Hinblick auf die Organisationsvariablen Anknüpfungspunkte zur Governance bzw. Governancestrukturen der Unternehmung und dem Management der Stakeholderbeziehungen. So ist ein international besetzter Board ein Indikator für die Entwicklung hin zu einem geozentrisch geprägten Unternehmen, da seitens des EPRG-Konzeptes nur in dieser Ausprägung ein mit ausländischen Direktoren besetzter Board zu erwarten ist. Heenan und Perlmutter konstatieren diesbezüglich: „Multinationalizing the human factor […] must precede all the other functional applications. Yet […] probably nowhere is the lip service more visible than in the international dimension"[424].

Nach Perlmutter sind im Hinblick auf die Internationalität des Unternehmens die Einstellungen, die Führungskräfte in den vier Führungskonzepten haben, bedeutender, als deren Nationalität.[425] Da in

[422] Vgl. Kutschker/ Schmid (2008), S. 287; vgl. Meckl (2006), S. 97; vgl. Perlitz (2004), S. 120; vgl. Scherm/ Süß (2001), S. 125 f.; Heenan/ Perlmutter (1979), S. 20 f.; vgl. Perlmutter (1969), S. 13 f.

[423] Vgl. Schmid/ Machulik (2006), S. 5 f.

[424] Heenan/ Perlmutter (1979), S. 61.

[425] Vgl. Schmid (2007), S. 7 f.; vgl. Caligiuri/ Lazarova/ Zehetbauer (2004), S. 856; vgl. Perlmutter/ Heenan (1974), S. 121; vgl. Perlmutter (1969), S. 11.

Kapitel 2.2 gezeigt werden konnte, dass die Einstellung direkt mit dem kulturellen Hintergrund einer Person verbunden ist, liegt es nahe, die kulturelle Herkunft bei der Analyse der Besetzung von Spitzenpositionen zu betrachten. Unter der Annahme, dass die Überlegungen Perlmutters aus dem Jahre 1969 bezogen auf die Führungsstrukturen auch in der heutigen Zeit Gültigkeit besitzen, werden die angestellten Überlegungen auf die Analyse der Board-Zusammensetzung übertragen. Ferner nimmt der Board durch seine Koordinationsfunktion eine wichtige Rolle für den Aufbau und die Pflege von Beziehungen zu wichtigen Stakeholdern, wie sie Industrien, Kunden und Regierungen im Ausland darstellen, wahr. Eine internationale Besetzung kann sich hier vorteilhaft auswirken.[426] Hinsichtlich der Internationalisierung von Unternehmen und dem Unternehmenserfolg wird ein Zusammenhang zum geozentrischen Führungskonzept ersichtlich.[427] Da im Falle eines geozentrisch orientierten Unternehmens ein international besetzter Board erwartet werden kann, müsste hier ein entsprechend positiver Zusammenhang zur Internationalisierung des Unternehmens und dessen Erfolg in der internationalen Geschäftstätigkeit bestehen. Diese Vermutung wird dadurch bestärkt, dass Perlmutter und Heenan einen Zusammenhang zwischen der geozentrischen Orientierung und dem Erfolg im internationalen Geschäft herstellen.[428]

Nach der Erörterung der begrifflichen Grundlagen und der Vorstellung eines umfassenden konzeptionell-theoretischen Analyserahmens zur Bedeutung des Boards im Allgemeinen und seiner internationalen bzw. interkulturellen Zusammensetzung im Speziellen sowie den Implikationen die daraus im Hinblick auf die Unternehmensstrategie und den Unternehmenserfolg zu ziehen sind, schließt sich in Kapitel 3 die Darstellung der bisherigen Forschung zur Analyse der internationalen bzw. interkulturellen Besetzung von Boards an.

[426] Vgl. Schmid (2007), S. 7.

[427] Vgl. Tihanyi et al. (2000), S. 1164; vgl. Black (1997), S. 34 f.; vgl. Perlmutter/ Heenan (1974), S. 123.

[428] Vgl. Perlmutter/ Heenan (1974), S. 123.

Aspekte der Unternehmung	Orientierung			
	Ethnozentrisch	Polyzentrisch	Regiozentrisch	Geozentrisch
Organisations-komplexität	Komplex im Heimatland, einfach bei den Tochtergesell-schaften	Unterschiedlich und voneinander unabhängig	Hohe gegenseitige Abhängigkeit auf regionaler Ebene	Zunehmende Komplexität und weltweit eine hohe gegenseitige Abhängigkeit
Autorität, Treffen von Entscheidungen	Stark auf die Muttergesellschaft konzentriert	Gering von Seiten der Muttergesellschaft	Große regionale Headquarters und/oder intensive Zusammenarbeit zwischen den Tochtergesell-schaften einer Region	Weltweite Zusammenarbeit zwischen der Muttergesellschaft und den Tochtergesell-schaften
Auswertung und Kontrolle	Standards des Heimatlandes werden auf Leistungs- und Personenbeurtei-lung angewendet	Lokale Bestimmungen	Regionale Bestimmungen	Universale und lokale Standards
Anreizsystem und Sanktionen	Hoch bei der Muttergesellschaft, gering in den Tochtergesell-schaften	Sehr unterschiedlich, Tochtergesell-schaften erhalten Belohnungen unterschiedlicher Höhe	Belohnungen für das Erreichen regionaler Zielvorgaben	Belohnung internationaler und lokaler Führungskräfte für das Erreichen internationaler und lokaler Zielvorgaben
Kommunikation, Informationsfluss	Hohe Anzahl von Aufträgen, Weisungen und Ratschlägen an die Tochtergesell-schaften	Gering (mit der Muttergesellschaft und den anderen Tochtergesell-schaften)	Gering mit der Muttergesellschaft, u.U. hoch mit den regionalen Headquarters und hoch zwischen den einzelnen Ländern	Beide Wege, sowohl mit der Muttergesellschaft als auch zwischen den Tochtergesell-schaften
Geographische Identifikation	Nationalität der Muttergesellschaft	Nationalität des Gastlandes	Regionales Unternehmen	Weltweites Unternehmen unter Wahrung nationaler Interessen
Fortlaufende Management-Aufgaben • Personalrekrutierung • Personalausstattung • Personalentwicklung	Mitarbeiter der Muttergesellschaft werden für weltweite Schlüsselpositionen ausgebildet	Mitarbeiter des Gastlandes werden für Schlüsselpositionen im eigenen Land ausgebildet	Regionale Mitarbeiter werden für Schlüsselpositionen in der gesamten Region ausgebildet	Die besten Mitarbeiter auf der ganzen Welt werden für weltweite Schlüsselpositionen ausgebildet
Führung der Muttergesellschaft	National besetzt	National besetzt	National besetzt	International besetzt

Tabelle 5: Ausprägungen von Organisationsvariablen im EPRG-Modell
Quelle: Perlitz (2004), S. 121 f. in Anlehnung an Heenan/ Perlmutter (1979), S. 18 f. (modifiziert).

3 Stand der Forschung zur internationalen und interkulturellen Board-Zusammensetzung

Im folgenden Kapitel wird ein Überblick über den Stand der Forschung zur Internationalisierung von Boards und deren Bezug zur Internationalisierung des Unternehmens sowie zu Größen des Unternehmenserfolgs gegeben. Betrachtet man die Literatur zum Themenkreis Board, so kristallisiert sich ein gewisser Analysepluralismus heraus. Dadurch können die betrachteten Studien nicht immer eindeutig einem bestimmten Forschungsfeld, wie z.B. Corporate Governance, Entrepreneurship, Finanzierung, Internationales und Interkulturelles Management, Top Management Team-Forschung, Strategisches Management, etc. zugeordnet werden. Die im Rahmen dieser Arbeit vorgenommene Auswahl an Studien fokussiert sich daher nicht auf spezifische Forschungsfelder sondern auf die Frage nach der internationalen bzw. interkulturellen Board-Zusammensetzung.

Die Untersuchung von Boards selbst erfreut sich schon seit längerer Zeit großer Beliebtheit. Nicht nur wissenschaftliche Publikationen, sondern insbesondere von Executive Search Firmen[429], wie z.B. Korn/Ferry International, Heidrick & Struggles oder SpencerStuart, publizierte Studien setzen sich mit dieser Thematik auseinander. Ein Blick in die wissenschaftliche Literatur zeigt, dass, im Gegensatz zu der hier vorgelegten Untersuchung, das Gros der Analysen unter dem Begriff „Board Composition" auf die Rolle von Insidern und Outsidern bzw. abhängigen und unabhängigen Direktoren in Boards abstellen.[430] Wissenschaftliche Studien zum Themenkreis „Board Diversity" fokussieren sich wiederum auf Basis einer engen Begriffsauslegung von Diversity in erster Linie auf die Bedeutung von Minderheiten in Unternehmensorganen, wie z.B. Frauen und ethnische Gruppen.[431] Dennoch wird an jenen Stellen, an denen ein Bezug zum Untersuchungsgegenstand der vorliegenden Arbeit sinnvoll erscheint, auf Theorien und Teilergebnisse von Studien zu den oben beschriebenen Themenkreisen eingegangen.

[429] Unter dem Begriff versteht man im engeren Sinne Unternehmen, die Dienstleistungen im Zusammenhang mit der Besetzung von Führungspositionen anbieten. Vgl. Witt (2003a), S. 226.

[430] Vgl. Nicholson/ Kiel (2007), S. 585 ff.; vgl. Ruigrok et al. (2006), S. 120; vgl. Kiel/ Nicholson (2003), S. 190 f.; vgl. Bhagat/ Black (1999), S. 921 ff.; vgl. Heslin/ Donaldson (1999), S. 81; vgl. Dalton et al. (1998), S. 270 f.; vgl. Sherman/ Kashlak/ Joshi (1998), S. 319 f.; vgl. Wagner/ Stimpert/ Fubara (1998), S. 654 ff.; vgl. Hermalin/ Weisbach (1988), S. 589 ff.

[431] So verweisen Dedeoglu et al. auf die Unterscheidung zwischen einer engen und weiten Begriffsauslegung bezüglich Diversity. Die traditionelle Sichtweise fokussiert demnach Aspekte wie Rasse, ethnische Herkunft, Geschlecht und Alter. Vgl. hierzu Dedeoglu et al. (2004), S. 10. Für Studien, die bezogen auf das Board eine Diversitätsbetrachtung hinsichtlich der Kategorien Alter, Geschlecht, ethnische Herkunft bzw. Nationalität vornehmen vgl. u.a. Ruigrok/ Peck/ Tacheva (2007), Randøy/ Thomsen/ Oxelheim (2006), Arfken/ Bellar/ Helms (2004), Carter/ Simkins/ Simpson (2003), Daily/ Dalton (2003), Erhardt/ Werbel/ Shrader (2003), Hillman/ Cannella/ Harris (2002), Burke/ Mattis (2000), Daily/ Certo/ Dalton (1999), Shrader/ Blackburn/ Iles (1997).

Die Forschung setzt sich auf Basis des Upper Echelons-Ansatzes bereits seit Mitte der 1990er-Jahre mit der Demographie und der internationalen Besetzung von Management Teams und deren Einfluss auf die Unternehmensentwicklung auseinander.[432] Bisher haben nur wenige Studien die Frage nach der internationalen bzw. interkulturellen Besetzung von Boards und deren Auswirkungen auf Unternehmensindikatoren, wie z.B. den Internationalisierungsgrad und den Unternehmenserfolg, aufgegriffen.[433] Im Folgenden werden ausschließlich solche Studien vorgestellt, die die beschriebene Thematik behandeln bzw. die Internationalisierung von Boards in die Analyse integrieren. Da nur wenige Studien die Internationalität des Boards über das Konstrukt der Nationalität erfassen, werden auch solche Untersuchungen berücksichtigt, die die internationale Erfahrung oder die internationale Ausbildung der Board-Mitglieder heranziehen. Studien, die gezielt die Arbeitsweise des Boards und dessen intern ablaufende Prozesse betrachten, werden nicht thematisiert.

Die beschriebenen Studien aus Wissenschaft und Beratungspraxis sind in Tabelle 6 überblicksartig zusammengefasst. Diese Auflistung erhebt aufgrund der Mannigfaltigkeit von Board-Studien, die sich z.T. nur peripher mit der im Rahmen der vorliegenden empirischen Analyse behandelten Thematik auseinandersetzen, keinen Anspruch auf Vollständigkeit und berücksichtigt Publikationen, die bis Juni 2008 erschienen sind. Ferner konnte aufgrund der Breite und der damit korrespondierenden Verschiedenartigkeit der Untersuchungen nur ein grobes Gliederungsraster zur Beschreibung gewählt werden.

[432] Vgl. Schmid/ Daniel (2006), S. 1; vgl. Heijltjes/ Olie/ Glunk (2003), S. 89. Zu Studien die u.a. die Internationalität des TMTs bzw. des CEOs thematisieren vgl. Palmer/ Varner (2007), vgl. Lee/ Park (2006), vgl. Schmid/ Daniel (2006), vgl. Birkner (2005), vgl. Schmid/ Kretschmer (2005), vgl. Caligiuri/ Lazarova/ Zehetbauer (2004), vgl. Blonigen/ Wooster (2003), vgl. Carpenter/ Pollock/ Leary (2003), vgl. Heijltjes/ Olie/ Glunk (2003), vgl. Athanassiou/ Nigh (2002), vgl. Herrmann/ Datta (2002), vgl. Carpenter/ Fredrickson (2001), vgl. Ruigrok/ Wagner (2001), vgl. Wally/ Becerra (2001), vgl. Daily/ Certo/ Dalton (2000), vgl. Tihanyi et al. (2000), vgl. Punnett/ Clemens (1999), vgl. Black (1997), vgl. Elron (1997), vgl. Reuber/ Fischer (1997), vgl. Bloodgood/ Sapienza/ Almeida (1996), vgl. Sambharya (1996). Für einen umfassenden Überblick über empirische Untersuchungen zum Themenkreis vgl. Tacheva (2007), S. 186 ff.

[433] Vgl. Palmer/ Varner (2007), S. 1; vgl. Staples (2007), S. 311.

Autor & Jahr	Effektive Datenbasis & Methodik	Allgemeiner Untersuchungs-gegenstand	Zentrales Ergebnis bezüglich der Internationalisierung von Boards	Internationalitäts-ausprägung hinsichtlich des Boards	Berücksichtigung des Internationalisierungs-grades des Unternehmens	Berücksichtigung von Erfolgsgrößen
1.) Untersuchungen deskriptiver Art						
Alexander / Esser (1999)	47 Unternehmen aus 16 Ländern im Jahre 1998; deskriptiv	Analyse der Board-Größe, der Anzahl und der Herkunft der ausländischen Board-Mitglieder sowie deren beruflicher Hintergrund	Zunehmende Internationalisierung der Corporate Boards in den neunziger Jahren, bei bestehender Dominanz der nationalen Herkunft. Europa als Region mit den am stärksten international ausgerichteten Boards. Aus Sektorensicht stellt der Industriesektor die am stärksten international ausgerichteten Boards	Nationalität/ Staatsbürgerschaft (absolute und relative Angaben)	/	/
Gillies/ Dickinson (1999)	81 gemessen am FDI-Niveau größten Unternehmen; deskriptiv	Beschreibung von Strukturen und Prozessen in Boards Transnationaler Unternehmen und deren Niederlassungen im Vergleich zu nationalen Unternehmen	Transnationale Unternehmen differenzieren sich nicht gegenüber nationalen Unternehmen durch ausländische Board-Mitglieder und reduzieren überwiegend die Bedeutung der Boards in den Niederlassungen. Kein Bezug zu bestimmten Industrien und Ländern hinsichtlich der Besetzungsentscheidungen mit ausländischen Direktoren feststellbar	Nationalität (absolute und relative Angaben)	FDI	/
Mahoney (2000)	100 U.S. Unternehmen mit dem höchsten internationalen Umsatz; deskriptiv	Bedeutung internationaler Direktoren in 100 amerikanischen Unternehmen mit den höchsten internationalen Umsätzen	Amerikanische Direktoren dominieren die untersuchten Boards. Etwa 50 % der untersuchten Unternehmen haben ausländische Direktoren, diese jedoch hauptsächlich auf Seiten der internen Direktoren. Unternehmensgröße als bedeutende Einflussgröße der Board-Internationalisierung	Nationalität/ Staatsbürgerschaft (absolute und relative Angaben)	International generierter Umsatz	/
Gerum (2007)	387 deutsche Unternehmen aus DAX, MDAX und TecDAX, für die die Mitbestim-mungsgesetzge-bung gilt; deskriptiv	Umfassende Untersuchung des deutschen Corporate Governance Systems. Auch Thematisierung der Zusammensetzung des Aufsichtsrates	Zunehmende Internationalisierung des deutschen Aufsichtsrates mit Fokussierung auf europäische Mandatsträger. Anteil von Aufsichtsräten aus dem nordamerikanischen Raum rückläufig, dafür vorsichtige Öffnung des deutschen Kontrollorgans in Richtung Asien. Einfluss der Anteilseignerstruktur auf die Zusammensetzung des Aufsichtsrates	Nationalität/ Staatsbürgerschaft (absolute und relative Angaben)	/	/
Palmer/ Varner (2007)	36 Unternehmen der Fortune 1000, 30 Unternehmen der Europe's 15000 Largest Companies und 32 Unternehmen der Asia's 7500 Largest Companies; deskriptiv	Internationalität von Top Management Teams und Boards in den USA, Europa und Asien	Europäische Boards sind internationaler ausgestaltet als solche aus den USA und Asien.	Internationale Erfahrung und Internationale Verantwortung (absolute und relative Angaben)	/	/

Tabelle 6: Überblick über ausgewählte Studien zum Themenkreis Board-Internationalisierung
Quelle: Eigene Darstellung.

Autor & Jahr	Datenbasis & Methodik	Allgemeiner Untersuchungs-gegenstand	Zentrales Ergebnis bezüglich der Internationalisierung von Boards	Internationalitäts-ausprägung hinsichtlich des Boards	Berücksichtigung des Internationalisierungs-grades des Unternehmens	Berücksichtigung von Erfolgsgrößen
Staples (2007)	70 gemessen am FDI-Niveau größten Transnationalen Unternehmen; deskriptiv	Internationale Besetzung von Boards	Im Jahresvergleich 1993 und 2005 feststellbarer schwacher Trend zu international zusammengesetzten Boards, aber weiterhin Dominanz nationaler Direktoren	Nationalität/ Staatsbürgerschaft (absolute und relative Angaben)	/	/
Staples (2008)	148 gemessen an den ausländischen Aktiva bzw. den ausländischen Tochtergesell-schaften größte Transnationale Unternehmen bzw. kommerzielle Banken; Deskriptiv	Internationale Besetzung von Boards	Länderübergreifende Unternehmenszusammen-schlüsse in den Jahren 1993 bis 2004 führen zu einem Anstieg ausländischer Direktoren in den betroffenen Boards im Jahre 2005	Nationalität/ Staatsbürgerschaft (absolute und relative Angaben)	Ausländische Aktiva und ausländische Tochter-gesellschaften	/
Heidrick & Struggles (2003)	296 europäische Unternehmen; deskriptiv	Analyse der Organisation, Funktion und Strukturen von Boards	Trotz eines moderaten Anstieges des Anteils ausländischer Direktoren weiterhin national geprägte europäische Boards. Wahrnehmung ausländischer Board-Mandate als Zeitproblem von Managern. Fehlende Bereitschaft der Unternehmen zu virtuellen Board-Meetings	Nationalität (relative Angaben)	/	/
Heidrick & Struggles (2005)	294 europäische Unternehmen; deskriptiv	Analyse der Organisation, Funktion und Strukturen von Boards	Moderater Rückgang des Anteils ausländischer Direktoren in europäischen Boards. Weiterhin national geprägte Besetzungsstruktur. Wahrnehmung ausländischer Board-Mandate als Zeitproblem von Managern. Fehlende Bereitschaft der Unternehmen zu virtuellen Board-Meetings	Nationalität (relative Angaben)	/	/
Heidrick & Struggles (2007)	294 europäische Unternehmen; Deskriptiv	Analyse der Organisation, Funktion und Strukturen von Boards	Trotz eines Zuwachses ausländischer Direktoren in Europa zwischen den Jahren 2001 und 2007 weiterhin national geprägte Boards, mit z. T. großen Unterschieden zwischen den einzelnen Ländern	Nationalität (relative Angaben)	/	/
Korn/Ferry (2006)	1000 Direktoren aus 18 Nationen sowie Proxy-Daten von 896 Fortune 1000 Unternehmen; Deskriptiv	Analyse der Organisation, Funktion und Strukturen von Boards	Moderater Rückgang des Anteils von Nicht-U.S.-Staatsbürgern in Corporate Boards in den Jahren 1995 bis 2005 auf ein relativ konstantes Niveau	Nicht-U.S.-Staatsbürger/ Nationalität (relative Angaben)	/	/

Tabelle 6: Überblick über Studien zum Themenkreis Board-Internationalisierung (Fortsetzung)
Quelle: Eigene Darstellung.

Autor & Jahr	Datenbasis & Methodik	Allgemeiner Untersuchungsgegenstand	Zentrales Ergebnis bezüglich der Internationalisierung von Boards	Internationalitätsausprägung hinsichtlich des Boards	Berücksichtigung des Internationalisierungsgrades des Unternehmens	Berücksichtigung von Erfolgsgrößen
SpencerStuart Deutschland (2004)	51 Gesellschaften im Jahre 2004; deskriptiv	Analyse der Organisation, Funktion und Strukturen in Vorstand und Aufsichtsrat	Moderater Anteil ausländischer Aufsichtsratsmitglieder auf der Kapitaleignerseite, kaum ausländische Vertreter auf der Arbeitnehmerseite	Nationalität (relative Angaben)	/	/
SpencerStuart Deutschland (2006)	52 Gesellschaften im Jahre 2005; deskriptiv	Analyse der Organisation, Funktion und Strukturen in Vorstand und Aufsichtsrat	Keine breite Internationalisierung der Aufsichtsgremien. Dominanz nationaler Vertreter sowohl auf Seiten der Kapitaleigner- als auch auf Seiten der Arbeitnehmervertreter. Fokus weniger auf Ausländer, denn auf internationaler Erfahrung der Mitglieder	Nationalität (relative Angaben)	/	/
SpencerStuart Großbritannien (2007)	150 Unternehmen im Jahre 2007 ohne Anlagegesellschaften; Deskriptiv	Analyse der Organisation, Funktion und Strukturen von Boards	Rückgang des Anteils ausländischer Direktoren im Jahresvergleich. National geprägte Boards. Jedoch Zunahme von Boards mit mindestens einem ausländischen externen Direktor. Rückgang des Anteils von Unternehmen mit mindestens einem ausländischen internen Direktor	Nationalität (relative Angaben)	/	/
SpencerStuart Großbritannien (2006)	150 gemessen an der Marktkapitalisierung größten Unternehmen im Jahre 2006; Deskriptiv	Analyse der Organisation, Funktion und Strukturen von Boards	Trotz eines Rückgangs im Vergleich zum Vorjahr verbleibt Großbritannien auf einem im internationalen Vergleich hohen Niveau an ausländischen Direktoren in den Boards	Nationalität (relative Angaben)	/	/
SpencerStuart Großbritannien (2004)	150 gemessen an der Marktkapitalisierung größten Unternehmen im Jahre 2004; Deskriptiv	Analyse der Organisation, Funktion und Strukturen von Boards	Trotz eines moderaten Rückgangs ist Großbritannien eines der Länder mit dem größten Anteil ausländischer Direktoren	Nationalität (relative Angaben)	/	/
SpencerStuart Kanada (2007)	100 größte Unternehmen mit einem Umsatz von mehr als einer Milliarde U.S.-Dollar im Jahre 2007; deskriptiv	Analyse der Organisation, Funktion und Strukturen von Boards	Zunahme des Anteils ausländischer Direktoren in den Boards der 100 größten kanadischen Unternehmen. U.S. Staatsbürger vereinen den Großteil der ausländischen Board-Mandate auf sich	Nationalität (relative Angaben)	/	/

Tabelle 6: Überblick über Studien zum Themenkreis Board-Internationalisierung (Fortsetzung)
Quelle: Eigene Darstellung.

Autor & Jahr	Datenbasis & Methodik	Allgemeiner Untersuchungsgegenstand	Zentrales Ergebnis bezüglich der Internationalisierung von Boards	Internationalitätsausprägung hinsichtlich des Boards	Berücksichtigung des Internationalisierungsgrades des Unternehmens	Berücksichtigung von Erfolgsgrößen
SpencerStuart Kanada (2006)	100 größte Unternehmen mit einem Umsatz von mehr als einer Milliarde U.S.-Dollar im Jahre 2006; deskriptiv	Analyse der Organisation, Funktion und Strukturen von Boards	Zahlreiche kanadische Unternehmen haben ausländische Direktoren in die Boards berufen, wobei deren Anzahl im Jahresvergleich rückläufig ist. Die Gruppe ausländischer Direktoren stellt eine Minderheit dar	Nationalität (absolute Angaben)	/	/
SpencerStuart Kanada (2004)	100 größte Unternehmen mit einem Umsatz von mehr als einer Milliarde U.S.-Dollar im Jahre 2004; deskriptiv	Analyse der Organisation, Funktion und Strukturen von Boards	Zahlreiche kanadische Unternehmen haben ausländische Direktoren in die Boards berufen, aber diese Gruppe stellt eine Minderheit dar	Nationalität (absolute Angaben)	/	/
SpencerStuart Österreich (2006)	16 Unternehmen; Deskriptiv	Analyse der Organisation, Funktion und Strukturen in Vorstand und Aufsichtsrat	Aufsichtsräte in Österreich stark national geprägt. Nur in wenigen Unternehmen ausländische Mandatsträger	Nationalität (relative Angaben)	/	/
SpencerStuart Schweden (2004)	60 Unternehmen; Deskriptiv	Analyse der Organisation, Funktion und Strukturen von Boards	Moderater Anteil ausländischer Board-Mitglieder	Nationalität (absolute und relative Angaben)	/	/
SpencerStuart Schweiz (2001)	37 führende Unternehmen; Deskriptiv	Analyse des Ausländeranteils in Verwaltungsräten	Schweizer Verwaltungsräte im Ländervergleich sehr international besetzt	Nationalität (absolute und relative Angaben)	/	/
SpencerStuart Vereinigte Staaten von Amerika (2007)	500 nach Marktkapitalisierung größte U.S.-Unternehmen des S&P 500-Index; Deskriptiv	Analyse der Organisation, Funktion und Strukturen von Boards	U.S.-Boards haben häufig internationale Direktoren. Deren Anzahl ist trotz eines Zuwachses in den vergangenen Jahren jedoch gering	Nationalität/ ethnische Herkunft (relative Angaben)	/	/
SpencerStuart Vereinigte Staaten von Amerika (2006)	500 nach Marktkapitalisierung größte U.S.-Unternehmen des S&P 500-Index; Deskriptiv	Analyse der Organisation, Funktion und Strukturen von Boards	Ausländische Direktoren bilden eine Minderheit in U.S.-amerikanischen Boards, wobei nahezu die Hälfte der Boards mindestens einen ausländischen Mandatsträger hat. Anglo-amerikanische Direktoren stellen den Großteil der ausländischen Mandatsträger	Nationalität/ ethnische Herkunft (relative Angaben)	/	/
SpencerStuart Vereinigte Staaten von Amerika (2004)	500 gemessen an der Marktkapitalisierung größten U.S.-Unternehmen des S&P 500-Index; Deskriptiv	Analyse der Organisation, Funktion und Strukturen von Boards	Internationalität in U.S.-Boards nicht stark ausgeprägt. Internationale Direktoren stammen meist aus Europa, davon wiederum ist Großbritannien dominierend	Nationalität/ ethnische Herkunft (absolute Angaben)	/	/

Tabelle 6: Überblick über Studien zum Themenkreis Board-Internationalisierung (Fortsetzung)
Quelle: Eigene Darstellung.

Autor & Jahr	Datenbasis & Methodik	Allgemeiner Untersuchungs-gegenstand	Zentrales Ergebnis bezüglich der Internationalisierung von Boards	Internationalitäts-ausprägung hinsichtlich des Boards	Berücksichtigung des Internationalisierungs-grades des Unternehmens	Berücksichtigung von Erfolgsgrößen
2.) Untersuchungen mit Berücksichtigung der Internationalisierung von Unternehmen als Explanandum						
How/ Khoo/ Ng/ Verhoeven (2002)	61 australische Unternehmen; Regressionsanalyse	Einfluss des unternehmens-spezifischen Internationalisierungs-grades auf die Corporate Governance von Unternehmen	Unternehmensindividueller Internationalisierungsgrad übt einen signifikant positiven Effekt auf den Anteil unabhängiger externer Direktoren im Board aus. In umgekehrter Richtung kein Effekt feststellbar	Anteil unabhängiger externer Direktoren mit internationaler Erfahrung als abhängige und unabhängige Variable	Anteil kontrollierter ausländischer Wirtschaftseinheiten als abhängige und unabhängige Variable	Return on Assets (ROA) als unabhängige Variable
Carpenter/ Pollock/ Leary (2003)	159 junge U.S.-Technologie-unternehmen; Korrelations- und Regressionsanalyse	Internationalisierungs-verhalten als Ausdruck des Risikoverhaltens junger Technologie-unternehmen, deren IPO zwischen 1990 und 1999 stattfand	Signifikant positiver Einfluss der internationalen Erfahrung im Board im Allgemeinen und signifikant positiver Einfluss international erfahrener Risikokapitalgeber im Board auf den Internationalisierungsgrad im Speziellen. Verstärkung des Zusammenhangs, wenn Top Management Team und externe Direktoren internationale Erfahrung aufweisen	Anzahl an Direktoren mit internationaler Arbeitserfahrung und Ausbildung als unabhängige Variable (absolut und für Risikokapitalgeber im Board binär kodiert)	Verhältnis des ausländischen Umsatzes zum Gesamtumsatz als abhängige Variable	Net Income Before Interest and Taxes als unabhängige Variable
Caligiuri/ Lazarova/ Zehetbauer (2004)	76 Unternehmen der Fortune 500-Liste aus dem Jahre 1998; Korrelationsanalyse	Zusammenhang zwischen der internationalen Zusammensetzung des Top Managements bzw. des Boards und der Anzahl der Länder, in denen ein Unternehmen tätig ist, auf der einen Seite und bekannten Internationalisierungs-indikatoren auf der anderen Seite	Signifikant positiver Zusammenhang zwischen dem Internationalisierungsgrad des Boards zu Indikatoren der Unternehmensinternationali-sierung	Nationalität, Anteil ausländischer Board-Mitglieder	Berücksichtigung in Form der Teilindizes des UNCTAD-Index sowie Anteil der ausländischen Niederlassungen an der Anzahl der Gesamtniederlassungen und Anzahl der Länder, in denen ein Unternehmen tätig ist	/
Schmid/ Kretschmer (2005)	5 deutsche Unternehmen aus der chemischen und pharmazeutischen Industrie; deskriptiv, Indexbildung	Internationalisierungs-grad des Aufsichtsrats und des Vorstands deutscher Aktienge-sellschaften sowie unternehmensbezogener Internationalisierungs-grad	Aufsichtsräte sind geringer international ausgestaltet als Vorstände, beide Organe weisen jedoch geringere Internationalisierungs-grade auf als die Unternehmen selbst	Internationalisierungs-index bestehend aus den Komponenten Multinationalität, internationale Ausbildung, Erfahrung und Mandate	Operationalisiert in Form des UNCTAD-Index	/

Tabelle 6: Überblick über Studien zum Themenkreis Board-Internationalisierung (Fortsetzung)
Quelle: Eigene Darstellung.

Autor & Jahr	Datenbasis & Methodik	Allgemeiner Untersuchungs-gegenstand	Zentrales Ergebnis bezüglich der Internationalisierung von Boards	Internationalitäts-ausprägung hinsichtlich des Boards	Berücksichtigung des Internationalisierungs-grades des Unternehmens	Berücksichtigung von Erfolgsgrößen
Schmid / Daniel (2006)	DAX30-Unternehmen im Jahre 2005; Indexbildung, Chi²-Test und Korrelationsanalyse	Allgemeiner und unternehmens-spezifischer Inter-nationalisierungsgrad des Aufsichtsrats und des Vorstands deutscher Aktiengesellschaften	Anteilseignervertreter im Aufsichtsrat weisen höhere Internationalisierungswerte auf als das Management, was jedoch durch stärkere internationale Erfahrung und Vernetzung charakterisiert ist. Korrelationsanalyse zeigt einen starken Zusammenhang zwischen Nationalität, internationaler Ausbildung und internationaler Arbeitserfahrung, aber kein Zusammenhang zwischen Board-Internationalisierung und dem Internationalisierungsgrad des Unternehmens	Internationalisierungs-index bestehend aus den Komponenten Multinationalität, internationale Ausbildung, Erfahrung und Mandate operationalisiert in linearer, binärer und logarithmierter Form	Anteil des Auslands-umsatzes am Gesamt-umsatz; Anteil ausländischer Mitarbeiter an der Gesamt-mitarbeiterzahl	/
3.) Untersuchungen mit Berücksichtigung von Erfolgsgrößen als Explanandum						
Oxelheim/ Randøy (2003)	225 Unternehmen aus Schweden und Norwegen in den Jahren 1996, 1997 und 1998; Korrelations- und Regressionsanalyse	Einfluss anglo-amerikanischer Board-Mitglieder auf den Unternehmenserfolg	Signifikant positiver Zusammenhang zwischen dem Vorhandensein anglo-amerikanischer Board-Mitglieder und dem Unternehmenswert, dem ausländischen Anteilsbesitz, Listings in anglo-amerikanischen Ländern, der Wahrscheinlichkeit, dass es sich bei den betrachteten Unternehmen um Auslandsniederlassungen anglo-amerikanischer Unternehmen handelt und der Existenz ausländischer Großaktionäre. Signifikant negativer Zusammenhang zwischen dem Vorhandensein ausländischer Mandatsträger und der Unabhängigkeit des Boards	Nationalität, Outsider Anglo-American Board-Membership als binär kodierte unabhängige Variable	/	Abhängige Variable operationalisiert als Tobin's Q
Randøy/ Thomsen/ Oxelheim (2006)	343 Unternehmen aus Dänemark, Norwegen und Schweden im Jahre 2005; Korrelations- und Regressionsanalyse	Analyse von Boards hinsichtlich des Frauen- und Ausländeranteils sowie der Altersstruktur des Organs und deren Auswirkungen auf den Unternehmenserfolg	Keine Auswirkungen der Nationalitätenstruktur in Boards auf den marktlichen bzw. bilanziellen Unternehmenserfolg	Nationalität, Anteil ausländischer Board-Mitglieder	/	Abhängige Variable operationalisiert als Markt-Buchwert-Verhältnis bzw. ROA im Jahre 2005

Tabelle 6: Überblick über Studien zum Themenkreis Board-Internationalisierung (Fortsetzung)
Quelle: Eigene Darstellung.

Autor & Jahr	Datenbasis & Methodik	Allgemeiner Untersuchungs-gegenstand	Zentrales Ergebnis bezüglich der Internationalisierung von Boards	Internationalitäts-ausprägung hinsichtlich des Boards	Berücksichtigung des Internationalisierungs-grades des Unternehmens	Berücksichtigung von Erfolgsgrößen
4.) Untersuchungen mit Berücksichtigung der Internationalisierung von Unternehmen und Erfolgsgrößen als Explanandum						
Bloodgood/ Sapienza/ Almeida (1996)	61 U.S. New Venture Unter-nehmen im Jahre 1991; Korrelations- und Regressions-analyse	Internationalisierungs-verhalten neu gegründeter Unternehmen nach deren IPO	Signifikant positiver Zusammenhang zwischen der internationalen Arbeitserfahrung der Board-Mitglieder und dem Internationalisierungsgrad des Unternehmens	Anteil von Direktoren mit internationaler Arbeitserfahrung und internationaler Ausbildung als unabhängige Variablen	Abhängige Variable operationalisiert als Anteil der Primär-aktivitäten außerhalb der USA	Abhängige Variable operationalisiert als Umsatzwachstum 1991 – 1993 und EBIT
5.) Sonstige Untersuchungen mit sekundärem Bezug zum Untersuchungsgegenstand						
Randøy/ Nielsen (2002)	224 Unternehmen aus Norwegen und Schweden im Jahre 1998; Korrelations- und Regressions-analyse	Zusammenhänge zwischen dem Unternehmenserfolg und Corporate Governance Charakteristika als unabhängige Größe und der Vergütung des CEOs als abhängige Variable	Signifikant positiver Zusammenhang zwischen der Größe der Corporate Boards, dem Anteil ausländischer Board-Mitglieder sowie der Marktkapitalisierung auf der einen und der Vergütung des CEOs auf der anderen Seite	Ausländische Board-Mitglieder als binär kodierte unabhängige Variable	/	Unabhängige Variable operationalisiert als ROE, Stock Performance, Market-to-Book-Ratio
Oxelheim/ Randøy (2005)	187 norwegische und schwedische börsennotierte Unternehmen im Jahre 1998; Korrelations- und Regressionsanalyse	Einfluss des anglo-amerikanischen Finanzmarktes auf die CEO-Vergütung	Signifikant positiver Einfluss des Vorhandenseins anglo-amerikanischer Board-Mitglieder auf das Vergütungsniveau skandinavischer CEOs. Import von anglo-amerikanischen Corporate Governance Charakteristika durch anglo-amerikanische Mandatsträger im Board	Anglo-amerikanische Board-Mitglieder als binär kodierte unabhängige Variable	Listing in anglo-amerikanisch geprägten Kapitalmärkten sowie die Intensität von Export und ausländischem Umsatz gemessen am Gesamtumsatz als unabhängige Variable	Integration von kapitalmarkt- (Annual Stock Returns und Tobin's Q) und bilanzorientierten (ROE) Kennzahlen des Unternehmenserfolgs als Kontrollvariable
Ruigrok/ Peck/ Tacheva (2007)	1678 Direktoren aus 210 an der SWX im Jahre 2003 gelisteten Schweizer Unternehmen; Korrelations- und Regressionsanalyse	Einfluss der Nationalität und des Geschlechts von Direktoren auf Unab-hängigkeit, Mandatszahl und demographische Merkmale, wie Alter und Ausbildung	Signifikant positiver Zusammenhang zwischen der wirtschaftlichen Ausbildung eines Direktors und der ausländischen Nationalität. Ferner positiver bzw. negativer Zusammenhang zwischen den Variablen Alter bzw. Amtsdauer und der ausländischen Nationalität	Nationalität, Anzahl ausländischer Direktoren als abhängige Variable	/	/

Tabelle 6: Überblick über Studien zum Themenkreis Board-Internationalisierung (Fortsetzung)
Quelle: Eigene Darstellung.

Autor & Jahr	Datenbasis & Methodik	Allgemeiner Untersuchungs-gegenstand	Zentrales Ergebnis bezüglich der Internationalisierung von Boards	Internationalitäts-ausprägung hinsichtlich des Boards	Berücksichtigung des Internationalisierungs-grades des Unternehmens	Berücksichtigung von Erfolgsgrößen
Owatscharov (2007)	122 an der Deutschen Börse gelistete Aktien-gesellschaften im Jahre 2003; Korrelations- und Regressionsanalyse	Zusammenhang zwischen der Internationalisierung von Unternehmen, globalen Finanzmärkten, der Internationalisierung von Vorstand und Aufsichtsrat, dem deutschen Corporate Governance System und der Unternehmens-finanzierung. Zusammenhang zwischen Corporate Governance Qualität und Anteilsbesitzstrukturen sowie Anteilsbesitz-strukturen und Unternehmenserfolg	Signifikant positiver Zusammenhang zwischen der Internationalisierung des Produkt- und Finanzmarktes sowie der Internationalisierung des Managements und Aufsichtsrates auf der einen und dem Streuungsgrad des Anteils-besitzes auf der anderen Seite. Geringes Inter-nationalisierungsniveau hinsichtlich Vorstand und Aufsichtsrat	Nationalität, Anteil ausländischer bzw. anglo-amerikanischer Direktoren als unabhängige Variable (mit Anteilsbesitz bzw. Corporate Governance Qualität als abhängige Variable)	Unabhängige Variable operationalisiert als das Verhältnis des ausländischen Umsatzes zum Gesamtumsatz (mit Anteilsbesitz als abhängige Variable)	Unabhängige bzw. abhängige Variable operationalisiert als ROIC, ROE per share, ROA, Market to book value, Tobin's Q bzw. Sharpe ratio
Tacheva (2007)	165 börsennotierte Schweizer Unternehmen in den Jahren 2000 bis 2004; Korrelations- und Regressionsanalyse sowie Struktur-gleichungsmodelle	Analyse der Voraussetzungen bzw. Vorbedingungen divers gestalteter Top Management Teams und deren Folgen für die Unternehmens-internationalisierung und den Unternehmenserfolg	Board-Diversität als Prädiktor für die Zusammensetzung von Top Management Teams. Kein Hinweis auf Zusammenhang zwischen Board-Internationalisierung und Unternehmensinternationalisierung	Nationale Diversität im Board konstruiert als Blau-Index sowie internationale Arbeitserfahrung gemessen als Verhältnis-zahl als unabhängige Variable zur Erklärung der Internatio-nalisierung des Top Management Teams. Ferner Ausländeranteil im Board zur Erklärung der Unter-nehmensinternationali-sierung (nicht berichtet)	Abhängige Variable operationalisiert als mehrdimensionales Konstrukt bestehend aus dem Anteil des Auslandsumsatzes am Gesamtumsatz und geographische Diversifikation (Entropiemaß) sowie der Anteil ausländischer Aktiva an den Gesamt-aktiva (in Bezug auf das Top Management Team)	Return Index (in Bezug auf Top Management Team)

Tabelle 6: Überblick über Studien zum Themenkreis Board-Internationalisierung (Fortsetzung)
Quelle: Eigene Darstellung.

3.1 Darstellung ausgewählter empirischer Untersuchungen

Der Überblick über zentrale Studien zur Thematik beginnt mit den rein deskriptiven Analysen, die auch von der Anzahl dominieren. Hinsichtlich der Studien von Executive Search Unternehmen wird jeweils zu Vergleichszwecken die aktuellste Studie und, falls vorhanden, diejenige für das Jahr 2004 beschrieben. Aus diesen Studien werden solche Informationen extrahiert, die die internationale Besetzung von Boards betreffen. Zwar folgt der Überblick einer chronologischen Logik, jedoch werden die Studien von Beratungsgesellschaften im Anschluss an die übrigen deskriptiven Analysen dargestellt. In einem zweiten Schritt werden diejenigen Studien, die Formen der Board-Internationalisierung und Ausprägungen der Unternehmensinternationalisierung zum Untersuchungsgegenstand haben, vorgestellt. Danach werden die Untersuchungen beschrieben, die Formen der Internationalisierung des Boards und Ausprägungen des Unternehmenserfolgs betrachten. Ferner konnte eine Studie ermittelt werden, die sowohl die Unternehmensinternationalisierung als auch den Unternehmenserfolg im Kontext von Internationalisierungsausprägungen des Boards analysiert. Abschließend werden Studien dargestellt, die sich zwar nicht mit dem Untersuchungsgegenstand der vorliegenden Arbeit vollständig decken, aber ergänzende Ergebnisse zur Internationalisierung von Boards liefern.

3.1.1 Deskriptive Untersuchungen

a) Studie von Alexander und Esser

Alexander und Esser setzen sich in ihrer Studie „Globalizing the Board of Directors: Trends and Strategies“ aus dem Jahre 1999 mit Globalisierungsprozessen auf Ebene des Boards auseinander. Die Grundgesamtheit besteht aus 125 Unternehmen der Financial Times 500 und den größten Unternehmen aus Emerging Markets. Im Rahmen der Umfrage konnte eine effektive Stichprobe von 47 Unternehmen aus 16 Ländern (Argentinien, Australien, Brasilien, Chile, Deutschland, Frankreich, Großbritannien, Japan, Kanada, Korea, Mexiko, Schweden, Singapur, Südafrika, Spanien, Vereinigte Staaten von Amerika) für das Jahr 1998 ausgewertet werden. Im Fokus der Analyse stehen die Größe des Boards, die Anzahl und die Herkunft der ausländischen Board-Mitglieder sowie deren beruflicher Hintergrund. Als „ausländisch“ werden diejenigen Mandatsträger bezeichnet, deren Staatsbürgerschaft vom Land des Hauptsitzes des jeweiligen Unternehmens divergiert.[434]

[434] Vgl. Alexander/ Esser (1999), S. 2.

Die Autoren fordern, dass im Zuge der zunehmenden Globalisierung das Top Management der Unternehmen aus verschiedenen Nationalitäten und Kulturen zusammengesetzt sein sollte. Sie konstatieren zwischen den Jahren 1995 und 1998 einen Zuwachs des Anteils von Unternehmen mit ausländischen Direktoren von 39 % auf 60 %. Die Anzahl von Unternehmen mit mehr als drei ausländischen Direktoren nahm von 11 % auf 23 % zu, wohingegen der Prozentsatz an Unternehmen, die kein ausländisches Mitglied im Board führten, von 61 % auf 40 % gesunken war. Im Jahre 1998 waren 10 % aller Direktorenposten mit Ausländern besetzt. Drei Jahre zuvor betrug dieser Wert nur 6 %. Analysiert man die Internationalität der Boards auf Branchenebene, so haben 82 % der Unternehmen aus dem Bereich „manufacturing“ gefolgt von 61 % der Firmen des Sektors „non-financial services“ Ausländer in ihre Boards berufen. Betrachtet man die geographischen Regionen, so haben 71 % der europäischen Unternehmen ausländische Board-Mitglieder, gefolgt von den U.S.-amerikanischen mit 60 %. Asiatische und lateinamerikanische Boards hingegen sind überwiegend national geprägt. Die ausländischen Mandatsträger stammen meist aus unterschiedlichen Regionen. So kommen 65 % aller Direktoren, die ein Mandat außerhalb ihres Heimatlandes wahrnehmen, aus Europa. Europäer sind demnach die erste Wahl bei der Besetzung von Direktorenposten. Die nicht-europäischen Unternehmen rekrutieren ihre ausländischen Board-Mitglieder zu 73 % aus europäischen Ländern. In diesem Kontext erstaunt es, dass europäische Unternehmen, trotz der starken ökonomischen Vernetzung innerhalb Europas, lediglich 52 % der ausländischen Board-Mandate mit Europäern besetzen. In der Bedeutung ausländischer Direktoren aus anderen Regionen im Zuge von Besetzungsentscheidungen sehen die Autoren ein Streben der Unternehmen, verstärkt divergierende kulturelle Ansichten und Wissen über fremde Märkte im Board zu generieren. Abschließend stellen Alexander und Esser fest, dass die Zunahme ausländischer Mandatsträger mit einer Verkleinerung der Board-Größe einhergeht. In 54,4 % der Unternehmen sind im Jahre 1998 Boards mit 13 oder weniger und in 45,7 % der Unternehmen mit 14 oder mehr Direktoren anzutreffen. Dieses Verhältnis hat sich im Vergleich zu den Werten von 1995 in etwa umgekehrt.[435]

b) Studie von Gillies und Dickinson

Gillies und Dickinson betrachten im Jahre 1999 in ihrer Studie „The Governance of Transnational Firms: some preliminary hypotheses“ die Strukturen und Funktionen von Boards in Transnationalen Unternehmen und in deren ausländischen Niederlassungen. Die Autoren formulieren u.a. die Hypothese, dass sich die Zusammensetzung und Struktur von Boards Transnationaler Unternehmen aufgrund deren Engagements auf zahlreichen ausländischen Märkten von denen national agierender

[435] Vgl. Alexander/ Esser (1999), S. 5 ff.

Unternehmen unterscheiden. Diese Unterschiede drücken sich insbesondere in der Berufung ausländischer Direktoren, die aus bedeutenden Auslandsmärkten stammen, aus. Die deskriptive Analyse kann diese Annahme jedoch nicht vollständig unterstützen. So hatten im Jahre 1993 von 81 gemessen am Niveau ihrer ausländischen Direktinvestitionen größten Unternehmen lediglich 29 Unternehmen ausländische Vertreter im Board. Davon wiederum war in nur zwölf Unternehmen die Gruppe der ausländischen externen Direktoren betroffen. Ferner konnte kein Zusammenhang zwischen der Zugehörigkeit zu einer bestimmten Industrie oder einem bestimmten Heimatland und der Herkunft von Board-Mitgliedern aus unterschiedlichen Nationen festgestellt werden.[436]

c) Studie von Mahoney

Mahoney thematisiert in einer deskriptiven Studie „Board Composition and Globalization" aus dem Jahre 2000 die Frage nach der Bedeutung internationaler Direktoren in den 100 amerikanischen Unternehmen mit den höchsten internationalen Umsätzen. Von den Unternehmen haben 55 % ausländische Direktoren in ihre Boards berufen. Diese aus 17 Ländern stammenden Direktoren entsprechen weniger als 10 % der Gesamtzahl an externen Direktoren, nämlich 88 von insgesamt 916 externen Board-Mitgliedern. Von diesen Direktoren stammen 21 aus Großbritannien und damit aus demselben Kulturkreis. Kontinentaleuropa stellt insgesamt 31 Direktoren. Bezüglich dieser Anzahl ist in den vergangenen Jahren ein Zuwachs zu verzeichnen. Die Regionen Asien und Europa sind insgesamt in 16 der 100 untersuchten Boards vertreten. Lediglich ein Unternehmen hat Direktoren aus drei Regionen der Welt: Asien, Lateinamerika und Europa.[437]

d) Studie von Gerum

Gerum legt in seiner 2007 erschienenen Studie „Das deutsche Corporate Governance-System. Eine empirische Untersuchung" eine Analyse deutscher Corporate Governance-Charakteristika vor. Die Datenbasis umfasst alle deutschen Aktiengesellschaften des DAX, MDAX und TecDAX und alle Aktiengesellschaften, für die das Mitbestimmungsgesetz gilt. Stichtag ist der 01.01.2004. Unter Beachtung von Überschneidungen sind insgesamt 387 Unternehmen in der Untersuchung berücksichtigt. Gerum geht auch auf die Zusammensetzung des Aufsichtsrats ein. Hier wird u.a. die Nationalität der Mitglieder auf Arbeitgeber- und Arbeitnehmerseite betrachtet. Die ausländischen Mandatsträger werden den Regionen Europa, Nordamerika, Asien und Pazifik zugeordnet. Die Ergeb-

436 Vgl. Gillies/ Dickinson (1999), S. 237 ff.
437 Vgl. Mahoney (2000), S. 13 ff.

nisse für die Anteilseignervertreter sind in Tabelle 7 zusammenfassend dargestellt. Für die Arbeitnehmerbank im Aufsichtsrat werden keine Daten zur Nationalität berichtet.[438]

Es ist ersichtlich, dass das Organ insgesamt stärker internationalisiert ist als der Aufsichtsratsvorsitz, wobei die deutschen Vertreter sowohl im Organ selbst als auch hinsichtlich des Vorsitzes dominieren. Im Vergleich zum Jahre 1979 lässt sich konstatieren, dass sich der Aufsichtsrat zunehmend auch für ausländische Mandatsträger öffnet. Betrachtet man die ausländischen Vertreter, so wird deutlich, dass die Aufsichtsräte in erster Linie aus dem europäischen Raum stammen. Auch kommt durch die 18 % Schweizer eine gewisse Fokussierung auf den germanischen Kulturraum zum Ausdruck. Angaben zu Aufsichtsratsmitgliedern aus Österreich werden nicht explizit angeführt.

Merkmale	2004 (gesamt)		2004 MitbestG	1979 MitbestG
	Aufsichtsrats-mitglieder (N = 2850)	Aufsichtsrats-vorsitzender (N = 387)	(N = 2630)	(N = 2068)
Nationalität				
- deutsch	2512 (88%)	353 (91%)	2331 (89%)	1949 (94%)
- ausländisch	338 (12%)	34 (9%)	299 (11%)	119 (6%)
davon:				
- Europa	274 (81%)	28 (82%)	256 (86%)	83 (70%)
Schweiz	(18%)			
Frankreich	(14%)			
Großbritannien	(12%)			
Italien	(10%)			
- Nordamerika	49 (14%)	5 (15%)	30 (10%)	36 (30%)
USA	(14%)			
- Asien	13 (4%)	1 (3%)	12 (4%)	–
- Pazifik	2 (1%)	–	1 (0%)	–

Tabelle 7: Aufsichtsratszusammensetzung nach Nationalitäten
Quelle: Gerum (2007), S. 223 (modifiziert).

Diese Entwicklung hat sich für die Unternehmen, für die das Mitbestimmungsgesetz von 1979 gilt, sogar verstärkt. In diesem Zusammenhang ist ferner zu beobachten, dass die Vertreter aus dem nordamerikanischen Raum im Zeitvergleich eine rückläufige Tendenz aufweisen, wohingegen im Jahre 2004 Personen aus dem asiatischen Raum Einzug in das deutsche Überwachungsorgan halten. An dieser Stelle liegt die Vermutung nahe, dass die zunehmende internationale Verflechtung und die wachsende Bedeutung der Emerging Markets hierin zum Ausdruck kommen. Gerum konstatiert ferner, dass die Eigentümerstruktur in Form der Beherrschung durch ausländische Unternehmen einen Einfluss auf die Zusammensetzung des deutschen Aufsichtsrats auf der Anteilseignerseite hat.[439]

[438] Vgl. Gerum (2007), S. 57, S. 223 f., S. 235.
[439] Vgl. Gerum (2007), S. 225, S. 227 f.

e) Studie von Palmer und Varner

Palmer und Varner untersuchen im Jahre 2007 im Rahmen ihres Artikels „A Comparison of the International Diversity on Top Management Teams of Multinational Firms Based in the United States, Europe, and Asia: Status and Implications" die Internationalität von Top Management Teams und Boards. Die Internationalität erfassen die Autoren über die Dimensionen der internationalen Erfahrung und der internationalen Verantwortung. In die exploratorische Analyse wurden für die USA 36 Unternehmen der Fortune 1000, für Europa 30 Unternehmen der Europe's 15000 Largest Companies und für Asien 32 Unternehmen der Asia's 7500 Largest Companies einbezogen. Es zeigt sich, dass die Boards in Europa im Vergleich zu denen in den USA und Asien eine höhere Internationalität aufweisen. Diese bezieht sich in erster Linie auf den Aspekt der internationalen Erfahrung. Die Autoren bemerken ferner, dass der Anteil an Direktoren, die zwar internationale Verantwortung aber keine internationale Erfahrung haben mit 16,6 % in den USA im Vergleich zu Europa mehr als doppelt so hoch ist. Für Asien konnte hinsichtlich der internationalen Verantwortung kein Datenmaterial generiert werden. Tabelle 8 fasst die zentralen Ergebnisse der Studie bezüglich der Internationalitätsdimensionen zusammen.[440]

	Internationale Erfahrung (%)	Internationale Verantwortung (%)	Total (%)
USA	16,3	16,6	32,9
Europa	43,7	7,9	51,6
Asien	17,6	k.A.	17,6

k.A.: keine Angaben

Tabelle 8: Board-Internationalität in der Triade
Quelle: Eigene Darstellung auf Basis der Daten von Palmer/ Varner (2007), S. 10 ff.

Die Autoren führen die geringere Internationalität in U.S.-amerikanischen Boards zum einen auf die Konzentration der Unternehmen auf das Heimatland und zum anderen auf die geographische Größe der USA zurück. Hinsichtlich der ersten Begründung formulieren die Autoren die These, dass sich in solchen Umweltsituationen die Boards verstärkt auf die Einhaltung nationaler Gesetze und die Überwachungsfunktion konzentrieren. Palmer und Varner stellen fest, dass innerhalb der USA eine kulturelle Heterogenität durch die multikulturelle Gesellschaftsstruktur bereits vorhanden und die Vielfältigkeit an Ideen, Werten und kulturellen Ansichten im Vergleich zu Europa im Land selbst schon stark ausgeprägt ist. Auch die geographische Distanz zwischen einzelnen Bundesstaaten sei beachtenswert. Darüber hinaus sei der Markt für Manager, insbesondere in kleinen Ländern Europas wie z.B. Schweden und Dänemark, kleiner und damit auf Expertise von außerhalb angewiesen. Einen weiteren Faktor stellen die gemeinsamen kulturellen Wurzeln in Europa dar. Hinsichtlich der

[440] Vgl. Palmer/ Varner (2007), S. 6 ff.

geringeren Werte für die Internationalität in asiatischen Boards verweisen die Autoren zum einen auf die Entwicklung der Unternehmen in diesen Ländern und zum anderen auf die kulturell-historischen Gegebenheiten. Diese Staaten seien exportorientiert und die Niederlassungen meist in der Nähe des Unternehmenssitzes vorzufinden. Häufig würden sich asiatische Unternehmen selbst als national geprägt mit globaler Geschäftstätigkeit definieren. Viele dieser Unternehmen seien ferner geschlossene Systeme, die das Unternehmen als eine Form von Familie verstehen, und so für Externe nur schwer zugänglich. Eine Ausnahme und ein Beispiel für historische Beeinflussungsfaktoren sei Hong Kong. Die höheren Werte für die Internationalität der Unternehmen in Hong Kong werden u.a. auf die britische Kolonialzeit und die damit einhergehende Verbundenheit zu Europa im Allgemeinen und zu Großbritannien im Besonderen zurückgeführt. Hierin zeigt sich der Einfluss des Faktors Kultur auf die Ausgestaltung der Spitzenverfassung international agierender Unternehmen.[441]

f) Studien von Staples

Staples analysiert im Jahre 2007 in einer Replikationsstudie zu Gillies und Dickinsons „Board Globalisation in the World's Largest TNCs 1993-2005“ nochmals die internationale Besetzung von Boards der 80 größten Transnationalen Unternehmen, für die im Rahmen der Ursprungsstudie für das Jahr 1993 Datenmaterial ermittelt werden konnte. Im Jahre 1993 hatten 36,3 % der Boards mindestens ein ausländisches Board-Mitglied. Für das Jahr 2005 konstatiert Staples eine Zunahme auf 75 %. Diese Entwicklung sei evident, aber nicht sehr tief greifend, da in nur 10 % dieser Unternehmen die ausländischen Board-Mitglieder die Majorität bilden. Jedoch hatten 42,5 % der Unternehmen aus dem Jahre 2005 im Jahre 1993 keinen ausländischen Vertreter im Board. Die Definition des Begriffes Board-Globalisierung lasse jedoch keine Rückschlüsse darauf zu, wie dominierend ausländische Direktoren in den Boards Transnationaler Unternehmen seien. Um diese Kritik zu entkräften, ordnet der Autor die Anteile von Ausländern vier ordinalen Kategorien zu: 24,3 % der Unternehmen haben keinen ausländischen Direktor, 30 % einen Ausländeranteil von bis zu 25 %, 35,7 % einen Ausländeranteil zwischen 26 % und 50 % und 10 % einen Ausländeranteil von mehr als 50 %. Durchschnittlich haben diese Unternehmen vier ausländische Direktoren in ihrem Board. 4 der 29 Unternehmen, die einen Ausländer aufweisen, vereinigen 30,1 % der ausländischen Di-

[441] Vgl. Palmer/ Varner (2007), S. 9 ff. Die Autoren verwenden in der Überschrift ihres Artikels den Begriff „Top Management Team“, beziehen sich aber auch auf das Board. Daher scheint diese Bezeichnung ungeschickt gewählt. Ferner versäumen es die Autoren, eine genaue Operationalisierung der Begriffe „International Experience“ und „International Response“ (= International Responsibility) vorzunehmen. Auch widersprechen sich z.T. die im Fließtext erwähnten Daten mit denen der Datentabellen. Die hier benutzten Daten wurden den Datentabellen entnommen bzw. aus diesen eigenständig berechnet (Anm. d. A.).

rektoren auf sich. Der Autor resümiert, dass die Globalisierung auf Ebene der Boards einen tiefen und lang andauernden Prozess darstellt. Dieser Globalisierungsprozess der Corporate Governance sei nicht auf bestimmte Regionen zu beziehen, da die Unternehmen, die eine internationalisierte Spitzenverfassung aufweisen, sowohl aus Europa, als auch aus Asien und Nordamerika stammen.[442]

Im Jahre 2008 analysiert Staples in seiner Studie „Cross-Border Acquisitions and Board Globalization in the World's Largest TNCs, 1995-2005" Boards in Bezug auf ausländische Direktoren. Die Grundgesamtheit der deskriptiven Analyse besteht aus insgesamt 150 Unternehmen. Dazu zählen die 100 größten Transnationalen Unternehmen und die 50 größten kommerziellen Banken. Effektiv wurden 148 Unternehmen untersucht. Analog der Vorgehensweise in der Studie aus dem Jahre 2007 ermittelt Staples für das Jahr 2005, dass 103 der 148 Unternehmen, also etwa 70 % der Transnationalen Unternehmen und der Banken, ausländische Direktoren im Board haben. Dies ergibt einen Rückgang von ca. 5 %, der laut Staples der Integration von Banken und japanischen Konzernen geschuldet ist. So weisen 68,8 % der Banken mindestens einen ausländischen Direktor auf. Von den 14 japanischen Unternehmen haben lediglich 2 (14,3 %) einen ausländischen Mandatsträger im Board. Dahingegen findet sich in den nicht-japanischen Unternehmen in 75,4 % der Fälle mindestens ein ausländischer Direktor.[443]

Grundsätzlich stellen ausländische Mandatsträger in international agierenden Unternehmen keine Besonderheit mehr dar. Ihr Anteil reicht bei einem Durchschnitt von 19,3 % von 0 bis 72,7 %. Von den 2147 erfassten Direktoren sind 18,4 % Mitglied eines ausländischen Boards. Der Großteil der Boards hat mindestens ein ausländisches Mitglied, aber die Gesamtzahl bleibt relativ gering. Während mit ca. 65 % meist weniger als drei Länder im Board vertreten sind, finden sich in ca. 30 % der Unternehmen Direktoren aus vier oder mehr Ländern. Bei der Anzahl der durchschnittlich im Board vertretenen Staaten liegen die europäischen mit 3,26 vor den USA mit 2,14 und Japan mit 1,38. Demnach, so Staples, können die europäischen Unternehmen der Studie als die am stärksten multinational ausgeprägten angesehen werden.[444]

g) Studien von Heidrick & Struggles

Die Kernergebnisse der 2007er Heidrick & Struggles Studie „Raising the bar – Corporate Governance in Europe" hinsichtlich der internationalen Besetzung von Boards in Europa sind Tabelle 9 zu entnehmen. Zum Vergleich wurden die Ergebnisse der vorangegangenen Studien aus den Jahren

442 Vgl. Staples (2007), S. 311.
443 Vgl. Staples (2008), S. 31 ff.
444 Vgl. Staples (2008), S. 35 ff.

1999, 2001, 2003 und 2005 mit aufgenommen. Es werden hier nur die Angaben für diejenigen Länder angeführt, die auch im Rahmen der eigenen empirischen Untersuchung berücksichtigt wurden und die sich auf die internationale Zusammensetzung des Boards beziehen. Heidrick & Struggles analysieren in ihrer Untersuchung von 2007 insgesamt 294 Unternehmen aus Großbritannien (50 Unternehmen), Frankreich (40 Unternehmen), Italien (40 Unternehmen), Spanien (35 Unternehmen), Deutschland (30 Unternehmen), Schweden (27 Unternehmen), den Niederlanden (23 Unternehmen), der Schweiz (20 Unternehmen), Belgien (19 Unternehmen), Portugal (10 Unternehmen) und Österreich (k.A.). Die Auswahl erfolgt dabei nach der Marktkapitalisierung auf Basis nationaler Aktienindizes. Hinsichtlich des in dieser Arbeit thematisierten Untersuchungsgegenstandes der Internationalisierung von Boards berichtet die Studie eine Zunahme ausländischer Direktoren zwischen den Jahren 2001 und 2007. Trotz dieser Entwicklung bleiben die Boards mehrheitlich national geprägt. Deutschland nimmt in der Studie mit 7,3 % ausländischen Board Mitgliedern den letzten Platz ein. Sehr international geprägte Boards finden sich mit einem Anteil von 45,0 % in der Schweiz. Heidrick & Struggles unterteilen die europäischen Boards in drei Kategorien. Sie unterscheiden zum einen paneuropäische Boards, die einen Ausländeranteil von mehr als 30 % aufweisen, Boards, die begonnen haben, sich ausländischen Direktoren zu öffnen und einen Ausländeranteil von etwa 20 % haben sowie geschlossene Boards, deren Ausländeranteil nicht mehr als 7 % ausmacht.[445]

Der Vergleich zwischen den einzelnen Studien zeigt auf europäischer Ebene, dass hinsichtlich des Ausländeranteils moderate Zuwächse zu verzeichnen sind. Dies gilt auch für Deutschland. In Großbritannien fällt der Anstieg bezüglich der Ausländer in den Boards stark aus. In schwedischen Unternehmensorganen ist ein rückläufiger Ausländeranteil zu konstatieren. Die Schweiz weist den mit Abstand höchsten Anteil ausländischer Staatsbürger im Board auf. Betrachtet man für den Alpenstaat die Studien der vergangenen Jahre, so ist zu erkennen, dass dieser einem stetigen Zuwachs unterliegt. Aus der Übersichtstabelle wird ferner deutlich, dass im Jahre 2007 die in Europa von Ausländern besetzten Positionen mit 20 % überwiegend von U.S.-amerikanischen Staatsbürgern gehalten werden, gefolgt von Franzosen mit 14 % und Deutschen bzw. Briten mit jeweils 12 %.

[445] Vgl. Heidrick & Struggles (2007), S. 14 ff.

	N	Ausländeranteil (%)	Nationalitäten (%)
Europa			
1999	298	18,0	k.A.
2001	350	14,0	k.A.
2003	296	17,0	k.A.
2005	294	16,0	US (21), FR (15), UK (13), NL (7), BE (4), EU (15), ROW (11)
2007	294	18,0	US (20), FR (14), DE (12), UK (12), BE (5), NL (4), EU (21), ROW (12)
Dänemark			
2001	13	5,0	k.A.
Deutschland			
1999	40	5,0	k.A.
2001	30	5,0	k.A.
2003	30	7,0	k.A.
2005	30	7,0	US (31), UK (20), NL (11), FR (8), BE (3), ROW (16), EU (11)
2007	30	7,3	UK (22), US (20), FR (10), NL (4), EU (32), ROW (12)
Großbritannien			
1999	40	16,0	k.A.
2001	47	24,0	k.A.
2003	50	27,0	k.A.
2005	50	26,0	US (36), NL (12), DE (6), FR (4), BE (1), ROW (26), EU (15)
2007	50	31,0	US (37), NL (10), DE (8), FR (4), BE (3), ROW (24), EU (14)
Norwegen			
2001	10	15,0	k.A.
Österreich			
2001	21	11,0	k.A.
2007	k.A.	10,0	DE (70), UK (7), US (4), EU (11), ROW (7)
Schweden			
1999	26	11,0	k.A.
2001	24	10,0	k.A.
2003	27	26,2	k.A.
2005	24	16,0	UK (19), US (19), DE (12), FR (7), NL (7), BE (2), EU (20), ROW (6)
2007	27	15,8	US (14), UK (13), DE (11), NL (5), FR (4), BE (2), EU (49), ROW (2)
Schweiz			
1999	17	19,0	k.A.
2001	20	30,0	k.A.
2003	20	31,0	k.A.
2005	20	42,0	DE (21), US (17), UK (16), FR (9), NL (9), BE (2), EU (15), ROW (11)
2007	20	45,0	US (27), DE (22), UK (15), FR (11), NL (3), BE (1), EU (12), ROW (9)

k.A.: keine Angaben

BE: Belgien, DE: Deutschland, FR: Frankreich, NL: Niederlande, UK: Großbritannien, US: Vereinigte Staaten

EU: Europa, ROW: Rest of World

Österreich als Gastland der Erhebungen in den Jahren 2001 und 2007

Tabelle 9: Ausländeranteile und Nationalitäten in europäischen Boards
Quelle: Eigene Darstellung auf Basis von Heidrick & Struggles (2007), Heidrick & Struggles (2005), Heidrick & Struggles (2003), Heidrick & Struggles (2001), Heidrick & Struggles (1999).

- Deutschland

Wie aus Abbildung 24 ersichtlich, dominieren in Deutschland Vertreter aus dem anglo-amerikanischen Kulturkreis die ausländischen Board-Mandate, da 22 % der Mandatsträger aus Großbritannien und 20 % aus den Vereinigten Staaten stammen. Diesen beiden Nationalitäten folgen mit einem Anteil von 10 % französische Vertreter.

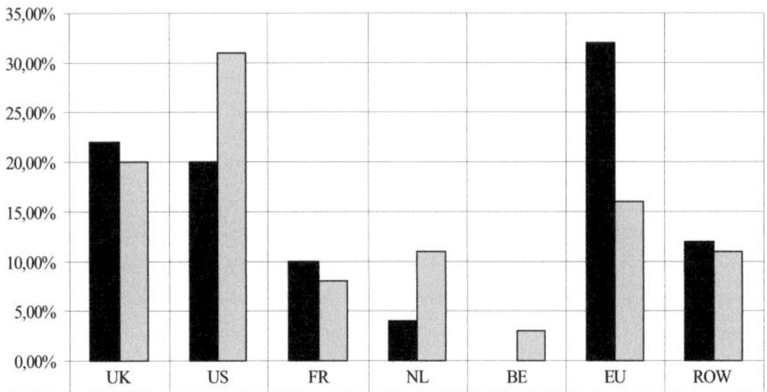

	UK	US	FR	NL	BE	EU	ROW
■ 2007	22,00%	20,00%	10,00%	4,00%		32,00%	12,00%
□ 2005	20,00%	31,00%	8,00%	11,00%	3,00%	16,00%	11,00%

Herkunftsländer

BE: Belgien, FR: Frankreich, NL: Niederlande, UK: Großbritannien, US: Vereinigte Staaten, EU: Europa, ROW: Rest of World

Abbildung 25: Herkunft der ausländischen Board-Mitglieder in Deutschland (2007, 2005)
Quelle: Eigene Darstellung auf Basis Heidrick & Struggles (2005), Heidrick & Struggles (2007).

- Großbritannien

Ein Blick nach Großbritannien zeigt, dass das Gros der ausländischen Direktoren mit 37 % von U.S.-Amerikanern gestellt wird.

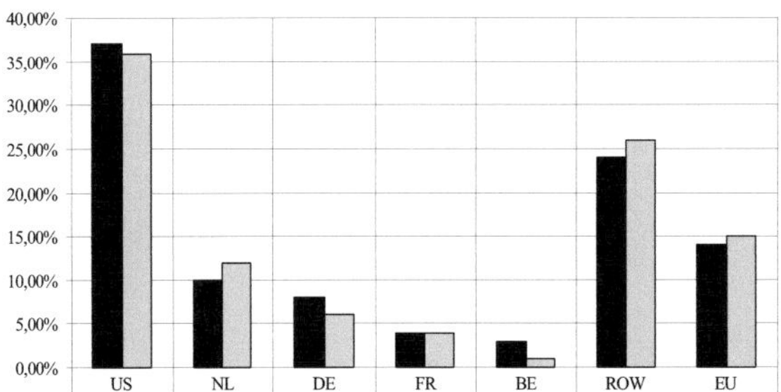

	US	NL	DE	FR	BE	ROW	EU
■ 2007	37,00%	10,00%	8,00%	4,00%	3,00%	24,00%	14,00%
□ 2005	36,00%	12,00%	6,00%	4,00%	1,00%	26,00%	15,00%

Herkunftsländer

BE: Belgien, DE: Deutschland, FR: Frankreich, NL: Niederlande, US: Vereinigte Staaten, EU: Europa, ROW: Rest of World

Abbildung 26: Herkunftsländer der ausländischen Direktoren in Großbritannien (2005, 2007)
Quelle: Eigene Darstellung auf Basis Heidrick & Struggles (2007), Heidrick & Stuggles (2005).

An zweiter bzw. dritter Stelle folgen mit 10 % respektive 8 % niederländische bzw. deutsche Staatsbürger. Abbildung 26 gibt einen Überblick über die wesentlichen Herkunftsländer ausländischer Direktoren in Großbritannien.

- Österreich

Wie in Abbildung 27 zu sehen, sind österreichische Aufsichtsräte hinsichtlich der ausländischen Vertreter mit 70 % von deutschen Mandatsträgern dominiert. Erst mit weitem Abstand folgen Vertreter aus Großbritannien und den USA. Die Dominanz von Board-Mitgliedern aus Deutschland und weiteren EU-Staaten deutet auf eine regionale Besetzungsstrategie im Hinblick auf die Vergabe von Direktorenposten an ausländische Mandatsträger in österreichischen Überwachungsorganen hin.

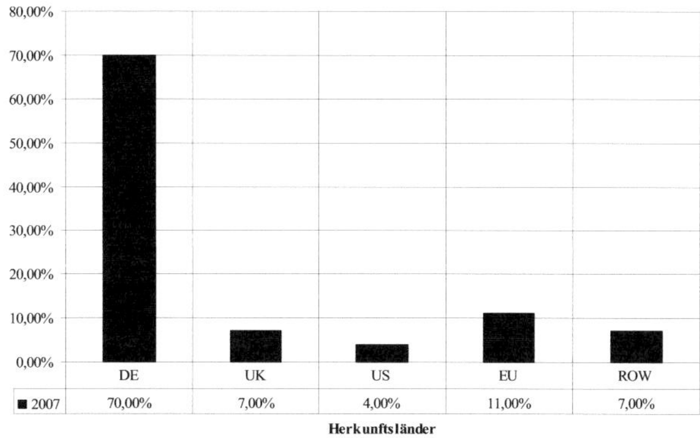

DE: Deutschland, UK: Großbritannien, US: Vereinigte Staaten, EU: Europa, ROW: Rest of World

Abbildung 27: Herkunftsländer der ausländischen Direktoren in Österreich (2007)
Quelle: Eigene Darstellung auf Basis Heidrick & Struggles (2007).

- Schweden

Schwedische Boards sind überwiegend mit Vertretern aus dem angloamerikanischen Raum besetzt, gefolgt von Mandatsträgern aus Deutschland, den Niederlanden, Frankreich und Belgien. Ein hoher Anteil an ausländischen Direktoren kommt aus dem EU-Raum. Dieser hohe Wert könnte darin begründet liegen, dass die Studie Vertreter aus skandinavischen Ländern nicht gesondert berichtet und diese unter den Personen aus den übrigen EU-Staaten subsumiert (s. Abbildung 28).

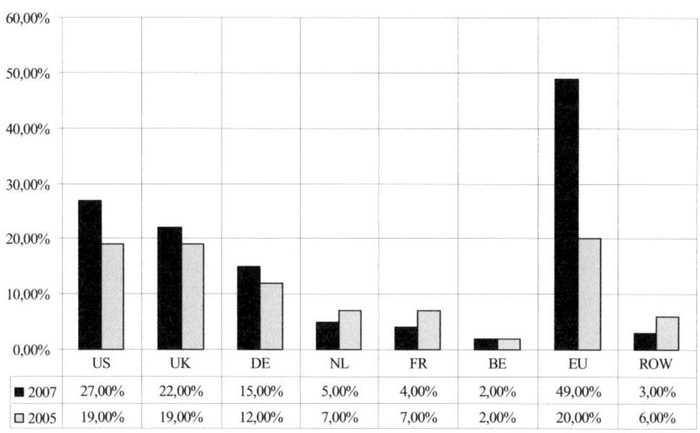

BE: Belgien, DE: Deutschland, FR: Frankreich, NL: Niederlande, UK: Großbritannien, US: Vereinigte Staaten, EU: Europa, ROW: Rest of World

Abbildung 28: Herkunft der ausländischen Board-Mitglieder in Schweden (2005, 2007)
Quelle: Eigene Darstellung auf Basis von Heidrick & Struggles (2007), Heidrick & Struggles (2005).

- Schweiz

Vergleichbare Verhältnisse zeigen sich, wie Abbildung 29 veranschaulicht, in der Schweiz, wobei hier die deutschen Staatsbürger mit 22 % vor den britischen mit 15 % rangieren. Dominierend sind U.S.-Amerikaner mit einem Anteil an den von Ausländern besetzten Direktorenposten von 27 %.

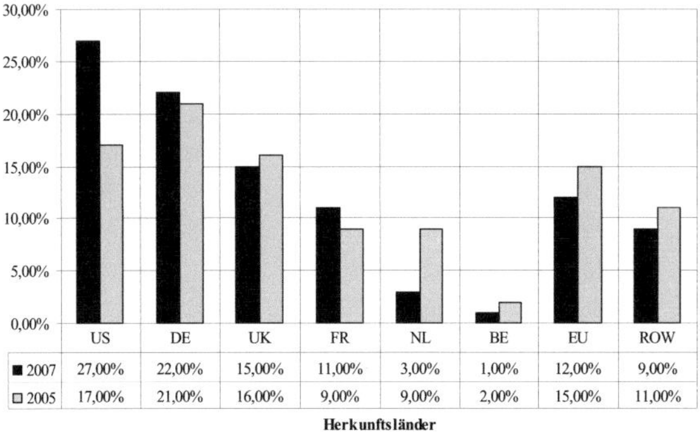

BE: Belgien, DE: Deutschland, EU: Europa, FR: Frankreich, UK: Großbritannien, US: Vereinigte Staaten, ROW: Rest of World

Abbildung 29: Herkunft der ausländischen Board-Mitglieder in der Schweiz (2005, 2007)
Quelle: Eigene Darstellung auf Basis von Heidrick & Struggles (2005), Heidrick & Struggles (2007).

h) Studien von Korn/Ferry International Executive Search

Die Executive Search Firma Korn/Ferry International untersucht schon seit mehreren Jahren die Zusammensetzung von Corporate Boards in den Vereinigten Staaten. Tabelle 10 beinhaltet die Entwicklung des Anteils an Personen ohne amerikanische Staatsbürgerschaft. Die Daten sind der „33rd Annual Board of Directors Study – Celebrating More Than Three Decades of Governance Analysis“, die Informationen von mehr als 1000 Direktoren aus 18 Nationen sowie Proxy-Daten von 896 Fortune 1000 Unternehmen beinhaltet, entnommen.

	1995	**2001**	**2002**	**2003**	**2004**	**2005**	**2006**
Anteil von Nicht-U.S. Bürgern (%)	17	15	16	15	15	14	14

Tabelle 10: Anteil Nicht-U.S. Bürger in den FORTUNE 1000-Unternehmen
Quelle: Korn/Ferry International (2006), S. 37.

Hinsichtlich des Anteils von Unternehmen mit mindestens einem Nicht-U.S. Staatsbürger ist ein moderater Rückgang zu verzeichnen. Lag der Anteil im Jahre 1995 bei 17 %, ergibt sich bis zum Jahre 2006 ein Rückgang auf 14 %.[446]

[446] Vgl. Korn/Ferry International (2006), S. 37.

i) Studien von SpencerStuart

Auch SpencerStuart führt bereits seit mehreren Jahren Board-Studien durch. In den folgenden Abschnitten werden, entsprechend der eigenen Länderauswahl, die zentralen Ergebnisse der aktuellen und der auf den eigenen Untersuchungszeitpunkt bezogenen Studien dargestellt.

- Deutschland

Für den SpencerStuart „Board Index Deutschland 2006“ wurden insgesamt 52 Unternehmen befragt. Darunter befanden sich alle DAX-gelisteten Gesellschaften. Die Angaben beziehen sich auf das Geschäftsjahr 2005 bzw. 2005/2006. Der Anteil ausländischer Mandatsträger auf der Kapitalseite beträgt 18 %. Dies wird im internationalen Vergleich, insbesondere mit Bezug auf die USA, als relativ hoch eingestuft. Da jedoch ca. 40 % der Unternehmen keine internationalen Direktoren haben, wird eine breite Internationalisierung des Überwachungsgremiums negiert. Der Großteil der ausländischen Mandatsträger stammt mit 21 % aus Italien. Dem folgen mit ca. 15 % britische, mit ca. 13 % U.S.-amerikanische und mit jeweils ca. 12 % französische und österreichische Staatsbürger. Aus Belgien kommen etwa 7 % und aus der Schweiz ca. 6 % der Mitglieder im deutschen Überwachungsgremium. Die Beratungspraxis zeige, so SpencerStuart, dass auf der Anteilseignerseite im deutschen Aufsichtsrat weniger auf Ausländer, denn auf Auslandserfahrung der Mandatsinhaber gesetzt werde.[447] Abbildung 30 zeigt die Verteilung ausländischer Direktoren in deutschen Überwachungsorganen nach nationaler Herkunft.

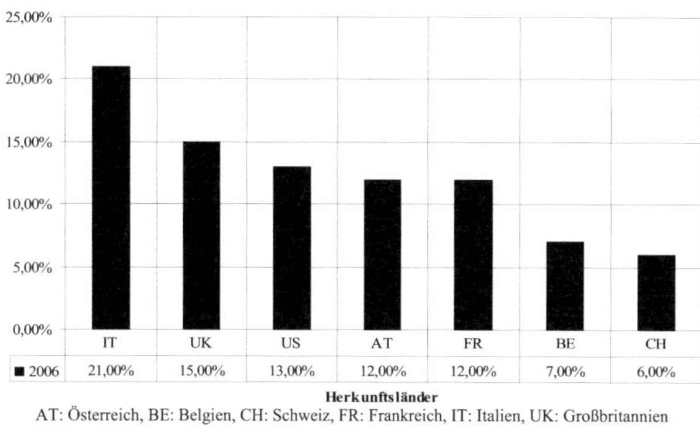

Abbildung 30: Herkunft der ausländischen Board-Mitglieder in Deutschland (2006)
Quelle: Eigene Darstellung auf Basis SpencerStuart (2006d).

Auf Seiten der Arbeitnehmervertreter beträgt der Ausländeranteil etwa 2 %. Dieser sehr geringe Anteil sei durch die Mitbestimmungsgesetzgebung verursacht. Dennoch ist dieser Wert im Ver-

[447] Vgl. SpencerStuart (2006d), S. 9.

gleich zur 2004er Erhebung aufgrund von Rechtsformtransformationen von der deutschen zur europäischen Aktiengesellschaft moderat angestiegen. Lediglich 5 der 52 Untersuchungseinheiten der Studie weisen ein bis zwei ausländische Mitglieder auf der Arbeitnehmerseite des Aufsichtsrates auf. Auf der Arbeitnehmerseite der fünf Unternehmen stammt jeweils eine Person aus Großbritannien, Frankreich, der Türkei und den Vereinigten Staaten. Zwei Mandatsträger sind italienischer Herkunft.[448]

Der SpencerStuart Board-Index für Deutschland aus dem Jahre 2004 erfasst 51 Gesellschaften, darunter 29 der DAX30-Unternehmen. Der Ausländeranteil der Kapitaleignerseite im Aufsichtsrat beträgt etwa 15 %. Rein deutsche Aufsichtsräte finden sich in 40 % der Unternehmen. Die absolute Zahl der ausländischen Mitglieder schwankt zwischen 1 und 6. Bricht man diese Zahlen auf die Ebene der DAX30-Unternehmen herunter, so haben 20 % der Unternehmen einen rein mit deutschen Staatsbürgern besetzten Aufsichtsrat. 42 % der Unternehmen haben ein ausländisches Mitglied, 10 % zwei und 14 % drei ausländische Vertreter. Diese stammen aus Belgien, Finnland, Frankreich, Großbritannien, dem Iran, Israel, Italien, Kanada, Kuwait, Luxemburg, Lettland, den Niederlanden, Österreich, Schweden, der Schweiz und den Vereinigten Staaten. Es dominieren die U.S.-amerikanischen Staatsbürger vor den Vertretern aus den Niederlanden, Großbritannien, Österreich, der Schweiz und Italien. SpencerStuart stellt fest, dass eine Entwicklung hin zu angloamerikanischen Mandatsträgern bestehe.[449]

Betrachtet man die Seite der Arbeitnehmervertreter im Aufsichtsrat, so zeigt sich eine, z. T. gesetzlich beeinflusste, mangelnde internationale Ausrichtung. Nur etwa 1 % der Vertreter sind nichtdeutsche Mitglieder. Lediglich 3 der 51 Unternehmen weisen ein ausländisches Mitglied auf, davon zwei U.S.-amerikanische Staatsbürger und ein Italiener.[450]

- Großbritannien

Der SpencerStuart „2007 UK Board Index" berücksichtigt 150 der gemessen an der Marktkapitalisierung größten Unternehmen Großbritanniens zum Ende des Jahres 2007. Die personenbezogenen Daten wurden zum 31.07.2007 erfasst. Hinsichtlich des Ausländeranteils wird ein Rückgang im Vergleich zum Vorjahr von 26,0 auf 24,5 % berichtet. Dieser Wert bezieht sich sowohl auf die in-

[448] Vgl. SpencerStuart (2006d), S. 13.
[449] Vgl. SpencerStuart (2004a), Vorbemerkung, S. 20 ff.
[450] Vgl. SpencerStuart (2004a), S. 24.

ternen als auch auf die externen Direktoren.[451] Für das Jahr 2004 ergibt sich mit 23,6 % ein im Vergleich zu den 24 % des Vorjahres leicht rückläufiger Anteil ausländischer Direktoren.[452]

- Kanada

Der SpencerStuart „Canadian Board Index“ aus dem Jahre 2007 analysiert die Boards von 100 kanadischen Unternehmen mit einem Umsatz von über einer Milliarde Dollar (CSSBI 100). Die Analyse berichtet einen Anteil an ausländischen Direktoren in Höhe von 21 %. In den vergangenen Jahren ist bezüglich der Anzahl ausländischer Direktoren ein Anstieg von 13 % zu verzeichnen. SpencerStuart berichtet einen Median von zwei ausländischen Direktoren pro Board. 30 der 100 CSSBI-Unternehmen haben insgesamt 37 ausländische Direktoren in ihre Boards berufen. Mit 78 % stellen U.S.-Amerikaner das Gros der ausländischen Mandatsträger. Aus Europa stammen 9 %, aus Großbritannien, Lateinamerika und Asien jeweils 4 % der ausländischen Organmitglieder. Den geringsten Anteil stellt der Mittlere Osten.[453]

Im Vergleich sind kanadische Boards im Jahre 2004 durchschnittlich mit 2,3 internationalen Direktoren besetzt. Die Unternehmen haben zu 86 % mindestens ein internationales Board-Mitglied. U.S.-Staatsbürger dominieren mit 72 % die internationalen Board-Positionen, gefolgt von Briten und Europäern mit jeweils 9 %, Lateinamerikanern mit 4 %, Asiaten mit 3 %, Direktoren aus dem Mittleren Osten mit 2 % und aus Neuseeland mit 1%.[454]

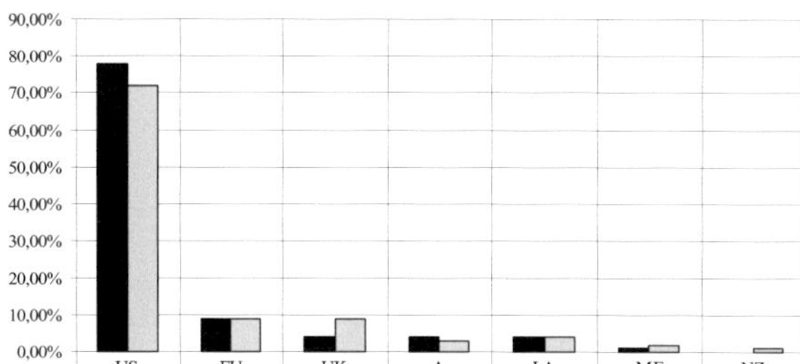

	US	EU	UK	A	LA	ME	NZ
■ 2007	78,00%	9,00%	4,00%	4,00%	4,00%	1,00%	
□ 2004	72,00%	9,00%	9,00%	3,00%	4,00%	2,00%	1,00%

Herkunftsländer

NZ: Neuseeland, UK: Großbritannien, US: Vereinigte Staaten, A: Asien, EU: Europa, LA: Latein-Amerika, ME: Mittlerer Osten

Abbildung 31: Herkunft der ausländischen Boad-Mitglieder in Kanada (2004, 2007)
Quelle: Eigene Darstellung auf Basis SpencerStuart (2005b), SpencerStuart (2007c).

[451] Vgl. Spencer Stuart (2007b), S. 6.
[452] Vgl. SpencerStuart (2005a), S. 2, 5 f.
[453] Vgl. SpencerStuart (2007c), S. 18.
[454] Vgl. SpencerStuart (2005b), S. 14 ff.

- Österreich

SpencerStuart untersucht im Rahmen des „SpencerStuart Board Index Österreich 2006" die Zusammensetzung von Vorständen und Aufsichtsräten in 16 österreichischen Aktiengesellschaften. Betrachtet man die Kapitaleignerseite der Aufsichtsräte, so stammen die Mandatsträger in 56 % der Unternehmen vollständig aus Österreich. Der Anteil von Nicht-Österreichern an den Aktionärsvertretern beträgt etwa 11 %. Die Herkunftsländer der ausländischen Mandatsträger sind Deutschland, Italien, die Schweiz, Schweden und die Vereinigten Arabischen Emirate. Es dominieren die Vertreter aus dem deutschsprachigen Raum.[455] Die Arbeitnehmervertreter weisen keine ausländischen Mandatsträger auf.[456]

- Schweden

Der „2004 Sverige Board Index" bezieht sich auf eine Grundgesamtheit von 60 schwedischen Unternehmen und berichtet einen durchschnittlichen Ausländeranteil im Board von 19 %. In 20 % der Gesellschaften gibt es ein ausländisches Board-Mitglied, 12 % weisen zwei bzw. drei, 8 % vier, 3 % fünf und jeweils 2 % sechs bzw. sieben Ausländer aus. Diese Zahlen verdeutlichen, dass die Ausländer auch in den schwedischen Boards nicht dominieren und offensichtlich national ausgerichteten Besetzungsstrategien gefolgt wird.[457]

- Schweiz

Im Jahre 2001 befragte SpencerStuart 37 Unternehmen in der Schweiz hinsichtlich des Ausländeranteils in Verwaltungsrat und Geschäftsleitung. Insgesamt repräsentieren diese Unternehmen 319 Verwaltungsratssitze und 294 Mitglieder von Geschäftsführungen. Schweizer Verwaltungsräte weisen im internationalen Vergleich mit 26 % eine relativ starke Präsenz ausländischer Mandatsträger auf. Es scheinen insbesondere diejenigen Unternehmen, die durch ein starkes Auslandsengagement gekennzeichnet sind, verstärkt ihre Gremien mit Ausländern zu besetzen. In diesen Fällen beträgt der Anteil ausländischer Verwaltungsratsmitglieder 33 %. Unternehmen, die sich auf den Inlandsmarkt fokussieren, besetzen stärker national. Dies kommt in einem Ausländeranteil im Verwaltungsrat solcher Unternehmen von 5,7 % zum Ausdruck. Von einer Globalisierung der schweizerischen Verwaltungsräte in auslandsorientierten Unternehmen könne dennoch nicht gesprochen werden, da die Ausländer zu 82 % aus den europäischen Nachbarländern kommen. Davon wiederum stammt der Großteil aus Deutschland. So sind von 82 ausländischen Verwaltungsratsmitgliedern 39 gebürtige Deutsche, gefolgt von 12 Engländern und 8 Amerikanern. Dieser Sachverhalt

---

[455] Vgl. SpencerStuart (2006a), Vorbemerkung, S. 12 ff.
[456] Vgl. SpencerStuart (2006a), S. 15.
[457] Vgl. SpencerStuart (2004c), S. 2, 10.

sei auf eine starke Konzentration der Unternehmen auf den europäischen Markt und die Problematik, ausreichend qualifizierte Mandatsträger aus z. B. dem angloamerikanischen Ausland gewinnen zu können, zurückzuführen. Wählt man einen Branchenfokus, so zeigt sich, dass mit 42 % Ausländeranteil an allen Verwaltungsratsmitgliedern insbesondere der Bereich Chemie/Pharma im Ausland rekrutiert, gefolgt von der Logistikbranche mit 35,5 % und dem Industriesektor mit 34 %.[458]

- Vereinigte Staaten von Amerika

SpencerStuart analysieren im „SpencerStuart Board Index 2007" die 500 nach ihrer Marktkapitalisierung größten, börsennotierten Unternehmen der USA aus dem Aktienindex S&P 500. Dabei liegt der Fokus der Analyse auf der Zusammensetzung, den Prozessen und der Organisation sowie der Vergütung U.S.-amerikanischer Boards. Etwa 50 % der 200 größten S&P-Unternehmen haben mindestens einen ausländischen Direktor im Board. Dies korrespondiert mit der Forderung der Unternehmen, dass bei der Neubesetzung von Direktorenposten neben fundierten Finanzkenntnissen auch internationale Erfahrung eine Rolle spielen sollte. Hier sei in den vergangenen Jahren ein Zuwachs zu verzeichnen. Insgesamt machen ausländische Direktoren 7 % der Gesamtzahl aus. Sie stammen zu 26 % aus Großbritannien, zu 15 % aus Kanada, zu 9 % aus Deutschland, zu jeweils 7 % aus Indien und Frankreich sowie zu 6 % aus Australien. Die restlichen Direktoren kommen aus insgesamt 18 weiteren Staaten.[459]

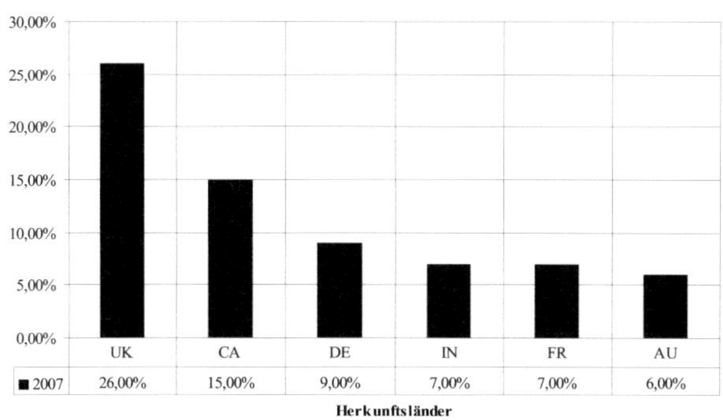

AU: Australien, CA: Kanada, DE: Deutschland, FR: Frankreich, IN: Indien, UK: Großbritannien, ROW: Rest of World

Abbildung 32: Herkunft der ausländischen Board-Mitglieder in den USA (2007)
Quelle: Eigene Darstellung auf Basis SpencerStuart (2007a).

Für das Jahr 2004 ermittelt SpencerStuart in einer speziellen Erhebung für 111 Unternehmen, für die Daten aus Proxy-Statements nicht verfügbar waren, dass etwa ein Drittel dieser Boards einen internationalen Direktor aufweisen, von denen wiederum etwa 60 % aus Europa stammen. Für die

458 Vgl. Rytz (2002), S. 28 f.
459 Vgl. SpencerStuart (2007a), S. 14 ff.

S&P 500-Unternehmen stellen dabei Personen aus Großbritannien, Kanada, Deutschland und Schweden die Mehrheit der ausländischen Mandatsträger.[460]

Tabelle 11 fasst die Kernergebnisse bisheriger SpencerStuart Studien hinsichtlich des Ausländeranteils für die analysierten Länder überblicksartig zusammen. Dabei wurden auch Studien aus dem Jahre 2006 berücksichtigt.

Untersuchungsländer	N	Ausländeranteil (%)	Nationalitäten (%)
Deutschland 2004	51		
Kapitalseite		15,0	US (k.A.), NL (k.A.), GB (k.A.), AT (k.A.), CH (k.A.), IT (k.A.)
Arbeitnehmerseite		1,0	US (k.A.), IT (k.A.)
Deutschland 2006	52		
Kapitalseite		18,0	IT (21), GB (15); US (13), AT (12), FR (12), BE (7), CH (6)
Arbeitnehmerseite		2,0	FR (k.A.), IT (k.A.), US (k.A.), TR (k.A.)
Großbritannien 2004	150	23,6	k.A.
Großbritannien 2006	150	26,0	k.A.
Großbritannien 2007	150	24,5	k.A.
Kanada 2004(1)	100	(81,0)	US (72), GB (9), EU (9), LA (4), A (3), ME (2), NZ (1)
Kanada 2006(1)	100	(86,0)	US (75), EU (12), GB (4), A (4), LA (3), ME (2)
Kanada 2007	100	21,0	US (78), EU (9), GB (4), A (4), LA (4), ME (1)
Österreich 2006	16		
Kapitalseite		11,0	DE (k.A.), IT (k.A.), CH (k.A.), SE (k.A.), VA (k.A.)
Arbeitnehmerseite		0	k.A.
Schweden 2004	60	19,0	k.A.
Schweiz 2001	37	26,0	DE (k.A.), GB (k.A.), US (k.A.)
Vereinigte Staaten von Amerika 2004(1)	111	(33,0)	GB (k.A.), CA (k.A.), DE (k.A.), SE (k.A.)
Vereinigte Staaten von Amerika 2006	500	6,0	GB (28), CA (21), DE (10), AU (8), IN (6), FR (5), NL (4), ROW (18)
Vereinigte Staaten von Amerika 2007	500	7,0	GB (26), CA (15), DE (9), FR (7), IN (7), AU (6)

(1): Prozentsatz an Unternehmen mit mindestens einem ausländischem Direktor im Board
N: Anzahl der Untersuchungseinheiten
k.A.: keine Angaben
AE: Vereinigte Arabische Emirate, AT: Österreich, AU: Australien, BE: Belgien, CA: Kanada, CH: Schweiz, DE: Deutschland, FR: Frankreich, IN: Indien,
IT: Italien, NL: Niederlande, NZ: Neuseeland, TR: Türkei, SE: Schweden, UK: Großbritannien, US: Vereinigte Staaten,
A: Asien, EU: Europa, LA: Lateinamerika, ME: Mittlerer Osten, ROW: Rest of World

Tabelle 11: Ausländeranteil von Boards in ausgewählten Ländern im Vergleich
Quelle: Eigene Darstellung auf Basis Rytz (2002), SpencerStuart (2004a), SpencerStuart (2004b), SpencerStuart (2004c), SpencerStuart (2005a), SpencerStuart (2005b), SpencerStuart (2006a), SpencerStuart (2006b), SpencerStuart (2006c), SpencerStuart (2006d), SpencerStuart (2006e), SpencerStuart (2007a), SpencerStuart (2007b), SpencerStuart (2007c).

3.1.2 Untersuchungen mit Bezug zur Internationalisierung von Unternehmen

a) Studie von How, Khoo, Ng und Verhoeven

How, Khoo, Ng und Verhoeven analysieren im Rahmen ihrer 2002 publizierten Untersuchung „Internationalisation and Corporate Governance: Australian Evidence“ für 61 australische Unternehmen im Jahr 1998 u.a. die wechselseitige Beeinflussung der Corporate Governance-Strukturen eines Unternehmens und dessen Internationalisierungsgrades mittels des Instruments der Regressionsanalyse. Die Autoren halten als zentrales Ergebnis fest, dass der unternehmensindividuelle Interna-

[460] Vgl. SpencerStuart (2004b), S. 7, 18.

tionalisierungsgrad, operationalisiert als der Anteil kontrollierter ausländischer Wirtschaftseinheiten, einen Einfluss auf den Anteil unabhängiger externer Direktoren mit internationaler Erfahrung im Board hat. Die Autoren argumentieren, dass aufgrund des sukzessiv zunehmenden internationalen Charakters von Unternehmen diese verstärkt auf das Wissen international erfahrener Direktoren zurückgreifen sollten. Diese theoriegeleitete Forderung schlägt sich auch in den empirischen Ergebnissen nieder, da der Internationalisierungsgrad der Unternehmen einen signifikant positiven Einfluss auf den Anteil der unabhängigen externen Direktoren mit internationaler Erfahrung, die aus deren Tätigkeit als Manager oder Vorstand in international agierenden Unternehmen resultiert, hat. Somit fungiert der Internationalisierungsgrad als unabhängige Variable, die sich auf den Anteil international erfahrener Direktoren im Board als abhängige Variable auswirkt. Die Autoren vertreten jedoch aus theoretischen Überlegungen heraus auch die Hypothese, dass über längere Zeiträume stabile Corporate Governance-Strukturen die Zunahme des unternehmensspezifischen Internationalisierungsgrades fördern können, also dass ein höherer, stabiler Anteil Direktoren mit internationaler Erfahrung die Internationalisierung des Unternehmens unterstützen kann. Diese Überlegungen finden sich jedoch in ihrer empirischen Untersuchung nicht bestätigt.[461]

b) Studie von Carpenter, Pollock und Leary

Carpenter, Pollock und Leary setzen sich im Jahre 2003 in ihrem Artikel „Testing a Model of Reasoned Risk-Taking: Governance, the Experience of Principals and Agents, and Global Strategy in High-Technology IPO Firms“ mit dem Internationalisierungsverhalten von 97 jungen U.S.-Technologieunternehmen, deren Börsengang zwischen 1990 und 1999 stattfand, auseinander. Dabei untersuchen die Autoren den Einfluss von Risikokapitalgebern, des Top Management Teams sowie der Outside Directors im Board auf den Internationalisierungsgrad der Unternehmen zum Zeitpunkt des Börsengangs und ein Jahr danach in Abhängigkeit von deren internationaler Erfahrung und deren Anteilsbesitz. Der Internationalisierungsgrad eines Unternehmens drückt sich im Verhältnis von ausländischem Umsatz zum Gesamtumsatz aus. Unter internationaler Erfahrung subsumieren die Autoren internationale Arbeitserfahrung und internationale Ausbildung. Diesbezüglich wurde jeweils auf die absolute Anzahl der externen Board-Mitglieder abgestellt, die entsprechende Charakteristika aufweisen. Als international erfahren wurden diejenigen Personen eingestuft, die mindestens ein Jahr international tätig waren. Internationale Ausbildung wurde über die Abschlüsse an ausländischen Hochschulen operationalisiert. Beide Größen wurden summiert und zu einem Wert zusammengefasst. Die regressionsanalytische Betrachtung ergibt einen signifikant positiven Einfluss der internationalen Erfahrung des Top Managements und des Boards auf den Internationalisie-

[461] Vgl. How/ Khoo/ Ng/ Verhoeven (2002), S. 11 ff.

rungsgrad der Unternehmen. Dies gilt auch für das Vorhandensein international erfahrener Risikokapitalgeber im Board.[462]

c) Studie von Caligiuri, Lazarova und Zehetbauer

Caligiuri, Lazarova und Zehetbauer setzen sich im Rahmen ihres im Jahre 2004 erschienenen Artikels „Top managers's national diversity and boundary spanning – Attitudinal indicators of a firm's internationalization" u.a. mit der Frage auseinander, ob zwischen der internationalen Zusammensetzung des Top Managements bzw. des Boards und der Anzahl der Länder, in denen ein Unternehmen tätig ist, auf der einen Seite und bekannten Internationalisierungsindikatoren auf der anderen Seite ein Zusammenhang besteht. Zur Untersuchung dieses Sachverhaltes ziehen die Autoren die Unternehmen der Fortune 500 Liste aus dem Jahre 1998 als Grundgesamtheit heran. Die personenbezogenen Daten wurden mittels eines Fragebogens erhoben. Die effektive Stichprobe beträgt 76 Unternehmen. Als Indikatoren der Internationalisierung finden die Bestandteile des UNCTAD-Index Verwendung. Ferner beziehen die Autoren den Anteil ausländischer Niederlassungen an der Anzahl aller Niederlassungen sowie die Anzahl der Länder, in denen ein Unternehmen tätig ist, mit ein. Die internationale Zusammensetzung des Top Managements bzw. des Boards spiegelt sich im Anteil der ausländischen Mitglieder an allen Mitgliedern wider. Bezogen auf die Internationalisierungsindikatoren betragen die durchschnittlichen Verhältnisgrößen für die ausländischen Aktiva 0,31, für den Auslandsumsatz 0,26, für die Auslandsniederlassungen 0,16, für die Anzahl ausländischer Mitarbeiter 0,08 und für die Anzahl ausländischer Board-Mitglieder 0,09. Der Mittelwert für die Anzahl der Länder, in denen die Unternehmen tätig sind, beträgt 14. Mittels einer bivariaten Korrelationsanalyse untersuchen die Autoren den Zusammenhang zwischen den oben beschriebenen Größen. Hieraus wird u.a. ersichtlich, dass zwischen dem Internationalisierungsgrad des Boards signifikant positive Zusammenhänge zu den Indikatoren der Internationalisierung bestehen.[463]

d) Studie von Schmid und Kretschmer

Schmid und Kretschmer untersuchen im Rahmen des 2005 publizierten Arbeitspapiers „How International Are German Supervisory Boards? – An Exploratory Study" den Internationalisierungsgrad des Aufsichtsrats von fünf deutschen Unternehmen aus der chemischen und pharmazeutischen Industrie. Diesen vergleichen die Autoren u.a mit dem Internationalisierungsgrad des Unternehmens. Ausgangspunkt der Untersuchung ist die Überlegung, dass deutsche Unternehmen, die bezüglich ihrer Aktivitäten und Ergebnisse stark international geprägt sind, auch eine international ausgestal-

[462] Vgl. Carpenter/ Pollock/ Leary (2003), S. 803 ff.
[463] Vgl. Caligiuri/ Lazarova/ Zehetbauer (2004), S. 848 ff.

tete Führungs- und Überwachungsstruktur haben sollten. Schmid und Kretschmer entwickeln auf Basis einer Analyse der bisherigen Literatur zur Board-Internationalisierung eine mehrdimensionale Kennzahl zur Bestimmung des Internationalisierungsgrades von Vorstand und Aufsichtsrat. Dieser in Formel 1 formal dargestellte Index setzt sich aus vier Komponenten zusammen: Unter „Multinationality" verstehen die Autoren die Nationalität eines Mandatsträgers oder das Land, in dem das Board-Mitglied die meisten Jahre verbracht hat. „International Education" erfasst die Jahre höherer Ausbildung, die im Ausland absolviert wurden. Der Faktor „International Work Experience" spiegelt zum einen die Zeit beruflicher Auslandsaufenthalte sowie die Erfahrung in internationalen Funktionen bzw. die Jahre in Positionen mit internationaler Verantwortung wider. Die Wahrnehmung ausländischer Board-Positionen wird über die Größe „International Linkage" abgebildet. Dieser Board-Internationalisierungsindex berechnet sich als der durchschnittliche Internationalisierungsindex pro Person und kann Werte zwischen 0 und 100 % annehmen. Zur Berechnung des Index konnten im Rahmen einer schriftlichen Befragung mit anschließendem telefonischem Nachfassen von 108 kontaktierten Top-Managern Daten für 90 Personen generiert werden.[464]

$$INT_{lin} = \frac{1}{n} * \sum_{i=1}^{n} \left[\frac{1}{4} (F_i + \frac{E_{if}}{E_{it}} + \frac{W_{if}}{W_{it}} + \frac{A_{if}}{A_{it}}) \right]$$

n	Total number of board members
F_i	Foreigness of person i's home country, F = 0 for Germany, F = 100 % for any foreign country
E_{if}	Years of higher education abroad of person i
E_{it}	Total number of years of higher education of person i
W_{if}	Years of international work experience (Foreign assignments and country or regional responsibility within the home country) of person i
W_{it}	Total number of years of work experience of person i
A_{if}	Number of appointments to boards of foreign companies of person i
A_{it}	Total number of appointments of person i

Formel 1: Linearer Board-Internationalisierungsindex nach Schmid und Kretschmer
Quelle: Schmid/ Kretschmer (2005), S. 11.

Für die Bestimmung des unternehmensspezifischen Internationalisierungsgrades wurde auf den Transnationality Index der UNCTAD zurückgegriffen. Die unternehmensbezogenen Daten wurden den Geschäftsberichten entnommen.[465]

---

[464] Vgl. Schmid/ Kretschmer (2005), S. 9 f. Das genaue Jahr, auf welches sich die Untersuchung bezieht, lässt sich den Ausführungen leider nicht entnehmen. Betrachtet man die herangezogene Literatur und den UNCTAD-Internationalisierungsindex, so liegt die Vermutung nahe, dass sich die Analyse auf das Jahr 2004 bezieht, zumal die Ergebnisse auch bereits auf zwei wissenschaftlichen Konferenzen im Jahre 2005 präsentiert wurden. Bei den in die Untersuchung einbezogenen Unternehmen handelt es sich um die Altana AG, die BASF AG, die Bayer AG, die Fresenius AG und die Schering AG. Vgl. hierzu Schmid/ Kretschmer (2005), S. 11.

[465] Vgl. Schmid/ Kretschmer (2005), S. 17.

Der Internationalisierungsindex über alle Unternehmen hinweg fällt für den Aufsichtsrat mit durchschnittlich 12,66 % niedriger aus als für die Unternehmen selbst, die durchschnittlich einen Wert in Höhe von 65,40 % erreichen. Dies bedeutet, dass die Internationalisierung der Unternehmen der internationalen Zusammensetzung der Aufsichtsräte vorausläuft. Für die Arbeitnehmerseite im Aufsichtsrat ist eine Internationalisierung quasi nicht existent, wohingegen der Internationalisierungsindex für die Kapitaleignervertreter bei 19,42 % liegt. Betrachtet man die einzelnen Faktoren des Index, so weist der Aufsichtsrat mit 14,39 % vor allem im Hinblick auf die Dimension „Multinationality" einen hohen Wert auf. Folgende Tabelle fasst die Ergebnisse sowohl auf aggrierter als auch auf Ebene der Teilindizes zusammen.[466]

Teilindizes und Gesamtindex (%)	Aufsichtsrat
Multinationality	14,39
International Education	12,12
International Work Experience	12,87
International Linkage	11,27
Board Internationalization	12,66

Tabelle 12: Board-Internationalisierung in fünf deutschen Industrieunternehmen
Quelle: Schmid/ Kretschmer (2005), S. 15.

e) Studien von Schmid und Daniel sowie Schmid

Im Rahmen des Arbeitspapiers „Measuring Board Internationalization – Towards a More Holistic Approach" setzen sich Schmid und Daniel im Jahre 2006 u.a. mit der Bestimmung des Internationalisierungsgrades von Aufsichtsräten der DAX30-Unternehmen zum 31.12.2005 auseinander. Diesbezüglich ergibt sich in einer deskriptiven Auswertung das in Tabelle 13 dargestellte Bild.

Teilindizes	a) Supervisory Board (Kapitaleignervertreter)	b) Supervisory Board (Arbeitnehmervertreter)
Ausländeranteil im Board (%)	19,28	4,94
Internationale Ausbildung (%)	40,16	9,88
Internationale Arbeitserfahrung (%)	47,39	7,41
Internationale Board-Mandate (%)	51,41	3,7

Tabelle 13: Internationalisierungswerte für deutsche Boards
Quelle: Schmid/ Daniel (2006), S. 21.

Es ist ersichtlich, dass die Kapitaleignervertreter im Aufsichtsrat höhere Internationalisierungsgrade aufweisen als die Arbeitnehmervertreter. Mittels einer Korrelationsanalyse ermitteln die Autoren einen starken Zusammenhang zwischen Nationalität und internationaler Ausbildung sowie internationaler Arbeitserfahrung. Dieser Zusammenhang lässt sich sowohl für die deutschen als auch für die ausländischen Board-Mitglieder feststellen.[467]

[466] Vgl. Schmid/ Kretschmer (2005), S. 15, 19.
[467] Vgl. Schmid/ Daniel (2006), S. 26.

Als einen den Internationalisierungsgrad beeinflussenden Faktor heben die Autoren die Industriezugehörigkeit hervor. Bezogen auf die Kapitaleignervertreter im Aufsichtsrat zeigt sich für die Automobilindustrie mit 37,15 % der höchste Internationalisierungsgrad. Betrachtet man die Seite der Arbeitnehmer, so ist hier die Technologiebranche führend. Bezüglich der Internationalisierung auf Unternehmensebene, die durch die Bestandteile des UNCATD-Index operationalisiert wird, beziehen sich die Autoren auf zwei zentrale Größen: den Anteil des Auslandsumsatzes am Gesamtumsatz und den Anteil ausländischer Mitarbeiter an der Gesamtmitarbeiterzahl. Die Autoren konstatieren, dass sich diesbezüglich korrelationsanalytisch kein Zusammenhang zur Board-Internationalisierung feststellen lasse.[468]

Im Jahre 2007 interpretiert Schmid im Rahmen des Arbeitspapiers „Wie international sind Vorstände und Aufsichtsräte? Deutsche Corporate Governance-Gremien auf dem Prüfstand" die Ergebnisse der Studie von Schmid und Daniel. Zunächst hält er fest, „dass das allgemeine Internationalitätsniveau der Vorstände und Aufsichtsräte vergleichsweise niedrig ist und die Internationalität der Unternehmensaktivitäten kaum erreicht."[469] Innerhalb der deutschen Spitzenverfassung scheint sich die Dimension „Internationalität" insbesondere durch internationale Arbeitserfahrung zu manifestieren. Der Teilindexwert für diese Größe beträgt 46 %, für die Multinationalität 14 %, für die internationale Ausbildung 21 % und für die internationalen Verbindungen 26 %. Offensichtlich halten zahlreiche Faktoren, wie z.B. die deutsche Sprache oder mangelndes Verständnis für das zweistufige mitbestimmte deutsche Corporate Governance-System, Ausländer davon ab, Board-Mandate in deutschen Aktiengesellschaften anzutreten. Für die Anteilseignerseite im Aufsichtsrat ergibt sich hinsichtlich der Internationalität ein Wert in Höhe von 30 %. Die Arbeitnehmervertreter fallen hier mit einem Wert von 5 % stark ab. Der Autor fordert eine verstärkte Internationalität u.a. in deutschen Aufsichtsräten. Diese weisen insbesondere auf Seiten der Arbeitnehmervertreter große Defizite auf. Ferner sollte dieser Prozess kein rein reaktiver, sondern auch ein aktiver sein, der einer Internationalisierung des Unternehmens z.T. vorausläuft, was mit entsprechend positiven Auswirkungen einer divers gestalteten Unternehmenskultur einhergeht.[470]

---

[468] Vgl. Schmid/ Daniel (2006), S. 30 f.
[469] Schmid (2007), o.S.
[470] Vgl. Schmid (2007), S. 4 ff.

3.1.3 Untersuchungen mit Bezug zu Erfolgsgrößen

a) Studie von Oxelheim und Randøy

Oxelheim und Randøy untersuchen in ihrer im Jahre 2003 veröffentlichten Studie „The impact of foreign board membership on firm value“ den Einfluss angloamerikanischer Board-Mitgliedern auf den Unternehmenserfolg. Dieser wird durch den Unternehmenswert in Form des q-Wertes als adaptierte Form des Tobin's Q gemessen.[471] Die Autoren untersuchen 225 Unternehmen aus Schweden und Norwegen in den Jahren 1996, 1997 und 1998. Die Anzahl der Beobachtungen beträgt 650, von denen 296 auf Schweden und 354 auf Norwegen entfallen. Die angloamerikanischen Board-Positionen wurden als binäre Variable modelliert. Im Rahmen der univariaten Analyse stellen die Autoren fest, dass im Jahre 1998 insgesamt 13 % der Unternehmen ein oder mehrere externe angloamerikanische Board-Mitglieder hatten. Ausgehend von 12 % im Jahre 1996 konstatieren die Autoren diesbezüglich einen leichten Anstieg im Jahresverlauf. Von den angloamerikanischen Mandatsträgern entfallen 10 % auf Norwegen und 16 % auf Schweden. Der höhere Wert für Schweden sei auf die Tatsache zurück zu führen, dass die schwedischen Unternehmen größer seien als die norwegischen. Der Anteil angloamerikanischer Mitglieder nehme mit der Unternehmensgröße, dem Unternehmensalter und der Board-Größe zu. Der logarithmierte q-Wert ist für Unternehmen mit externen angloamerikanischen Mandatsträgern höher. Die multivariate regressionsanalytische Betrachtung deutet in einer jahresbezogenen Analyse ebenfalls auf einen signifikant positiven Zusammenhang zwischen dem Vorhandensein ausländischer Board-Mitglieder und dem Unternehmenswert hin. Fasst man die drei Beobachtungszeiträume zusammen, so zeigt sich, dass die Präsenz von angloamerikanischen Board-Mitgliedern einen signifikant positiven Zusammenhang zum Unternehmenswert aufweist. Die Existenz von einem angloamerikanischen Board-Mitglied hat einen signifikant positiven Effekt auf den Unternehmenswert. Dieser Zusammenhang wird damit begründet, dass die Aufnahme externer Board-Mitglieder, die das angloamerikanische Corporate Governance-System repräsentieren, ein Bekenntnis zum Shareholder Value-Denken darstelle und damit attraktiv für Investoren sei. Die Autoren sprechen in diesem Kontext von einem Import angloamerikanischer Corporate Governance über die Spitzenverfassung skandinavischer Aktiengesellschaften. Darüber hinaus könne die Aufnahme externer ausländischer Direktoren als ein Zeichen guter Corporate Governance verstanden werden, da solche Direktoren die Unabhängigkeit und Überwachungsfunktion des Organs im Sinne der Anteilseigner stärkten. Ferner werde die internati-

[471] Tobin's Q wird hier operationalisiert durch die Summe von Marktwert des Eigenkapitals und dem Buchwert der Verbindlichkeiten dividiert durch den Buchwert der Aktiva. Vgl. Oxelheim/ Randøy (2003), S. 2378.

onale Orientierung der Aktiengesellschaften betont und die zukünftige Globalisierung des Unternehmens beschleunigt.[472]

b) Studie von Randøy, Thomsen und Oxelheim

Im Rahmen ihrer Studie „A Nordic perspective on corporate board diversity" analysieren Randøy, Thomsen und Oxelheim im Jahre 2006 die Vielfältigkeit innerhalb von Boards in Skandinavien hinsichtlich des Frauen- und Ausländeranteils sowie der Altersstruktur. Diese Untersuchung subsumieren sie unter dem Begriff der „Board-Diversity". Die Auswirkungen dieser Merkmale werden zur Unternehmensperformance, gemessen am Markt-Buchwert-Verhältnis und dem Return on Assets, in Bezug gesetzt. Die Analyse umfasst die 500 größten Unternehmen in Skandinavien im Jahre 2005. Datenmaterial konnte von 459 Unternehmen generiert werden. Von diesen haben 154 in Dänemark, 144 in Norwegen und 161 in Schweden ihren Hauptsitz. Die effektive Stichprobe umfasst 343 Beobachtungen. Davon sind 100 aus Dänemark, 86 aus Norwegen und 157 aus Schweden. Skandinavische Boards sind offensichtlich homogen hinsichtlich des Aspekts Nationalität. Es fällt auf, dass dänische Boards im Vergleich zu denen in den beiden Nachbarländern durchschnittlich einen höheren Ausländeranteil aufweisen. Dies gilt insbesondere für den Anteil an angloamerikanischen Board-Mitgliedern. Der Ausländeranteil in skandinavischen Boards ist abhängig von der am Umsatz gemessenen Unternehmensgröße. Insgesamt ist der Anteil an angloamerikanischen Mandatsträgern relativ gering. Die deskriptiven Ergebnisse bezüglich des Ausländeranteils und des Anteils angloamerikanischer Board-Mitglieder können Tabelle 14 entnommen werden.[473]

Variable	M	SE	NO	DK
Ausländeranteil (%)	8,4	7,4	12,8	6,5
Anteil angloamerikanischer Organmitglieder (%)	2,5	1,7	5,0	1,6

M: arithmetisches Mittel

SE: Schweden, NO: Norwegen, DK: Dänemark

Tabelle 14: Anteil von Ausländern und angloamerikanischen Direktoren in skandinavischen Boards
Quelle: Eigene Darstellung auf Basis von Randøy/ Thomsen/ Oxelheim (2006), S. 8 ff.

Internationale Diversität, so die Autoren, weise weder zum Geschlecht, noch zum Alter eine systematische Beziehung auf. Hinsichtlich der Aktienmarktbewertung auf Basis des Markt-Buchwert-Verhältnisses und der bilanziellen Erfolgsgrößen am Beispiel des Return on Assets stellen die Autoren weder einen positiven, noch einen negativen Einfluss heterogener Boards fest.[474]

[472] Vgl. Oxelheim/ Randøy (2003), S. 2369 ff.
[473] Vgl. Randoy/ Thomsen/ Oxelheim (2006), S. 8 ff.
[474] Vgl. Randøy/ Thomsen/ Oxelheim (2006), S. 2 ff.

3.1.4 Untersuchung mit Bezug zur Internationalisierung von Unternehmen und Erfolgsgrößen

Studie von Bloodgood, Sapienza und Almeida

Bloodgood, Sapienza und Almeida untersuchen in ihrer im Jahre 1996 publizierten Studie „The Internationalization of New High-Potential U.S. Ventures: Antecedents and Outcomes“ Vorbedingungen und Folgen des Internationalisierungsverhaltens von 61 neu gegründeten U.S.-Unternehmen. Diese sind weniger als fünf Jahre alt und im Untersuchungsjahr 1991 erst kurze Zeit börsennotiert. Sie betrachten die Auswirkungen des Internationalisierungsgrades der Unternehmen auf das Umsatzwachstum und die Rentabilität zwei Jahre nach dem Börsengang. Der Internationalisierungsgrad wird gemessen als der prozentuale Anteil der primären Wertkettenaktivitäten außerhalb der USA. Für Porters fünf primäre Wertkettenaktivitäten[475] wurde jeweils eine binäre Dummyvariable gebildet. Die Ergebnisse für die fünf Kategorien wurden summiert und der Durchschnitt ermittelt. Die Autoren behaupten, dass der Internationalisierungsgrad eines Unternehmens u.a. abhängig von der Anzahl der Mitglieder im Top Management mit internationaler Arbeitserfahrung und internationaler Ausbildung sei. Im Gegensatz zu zahlreichen anderen wissenschaftlichen Studien aus der Top Management Team-Forschung wird hier der Board als das Top Management eines Unternehmens verstanden. Die Autoren konnten mittels einer Regressionsanalyse einen signifikant positiven Zusammenhang zwischen der internationalen Arbeitserfahrung der Board-Mitglieder und dem Internationalisierungsgrad des Unternehmens ermitteln. Hinsichtlich der Bedeutung von Internationalisierungsausprägungen des Boards ist anzumerken, dass hier ein zwar negativer, aber nicht signifikanter Zusammenhang zu den Erfolgsgrößen besteht. Zusammenfassend lässt sich festhalten, dass der Internationalisierungsgrad von Unternehmen mit international erfahrenen Board-Mitgliedern höher ist.[476]

3.1.5 Weitere Untersuchungen

a) Studie von Randøy und Nielsen

Randøy und Nielsen untersuchen in ihrer Studie von 2002 „Company Performance, Corporate Governance, and CEO Compensation in Norway and Sweden“ die Zusammenhänge zwischen dem Unternehmenserfolg sowie Corporate Governance-Charakteristika als unabhängigen Größen und

---

[475] Primäre Wertkettenaktivitäten nach Porter: Eingangslogistik, Produktion, Marketing und Vertrieb, Ausgangslogistik und Kundendienst. Vgl. Porter (1989a), S. 62 ff.

[476] Vgl. Bloodgood/ Sapienza/ Almeida (1996), S. 61 ff.

der Vergütung[477] des CEO als abhängiger Variable. Die Analyse umfasst 224 skandinavische Unternehmen im Jahre 1998. Davon sind 120 aus Norwegen und 104 aus Schweden. Der Unternehmenserfolg wird durch den Return on Equity, die Stock Performance sowie die Market-to-Book-Ratio gemessen[478]. Ein Corporate Governance-Merkmal stellt die Mitgliedschaft ausländischer Mandatsträger in norwegischen und schwedischen Boards zum Jahresende 1997 dar. Diese wird als binäre Variable operationalisiert. Über alle Untersuchungseinheiten hinweg haben durchschnittlich 13,5 % der Unternehmen einen oder mehrere ausländische Mandatsträger im Board. In Schweden fällt dieser Wert mit 15,4 % höher aus als in Norwegen mit 12,1 %.[479]

b) Studie von Oxelheim und Randøy

In ihrer im Jahre 2005 publizierten Untersuchung „The Anglo-American financial influence on CEO compensation in non-Anglo-American firms“ lehnen sich Oxelheim und Randøy an den Ansatz von Randøy und Nielsen an. Sie analysieren jedoch nicht den Einfluss ausländischer Board-Mitglieder auf die Vergütung des CEO, sondern den von Direktoren, die aus den angloamerikanischen Ländern USA, Großbritannien und Kanada stammen. Diese Variable ist binär kodiert und erfasst die Existenz eines oder mehrerer ausländischer externer Direktoren in den Boards. Die Autoren untersuchen 90 norwegische und 97 schwedische Unternehmen, die im Jahr 1998 börsennotiert waren. Die unabhängigen Größen der Untersuchung beziehen sich auf die Jahre 1996 und 1997. Etwa 12,8 % aller Unternehmen weisen ein oder mehrere angloamerikanische Board-Mitglieder auf.[480]

c) Studie von Ruigrok, Peck und Tacheva

Ruigrok, Peck und Tacheva untersuchen in ihrer im Jahre 2007 veröffentlichten Studie „Nationality and Gender Diversity on Swiss Corporate Boards“ für das Jahr 2003 die Verwaltungsräte aus 269 an der SWX gelisteten Schweizer Unternehmen im Hinblick auf Nationalität, Geschlecht, Unabhängigkeit, zusätzliche Mandate und weitere demographische Charakteristika. Ausgeschlossen wurden Anlagegesellschaften, Firmen ohne Internetseiten und ohne Kontaktmöglichkeit zur Investor Relations-Abteilung sowie Gesellschaften ohne publizierte Jahresabschlüsse. Insgesamt sind in dieser Untersuchung 1678 Direktoren aus 210 Unternehmen erfasst. Neben zahlreichen Variablen

---

[477] Die CEO Vergütung wird als der logarithmierte Gesamtwert (Gehalt, Bonus und Aktienoptionen) gemessen. Vgl. Randøy/ Nielsen (2002), S. 68.

[478] Return on Equity ist operationalisiert als der Durchschnitt der Jahre 1996, 1997 und 1998. Die Aktienrendite berechnet sich als der Preis einer Stammaktie zum Jahresende 1998 dividiert durch den Preis zum Jahresende 1996. Die Veränderung im Markt-Buchwert-Verhältnis bestimmt sich durch die Subtraktion der Verhältnisse von 1998 und 1996. Vgl. Randøy/ Nielsen (2002), S. 68.

[479] Vgl. Randøy/ Nielsen (2002), S. 57 ff.

[480] Vgl. Oxelheim/ Randøy (2005), S. 470 ff.

der Board-Zusammensetzung greifen die Autoren u.a. die Anzahl ausländischer Direktoren in Schweizer Verwaltungsräten und deren Ausbildungsniveau auf. Die durchschnittliche Anzahl ausländischer Mandatsträger beträgt 1,61. Hinsichtlich der Board-Mandate konnten die Autoren feststellen, dass von diesen 22,1 % durch ausländische Personen besetzt werden. Die Autoren resümieren, dass die Analyse personeller Board-Strukturen nur vor dem Hintergrund landesspezifischer Gegebenheiten, wie z.B. der jeweiligen Gesetzgebung, erfolgen sollte.[481]

d) Studie von Owtscharov

Owtscharov setzt sich im Rahmen seiner 2007 erschienenen Dissertation „The German system of finance and corporate governance: Gateways to change and implications for firm performance" mit der Frage nach dem Wandel in den Anteilseignerstrukturen deutscher Aktiengesellschaften auseinander. Dabei werden die Zusammenhänge zwischen der Internationalisierung von Unternehmen, der globalen Finanzmärkte, der Internationalisierung auf Vorstands- und Aufsichtsratsebene auf der einen und deren Einflüsse auf die deutsche Corporate Governance-Debatte sowie die Unternehmensfinanzierung auf der anderen Seite betrachtet. Ferner werden die Zusammenhänge zwischen der Qualität der deutschen Corporate Governance und der Anteilseignerstruktur sowie zwischen der Anteilseignerstruktur und dem Unternehmenserfolg, gemessen an markt- und rechnungslegungsbasierten Erfolgsgrößen, analysiert. Die Grundgesamtheit der Untersuchung setzt sich aus 122 im Jahre 2003 an der Deutschen Börse gelisteten Aktiengesellschaften zusammen. Der Autor konstatiert einen positiven Einfluss angloamerikanischer Board-Mitglieder auf die Corporate Governance-Qualität, gemessen am Corporate Governance Quality-Index des Unternehmens Institutional Shareholder Services, Inc., fest.[482] Von weiterem Interesse sind ferner die von Owtscharov für die Untersuchungseinheiten ermittelten Internationalisierungsgrade auf Organ- und Unternehmensebene. Der Ausländeranteil im Aufsichtsrat beträgt 7,94 %, der im Vorstand 10,88 %. Angloamerikaner nehmen 2,29 % der mit Ausländern besetzten Aufsichtsratspositionen ein. Dieser Wert fällt für das Führungsorgan mit 1,73 % niedriger aus.[483]

e) Studie von Tacheva

Tacheva untersucht im Rahmen ihrer im Jahre 2007 publizierten Dissertation u.a. den Einfluss der Board-Zusammensetzung als unabhängige Variable auf die Diversität des Top Managements als abhängige Variable. Die Stichprobe besteht aus 165 Unternehmen, die im September 2004 an der

[481] Vgl. Ruigrok/ Peck/ Tacheva (2007), S. 546 ff.
[482] Vgl. Owtscharov (2007), S. XIII.
[483] Vgl. Owtscharov (2007), S. 155.

Schweizer Börse gelistet waren. Die Daten der Längsschnittanalyse wurden für die Jahre 2000 bis 2004 erhoben. Die Autorin kommt zu dem Ergebnis, dass die Besetzung des Boards mit Mandatsträgern aus unterschiedlichen Nationen signifikant zugenommen hat. Der Anteil ausländischer Board-Mitglieder stieg von 20 % im Jahre 2001 auf 23 % im Jahre 2004. Der Wert für die Heterogenität der Nationalitäten stieg im Zeitraum von 2001 bis 2004 ebenfalls von durchschnittlich 25 % auf 29 %. Tabelle 15 fasst die Entwicklung bezüglich der Board-Internationalisierung überblicksartig zusammen. Für die Diversität im Board konnte mit Ausnahme des Alters regressionsanalytisch nachgewiesen werden, dass diese ein Prädiktor für die Zusammensetzung des Top Management Teams ist. Dies bedeutet, dass die Zusammensetzung des Top Managements die des Boards widerspiegelt. Tacheva weist in ihren Ausführungen darauf hin, dass in Anlehnung an Caligiuri, Lazarova und Zehetbauer die Heterogenität der Nationalitäten im Board als Prädiktor der Unternehmensinternationalisierung fungieren kann. Diese Überlegung konnte jedoch in der Analyse nicht bestätigt werden. Die Autorin schlussfolgert diesbezüglich, dass dies nicht als Aufforderung zur Vernachlässigung des Boards im Kontext der Upper Echelons-Forschung zu sehen sei, sondern vielmehr der Board getrennt vom Top Management untersucht werden muss.[484]

Internationalitätsdimension	2001	2002	2003	2004
Board national diversity	0,25	0,28	0,29	0,29
Board international experience	0,14	0,16	0,16	0,17

Tabelle 15: Entwicklung von Internationalitätsdimensionen Schweizer Boards im Zeitverlauf
Quelle: Tacheva (2007), S. 192.

3.2 Kritische Reflexion der ausgewählten Untersuchungen

Obwohl die klassische Top Management Team Forschung auf eine lange Tradition zurückblickt, sind Untersuchungseinheiten außerhalb der USA als auch die Faktoren Nationalität respektive Kultur kaum berücksichtigt. Eine Betrachtung des Brancheneinflusses nehmen nur wenige Studien vor.[485] Dieser Kritik schließen sich Ruigrok, Peck und Tacheva in Bezug auf die Analyse von Boards an. Dies gilt insbesondere für die Diversitätsaspekte Alter, Geschlecht und Nationalität.[486] Stapels formuliert drastischer, dass die Forschung auf dem Gebiet der Internationalisierung und Globalisierung von Boards Transnationaler Unternehmen dünn und unsystematisch und die Erkenntnisse über dessen Ausmaß anekdotenhaft und schwach seien.[487] Er formuliert im Jahr 2008

[484] Vgl. Tacheva (2007), S. 77 ff., S. 153.
[485] Vgl. Tacheva (2007), S. 39; vgl. Schmid/ Kretschmer (2005), S. 2; vgl. Heijltjes/ Olie/ Glunk (2003), S. 89 f.
[486] Vgl. Ruigrok/ Peck/ Tacheva (2007), S. 545.
[487] Vgl. Staples (2007), S. 311.

weiterhin: „there was much talk suggesting that corporate boardrooms were increasingly diverse, but I could find few solid empirical studies to support this claim.“[488] Palmer und Varner argumentieren in ähnlicher Weise, indem sie betonen: „[t]here is little research to date on the impact of globalisation on corporate governance, particularily the internationalisation of the board of directors of international/global companies.”[489] Diese Kritik spiegelt sich zum einen in der Facettenhaftigkeit der hier beschriebenen Studien wider und gibt zum anderen Anlass dazu, die Aspekte der Internationalisierung von Boards und der daraus resultierenden Folgen für die Unternehmen im Rahmen dieser Arbeit vertiefend zu thematisieren, um einen weiterführenden Beitrag zur Schliessung dieser Forschungslücke zu leisten.

Die Analyse der im Abschnitt 3.1 vorgestellten Untersuchungen zeigt, dass diese zumeist deskriptiver Natur sind, was Schmid und Kretschmer im Rahmen ihres Literaturüberblicks ebenfalls konstatieren.[490] Diese Feststellung gilt insbesondere für die von Beratungsunternehmen durchgeführten Erhebungen, die meist ohne wissenschaftlichen Anspruch bleiben. Somit können zwar für zahlreiche Länder fundierte Aussagen hinsichtlich des Internationalisierungsgrades von Boards auf Basis des Differenzierungsmerkmals Nationalität getroffen werden, jedoch lassen sich keine Rückschlüsse hinsichtlich der Folgen und Bestimmungsfaktoren solcher personeller Strukturen in Bezug auf die Unternehmensinternationalisierung bzw. den Unternehmenserfolg ziehen. Bezüglich der Publikation von Staples ist kritisch anzumerken, dass dieser in seinem Aufsatz von einer Globalisierung der Boards spricht, vielmehr aber die internationale Besetzung dieser meint. Eine Globalisierung des Organs geht weit über eine internationale Zusammensetzung hinaus und wird u.U. auch der Internationalität eines Unternehmens nicht gerecht. Insofern ist die Begriffswahl nicht trennscharf. Seine Analyse aus dem Jahre 2008 verdeutlicht die Entwicklung zu international besetzten Boards. Sie lässt jedoch die Frage hinsichtlich der konkreten Ausgestaltung und deren Folgen unbeantwortet. Trotz eines konkreten Unternehmensbeispiels, das verdeutlicht, dass internationale Boards nicht unbedingt interkulturell ausgestaltet sind, geht Staples nicht auf den Faktor Kultur ein.

How et al. ziehen in ihrer auf australische Unternehmen beschränkten Studie zur Erfassung der Internationalität im Board die internationale Erfahrung der unabhängigen externen Direktoren heran. Sie überprüfen wechselseitig die Beziehung zwischen dieser und der Internationalisierung des Unternehmens, um das Problem der bi-direktionalen Kausalität zu lösen.[491] Die Autoren berück-

[488] Staples (2008), S. 32.
[489] Palmer/ Varner (2007), S. 2.
[490] Vgl. Schmid/ Kretschmer (2005), S. 2.
[491] Vgl. How et al. (2002), S. 1.

sichtigen keine zeitliche Distanz zwischen der Ermittlung der Internationalitätsdimension hinsichtlich der Board-Zusammensetzung und der Messung des Internationalisierungsgrades. Da sie selbst auf einen inkrementellen Prozess der Internationalisierung verweisen, verwundert die Nicht-Berücksichtigung dieses einfachen Ansatzes zur Thematisierung des Kausalproblems. Ferner integrieren die Autoren mit 61 Unternehmen eine relativ kleine Anzahl an rein nationalen Untersuchungseinheiten in die Berechnungen. Der Nationalitäts- und Kulturaspekt im Hinblick auf die Board-Zusammensetzung sowie eine Mehr-Länderbetrachtung bleiben demnach in dieser Untersuchung unberücksichtigt. Die Studie von Carpenter, Pollock und Leary wiederum, die den Internationalisierungsgrad der Unternehmen als abhängige Variable erfassen, ziehen als Internationalitätsausprägung hinsichtlich des Boards die internationale Erfahrung bzw. die internationale Ausbildung heran. Auch in diesem Fall wird die Nationalität als Einflussfaktor nicht berücksichtigt. Caligiuri, Lazarova und Zehetbauer berücksichtigen zwar über den Anteil ausländischer Board-Mitglieder an allen Board-Mitgliedern die Nationalität, bilden jedoch durch die Anwendung der Korrelationsanalyse nur isolierte Zusammenhänge zu einzelnen Internationalisierungsindikatoren ab und verzichten auf eine Heterogenitätsbetrachtung. Schmid und Kretschmer vergleichen die für Vorstand und Aufsichtsrat berechneten Internationalisierungsindizes mit dem UNCTAD-Index auf Unternehmensebene. Hier wird ein Vergleich für wenige deutsche Unternehmen vorgenommen, der die nationale Ebene nicht verlässt und Einflussrichtungen nicht berücksichtigt. Schmid und Daniel erweitern die Studie aus dem Jahre 2005, indem sie die DAX-30 Unternehmen analysieren und den Zusammenhang zwischen den organ- und unternehmensspezifischen Internationalisierungsgraden korrelationsanalytisch betrachten. Die Autoren konzentrieren ihre Untersuchung auf die Organe der Spitzenverfassung deutscher Aktiengesellschaften. Die Analyse des unternehmensbezogenen Internationalisierungsgrades beschränken die Autoren auf den Anteil des Auslandsumsatzes am Gesamtumsatz respektive auf den Anteil ausländischer Mitarbeiter an der Gesamtmitarbeiterzahl sowie einer aus diesen Größen gebildeten Maßzahl.

Oxelheim und Randøy untersuchen, ob die Existenz externer angloamerikanischer Board-Mitglieder, operationalisiert als binär kodierte unabhängige Variable, einen Einfluss auf den Unternehmenswert schwedischer und norwegischer Unternehmen hat. Sie fokussieren sich im Rahmen der Analyse somit auf eine bestimmte Gruppe von Direktoren aus den Ländern USA, Großbritannien und Kanada. Die Autoren stellen einen positiven Einfluss angloamerikanischer Board-Mitglieder auf den Unternehmenserfolg fest. Ob dieser auf eine durch angloamerikanische Mandatsträger verstärkte Shareholder Value-Orientierung oder auf einen generellen Ausländereffekt zurückzuführen ist, wird nicht deutlich. Randøy, Thomsen und Oxelheim erweitern diese Analyse, indem sie die

Alters-, Geschlechts- und Nationalitätenstruktur in skandinavischen Boards auf den Unternehmenserfolg in Form des Markt-Buchwert-Verhältnisses bzw. des Return on Assets beziehen. Auch in dieser Untersuchung wird der Fokus auf eine bestimmte, kulturell homogene Ländergruppe, bestehend aus den skandinavischen Ländern Schweden, Norwegen und Dänemark, gelegt.

Bloodgood, Sapienza und Almeida, die sowohl den Internationalisierungsrad der Unternehmen, als auch Erfolgsgrößen als abhängige Variablen in die Untersuchung einbeziehen, fokussieren sich auf die internationale Erfahrung bzw. die internationale Ausbildung der Board-Mitglieder als unabhängige Variablen. Somit wird auch in dieser Untersuchung nicht auf den Faktor Nationalität als Erklärungsvariable eingegangen. Die der Entrepreneurshipforschung zuzuordnende Studie umfasst als Untersuchungseinheiten junge Unternehmen und deren anfängliches Internationalisierungsverhalten. In diesem Kontext ist bezüglich der Interpretation der Ergebnisse darauf hinzuweisen, dass diese Gruppe von Unternehmen z.T. andere Charakteristika aufweist als die traditionelle Internationale Unternehmung.[492]

Die Untersuchung von Randøy und Nielsen integriert zwar die ausländischen Board-Mitglieder als binär kodierte unabhängige Variable in die Analyse, bezieht diese jedoch auf die Vergütung des CEO. Oxelheim und Randøy greifen diesen Ansatz auf, beschränken den Untersuchungsansatz aber auf die Betrachtung des Vorhandenseins angloamerikanischer Board-Mitglieder. Der Ausländeraspekt bleibt hinsichtlich der Board-Besetzung unberücksichtigt. Beide Studien fokussieren sich ausschließlich auf skandinavische Staaten. Die Untersuchung von Ruigrok, Peck und Tacheva liefert interessante Ergebnisse zum Ausländer- und Frauenanteil in Schweizer Verwaltungsräten. Die Autoren betrachten jedoch Nationalität und Geschlecht als abhängige Variable. Auch Owatscharov berücksichtigt zwar die personelle Internationalisierung des Aufsichtsrates, den Internationalisierungsgrad der Unternehmen und den Unternehmenserfolg untersucht der Autor jedoch vor allem in Bezug auf die Anteilseignerstrukturen. Tacheva integriert die Diversität des Boards in ihre Analyse. Diese fungiert allerdings als Prädiktor für die Zusammensetzung des Top Managements und wird nicht im Hinblick auf die Unternehmensinternationalisierung oder den Unternehmenserfolg untersucht.

Im Zuge der kritischen Reflexion des aktuellen Forschungsstandes geht es nicht um eine Fundamentalkritik der Forschungsansätze, vielmehr liefern alle vorgestellten Studien vor dem Hintergrund der jeweiligen individuellen Forschungszielsetzung aufschlussreiche Ergebnisse für den nur

[492] Vgl. Bloodgood/ Sapienza/ Almeida (1996), S. 61 f.

mäßig bearbeiteten Forschungsgegenstand der Board-Internationalisierung. Jedoch thematisieren nur wenige Studien die Herkunft der einzelnen Direktoren. Somit lassen sich nur schwer Rückschlüsse auf den Einfluss des Faktors Kultur hinsichtlich der Besetzungsentscheidung ziehen. Es zeigt sich, dass keine der angeführten Studien trotz eines z.T. länderübergreifenden Untersuchungsdesigns die Bedeutung des Faktors Kultur, der aus Sicht des Autors auf einer Metaebene über Nationalität und Erfahrung anzuordnen ist, aufgreift. Wie theoretisch gezeigt werden konnte, bestimmen Kultur und Nationalität beide das Erfahrungserleben von Personen.[493] Insofern erscheint es verwunderlich, warum in der wissenschaftliche Literatur besonders auf die internationale Erfahrung der jeweiligen Personen abgestellt wird. In diesem Zusammenhang konstatieren Hambrick et al.: „[h]owever, in noting that individuals may have psychological characteristics that deviate from the central tendencies of their nationalities, we do not mean to imply that nationality imprinting is easily erased. It will be the rare person who does not possess considerable traces of nationality in his or her psychological make-up behaviour."[494] Zwar wird stellenweise auf die bedeutsame Rolle kulturell divers gestalteter Boards verwiesen, i.d.R. geht die Analyse jedoch nicht über einen Hinweis hinaus.

Owtscharov merkt an, dass mit nur wenigen Ausnahmen das Konstrukt Nationalität als Kennzahl der Board-Zusammensetzung in der wissenschaftlichen Literatur nur wenig Beachtung gefunden habe.[495] Die Nationalität selbst wird zwar, im Gegensatz zum kulturellen Aspekt, zur Darstellung der Internationalisierungsausprägung von Boards genutzt, aber meist als Verhältnisgröße abgebildet und nicht als Heterogenitätsmaß, das auch die Streuung bzw. die Vielfalt der vertretenen Nationalitäten und Kulturen erfasst, modelliert. Zahlreiche Untersuchungen beschränken sich auf die Betrachtung der internationalen Erfahrung im Top Management bzw. im Board. Dies ist verwunderlich, da nach Heijltjes, Olie und Glunk „the most important key feature of a stateless company would be the nationality of people employed by the company, particularly those who run and control it."[496]

Die Analyse der Board-Zusammensetzung in Anlehnung an den Upper Echelons-Ansatz ist nach Tacheva ein unberührtes Forschungsfeld. Die Autorin ermittelt in der Analyse des gegenwärtigen

493 Vgl. den Hinweis zum Einfluss der Faktoren Kultur und Nationalität auf das Erfahrungserleben von Personen in Kapitel 2.

494 Hambrick et al. (1998), S. 184.

495 Vgl. Owtscharov (2007), S. 136. Owtscharov verweist an dieser Stelle auf die Arbeiten von Elron (1997), Heijltjes, Olie und Glunk (2003) sowie Ruigrok, van der Linde und Peck (2001), die sich mit Ausnahme des letztgenannten Arbeitspapiers nicht mit der Zusammensetzung des Boards, sondern vielmehr mit der des Top Managements auseinandersetzen. Das Arbeitspapier von Ruigrok, Peck und van der Linde steht leider trotz mehrfacher Anfrage durch den Autor der vorliegenden Arbeit nicht zur Verfügung.

496 Heijltjes/ Olie/ Glunk (2003), S. 95.

Forschungsstandes lediglich zwei Studien, die den Board als Analyseeinheit betrachten.[497] Nur wenige der betrachteten Studien sind im Hinblick auf die Untersuchungsobjekte wirklich international, d.h. länder- bzw. kulturkreisübergreifend, da meist nur ein Land oder einige wenige kulturverwandte Länder analysiert werden. Diesen Aspekt greifen Ruigrok, Peck und Tacheva auf und betonen, dass ihre Ergebnisse aufgrund einer Ermangelung zusätzlicher Forschungsergebnisse zum Themenkreis Nationalität bzw. Internationalisierung von Boards aus anderen Ländern international nur schwer vergleichbar seien.[498] Auch Staples greift diesen Hinweis auf: „[t]here are studies within the business management literature that focus on such things as the age of the board members, their previous experience and connections, the size of the board, and so on, but this literature is narrowly focused on how board composition and behavior affect firm function and profitability, and only a few studies have considered the multinational composition of the board as a variable [...] and so far has not considered the nationalities of these directors".[499]

Die bisherigen Studien betrachten die Thematik zumeist vor dem Hintergrund des angloamerikanisch geprägten Shareholder Value-Denkens. Dies kommt entweder darin zum Ausdruck, dass die Untersuchungseinheiten vollständig aus angloamerikanischen Ländern stammen oder die besondere Bedeutung von Direktoren aus diesen Staaten betrachtet wird. Randøy, Thomsen und Oxelheim erheben in diesem Kontext die Forderung, dass die durch die bisherige Auswahl der Untersuchungseinheiten stark Shareholder Value dominierte Forschung durch Stakeholder-orientierte Länder ergänzt werden sollte.[500] Ferner wurden bis dato bestimmte Corporate Governance-Institutionen, wie z.B. der österreichische und der deutsche Aufsichtsrat, nur selten unter dem Aspekt der Board-Internationalisierung betrachtet.[501]

Aus methodischen Gesichtspunkten heraus ist darauf hinzuweisen, dass die Auswirkungen von aus unterschiedlichen Nationalitäten und Kulturkreisen zusammengesetzten Boards auf spezifische Unternehmenscharakteristika, wie sie z.B. in Form des Internationalisierungsgrades oder von Unternehmenserfolgsmaßen zum Ausdruck kommen, nur unzureichend betrachtet wurden. Dies gilt auch für die externen Einflussfaktoren einer heterogenen Besetzung.[502] Jene wenigen Studien, die den Zusammenhang zwischen Internationalisierungsausprägungen des Board auf der einen und der

[497] Vgl. Tacheva (2007), S. 37.
[498] Vgl. Ruigrok/ Peck/ Tacheva (2007), S. 555.
[499] Vgl. Staples (2008), S. 33.
[500] Vgl. Randøy/ Thomsen/ Oxelheim (2006), S. 3.
[501] Vgl. Schmid/ Kretschmer (2005), S. 2.
[502] Vgl. Tacheva (2007), S. 24; vgl. Keller (2003), S. 37.

Unternehmensinternationalisierung sowie dem Unternehmenserfolg auf der anderen Seite betrachten, ziehen zumeist die internationale Erfahrung bzw. die internationale Ausbildung der Board-Mitglieder als Einflussfaktor heran. Abschließend muss noch darauf hingewiesen werden, dass keine der betrachteten Studien den Einfluss von Faktoren aus der Makroumwelt der Unternehmen im Hinblick auf die konkrete nationale bzw. kulturelle Zusammensetzung bzw. Herkunft der Direktoren in die Analyse integriert. Darüber hinaus liegen nur wenige induktive Studien mit einer größeren Anzahl an Untersuchungseinheiten vor.

Im folgenden Kapitel wird ein Untersuchungsmodell entwickelt. Die mit dem Untersuchungsansatz verbundenen Fragestellungen und die wiederum mit diesen assoziierten Hypothesen werden im Anschluss abgeleitet. Der hier entwickelte Forschungsansatz leistet einen Beitrag zur Schließung der herausgearbeiteten Forschungslücken.

4 Modellentwicklung und Hypothesengenerierung zur Analyse der internationalen und interkulturellen Board-Zusammensetzung

Das im Rahmen dieser Arbeit entwickelte Untersuchungsmodell greift die theoretisch-konzeptionellen Überlegungen und die herausgearbeiteten Forschungslücken auf. Abbildung 33 bildet das Untersuchungsmodell graphisch ab.

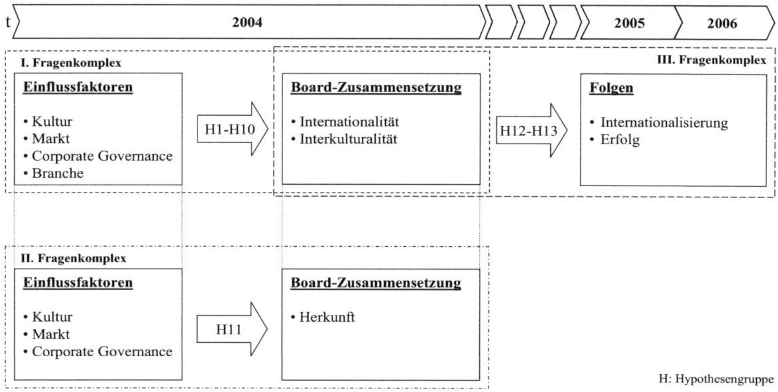

Abbildung 33: Untersuchungsmodell
Quelle: Eigene Darstellung.

Im Zentrum der Analyse steht der Board. Dieser wird im Kontext der Upper Echelons-Forschung, die sich bisher auf die Betrachtung des Top Management konzentriert, analysiert.[503] Der Upper Echelons-Forschungsansatz ist anwendbar, da der Board neben dem Top Management Bestandteil eines umfassenden Führungsteams ist.[504] Die Methodik und die grundlegenden Erkenntnisse der Top Management Team-Forschung werden für die Analyse der Board-Zusammensetzung genutzt. Die Abgrenzung des Untersuchungsgegenstandes fällt in Bezug auf den Board leichter, da es sich bei Boards um institutionalisierte Organe der Spitzenverfassung handelt. Der Begriff des Top Management Teams hingegen ist, mit Ausnahme des Vorstandes deutscher und österreichischer Aktiengesellschaften, in der Literatur nicht immer eindeutig definiert.[505]

Das Untersuchungsmodell umfasst drei zentrale Fragestellungen. Diese thematisieren die internationale bzw. interkulturelle Zusammensetzung des Boards und die Herkunft der Board-Mitglieder

[503] Vgl. Carpenter/ Geletkanycz/ Sanders (2004), S. 768 ff.
[504] Vgl. Tacheva (2007), S. 24; vgl. Finkelstein/ Hambrick (1996), S. 209 ff.; vgl. Pettigrew (1992), S. 163.
[505] Vgl. Tasler (2001), S. 10 ff.

unter Berücksichtigung zentraler Einflussfaktoren der Unternehmensumwelt. Ferner werden die Folgen einer derartigen Zusammensetzung für die Unternehmensinternationalisierung und den Unternehmenserfolg betrachtet. Den drei Fragekomplexen sind jeweils Hypothesen zugeordnet, die in diesem Kapitel hergeleitet werden.

Gruppenentscheidungen wirken sich erst mit einer gewissen zeitlichen Verzögerung aus. Daher wurde die Zusammensetzung der Boards im Jahre 2004 betrachtet und der Internationalisierungsgrad und der Unternehmenserfolg, als Durchschnittswerte für die Jahre 2005 und 2006 berechnet.[506] Der relativ kurze Zeitraum nach der Erfassung der Board-Zusammensetzung soll einen Bezug der 2004er Boards zur Internationalisierung des Unternehmens und dem Unternehmenserfolg gewährleisten. So können die möglichen Folgen der Board-Zusammensetzung in Bezug auf die Unternehmensinternationalisierung und den Unternehmenserfolg sinnvoll abgebildet werden. Durch die Bildung von Durchschnittsgrößen für die Maße der Internationalisierung und des Erfolgs können Schwankungen ausgeglichen werden. Ferner haben Folgen von Entscheidungen kurzfristigen und langfristigen Charakter. Auch diesem Sachverhalt wurde so Rechnung getragen.

Zur Erfassung der Vielschichtigkeit der Unternehmensinternationalisierung wird auf eine mehrdimensionale Kennzahl abgestellt, die sowohl ergebnisorientierte als auch strukturelle und einstellungsbezogene Dimensionen umfasst. Der Unternehmenserfolg wird durch zwei Kennzahlen gemessen.[507] Dabei handelt es sich zum einen um ein bilanzorientiertes und zum anderen um ein kapitalmarktorientiertes Erfolgsmaß.[508] Beide Maße des Unternehmenserfolgs werden in der empirischen Forschung häufig angewandt.[509] Durch die Wahl zweier Erfolgskennzahlen als jeweils abhängige Variable kann sowohl die Bilanzsicht als auch das Shareholder Value-Konzept in die Untersuchung integriert werden.[510] Demnach wird der Unternehmenserfolg sowohl aus einer stärker internen, vergangenheitsorientierten bzw. gegenwärtigen Perspektive (Bilanzkennzahl) als auch das zukünftige Erfolgspotential (Marktkennzahl) betrachtet.[511] Eine detaillierte Darstellung der Datenbasis und die Operationalisierung der Modellkomponenten erfolgt in den Abschnitten 5.1 und 5.2.

---

506 Vgl. Black (1997), S. 59.
507 Vgl. Orlitzky/ Schmidt/ Rynes (2003), S. 407 f.
508 Vgl. Kiel/ Nicholson (2003), S. 196.
509 Vgl. Glaum/ Oesterle (2007), S. 312; vgl. Orlitzky/ Schmidt/ Rynes (2003), S. 428 ff.; vgl. Wagner (2001), S. 35, S. 144 ff.
510 Vgl. Seger (1997), S. 177.
511 Vgl. Kiel/ Nicholson (2003), S. 196 f.; vgl. Daily/ Certo/ Dalton (2000), S. 519; vgl. Keats/ Hitt (1988), S. 576.

Die Fragenkomplexe I. bis III. und die damit assoziierten Hypothesen werden im Folgenden ausführlich erläutert bzw. hergeleitet. Zunächst wird die internationale bzw. interkulturelle Zusammensetzung der Boards betrachtet (I.). Daran schließt sich die Auseinandersetzung mit der Herkunft der ausländischen Direktoren an (II.). Dies beinhaltet auch die Analyse zentraler Faktoren der Unternehmensumwelt, die die Board-Zusammensetzung bzw. die Herkunft der ausländischen Direktoren beeinflussen. Abschließend erfolgt die Darstellung möglicher Konsequenzen international bzw. interkulturell besetzter Boards im Hinblick auf die Unternehmensinternationalisierung und den Unternehmenserfolg (III.). Dieser dritte Fragenkomplex stellt den zentralen Gegenstand der empirischen Analyse dar. In den weiteren Ausführungen sind die jeweiligen Fragenkomplexe in den Abbildungen jeweils durch eine entsprechende Markierung hervorgehoben.

I. Fragenkomplex: Wie sind die Boards in den gewählten Untersuchungsländern auf Mandatsebene national und kulturell zusammengesetzt? Welche Faktoren beeinflussen diese Zusammensetzung (Hypothesengruppen H1-H10)?

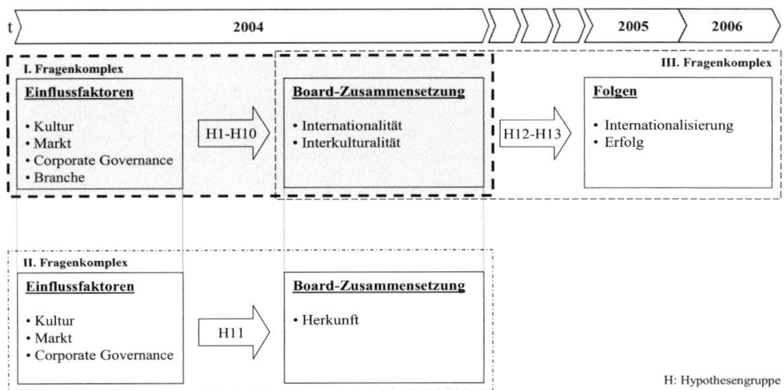

Abbildung 34: I. Fragenkomplex
Quelle: Eigene Darstellung.

Zur Beantwortung des in Abbildung 34 dargestellten ersten Fragenkomplexes wird die internationale und interkulturelle Zusammensetzung der Boards anhand von vier Maßen der Internationalität bzw. Interkulturalität abgebildet. Diese Maße werden in den folgenden Ausführungen als INIK-Maße bezeichnet. Für beide Kategorien der Board-Zusammensetzung werden jeweils ein Verhältnismaß und ein Heterogenitätsmaß angegeben. Diese vier Größen umfassen den Ausländeranteil in den Boards, die Heterogenität der Nationalitäten, den Anteil der Mandatsträger, die aus anderen Kulturclustern stammen und die kulturelle Heterogenität. Während die ersten beiden Größen auf die Nationalität der Board-Mitglieder abstellen, fokussieren sich die letzten beiden Maße auf den Kulturaspekt. Die Werte für die INIK-Maße werden auf der Stichprobenebene, der Länder- und Kulturcluster- und der Branchenebene angegeben.

Wie bereits dargelegt, stellen Unternehmen aus Sicht der Kontingenz- und der Resource Dependence-Theorie offene Systeme dar, die mit ihrer Umwelt interagieren.[512] Diese Umwelt ist insbesondere vor dem Hintergrund der fortschreitenden Globalisierung zunehmend dynamisch, komplex und instabil.[513] Sherman, Kashlak und Joshi sowie Owtscharov verweisen auf Finkelsteins und Hambricks Board-Modell, das Faktoren, die die Zusammensetzung und Strukturen von Boards beeinflussen können, in Form von „Contextual Conditions" explizit berücksichtigt.[514] Diese Einflussfaktoren kommen in Form von unterschiedlichen kulturellen Werten und Institutionen sowie den durch diese determinierten Umfeldbedingungen zum Ausdruck.[515] Dazu zählen z.B. der Arbeitsmarkt oder die Organisation der Spitzenverfassung. Diese Gesichtspunkte werden im Untersuchungsdesign aufgegriffen, indem die Aspekte Kultur, Markt und Corporate Governance sowie die Branchen im Rahmen Analyse der internationalen und interkulturellen Board-Zusammensetzung als Einflussgrößen berücksichtigt werden.

Betrachtet man den Kulturaspekt als Segmentierungsvariable, so müssten sich die Werte der INIK-Maße zwischen den kulturellen Ländergruppen signifikant unterscheiden. Innerhalb einer kulturellen Ländergruppe hingegen dürften keine signifikanten Unterschiede zwischen den Ländern feststellbar sein. Diese Überlegungen gehen auf die Culture-Bound-These und das allgemeine Segmentierungsprinzip, nach dem Gruppen zueinander heterogen und in sich homogen strukturiert sein müssen, zurück.[516] Diesbezüglich formulieren Ronen und Shenkar: "Assuming that there is sufficient justification for treating cultures as distinct entities, and assuming also that nations can be operationalized as practical proxies for these entities, one line of research has attempted to establish clusters of countries based on their relative similarity according to relevant organizational variables."[517] Diese Ähnlichkeiten beziehen sich auf arbeitsbezogene Einstellungen, Werte und Ziele.[518] Diese Überlegungen führen zur Hypothesengruppe H1 und H2.

---

[512] Vgl. Kieser/ Walgenbach (2007), S. 43 ff., S. 205 ff. vgl. Macharzina/ Wolf (2005), S. 71 f., S. 74 ff.; vgl. Kreikebaum/ Gilbert/ Reinhardt (2002), S. 22 ff.

[513] Vgl. Tacheva (2007), S. 69.

[514] Vgl. Owtscharov (2007), S. 47; vgl. Tacheva (2007), S. 27; vgl. Sherman/ Kashlak/ Joshi (1998), S. 311; Finkelstein/ Hambrick (1996), S. 211.

[515] Vgl. Glunk/ Heijltjes/ Olie (2001), S. 292.

[516] Vgl. Kutschker/ Schmid (2008), S. 805, S. 977; vgl. Backhaus et al. (2006), S. 12; vgl. Burr et al. (2005), S. 273; vgl. Perlitz (2004), S. 267; vgl. Scherm/ Süß (2002), S. 847; vgl. Ronen/ Shenkar (1985), S. 435.

[517] Ronen/ Shenkar (1985), S. 435.

[518] Vgl. Ronen/ Shenkar (1985), S. 435.

Hypothesen bezogen auf den Einflussfaktor Kultur (Hypothesengruppe H1-H2):

H1a: Die Kulturcluster unterscheiden sich hinsichtlich des Ausländeranteils im Board signifikant.

H1b: Die Kulturcluster unterscheiden sich hinsichtlich des Ausmaßes der Heterogenität der Nationalitäten im Board signifikant.

H1c: Die Kulturcluster unterscheiden sich hinsichtlich des Anteils an Direktoren im Board, die aus anderen Kulturkreisen stammen, signifikant.

H1d: Die Kulturcluster unterscheiden sich hinsichtlich des Ausmaßes der kulturellen Heterogenität im Board signifikant.

H2a: Die Länder eines Kulturclusters unterscheiden sich hinsichtlich des Ausländeranteils im Board nicht signifikant.

H2b: Die Länder eines Kulturclusters unterscheiden sich hinsichtlich des Ausmaßes der Heterogenität der Nationalitäten im Board nicht signifikant.

H2c: Die Länder eines Kulturclusters unterscheiden sich hinsichtlich des Anteils an Direktoren im Board, die aus anderen Kulturkreisen stammen, nicht signifikant.

H2d: Die Länder eines Kulturclusters unterscheiden sich hinsichtlich des Ausmaßes der kulturellen Heterogenität im Board nicht signifikant.

Kulturelle Unterschiede prägen das verhaltensrelevante Perzeptions- und Apperzeptionsverhalten von Menschen.[519] Je nach kulturellem Hintergrund werden Personen und Situationen unterschiedlich wahrgenommen und interpretiert.[520] Inländische Board-Mitglieder beurteilen demnach die ausländischen Kollegen immer auf Basis ihrer eigenen kulturellen Prägung. Zur Analyse des Einflusses des Faktors Kultur auf die Internationalität bzw. Interkulturalität von Boards werden die vier originären Kulturdimensionen von Hofstede herangezogen. Zwar setzt sich Hofstede nicht direkt mit der Zusammensetzung von Boards auseinander, er untersucht jedoch die Auswirkungen der Kulturdimensionen auf die Arbeitswerte bzw. die Einstellung zur Arbeit. Hofstede stellte bezogen auf den Arbeitsalltag die Frage nach der Akzeptanz ausländischer Manager durch die Mitarbeiter: „How do you feel or think you would feel about working for a manager who is from a country other than your own?“[521]. Diesbezüglich zeigt sich in Hofstedes Untersuchung ein differierendes Antwortverhalten. In Bezug zur Unsicherheitsvermeidung, lässt sich konstatieren, dass Kulturen mit einem niedrigen Unsicherheitsvermeidungsindex, eher offen für ausländische Manager sind, wäh-

---

519 Vgl. Smith/ Bond/ Kâğıtçıbaşı (2006), S. 127; vgl. Kirkman/ Shapiro (2005), S. 40 f.; vgl. Ferdman (1995), S. 37 ff.; vgl. Triandis (1995), S. 12 f.

520 Vgl. Smith/ Bond/ Kâğıtçıbaşı (2006), S. 150 ff.; vgl. Brehm/ Kassin/ Fein (2005), S. 67 ff., S. 102, S. 137, S. 210; vgl. Matsumoto (2001), S. 41.

521 Hofstede (2001a), S. 471.

rend solche, die einen eher höheren Wert aufweisen, diesen eher ablehnend gegenüberstehen.[522] Im Grundlagenteil konnte aufgezeigt werden, dass die Kulturdimensionen einen Einfluss auf die Arbeit kulturell heterogen besetzter Gruppen haben. Diese beiden Erkenntnisse werden auf die Fragestellung der hier vorliegenden Untersuchung übertragen. Bezogen auf die drei von Hofstede nicht auf die Akzeptanz von ausländischen Managern bezogenen Kulturdimensionen lassen sich jedoch nur implizite Rückschlüsse auf den jeweils zu erwartenden Einfluss hinsichtlich der internationalen bzw. interkulturellen Besetzung ziehen. Bochner und Hesketh ermitteln im Rahmen der Untersuchung von In-Group-Out-Group-Verhalten in einer australischen Bank, dass in Abhängigkeit der Ausprägungen der Konstrukte Machtdistanz und Individualismus/Kollektivismus unterschiedliche Einschätzungen bezüglich der Zusammenarbeit mit ausländischen Mitarbeitern vorliegen. Demnach wird eine hohe Machtdistanz und Kollektivismus tendenziell stärker mit einer geringeren Offenheit gegenüber ausländischen Vorgesetzten assoziiert.[523] Nach Hofstede zeichnen sich feminine Kulturen in der Arbeitswelt durch weniger dominantes, intuitives, stark konsensorientiert und kooperatives Verhalten aus.[524] Daraus lässt sich für die hier thematisierte Fragestellung folgern, dass feminine Kulturen offener gegenüber ausländischen Managern und damit auch gegenüber ausländischen Board-Mitgliedern sind. Auf diesen Überlegungen aufbauend ergibt sich eine weitere Hypothesengruppe H3, die den Einfluss der Hofstedeschen Kulturdimensionen auf die Board-Zusammensetzung thematisiert.

Hypothesen bezogen auf den Einflussfaktor Kultur (Hypothesengruppe H3):

H3aa: *Zwischen dem Ausländeranteil im Board und dem Unsicherheitsvermeidungsindex nach Hofstede besteht ein signifikant negativer Zusammenhang.*

H3ba: *Zwischen dem Ausmaß der Heterogenität der Nationalitäten im Board und dem Unsicherheitsvermeidungsindex nach Hofstede besteht ein signifikant negativer Zusammenhang.*

H3ca: *Zwischen dem Anteil an Direktoren im Board, die aus anderen Kulturkreisen stammen, und dem Unsicherheitsvermeidungsindex nach Hofstede besteht ein signifikant negativer Zusammenhang.*

H3da: *Zwischen dem Ausmaß der kulturellen Heterogenität im Board und dem Unsicherheitsvermeidungsindex nach Hofstede besteht ein signifikant negativer Zusammenhang.*

H3ab: *Zwischen dem Ausländeranteil im Board und dem Machtdistanzindex nach Hofstede besteht ein signifikant negativer Zusammenhang.*

---

522 Vgl. Hofstede (2001a), S. 160.
523 Vgl. Bochner/ Hesketh (1994), S. 248.
524 Vgl. Hofstede (2001a), S. 313.

H3bb: *Zwischen dem Ausmaß der Heterogenität der Nationalitäten im Board und dem Machtdistanzindex nach Hofstede besteht ein signifikant negativer Zusammenhang.*

H3cb: *Zwischen dem Anteil an Direktoren im Board, die aus anderen Kulturkreisen stammen, und dem Machtdistanzindex nach Hofstede besteht ein signifikant negativer Zusammenhang.*

H3db: *Zwischen dem Ausmaß der kulturellen Heterogenität im Board und dem Machtdistanzindex nach Hofstede besteht ein signifikant negativer Zusammenhang.*

H3ac: *Zwischen dem Ausländeranteil im Board und dem Individualismusindex nach Hofstede besteht ein signifikant positiver Zusammenhang.*

H3bc: *Zwischen dem Ausmaß der Heterogenität der Nationalitäten im Board und dem Individualismusindex nach Hofstede besteht ein signifikant positiver Zusammenhang.*

H3cc: *Zwischen dem Anteil an Direktoren im Board, die aus anderen Kulturkreisen stammen, und dem Individualismusindex nach Hofstede besteht ein signifikant positiver Zusammenhang.*

H3dc: *Zwischen dem Ausmaß der kulturellen Heterogenität im Board und dem Individualismusindex nach Hofstede besteht ein signifikant positiver Zusammenhang.*

H3ad: *Zwischen dem Ausländeranteil im Board und dem Maskulinitätsindex nach Hofstede besteht ein signifikant negativer Zusammenhang.*

H3bd: *Zwischen dem Ausmaß der Heterogenität der Nationalitäten im Board und dem Maskulinitätsindex nach Hofstede besteht ein signifikant negativer Zusammenhang.*

H3cd: *Zwischen dem Anteil an Direktoren im Board, die aus anderen Kulturkreisen stammen, und dem Maskulinitätsindex nach Hofstede besteht ein signifikant negativer Zusammenhang.*

H3dd: *Zwischen dem Ausmaß der kulturellen Heterogenität im Board und dem Maskulinitätsindex nach Hofstede besteht ein signifikant negativer Zusammenhang.*

Betrachtet man den Markt als die zweite Einflussgröße, so weist diese unterschiedliche Ausprägungen auf. Zum einen kann zunächst auf die Größe einer Volkswirtschaft und deren Abhängigkeit vom internationalen Geschäft abgestellt werden.[525] Diese determiniert für die Unternehmen eine Wachstumsgrenze.[526] Die Marktsättigungsgrenze der Inlandsmärkte ist u.a. abhängig von der Größe der Volkswirtschaft. Unternehmen, die auf kleinen Heimatmärkten tätig sind, stoßen demnach schneller an diese Wachstumsgrenze. Daher sind mit der entsprechenden Marktkenntnis ausgestattete Mandatsträger, die den unternehmensspezifischen Internationalisierungsprozess begleiten bzw.

[525] Vgl. Rieker/ Wirth (1996), S. 248.

[526] Vgl. Cavusgil/ Knight/ Riesenberger (2008), S. 16; vgl. Haas (2006a), S. 581; vgl. Caligiuri/ Lazarova/ Zehetbauer (2004), S. 848; vgl. UNCTAD (1995), S. 25.

anstoßen können, hier stärker nachgefragt. Diese Überlegung leitet sich aus den verhaltenswissenschaftlichen Internationalisierungstheorien bzw. den ressourcenorientierten Ansätzen ab.[527]

Unternehmen, die auf großen Heimatmärkten tätig sind, internationalisieren meist später.[528] Auch der Markt für Direktoren eines Landes kann als ein Faktor, der die Internationalität bzw. Interkulturalität des Unternehmensorgans beeinflusst, herangezogen werden.[529] So finden sich in Studien, die sich mit der Besetzung des Top Managements auseinandersetzen, neben dem Kulturaspekt Verweise auf die große Bedeutung des Arbeitsmarktes als Einflussgröße.[530] Die Menge der für ein Board-Mandat in Frage kommenden Personen steigt mit der Größe des Marktes für Direktoren. Daher ist die Notwendigkeit, auf geeignete Kandidaten aus dem Ausland zurückzugreifen, bei kleinen Ländern aller Voraussicht nach größer.[531] Einschränkend sei an dieser Stelle erwähnt, dass kleinere Länder i.d.R. auch eine geringere Anzahl von Aktiengesellschaften aufweisen, so dass dies die Bedeutung des Marktes für Direktoren etwas abschwächen dürfte. Demnach erscheint es sinnvoll, den Markt für Direktoren hinsichtlich der Anzahl gelisteter Aktiengesellschaften zu normieren. Betrachtet man exemplarisch die Schweiz und die Vereinigten Staaten, so wird deutlich, dass die Marktgröße zwischen den Untersuchungsländern divergiert. Schon bei der Eruierung der Grundgesamtheit ist aufgefallen, dass in kleineren Ländern absolut betrachtet weniger börsennotierte und international agierende Unternehmen existieren. Unternehmen aus kleinen Staaten sind gezwungen, schon sehr früh eine Internationalisierungsstrategie zu verfolgen. Daher muss die Anzahl großer Unternehmen eines Landes in Relation zur Größe des jeweiligen Heimatmarktes gesetzt werden. Mit zunehmender Bedeutung großer Unternehmen in kleinen Ländern nimmt die Nachfrage nach ausländischen Direktoren zu. Die Suche nach geeigneten Managern und Direktoren findet demnach verstärkt auf internationaler Ebene statt.[532] Aus den vorangegangenen Ausführungen ergeben sich folgende Hypothesen.

<u>Hypothesen bezogen auf den Einflussfaktor Markt (Hypothesengruppe H4-H6):</u>

H4a: Zwischen dem Ausländeranteil im Board und der Größe des Heimatmarktes besteht ein signifikant negativer Zusammenhang.

H4b: Zwischen dem Ausmaß der Heterogenität der Nationalitäten im Board und der Größe des Heimatmarktes besteht ein signifikant negativer Zusammenhang.

---

[527] Vgl. Ruigrok/ Greve (2007), S. 6 f.; vgl. Schmid/ Kretschmer (2005), S. 2; vgl. Caligiuri/ Lazarova/ Zehetbauer (2004), S. 851.
[528] Vgl. Ruigrok/ Greve (2007), S. 6.
[529] Mit Bezug auf das Top Management vgl. Ruigrok/ Greve (2007), S. 6.
[530] Vgl. Olie/ van Iterson (2004), S. 136, S. 146 ff.; vgl. Glunk/Heijltjes/Olie (2001), S. 292.
[531] Vgl. Palmer/ Varner (2007), S. 21 f.
[532] Vgl. Ruigrok/ Greve (2007), S. 4; vgl. Spies (2003), S. 92 ff.; vgl. Witt (2003b), S. 162 f.

H4c: Zwischen dem Anteil an Direktoren im Board, die aus anderen Kulturkreisen stammen, und der Größe des Heimatmarktes besteht ein signifikant negativer Zusammenhang.

H4d: Zwischen dem Ausmaß der kulturellen Heterogenität im Board und der Größe des Heimatmarktes besteht ein signifikant negativer Zusammenhang.

H5a: Zwischen dem Ausländeranteil im Board und der Größe des inländischen Marktes für Direktoren besteht ein signifikant negativer Zusammenhang.

H5b: Zwischen dem Ausmaß der Heterogenität der Nationalitäten im Board und der Größe des inländischen Marktes für Direktoren besteht ein signifikant negativer Zusammenhang.

H5c: Zwischen dem Anteil an Direktoren im Board, die aus anderen Kulturkreisen stammen, und der Größe des inländischen Marktes für Direktoren besteht ein signifikant negativer Zusammenhang.

H5d: Zwischen der kulturellen Heterogenität im Board und der Größe des inländischen Marktes für Direktoren besteht ein signifikant negativer Zusammenhang.

H6a: Zwischen dem Ausländeranteil im Board und der Bedeutung der großen internationalen Unternehmen im Verhältnis zur Größe des Heimatmarktes besteht ein signifikant positiver Zusammenhang.

H6b: Zwischen dem Ausmaß der Heterogenität der Nationalitäten im Board und der Bedeutung der großen internationalen Unternehmen im Verhältnis zur Größe des Heimatmarktes besteht ein signifikant positiver Zusammenhang.

H6c: Zwischen dem Anteil an Direktoren im Board, die aus anderen Kulturkreisen stammen, und der Bedeutung der großen internationalen Unternehmen im Verhältnis zur Größe des Heimatmarktes besteht ein signifikant positiver Zusammenhang.

H6d: Zwischen der kulturellen Heterogenität im Board und der Bedeutung der großen internationalen Unternehmen im Verhältnis zur Größe des Heimatmarktes besteht ein signifikant positiver Zusammenhang.

Die institutionell-rechtlichen Rahmenbedingungen der Corporate Governance stellen einen weiteren für die Board-Besetzung relevanten Einflussfaktor dar.[533] Hierzu zählt zunächst auf einer Metaebene das Corporate Governance-System selbst, das in einem engeren Sinne die Ausgestaltung der Führungs- und Überwachungsstrukturen von Aktiengesellschaften umfasst. Die Entscheidung für das jeweilige System kann zu einem Wettbewerbsfaktor werden.[534] Da das einstufige Corporate Governance-System international am weitesten verbreitet ist, liegt es nahe, dass die Ausgestaltung

[533] Vgl. Olie/ van Iterson (2004), S. 136, S. 140 ff.
[534] Vgl. Clarke (2007), S. 45; vgl. Perlitz/ Seger/ Becker (2006), S. 96; vgl. Strenger (2003), S. 698 f.; vgl. Strenger (2001), S. 165; vgl. von Rosen (2001), S. 286; vgl. Bassen et al. (2000), S. 693.

dieses Systems von ausländischen Direktoren besser verstanden und akzeptiert wird.[535] Somit sind in Ländern mit einem einstufigen System höhere Internationalitäts- bzw. Interkulturalitätswerte hinsichtlich der Board-Besetzung zu vermuten.

Eng mit dem Themengebiet Corporate Governance verknüpft sind die unterschiedlichen Rechtssysteme und -traditionen von Staaten. Diese determinieren den unternehmerischen Agitationsrahmen sowie die Struktur von Führung und Überwachung.[536] Ein Differenzierungsmerkmal in Bezug auf die Rechtsysteme ist der Investorenschutz. Aufgrund eines besseren Schutzes der Investoren bevorzugen ausländische Geldgeber Ländern des Common Law-Systems. Gemäß der Agenturtheorie und des Shareholder Value-Ansatzes entsenden die ausländischen Kapitalgeber zur Überwachung des Managements und zur Wahrung ihrer Interessen ihre Vertreter in den Board.[537] Damit müsste ein entsprechend höherer Anteil ausländischer Vertreter in den Organen einhergehen. Vergleichbare Überlegungen gelten für die Shareholder Value-, Markt- und Outsiderorientierung als klassische Kennzeichen einer Kapitalmarktorientierung.[538]

<u>Hypothesen bezogen auf den Einflussfaktor Corporate Governance (Hypothesengruppe H7-H9):</u>

H7a: Zwischen dem Ausländeranteil im Board und dem einstufigen Corporate Governance-System besteht ein signifikant positiver Zusammenhang.

H7b: Zwischen dem Ausmaß der Heterogenität der Nationalitäten im Board und dem einstufigen Corporate Governance-System besteht ein signifikant positiver Zusammenhang.

H7c: Zwischen dem Anteil an Direktoren im Board, die aus anderen Kulturkreisen stammen, und dem einstufigen Corporate Governance-System besteht ein signifikant positiver Zusammenhang.

H7d: Zwischen dem Ausmaß der kulturellen Heterogenität im Board und dem einstufigen Corporate Governance-System besteht ein signifikant positiver Zusammenhang.

H8a: Zwischen dem Ausländeranteil im Board und dem Common Law-System besteht ein signifikant positiver Zusammenhang.

H8b: Zwischen dem Ausmaß der Heterogenität der Nationalitäten im Board und dem Common Law System besteht ein signifikant positiver Zusammenhang.

H8c: Zwischen dem Anteil an Direktoren im Board, die aus anderen Kulturkreisen stammen, und dem Common Law-System besteht ein signifikant positiver Zusammenhang.

---

535 Vgl. Gerum (2007), S. 27. Gerum weist jedoch darauf hin, dass in den Transformationsländern des ehem. Ostblocks überwiegend das Aufsichtsratsmodell (inkl. Mitbestimmungsbestandteilen) eingeführt worden sei.

536 Vgl. Gerum (2007), S. 33 f.; vgl. Bhagat/ Black (1999), S. 19; vgl. Perlitz (1999), S. 213.

537 Vgl. Gerum (2007), S. 21; vgl. La Porta et al. (1998), S. 1113.

538 Vgl. Perlitz/ Seger/ Becker (2006), S. 14 f.; vgl. Witt (2000), S. 160.

H8d: Zwischen dem Ausmaß der kulturellen Heterogenität im Board und dem Common Law-System besteht ein signifikant positiver Zusammenhang.

H9a: Zwischen dem Ausländeranteil im Board und der Shareholder Value-, Markt- und Outsiderorientierung besteht ein signifikant positiver Zusammenhang.

H9b: Zwischen dem Ausmaß der Heterogenität der Nationalitäten im Board und der Shareholder-Value-, Markt- und Outsiderorientierung besteht ein signifikant positiver Zusammenhang.

H9c: Zwischen dem Anteil an Direktoren im Board, die aus anderen Kulturkreisen stammen, und der Shareholder-Value-, Markt- und Outsiderorientierung besteht ein signifikant positiver Zusammenhang.

H9d: Zwischen dem Ausmaß der kulturellen Heterogenität im Board und der Shareholder-Value-, Markt- und Outsiderorientierung besteht ein signifikant positiver Zusammenhang.

Aufgrund unterschiedlicher Branchencharakteristika ist von divergierenden Internationalisierungsmustern und -graden auszugehen. Die Notwendigkeit, Güter in verschiedenen Ländern differenziert anbieten zu müssen, ist in den Branchen unterschiedlich ausgeprägt.[539] Ebenso variieren die Charakteristika des Managements zwischen den Branchen.[540] Daher ist zu vermuten, dass sich die Internationalität bzw. Interkulturalität in den Boards der Unternehmen innerhalb der Branchen unterscheidet. Somit ergeben sich folgende Hypothesen.

Hypothesen bezogen auf den Einflussfaktor Branche (Hypothesengruppe H10):

H10aa: Die Branchen unterscheiden sich hinsichtlich des Ausländeranteils im Board signifikant.

H10ba: Die Branchen unterscheiden sich hinsichtlich des Ausmaßes der Heterogenität der Nationalitäten im Board signifikant.

H10ca: Die Branchen unterscheiden sich hinsichtlich des Anteils an Direktoren im Board, die aus anderen Kulturkreisen stammen, signifikant.

H10da: Die Branchen unterscheiden sich hinsichtlich des Ausmaßes der kulturellen Heterogenität im Board signifikant.

H10ab: Zwischen dem Ausländeranteil im Board und dem Internationalisierungsgrad der Branche besteht ein signifikant positiver Zusammenhang!

H10bb: Zwischen der Heterogenität der Nationalitäten im Board und dem Internationalisierungsgrad der Branche besteht ein signifikant positiver Zusammenhang.

---

539 Vgl. Kutschker/ Schmid (2008), S. 297 ff.; vgl. Ruigrok/ Greve (2007), S. 7; vgl. Tacheva (2007), S. 47 f., S. 81; vgl. Perlitz (2004), S. 274 ff.; vgl. Porter (1990), S. 53; vgl. Porter (1989b), S. 20 ff.; vgl. Bartlett (1989), S. 428 f.

540 Vgl. Kutschker/ Schmid (2008), S. 677; vgl. Alexander/ Esser (1999), S. 7; vgl. Hambrick/ Mason (1984), S. 197.

H10cb: Zwischen dem Anteil an Direktoren im Board, die aus anderen Kulturkreisen stammen, und dem Internationalisierungsgrad der Branche besteht ein signifikant positiver Zusammenhang!

H10db: Zwischen der kulturellen Heterogenität im Board und dem Internationalisierungsgrad der Branche besteht ein signifikant positiver Zusammenhang!

Abbildung 35 stellt den zweiten Fragenkomplex dar. Dieser setzt sich mit der Herkunft der ausländischen Direktoren und den diese beeinflussenden Faktoren aus der Unternehmensumwelt auseinander.

II. Fragenkomplex: Aus welchen Ländern bzw. Kulturkreisen stammen die ausländischen Direktoren in den Boards? Welche Faktoren beeinflussen die Herkunft eines ausländischen Board-Mitglieds (Hypothesengruppe H11)?

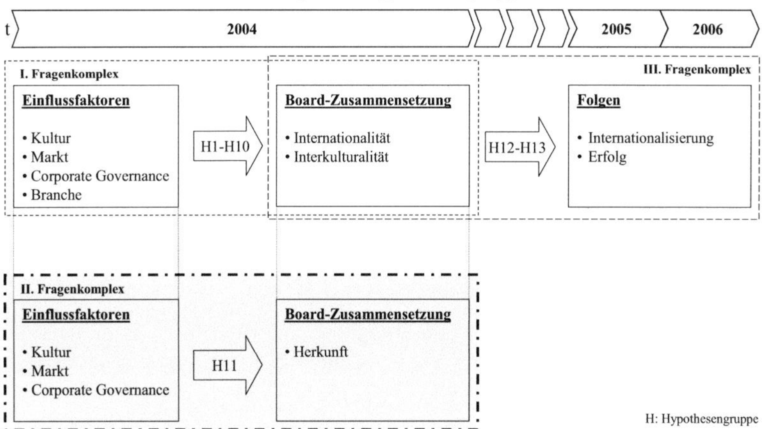

Abbildung 35: II. Fragenkomplex
Quelle: Eigene Darstellung.

Zunächst wird mittels einer univariaten deskriptiven Betrachtung die Herkunft der ausländischen Mandatsträger auf Ebene der Stichprobe, der Kulturcluster und der einzelnen Untersuchungsländer dargestellt. Im Anschluss wird auf Einflussfaktoren aus der Makroumwelt eingegangen, die die Herkunft der ausländischen Mandatsträger beeinflussen können.

Es liegt die Vermutung nahe, dass die Unternehmen bevorzugt ausländische Direktoren aus kulturell bzw. geographisch nahen Ländern in ihre Boards berufen.[541] Diese These leitet sich aus dem Internationalisierungsprozessmodell, den Überlegungen zur Bildung kultureller Ländercluster, dem

[541] Vgl. Kutschker/ Schmid (2008), S. 464 ff.; vgl. Gerum (2007), S. 224; vgl. Palmer/ Varner (2007), S. 22; vgl. Ruigrok/ Greve (2007), S. 7; vgl. Schmid/ Kretschmer (2005), S. 21; vgl. Podsiadlowski (2002a), S. 65; vgl. Leendertse (2000), S. 117; vgl. Johanson/ Vahlne (1977), S. 23.

Ähnlichkeits-Attraktions-Paradigma sowie den bisherigen empirische Erkenntnissen ab. Einer derartigen Besetzungsentscheidung liegt die Zielsetzung zugrunde, die Gefahr suboptimaler Entscheidungsprozesse im Board aufgrund möglicher kultureller Differenzen zwischen den Direktoren zu minimieren.[542] Die Besetzungsentscheidung wäre dann gemäß den Vorstellungen der Kulturisten kulturgebunden. Diese Überlegungen folgen der Aufforderung von Palmer und Varner, die Bedeutung der kulturellen Distanz in weiterführende Analysen zur Internationalität von Boards zu integrieren.[543]

Board-Sitzungen können im Falle einer geringeren geographischen Distanz zwischen Stammsitzland eines Unternehmens und dem Heimatland eines ausländischen Direktors kurzfristig einberufen werden. Ferner kann davon ausgegangen werden, dass die Unternehmen den ausländischen Markt für Direktoren in nah gelegenen Staaten besser kennen.[544] Es ist jedoch anzunehmen, dass die Qualität des Entscheidungsfindungsprozesses im Board sowie die Bedeutsamkeit eines ausländischen Direktors für das Unternehmen und nicht die geographische Nähe im Vordergrund stehen.

In diesem Zusammenhang ist auch das Kommunikationsverhalten zwischen den Direktoren in einem Board von Bedeutung. So fällt im Falle einer gemeinsamen Sprache, also aufgrund fehlender Sprachbarrieren, die Kommunikation der Mandatsträger untereinander leichter, was sich wiederum positiv auf den Entscheidungsfindungsprozess auswirkt.[545] Auch wenn die englische Sprache als Geschäftssprache weltweit sehr verbreitet ist, divergieren die Sprachkenntnisse zwischen einzelnen Ländern und Kulturräumen.[546] Demnach kann vermutet werden, dass bevorzugt Direktoren aus Staaten mit derselben Amtssprache rekrutiert werden.[547]

Für den hier untersuchten Zusammenhang gelten auch die Überlegungen, die im Zuge der Betrachtung der INIK-Maße hinsichtlich der Einflussfaktoren Markt und Corporate Governance angestellt wurden. So stellt die Attraktivität von Ländermärkten einen wichtigen Aspekt im Rahmen von Internationalisierungsentscheidungen dar.[548] Es erscheint zweckmäßig, in erster Linie Direktoren aus großen Volkswirtschaften mit attraktiven, wachsenden Märkten in die Boards der Untersuchungsländer zu berufen, da diese eine wichtige Ressourcenfunktion einnehmen und zum Aufbau

[542] Vgl. Hillman/ Harris/ Cannella (2002), S. 98; vgl. Mühlbacher/ Vallaster (2002), S. 77 ff.; vgl. Podsiadlowski (2002a), S. 94 f.

[543] Vgl. Palmer/ Varner (2007), S. 22.

[544] Vgl. Palmer/ Varner (2007), S. 21.

[545] Vgl. Schmid/Kretschmer (2005), S. 20 f.; vgl. Hofstede (2001b), S. 209 ff.; vgl. Marschan-Piekkari/ Welch/ Welch (1999), S. 422 ff.; vgl. Marschan/ Welch/ Welch (1997), S. 591; vgl. Park/ Hwang/ Harrison (1996), S. 80 f.

[546] Vgl. Henderson (2005), S. 67; vgl. Schmid/ Kretschmer (2005), S. 20 f.

[547] Vgl. Ruigrok/ Greve (2007), S. 4; vgl. Schmid/ Kretschmer (2005), S. 21; vgl. Leendertse (2000), S. 117.

[548] Vgl. Kutschker/ Schmid (2008), S. 954 f.

von Verbindungen zu bedeutenden Stakeholdern im als attraktiv identifizierten Zielmarkt beitragen können. Diese Überlegungen korrespondieren mit den verhaltenswissenschaftlich geprägten Internationalisierungsansätze, den ressourcenorientierten Ansätzen und dem Stakeholderansatz.

Für den Corporate Governance-Kontext wird erneut das im jeweiligen Herkunftsland geltende Corporate Governance-System als Merkmal herangezogen. Bezüglich dieses Merkmals wird unterstellt, dass eine Systemgleichheit zwischen dem Herkunftsland des ausländischen Direktors und dem jeweiligen Untersuchungsland zu weniger Erklärungsbedarf hinsichtlich der Corporate Governance führt. Dies legt die Schlussfolgerung nahe, dass die ausländischen Direktoren eher aus Ländern stammen, in denen das gleiche Corporate Governance-Modell vorherrscht. Da das einstufige Modell weltweit am weitesten verbreitet ist, ist der systembedingte Erklärungsbedarf für das zweistufige System größer.[549] Somit dürfte es für Unternehmen mit einer dualistischen Corporate Governance-Struktur schwieriger sein, ausländische Kandidaten aus Staaten mit einem monistischen System in ihre Boards zu berufen. Die jeweilige Führungs- und Überwachungsstrukur repräsentiert mit gewissen Einschränkungen weitere Systemspezifika, wie z.B. die Anteilseignerstruktur oder eine Markt-, Shareholder Value- sowie Outsiderorientierung. Diese Vorgehensweise wurde im Rahmen der Untersuchung des Einflussfaktors Corporate Governance auf die Herkunft der ausländischen Direktoren gewählt, da nicht für alle Senderländer Corporate Governance relevante Informationen eruiert werden konnten.

Die in Bezug auf die Herkunft der ausländischen Mandatsträger diskutierten Einflussfaktoren sind z.T. kulturell geprägt. Dies gilt insbesondere für die Amtssprache, aber auch für die Corporate Governance-Systeme, wobei letztere jedoch nicht mit einem bestimmten Kulturkreis gleichzusetzen sind.[550] So wird auch über diese beiden Aspekte der Einfluss des Kulturfaktors indirekt erfasst. Für den zweiten Fragenkomplex ergeben sich folgende Hypothesen.

<u>Hypothesen zum Zusammenhang zwischen der Herkunft der ausländischen Direktoren und den Einflussfaktoren Kultur, Markt und Corporate Governance (Hypothesengruppe H11):</u>

H11a: Zwischen der Berufung ausländischer Mandatsträger und der kulturellen Distanz besteht ein signifikant negativer Zusammenhang.

H11b: Zwischen der Berufung ausländischer Mandatsträger und der geographischen Distanz besteht ein signifikant negativer Zusammenhang.

---

549 Vgl. Gerum (2007), S. 26 f.; vgl. Perlitz/ Seger/ Becker (2006), S. 16.

550 Vgl. Clarke (2007), S. 8 ff.; vgl. Perlitz/ Seger/ Becker (2006), S. 96 f.; vgl. Hofstede/ Hofstede (2005), S. 66, S. 92 f., S. 175, S. 328 f.; vgl. Licht (2001), S. 147, S. 154.

H11c: *Zwischen der Berufung ausländischer Mandatsträger und einer Kongruenz der Amtssprachen besteht ein signifikant positiver Zusammenhang.*

H11d: *Zwischen der Berufung ausländischer Mandatsträger und der Größe der Volkswirtschaft des Herkunftslandes besteht ein signifikant positiver Zusammenhang.*

H11e: *Zwischen der Berufung ausländischer Mandatsträger und der Marktattraktivität des Herkunftslandes besteht ein signifikant positiver Zusammenhang.*

H11f: *Zwischen der Berufung ausländischer Mandatsträger und einer Kongruenz der Corporate Governance-Systeme besteht ein signifikant positiver Zusammenhang.*

Wie aus Abbildung 36 ersichtlich, thematisiert der dritte Fragenkomplex die Folgen einer internationalen bzw. interkulturellen Board-Zusammensetzung für die Unternehmensinternationalisierung und den bilanziellen sowie den kapitalmarktorientierten Unternehmenserfolg.

III. Fragenkomplex: Welche Folgen hat das Ausmaß der internationalen bzw. interkulturellen Zusammensetzung der Boards für den Internationalisierungsgrad von Unternehmen und den Unternehmenserfolg (Hypothesengruppe H12-H13)?

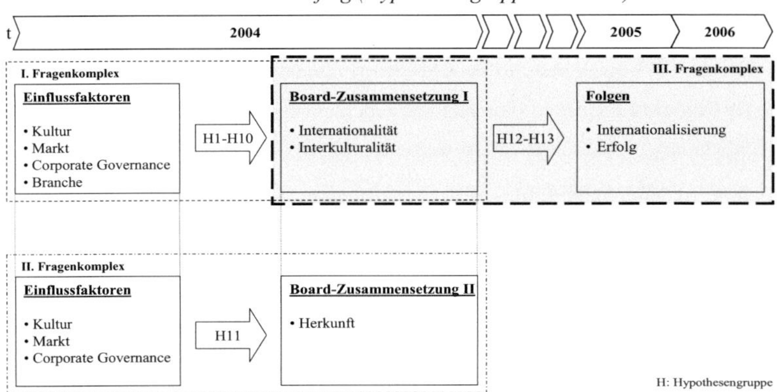

Abbildung 36: III. Fragenkomplex
Quelle: Eigene Darstellung.

Der Board gilt systemneutral als ein bedeutendes Organ der Aktiengesellschaft, unabhängig davon, ob er de lege lata stärker mit der geschäftsführenden oder der überwachenden bzw. der beratenden Aufgabe betraut ist.[551] Demnach kann grundsätzlich angenommen werden, dass der Board und die ihn konstituierenden Direktoren sowohl einen Einfluss auf die Unternehmensstrategie als auch auf

[551] Vgl. Clarke (2007), S. 33 ff.; vgl. Hopt (2003), S. 34; vgl. Hermalin/ Weisbach (2001), S. 4 ff.; vgl. Demb/ Neubauer (1992), S. I; vgl. Baysinger/ Butler (1985), S. 101.

den Unternehmenserfolg haben.[552] Diese Sichtweise spiegelt sich im Board-Modell von Finkelstein und Hambrick wider.[553] Empirische Befunde zum Einfluss des Boards auf den Unternehmenserfolg sind nicht eindeutig. Daher ist es sinnvoll, die Upper Echelons-Forschung in Richtung der personellen Zusammensetzung von Boards zu erweitern und deren Einfluss auf die angesprochenen Strategie- sowie Erfolgsaspekte zu analysieren.[554] Die Berücksichtigung der internationalen bzw. interkulturellen Board-Zusammensetzung geht darüber hinaus konform mit der Forderung von Carpenter und Fredrickson, die Upper Echelons-Forschung durch eine international geprägte Perspektive zu erweitern.[555]

Der Upper Echelons-Ansatz propagiert einen direkten Zusammenhang zwischen den Werten, den Einstellungen und der kognitiven Leistungsfähigkeit der Akteure in Organisationen und den Folgen deren Handelns für die Unternehmen.[556] Diese Normen, Werte, Einstellungen und Denkmuster sind wiederum durch die jeweilige nationale bzw. kulturelle Herkunft beeinflusst.[557] Demnach kann die internationale bzw. interkulturelle Board-Zusammensetzung mit divergierenden kognitiven, affektiven und konativen Strukturen assoziiert werden, die das Agieren der Direktoren im Board prägen. Die demographischen Merkmale Kultur bzw. Nationalität dienen somit als Proxyvariablen für psychologische Konstrukte, die die Entscheidungsfindung von Direktoren beeinflussen und sich damit auf den Entscheidungsfindungsprozess im Board und dessen Ergebnis auswirken.[558] Diese Ergebnisse können sich zum einen im Internationalisierungsgrad des Unternehmens und zum anderen im Unternehmenserfolg widerspiegeln. Die Betrachtung von international bzw. interkulturell zusammengesetzten Boards sollte jedoch nicht ausschließlich vor dem Hintergrund rein ökonomisch orientierter Theorien und Modelle, sondern im Sinne eines interdisziplinären Ansatzes auch unter Berücksichtigung der im Grundlagenteil vorgestellten gruppenpsychologischer Erkenntnisse erfolgen.

---

[552] Vgl. Clarke (2007), S. 65 ff.; vgl. Hitt et al. (2006), S. 836, S. 846; vgl. Schmid/ Kretschmer (2005), S. 2; vgl. Carpenter/ Geletkanycz/ Sanders (2004), S. 769; vgl. Kiel/ Nicholson (2003), S. 194; vgl. Carpenter/ Westphal (2001), S. 639 f.; vgl. Heracleous (2001), S. 171; vgl. Ingley/ van der Walt (2001), S. 175; vgl. Westphal/ Fredrickson (2001), S. 1114 ff.; vgl. Goodstein/ Gautam/ Boeker (1994), S. 242.

[553] Vgl. Finkelstein/ Hambrick (1996), S. 211.

[554] Vgl. Tacheva (2007), S. 24, S. 31, S. 48; für eine ähnliche Argumentation vgl. Carpenter/ Geletkanycz/ Sanders (2004), S. 769; vgl. Kiel/ Nicholson (2003), S. 190; vgl. von Werder (2003b), S. 20 f.; vgl. Carpenter/ Westphal (2001), S. 643 f.; vgl. Westphal/ Fredrickson (2001), S. 1115 ff.; vgl. Finkelstein/ Hambrick (1996), S. 244.

[555] Vgl. Carpenter/ Fredrickson (2001), S. 543.

[556] Vgl. Tacheva (2007), S. 6, S. 21; vgl. Hambrick/ Mason (1984), S. 193.

[557] Vgl. Caligiuri/ Lazarova/ Zehetbauer (2004), S. 851; vgl. Hofstede (2001a), S. 1 ff.; vgl. Hofstede (2001b), S. 5 ff.; vgl. Ronen/ Shenkar (1984), S. 452.

[558] Vgl. Hambrick (2007), S. 334; vgl. Caligiuri/ Lazarova/ Zehetbauer (2004), S. 850 ff.; vgl. Hambrick et al. (1998), S. 183 ff.

Somit kann auf Grundlage der Upper Echelons-Forschung nachgewiesen werden, dass die nationale und kulturelle Herkunft der Direktoren im Board einen Einfluss auf die Arbeit im Organ und das Ergebnis des Entscheidungsfindungsprozess haben. Auch die Psychologie liefert Hinweise, dass sich eine internationale und interkulturelle Besetzung von Boards vorteilhaft auswirken kann. Die Zusammensetzung beeinflusst die Art und Weise, wie das Board seine Überwachungs-, Ressourcen-, Strategie- und Koordinationsfunktion wahrnimmt.

Die zentrale Theorie der Corporate Governance-Forschung stellt die Agenturtheorie dar. Vor deren Hintergrund wird zumeist die Überwachungsfunktion des Boards diskutiert.[559] Demnach besteht die Möglichkeit, dass der Board durch effiziente Überwachung des Managements im Sinne der Stakeholder bzw. Anteilseigner die Agency-Kosten senken und so einen Beitrag zum Unternehmenserfolg leisten kann.[560] Die Agenturtheorie wird in der Corporate Governance-Forschung traditionell zur Erklärung der Beziehung zwischen Insidern und Outsidern in einstufigen Systemen bzw. zwischen Management und Überwachungsorgan in zweistufigen Systemen angewandt.[561] Diese Perspektive ist nicht hinreichend, da auch ausländische Board-Mitglieder für die Wahrnehmung einer effektiven bzw. effizienten Überwachungsfunktion relevant sind. Zur Ausübung dieser Funktion sollten die Direktoren Fachwissen, Fähigkeiten und Erfahrung mitbringen, da die Komplexität der Überwachungsfunktion im internationalen Kontext zunimmt. Diese Überlegungen verdeutlichen die relative Vorteilhaftigkeit der Existenz ausländischer Direktoren im Board.[562] Ausländische Mandatsträger können z.B. im Zusammenhang mit genehmigungspflichtigen Geschäften oder strategischen Grundsatzangelegenheiten, wie sie eine internationale Expansionsstrategie darstellt, Fragen aufwerfen, die einheimischen Direktoren nicht stellen würden.[563] Dies führt wiederum zu einer Verbesserung der Entscheidungsqualität. Insofern ist der Board im Rahmen der Wahrnehmung seiner Überwachungsfunktion auch am strategischen Entscheidungsprozess innerhalb der Organisation beteiligt.[564]

---

[559] Vgl. Clarke (2007), S. 23; vgl. Ruigrok/ Peck/ Keller (2006), S. 1201; vgl. Schmid/ Kretschmer (2005), S. 4; vgl. Hillman/ Harris/ Cannella (2002), S. 100; vgl. Kreitmeier (2001), S. 45 f.; vgl. Eisenhardt (1989), S. 57 f.; vgl. Fama/ Jensen (1983), S. 1 ff.

[560] Vgl. Owtscharov (2007), S. 48 f.; vgl. Perlitz/ Seger/ Becker (2006), S. 9 f., S. 81 ff.; vgl. Buchholtz/ Amason/ Rutherford (2005), S. 405 f.; vgl. Hillman/ Dalziel (2003), S. 384; vgl. Carpenter/ Westphal (2001), S. 639; vgl. Hermalin/ Weisbach (2001), S. 5 ff.; vgl. Davis/ Schoorman/ Donaldson (1997), S. 23; vgl. Baysinger/ Butler (1985), S. 105; vgl. Jensen/ Meckling (1976), S. 308.

[561] Vgl. Hillman/ Harris/ Cannella (2002), S. 100.

[562] Vgl. Neubürger (2003), S. 189 ff.; vgl. Sanders/ Carpenter (1998), S. 159.

[563] Vgl. Schmid/ Kretschmer (2005), S. 2; vgl. Carter/ Simkins/ Simpson (2003), S. 37; vgl. Goodstein/ Gautam/ Boeker (1994), S. 243.

[564] Vgl. Kreitmeier (2001), S. 56.

In diesem Kontext ist die heterogene Gruppenzusammensetzung bedeutsam. So spielen die größere Perspektivenvielfalt sowie die gesteigerte Informationsverarbeitungsfähigkeit heterogen besetzter Gruppe eine wichtige Rolle, da der Board i.d.R. als integrierte Gruppe betrachtet werden kann.[565] Dies führt dazu, dass das sozialpsychologische Moment des Gruppendenkens überwunden wird. Der Status quo sowie die Entscheidungen des Managements werden kritisch reflektiert, was einen Beitrag zu besseren Entscheidungen insbesondere im komplexen internationalen Unternehmensumfeld leistet.[566] Diese Überlegungen verdeutlichen den potentiellen Einfluss des Boards sowohl auf den Unternehmenserfolg als auch auf die Unternehmensinternationalisierung. So sind Schmid und Kretschmer unter Berufung auf die Agenturtheorie der Ansicht: „[s]upervisory board members with an international orientation seem to be indispensable for fullfilling these tasks within an international firm".[567] Der Deutsche Corporate Governance Kodex fordert für den deutschen Aufsichtsrat sogar ein international besetztes Überwachungsorgan.[568] Da sich der Board im Sinne guter Corporate Governance je nach vorherrschender Spitzenverfassung entweder ausschließlich durch externe Mitglieder konstituiert oder zumindest von externen Direktoren dominiert wird,[569] steht dieses Organ häufig bei Unternehmenskrisen sowie in dynamischen Umweltsituationen im Fokus der Öffentlichkeit.[570] Dies legt die Schlussfolgerung nahe, dass sich der Einfluss von Boards vor allem in den kapitalmarktorientierten Kennzahlen des Unternehmenserfolgs widerspiegelt. Demnach erscheint es sinnvoll, den Zusammenhang zwischen Board-Besetzung und Unternehmenserfolg sowohl hinsichtlich kapitalmarktorientierter als auch bilanzieller Erfolgsmaße zu untersuchen.[571] Die Betrachtung dieser beiden Perspektiven des Unternehmenserfolgs ist spannend, da bisherige Untersuchungen zum Zusammenhang zwischen Board-Zusammensetzung und Unternehmenserfolg divergierende bzw. nicht signifikante Ergebnisse ermittelt haben.[572]

---

565 Vgl. Enayati (2002), S. 74; vgl. Hillman/ Harris/ Cannella (2002), S. 100; vgl. Milliken/ Martins (1996), S. 403; vgl. Maznevski (1994), S. 531 ff.; vgl. Watson/ Kumar/ Michaelsen (1993), S. 592.

566 Vgl. Hillman/ Harris/ Cannella (2002), S. 99.

567 Schmid/ Kretschmer (2005), S. 4.

568 Vgl. Regierungskommission Deutscher Corporate Governance Kodex (2007), Abschnitt 5.4.1; vgl. Schmid/ Kretschmer (2005), S. 2; vgl. Potthoff/ Trescher (2003), S. 207; vgl. von Werder (2003a), S. 438.

569 So sind etwa 87 % aller im Rahmen dieser Studie erfassten Board-Mandate durch externe Direktoren besetzt. Diese hohe Anzahl wird durch Deutschland und Österreich begünstigt, da in diesen beiden Staaten de lege lata keine mit Managementaufgaben betraute Person Mitglied des Aufsichtsrates sein darf. Jedoch wird i.d.R. auch für Systeme, in denen interne Direktoren Board-Mandate wahrnehmen, gefordert, dass die überwiegende Anzahl der Direktoren externe Mandatsträger sein sollten. Vgl. hierzu exemplarisch Perlitz/ Seger/ Becker (2006), S. 34, S. 57 ff. und Böckli (2003), S. 216 f.

570 Vgl. Perlitz/ Seger/ Becker (2006), S. 91, S. 94; vgl. Carpenter/ Westphal (2001), S. 641 ff.; vgl. Ingley/ van der Walt (2001), S. 174; vgl. Goodstein/ Gautam/ Boeker (1994), S. 242 ff.

571 Vgl. Dalton et al. (1998), S. 274.

572 Vgl. Clarke (2007), S. 119 f.; vgl. Ruigrok/ Peck/ Keller (2006), S. 1201; vgl. Perry/ Shivdasani (2005), S. 1403; vgl. Hillman/ Dalziel (2003), S. 383; vgl. Hermalin/ Weisbach (2001), S. 12 f., S. 31; vgl. Bhagat/ Black (1999), S. 25; vgl. Dalton et al. (1998), S. 269.

Aus Sicht der Resource Dependence-Theorie stellt der Board für das jeweilige Unternehmen ein Verbindungsglied zu erfolgskritischen materiellen und immateriellen Ressourcen der sozio-ökonomischen Umwelt dar.[573] Wie bereits im Grundlagenteil dargelegt, umfassen diese Ressourcen, Informationen, Zugang zu Organisationen, Verbänden und politischen Entscheidungsträgern sowie Beratung des Managements und Lobbyismusarbeit bei für das Unternehmen relevanten Stakeholdergruppen.[574] Pfeffer und Salancik formulieren dementsprechend, dass die Direktoren als „vehicles for co-opting important external organizations with which they are interdependent"[575] fungieren. Auf diese Art und Weise ist es den Unternehmen möglich, die mit den dynamischen Umweltbedingungen verbundenen Unsicherheiten und externen Abhängigkeiten zu kontrollieren und dadurch Transaktionskosten zu reduzieren.[576] Die Board-Mitglieder können so zur Überlebensfähigkeit des Unternehmens in einem kompetitiven Umfeld beitragen.[577] Sie sind damit ein wesentliches Element der Unternehmensstrategie und des Unternehmenserfolgs.[578]

Während die Resource Dependence-Theorie stärker auf die Rolle der Board-Mitglieder als Verbindungsglied zu externen Ressourcen abstellt, zielt der Resource-based View auf die Bedeutung der Fähigkeiten, der Fertigkeiten und des Wissens der Board-Mitglieder ab. Diese können zur Generierung von Wettbewerbsvorteilen genutzt werden. Auch Kreativität und die Fähigkeit zu komplexem Problemlösungsverhalten können als notwendige Board-Ressourcen verstanden werden. Diesbezüglich verdeutlichen die Erkenntnisse der gruppenpsychologischen Forschung die relative Vorteilhaftigkeit international bzw. interkulturell besetzter Boards. Sowohl Schmid und Kretschmer als auch Hillman, Harris und Cannella gehen explizit auf die Resource Dependence-Theorie ein und rücken die Schnittstellenfunktion des Boards zu externen Ressourcen in den Mittelpunkt der Betrachtung. Diese Sichtweise sollte um den Resource-based View ergänzt werden, der insbesondere die organ- und damit unternehmensinternen Kompetenzen des Boards aufgreift. Dies ist vor dem Hintergrund der im Rahmen dieser Arbeit thematisierten internationalen bzw. interkulturellen Zusammensetzung von Boards mit deren Folgen für die Unternehmensinternationalisierung und den Unternehmenserfolgs angebracht. Denn nach Schmid und Kretschmer ist diese Schnittstellen- und damit letztendlich die Ressourcenfunktion des Boards „not limited to the home-country, but even

[573] Vgl. Kreitmeier (2001), S. 56; vgl. Johnson/ Daily/ Ellstrand (1996), S. 427.

[574] Vgl. Schmid/ Kretschmer (2005), S. 4 f.; vgl. Hillman/ Harris/ Cannella (2002), S. 94; vgl. Hillman/ Cannella/ Paetzold (2000), S. 240; vgl. Pfeffer/ Salancik (1978), S. 167.

[575] Pfeffer/ Salancik (1978), S. 167.

[576] Vgl. Hillman/ Harris/ Cannella (2002), S. 94.

[577] Vgl. Owtscharov (2007), S. 49; vgl. Ruigrok/ Peck/ Tacheva (2007), S. 547 f.; vgl. Hillman/ Dalziel (2003), S. 383; vgl. Pfeffer/ Salancik (2003), S. 161 f.; vgl. van der Walt/ Ingley (2003), S. 220 f.; vgl. Goodstein/ Gautam/ Boeker (1994), S. 241.

[578] Vgl. Owtscharov (2007), S. 48 f.; vgl. Hillman/ Dalziel (2003), S. 386.; vgl. Carpenter/ Westphal (2001), S. 640 f.; vgl. Kreitmeier (2001), S. 56; vgl. Hillman/ Cannella/ Paetzhold (2000), S. 238 f.

more decisive within the international context."[579] Demnach dürfte auch im Rahmen des unternehmensspezifischen Internationalisierungsprozesses ein Unternehmen insbesondere von ausländischen Mandatsträgern im Board, z.B. durch deren Kenntnisse des Auslandsmarktes oder spezifischer Gepflogenheiten und Kontakten im Zielmarkt, profitieren.[580] So ist eine Markterschliessung in bestimmten Märkten des asiatischen bzw. osteuropäischen Raums ohne fundierte Kontakte, zu politischen und wirtschaftlichen Eliten, schwerer.[581] Aus Perspektive der Resource Dependence-Theorie sind international bzw. interkulturell zusammengesetzte Boards auch ein internes Signal für die Mitarbeiter, dass Multikulturalität in einem Unternehmen gelebt und ernst genommen wird. Dies kann insbesondere in multinationalen Unternehmen zu Mitarbeitermotivation und höherer Leistungsbereitschaft führen.[582]

Es kann zusammenfassend festgehalten werden, dass der Board in Wahrnehmung seiner Ressourcenfunktion einen Erklärungsbeitrag zur Formulierung und Umsetzung einer Internationalisierungsstrategie und zum Unternehmenserfolg leisten kann.

Die beratende bzw. strategische Rolle des Boards fußt auf dem Stewardshipansatz.[583] Demnach fungiert das Organ als Berater eines stärker operativ ausgerichteten Managements und beeinflusst dabei die strategische Entscheidungsfindung.[584] Bei einigen konstitutiven Entscheidungen und echten Führungsentscheidungen muss die Zustimmung des Boards eingeholt werden.[585] Hierzu zählen auch Entscheidungen, die die internationale Aufstellung des Unternehmens betreffen. Der Board soll Chancen und Risiken erkennen und mögliche negative Folgen von Entscheidungen des Managements erkennen und verhindern.[586] Diese Sichtweise stellt auf die kognitiven Fähigkeiten im Board ab und rückt es in den strategischen Kontext. Personenspezifische Potentiale ausländischer Mandatsträger können demnach zur Evaluation der Strategie und zur Generierung von Wettbe-

579 Schmid/ Kretschmer (2005), S. 5.
580 Vgl. Ruigrok/ Peck/ Tacheva (2007), S. 548; vgl. Goodstein/ Gautam/ Boeker (1994), S. 243.
581 Vgl. Perlitz/ Becker/ Odoi (2007), S. 27, S. 39; vgl. Cooper (2006), S. 2 ff.; vgl. Perlitz/ Becker/ Teng (2005), S. 40.
582 Vgl. Podsiadlowski (2007), S. 581; vgl. Hillman/ Harris/ Cannella (2002), S. 96 f.
583 Vgl. Kreitmeier (2001), S. 49; vgl. Donaldson/ Davis (1991), S. 51.
584 Vgl. Ruigrok/ Peck/ Keller (2006), S. 1201; vgl. Schmid/ Kretschmer (2005), S. 4; vgl. Hillman/ Harris/ Canella (2002), S. 99 ff.; vgl. Kreitmeier (2001), S. 49; vgl. Pearce/ Zahra (1992), S. 411.
585 Vgl. Clarke (2007), S. 33; vgl. Perlitz/ Seger/ Becker (2006), S. 25 ff., S. 33 ff.; vgl. Oetker (2003), S. 262 ff. Unter dem Begriff der „konstitutiven Entscheidungen" werden Führungsentscheidungen subsumiert, die von grundlegender Bedeutung für das einzelne Unternehmen sind. Dazu zählen die Wahl und der Wechsel der Rechtsform, die Entscheidungen hinsichtlich Kooperationsformen (z.B. Fusion und Akquisition) sowie die Wahl des Standortes und die Liquidation des Unternehmens. Vgl. dazu Wöhe/ Döring (2008), S. 33 und Bea (1997), S. 410 ff. Sog. „echte Führungsentscheidungen" haben eine hohe Bedeutung für die Vermögens- und Ertragslage und damit für den Bestand des Unternehmens, sind auf das gesamte Unternehmen ausgerichtet und nicht an untergeordnete Stellen übertragbar oder dürfen im Unternehmensinteresse nicht delegiert werden. Vgl. dazu Gutenberg (1962), S. 59 ff.
586 Vgl. Schmid/ Kretschmer (2005), S. 4.

werbsvorteilen zur langfristigen Absicherung des Unternehmenserfolgs genutzt werden.[587] Diese Fähigkeiten sind mit der kreativen Ideenfindung und dem innovativen Problemlösungsverhalten heterogen besetzter Gruppen verknüpft. So gelten im strategischen Management Strategien als erfolgversprechend, die sich durch Kreativität, Innovation und Andersartigkeit auszeichnen.[588]

Der Stakeholderansatz repräsentiert das theoretische Fundament der Koordinationsfunktion des Boards, die eng mit der Ressourcenfunktion verknüpft ist.[589] Demnach ist der Board ein Repräsentant unterschiedlicher, z.T. ausländischer Anspruchsgruppen im Unternehmen und koordiniert die Beziehungen zu diesen.[590] Auf diese Beziehungen kann sich eine internationale bzw. interkulturelle Board-Besetzung positiv auswirken. Ausländische Direktoren kennen die Bedürfnisse ausländischer Stakeholder meist besser und können somit diese Stakeholder-Beziehung im Unternehmensinteresse gestalten. Diesbezüglich gilt, dass je heterogener das Unternehmensumfeld, desto heterogener sollte die Board-Struktur gestaltet sein. Im Fokus stehen dabei die sog. „kritischen Stakeholder".[591] In diesem Kontext sind insbesondere ausländische Kapitaleignervertreter und politische Vertreter anzuführen. Diese sind primär an einer entsprechenden Verzinsung ihres Kapitals bzw. an einem Engagement in von ihnen favorisierten Auslandsmärkten interessiert. Auf diese Weise können sie Einfluss auf die Unternehmensinternationalisierung und den Unternehmenserfolg ausüben. Unter der Prämisse der Markteffizienz, könnten die positiven Auswirkungen einer internationalen Board-Zusammensetzung den Marktteilnehmern unmittelbar sichtbar werden und sich in einer höheren Bewertung der Unternehmen am Markt niederschlagen.[592] Diesbezüglich werden ausländische Direktoren als ein Signal in Richtung des Kapitalmarktes für gesteigerte Kompetenz, z.B. in strategischen Fragen oder Wissen um Auslandsmärkte, gewertet. Diametral ist das Interesse z.B. von nationalen Politikern bzw. Lobbyisten in den Boards. Diese dürften bspw. ein gesteigertes Interesse an einem Erhalt von Arbeitsplätzen im Inland haben.

Die Betrachtung der vom Board zu erfüllenden Überwachungs-, Ressourcen, Strategie- und Koordinationsfunktion verdeutlicht, dass er aktiv in strategische Prozesse integriert ist und damit auch, zumindest indirekt, einen Einfluss auf den Unternehmenserfolg hat. Zwar zeigen die wenigen bisherigen Studien kein einheitliches Bild hinsichtlich des Ausmaßes und der Art der Integration in den

[587] Vgl. Kreitmeier (2001), S. 56.
[588] Vgl. Becker (2008), S. 174; vgl. Podsiadlowski (2007), S. 582, S. 587 f.; vgl. Hillman/ Harris/ Cannella (2002), S. 97 ff.; vgl. Milliken/ Martins (1996), S. 403; vgl. Maznevski (1994), S. 531; vgl. Perlitz (1993), S. 121; vgl. Dutton/ Duncan (1987) S. 289 f.
[589] Vgl. Kreitmeier (2001), S. 52, S. 56.
[590] Vgl. Schmid/ Kretschmer (2005), S. 5; vgl. Kreitmeier (2001), S. 54.
[591] Vgl. Kreitmeier (2001), S. 53.
[592] Vgl. Kiel/ Nicholson (2003), S. 197.

Strategieprozess, jedoch lässt sich mit Bezug zu empirischen Studien festhalten, dass eine Involvierung stattfindet und diese „positiv mit der finanziellen Performance der Unternehmen korreliert."[593] Der im Kontext der Corporate Governance-Diskussion häufig negierte potentielle Strategiebezug des Boards sollte demnach vor dem Hintergrund der betrachteten Theorien kritisch hinterfragt und weiterführend analysiert werden.

Die interdependenten und gleichzeitig zu erfüllenden Board-Funktionen sowie die mit diesen jeweils assoziierten Theorien sind im Hinblick auf die Unternehmensinternationalisierung insbesondere mit der Theorie der Direktinvestitionen, dem Internationalisierungsprozessmodell sowie dem Konzept der Internationalen Unternehmung verknüpft. Diese Modelle berücksichtigen alle die Bedeutung von Entscheidungsträgern, wie sie z.B. die Board-Mitglieder darstellen, für den Internationalisierungsprozess. Diese Entscheidungsträger können nach den Überlegungen Aharonis den unternehmensinternen Anstoß zu Internationalisierungsprozessen geben. Dies gilt insbesondere für frühe Internationalisierungsstufen wie sie erste vereinzelte Auslandsinvestitionen darstellen.[594] Neben Auslandsaufenthalten, Kulturkenntnissen, Sprachbeherrschung, Prestigedenken und Reiselust als Internationalisierungsmotive einzelner Führungskräfte in der Initialisierungsphase, kann aus Sicht der hier vorliegenden Untersuchung noch die Nationalität ergänzt werden. Aharoni nimmt in diesem Kontext sogar explizit Bezug auf ein Praxisbeispiel, in dem ein Board-Mitglied eine von ihm als sinnvoll erachtete Auslandsinvestition auch gegen Widerstände im Unternehmen vorangetrieben hat.[595] Auch in der Evaluierungsphase der Auslandsinvestition können ausländische Mandatsträger im Board einen wertvollen Beitrag zur Senkung der Informationskosten und zur Steigerung der Informationsverarbeitungskapazität leisten. Ferner muss darauf hingewiesen werden, dass auch in der Entscheidungs- und Verhandlungsphase ausländische Direktoren zur Umsetzung der Entscheidung einen wertvollen Beitrag leisten können. Diese Tatsache gewinnt zusätzlich an Bedeutung, indem Aharoni explizit darauf hinweist, dass Entscheidungen im Unternehmen meist Gruppen- und nicht Individualentscheidungen sind, was insbesondere auf das Board zutrifft.[596] Somit ist es aus Sicht der verhaltenswissenschaftlich basierten Internationalisierungstheorie gerechtfertigt, den Zusammenhang zwischen in unterschiedlichem Ausmaße international bzw. interkulturell besetzter Boards Multinationaler Unternehmen und dem Internationalisierungsgrad der Unternehmen zu untersuchen.

---

[593] Kreitmeier (2001), S. 55.
[594] Vgl. Perlitz (2004), S. 98.
[595] Vgl. Kutschker/ Schmid (2008), S. 425 ff.; vgl. Perlitz (2004), S. 98; vgl. Aharoni (1966), S. 58 f.
[596] Vgl. Aharoni (1966), S. 17, S. 58, S. 116.

In Anlehnung an das Internationalisierungsprozessmodell wurde angenommen, dass der Prozess der Board-Internationalisierung inkrementell verläuft und zunächst Direktoren aus geographisch nahen Ländern berufen werden. Im Hinblick auf die Folgen einer internationalen bzw. interkulturellen Board-Zusammensetzung für die Internationalisierung von Unternehmen, muss der Lebenszyklus eines Unternehmens berücksichtigt werden. Am Internationalisierungsprozessmodell wird die Kritik geäußert, dass es nicht für Unternehmen aus großen Ländern gelte, die die Initialinternationalisierung bereits hinter sich haben. Ferner zeige das Modell Ursachen und Beeinflussungsfaktoren hinsichtlich dieser Initialphase nur unzureichend auf.[597] Das Durchschnittsalter der im Rahmen der regressionsanalytischen Betrachtung untersuchten 232 Unternehmen liegt bei 63,18 Jahren und der durchschnittliche Internationalisierungsgrad bei 59,11 %.[598] Es kann daher davon ausgegangen werden, dass dem im Internationalisierungsprozessmodell betonten organisationale Erfahrungslernen für die weitere Internationalisierung der Unternehmen eine geringere Bedeutung zukommt. Der Einfluss von Board und Management nimmt hingegen im fortschreitenden Internationalisierungsverlauf der Unternehmen zu.

Auch junge Unternehmen können rasch internationalisieren. Dabei folgen Sie nicht immer den Phasen des Internationalisierungsprozessmodells.[599] Die jungen Unternehmen der Stichprobe weisen mit einem Alter von weniger als zehn Jahren bereits einen durchschnittlichen Internationalisierungsgrad von 57,40 % auf.[600] Gerade in diesem Kontext kann ausländischen Managern bzw. Direktoren durch deren Wissen, Fähigkeiten, Fertigkeiten und interkulturelle Kompetenz eine herausgehobene Bedeutung zukommen. Grundsätzlich gilt, dass sich durch die Rekrutierung ausländischer Direktoren mangelndes organisationales Erfahrungswissen hinsichtlich der Internationalisierung durch personenbezogenes Wissen kompensieren lässt.[601] Im Hinblick auf die Unternehmensinternationalisierung differenziert Perlmutter zwischen der ethno-, poly-, regio- und geozentrischen Internationalisierungsstufe eines Unternehmens, die sich im Zuge der Internationalisierung in ihren Charakteristika inkrementell wandeln.[602] Dies bedeutet, dass die Entwicklung hin zu einem geozentrischen Unternehmen auch eine Internationalisierung der Spitzenverfassung eines Unternehmens bedingt.[603]

[597] Vgl. Kutschker/ Schmid (2008), S. 468; vgl. Andersen (1993), S. 216 ff.
[598] Eigene Berechnung.
[599] Vgl. Kutschker/ Schmid (2008), S. 469.
[600] Eigene Berechnung.
[601] Vgl. ähnliche Argumentation Kutschker/ Schmid (2008), S. 469 mit Bezug zu sog. „Born Globals“.
[602] Vgl. Tihanyi et al. (2000), S. 1164; vgl. Perlmutter/ Heenan (1974), S. 123 ff.
[603] Vgl. Caligiuri/ Lazarova/ Zehetbauer (2004), S. 856.

Die dargestellte Argumentationskette steht in der Tradition der Überlegungen von Stopford und Wells. Diese weisen auf die Herausforderungen und die Komplexität einer internationalen Unternehmenstätigkeit, denen sich die Verantwortlichen in einer Unternehmung stellen müssen, hin.[604] Aus der Sichtweise der verhaltenswissenschaftlichen Theorie der Unternehmung, die Organisationen als eine Koalition von Individuen betrachtet, betrifft dies sowohl die führende als auch die überwachende Perspektive.[605]

Aus den vorangegangenen Ausführungen ergeben sich folgende Hypothesen.

<u>Hypothesen zur Auswirkung international bzw. interkulturell besetzter Boards auf den Internationalisierungsgrad des Unternehmens und den Unternehmenserfolg (H12- H13):</u>

H12a: *Zwischen dem Ausländeranteil im Board und dem Internationalisierungsgrad der Unternehmen besteht ein signifikant positiver Zusammenhang.*

H12b: *Zwischen der Heterogenität der Nationalitäten im Board und dem Internationalisierungsgrad der Unternehmen besteht ein signifikant positiver Zusammenhang.*

H12c: *Zwischen dem Anteil an Direktoren im Board, die aus anderen Kulturkreisen stammen, und dem Internationalisierungsgrad der Unternehmen besteht ein signifikant positiver Zusammenhang.*

H12d: *Zwischen der kulturellen Heterogenität im Board und dem Internationalisierungsgrad der Unternehmen besteht ein signifikant positiver Zusammenhang.*

H13aa: *Zwischen dem Ausländeranteil im Board und dem Unternehmenserfolg gemessen an einer bilanziellen Erfolgsgröße besteht ein signifikant positiver Zusammenhang.*

H13ba: *Zwischen der Heterogenität der Nationalitäten im Board und dem Unternehmenserfolg gemessen an einer bilanziellen Erfolgsgröße besteht ein signifikant positiver Zusammenhang.*

H13ca: *Zwischen dem Anteil an Direktoren im Board, die aus anderen Kulturkreisen stammen, und dem Unternehmenserfolg gemessen an einer bilanziellen Erfolgsgröße besteht ein signifikant positiver Zusammenhang.*

H13da: *Zwischen der kulturellen Heterogenität und dem Unternehmenserfolg gemessen an einer bilanziellen Erfolgsgröße besteht ein signifikant positiver Zusammenhang.*

H13ab: *Zwischen dem Ausländeranteil im Board und dem Unternehmenserfolg gemessen an einer marktorientierten Erfolgsgröße besteht ein signifikant positiver Zusammenhang.*

[604] Vgl. Stopford/ Wells (1972), S. 3 ff.
[605] Vgl. Cyert/ March (1963), S. 27.

H13bb: *Zwischen der Heterogenität der Nationalitäten im Board und dem Unternehmenserfolg gemessen an einer marktorientierten Erfolgsgröße besteht ein signifikant positiver Zusammenhang.*

H13cb: *Zwischen dem Anteil an Direktoren im Board, die aus anderen Kulturkreisen stammen, und dem Unternehmenserfolg gemessen an einer marktorientierten Erfolgsgröße besteht ein signifikant positiver Zusammenhang.*

H13db: *Zwischen der kulturellen Heterogenität und dem Unternehmenserfolg gemessen an einer marktorientierten Erfolgsgröße besteht ein signifikant positiver Zusammenhang.*

Tabelle 16 stellt die Konzepte und die Theorien zur Analyse von international bzw. interkulturell besetzen Boards überblicksartig dar und verweist auf Zusammenhänge zu den jeweiligen Hypothesengruppen.

In Kapitel 5 werden die forschungsleitenden Fragestellungen und die mit ihnen assoziierten Hypothesen untersucht. Dem gehen Ausführungen zum gewählten Untersuchungsdesign, zur Stichprobe und zur Operationalisierung der Untersuchungsvariablen voraus.

Rahmenbedingung/ Konzept/ Theorie (bedeutende Vertreter)	Anknüpfungspunkte für die empirische Untersuchung	Betroffene Hypothesen-gruppe
	a) Allgemeine Rahmenbedingungen	
Globalisierung & Internationalisierung	Globalisierung und Internationalisierung stellen zentrale Rahmenbedingungen für das Agieren Multinationaler Unternehmen dar. Dies zieht durch dynamisierte Umweltbedingungen höhere Anforderungen an die Führung und Überwachung nach sich. Daher sollten neben dem Management auch die Boards international agierender Unternehmen international und interkulturell besetzt sein.	H1-H13
Kultur	Die im Zuge der Globalisierung und Internationalisierung zunehmende internationale Geschäftstätigkeit führt zu einer verstärkten Konfrontation mit divergierenden Geschäfts-, Unternehmens- und Landeskulturen. Dies bedingt die Notwendigkeit der Entwicklung interkultureller Kompetenz von Führung und Überwachung in Unternehmen. Die nationale und kulturelle Zugehörigkeit prägt Normen, Werte und Einstellungen von Individuen mit Folgen für deren Handeln. Da sich die Personen zwischen Kulturkreisen unterscheiden, fungiert der Kulturaspekt als eine Segmentierungsvariable.	H1-H13
Corporate Governance	Der Board fungiert als zentrales Organ der Spitzenverfassung von Aktiengesellschaften und ist Untersuchungsobjekt der empirischen Analyse. Aus theoretischer Sicht nimmt er eine Überwachungs-, Strategie-, Ressourcen- und Koordinationsfunktion wahr. Im international tätigen Unternehmen sieht sich das Organ mit unterschiedlichen kulturellen, ökonomischen und rechtlich-institutionellen Rahmenbedingungen konfrontiert, die es nur mit einer entsprechenden heterogenen Besetzungsstruktur meistern kann.	H1-H13
	b) Theoretisch-konzeptioneller Analyserahmen	
Kontingenzansatz *(z.B. Pugh/ Hickson 1976, Lawrence/ Lorsch 1967, Woodward 1965, Burns/ Stalker 1961, Woodward 1958)*	Unternehmen sind offene, mit der Umwelt interagierende Systeme. Unternehmerisches Handeln ist dabei abhängig von spezifischen Kontextbedingungen. Die Kontextbedingung, die Organisationsstrukturen, das Verhalten der Organisationsmitglieder und der organisationale Zielerfüllungsgrad stehen dabei in Beziehung zueinander. In diesem Sinne wird auch der Board als intervenierende Variable mit Bedeutung für die Organisationsentwicklung verstanden. Als Charakteristikum des Unternehmens interagiert es mit einer im internationalen Kontext komplexen dynamischen Umwelt. Kontextuale Bedingungen manifestieren sich in den Faktoren Kultur, Markt, Corporate Governance und Branchen, die wiederum Einfluss auf die Board-Zusammensetzung nehmen.	H1-H13
Verhaltenswissenschaftliche Theorie der Unternehmung *(z.B. Cyert/ March 1963)*	Individuen sind innerhalb organisationaler Entscheidungsprozesse von besonderer Bedeutung. Auch Board-Mitglieder können als aktive Akteure im organisationalen Zielbildungsprozess verstanden werden. Damit können sie Einfluss auf die Unternehmensinternationalisierung und den Unternehmenserfolg nehmen.	H12-H13

Tabelle 16: Allgemeine Rahmenbedingungen und theoretisch-konzeptioneller Analyserahmen
Quelle: Eigene Darstellung.

Rahmenbedingung/ Konzept/ Theorie (bedeutende Vertreter)	**Anknüpfungspunkte für die empirische Untersuchung**	**Betroffene Hypothesen-gruppe**
	b) Theoretisch-konzeptioneller Analyserahmen	
Organizational Demography *(Pfeffer 1983)* *&* *Upper Echelons-Ansatz* *(Hambrick/ Mason 1985)*	Unternehmen können als Miniaturgesellschaften verstanden werden, die sich aus unterschiedlichen Individuen zusammensetzen. Kontextbedingungen, hier insbesondere das Branchenumfeld, beeinflussen dabei die Board-Zusammensetzung. International bzw. interkulturell besetzte Boards fördern aufgrund beobachtbarer und nicht beobachtbarer persönlicher Merkmale der Direktoren die Unternehmensinternationalisierung und leisten einen positiven Beitrag zum Unternehmenserfolg.	H10, H12-H13
Sozialpsychologische Erkenntnisse der Gruppenforschung *(z.B. Adler/ Gundersen 2008, Hillman/ Harris/ Cannella 2002, Earley/ Mosakowski 2000, Hambrick et al. 1998, Miliken/ Martins 1996, Maznevski 1994, Tajfel/ Turner 1986, Janis 1972, Byrne 1971)*	Hinsichtlich der Board-Zusammensetzung empfiehlt sich vor dem Hintergrund des zunehmend international geprägten Geschäftsumfeldes eine national und kulturell heterogene Besetzungsstrategie. National und kulturell heterogen besetzte Boards sind aufgrund der Vielfalt an Perspektiven, Normen, Werten und Einstellungen vor dem Hintergrund komplexer dynamischer internationaler Rahmenbedingungen leistungsfähiger als homogen besetzte Organe, was sich positiv auf die Internationalisierungsstrategie und den Unternehmenserfolg auswirkt. Bezüglich der Besetzung von Board-Mandaten ist kritisch anzumerken, dass aufgrund des Ähnlichkeits-Attraktions-Ansatzes nach Byrne Personen in die Boards berufen werden, die den bereits amtierenden Direktoren in Nationalität und kultureller Herkunft ähnlich sind.	H11, H12-H13
Resource-based View *(z.B. Wernerfelt 1984, Penrose 1959, Selznick 1957)* *&* *Resource Dependence Theory* *(z.B. Pfeffer/ Salancik 1978)*	Der Board wird durch ausländische Direktoren und deren spezifische Kenntnisse hinsichtlich der ausländischen Märkte, Kulturen, Sprachen und institutionellen Umfelder zu einem unternehmensinternen heterogenen Ressourcenpool. Ferner fungiert er als Verbindungsglied zu wichtigen erfolgsrelevanten Ressourcen im In- und Ausland. Somit kommen in der Board-Zusammensetzung die ressourcenorientierten Anforderungen der Unternehmensumwelt und damit die Kontextanforderungen zum Ausdruck. Der Board leistet demnach einen Beitrag zum Management externer Abhängigkeiten und zur Reduktion umweltinduzierter Unsicherheit und der damit verbundenen Kosten. Dabei dürfte sich insbesondere die Berufung von Direktoren aus attraktiven Zielmärkten positiv auswirken, die dann die Internationalisierung entsprechend vorantreiben können.	H4-6, H11-H13
Agenturtheorie *(z.B. Eisenhardt 1989, Jensen/ Meckling 1976)*	Der Board fungiert als institutionalisierte Einrichtung zur Überwachung des Managements. So hat er Einfluss auf strategische und erfolgsrelevante Entscheidungen. Eine effiziente Überwachung des Managements führt zur Senkung der Agenturkosten und leistet so einen Beitrag zum Unternehmenserfolg. Ferner hat das Organ durch die Überwachung von und die Zustimmung zu strategischen Entscheidungen Einfluss auf die Ausprägung der Internationalisierungsstrategie. Ausländische Board-Mitglieder sind dabei relevant für die effektive und effiziente Überwachung in einem komplexen dynamischen internationalen Wettbewerbsumfeld.	H12-H13

Tabelle 16: Allgemeine Rahmenbedingungen und theoretisch-konzeptioneller Analyserahmen (Fortsetzung)
Quelle: Eigene Darstellung.

Rahmenbedingung/ Konzept/ Theorie (bedeutende Vertreter)	Anknüpfungspunkte für die empirische Untersuchung	Betroffene Hypothesen-gruppe
	b) Theoretisch-konzeptioneller Analyserahmen	
Stewardshipansatz *(z.B. Muth/ Donaldson 1998, Davis/ Schoorman/ Donaldson 1997, Donaldson/ Davis 1994, Donaldson/ Davis 1991)*	Der Board dient der effizienten Unterstützung der Handlungsfähigkeit des Managements. In diesem Sinne nimmt er eine das Management beeinflussende Strategie-Funktion ein. Dabei ist eine internationale bzw. interkulturelle Board-Zusammensetzung für die Strategieevaluation vor dem Hintergrund des internationalen Geschäfts erfolgversprechend.	H12-H13
Stakeholderansatz *(z.B. Freeman 1984, Freeman/ Reed 1983)*	Insbesondere ausländische Board-Mitglieder fungieren als Verbindungsglied zu kritischen Stakeholdern, z.B. Kapitalgebern und Politikern, im In- und Ausland. So können sie die Interessen des Unternehmens durchsetzen und es bei internationalen Expansionsstrategien unterstützen. Von daher ist eine internationale bzw. interkulturelle Board-Besetzung zur Bedienung der Interessen ausländischer kritischer Stakeholder vorteilhaft. Der Board nimmt hier eine Koordinationsfunktion wahr. Ferner kann eine hinsichtlich Nationalität und Kultur heterogene Board-Zusammensetzung als positives, motivationssteigerndes Signal in Richtung einer heterogenen Belegschaftsstruktur verstanden werden.	H12-H13
Theorie der Direktinvestitionen im Ausland *(Aharoni 1966)*	Board-Mitglieder können als Initialkräfte für Auslandsengagement auftreten. Ferner ist bei bestimmten, das Auslandsengagement betreffenden Entscheidungen die Zustimmung des Boards notwendig. So übt er strategischen und erfolgsrelevanten Einfluss aus. Da das Auslandsengagement inkrementell verläuft, kann dieser Prozess ex ante durch eine Board-Besetzung mit Ausländern aus dem zunächst nahen geographischen und kulturellen Umfeld unterstützt werden und im Verlauf die Skepsis gegenüber einem weiteren Auslandsengagement reduzieren.	H11-H13
Uppsala-Schule *(z.B. Johanson/ Vahlne 1977, Johanson/ Wiedersheim-Paul 1975)*	Über eine internationale bzw. interkulturelle Besetzung des Boards kann die Generierung von Kenntnissen über ausländische Märkte und dadurch eine Reduktion der psychischen Distanz erreicht werden. Somit sind die geographische und kulturelle Nähe im Rahmen von Besetzungsentscheidungen relevant. Dem inkrementellen Prozess der Internationalisierung läuft ein ebensolcher auf Ebene des Boards voraus.	H11-H13
EPRG-Modell *(z.B. Perlmutter/ Heenan 1974, Perlmutter 1969)*	Die Internationalisierung von Unternehmen bedingt eine Internationalisierung der Spitzenverfassung als Kennzeichen eines geozentrisch ausgerichteten Unternehmens, das alle relevanten in- und ausländischen Anspruchsgruppen bedienen kann. Dies kann als positives Moment den Erfolg einer internationalen Geschäftstätigkeit beeinflussen.	H12-H13

Tabelle 16: Allgemeine Rahmenbedingungen und theoretisch-konzeptioneller Analyserahmen (Fortsetzung)
Quelle: Eigene Darstellung.

5 Internationalität und Interkulturalität in Boards – Ausmaß, Bestimmungsfaktoren und Folgen

5.1 Vorbemerkungen

5.1.1 Untersuchungsdesign und Analysemethodik

Der quantitativen Untersuchung liegt ein deduktives, d.h. hypothesentestendes, ex-post-facto Design zugrunde. In einer Querschnittsanalyse wurden 255 bewusst ausgewählte Untersuchungseinheiten aus neun Ländern analysiert.[606] Es wurden personen- und unternehmensbezogene Daten in einem Sekundärforschungsansatz ermittelt. Für beide Kategorien wurde fehlendes Datenmaterial primär nacherhoben.

Die Analyse des ersten Fragenkomplexes umfasst zunächst eine deskriptive Bestandsaufnahme der internationalen und interkulturellen Zusammensetzung von Boards mittels Häufigkeitsverteilungen bzw. Parametern von Häufigkeitsverteilungen. Ferner werden in einer deduktiven Vorgehensweise mittels der einfaktoriellen Varianzanalyse (ANOVA)[607] und dem Verfahren der Korrelationsanalyse[608] Hypothesen in Bezug auf den Zusammenhang zwischen der internationalen bzw. interkulturellen Board-Zusammensetzung und bedeutenden Einflussfaktoren der Unternehmensumwelt getestet.

Im zweiten Fragenkomplex wird in einer univariaten deskriptiven Vorgehensweise für die Untersuchungsländer die Herkunft der ausländischen Direktoren durch Häufigkeitsverteilungen bzw. Parameter von Häufigkeitsverteilungen vorgestellt. Die Hypothesen zum Einfluss zentraler Faktoren aus der Unternehmensumwelt auf die Herkunft der ausländischen Direktoren werden durch die Berechnung von Korrelationskoeffizienten geprüft.

---

606 Vgl. Birkner (2005), S. 59 ff.; Opp (1999), S. 63.

607 Die einfaktorielle Varianzanalyse (ANOVA) ist in der Lage, mehrere Mittelwerte gleichzeitig zu analysieren. Sie verfolgt dabei die Zielsetzung, die Mittelwerte auf Basis eines F-Tests auf signifikante Unterschiede zu überprüfen. Liegt keine Homogenität der Varianzen vor, ist ein Brown-Forsythe-Test heranzuziehen, der die Gleichheit der Gruppenmittelwerte testet. Vgl. Janssen/Laatz (2003), S. 321.

608 Die Korrelation ist ein einfaches Modell, mit dessen Hilfe die Stärke und die Richtung eines linearen Zusammenhangs abgebildet werden kann. Der Wertebereich schwankt von +1 bis -1. Grundsätzlich lassen sich somit „je-desto-Aussagen" treffen. Einschränkend muss darauf hingewiesen werden, dass es sich bei einer solchen Vorgehensweise grds. um eine Form der Komplexitätsreduktion handelt. Dennoch können Zusammenhänge aufgezeigt und trotz komplexer Umfeldbedingungen Tendenzaussagen getroffen werden. Vgl. dazu Janssen/ Laatz (2003), S. 363 f.; vgl. Kröhne/ Nachtigall/ Weyrauch (2003), S. 9.

Der dritte Fragenkomplex setzt sich mit dem zentralen Untersuchungsgegenstand dieser Arbeit auseinander. Es werden kausale Beziehungen zwischen den Ausprägungen der internationalen bzw. interkulturellen Board-Zusammensetzung und der Unternehmensinternationalisierung sowie Formen des Unternehmenserfolgs analysiert. Als Untersuchungsmethode wurde das für diese Art von Analysen weit verbreitete multivariate Verfahren der Regressionsanalyse herangezogen.[609] Hinsichtlich der Kausalität stellen Hildebrand sowie Carpenter, Sanders und Gregersen fest, dass die Sozialwissenschaften nur schwer in der Lage sind, diese vollständig zu messen bzw. zu überprüfen. Durch die Beachtung einer Reihe von Voraussetzungen erschließt sich die Kausalität jedoch indirekt.[610] Dazu muss zwischen den unabhängigen Variablen und der abhängigen Größe eine Kovariation bzw. eine Korrelation bestehen. Die kausalen Variablen müssen der abhängigen Variablen zeitlich vorgelagert sein. Es müssen Kontrollvariablen mit möglichem alternativem Erklärungsgehalt in die Modelle integriert werden. Ferner muss eine fundierte theoretische Basis bestehen.[611]

Die erste Forderung nach einem Zusammenhang zwischen unabhängigen und abhängigen Variablen lässt sich anhand der Korrelationstabelle überprüfen. Das Untersuchungsmodell beinhaltet eine Lag-Struktur, die die Board-Zusammensetzung für das Jahr 2004 und die Unternehmensinternationalisierung sowie die Maße des Unternehmenserfolgs als Durchschnittsgrößen der Jahre 2005 und 2006 abbildet. Somit ist die zweite Voraussetzung einer zeitlich vorgelagerten Messung der unabhängigen Variablen erfüllt. Es wurden theorie- und empiriegeleitet Kontrollvariablen in das Modell integriert. Die Forderung nach einer theoretischen Basis kann in Anbetracht der umfassenden theoretischen Fundierung der Hypothesen zu den Folgen einer internationalen bzw. interkulturellen Besetzung von Boards ebenfalls als erfüllt betrachtet werden. Unter Beachtung dieser vier Voraussetzungen besteht eine Kausalität zwischen der internationalen bzw. interkulturellen Board-Zusammensetzung und der Unternehmensinternationalisierung bzw. dem Unternehmenserfolg. Ferner wurde im Interesse einer besseren Vergleichbarkeit darauf geachtet, dass sich alle drei Regressionsmodelle, die den Zusammenhang zwischen der internationalen bzw. interkulturellen Board-Zusammensetzung und der Internationalisierung von Unternehmen und deren Erfolg zum Gegenstand

---

609 Vgl. Tacheva (2007), S. 35, S. 41. Die Regressionsanalyse ist ein in der quantitativen Forschung weit verbreitetes multivariates, strukturprüfendes Verfahren zur Beschreibung und Erklärung von Zusammenhängen zwischen einer oder mehreren unabhängigen und einer abhängigen Variablen. Ferner kann sie zur Überprüfung von ex-ante formulierten Hypothesen eingesetzt werden. Für nähere Informationen zur Theorie und Anwendung der Regressionsanalyse vgl. Homburg et al. (2008), S. 166; vgl. Skiera/ Albers (2008), S. 469 ff.; vgl. Backhaus et al. (2006), S. 9 f., S. 45 ff.; vgl. Baltes-Götz (2006), S. 43 ff.; vgl. Bühl (2006), S. 353 ff.; vgl. Rudolf/ Müller (2004), S. 31 ff.; vgl. Cohen et al. (2003).

610 Vgl. Hildebrand (2008), S. 94; vgl. Carpenter/ Sanders/ Gregersen (2001), S. 499.

611 Vgl. Carpenter/ Sanders/ Gregersen (2001), S. 499 f. mit Bezugnahme auf Cook und Campell (1979); vgl. Andersen (1993), S. 218 mit Bezugnahme auf Hunt (1991).

haben, auf dieselben Untersuchungseinheiten beziehen und jeweils identische unabhängige Variablen und Kontrollgrößen aufweisen.

5.1.2 Länder- und Kulturclusterauswahl

Die kritische Betrachtung bisheriger Untersuchungen führte u.a. zu der Erkenntnis, dass mehrere Länder in die Analyse mit aufgenommen werden sollten. Verfolgt man darüber hinaus die Zielsetzung, dass nicht nur ein Ländervergleich sondern auch die Analyse des kulturellen Aspektes Gegenstand der Betrachtung sein sollte, so müssen kulturell divergierende Länder in das Untersuchungsdesign integriert werden. Dadurch wird der Gefahr, dass die Ergebnisse empirischer Analysen nur für bestimmte Länder oder Kulturkreise Gültigkeit besitzen, entgegengewirkt.[612] In diesem Kontext lässt sich die bereits im Grundlagenteil vorgestellte Publikation von Ronen und Shenkar heranziehen. Diese synthetisieren verschiedene Kulturstudien und führen einzelne, kulturell verwandte Länder zu Länderclustern zusammen. Die im Rahmen der vorliegenden empirischen Untersuchung vorgenommene Länderauswahl orientiert sich an diesen Ergebnissen. Für die eigene Untersuchung wurden die drei Kulturcluster „germanic", „nordic" und „anglo" ausgewählt.[613]

Das germanische Cluster umfasst die Länder Deutschland, Österreich und die Schweiz. Die Länder Australien, Irland, Kanada, Neuseeland, Südafrika, das Vereinigte Königreich sowie die Vereinigten Staaten von Amerika formen das Anglo-Cluster. Zum nordischen Cluster gehören die skandinavischen Länder Dänemark, Finnland, Norwegen und Schweden.[614] Die Auswahl der Ländergruppen erfolgte dabei geleitet von forschungspraktikablen Motiven zum einen aus Gründen der Datenverfügbarkeit und zum anderen aufgrund der Verbreitung der englischen Sprache in diesen Ländern. So musste das ursprüngliche Ziel, in Anlehnung an das Triade-Konzept von Ohmae, auch Japan in die Analyse einzubeziehen, aufgrund des nur schwer zu ermittelnden Datenmaterials, fallen gelassen werden. Einige große japanische Unternehmen haben nur eine in japanischer Sprache gestaltete Homepage. Ferner sind nicht alle Geschäftsberichte in englischer Sprache verfügbar. Darüber hinaus konnte nach Analyse einiger weniger japanischer Boards festgestellt werden, dass diese überwiegend mit japanischen Mandatsträgern besetzt sind, was keinen weiterführenden Erkenntnisbei-

[612] Vgl. Wally/ Beccera (2001), S. 183.
[613] Ronen/ Shenkar (1985), S. 449.
[614] Vgl. Ronen/ Shenkar (1985), S. 449.

trag hinsichtlich der Forschungsfragen geliefert hätte.[615] Offensichtlich verfolgt Japan hinsichtlich der Besetzungsstruktur tendenziell eine im Sinne Perlmutters ethnozentrische, d.h. auf das Mutterland des Hauptsitzes ausgerichtete, Strategie.[616] Diese Feststellung korrespondiert mit den Charakteristika der sog. Keiretsus. Diesen geschlossenen japanischen Unternehmensgruppen sind für ausländische Unternehmen bzw. Geschäftsleute ohne persönliche Kontakte zu japanischen Managern nur schwer zugänglichen.[617] Im angloamerikanischen und nordischen Kulturcluster mussten jeweils drei Staaten ausgewählt werden, da das germanische Cluster insgesamt aus drei Ländern besteht und damit die allgemeine Clustergröße vorgibt. Es wurden die drei gemessen am Bruttoinlandsprodukt im Jahre 2004 größten Volkswirtschaften bestimmt. So ist in den abschließend ausgewählten drei Ländergruppen eine Vergleichbarkeit hinsichtlich der Länderanzahl gewährleistet.

Tabelle 17 beinhaltet zentrale Charakteristika der ausgewählten Länder. Neben dem Bruttoinlandsprodukt zu Marktpreisen sind die Bevölkerungszahl der Untersuchungsländer sowie die entsprechende kulturelle Charakterisierung in Form der Ausprägungen der vier originären Kulturdimensionen nach Hofstede dargestellt. Letztere werden als Einflussgrößen auf die internationale und interkulturelle Board-Zusammensetzung und zur Berechnung der kulturellen Distanz im analytischen Teil herangezogen. Tabelle 17 umfasst zudem die Zuordnung der Untersuchungsländer zu den kulturellen Länderclustern von Ronen und Shenkar.

Aus Tabelle 17 ist ersichtlich, dass die Ländereinteilung sich in etwa in den Ausprägungen der Kulturdimensionen widerspiegelt, was aufgrund des synthetisierenden Charakters der Untersuchung von Ronen und Shenkar nicht überrascht.[618] Auftretende Abweichungen innerhalb der jeweiligen Gruppen liegen an den entsprechenden Niveaugrenzen. Das Anglo-Cluster zeichnet sich demnach durch eine geringe Machtdistanz, eine geringe Unsicherheitsvermeidung, einen ausgeprägten Individualismus und mittlere Maskulinitätswerte aus. Für die Gruppe germanischer Länder lassen sich niedrige Werte für die Machtdistanz und einen Hang zur Unsicherheitsvermeidung konstatieren. Die Ausprägungen sowohl für Individualismus als auch für Maskulinität liegen überwiegend auf

[615] Vgl. Palmer/ Varner (2007), S. 20. Palmer und Varner (2007) verweisen darauf, dass Datenmaterial für asiatische Unternehmen insgesamt nur sehr schwer zu generieren sei. Vgl. Palmer/ Varner (2007), S. 7. Auch die japanische Botschaft sah in einem Telefongespräch das Unterfangen, persönlichkeitsbezogene Daten japanischer Manager mit einem vertretbaren Aufwand zu generieren, kritisch. Dies, so die Botschaftsbedienstete, sei eigentlich nur vor Ort und mit einem entsprechenden Fürsprecher möglich. Das Triade-Konzept geht von einer starken Wettbewerbsstellung der USA, Japans und Europas, deren Unternehmen in den Regionen eine Insider-Stellung wahrnehmen, aus. Vgl. Ohmae (1985), S. 1, S. 69.

[616] Vgl. Perlitz (2004), S. 405.

[617] Vgl. Demise (2006), S. 59 ff.; vgl. Witt, P. (2003), S. 107 ff.

[618] Vgl. Ronen/ Shenkar (1985), S. 444 f.

mittlerem Niveau, jedoch am oberen Ende des Intervalls. Die nordischen Länder zeichnen sich durch niedrige Machtdistanz- und sehr niedrige Maskulinitätswerte aus. Die Indexwerte für die Unsicherheitsvermeidung und den Individualismus liegen meist auf mittlerem bzw. niedrigem Niveau und können somit, mit Ausnahme des Wertes für die Unsicherheitsvermeidung in Norwegen, als vergleichbar angesehen werden.[619]

Ländercluster	Länder	BIP (Mio. USD)	Einwohner	UVI (Niveau)	MDI (Niveau)	IDV (Niveau)	MAS (Niveau)
Anglo	US	11.679.200	293.655.392	46 (mittel)	40 (mittel)	91 (hoch)	62 (mittel)
	UK	2.132.078	59.834.300	35 (niedrig)	35 (niedrig)	89 (hoch)	66 (mittel)
	CA	976.756	31.989.000	48 (mittel)	39 (mittel)	80 (hoch)	52 (mittel)
Germanic	DE	2.750.993	82.516.248	65 (mittel)	35 (niedrig)	67 (mittel)	66 (mittel)
	CH	358.609	7.389.581	58 (mittel)	34 (niedrig)	68 (mittel)	70 (mittel)
	AT	294.312	8.174.700	70 (mittel)	11 (niedrig)	55 (mittel)	79 (hoch)
Nordic	SE	350.144	8.991.994	29 (niedrig)	31 (niedrig)	71 (hoch)	5 (niedrig)
	NO	254.708	4.591.950	50 (mittel)	31 (niedrig)	69 (mittel)	8 (niedrig)
	DK	244.915	5.401.177	23 (niedrig)	18 (niedrig)	74 (hoch)	16 (niedrig)

US: Vereinigte Staaten, UK: Großbritannien, CA: Kanada;
DE: Deutschland, CH: Schweiz, AT: Österreich;
SE: Schweden, NO: Norwegen, DK: Dänemark;
BIP: Bruttoinlandsprodukt;
UVI: Unsicherheitsvermeidungsindex, MDI: Machtdistanzindex, IDV: Individualismusindex, MAS: Maskulinitätsindex;
1-35: niedriges Niveau, 36-70: mittleres Niveau, >71: hohes Niveau

Tabelle 17: Auswahl und kulturelle Charakteristika von Ländern und Länderclustern
Quellen: Eigene Darstellung auf Basis von The World Bank Group (2008), online; Perlitz (2004), S. 254 ff., S. 581; Hofstede (2001a), S. 500; Ronen/ Shenkar (1985), S. 449.

Die ausgewählten Länder sind durch unterschiedliche Corporate Governance-Strukturen und damit zusammenhängende Rechtstraditionen gekennzeichnet. Tabelle 18 gibt einen Überblick über die in den einzelnen Ländern de lege lata geltende Organisation der Spitzenverfassung mit dem jeweiligen Rechtssystem sowie die aus Sicht der Literatur gängige Zuordnung von Corporate Governance-Charakteristika. Aus der Aufstellung ist ersichtlich, dass in den angloamerikanischen Ländern das einstufige System der Spitzenverfassung, das Common Law sowie eine starke Markt- bzw. Shareholder-Orientierung vorherrschen. Die kontinentaleuropäischen und skandinavischen Staaten zeichnen sich durch eine Dominanz des Civil Law sowie einer Tendenz zur Stakeholder-Orientierung aus. Somit trägt die Länderauswahl der Forderung von Randøy, Thomsen und Oxelheim

[619] Vgl. Perlitz/ Seger (2004a), S. 10 ff.

Rechnung, neben Shareholder- auch Stakeholder-orientierte Staaten in empirische Analysen zu integrieren.[620]

Ländercluster	Länder	Corporate Governance System	Rechtssystem	Shareholder-/ Stakeholder-orientierung	Markt-/ Bank-orientierung	Insider-/ Outsider-orientierung
Anglo	US	einstufig	Common Law	Shareholder	Markt	Outsider
	UK	einstufig	Common Law	Shareholder	Markt	Outsider
	CA	einstufig	Common Law	Shareholder	Markt	Outsider
Germanic	DE	zweistufig	German Civil Law	Stakeholder	Bank	Insider
	CH	einstufig	German Civil Law	Stakeholder	Bank	Insider
	AT	zweistufig	German Civil Law	Stakeholder	Bank	Insider
Nordic	SE	einstufig	Scandinavian Civil Law	Stakeholder	Bank	Insider
	NO	zweistufig	Scandinavian Civil Law	Stakeholder	Bank	Insider
	DK	zweistufig	Scandinavian Civil Law	Stakeholder	Bank	Insider

US: Vereinigte Staaten, UK: Großbritannien, CA: Kanada
DE: Deutschland, CH: Schweiz, AT: Österreich
SE: Schweden, NO: Norwegen, DK: Dänemark

Tabelle 18: Corporate Governance-Charakteristika
Quellen: Eigene Darstellung auf Basis Sinani et al. (2008), S. 29; Clarke (2007), S. 36, S. 102 f.; Gerum (2007), S. 69; Ruigrok/ Peck/ Tacheva (2007), S. 550; Perlitz/ Seger (2004a), S. 2 ff.; Altmeyer (2003), S. 66; Gohde (2003), S. 61 f.; Oxelheim/ Randøy (2003), S. 2371 ff.; Rose/ Mejer (2003), S. 338; Hofstetter (2002), S. 38; Lausten (2002), S. 393; Randøy/ Nielsen (2002), S. 59; Glunk/ Heijltjes/ Olie, (2001), S. 293 ff.; La Porta et al. (1998), S. 1117 ff.

5.1.3 Abgrenzung, Erhebung und Charakteristika der Datenbasis

a) Grundgesamtheit und Stichprobe

Zunächst wurde eine für die Untersuchungszwecke entsprechende Grundgesamtheit an Untersuchungseinheiten identifiziert. Die Grundgesamtheit an börsennotierten Unternehmen wurde zum Stichtag 31.12.2004 aus der Thomson Financial-Datenbank entnommen und orientiert sich an der MSCI Standard Equity Index Serie. Diese Indizes umfassen etwa 85 % der um den Streubesitz bereinigten Marktkapitalisierung pro Branche und Land.[621] Die Rangreihung der Unternehmen in den einzelnen Ländern erfolgte auf Basis der Unternehmensgröße. Die Unternehmensgröße, die in Anlehnung an zahlreiche empirische Untersuchungen durch die Marktkapitalisierung der Unternehmen operationalisiert wurde, soll u.a. die volkswirtschaftliche Bedeutung der ausgewählten Unternehmen zum Ausdruck bringen und eine bessere Vergleichbarkeit gewährleisten. Die gene-

---

[620] Vgl. Clarke (2007), S. 228 ff.; vgl. Perlitz/ Seger/ Becker (2006), S. 97 ff.; vgl. Randøy/ Thomsen/ Oxelheim (2006), S. 3vgl. Leyens (2003), S. 64; vgl. Schmidt/ Weiß (2003), S. 108 ff.; vgl. Albers (2002), S. 26; vgl. Theisen (2002), S. 17; vgl. Baums (2001), S. 15; vgl. Nassauer (2000), S. 266; vgl. Witt (2000), S. 159 ff.; vgl. Gerum (1998), S. 147 f.; vgl. Bleicher/ Leberl/ Paul (1989), S. 261; vgl. Bleicher/ Paul (1986), S. 274. Im Falle der verschiedenen Corporate Governance-Systeme handelt es sich nicht um abstrakte statische Konstrukte. Wie bereits in Kapitel 2 festgestellt, haben diese evolutionäre Züge und es findet eine wechselseitige Beeinflussung statt. Dies zeigt sich u.a. in konvergierenden Entwicklungen wie sie z.B. auf der Ebene der Spitzenverfassung zum Ausdruck kommen sowie in der zunehmenden Globalisierung der internationalen Finanzmärkte.

[621] Vgl. MSCI Barra (2007), S. 2, S. 10.

relle Zielsetzung bestand in der Generierung einer Stichprobe aus den 30 größten Unternehmen des jeweiligen Landes. Die Stichprobe wurde somit gemäß des cut-off Verfahrens nach dem Konzentrationsprinzip bestimmt.[622] Da eine bewusste Auswahl vorgenommen wurde, muss bezüglich der Repräsentativität kritisch angemerkt werden, dass die gewählte Stichprobe nicht in allen Merkmalen der zugrunde liegenden Grundgesamtheit entspricht. Somit ist die Übertragung der im Rahmen dieser Untersuchung gewonnen Erkenntnisse auf die Grundgesamtheit aller Unternehmen mit einer gewissen Vorsicht vorzunehmen.[623] Tabelle 19 gibt die aus der Datastream-Datenbank in einem ersten Schritt generierte Grundgesamtheit an Unternehmen nach Länder und Ländergruppen wieder.

Ländercluster	Länder	Unternehmensanzahl
Anglo	US	992
	UK	542
	CA	247
	Gesamt Anglo	1781
Germanic	DE	245
	CH	146
	AT	48
	Gesamt Germanic	439
Nordic	SE	70
	NO	49
	DK	50
	Gesamt Nordic	169
Gesamt		2389

US: Vereinigte Staaten, UK: Großbritannien, CA: Kanada
DE: Deutschland, CH: Schweiz, AT: Österreich
SE: Schweden, NO: Norwegen, DK: Dänemark

Tabelle 19: Grundgesamtheit
Quelle: Eigene Darstellung auf Basis Thomson Financial.

Die jeweils ersten 30 Unternehmen der Grundgesamtheit pro Land wurden anhand des nachfolgend beschriebenen Kriterienkatalogs bei Anwendung der konjunktiven Heuristik analysiert.[624] Erfüllte ein Unternehmen die Anforderungen nicht, so rückte das nächstgrößte Unternehmen in der Unternehmensliste nach.

Zunächst wurden für das Jahr 2004 alle *Finanzdienstleister* auf Basis des primären Standard Industrial Classification-Kodes ausgeschlossen. So soll u.a. eine bessere Vergleichbarkeit der Unternehmen untereinander, insbesondere hinsichtlich bilanzieller Größen, gewährleistet werden.[625]

[622] Vgl. Homburg/ Krohmer (2003), S. 228 f.
[623] Vgl. Homburg/ Krohmer (2003), S. 226.
[624] Vgl. Homburg/ Krohmer (2003), S. 71.
[625] Vgl. Bloningen/ Wooster (2003), S. 8; vgl. Brunello/ Graziano/ Parigi (2003), S. 1032; vgl. Oxelheim/ Randøy (2003), S. 2376; vgl. Randøy/ Nielsen (2002), S. 64.; vgl. Seger (1997), S. 172.

Es wurden nur *Aktiengesellschaften* berücksichtigt. Dies geschah aufgrund einer besseren Datenverfügbarkeit und einer besseren Vergleichbarkeit, insbesondere hinsichtlich der Organe der Spitzenverfassung.[626] Die Kommanditgesellschaft auf Aktien wurde aufgrund der im Vergleich zur Aktiengesellschaft z.T. divergierenden Rechte bezüglich Satzung und Leitungsmacht ausgeschlossen.[627]

Es wurde nur Unternehmen berücksichtigt, die im Zeitraum von 2002 bis 2006 *börsennotiert* waren. So kann der Unternehmenserfolg aus Sicht des Kapitalmarktes und damit der Shareholder Value-Gedanken in die Analyse integriert werden. Der Zeitraum wurde gewählt, um Unternehmen zu berücksichtigen, die bereits erste Internationalisierungsschritte unternommen haben. Betrachtet man die untersuchten Unternehmen, so liegt die Gründung und Börsennotierung bereits längere Zeit zurück. Seger weist drauf hin, dass das Bilanzbild von börsennotierten und nicht-börsennotierten Unternehmen divergiert und letztere i.d.R. eine niedrigere Eigenkapitalquote aufweisen. Börsennotierte Unternehmen unterliegen der Publikationspflicht, sodass von einer bessern Informationsgrundlage ausgegangen werden kann.[628]

Die untersuchten Unternehmen mussten für das Jahr 2004 auch das Kriterium der Ausgabe von *Stammaktien* erfüllen, um eine bessere Vergleichbarkeit der Kapitalmarktdaten zu gewährleisten. Diese beinhalten für die Aktionäre umfangreiche Rechte und sind meist im Vergleich zu stimmrechtslosen Vorzugsaktien höher bewertet.[629] Auf diese Weise fiel bspw. die Porsche AG aus der Analyse heraus.

Der Aktienanteil der Unternehmen, der frei handelbar und nicht in festem Besitz ist, der sog. *Streubesitz*, musste über 5 % liegen, um einen gewissen potentiellen Aktionärseinfluss sicherstellen zu können.[630] Ferner ist für deutsche Unternehmen bei einem Streubesitz von unter fünf Prozent nach § 327a-327f AktG ein sog. „Squeeze-Out", d.h. der Ausschluss von Minderheitsaktionären gegen Gewährung einer Barabfindung durch einen Hauptaktionär mit mindestens 95 % des Grundkapitals, möglich.[631]

Auch wurden für das Jahr 2004 *Tochterunternehmen* innerhalb eines Konzerns bzw. Mehrheitsbeteiligungen an Unternehmen in der Stichprobe ausgeschlossen, da die Analyse auf Konzernebene

[626] Vgl. Seger (1997), S. 171.
[627] Vgl. Schlereth/ Tissen (2007), S. 796 ff.
[628] Vgl. Seger (1997), S. 171.
[629] Vgl. Thommen/ Achleitner (2006), S. 522; vgl. Perridon/ Steiner (1997), S. 358 f.; vgl. Seger (1997), S. 172.
[630] Vgl. Deutsche Börse AG (2008), Börsenlexikon online.
[631] Vgl. Thommen/ Achleitner (2006), S. 530.

auf Basis des konsolidierten Jahresabschlusses stattfand und Doppelerfassungen vermieden werden sollten. Auch kann ein gewisser Einfluss der Muttergesellschaft auf die Besetzung des Boards der Tochtergesellschaft und deren Unternehmensstrategie zumindest nicht ausgeschlossen werden.[632] So kann eine zweifache Berücksichtigung eines Unternehmens ausgeschlossen werden. Ob ein Unternehmen ein Tochterunternehmen eines Konzerns ist oder eine Mehrheitsbeteiligung an diesem besteht, wurde anhand der Konzernabschlüsse und der Unternehmenshomepage beurteilt. Es wurde eruiert, ob 2004 mehr als 50 % der Anteile bzw. der Stimmrechte im Besitz eines anderen Unternehmens der Stichprobe waren.

Da einige Untersuchungen *Fusionen* als Einflussfaktor auf die Board-Besetzung identifiziert haben, sollte für das Jahr 2004 durch den Ausschluss fusionierter Unternehmen bzw. von Unternehmen, die ihre Eigenständigkeit verloren haben, ein derartiger Effekt eliminiert werden.[633] Auch diese Auswahl erfolgte auf Basis der in den Geschäftsberichten bzw. den Internetpräsenzen der Unternehmen dargelegten Unternehmenshistorie.

Aufgrund eines erforderlichen eindeutigen Vergleichs der Nationalitäten bzw. Kulturen, die im Board vertreten sind, mit der Nationalität des Unternehmens, mussten die Unternehmen im Jahre 2004 jeweils eindeutig *in einem bestimmten Land registriert* sein.

In diesem Kontext wurden auch *mehrnationale Unternehmen*, die nicht eindeutig einem Land zuzuordnen waren, von der Analyse ausgeschlossen. Ein prominentes Beispiel ist Royal Dutch Shell. Der binationale Charakter eines solchen Unternehmens kann Einfluss auf die Board-Besetzung haben und muss daher auch aus Gründen der Vergleichbarkeit der Unternehmen untereinander eliminiert werden.[634]

Abschließend ist darauf hinzuweisen, dass von denen in der Datastream-Datenbank in Abhängigkeit von der Aktienart für das Jahr 2004 *doppelt aufgeführten Unternehmen* jeweils das Unternehmen ausgeschlossen wurde, welches auf Basis der gehandelten Aktienart mit den geringsten Stimmrechten verbunden war. Dies war insbesondere in den skandinavischen Ländern der Fall, in denen in Bezug auf die Unternehmen z.T. zwischen A- und B-Aktien differenziert wird. Die Auswirkungen auf das mit der Aktienart verbundene Stimmrecht, wurden auf Basis des jeweiligen Jahresabschlusses bzw. der Unternehmenshomepage eruiert, da eine eindeutige Zuordnung auf eine Aktienart nicht immer gegeben ist.

---

632 Vgl. Gillies/ Dickinson (1999), S. 241 ff.
633 Vgl. Staples (2007), S. 316.
634 Vgl. Staples (2007), S. 317; vgl. Hu (1992), S. 121 f.

Ferner wurden ausschließlich solche Unternehmen berücksichtigt, die bis zum Ende des Untersuchungszeitraums *selbstständig* waren und somit die Verfügbarkeit der Unternehmensdaten gewährleistet war.[635]

Nach Anwendung dieses elf Punkte umfassenden Kriterienkatalogs ergab sich die in Tabelle 20 dargestellte Stichprobe.[636]

Ländercluster	Länder	Unternehmensanzahl	
Anglo	US	30	
	UK	30	
	CA	30	
	Gesamt Anglo		90
Germanic	DE	30	
	CH	30	
	AT	23	
	Gesamt Germanic		83
Nordic	SE	30	
	NO	24	
	DK	29	
	Gesamt Nordic		83
Gesamt			256

US: Vereinigte Staaten, UK: Großbritannien, CA: Kanada
DE: Deutschland, CH: Schweiz, AT: Österreich
SE: Schweden, NO: Norwegen, DK: Dänemark

Tabelle 20: Stichprobe pro Land und Ländergruppe
Quelle: Eigene Darstellung.

Für diese Stichprobe wurden im nächsten Schritt in den Jahren 2005 bis 2007 personenbezogene Daten der Board-Mitglieder der einzelnen Unternehmen für das Untersuchungsjahr 2004 erhoben. Für Staaten, die ein einstufiges Corporate Governance-System aufweisen, wurden die Daten sowohl für die internen als auch für die externen Direktoren ermittelt.[637] Arbeitnehmervertreter wurden im Rahmen der Analyse nicht berücksichtigt. Für diese sind demographische Daten nur schwer zu ermitteln. Ferner stellt die institutionalisierte Mitarbeiterbeteiligung im Board international eine Besonderheit dar, so dass bei Berücksichtigung der Arbeitnehmervertreter die Boards kaum vergleichbar gewesen wären. Auch lässt sich der Ausschluss der Arbeitnehmervertreter im Board mit

[635] Vgl. Ruigrok/Greve (2007), S. 10.
[636] Die Auflistung der im Rahmen der vorliegenden Untersuchung einbezogenen Unternehmen findet sich in Anhang 7 bis Anhang 9.
[637] Vgl. ähnlich Tacheva (2007), S. 78.

der realen Machtkonstellation im Organ rechtfertigen[638] Darüber hinaus kann die Berücksichtigung von Arbeitnehmervertretern zu Verzerrungen führen, da es sich i.d.R. um Inländer handelt.[639]

Es wurden die Nationalität, das Alter und das Geschlecht der Board-Mitglieder für das Geschäftsjahr 2004 erhoben. Dabei wurde auf Sekundärdaten aus den Jahresabschlüssen der Unternehmen sowie der an der Universität Mannheim verfügbaren LexisNexis®-Datenbanken zurückgegriffen.[640] Ferner konnte Bloomberg und das Munzinger-Archiv herangezogen werden. Darüber hinaus wurden weitere Informationsquellen wie die Internetseiten der Unternehmen, verschiedene Internetsuchmaschinen (z.B. google) und im Internet frei zugängliche Personen- und Unternehmensdatenbanken (z.B. Forbes online, NNDB-Search, top management, World's Who's Who, zoominfo) genutzt. Im Falle von promovierten Board-Mitgliedern konnten die notwendigen biographischen Daten teilweise den in den Dissertationen abgedruckten Lebensläufen entnommen werden. Zusätzlich wurden biographische Daten aus Who is Who-Führern (z.B. Who is Who in Österreich mit Südtirolteil, Who's Who in Austria, Who's Who in Canada und Kraks Blå Bog) ermittelt.

Trotz der Nutzung von Sekundärquellen, musste für die Länder Kanada, Österreich sowie das nordische Cluster eine Nacherhebung per Telefon und Email durchgeführt werden. Für Kanada war dies problematisch, da die Auskunftsbereitschaft, z.T. auch aufgrund entsprechender Gesetzgebung, gering war.[641] Dennoch konnten hier alle Daten für die Boards ermittelt werden. Auch für Österreich konnten alle Daten zur Nationalität der Aufsichtsratsmitglieder erfasst werden. Zur Datenermittlung in den nordischen Ländern erfragte eine Muttersprachlerin die fehlenden Informationen durch eine direkte Kontaktaufnahme. Mit der Ausnahme eines dänischen Unternehmens, konnten alle Daten hinsichtlich der Nationalität der Board-Mitglieder vervollständigt werden.

Die so gewonnene und in Tabelle 21 dargestellte effektive Stichprobe umfasst insgesamt 255 Unternehmen aus neun Ländern und drei Kulturkreisen. Für alle Boards der Stichprobe konnte die Natio-

---

638 Zur Problematik der Datenermittlung hinsichtlich der Arbeitnehmervertreter im deutschen Aufsichtsrat vgl. Schmid/ Daniel (2006), S. 18 f. Oxelheim und Randøy (2003) schließen in ihrer empirischen Analyse bei der Bestimmung des Unabhängigkeitsgrades norwegischer und schwedischer Boards Arbeitnehmervertreter aus, da die Arbeitnehmervertretung rechtlich vorgeschrieben ist. Vgl. hierzu Oxelheim/ Randøy (2003), S. 2379.

639 Vgl. Randøy/ Thomsen/ Oxelheim (2006), S. 10; vgl. Schmid/ Daniel (2006), S. 21.

640 Auf der LexisNexis®-Datenbankenplattform wurden sowohl Personendatenbanken als auch deutsch- und englischsprachige Pressearchive abgefragt. Zu den wesentlichen Personendatenbanken zählen: ICC Directors, Marquis Who's Who, Standard & Poor's Corporate Register of Directors & Executives, U.S. Executive Compensation Database – Executive Biographies, Who's Who in American Politics, Who's Who in European Business, Who's Who in European Business and Industry, Who's Who in European Politics, Who's Who in France und Who's Who in International Banking – Biographies.

641 Beispielhaft sei an dieser Stelle der Inhalt einer Antwort-Email eines kanadischen Unternehmens vom 19.04.2007 angeführt: „Thank you for your request for information about our company. Unfortunately, privacy legislation prevents us from disclosing this type of information about our employees."

nalität und das Geschlecht der Mandatsträger ermittelt werden. Lediglich das Alter konnte in acht Unternehmen der Stichprobe nicht für jedes Board-Mitglied eruiert werden. Da dies für nur wenige Board-Mitglieder der Fall war, wurde dennoch der Mittelwert der vorhandenen Altersangaben sowie die Standardabweichung auf Stichprobenbasis berechnet.

Ländercluster	Länder	Unternehmensanzahl
Anglo	US	30
	UK	30
	CA	30
	Gesamt Anglo	90
Germanic	DE	30
	CH	30
	AT	23
	Gesamt Germanic	83
Nordic	SE	30
	NO	24
	DK	28
	Gesamt Nordic	83
Gesamt		255

US: Vereinigte Staaten, UK: Großbritannien, CA: Kanada
DE: Deutschland, CH: Schweiz, AT: Österreich
SE: Schweden, NO: Norwegen, DK: Dänemark

Tabelle 21: Effektive Stichprobe nach Ländern und Ländergruppen
Quelle: Eigene Darstellung.

Nach der Bestimmung der Stichprobe wurden spezifische Unternehmensdaten für die Untersuchungseinheiten gesammelt. Hier wurde ebenfalls ein zweistufiger Ansatz gewählt. Zunächst wurden aus den Datenbanken Datastream bzw. Worldscope das Gros der benötigten Unternehmensdaten für die Jahre 2002 bis 2006 respektive 2004 bis 2006 erfasst.[642] Einige Datenlücken konnten über die Osiris-Datenbank des Datenbankanbieters Bureau van Dijk geschlossen werden. Fehlendes Datenmaterial wurde z.T. aus den Jahresabschlüssen der Unternehmen berechnet.

Trotz dieser Bemühungen konnten nicht alle Unternehmensdaten ermittelt werden. An dieser Stelle sei die Bemerkung gestattet, dass sich zwar viele Unternehmen in ihren Geschäftsberichten als global präsentieren, jedoch Informationen, wie z.B. eine detaillierte Segmentberichterstattung, die ausländische Mitarbeiterzahl oder die internationale Erfahrung des Managements, nicht immer hinreichend kommuniziert werden. Daher wurden in Form einer ergänzenden Primärerhebung die Vorstandsvorsitzenden der jeweiligen Unternehmen angeschrieben und mittels eines nicht-standardisierten Fragebogens nach den jeweils fehlenden Informationen gefragt.

[642] Zur Operationalisierung der einzelnen Arten von Daten sei an dieser Stelle auf Kapitel 5.2 verwiesen.

Tabelle 22 gibt die Anzahl der angeschriebenen Unternehmen und die Rücklaufquote pro Land wieder. Die Aufstellung der Rücklaufquoten zeigt, dass zwar z.T. für Primärerhebungen in Fragebogenform gute Ergebnisse erzielt werden konnten, aber insbesondere in Übersee kaum Bereitschaft vorhanden war, die Forschungsarbeit zu unterstützen. Vor allem Kanada fällt sowohl bezüglich der Personen- als auch der Unternehmensdaten negativ auf. Zusammenfassend lässt sich festhalten, dass für nur wenige Variablen die Datenmenge als unzureichend einzustufen ist. Dies gilt im Besonderen für den Anteil ausländischer Aktiva an den Gesamtaktiva und den Anteil ausländischer Mitarbeiter an der Gesamtmitarbeiterzahl. Dies trifft erneut besonders für Kanada zu.

Ländercluster	**Länder**	**Kontaktierte Unternehmen**	**Rücklaufquote (%)**
Anglo	US	21	9,5
	UK	22	27,2
	CA	27	7,4
Germanic	DE	10	55,5
	CH	18	16,6
	AT	20	20,0
Nordic	SE	13	15,4
	NO	21	19,0
	DK	21	9,5

US: Vereinigte Staaten, UK: Großbritannien, CA: Kanada
DE: Deutschland, CH: Schweiz, AT: Österreich
SE: Schweden, NO: Norwegen, DK: Dänemark

Tabelle 22: Rücklaufquoten der Primärerhebung bezüglich Unternehmensdaten
Quelle: Eigene Darstellung.

b) Strukturmerkmale der Stichprobe

Hinsichtlich der demographischen Strukturmerkmale werden die Größe der Boards, das Durchschnittsalter und der Frauenanteil auf Stichprobenebene vorgestellt. Das im Zentrum der Analyse stehende Demographiemerkmal Nationalität wird im Rahmen der empirischen Analyse detailliert betrachtet und an dieser Stelle auf weiterführende Ausführungen verzichtet. Die durchschnittliche Board-Größe schwankt sehr stark. International scheinen Board-Mitglieder eher (lebens-)erfahrener zu sein. Frauen sind mit einem Verhältnis von 1:10 unterrepräsentiert und der Board im internationalen Vergleich männlich dominiert. Auffällig sind die hohen Werte der Standardabweichung des Frauenanteils.

Die vorliegende Stichprobe ist durch die gewählten Länder sehr heterogen und weist verschiedene Charakteristika in der Spitzenverfassung und den Unternehmenskennzahlen auf. So handelt es sich zwar bei allen Unternehmen der Stichprobe um große Multinationale Unternehmen, jedoch sind diese wiederum sehr unterschiedlich. So stellt sich z.B. das Unternehmen NKT aus Dänemark hinsichtlich der Strukturmerkmale aus Komplexitätsgesichtspunkten anders dar als ein großes U.S.-amerikanisches Unternehmen wie bspw. General Electrics. Die Ergebnisse der durchschnittlichen Werte für die demographischen Strukturmerkmale sind auf Stichprobenebene in Tabelle 23 überblicksartig zusammengefasst.[643]

N = 255	M	SD	Min.	Max.
Board-Größe (Personen)	9,04	3,13	4	19
Board-Durchschnittsalter (Jahren)	57,79	3,88	45,14	66,30
Board-Frauenanteil (%)	10,08	10,84	0	50,00

N: Anzahl der Untersuchungseinheiten, M: Mittelwert, SD: Standardabweichung, Min./Max.: Minimal-/ Maximalwert

Tabelle 23: Ausgewählte demographische Strukturmerkmale der Stichprobe
Quelle: Eigene Berechnung.

Die in der Stichprobe enthaltenen Unternehmen werden durch die in Tabelle 24 dargestellten Branchen repräsentiert. Für die Brancheneinteilung wurde die Standard Industrial Classification (SIC) herangezogen.[644] Es wird sowohl die Ebene der Gesamtstichprobe und der Ländercluster als auch die der einzelnen Länder betrachtet. Hinsichtlich der Brancheneinteilung dominiert die „Verarbeitende Industrie“ gefolgt von dem Bereich „Transportwesen, Kommunikation sowie Energie- und Versorgungswirtschaft“. Betrachtet man die Länderebene, so ist ersichtlich, dass die Verteilung der Unternehmen über die Branchen vergleichbar ist. Es gibt dennoch einige Auffälligkeiten. Der Bereich „Land-, Forstwirtschaft und Fischerei“ ist lediglich durch ein schwedisches Unternehmen vertreten. Die Branche „Bergbau und Baugewerbe“ konzentriert sich stark auf die Länder Kanada und Norwegen, wohingegen der „Groß- und Einzelhandel“ stark durch britische und die „Dienstleistungsbranche“ insbesondere durch U.S.-amerikanische Unternehmen vertreten ist.

[643] Angaben zur den demographischen Strukturmerkmalen auf Ebene der Kulturcluster und den einzelnen Ländern können dem Anhang entnommen werden.

[644] Die Standard Industrial Classification (SIC) wurde inzwischen durch das North American Industry Classification System (NAICS) ergänzt. Vgl. hierzu U.S. Department of Labor (2008), online.

Branchenbezeichnung	Industrie-kennung	SIC Kode	Vertretene Unternehmen												
			Gesamt (%)	Ländercluster (%)			Länder (%)								
				Anglo	Germanic	Nordic	Anglo			Germanic			Nordic		
							US	UK	CA	DE	CH	AT	SE	NO	DK
Land-, Forstwirtschaft und Fischerei	IC1	0XXX	0,5	0	0	1,2	0	0	0	0	0	0	3,3	0	0
Bergbau und Baugewerbe	IC2	1XXX	9,0	12,2	2,4	12,2	0	3,3	33,3	0	0	8,7	13,3	25,0	0
Verarbeitende Industrie	IC3	2XXX	27,8	35,6	27,7	19,5	43,3	43,3	20,0	23,3	36,7	21,7	10,0	20,8	28,6
		3XXX	28,6	14,4	42,2	30,5	26,7	6,7	10,0	40,0	43,3	43,5	46,7	16,7	25,0
		Σ	56,4	50,0	69,9	50,0	70,0	50,0	30,0	63,3	80,0	65,2	56,7	37,5	53,6
Transportwesen, Kommunikation sowie Energie- und Versorgungswirtschaft	IC4	4XXX	19,2	18,9	19,3	19,5	10,0	23,3	23,3	23,3	13,3	21,7	10,0	25,0	25,0
Groß- und Einzelhandel	IC5	5XXX	9,0	13,3	2,4	11,0	10,0	20,0	10,0	6,7	0	0	13,3	8,3	10,7
Dienstleistungen	IC6	7XXX	5,1	5,6	4,8	4,9	10,0	3,3	3,3	3,3	6,7	4,3	3,3	4,2	7,1
		8XXX	0,8	0	1,2	1,2	0	0	0	3,3	0	0	0	0	3,6
		Σ	5,9	5,6	6	6,1	10,0	3,3	3,3	6,6	6,7	4,3	3,3	4,2	10,7
Gesamt			100	100	100	100	100	100	100	100	100	100	100	100	100

US: Vereinigte Staaten, UK: Vereinigtes Königreich, CA: Kanada, DE: Deutschland, CH: Schweiz, AT: Österreich, SE: Schweden, NO: Norwegen, DK: Dänemark; S. Summe; XXX: beliebige Ziffern

Tabelle 24: Brancheneinteilung
Quelle: Eigene Darstellung. Zur Brancheneinteilung vgl. U.S. Department of Labor (2008), online.

Tabelle 25 beinhaltet weitere zentrale Kennzahlen für das Untersuchungsjahr 2004. Für die einzelnen Länder bzw. Ländergruppen wurde jeweils der Mittelwert pro Kennzahl über alle Unternehmen berechnet.

N = 255	Mitarbeiter 2004 (in Tsd.)	Marktkapitalisierung 2004 (in Mio. EUR)	Umsatz 2004 (in Mio. EUR)	Auslandsumsatz 2004 (in %)	ROA 2004 (in %)
Ebene der Kulturcluster					
Anglo	79	46.526	25.167	47,58	9,16
Germanic	52	10.307	13.072	60,42	7,25
Nordic	15	3.438	3.401	63,16	9,04
Ebene der Untersuchungsländer					
US	146	105.239	49.423	44,16	11,81
UK	67	27.162	21.103	54,42	8,53
CA	23	7.177	4.976	44,15	7,14
DE	110	15.518	28.209	56,47	5,81
CH	28	11.909	6.668	59,60	9,52
AT	6	1.423	1.682	66,65	6,16
SE	27	4.617	4.718	63,99	8,90
NO	6	2.952	3.302	59,82	8,96
DK	8	2.592	2.075	65,14	9,26

N: Anzahl der Untersuchungseinheiten,
US: Vereinigte Staaten, UK: Großbritannien, CA: Kanada
DE: Deutschland, CH: Schweiz, AT: Österreich
SE: Schweden, NO: Norwegen, DK: Dänemark
ROA: Return on Assets
jew. Durchschnittsangaben

Tabelle 25: Zentrale Charakteristika der Stichprobe im Überblick
Quelle: Eigene Darstellung auf Basis Thomson Financial.

Hinsichtlich der Mitarbeiterzahlen, der Marktkapitalisierung und des Umsatzes dominiert das Anglo-Cluster und verdeutlicht dessen wirtschaftliche Bedeutung. Dahingegen rangiert es bezüglich des Anteils des Auslandsumsatzes am Gesamtumsatz, als eine Kennzahl der Internationalität, an letzter Stelle. Grundsätzlich drückt sich in den Kennzahlen die Bedeutung und Größe der Länder aus. Dies spiegelt sich auch reziprok in den Auslandsumsatzquoten wider, da hier die kleineren Länder, wie z.B. Österreich, die Schweiz und die nordischen Staaten, die höheren Werte aufweisen. Dies ist u.a. der Größe der jeweiligen Binnenmärkte zuzuschreiben. Unternehmen in kleineren Staaten sind tendenziell stärker gezwungen, potentielle Kunden in Märkten außerhalb des eigenen Staatsgebietes zu erreichen und dementsprechend auf ausländischen Absatzmärkten aktiv zu sein. Die hohe Marktkapitalisierung in den USA und UK spiegelt die Unternehmensgröße wider. Ferner zeigt sich dadurch die Kapitalmarkt- bzw. die Shareholder Value-Orientierung sowie die damit verbundene höhere Marktbewertung der Unternehmen aus angloamerikanischen Ländern. Betrachtet man den Unternehmenserfolg auf Basis des bilanziellen Erfolgsmaßes Return on Assets (ROA), so scheinen vor allem die U.S.-amerikanischen, schweizerischen und skandinavischen Unternehmen erfolgreich zu agieren und ihre Vermögenswerte gewinnbringend einzusetzen.[645]

5.2 Operationalisierung der Modellkomponenten

Im folgenden Abschnitt werden die Modellkomponenten der empirischen Analyse erläutert. Die einzelnen Variablen werden dabei getrennt nach denn drei Fragekomplexen dargestellt.

5.2.1 Modellkomponenten zur Analyse der internationalen und interkulturellen Besetzung von Boards

In diesem Abschnitt werden die Variablen zur Bestimmung der Internationalität bzw. Interkulturalität von Boards, die INIK-Maße sowie die darauf bezogenen potentiellen Einflussgrößen aus dem nationalen bzw. branchenbezogenen Kontext erläutert. Tabelle 26 gibt einen Überblick über die Modellkomponenten des ersten Fragenkomplexes.

Modellkomponente	Abkürzung	Hypothese
I. Fragenkomplex: Internationalität und Interkulturalität von Boards		
a) Maße der internationalen und interkulturellen Board-Zusammensetzung (INIK-Maße)		
- Ausländeranteil (2004)	FBMTBM	H1-H10
- Heterogenität der Nationalitäten (2004)	HETNAT	H1-H10
- Anteil Nicht-Cluster Mitglieder (2004)	NCLBMTBM	H1-H10
- Kulturelle Heterogenität (2004)	HETCULT	H1-H10
b) Einflussvariablen		
• Kultur		H1-H3
- Unsicherheitsvermeidungs-Index	UVI	
- Machtdistanz-Index	MDI	
- Individualismus-Index	IDV	
- Maskulinitäts-Index	MAS	
• Markt		
- Marktgröße I: Bruttoinlandsprodukt (2004)	GDP	H4
- Marktgröße II: Markt für Direktoren (2004)	MFD	H5
- Marktgröße III: Bedeutung großer Unternehmen (2004)	TNCGDP	H6
• Corporate Governance		
- Corporate Governance System (einstufig)	CGSOT	H7
- Rechtskreis (Common Law)	CLS	H8
- Shareholder Value-, Markt-, Outsiderorientierung	SHVMO	H9
• Branche		
- Branchenzugehörigkeit (2004)	IC	H10
- Internationalisierungsgrad der Branche (2004)	DOIICCM	

Tabelle 26: Modellkomponenten des I. Fragenkomplexes
Quelle: Eigene Darstellung.

[645] Vgl. Krause/ Arora (2008), S. 41 f.

a) Maße der internationalen und interkulturellen Board-Zusammensetzung (INIK-Maße)

Für die Zusammensetzung der Boards ist die Kenntnis der Nationalität und der Landeskultur der Mandatsträger erforderlich. Dazu wurde zunächst auf die Angaben zur Staatsangehörigkeit in biographischen Datenbanken zurückgegriffen. Lag kein biographisches Datenmaterial bzw. die doppelte Staatsbürgerschaft vor und konnte auch der Geburtsort nicht ermittelt werden, so wurde zur Erfassung der Nationalität die breiter angelegte Herangehensweise von Hambrick et al. angewandt: „nationality is the country in which an individual spent the majority of his or her formative years.“[646] War auch dies nicht zu bestimmen, so wurde eine Einschätzung auf Basis des Wohnorts, der Ausbildung, der Mitgliedschaft bzw. Mitarbeit in staatlichen Institutionen oder des Namens vorgenommen.[647] Konnten auch diese Informationen nicht ermittelt werden, so wurde die Nationalität primär telefonisch oder via Email erfragt. Auf Basis dieser Erkenntnisse wurden diejenigen Direktoren als ausländisch eingestuft, die folgende, in der Literatur weit verbreitete Definition erfüllten: „a “non-national” or “foreign” board member [is] an individual whose citizenship is different from the company’s legal domicile”.[648]

Die internationale bzw. interkulturelle Zusammensetzung der einzelnen Boards wurden über vier Maße abgebildet (INIK-Maße). Neben Kennzahlen, die auf die Variable Nationalität abstellen, wurden in Anlehnung an die Forderung von Caligiuri, Lazarova und Zehetbauer auch Maßzahlen aufgenommen, die auf den kulturellen Aspekt abzielen.[649] Sowohl für die nationale als auch die kulturelle Zusammensetzung wurden jeweils ein Verhältnis- und ein Heterogenitätsmaß berechnet. Abbildung 37 gibt einen Überblick über die angewandten Kennzahlen.

Die erste Verhältniszahl, die auf die Nationalität der Mandatsträger abstellt, ist der Ausländeranteil im Board. Dieses Maß lehnt sich an die Konstruktion von Auslandsquoten an. Die Kennzahl bewegt sich zwischen 0 und 1.

$$FBMTBM = \frac{FBM}{TBM}$$

FBMTBM:	Ausländeranteil im Board (Ratio Foreign Board-Members to Total Board-Members)
FBM:	Anzahl ausländischer Board-Mitglieder (Foreign Board-Members)
TBM:	Gesamtzahl der Board-Mitglieder (Total Board-Members)

Formel 2: Ausländeranteil im Board
Quelle: Eigene Darstellung.

[646] Hambrick et al. (1998), S. 183.
[647] Vgl. Staples (2007), S. 315; Gong (2006), S. 780; vgl. Tasler (2001), S. 12 f.
[648] Staples (2007), S. 314.
[649] Vgl. Tacheva (2007), S. 64; vgl. Caligiuri/ Lazarova/ Zehetbauer (2004), S. 855.

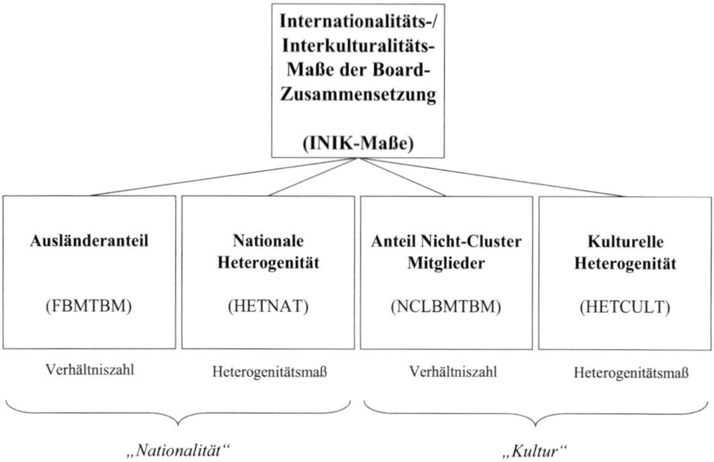

Abbildung 37: Internationalitäts-Interkulturalitäts-Maße (INIK-Maße)
Quelle: Eigene Darstellung.

Die auf die kulturelle Herkunft der Mandatsträger im Board abstellende Verhältniszahl ist von der Nationalität der Mandatsträger abgeleitet. Die Kennzahl greift diejenigen Direktoren im Board auf, die nicht aus dem Kulturkreis des Unternehmensstammsitzes kommen. Board-Mitglieder des Kulturkreises in dem das Unternehmen seinen Stammsitz hat, wurden von der Berechnung ausgeschlossen. Die Zuordnung von Nationalitäten zu bestimmten Kulturkreisen fußt auf der zehn Kulturcluster umfassenden Einteilung von Ronen und Shenkar.[650] Jene Kennzahl berücksichtigt die Interkulturalität und die mit dieser verbundenen Vielfalt an Einstellungen, Normen und Werthaltungen. Diese können sich im Entscheidungsfindungsprozess und damit im Ergebnis niederschlagen. Das Maß schwankt zwischen 0 und 1. Stammen z.B. alle Direktoren eines amerikanischen Unternehmens aus dem Anglo-Cluster, so nimmt dieser Wert die Zahl 0 an. Für den Fall, dass sich der Board ausschließlich mit Persönlichkeiten aus Deutschland, Schweden und Italien zusammensetzt, beträgt der Wert dieser Kennzahl 1.

$$NCLBMTBM = \frac{NCLBM}{TBM}$$

NCLBMTBM:	Anteil Nicht-Cluster Board-Mitglieder (Ratio Non-Cluster Board-Members to Total Board-Members)
NCLBM:	Anzahl von Board-Mitgliedern, die von außerhalb des Kulturkreises des Unternehmens stammen (Non-Cluster Board-Members)
TBM:	Gesamtzahl der Board-Mitglieder (Total Board-Members)

Formel 3: Anteil von Direktoren im Board von außerhalb des Heimatclusters des Unternehmens
Quelle: Eigene Darstellung.

[650] Vgl. Ronen/ Shenkar (1985), S. 449.

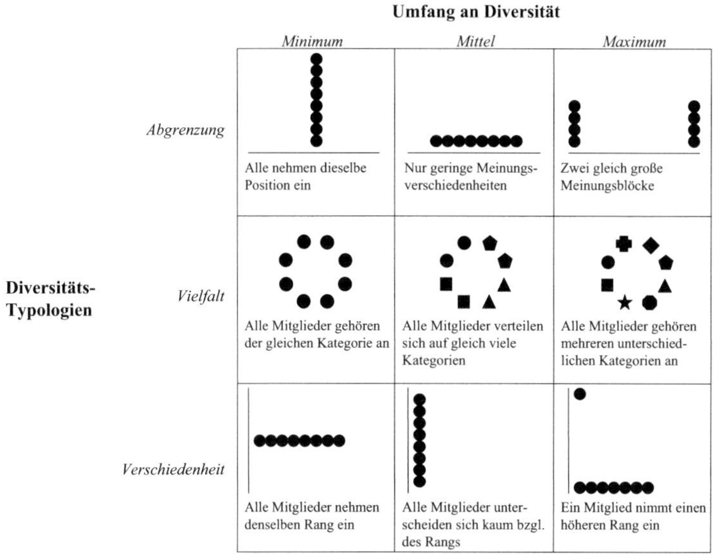

Abbildung 38: Diversitäts-Typologien und deren Ausprägungen
Quelle: Eigene Darstellung in Anlehnung an Harrison/ Klein (2007), S. 1202 ff.

Verhältnismaße bilden Diversität nur eingeschränkt ab. Sie sind in erster Linie nur bei einer geringen Anzahl von Ausländern im Board aussagekräftig. Daher wurden zusätzlich auf die Nationalitäten und die Kulturen im Board bezogene Heterogenitätsmaße berechnet. Die Heterogenitätsmaße schaffen so ein tieferes Verständnis der Board-Diversität und bilden die Verteilung der Nationalitäten bzw. Kulturen im Board vor dem Hintergrund seiner Größe besser ab.[651] Harrison und Klein weisen auf große Lücken hinsichtlich der Erfassung von Diversität in der wissenschaftlichen Literatur hin.[652] Sie differenzieren zwischen drei Kategorien von Diversität: „Separation" (Abgrenzung), „Variety" (Vielfältigkeit) und „Disparity" (Verschiedenheit).[653] Der Begriff Separation stellt dabei auf divergierende Werthaltungen, Einstellungen und Meinungen, die Typologie Variety auf Unterschiede in der Gattung, der Herkunft oder der Kategorie und die Gruppe Disparity auf unterschiedliche (soziale) Stellungen oder Ressourcen ab.[654] Zur Erfassung der Vielfältigkeit eigne sich,

[651] Vgl. Birkner (2005), S. 80. Caligiuri, Lazarova und Zehetbauer zeigen dies anhand eines Beispiels auf: „A company where, for example, three out of six TMT members are foreign nationals, will have a ratio of 0.5. However, two separate sub-cases need to be considered here – one in which all three of the foreign nationals are nationals of the same country (e.g. three Canadians in the management team of an American company) and another one where all three are from different countries (e.g. a Canadian, a German, and a Swede in the management team of an American company). While both hypothetical companies have the same top management diversity ratio, it is clear that the actual diversity in the two companies is not the same." Caligiuri/ Lazarova/ Zehetbauer (2004), S. 855.

[652] Vgl. Harrison/ Klein (2007), S. 1200 ff.

[653] Harrison/ Klein (2007), S. 1203.

[654] Vgl. Harrison/ Klein (2007), S. 1202 f.

so die Autoren, insbesondere der sog. Blau-Index.[655] Die jeweiligen Ausprägungen der Typologien können Abbildung 38 entnommen werden.

Die im Rahmen der vorliegenden Arbeit herangezogenen Heterogenitätsmaße lehnen sich ebenfalls an diesen Blau-Index zur Erfassung der Gruppenheterogenität an, welcher neben der von Harrison und Klein propagierten theoretischen Vorteilhaftigkeit auch methodisch in der Top Management Team- und der Board Diversitäts-Forschung weit verbreitet ist.[656] Formal stellt sich dieser Index wie folgt dar:

$$B = 1 - \frac{\sum x_i}{(\sum x_i)^2}$$

B: Blau Index
x_i: Anzahl der Personen in der i-ten Gruppe; Summe über alle Gruppen hinweg

Formel 4. Blau-Index
Quelle: Blau (1977), S. 9.

Das Heterogenitätsmaß nach Blau kann theoretisch zwischen 0 und 1 schwanken. Den Wert 0 nimmt das Maß an, wenn alle Gruppenmitglieder hinsichtlich der Differenzierungsvariable identisch sind. Verteilt sich jedoch die Gruppenzugehörigkeit auf mehrere Kategorien, so nähert sich der Blau-Index dem Wert 1 an. Die Maximierung des Index ist dann erreicht, wenn gleiche Anteile der Gruppenmitglieder sich auf jede mögliche Kategorie gleich verteilen. Demnach sind die konkreten Ausprägungen des Blau-Index an die Anzahl von Kategorien bzw. Gruppen gebunden. Der Minimalwert bleibt immer 0, wohingegen der Maximalwert bei (k-1)/k liegt, wobei k die Anzahl aller Gruppen bzw. Kategorien widerspiegelt.[657] Die allgemeine Form des Blau-Index lässt sich vereinfachen, wenn die Anzahl der Personen in der jeweiligen Gruppe sich als Anteil der Gesamtpopulation darstellen lassen. So lautet der simplifizierte Blau-Index:

$$B = 1 - \sum p_i^2$$

B: Blau Index
p_i: Anteil der Personen in der i-ten Gruppe

Formel 5: Blau-Index (vereinfacht)
Quelle: Blau (1977), S. 9, S. 78.

Auf Grundlage dieser Überlegungen ergibt sich für die Maße der Heterogenität von Nationalitäten und Kulturen folgende formale Notation:

[655] Vgl. Harrison/ Klein (2007), S. 1210 f.

[656] Vgl. Harrison/ Klein (2007), S. 1211; vgl. Ruigrok/Greve (2007), S. 11; vgl. Tacheva (2007), S. 80; vgl. Gong (2006), S. 781; vgl. Harrison/ Sin (2006), S. 206; vgl. Birkner (2005), S. 80; vgl. Kilduff/ Angelmar/ Mehra (2000), S. 27; vgl. Blau (1977), S. 9.

[657] Vgl. Harrison/ Klein (2007), S. 1211 f.; vgl. Harrison/ Sin (2006), S. 206.

$HETNAT = 1 - \sum p_i^2$	HETNAT:	Heterogenität der Nationalitäten (National Heterogeneity)
	p_i:	Anteil der Personen der i-ten Nationalität
$HETCULT = 1 - \sum p_i^2$	HETCULT:	Kulturelle Heterogenität (Cultural Heterogeneity)
	p_i:	Anteil der Personen in der i-ten Kulturgruppe

Formel 6: Heterogenitätsmaße
Quelle: Eigene Darstellung in Anlehnung an Blau (1977), S. 9, S. 78.

Da die Zuordnung der einzelnen Board-Mitglieder zu Kulturkreisen auf Basis der zehn kulturellen Ländergruppen von Ronen und Shenkar erfolgt, reicht die Spannweite der kulturellen Heterogenität von 0 bis 0,9.[658] Die Spannweite der Heterogenität der Nationalitäten hingegen bestimmt sich über das größte Board der untersuchten Unternehmen. Je größer der Wert der Heterogenitätsmaße, desto größer die damit verbundene Facettenhaftigkeit der Charakteristika der einzelnen Direktoren.[659] Da international besetzte Boards nicht zwingend mit interkulturell besetzten Boards gleichgesetzt werden können, wird die Berücksichtigung kultureller Maßzahlen bei einer steigenden Anzahl ausländischer Direktoren immer bedeutsamer.[660]

b) Einflussvariablen

Die Einflussgrößen auf die internationale bzw. interkulturelle Zusammensetzung von Boards wurden über Variablen erfasst, die sich zum einen auf die nationalen Aspekte Kultur, Markt und Corporate Governance und zum anderen auf die Branche beziehen.

- Kultur als Einflussfaktor

Der Einfluss des Faktors Kultur wurde durch die Analyse systematischer Unterschiede zwischen den Ländern eines Kulturclusters untereinander und zwischen den jeweiligen Kulturclustern überprüft. Ferner wurden Hofstedes vier originäre Kulturdimensionen in die Analyse integriert. Die für die Untersuchungsländer von Hofstede angegebenen Ausprägungen der Kulturdimensionen wurden den Unternehmen eines Landes jeweils zugeordnet.

- Markt als Einflussfaktor

Der Markt als Einflussgröße wurde durch zwei Größen operationalisiert. Die Größe einer Volkswirtschaft wurde durch das Bruttoinlandsprodukt (GDP) im Jahre 2004 abgebildet. Diese Variable wurde ferner zur Anpassung an die Normalverteilung logarithmiert.[661]

---

[658] Vgl. Ronen/ Shenkar (1985), S. 445.
[659] Vgl. Tacheva (2007), S. 80.
[660] Vgl. Caligiuri/ Lazarova/ Zehetbauer (2004), S. 856.
[661] Vgl. La Porta et al. (1998), S. 1148.

Der Markt für Direktoren (MFD) in den Untersuchungsländern im Jahre 2004 wurde durch den Bevölkerungsanteil der 25- bis 65-Jährigen, die eine tertiäre Ausbildung aufweisen können, dargestellt. Diese Größe wiederum wurde im Hinblick auf die Anzahl der gelisteten Unternehmen pro Untersuchungsland normiert, da kleinere Staaten eine geringere Anzahl an Unternehmen aufweisen und somit insgesamt weniger Mandate zu besetzen haben. Das Ausbildungsniveau wurde berücksichtigt, da für die Besetzung von Board-Mandaten i.d.R. bestimmte qualifikatorische Anforderungen an die Organmitglieder gerichtet werden.[662]

$$MFD = \ln\left(\frac{TERTEDU}{LISTCOMP}\right)$$

MFD:	Markt für Direktoren (Market for Directors)
TERTEDU:	Anzahl von Personen mit einer tertiären Ausbildung in der Altersklasse der 25- bis 65-Jährigen (Tertiary Education)
LISTCOMP:	Anzahl der an der Börse gelisteten einheimischen Aktiengesellschaften (Listed Companies)
ln	Logarithmus Naturalis

Formel 7: Markt für Direktoren
Quelle: Eigene Darstellung.

Das Bruttoinlandsprodukt (GDP in current USD) wurde den World Development Indicators 2007 der Weltbank entnommen. Das Datenmaterial zum Markt für Direktoren entstammt dem OECD Observer – OECD In Figures 2007.[663]

Zur Berücksichtigung der Bedeutung der großen Unternehmen eines Landes wurde der TNC-Index gebildet. Das Maß setzt die Anzahl der von den jeweiligen Untersuchungsländern gestellten Unternehmen an den 100 größten Transnationalen Unternehmen („The world's top 100 non-financial TNCs") zu der jeweiligen Größe des Heimatmarktes, gemessen in Milliarden USD, ins Verhältnis.[664]

$$TNCGDP = \frac{TNCC}{GDPC}$$

TNCGDP:	TNC-Index für das Jahr 2004
TNCC:	Anzahl der Unternehmen pro Untersuchungsland in der 2004er UNCTAD-Liste „World's top 100 non-financial TNC"
GDPC:	Marktgröße des jeweiligen Untersuchungslandes gemessen am Bruttoinlandsprodukt im Jahre 2004

Formel 8: TNC-Index
Quelle: Eigene Darstellung.

- Corporate Governance als Einflussfaktor

Der Einflussfaktor Corporate Governance wurde durch drei Größen abgebildet, die jeweils binär kodiert sind. Das erste Merkmal umfasst das Vorhandensein eines einstufigen Corporate Gover-

---

662 Dies gilt im Besonderen für die Anteilseignerseite. Vgl. hierzu Perlitz/ Seger/ Becker (2006), S. 52 ff.; vgl. Oechsler (2003), S. 310 ff.; vgl. Demb/ Neubauer (1992), S. 174.
663 Vgl. OECD Observer (2007), S. 52.
664 Vgl. UNCTAD (2006), S. 280 ff.

nance-Systems (CGSOT) in den betrachteten Ländern. Für jedes Unternehmen wurde demnach überprüft, ob es einem Land mit einstufigem oder mit zweistufigem System zuzuordnen ist. Analog wurde hinsichtlich des Rechtssystems zwischen Common Law-System (CLS) und abweichenden Rechtskreisen unterschieden. Abschließend wurde als dritte auf die Corporate Governance bezogene Kontextgröße das Vorherrschen einer Shareholder Value-, Markt- und Outsiderorientierung (SHVMO) in den Ländern erfasst und für jede Untersuchungseinheit abgeglichen.

- Branche als Einflussfaktor

Zur Untersuchung eines möglichen Brancheneinflusses wurde zunächst analysiert, ob zwischen den einzelnen Branchen systematische Unterschiede in den Mittelwerten der vier INIK-Maße vorliegen. Somit findet die Auswertung nicht auf Ebene der Untersuchungsländer, sondern auf der Ebene der Branchen statt. Zur Untersuchung des Brancheneinflusses auf die INIK-Maße wurde der Internationalisierungsgrad der jeweiligen Branche (DOIICCM) im Jahre 2004 in der Analyse berücksichtigt. Dieser bestimmt sich analog der Zusammensetzungsmaße des Boards als das arithmetische Mittel des Internationalisierungsgrades der einzelnen Unternehmen innerhalb der jeweiligen Branchen. Bezüglich der Operationalisierung dieses Konstruktes sei an dieser Stelle auf Abschnitt 5.2.3 verwiesen.

5.2.2 Modellkomponenten zur Analyse der Herkunft ausländischer Board-Mitglieder

Ausgangspunkt des zweiten Fragenkomplexes ist die deskriptive Analyse der Herkunft der ausländischen Direktoren. Der weiterführende Teil dieses Komplexes thematisiert Faktoren, die die Herkunft der ausländischen Direktoren beeinflussen. Tabelle 27 beinhaltet die Untersuchungsvariablen im Überblick.

a) Anteil ausländischer Direktoren pro Herkunftsland

Zur Abbildung des Anteils ausländischer Direktoren pro Herkunftsland wurde eine Variable konstruiert, die den Anteil ausländischer Mandatsträger aus einem bestimmten Herkunftsland an der Gesamtzahl aller ausländischen Mandatsträger der Unternehmen eines Untersuchungslandes widerspiegelt (SHAFDIREC).

Modellkomponente	Abkürzung	Hypothese
II. Fragenkomplex: Herkunft der ausländischen Direktoren		
a) Anteil ausländischer Direktoren pro Herkunftsland	SHAFDIREC	H11
b) Einflussvariablen		
• Kultur		
- Kulturelle Distanz	CULTDIS	H11a
- Geographische Distanz	GEODIS	H11b
- Gleichheit der Amtssprachen	OLANG	H11c
• Markt		
- Marktgröße I: Bevölkerungszahl (2004)	POPFC	H11d
- Marktgröße II: Wachstum Bruttoinlandsprodukt (2004)	GDPG	H11e
• Corporate Governance		
- Corporate Governance-Systemgleichheit	CCGS	H11f

Tabelle 27: Modellkomponenten des II. Fragenkomplexes
Quelle: Eigene Darstellung.

b) Einflussvariablen

• Kultur als Einflussfaktor

Zur Kontextgruppe Kultur zählen die kulturelle und geographische Distanz sowie die Gleichheit der Amtssprachen. Die kulturelle Distanz (CULTDIS) wird in Anlehnung an Manev und Stevenson sowie Morosini, Shane und Singh als euklidische Distanz operationalisiert und spiegelt die Unterschiede in den vier Kulturdimensionen nach Hofstede zwischen dem Heimatland des Unternehmens und dem Herkunftsland eines ausländischen Direktors wider.[665]

$$CULTDIS_{ij} = \sqrt{\sum_{k=1}^{4} (D_{jk} - D_{ik})^2}$$

$CULTDIS_{ij}$: Kulturelle Distanz zwischen Stammsitzland i des Unternehmens und dem Herkunftsland j des ausländischen Direktors (Cultural Distance)

D_{ik}, D_{jk}: Indizes der k-ten Kulturdimension nach Hofstede im i-ten und j-ten Land

Formel 9: Kulturelle Distanz
Quelle: Manev/ Stevenson (2001), S. 290 f.; vgl. Morosini/ Shane/ Singh (1998), S. 144.

Die geographische Distanz (GEODIS) zwischen dem Stammsitzland des Unternehmens und dem Heimatland des ausländischen Direktors bestimmt sich durch die Entfernung zwischen den jeweiligen Hauptstädten der beiden Länder in Kilometern.[666] Beide Distanzmaße wurden zur besseren Anpassung an die Normalverteilung logarithmiert. Die Gleichheit der Amtssprachen (OLANG) zwischen dem Stammsitzland des Unternehmens und dem Herkunftsland des einzelnen ausländischen Direktors basiert auf den Angaben der Datenbank Fischer Weltalmanach 2008. Haben beide Länder eine einheitliche Amtssprache, so wurde der binär kodierten Variablen die Größe 1, andernfalls eine 0 zugeordnet.

[665] Vgl. Manev/ Stevenson (2001), S. 290 ff.; vgl. Morosini/ Shane/ Singh (1998), S. 143 f.

[666] Vgl. Khanna/ Kogan/ Palepu (2006), S. 72. Die Berechnung erfolgte mittels des „City Distance Tools" auf www.geobytes.com.

- Markt als Einflussfaktor

Die Einflussgröße Markt wurde in Form von zwei Größen modelliert. Dies ist zum einen die Bevölkerungsanzahl im Herkunftsland (POPFC) und das Wachstums des Bruttoinlandsproduktes im Herkunftsland (GDPG) im Jahre 2004. Beide Größen wurden der Datenbank World Development Indicators 2007 entnommen. Die Marktgröße Bevölkerungszahl wurde zur besseren Anpassung an die Normalverteilung logarithmiert.

- Corporate Governance als Einflussfaktor

Der potentielle Einfluss des Aspektes Corporate Governance wurde über die binär kodierte Variable der Corporate Governance-Systemgleichheit (CCGS) abgedeckt. Weisen das Stammland des Unternehmens und das Herkunftsland des ausländischen Direktors identische Systeme auf, so wurde für diesen Fall die Zahl 1 zugewiesen. Haben diese beiden Länder divergierende Systeme wurde der Wert 0 zugeordnet.

5.2.3 Modellkomponenten zur Analyse der Folgen einer internationalen und interkulturellen Zusammensetzung von Boards bezüglich der Unternehmensinternationalisierung und des Unternehmenserfolgs

Tabelle 28 gibt einen Überblick über die abhängigen Variablen sowie die Kontrollvariablen der Regressionsmodelle zur Analyse des Einflusses einer internationalen bzw. interkulturellen Board-Zusammensetzung auf die Unternehmensinternationalisierung und den -erfolg.

a) Maße der internationalen und interkulturellen Board-Zusammensetzung als unabhängige Variablen (INIK-Maße)

Die unabhängigen Variablen in Form der INIK-Maße wurden bereits in Abschnitt 5.2.1 vorgestellt und werden daher an dieser Stelle nicht erneut aufgegriffen.

III. Fragenkomplex: Folgen einer internationalen bzw. interkulturellen Board-Zusammensetzung		
a) Unabhängige Variablen (2004): Maße der internationalen und interkulturellen Board-Zusammensetzung (INIK-Maße)		
- Ausländeranteil (2004)	FBMTBM	H12a, H13aa, H13ab
- Heterogenität der Nationalitäten (2004)	HETNAT	H12b, H13ba, H13bb
- Anteil Nicht-Cluster Mitglieder (2004)	NCBMTBM	H12c, H13ca, H13cb
- Kulturelle Heterogenität (2004)	HETCULT	H12d, H13da, H13db
b) Abhängige Variablen (2005/2006)		
• Unternehmensinternationalisierung	DOICM	H12
• Unternehmenserfolg		H13
- bilanzielles Maß: Return on Assets (ROA)	ROA	H13aa, H13ba, H13ca, H13da
- marktliches Maß: Tobin's Q (Q-Ratio)	QRATIO	H13ab, H13bb, H13cb, H13db
c) Kontrollvariablen (2004)		
• Board		
- Frauenanteil	FEMBMTBM	H12, H13
- Altersheterogenität	HETAGE	H12, H13
- Größe	BSIZE	H12, H13
• Unternehmen und Governance		
- Ausländischer Anteilsbesitz	FHOLD	H12, H13
- Staatlicher Anteilsbesitz	GHOLD	H12, H13
- Produktdiversifikation	PDIV	H12, H13
- Forschungs- & Entwicklungsintensität	RDINT	H12, H13
- Unternehmensalter	FAGE	H12, H13
- Unternehmensgröße	FSIZE	H12, H13
• Dummy-Variablen		
- Branche	IC1-IC6	H12, H13
- Länder	DE, CH, AT, US, UK, CA, SE, NO, DK	H12, H13

Tabelle 28: Modellkomponenten des III. Fragenkomplexes
Quelle: Eigene Darstellung.

b) Unternehmensinternationalisierung und Kennzahlen des Unternehmenserfolgs als abhängige Variablen

• Messung des Internationalisierungsgrades von Unternehmen

Der im Rahmen der vorliegenden Untersuchung berechnete und als abhängige Variable untersuchte Internationalisierungsindex orientiert sich, wie zahlreiche Untersuchungen z.B. aus der Top Management Team-Forschung, an den Erkenntnissen Sullivans und greift die ergebnisorientierte, die strukturelle und die einstellungsbezogene Dimension der Internationalisierung auf.[667] Diese drei Dimensionen wurden in Form von zwei Auslandsquoten und einem Streuungsmaß zu einem Index

[667] Vgl. exemplarisch Lee/ Park (2006), S. 201; vgl. Caligiuri/ Lazarova/ Zehetbauer (2004), S. 849 f.; vgl. Carpenter/ Fredrickson (2001), S. 538; vgl. Carpenter/ Sanders/ Gregersen (2001), S. 500 f.; vgl. Daily/ Certo/ Dalton (2000), S. 519; vgl. Tihanyi et al. (2000), S. 1167; vgl. Reuber/ Fischer (1997), S. 813; vgl. Sullivan (1994), S. 331.

zusammengefasst.[668] Die ergebnisorientierte Dimension wurde in Form des Auslandsanteils am Umsatz als das wohl am weitesten verbreitete eindimensionale Maß der Internationalisierung bzw. der internationalen Diversifizierung berücksichtigt.[669] Des Weiteren wurden der Anteil ausländischer Niederlassungen an allen Niederlassungen eines Unternehmens als strukturelle Dimension sowie, basierend auf den zehn kulturellen Länderclustern von Ronen und Shenkar, der Anteil der Kulturcluster, in denen ein Unternehmen Niederlassungen hat, als einstellungsbezogene Dimension aufgenommen.[670] Dabei wurden unter Niederlassungen diejenigen Einheiten verstanden, an denen das Mutterunternehmen die Kapital- bzw. Stimmrechtsmehrheit hat.[671]

$$DOICM = \left(\frac{FSTS + FSUBTSUB + PDSUB}{3} \right)$$

DOICM:	Mehrdimensionaler Internationalisierungsindex als arithmetisches Mittel der Jahre 2005 und 2006, normiert auf die Spannweite 0,0 bis 1,0 (Degree of Internationalization, Composite Measure)
FSTS:	Durchschnittlicher Auslandsanteil am Umsatz der Jahre 2005 und 2006 (Foreign Sales to Total Sales)
FSUBTSUB:	Durchschnittlicher Anteil ausländischer Niederlassungen der Jahre 2005 und 2006 (Foreign Subsidiaries to Total Subsidiaries)
PDSUB:	Durchschnittlicher Anteil an den zehn kulturellen Ländergruppen von Ronen und Shenkar der Jahre 2005 und 2006 in denen ein Unternehmen Niederlassungen hat (Psychic Dispersion of Subsidiaries)

Formel 10: Internationalisierungsindex
Quelle: Eigene Darstellung.

Während die ersten beiden Größen die Abhängigkeit von Auslandsmärkten und Auslandsressourcen abbilden, stellt die letztere die kulturell-geographische Streuung dieser beiden und die damit korrespondierende Komplexität dar.[672] Die Integration eines Streuungsmaßes wird von Ietto-Gillies explizit gefordert.[673] Auch wenn Caligiuri, Lazarova und Zehetbauer eine mögliche Über- bzw. Untergewichtung der internationalen Komplexität durch die Berücksichtigung der Verteilung der Niederlassungen auf die zehn Kulturcluster, kritisch betrachten, wird an dieser Größe festgehalten,

---

[668] Vgl. Dörrenbächer (2000), S. 123. Vor dem Hintergrund des zur Verfügung stehenden Datenmaterials beschränkt sich der Index im Vergleich zu Sullivan auf drei Kennzahlen, da nicht für alle Untersuchungseinheiten Daten für ausländische Aktiva generiert werden konnten. Die Ermittlung des Anteils ausländischer Board-Mitglieder und deren Auslandserfahung ist im Rahmen der vorliegenden Untersuchung nicht sinnvoll, da die Zusammensetzung des Boards nicht gleichzeitig als abhänige und unabhängige Größe in das Untersuchungsmodell eingehen kann.

[669] Vgl. Yeoh (2004), S. 521; vgl. Fisch/ Oesterle (2003), S. 4; vgl. Tihanyi et al. (2000), S. 1167; vgl. Sherman/ Kashlak/ Joshi (1998), S. 324.; vgl. Reuber/ Fischer (1997), S. 814; vgl. Sambharya (1996), S. 743; vgl. Sullivan (1994), S. 327 ff.

[670] Vgl. Sherman/ Kashlak/ Joshi (1998), S. 324 f.; vgl. Sullivan (1994), S. 340; vgl. Ronen/ Shenkar (1985), S. 449.

[671] Vgl. Black (1997), S. 61.

[672] Vgl. z.T. kritisch Caligiuri/ Lazarova/ Zehetbauer (2004), S. 850, Hassel et al. (2003), S. 711, Dörrnbächer (2000), S. 124 ff. und Ramaswamy/ Kroeck/ Renforth (1996), S. 167 ff.; ferner vgl. Carpenter/ Fredrickson (2001), S. 538; vgl. Sullivan (1994), S. 333 f.; vgl. Stopford/ Wells (1972), S 30 ff.

[673] Vgl. Ietto-Gillies (1998), S. 23 ff.

da in der vorliegenden Arbeit explizit der Aspekt Kultur in die Analyse integriert wird.[674] Dieser wurde bei der Betrachtung der Board-Zusammensetzung aufgegriffen und sollte sich demnach auch in der Berechnung des Internationalisierungsgrades wiederfinden. Der für die Jahre 2005 und 2006 als Durchschnittsgröße gebildete mehrdimensionale Sullivan-Internationalisierungsindex (DOICM) ist in Formel 10 dargestellt.

Wie bereits bei der Vorstellung des Untersuchungsmodells erläutert, wurde der Index als arithmetisches Mittel der Jahre 2005 und 2006 konstruiert, um zum einen eine kausale Interpretation zu ermöglichen und zum anderen zufällige Schwankungen auszugleichen.[675] Für die Jahre 2005 und 2006 wurden die einzelnen Werte für alle Unternehmen ermittelt, das arithmetische Mittel gebildet und die jeweiligen Kennzahlen addiert. Die Aggregation ist aufgrund des metrischen Skalenniveaus der Größen unproblematisch. Die Indikatoren sind auf dem 0,1 %-Niveau korreliert und annähernd normalverteilt. Zur Bildung des Index wurde auf das multivariate Verfahren der Faktoranalyse[676] zurückgegriffen. Die drei Variablen laden auf einen Faktor mit einem hohen Eigenwert, der gemäß dem Kaiser-Kriterium größer als 1 ist und Faktorladungen über 0,5 sowie bezüglich der Reliabilität ein akzeptables Cronbach's Alpha in Höhe von 0,75 aufweist. Die Normierung auf eine Spannweite von 0 bis 1 dient dem besseren Verständnis und als Interpretationshilfe. Demnach kann der Index im Sinne einer Prozentzahl interpretiert werden. Sullivans Bezeichnung „Overseas Subsidiaries" wurde durch „Foreign Subsidiaries" ersetzt, um Verständnisproblemen vorzubeugen, da die vorliegende Untersuchung keinen rein U.S.-amerikanischen Fokus hat und somit nicht nur die Überseeniederlassungen gemeint sind. Corporate Governance-Größen wurden nicht in den Internationalisierungsindex integriert, da der Board nicht gleichzeitig Explanans und Explanandum sein kann. Ferner weisen Hassel et al. in ihrer Untersuchung darauf hin, dass die finanziellen Dimensionen der Internationalisierung, wie z.B. Börsennotierungen an ausländischen Börsenplätzen oder die Anwendung internationaler Rechnungslegungsstandards, in einem internationalen Vergleich unter Integration angloamerikanischer Länder nur bedingt sinnvoll sei, da dies aufgrund der Verbundenheit dieser Nationen mit eben diesen Standards zu Verzerrungen führen würde.[677]

[674] Vgl. Caligiuri/ Lazarova/ Zehetbauer (2004), S. 850 ff.; vgl. Ramaswamy/ Kroeck/ Renforth (1996), S. 167 ff.

[675] Vgl. Carpenter/Fredrickson (2001), S. 538.

[676] Die Faktoranalyse ist ein multivariates Analyseverfahren, das zur Reduktion einer Vielzahl von miteinander korrelierten Variablen auf einige wenige zentrale bzw. latente Variablen führt. Dies dient der Aufdeckung latenter Strukturen, der Datenreduktion oder der Überprüfung von Messkonstrukten. Für nähere Informationen zur Faktoranalyse vgl. Backhaus et al. (2006), S. 259 ff. und Janssen/ Laatz (2003), S. 457 ff.

[677] Vgl. Hassel et al. (2003), S. 718 f., S. 721.

- Kennzahlen des Unternehmenserfolgs

Zur Abbildung des Unternehmenserfolgs wurde zum einen das bilanzorientierte Maß Return on Assets (ROA) und zum anderen das kapitalmarktorientierte Maß Tobin's Q (QRATIO) herangezogen.

Kiel und Nicholson argumentieren bezüglich der bilanziellen Erfolgsmaße wie folgt: „Developed as a reporting mechanism, they represent the impact of many factors, including the past success of advice given from the board to the management team and are the traditional mainstay of corporate performance measures.“[678] Hinsichtlich der auf den Markt bezogenen Erfolgsgrößen konstatieren die Autoren: "market-based measures of firm performance relate to the overall value placed on the firm by the market and may not bear any relationship to asset valuation, current operations or even the firm's historical profitability."[679] Ferner stehen letztere Bewertungsgrößen für zukünftige Einnahmen eines Unternehmens und berücksichtigen so als vorausschauende Indikatoren die Unternehmensstrategie und -planung.[680] Für diese Größen ist weder eine Normierung noch eine Risikoanpassung notwendig und sie erleichtern den Vergleich zwischen Unternehmen.[681] Beide Kennzahlen bzw. im Falle des Tobin's Q die zur Berechnung herangezogenen Größen, wurden der Worldscope-Datenbank entnommen und als arithmetisches Mittel der Jahre 2005 und 2006 operationalisiert, um sowohl eine kausale Interpretation zu begünstigen als auch zufällige Schwankungen in den Werten zu glätten.[682]

Der ROA spiegelt die Effizienz, mit der ein Unternehmen seine Aktiva zur Gewinnerzielung einsetzt, wider.[683] Diese Kennzahl ist „[p]erhaps the most common measure of firm performance in management research“.[684] Auch bezüglich der Abbildung des Zusammenhangs zwischen der Board-Besetzung und dem Unternehmenserfolg zählt der ROA zu einem häufig eingesetzten Konstrukt.[685] Obwohl finanzorientierte Bilanzkennzahlen zur Erfassung des Unternehmenserfolgs zahlreichen Kritikpunkten, wie z.B. der systematischen Unterbewertung von Aktiva oder der Abhängigkeit von der gewählten Konsolidierungsmethode, ausgesetzt sind, gilt der ROA noch als das Maß, welches am wenigsten anfällig für Manipulationen seitens des Managements ist.[686] Da die Berechnungswei-

[678] Kiel/ Nicholson (2003), S. 196.
[679] Kiel/ Nicholson (2003), S. 197.
[680] Vgl. Kiel/ Nicholson (2003), S. 197.
[681] Vgl. Lang/ Stulz (1994), S. 1249.
[682] Vgl. Kiel/ Nicholson (2003), S. 197.
[683] Vgl. Dess/ Lumpkin/ Eisner (2008), S. 456; vgl. Carpenter/ Sanders/ Gregersen (2001), S. 500; vgl. Kim/ Hwang/ Burgers (1989), S. 50.
[684] Gómez-Meija/ Palich (1997), S. 318.
[685] Vgl. Wagner/ Stimpert/ Fubara (1998), S. 661 f.
[686] Vgl. Daily/ Certo/ Dalton (2000), S. 519; vgl. Dalton/ Daily/ Ellstrand/ Johnson (1998), S. 274.

sen z.T. stark divergieren sei an dieser Stelle auf die gängigste und einfachste Methode verwiesen, die Formel 11 entnommen werden kann.[687]

$$ROA = \frac{NI}{TA}$$

ROA: Return on Assets
NI: Net Income
TA: Total Assets

Formel 11: Return on Assets als bilanzielles Erfolgsmaß
Quelle: Dess/ Lumpkin/ Eisner (2008), S. 98.

Das auf James Tobin zurückgehende Maß Tobin's Q[688] dient der Bewertung von Unternehmen und erfreut sich einer breiten Akzeptanz zur kapitalmarktorientierten Messung des Unternehmenserfolgs.[689] In seiner allgemeinen Form wird der dimensionslose Quotient als Division des Marktwertes des Unternehmens durch die Wiederbeschaffungskosten aller Vermögensgegenstände ermittelt.[690] Dabei spiegeln die Wiederbeschaffungskosten den Nutzungsgrad der Aktiva wider.[691] Aufgrund der mannigfaltigen Berechnungsansätze und der damit verbundenen Problematik der Datengewinnung, wurde zur Operationalisierung im Rahmen dieser Untersuchung auf die von Oxelheim und Randøy herangezogene Methodik zurückgegriffen.[692]

$$QRATIO = \ln\left(\frac{MVE + BVTL}{BVTA}\right)$$

QRATIO: Approximation von Tobin's Q
MVE: Marktwert des Eigenkapitals (Market Value of Equity)
BVTL: Buchwert der Verbindlichkeiten (Book Value of Total Liabilities)
BVTA: Buchwert der Vermögensgegenstände (Book Value of Total Assets)
ln: Logarithmus Naturalis

Formel 12: QRATIO als kapitalmarktorientiertes Erfolgsmaß
Quelle: Vgl. Oxelheim/ Randøy (2003), S. 2378.

Demnach ist Tobin's Q (QRATIO) definiert als das Verhältnis von Marktwert des Eigenkapitals zuzüglich des Buchwerts der Verbindlichkeiten zum Buchwert der Vermögensgegenstände. Die Wiederbeschaffungskosten der Vermögensgegenstände und der Marktwert der Verbindlichkeiten werden durch die jeweiligen Buchwerte abgebildet.[693] Diese Berechnungsweise kann als eine gute Approximation des originären Tobin's Q eingestuft werden.[694] Zur Handhabung des Problems der Heteroskedastizität wurde der Ausdruck logarithmiert. Sind die Werte von Tobin's Q größer als 1

687 Vgl. Dess/ Lumpkin/ Eisner (2008), S. 98, S. 477.
688 Vgl. im Original Tobin (1969), S. 19.
689 Vgl. Kiel/ Nicholson (2003), S. 96; vgl. Lewellen/ Badrinath (1997), S. 77; vgl. Chung/ Pruitt (1994), S. 70; vgl. Perfect/ Wiles (1994), S. 313; vgl. Chirinko (1986), S. 1.
690 Vgl. Lewellen/ Badrinath (1997), S. 78; vgl. Chung/ Pruitt (1994), S. 70; vgl. Lang/ Stulz (1994), S. 1249; vgl. Chirinko (1986), S. 1; vgl. Lindenberg/ Ross (1981), S. 1.
691 Vgl. Lewellen/ Badrinath (1997), S. 77 f.
692 Vgl. Lewellen/ Badrinath (1997), S. 78; vgl. Perfect/ Wiles (1994), S. 313.
693 Vgl. Oxelheim/ Randøy (2003), S. 2378.
694 Vgl. Oxelheim/ Randøy (2003), S. 2378 mit Verweis auf die Untersuchungen von La Porta et al. (1999), McConaughy et al. (1998), Yermack (1996), McConnell/ Servaes (1990) und Morck et al. (1988). Zur vereinfachten Berechnung von Tobin's Q siehe auch Chung/ Pruitt (1994), S. 71.

bedeutet dies eine effektive Nutzung der Unternehmensressourcen und eine entsprechend hohe Unternehmensbewertung am Kapitalmarkt. Für Werte kleiner als 1 liegt eine entsprechend ineffektive Ressourcennutzung und eine damit verbundene niedrigere Unternehmensbewertung vor.[695]

c) Kontrollvariablen

Um eine Vergleichbarkeit zu den Teamgrößen und eine entsprechende Einflussmöglichkeit in Bezug auf den Internationalisierungsgrad zu gewährleisten, wurden die Kontrollvariablen für das Jahr 2004 bestimmt. Kontrollgrößen sind in Regressionsgleichungen zu integrieren, weil sie theoretisch einen Einfluss auf die abhängige Variable oder die Beziehung zwischen der unabhängigen und der abhängigen Variable haben. Auf diese Art und Weise soll verhindert werden, dass mögliche Variationen im Internationalisierungsgrad den unabhängigen Variablen zugeordnet werden, obwohl diese von anderen Größen abhängig sind. Die unternehmensbezogenen Kontrollgrößen wurden der Worldscope- bzw. Datastream-Datenbank entnommen bzw. aus den Jahresabschlüssen des Jahres 2004 berechnet. Die Kontrollvariablen wurden für alle Regressionsmodelle einheitlich gewählt, um eine bessere Vergleichbarkeit der Modelle zu gewährleisten. Die Gruppe der Kontrollvariablen lässt sich nochmals untergliedern in Variablen mit Bezug zum Board, zum Unternehmen und zum Unternehmenskontext.

- Kontrollvariablen mit Bezug zum Board

Da die Nationalität bzw. kulturelle Herkunft der Board-Mitglieder eine demographische Variable darstellt, liegt es nahe, auch die demographischen Merkmale Geschlecht (FEMBMTBM) und Alter (HETAGE) als Kontrollgrößen zu berücksichtigen. Diese Vorgehensweise trägt auch der Forderung nach einer gemeinsamen Prüfung demographischer Größen innerhalb eines Untersuchungsmodells Rechnung.[696] Die Variable Geschlecht wurde über den Frauenanteil im Board erfasst. Dieser wurde als Verhältniszahl berechnet, da im Falle von lediglich zwei Kategorien (männlich, weiblich) die Berechnung eines Heterogenitätsmaßes nicht sinnvoll ist.

$$FEMBMTBM = \frac{FEMBM}{TBM}$$

FEMBMTB:	Anteil von Frauen im Board (Ratio Female Board-Members to Total Board-Members)
FEMBM:	Anzahl weiblicher Board-Mitglieder (Female Board-Members)
TBM:	Gesamtzahl der Board-Mitglieder (Total Board-Members)

Formel 13: Frauenanteil im Board
Quelle: Eigene Darstellung.

695 Vgl. Lewellen/ Badrinath (1997), S. 78.

696 Vgl. Ruigrok/ Peck/ Tacheva (2007), S. 547; vgl. Randøy/ Thomsen/ Oxelheim (2006), S. 2; vgl. Birkner (2005), S. 89.

Einige Studien zur Rolle von Frauen in Arbeitsgruppen, im Management bzw. im Board konnten einen Einfluss sowohl auf strategische Entscheidungen, wie sie z.B. eine Internationalisierungsstrategie darstellt, als auch den Unternehmenserfolg nachweisen.[697] Im Hinblick auf den Unternehmenserfolg konstatieren Randøy, Thomsen und Oxelheim ein ambivalentes Bild. Sie führen Studien an, die eine positive, negative oder keine Bedeutung von Frauen für die Unternehmensperformance ermitteln konnten.[698] Somit besteht die Möglichkeit eines Einflusses auf die abhängigen Größen im Regressionsmodell, so dass im Sinne der Funktionsweise von Kontrollvariablen die Aufnahme einer geschlechterbezogenen Variable sinnvoll erscheint.

Des Weiteren wurde das Alter der Board-Mitglieder als Kontrollgröße in die Untersuchung aufgenommen.[699] Direktoren gleichen Alters haben meist vergleichbare Einstellungen und Erfahrungen. Dies führt zu einer höheren interpersonellen Anziehung und gemeinsamen Werthaltungen. Demnach besteht in Boards mit homogenen Altersstrukturen die Gefahr einer einseitigen Entscheidungsfindung, was sich negativ auf die Performance auswirken kann.[700] Reziprok argumentiert Siciliano, dass hinsichtlich des Alters divers ausgestaltete Boards mit einem größeren Unternehmenserfolg zu assoziieren sind.[701] Randøy, Thomsen und Oxelheim formulieren vor dem Hintergrund abweichender Aussagen zu den Erfolgsauswirkungen heterogener Gruppenstrukturen, dass auf Ebene des Boards eine positive Diversitätswirkung vermutet werden kann.[702] Auch kann davon ausgegangen werden, dass solche Boards die höhere Umweltkomplexität einer international agierenden Unternehmung besser antizipieren können.[703] Somit liegt die Vermutung eines positiven Einflusses der Altersdiversität auf die Entscheidungsfindungsprozesse und -ergebnisse in der Gruppe nahe.[704] Auch diese Argumentationen können zur Erklärung eines Effektes sowohl hinsichtlich der Unternehmensinternationalisierung als auch des Unternehmenserfolgs herangezogen werden. Demnach

[697] Vgl. Tacheva (2007), S. 69; vgl. Huse/ Solberg (2006), S. 113 ff.; vgl. Smith/ Smith/ Verner (2006), S. 569 ff.; vgl. Adams/ Flynn (2005), S. 836 ff.; vgl. Bøhren/ Strøm (2005), S. 13; vgl. Carter/ Simkins/ Simpson (2003), S. 51; vgl. Erhardt/ Werbel/ Shrader (2003), S. 107; vgl. van der Walt/ Ingley (2003), S. 218 ff.; vgl. Shrader/ Blackburn/ Iles (1997), S. 361 ff.; vgl. Milliken/ Martins (1996), S. 407 f.

[698] Vgl. Randøy/ Thomsen/ Oxelheim (2006), S. 2 f.

[699] Vgl. Ruigrok/ Peck/ Tacheva (2007), S. 551.

[700] Vgl. Tacheva (2007), S. 69.

[701] Vgl. Siciliano (1996), S. 1315.

[702] Vgl. Randøy/ Thomsen/ Oxelheim (2006), S. 5.

[703] Vgl. Birkner (2005), S. 34. Birkner bezieht diese Aussagen i.e.L. auf das Management. Betrachtet man jedoch die strategisch-beratende Funktion des Boards, so wird die Bedeutung des Alters der Direktoren evident.

[704] Vgl. Birkner (2005), S. 84.

wird die Kontrollvariable der Altersheterogenität in Anlehnung an Kidluff, Angelmar und Mehra als Variationskoeffizient[705] innerhalb des Untersuchungsmodells berücksichtigt.[706]

$$HETAGE = \frac{SDAGE}{MAGE}$$

HETAGE: Altersheterogenität im Board (Heterogeneity of Age)
SDAGE: Standardabweichung des Alters im Board (Standarddeviation of Age)
MAGE: Mittelwert des Alters im Board (Mean of Age)

Formel 14: Altersheterogenität
Quelle: Eigene Darstellung in Anlehnung an Kidluff/ Angelmar/ Mehra (2000), S. 27.

Als weitere auf den Board bezogene Kontrollvariable wurde in Anlehnung an zahlreiche Board- und Top Management Team-Studien die Organgröße (BSIZE) herangezogen.[707] Ferner sind die INIK- und die weiteren Diversitätsmaße von der Anzahl der Mandatsträger abhängig. Es wird darüber hinaus davon ausgegangen, dass die Diversität des Organs mit seiner Größe steigt und damit eine bessere Performance assoziiert werden kann.[708] Unter Rückgriff auf die Resource Dependence-Theorie wird diese Vorteilhaftigkeit größerer Organe insbesondere für den Fall einer verstärkten Abhängigkeit von externen Ressourcen vermutet.[709] Darüber hinaus spiegelt die Größe des Boards die organisationale Komplexität, die bestimmte Anforderungen an die Direktoren richtet, wider.[710] So konstatiert Pfeffer: „board size and composition are not random or independent factors, but are rather rational organizational responses to the conditions of the external environment."[711] Steigt die Anzahl der Direktoren eines Boards, so wird unterstellt, dass auch die Fähigkeiten, die Fertigkeiten sowie das Wissen zunehmen. Solche Boards seien besser in der Lage, mit Unsicherheit und Komplexität in der Unternehmensumwelt umzugehen.[712] In diesem Zusammenhang ist auf die Beziehung zwischen der Organgröße und der Internationalisierung des Unternehmens sowie dessen Erfolg hinzuweisen.[713] Aus gruppenpsychologischer Sicht besteht auf der anderen Seite die Gefahr, dass die Entscheidungsfindung im Gremium aufgrund konfligierender Interessenlagen nur verzögert erfolgen kann.[714] Dies dürfte von negativer Bedeutung für strategisch relevante Maßnahmen und damit indirekt auch für die Erfolgswirkung sein. Yermack konnte in einer Untersuchung einen negativen Einfluss der Board-Größe auf den Marktwert des Unternehmens gemessen in Form des

[705] „Der Variationskoeffizient […] ist maßstabsunabhängig und quantifiziert das, was man intuitiv unter „Variabilität" versteht, vielfach besser als die anderen Streuungsparameter […]." Bamberg/ Baur (1996), S. 21.
[706] Vgl. Kidluff/ Angelmar/ Mehra (2000), S. 27.
[707] Vgl. Hitt et al. (2006), S. 852; vgl. Randøy/ Thomsen/ Oxelheim (2006), S. 21 ff.; vgl. Oxelheim/ Randøy (2003), 2379; vgl. Randøy/ Nielsen (2002), S. 65.
[708] Vgl. Siciliano (1996), S. 1315.
[709] Vgl. Pfeffer (1972), S. 223.
[710] Vgl. Sanders/ Carpenter (1998), S. 164.
[711] Pfeffer (1972), S. 226.
[712] Vgl. Ruigrok/ Peck/ Keller (2006), S. 1205.
[713] Vgl. Randøy/ Thomsen/ Oxelheim (2006), S. 21 ff.; vgl. Ruigrok/ Peck/ Keller (2006), S. 1205; vgl. Carpenter/ Pollock/ Leary (2003), S. 812.
[714] Vgl. Goodstein, Gautam, Boeker (1994), S. 242.

Tobin's Q feststellen.[715] Aufgrund der Schiefe der Verteilung und einer verbesserten Anpassung an die Normalverteilung wurde die Größe logarithmiert.

$$BSIZE = \ln(TBM)$$

BSIZE: Board-Größe (Board Size)
TBM: Anzahl der Board-Mitglieder (Total Board-Members)
ln: Logarithmus Naturalis

Formel 15: Board-Größe
Quelle: Eigene Darstellung.

- Kontrollvariablen mit Bezug zum Unternehmen und zur Corporate Governance

In Anlehnung an Oxelheim und Randøy wurde der von Ausländern gehaltene Anteilsbesitz (FHOLD) als Corporate Governance-Kontrollvariable in das Modell integriert.[716] Dieser wurde um den staatlichen Anteilsbesitz (GHOLD), der bereits in zahlreichen Studien auf seine Erfolgswirkungen analysiert wurde, ergänzt.[717] Die empirische Auseinandersetzung mit den Folgen staatlichen Anteilsbesitzes liefert grundsätzlich ambivalente Resultate. Obwohl staatlichem Anteilsbesitz auf der einen Seite ein negativer Einfluss auf die Effizienz und den Unternehmenserfolg zugeschrieben wird[718], können auf der anderen Seite einige empirische Arbeiten nachweisen, dass dieser nicht immer mit negativen Konsequenzen für den Unternehmenserfolg assoziiert werden muss.[719] Auch hinsichtlich der Erfolgswirkung ausländischen Anteilsbesitzes divergieren die empirischen Ergebnisse.[720] Beiden Kontrollgrößen können zum einen mit der Board-Zusammensetzung in Verbindung gebracht werden, da beide betroffenen Gruppen aus Perspektive der Agenturtheorie darauf abstellen, dass ihre Interessen im Board vertreten sind. Zum anderen kann auch ein Zusammenhang zur Unternehmensinternationalisierung vermutet werden. Während ausländische Kapitalvertreter eine Forcierung internationaler Unternehmensaktivitäten begrüßen dürften, steht staatlicher Anteilsbesitz eher für eine nationalstaatlich geprägte Interessenpolitik ohne Gewinnmaximierungsstreben. Dies gilt z.B. für den Erhalt von Arbeitsplätzen innerhalb der jeweiligen Staatsgebiete. Somit können Unternehmen mit staatlichem Anteilsbesitz als sichere Investitionsmöglichkeiten betrachtet werden, die jedoch aufgrund einer tendenziell national ausgerichteten Interessenpolitik geringeres Wachstumspotenzial aufweisen dürften.[721]

[715] Vgl. Yermack (1996), S. 209.
[716] Vgl. Oxelheim/ Randøy (2003), S. 2377.
[717] Vgl. für einen Überblick Sun/ Tong/ Tong (2002), S. 1 ff.
[718] Vgl. z.B. Dewenter/ Malatesta (2001), S. 332 f., Shleifer (1998), S. 133 ff., Boycko/ Shleifer/ Vishny (1996), S. 309 ff. sowie Megginson/ Nash/ Randenborgh (1994), S. 448. Für einen Überblick über empirische Studien zur Effizienz von staatlichen und privaten Unternehmen vgl. Vining/ Boardman (1992), S. 214 f.
[719] Vgl. dazu u.a. Sun/ Tong/ Tong (2002), S. 22, Kole/ Mulherin (1997), S. 1, Martin/ Parker (1995), S. 225, Vernon-Wortzel/ Wortzel (1989), S. 634 sowie Caves/ Christensen (1980), S. 974.
[720] Vgl. Barbosa/ Louri (2005), S. 74 f.; vgl. Chhibber/ Majumdar (1999), S. 210.
[721] Vgl. Thomsen/ Pedersen (2000), S. 694.

Mit der Produktdiversifikation (PDIV) sowie der Forschungs- und Entwicklungsintensität (RDINT) wurden zwei weitere Kontrollgrößen in die Analyse einbezogen, die beide einen Bezug zum Internationalisierungsgrad eines Unternehmens aufweisen.[722] Sanders und Carpenter sind der Ansicht, dass je diversifizierter ein Unternehmen ist, desto abhängiger sei es von seinen internationalen Aktivitäten.[723] Ferner besteht ein Einfluss der Diversifikation auf den Unternehmenserfolg.[724] Die Erfolgswirkung der Diversifikation muss jedoch differenziert betrachtet werden. Studien der Industrial Organization-Forschung propagieren eine Sichtweise, nach der ein positiver Einfluss der Diversifikation auf die Profitabilität aufgrund einer verstärkten Marktmacht gegeben ist, der jedoch empirisch nicht nachgewiesen werden konnte. Aus Sicht des strategischen Managements wiederum haben Unternehmen, die innerhalb des Industriezweiges diversifizieren ein höheres Profitabilitätsniveau.[725] Neueste Überlegungen stellen auf die Argumentation von Prahalad und Hamel ab, die eine verstärkte Konzentration auf die unternehmensspezifischen Kernkompetenzen fordern.[726] So berichten Lang und Stulz eine geringere Bewertung stark diversifizierter im Vergleich zu spezialisierten Unternehmen.[727] Auch Stimpert und Duhaime führen einen indirekt negativen Effekt der Diversifikation auf den Erfolg an.[728] Aus kapitalmarkttheoretischen Überlegungen heraus müsste insbesondere die marktliche Performance stark diversifizierter Unternehmen geringer ausfallen, da Investoren diese mit einem Abschlag in der Bewertung versehen.[729] Die Produktdiversifizierung wurde in der hier vorliegenden Untersuchung als Herfindahl-Index berechnet. Dieser reicht von 0 für ein Segment bis 1.[730] Die zur Berechnung herangezogenen Daten umfassen maximal zehn Segmente. Von daher beträgt das Maximum im Falle einer Gleichverteilung der Umsätze über alle zehn Segmente 0,9. Die Einteilung der Segmente erfolgt auf Basis der 4-stelligen SIC-Kodierung.[731]

$$PDIV = 1 - \frac{\sum_j s_j^2}{\left(\sum_j s_j\right)^2}$$

PDIV: Produktdiversifikationsindex (Product Diversification)
s_j: Umsatz pro Segment j (Sales per Segment j)

Formel 16: Produktdiversifikationsindex
Quelle: Eigene Darstellung.

---

[722] Vgl. Hitt et al. (2006), S. 835; vgl. Carpenter/ Fredrickson (2001), S. 539.
[723] Vgl. Sanders/ Carpenter (1998), S. 167.
[724] Vgl. Carpenter/ Sanders/ Gregersen (2001), S. 501.
[725] Vgl. Kim/ Hwang/ Burgers (1989), S. 46.
[726] Vgl. Prahalad/ Hamel (1990), S. 80 ff.
[727] Vgl. Lang/ Stulz (1994), S. 1278.
[728] Vgl. Stimpert/ Duhaime (1997), S. 574.
[729] Vgl. Glaser/ Müller (2006), S. 4 ff.
[730] Vgl. Nachum (2004), S. 283; vgl. Wally/ Beccera (2001), S. 176; vgl. Friedman (1991), S. 274; vgl. Fombrun/ Shanley (1990), S. 247. Eine Begründung der Vorteilhaftigkeit gegenüber bekannten Entropiemaßen findet sich bei Acar/ Sankaran (1999), S. 969 ff.
[731] Vgl. Roth (1995), S. 217; vgl. Palepu (1985), S. 253.

Den Ausführungen von Bloodgood, Sapienza und Almeida sowie dem Literaturüberblick von Hitt et al. ist zu entnehmen, dass die Forschungs- und Entwicklungsintensität in einem Zusammenhang mit der Unternehmensinternationalisierung steht.[732] Forschungsintensive Unternehmen sind meist global aufgestellt, da F&E aufgrund der relativ kostengünstigen Transferierbarkeit meist nicht an einen (Produktions-) Standort gebunden ist.[733] Diese Tatsache spielt vor dem Hintergrund eines globalen „War for Talents" und der Wahl eines forschungsfreundlichen Standortes eine wichtige Rolle. Somit ist die Entscheidung über F&E-Investitionen eine strategische und zugleich globale Entscheidung.[734] Lee und Park konstatieren diesbezüglich: „R&D intensity has been argued to affect firm internationalization since firms investing in R&D would ultimately be more competitive in the international arena".[735] Wissenschaftliche Publikationen sehen in der F&E-Intensität grundsätzlich einen den Erfolg beeinflussenden Faktor.[736] Da das F&E-Engagement der Unternehmen Wachstumsmöglichkeiten erkennen lässt, kann auch eine direkte Verbindung zum Unternehmenserfolg angenommen werden.[737] Die F&E-Intensität für das Jahr 2004 ist wie folgt operationalisiert:

$$RDINT = \frac{RDEXP}{TSALES}$$

RDINT: Forschungs- & Entwicklungsintensität (Research & Development Intensity)
RDEXP: Forschungs- & Entwicklungsausgaben (Research & Development Expenditures)
TSALES: Umsatz (Total Sales)

Formel 17: Forschungs- & Entwicklungsintensität
Quelle: Eigene Darstellung in Anlehnung an Peyrefitte/ Fadil/ Thomas (2002), S. 498 und Carpenter/ Fredrickson (2001), S. 539.

Als unternehmensspezifische Kontrollgrößen wurden auch die von Reuber und Fischer als „Firm Demographics" bezeichneten Variablen Unternehmensalter (FAGE) und Unternehmensgröße (FSIZE) aufgenommen.[738] Diese korrespondieren mit den demographischen Kontrollgrößen auf Ebene des Boards. Ferner steht die Größe des Unternehmens im Zusammenhang mit den Folgen unternehmerischen Handelns. Hier sind insbesondere die internationalen Aktivitäten eines Unternehmens und damit auch der Unternehmenserfolg anzuführen.[739] Oxelheim und Randøy berücksichtigen in ihrer Untersuchung beide Größen als Kontrollvariablen mit Einfluss auf den

[732] Vgl. Hitt et al. (2006), S. 835 f.; vgl. Bloodgood/ Sapienza/ Almeida (1996), S. 66.
[733] Vgl. Lee/ Park (2006), S. 202.
[734] Vgl. Carpenter/ Fredrickson (2001), S. 539; vgl. Ito/ Pucik (1993), S. 70 ff.
[735] Lee/ Park (2006), S. 202.
[736] Vgl. Carpenter/ Sanders/ Gregersen (2001), S. 501; vgl. Gómez-Mejia (1992), S. 387; vgl. Franko (1989), S. 459 ff.
[737] Vgl. DeCarolis/ Deeds (1999), S. 963; vgl. Agrawal/ Knoeber (1996), S. 385.
[738] Vgl. Reuber/ Fischer (1997), S. 816.
[739] Vgl. Hitt et al. (2006), S. 836; vgl. Lee/ Park (2006), S. 202; vgl. Roth (1995), S. 217; vgl. Gómez-Mejia (1992), S. 387.

kapitalmarktorientierten Unternehmenserfolg.[740] In ihrer Meta-Analyse ermitteln Capon, Farley und Hoenig für die durch die Gesamtaktiva gemessene Unternehmensgröße einen überwiegend positiven Einfluss auf die Unternehmensperformance. Die Operationalisierung der Größe in Form der Mitarbeiterzahl führt jedoch zu überwiegend negativen Einflussbeziehungen.[741] Es kann ferner davon ausgegangen werden, dass größere Unternehmen in verstärktem Maße in internationale Aktivitäten involviert sind und solche Unternehmen auch im besonderen Maße die Möglichkeit bzw. Ressourcen haben, strategische Initiativen zu planen und umzusetzen.[742] Damit geht auch eine gewisse kognitive Anforderungskomplexität an die Direktoren im Board hinsichtlich Informationssuche, -aufnahme und -verarbeitung einher.[743]

Zur Operationalisierung der Unternehmensgröße können unterschiedliche Maße herangezogen werden, die jedoch überwiegend zu identischen Ergebnissen führen. Zwei bekannte Größen stellen der Umsatz und die Mitarbeiterzahl dar.[744] Da die Mitarbeiterzahl besser die dem Unternehmen zur Verfügung stehenden Ressourcen, die letztendlich den Umsatz generieren, repräsentieren und für Wechselkursschwankungen[745] nicht anfällig sind, wurde diese in Anlehnung an Bloodgood, Sapienza und Almeida als Kennzahl für die Unternehmensgröße im Jahr 2004 herangezogen.[746]

$$FSIZE = \ln(EMP)$$

FSIZE:	Unternehmensgröße (Firm Size)
EMP	Mitarbeiterzahl (Employees)
ln	Logarithmus Naturalis

Formel 18: Unternehmensgröße
Quelle: Eigene Darstellung.

Diese Art der Operationalisierung spiegelt auch die Notwendigkeit eines ausreichenden Humankapitals im Internationalisierungsprozess wider und findet sich auch in den kontingenztheoretischen Überlegungen zur Operationalisierung der Unternehmensgröße wieder.[747] Ferner kann es, im Gegensatz zur Operationalisierung der Unternehmensgröße mittels der Gesamtaktiva, nicht zu einer Kollision mit der unabhängigen Variable Tobin's Q kommen. Aufgrund der Verteilungsschiefe und zur Anpassung an die Normalverteilung wurde die Größe logarithmiert.

740 Vgl. Oxelheim/ Randøy (2003), S. 2379.
741 Vgl. Capon/ Farley/ Hoenig (1990), S. 1149. An dieser Stelle muss darauf hingewiesen werden, dass für beide Größen keine signifikanten Resultate festgestellt werden konnten.
742 Vgl. Birkner (2005), S. 86; vgl. Carpenter/ Fredrickson (2001), S. 539; vgl. Tihanyi et al. (2000), S. 1169.
743 Vgl. Sanders/ Carpenter (1998), S. 167.
744 Vgl. Carpenter/ Fredrickson (2001), S. 539; vgl. Agarwal (1979), S. 406.
745 Zur Problematik von Wechselkursschwankungen vgl. Kutschker/ Schmid (2008), S. 279 f.
746 Vgl. Bloodgood/ Sapienza/ Almeida (1996), S. 69 f.
747 Vgl. Kieser/ Walgenbach (2007), S. 316 f.

Die verhaltenswissenschaftlichen Theorien der Internationalisierung verdeutlichen, dass Internationalisierung im klassischen Sinne[748] als inkrementeller Prozess zu verstehen ist, der sich über die Zeit hinweg wandelt. Demnach müsste ein Zusammenhang zwischen dem Alter des Unternehmens und dem Internationalisierungsverhalten bzw. -stand bestehen. Dies belegt auch die Literaturanalyse von Hitt et al.[749] Diese Überlegungen unterstellen, dass Unternehmen, die bereits längere Zeit auf in- und ausländischen Märkten agieren, sich mit einer höheren Wahrscheinlichkeit in einem fortgeschrittenen Internationalisierungsstadium befinden. Demnach wurde das Unternehmensalter im Jahre 2004 als Kontrollvariable berücksichtigt.

$$FAGE = \ln(yoi - fdyear)$$

FAGE:	Unternehmensalter (Firm Age)
yoi:	Untersuchungsjahr 2004 (Year of Investigation)
fdyear:	Gründungsjahr (Founding Year)
ln:	Logarithmus Naturalis

Formel 19: Unternehmensalter
Quelle: Eigene Darstellung.

Reuber und Fischer sprechen vor dem Hintergrund der Internationalisierungsthematik im Falle von Unternehmensgröße und -alter von Surrogaten für Fähigkeiten und Ressourcen eines Unternehmens, die indirekt auf die Unternehmensinternationalisierung wirken können.[750]

- Dummyvariablen

Für die neun Untersuchungsländer und die vertretenen Branchen wurden Dummyvariablen gebildet. So können kulturelle und länderspezifische Aspekte (z.B. Rechtssystem, Kapitalmarkt etc.) sowie Brancheneffekte berücksichtigt werden.[751] Letztere sind von Bedeutung, da Branchen unterschiedliche Wettbewerbssituationen und divergierende Internationalisierungscharakteristika und -anforderungen aufweisen.[752]

Nach den Ausführungen zur methodischen Vorgehensweise und der Operationalisierung der Untersuchungsvariablen, beinhaltet der folgende Abschnitt die empirische Betrachtung der drei Fragenkomplexe des Untersuchungsmodells und der darin enthaltenen Hypothesen.

---

748 Da alle Unternehmen der vorliegenden empirischen Untersuchung bereits seit längerer Zeit auf in- und ausländischen Märkten agieren, sei an dieser Stelle von den sog. „Born Globals" abstrahiert. Vgl. zur Diskussion um „Born Globals" exemplarisch Kutschker/ Schmid (2008), S. 247.

749 Vgl. Hitt et al. (2006), S. 835 f.

750 Vgl. Reuber/ Fischer (1997), S. 817 f.

751 Vgl. Randøy/ Thomsen/ Oxelheim (2006), S. 20 ff.

752 Vgl. Tacheva (2007), S. 71, S. 113; vgl. Hitt et al. (2006), S. 836; vgl. Lee/ Park (2006), S. 202; vgl. Oxelheim/ Randøy (2003), S. 2379; vgl. Carpenter/ Sanders/ Gregersen (2001), S. 502; vgl. Sherman/ Kashlak/ Joshi (1998), S. 321; vgl. Porter (1990), S. 53; vgl. Porter (1989b), S. 20 ff.

5.3 Empirische Analyse der internationalen und interkulturellen Board-Zusammensetzung, deren Bestimmungsfaktoren und deren Folgen für die Internationale Unternehmung

Die empirische Analyse widmet sich in Abschnitt 5.3.1 dem ersten Fragenkomplex. Die internationale bzw. interkulturelle Zusammensetzung der Boards wird für die Gesamtstichprobe, die Kulturcluster, die Untersuchungsländern sowie die Branchen ermittelt. Es wird die Bedeutung der Einflussfaktoren Kultur, Markt, Corporate Governance und der Brancheneinfluss erörtert. Die deskriptive Betrachtung dient als Ausgangspunkt der Untersuchung zu den Folgen einer internationalen bzw. interkulturellen Board-Besetzung. In Abschnitt 5.3.2 wird der zweite Fragenkomplex aufgegriffen und die Herkunft der ausländischen Mandatsträger in den Boards dargestellt. Darauf aufbauend wird der Einfluss der Faktoren Kultur, Markt und Corporate Governance auf die Herkunft der ausländischen Direktoren beleuchtet. Daran schließt sich in Abschnitt 5.3.3 die Analyse des dritten Fragenkomplexes an. Dieser untersucht den Zusammenhang zwischen der internationalen bzw. interkulturellen Board-Zusammensetzung und dem Internationalisierungsgrad von Unternehmen sowie Formen des Unternehmenserfolgs.

5.3.1 Internationalität und Interkulturalität von Boards und die Bedeutung zentraler Einflussfaktoren der Unternehmensumwelt

Die Grundlage der Analyse stellt die internationale bzw. interkulturelle Zusammensetzung der Boards dar. Dies dient zur Ermittlung einer Referenzgröße mit denen die Ergebnisse auf Länder- und Kulturclusterebene verglichen werden können. Ferner ist dies der Ausgangspunkt zur Betrachtung der Folgen heterogener Board-Strukturen in Bezug auf die Unternehmensinternationalisierung und die Maße des Unternehmenserfolgs. Für die Gesamtstichprobe ergibt sich bezogen auf die internationale und interkulturelle Zusammensetzung das in Tabelle 29 dargestellte Bild.

N = 255	M	SD	Min.	Max.
FBMTBM (%)	21,90	21,63	0	92,31
HETNAT (Blau-Index)	0,2931	0,2425	0	0,8639
NCLBMTBM (%)	10,98	17,47	0	84,62
HETCULT (Blau-Index)	0,1513	0,2034	0	0,7969

N: Anzahl der Untersuchungseinheiten, M: Mittelwert, SD: Standardabweichung, Min./Max.: Minimal-/ Maximalwert
FBMTBM: Ausländeranteil, HETNAT: Heterogenität der Nationalitäten,
NCLBMTBM: Anteil Nicht-Cluster Mitglieder, HETCULT: kulturelle Heterogenität

Tabelle 29: Ausprägungen der INIK-Maße auf Ebene der Gesamtstichprobe
Quelle: Eigene Berechnung.

Die Wirtschaftspresse und die wissenschaftliche Literatur betrachten ausländische Board-Mitglieder als unterrepräsentiert.[753] Die Ergebnisse der vorliegenden Untersuchung relativieren dieses Bild. So verdeutlichen die durchschnittlichen Werte für den Ausländeranteil und die Heterogenität der Nationalitäten im Board, dass durchaus Ausländer im Organ vorhanden sind. Bei einer durchschnittlichen Board-Größe von 9 Direktoren sind davon etwa 2 Ausländer. Betrachtet man jedoch die Ergebnisse für die kulturellen Maße, so zeigen diese hinsichtlich der interkulturellen Besetzung von Boards eine deutliche Zurückhaltung der Unternehmen. Grundsätzlich weisen alle INIK-Maße eine große Spannweite auf. So haben bspw. 76 Untersuchungseinheiten keine Ausländer im Board, wohingegen das Unternehmen Richemont aus der Schweiz bei einer Board-Größe von 13 Mandatsträgern 92,31 % ausländische Direktoren bzw. 84,62 % an Direktoren von außerhalb des eigenen Kulturclusters in das Unternehmen berufen hat.[754]

Vergleicht man diese Resultate mit den Ergebnissen anderer Studien, so zeigt sich, dass in den vergangenen Jahren ein Wandel zu stärker international besetzten Unternehmensorganen eingesetzt hat. Caligiuri, Lazarova und Zehetbauer ermitteln bezogen auf das Jahr 1998 für die 76 Untersuchungseinheiten ihrer Studie einen durchschnittlichen Ausländeranteil in den Boards von etwa 9 %.[755] Auch Alexander und Esser berichten für die 47 Unternehmen ihres internationalen Untersuchungssamples einen vergleichbaren Ausländeranteil von 10 %.[756]

Die weiteren Ausführungen setzen sich mit der internationalen bzw. interkulturellen Board-Zusammensetzung im Hinblick auf die Kulturcluster und die Untersuchungsländer auseinander. Dabei werden simultan die Bedeutung der Einflussfaktoren Kultur, Markt, Corporate Governance und Branche betrachtet.

- Board-Zusammensetzung und der Einflussfaktor Kultur

Neben einer deskriptiven Darstellung wird der Zusammenhang zwischen den INIK-Maßen und dem Kultureinfluss auf zwei Arten thematisiert. Zum einen wird die Eignung des Faktors Kultur als Variable zur Gruppierung von Ländern zu Länderclustern und damit der Einfluss des Faktors Kultur auf die INIK-Maße überprüft. Dazu werden für die INIK-Maße Mittelwertvergleiche sowohl auf Ebene der Ländercluster als auch auf Ebene der einzelnen Länder durchgeführt. Zum anderen wird

753 Vgl. dazu u.a. Scheele (2008), S. 2, Randøy/ Thomsen/ Oxelheim (2006), S. 8 f., Schmid/ Kretschmer (2005), S. 14, Leenderste (2000), S. 117.
754 Eigene Berechnung.
755 Vgl. Caligiuri/ Lazarova/ Zehetbauer (2004), S. 854.
756 Vgl. Alexander/ Esser (1999), S. 5 ff.

analysiert, ob die vier Kulturdimensionen von Hofstede im Zusammenhang mit den Ausprägungen der INIK-Maße stehen.

Um ein genaueres Bild hinsichtlich der internationalen bzw. interkulturellen Ausprägung der Boards zu erhalten, werden die Ausprägungen der INIK-Maße für die Kulturcluster und die einzelnen Untersuchungsländer dargestellt. Wie Tabelle 30 verdeutlicht, liegen die Ausländeranteile im Anglo- und Germanic-Cluster nahe beieinander, gefolgt von der nordischen Ländergruppe. Der Wert für den Ausländeranteil im nordischen Cluster ist entgegen der Analyse von Randøy, Thomsen und Oxelheim, die für 459 Unternehmen im Jahr 2005 einen durchschnittlichen Ausländeranteil in den nordischen Staaten in Höhe von 8,4 % anführen, deutlich erhöht.[757] Hinsichtlich der Heterogenität der Nationalitäten im Board sind die Werte für die Anglo-Länder am höchsten, so dass hier im Board die stärkste Verteilung über verschiedene Länder hinweg vorliegt. Die geringsten Ausprägungen weist diesbezüglich das nordische Cluster auf. Im Hinblick auf die kulturelle Zusammensetzung zeigt sich, dass insbesondere die germanischen Länder ihre Direktoren aus Clustern außerhalb des eigenen Kulturkreises beziehen, was sich auch in den im Vergleich zu den anderen Kulturkreisen hohen Werten der kulturellen Heterogenität ausdrückt. Die geringsten Ausprägungen zeigen sich im Anglo-Cluster. Dies bedeutet, dass in diesem Kulturraum die Boards zwar international besetzt sind, die Ausländer aber überwiegend aus dem eigenen Kulturkreis stammen. Diese Ergebnisse sind durch die Größe des Kulturraums, die gemeinsame Sprach- bzw. Kommunikationsbasis in Form der Welt- und Geschäftssprache Englisch beeinflusst.[758]

N = 255	Anglo: M	Germanic: M	Nordic: M	Signifikanz
FBMTBM (%)[b]	23,29	23,83	18,43	
HETNAT (Blau-Index)[a]	0,3273	0,2997	0,2487	
NCLBMTBM (%)[b]	7,56	14,50	11,15	**
HETCULT (Blau-Index)[b]	0,1304	0,1842	0,1409	
N	90	83	82	

Signifikanzniveau: ****: $p < 0{,}001$, ***: $p < 0{,}01$, **: $p < 0{,}05$, *: $p < 0{,}1$; M: Mittelwert; N: Anzahl der Untersuchungseinheiten
a: F-Test der einfaktoriellen ANOVA bei Varianzhomogenität
b: Brown-Forsythe-Test auf Gleichheit der Gruppenmittelwerte bei Ungleichheit der Varianzen der Vergleichsgruppen
FBMTBM: Ausländeranteil, HETNAT: Heterogenität der Nationalitäten,
NCLBMTBM: Anteil Nicht-Cluster Mitglieder, HETCULT: kulturelle Heterogenität

Tabelle 30: INIK-Maße und Mittelwertvergleiche der Board-Zusammensetzung auf Clusterebene
Quelle: Eigene Berechnung.

[757] Vgl. Randøy/ Thomsen/ Oxelheim (2006), S. 8 ff. Diesbezüglich ist anzumerken, dass die Autoren in ihrer Untersuchung pro Land eine größere Anzahl an Untersuchungseinheiten aufgenommen haben und ferner die Arbeitnehmervertreter berücksichtigt wurden. Mit zunehmender Anzahl der Untersuchungseinheiten sinkt oft deren Größe und internationale Ausrichtung. Damit und mit dem Einschluss der zumeist national dominierten Arbeitnehmervertreter geht eine Reduktion der Internationalitätsausprägungen des Boards einher. Ferner sinkt durch den Ausschluss der Arbeitnehmervertreter auch die Board-Größe, so dass diesbezüglich auch ein rein mathematisch begründeter Effekt angenommen werden darf. Dieser Sachverhalt gilt für alle mitbestimmten Corporate Governance-Systeme und muss bei der Interpretation sowie Kontrastierung der Ergebnisse immer berücksichtigt werden.

[758] Vgl. Palmer/ Varner (2007), S. 21.

Im angloamerikanischen Kulturraum weist der britische Pharmakonzern AstraZeneca PLC bei einer Board-Größe von 13 Direktoren mit 70 % den höchsten Ausländeranteil auf und ist mit einem Wert von 0,7692 auch bei der Heterogenität der Nationalitäten im Board führend. Die meisten Direktoren aus anderen Kulturräumen finden sich mit ca. 58 % im kanadischen Unternehmen Magna International bei einer Board-Größe von zwölf Mandatsträgern. Den höchsten Wert für die kulturelle Heterogenität hat bei einer Board-Größe von zwölf Direktoren mit 0,7969 das U.S.-amerikanische Unternehmen The Home Depot. Im germanischen Cluster liegt das Unternehmen Richemont an der Spitze der Unternehmen mit hohen Ausländeranteilen. Hier stammen von 13 Verwaltungsräten 92 % aus dem Ausland. Dieses Unternehmen weist mit 0,8639 bzw. 85 % auch für die Heterogenität der Nationalitäten bzw. den Anteil von Direktoren, die von außerhalb des Heimatclusters des Unternehmens stammen, die höchsten Werte im Cluster auf. Im Hinblick auf die kulturelle Heterogenität zeigen sich bei einer Board-Größe von acht Direktoren mit 0,7969 die höchsten Werte für das ebenfalls aus der Schweiz stammende Unternehmen ABB. Die schwedische Modern Times Group bildet mit einem Ausländeranteil von über 70 % und einem Wert für die Heterogenität der Nationalitäten in Höhe von 0,7343 bei einer Organgröße von sieben Mandatsträgern das Unternehmen mit dem am stärksten international besetzten Board im nordischen Kulturkreis. Bezogen auf den Anteil von Direktoren, die von außerhalb des eigenen Kulturkreises stammen, zeigen sich mit jeweils ca. 67 % für das schwedische Unternehmen Tele2 und das dänische Unternehmen GENMAP die höchsten Werte bei Board-Größen von jeweils sechs Direktoren. Eine kulturell heterogen ausgestaltete Board-Zusammensetzung findet sich mit einem Heterogenitätswert von 0,6250 insbesondere im schwedischen Unternehmen Volvo. Die Board-Größe beträgt hier acht Direktoren.[759]

Gemäß der Culture Bound-These müssten die Kulturcluster hinsichtlich der vier INIK-Maße zueinander heterogen sein. Dies bedeutet, dass sich signifikante Unterschiede zwischen diesen ergeben müssten. Die Ländercluster unterscheiden sich jedoch lediglich hinsichtlich des Anteils der Direktoren, die von außerhalb des Kulturkreises des Unternehmens stammen, signifikant ($p < 0,05$). Dies bedeutet, dass die Zugehörigkeit zu einem bestimmten Kulturkreis den Anteil von Nicht-Cluster Direktoren beeinflusst. Es liegt also lediglich für diese Kennzahl der Board-Zusammensetzung ein kultureller Einfluss vor.

[759] Eigene Berechnung.

Auf Basis der Ergebnisse der statistischen Tests ergibt sich für die hergeleitete Hypothesengruppe H1 zu den INIK-Maßen auf Kulturclusterebene jedoch ein differenziertes Bild. So kann von den Hypothesen der Hypothesengruppe H1

H1a: Die Kulturcluster unterscheiden sich hinsichtlich des Ausländeranteils im Board signifikant.

H1b: Die Kulturcluster unterscheiden sich hinsichtlich des Ausmaßes der Heterogenität der Nationalitäten im Board signifikant.

H1c: Die Kulturcluster unterscheiden sich hinsichtlich des Anteils an Direktoren im Board, die aus anderen Kulturkreisen stammen, signifikant.

H1d: Die Kulturcluster unterscheiden sich hinsichtlich des Ausmaßes der kulturellen Heterogenität im Board signifikant.

lediglich Hypothese H1c bestätigt werden.

Des Weiteren fordert das Segmentierungsprinzip bzw. die Culture Bound-These, dass zwischen den Ländern der einzelnen Kulturcluster keine signifikanten Unterschiede hinsichtlich der INIK-Maße auftreten. Wie aus Tabelle 31 und Tabelle 32 ersichtlich, zeigt sich jedoch auf Ebene der Länder, dass im Anglo- und Germanic-Cluster signifikante Unterschiede zwischen den einzelnen Staaten im Hinblick auf die untersuchten Maße festzustellen sind. Ein Blick in Tabelle 33 verdeutlicht, dass lediglich das nordische Cluster die theoretisch hergeleitete Vermutung bestätigt, da hier keine signifikanten Unterschiede zwischen den einzelnen Ländern erkennbar sind. Die Betrachtung auf Kulturcluster- und Länderebene liefert demnach für die Hypothesen kein einheitliches Bild. So müssen die Hypothesen:

H2a: Die Länder eines Kulturclusters unterscheiden sich hinsichtlich des Ausländeranteils im Board nicht signifikant.

H2b: Die Länder eines Kulturclusters unterscheiden sich hinsichtlich des Ausmaßes der Heterogenität der Nationalitäten im Board nicht signifikant.

H2c: Die Länder eines Kulturclusters unterscheiden sich hinsichtlich des Anteils an Direktoren im Board, die aus anderen Kulturkreisen stammen, nicht signifikant.

H2d: Die Länder eines Kulturclusters unterscheiden sich hinsichtlich des Ausmaßes der kulturellen Heterogenität im Board nicht signifikant.

erneut differenziert betrachtet werden. Die Hypothesen haben lediglich für das nordische Cluster Gültigkeit und können für das Anglo- und Germanic-Cluster nicht angenommen werden. Somit erscheint es fraglich, ob Kultur als Segmentierungskriterium, das die Untersuchungsländer in homogene und zueinander heterogene Gruppen strukturiert, für die im Rahmen dieser Studie untersuchten Kulturkreise und Untersuchungseinheiten angewendet werden kann. Offensichtlich stellt der Kulturaspekt als Gruppierungsgröße in Bezug auf die Frage nach den Internationalitäts- bzw. Interkulturalitätsstrukturen von Boards in den verschiedenen Untersuchungsländern – mit Ausnahme des nordischen Kulturkreises – kein abschließendes Abgrenzungskriterium dar.

Tabelle 31 verdeutlicht, dass sich alle drei Anglo-Länder hinsichtlich der INIK-Maße signifikant unterscheiden. Die Länderzugehörigkeit übt innerhalb dieser Ländergruppe einen signifikanten Effekt auf die Ergebnisse zur Internationalität bzw. Interkulturalität der Boards ausübt. Unter den angloamerikanischen Staaten ist Großbritannien das Land mit den höchsten Internationalitäts- bzw. Interkulturalitätsmaßen. In britischen Boards sitzen jedoch nicht nur die meisten Ausländer, sondern im Vergleich zu den Vereinigten Staaten und Kanada auch die meisten Direktoren aus anderen Kulturkreisen. Letztgenannte Gruppe scheint jedoch für die Besetzung der Board-Positionen nur eine untergeordnete Rolle zu spielen. Die hohen Internationalitätswerte in Kanada erklären sich durch seine Bedeutung als Einwanderungsland.

N = 90	US: M	UK: M	CA: M	Signifikanz
FBMTBM (%)[b]	9,18	32,73	27,96	****
HETNAT (Blau-Index)[a]	0,1597	0,4492	0,3731	****
NCLBMTBM (%)[a]	5,21	11,79	5,69	**
HETCULT (Blau-Index)[a]	0,1132	0,1950	0,0830	**
N	30	30	30	

Signifikanzniveau: ****: $p < 0{,}001$, ***: $p < 0{,}01$, **: $p < 0{,}05$, *: $p < 0{,}1$; M: Mittelwert; N: Anzahl der Untersuchungseinheiten
a: F-Test der einfaktoriellen ANOVA bei Varianzhomogenität
b: Brown-Forsythe-Test auf Gleichheit der Gruppenmittelwerte bei Ungleichheit der Varianzen der Vergleichsgruppen
US: Vereinigte Staaten, UK: Großbritannien, CA: Kanada
FBMTBM: Ausländeranteil, HETNAT: Heterogenität der Nationalitäten,
NCLBMTBM: Anteil Nicht-Cluster Mitglieder, HETCULT: kulturelle Heterogenität

Tabelle 31: INIK-Maße und Mittelwertvergleiche auf Ebene der angloamerikanischen Länder
Quelle: Eigene Berechnung.

Für diese Resultate könnte u.a. die Rolle Großbritanniens als ehemalige Kolonialmacht und Zentrum des sog. Commonwealth ursächlich sein.[760] Die niedrigen Ausprägungen der kulturellen INIK-Maße für die Vereinigten Staaten und Kanada belegen eine gewisse kulturkreisbezogene Besetzung der Board-Positionen. Diese kann darauf zurückzuführen sein, dass ein Großteil der U.S.-Amerikaner stark auf das Heimatland fokussiert ist und meist auch nur die Heimatsprache spricht.[761] Die Vereinigten Staaten und Kanada sind ferner direkte Nachbarn. Somit kann die geographisch-kulturelle Nähe auch als Erklärung für eine stärkere kulturkreisbezogene Besetzung der Mandate dienen.

[760] Unter dem „Commonwealth of Nations" versteht man einen losen, aus derzeit 53 Ländern bestehenden Staatenverbund, der durch das Vereinigte Königreich und seine ehemaligen Kolonien gebildet wird. Er geht auf das British Empire zurück und gilt als eine Reaktion auf die Autonomiebestrebungen der ehemaligen Kolonien. Das Oberhaupt ist derzeit Queen Elizabeth II. Vgl. www.thecommonwealth.org.

[761] Vgl. Hofstede (2001b), S. 301.

Vergleicht man die berechneten Werte mit denen bisheriger Studien, so zeigt sich, dass die Beratungsgesellschaften Heidrick & Struggles sowie SpencerStuart vergleichbare Ergebnisse für Großbritannien ermitteln konnten. Die durchschnittlichen Ausländeranteile fallen jedoch moderat niedriger aus.[762] Mahoney berichtet einen mit der vorliegenden Untersuchung vergleichbaren niedrigen Wert für den Ausländeranteil in den Boards der 100 größten U.S.-Unternehmen im Jahre 1998.[763] Im Gegensatz dazu ermitteln Korn/Ferry Int. für die Jahre 2001 bis 2006 höhere Werte für den Ausländeranteil in den Boards der FORTUNE 1000-Unternehmen.[764] Die im Rahmen der vorliegenden Untersuchung ermittelten Differenzen zwischen den Staaten zeigen sich auch in den Ergebnissen der Erhebungen von SpencerStuart.[765]

Ein Blick auf die in Tabelle 32 dargestellten INIK-Maße in der germanischen Ländergruppe zeigt, dass die Schweiz die stärkste Internationalität und Interkulturalität in den Boards aufweist. Dem folgt Deutschland und mit großem Abstand Österreich. Auch die Werte für den Anteil von Direktoren, die aus anderen Kulturclustern stammen, sind für die Schweiz höher. Somit verwundert es nicht, dass auch im germanischen Ländercluster die Mittelwerte der einzelnen Zusammensetzungsmaße zwischen den Ländern signifikant voneinander abweichen. Somit hat in diesem Kulturraum die Länderzugehörigkeit einen Einfluss auf die Ausprägungen der INIK-Maße. Ferner sind die Werte für die auf die Nationalität abstellenden Maße höher. Demnach spielen offensichtlich Personen aus dem Heimatcluster für die Besetzung von ausländischen Positionen eine dominierende Rolle.

N = 83	DE: M	CH: M	AT: M	Signifikanz
FBMTBM (%)[b]	17,49	41,03	9,65	****
HETNAT (Blau-Index)[a]	0,2441	0,4800	0,1370	****
NCLBMTBM (%)[a]	12,74	24,36	3,92	***
HETCULT (Blau-Index)[a]	0,1655	0,2932	0,0663	***
N	30	30	23	

Signifikanzniveau: ****: $p < 0{,}001$, ***: $p < 0{,}01$, **: $p < 0{,}05$, *: $p < 0{,}1$; M: Mittelwert; N: Anzahl der Untersuchungseinheiten
a: F-Test der einfaktoriellen ANOVA bei Varianzhomogenität
b: Brown-Forsythe-Test auf Gleichheit der Gruppenmittelwerte bei Ungleichheit der Varianzen der Vergleichsgruppen
DE: Deutschland, CH: Schweiz, AT: Österreich
FBMTBM: Ausländeranteil, HETNAT: Heterogenität der Nationalitäten,
NCLBMTBM: Anteil Nicht-Cluster Mitglieder, HETCULT: kulturelle Heterogenität

Tabelle 32: INIK-Maße und Mittelwertvergleiche auf Ebene der germanischen Länder
Quelle: Eigene Berechnung.

Im Falle der Schweiz handelt es sich um eine relativ kleine Nation, die von sprachlicher und kultureller Vielfalt geprägt ist. Eine stärker national ausgerichtete Besetzungsstrategie hingegen verfol-

[762] Vgl. Tabelle 9 und Tabelle 11.
[763] Vgl. Mahoney (2000), S. 13.
[764] Vgl. Korn/Ferry International (2006), S. 37.
[765] Vgl. Tabelle 11.

gen österreichische Unternehmen. Dies kommt in den niedrigsten Ausprägungen der INIK-Maße zum Ausdruck. Diese Ethnozentriertheit österreichischer Boards ist aus theoretischer Perspektive erstaunlich, da es sich auch hier um ein relativ kleines Land handelt, das für viele Unternehmen aufgrund seiner Historie und seiner geostrategischen Lage als Tür zu den Märkten Osteuropas gilt.[766] Als Erklärungsansatz kann u.U. die für Österreich im Vergleich zu den anderen beiden Staaten im germanischen Cluster niedrigsten Werte im Hinblick auf den Unsicherheitsvermeidungsindex herangezogen werden. Die mit der Aufnahme ausländischer Direktoren verbundene Unsicherheit suchen österreichische Unternehmen zu vermeiden, indem sie die Mandate national besetzen. Für Deutschland lässt sich trotz der oft unterstellten Abgeschlossenheit der sog. Deutschland-AG eine gemäßigte Internationalisierung bzw. Interkulturalisierung der Boards festhalten. Diese ist jedoch weit entfernt von Schweizer Verhältnissen und spiegelt nur im Ansatz die internationale Geschäftstätigkeit der Unternehmen wider.

Für die Schweiz ermitteln Heidrick & Struggles vergleichbare Resultate.[767] Etwas geringer fallen die Werte für den Ausländeranteil in Schweizer Boards sowohl in der Untersuchung von SpencerStuart als auch in der Analyse von Ruigrok, Peck und Tacheva aus.[768] Die einzige Studie, die u.a. die Heterogenität der Nationalitäten im Board berücksichtigt ist diejenige von Tacheva. Sie berichtet jedoch für das Jahr 2004 sowohl hinsichtlich des Ausländeranteils als auch bezüglich der Heterogenität der Nationalitäten im Board niedrigere Ergebnisse.[769] Als Erklärung für diese Diskrepanz kann die große Grundgesamtheit, die der Studie von Tacheva zugrunde liegt, dienen. Da hier nicht nur die größten Schweizer Unternehmen berücksichtigt sind, dürften die Internationalität in den Boards sowie die internationale Geschäftstätigkeit niedriger ausfallen. Dies wirkt sich wiederum auf die durchschnittlichen Ergebnisse hinsichtlich der Board-Besetzung aus. Gemeinsam ist allen Studien, die Schweizer Boards zum Gegenstand haben, dass ein im internationalen Kontext hoher Ausländeranteil berichtet wird.

Die starke Ethnozentriertheit österreichischer Unternehmensorgane findet sich in den Erhebungen von SpencerStuart als auch von Heidrick & Struggles bestätigt.[770]

Die im Rahmen dieser Arbeit berichteten Ergebnisse für das deutsche Board bewegen sich hinsichtlich des Ausländeranteils in etwa auf einem vergleichbaren Niveau mit den Resultaten von

[766] Vgl. Steiner (2008), S. 66.
[767] Vgl. Tabelle 9.
[768] Vgl. Ruigrok/ Peck/ Tacheva (2007), S. 552; vgl. Tabelle 11.
[769] Vgl. Abschnitt 3.1.1.
[770] Vgl. Tabelle 9 und Tabelle 11.

SpencerStuart, da diese zwischen der Kapitalseite und der Arbeitnehmerseite im deutschen Überwachungsorgan differenzieren.[771] Im Gegensatz dazu findet im Rahmen der Erhebung von Heidrick & Struggles leider keine Corporate Governance spezifische Differenzierung statt. Dementsprechend fallen die Werte deutlich geringer aus, da die nahezu vollständig national besetzte Arbeitnehmerbank die Ergebnisse hinsichtlich der internationalen Besetzung des Organs verzerrt.[772] Gerum ermittelt für die Kapitalseite im Aufsichtsrat einen moderat niedrigeren Ausländeranteil, wohingegen Schmid und Kretschmer sowie Schmid und Daniel einen moderat höheren Ausländeranteil auf Seiten der Kapitaleignervertreter konstatieren.[773] Auch Owtscharov berichtet in seiner Untersuchung einen im Vergleich zu den hier ermittelten Ergebnissen niedrigen Ausländeranteil.[774] Dieser niedrige Wert ist offensichtlich auch einer Berücksichtigung der Arbeitnehmervertreter geschuldet.

Wie aus Tabelle 33 ersichtlich, weisen, im Gegensatz zu den beiden zuvor betrachteten Ländergruppen, alle drei nordischen Untersuchungsländer relativ ähnliche Ausprägungen hinsichtlich der INIK-Maße auf. Dabei präsentiert sich Schweden vor Norwegen und Dänemark als der Staat mit den am stärksten international bzw. interkulturell ausgeprägten Boards. Bei allen drei Staaten handelt es sich um kleinere Länder, die u.U. auf ausländische Manager angewiesen sind. Diesbezüglich scheinen jedoch Direktoren aus anderen Kulturkreisen im Zuge der Besetzungsentscheidung nur eine geringe Bedeutung zu haben. So spielen insbesondere in Dänemark und Norwegen Direktoren, die aus dem nordischen Kulturraum stammen, eine bedeutende Rolle. Die Analyse der nordischen Ländergruppe zeigt keinerlei signifikante Unterschiede zwischen den einzelnen Ländern hinsichtlich der Kennzahlen zur internationalen bzw. interkulturellen Zusammensetzung der Boards. Insofern kann für diesen Kulturkreis eine relativ homogene Struktur angenommen werden.[775] Demnach hat die Zugehörigkeit eines nordischen Unternehmens zu einem bestimmten Land keine Bedeutung für die Ausprägungen der Maße der Board-Zusammensetzung.

Im Vergleich zu den Ergebnissen von Randøy, Thomsen und Oxelheim weichen die im Zuge der vorliegenden Untersuchung ermittelten Werte für die Ausländeranteile in den skandinavischen Staaten, insbesondere für Schweden und Dänemark, stark nach oben ab.[776] Die Executive Search-Firma SpencerStuart hingegen ermittelt einen mit der vorliegenden Studie vergleichbaren Auslän-

[771] Vgl. Tabelle 11.
[772] Vgl. Tabelle 9.
[773] Vgl. Gerum (2007), S. 223; vgl. Schmid/ Daniel (2006), S. 21; vgl. Schmid/ Kretschmer (2005), S. 15.
[774] Vgl. Owtscharov (2007), S. 155.
[775] Vgl. Randøy/ Thomsen/ Oxelheim (2006), S. 23.
[776] Vgl. Randøy/ Thomsen/ Oxelheim (2006), S. 8 ff. Die Unterschiede im Vergleich zur eigenen Erhebung dürften, wie bereits angedeutet, zum einen der größeren Anzahl an Untersuchungseinheiten pro Land als auch der Berücksichtigung der i.d.R. einheimischen Arbeitnehmervertreter zuzuschreiben sein.

deranteil. Im Vergleich zu diesen Studien berichten Heidrick & Struggles geringere Ausländeranteile in den Boards skandinavischer Unternehmen. Die Ergebnisse für Schweden sind sogar rückläufig. Der für die schwedischen Boards ermittelte Ausländeranteil von ca. 20 % fügt sich konsistent in die von Heidrick & Struggles ermittelte rückläufige Tendenz ein.[777]

N = 82	SE: M	NO: M	DK: M	Signifikanz
FBMTBM (%)[b]	20,04	17,52	17,49	
HETNAT (Blau-Index)[a]	0,2654	0,2413	0,2372	
NCLBMTBM (%)[a]	14,4	10,14	8,55	
HETCULT (Blau-Index)[a]	0,1778	0,1270	0,1133	
N	30	24	28	

Signifikanzniveau: ****: p < 0,001, ***: p < 0,01, **: p < 0,05, *: p < 0,1; M: Mittelwert; N: Anzahl der Untersuchungseinheiten
a: F-Test der einfaktoriellen ANOVA bei Varianzhomogenität
b: Brown-Forsythe-Test auf Gleichheit der Gruppenmittelwerte bei Ungleichheit der Varianzen der Vergleichsgruppen
SE: Schweden, NO: Norwegen, DK: Dänemark
FBMTBM: Ausländeranteil, HETNAT: Heterogenität der Nationalitäten,
NCLBMTBM: Anteil Nicht-Cluster Mitglieder, HETCULT: kulturelle Heterogenität

Tabelle 33: INIK-Maße und Mittelwertvergleiche auf Ebene der nordischen Länder
Quelle: Eigene Berechnung.

Die bisherigen Ergebnisse lassen sich durch die graphische Gegenüberstellung der durchschnittlichen Ausländeranteile und der durchschnittlichen Anteile der Direktoren, die von außerhalb des unternehmenseigenen Kulturkreises stammen, für die einzelnen Länder veranschaulichen.

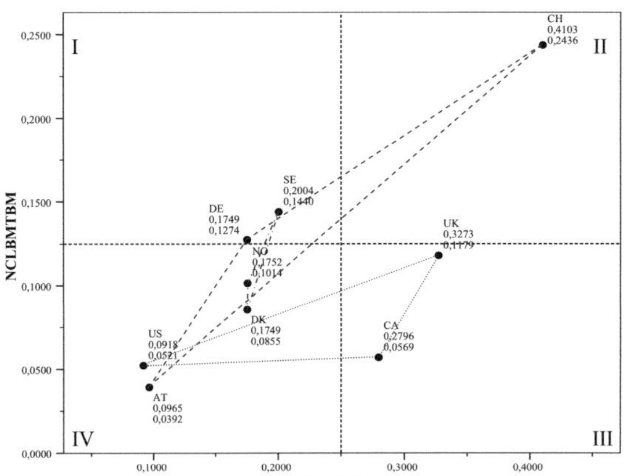

FBMTBM: Ausländeranteil, NCLBMTBM: Anteil Nicht-Cluster Mitglieder

Abbildung 39: INIK-Maße von Boards im Vergleich
Quelle: Eigene Darstellung.

Im zweiten Quadranten von Abbildung 39 ist mit der Schweiz ein Land vertreten, dessen Unternehmensorgane offensichtlich international und interkulturell heterogen besetzt sind. Mit Kanada und Großbritannien befinden sich im dritten Quadranten zwei Staaten, in denen in den Boards eine rela-

[777] Vgl. Tabelle 9 und Tabelle 11.

tiv hohe nationale Verschiedenartigkeit herrscht, die jedoch nicht mit einer besonders kulturell divers ausgestalteten Board-Besetzung einhergeht. Der vierte bzw. der erste Quadrant umfasst Länder, die hinsichtlich beider Internationalitätsdimensionen relativ niedrige Ausprägungen aufweisen. Insbesondere österreichische und U.S.-amerikanische Boards sind weder im Hinblick auf die im Organ vertretenen Nationalitäten noch hinsichtlich der Kulturen heterogen ausgestaltet. Mit Ausnahme dieser beiden Staaten lässt sich die Vermutung von Palmer und Varner z.T. bestätigen, dass europäische Länder aufgrund der höheren geographischen und sprachlichen Dichte eine höhere Internationalität in den Organen der Spitzenverfassung aufweisen.[778] Da die Ausprägungen der Board-Zusammensetzung lediglich für die nordischen Länder vergleichbare Ausprägungen aufweisen, lässt sich graphisch nur für das nordische Cluster ein Kulturraumbezug konstatieren. Für die graphische Gegenüberstellung der beiden Heterogenitätsmaße ergeben sich vergleichbare Ergebnisse.[779]

Interessant ist es festzustellen, dass das oftmals als abgeschottet beschriebene Deutschland hinsichtlich des Ausländeranteils im Board bei der Beurteilung im Ländervergleich nicht stark von den Ergebnissen anderer Länder abweicht. Die deutschen Unternehmen weisen bei relativ niedrigen Werten für den Ausländeranteil einen relativ hohen Wert des Anteils von Direktoren, die aus anderen Kulturkreisen stammen, auf. Demnach sind Boards des exportorientierten Deutschlands wohl offener für ausländische Direktoren aus divergierenden Kulturkreisen als die anderer Nationen, wie z.B. die Vereinigten Staaten.

Im Folgenden wird ein möglicher Zusammenhang zwischen den vier Ausprägungen der Kulturdimensionen von Hofstede und den Werten der INIK-Maße untersucht. Die Zusammenhänge zwischen den Internationalitäts- bzw. Interkulturalitätsmaßen und den vier Kulturdimensionen werden für alle Untersuchungsländer in Abbildung 40 bis Abbildung 43 graphisch dargestellt. Eine Anpassungslinie, die den Trend der Daten darstellt, veranschaulicht den Zusammenhang zwischen den Größen. Die graphisch analysierten Zusammenhänge werden im Anschluss für alle Untersuchungsländer über alle Unternehmen hinweg mittels einer Korrelationsanalyse auf Basis von 255 Untersuchungseinheiten statistisch überprüft.

Die graphische Betrachtung des Zusammenhangs zwischen dem Unsicherheitsvermeidungsindex und dem Ausländeranteil bzw. dem Anteils von Nicht-Cluster Mitgliedern im Board zeigt, dass bei zunehmender Unsicherheitsvermeidung die Ausprägungen der Verhältnismaße der Board-Zusammensetzung sinken. Der Zusammenhang ist für das kulturelle Verhältnismaß schwächer ausgeprägt.

[778] Vgl. Palmer/ Varner (2007), S. 21.
[779] Vgl. Anhang 12.

Für die graphische Gegenüberstellung der beiden Heterogenitätsmaße ergeben sich vergleichbare Ergebnisse.[780]

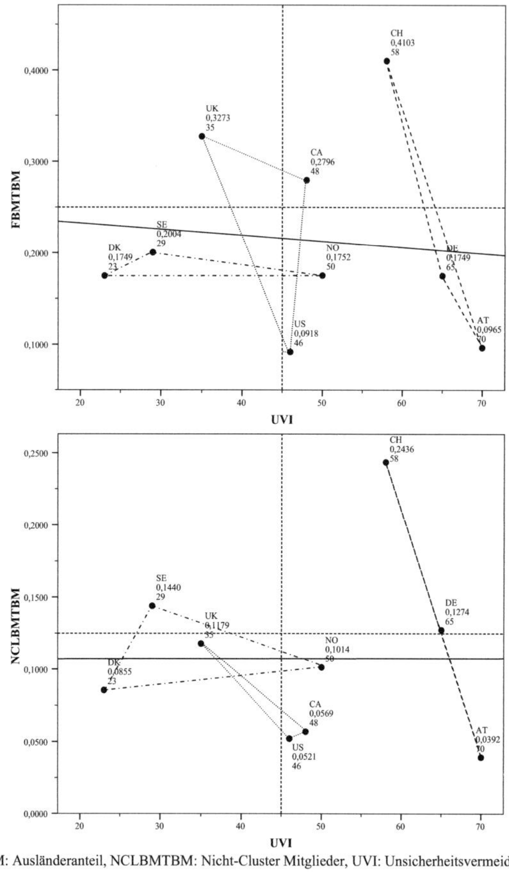

FBMTBM: Ausländeranteil, NCLBMTBM: Nicht-Cluster Mitglieder, UVI: Unsicherheitsvermeidungsindex

Abbildung 40: Unsicherheitsvermeidung und INIK-Maße
Quelle: Eigene Darstellung.

Abbildung 41 zeigt die Zusammenhänge zwischen der Machtdistanz und dem Ausländeranteil sowie dem Anteil an Nicht-Cluster Direktoren im Board. Die vermuteten Zusammenhänge, dass bei zunehmender Machtdistanz die Werte für die Verhältnismaße der Board-Zusammensetzung sinken, können nicht bestätigt werden. Für die graphische Analyse im Hinblick auf die Heterogenitätsmaße ergeben sich vergleichbare Zusammenhänge.[781] Dieses Resultat bestätigt jedoch die Ergebnisse

[780] Vgl. Anhang 13.
[781] Vgl. Anhang 14.

Hofstedes. Dieser konnte einen positiven, aber nicht signifikanten Zusammenhang zwischen der Akzeptanz von fremden Managern und dem Machtdistanzindex ermitteln.[782]

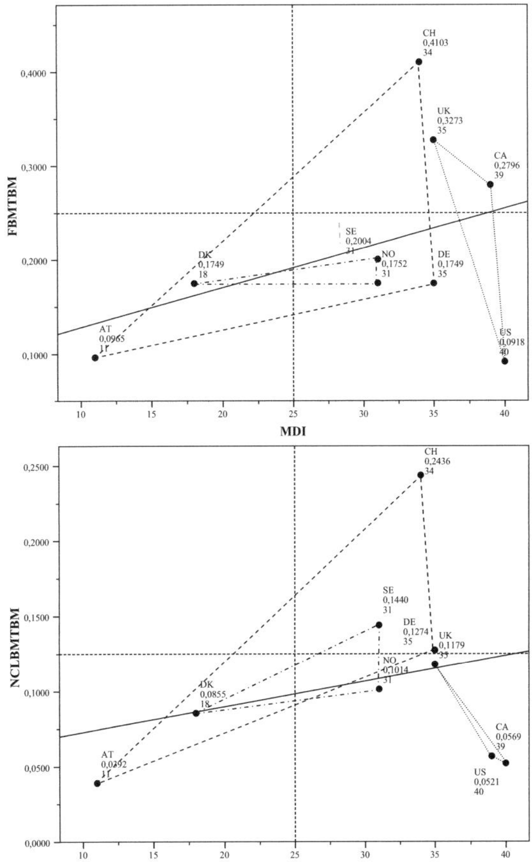

FBMTBM: Ausländeranteil, NCLBMTBM: Anteil Nicht-Cluster Mitglieder, MDI: Machtdistanzindex

Abbildung 41: Machtdistanz und INIK-Maße
Quelle: Eigene Darstellung.

Abbildung 42 stellt den Zusammenhang zwischen der internationalen bzw. interkulturellen Besetzung von Boards und den Ausprägungen des Individualismusindex graphisch dar. Je individualistischer eine Gesellschaft ausgeprägt ist, desto offener scheint sie gegenüber ausländischen Board-

[782] Vgl. Hofstede (2001a), S. 479.

Mitgliedern zu sein. Dieser Zusammenhang gilt nicht für ausländische Direktoren aus anderen Kulturkreisen. Exkludiert man jedoch die Schweiz aufgrund der sehr hohen Ausprägungen der INIK-Maße als Ausreißer, so ergeben sich die für den Ausländeranteil ermittelten Zusammenhänge.[783]

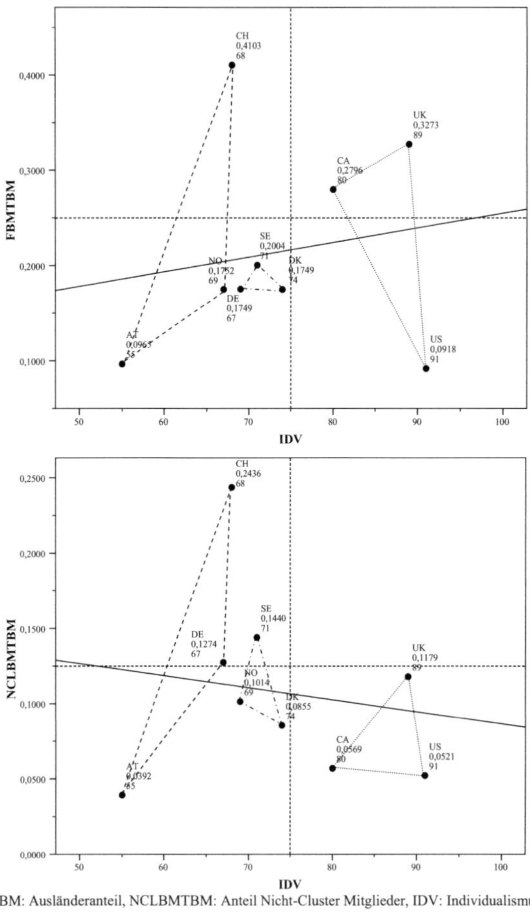

FBMTBM: Ausländeranteil, NCLBMTBM: Anteil Nicht-Cluster Mitglieder, IDV: Individualismusindex

Abbildung 42: Individualismus und INIK-Maße
Quelle: Eigene Darstellung.

Abbildung 43 beinhaltet die graphische Analyse des Zusammenhangs zwischen Maskulinität und Internationalität bzw. Interkulturalität von Boards. Mit zunehmender Maskulinität nimmt der Aus-

[783] Die Graphiken für die Heterogenitätsausprägungen bzw. die Berechnung des Anteils von Nicht-Cluster Mitgliedern ohne die Schweiz können dem Anhang entnommen werden. Vgl. dazu Anhang 15 und Anhang 16.

länderanteil in den Boards zu. Der Anteil an Direktoren, die von außerhalb des Kulturkreises des Unternehmens stammen, hingegen sinkt mit zunehmendem Maskulinitätsindex. Letztes Resultat entspricht der theoretischen Erwartungshaltung. Gemäß den Hypothesen ist zu erwarten, dass mit einer zunehmenden maskulinen Ausprägung der Gesellschaft die Internationalitätsausprägungen der Boards sinken. Schließt man die international besetzten Boards der Schweizer Unternehmen von der graphischen Analyse aus, so zeigt sich, dass maskuline Kulturen offener gegenüber Ausländern in den Boards sind.[784]

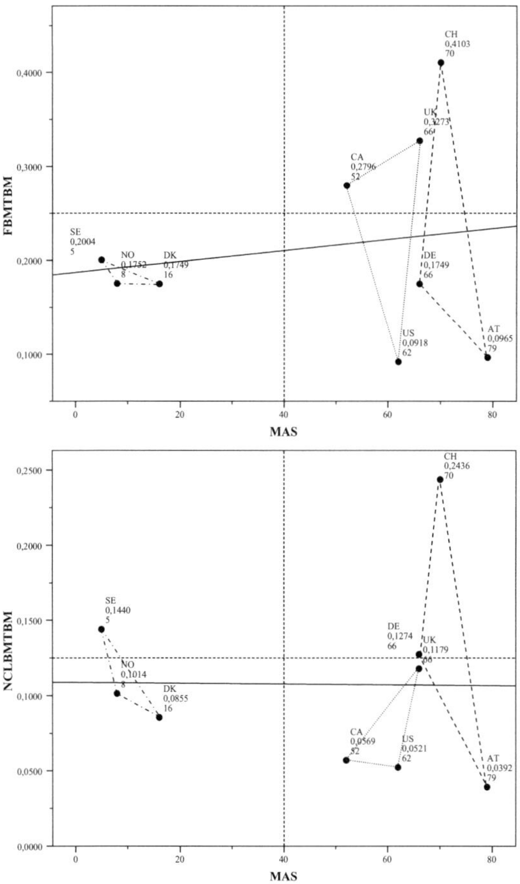

FBMTBM: Ausländeranteil, NCLBMTBM: Anteil Nicht-Cluster Mitglieder, MAS: Maskulinitätsindex

Abbildung 43: Maskulinität und INIK-Maße
Quelle: Eigene Darstellung.

[784] Die Ergebnisse und die Analyse für die Heterogenitätsmaße können dem Anhang entnommen werden. Vgl. dazu Anhang 17.

Die graphische Untersuchung wurde durch eine Korrelationsanalyse ergänzt.[785] Die korrelationsanalytische Betrachtung ergibt dabei das in Tabelle 34 dargestellte Bild.

N = 255	M	SD	FBMTBM	HETNAT	NCLBMTBM	HETCULT
UVI	46,604	14,838	-0,027	-0,053	0,017	0,003
MDI	31,063	8,764	0,161 **	0,195 ***	0,072	0,102
IDV	74,404	10,533	0,052	0,108 *	-0,073	-0,005
MAS	47,400	26,979	0,090	0,096	0,006	0,045

Korrelation nach Pearson, 2-seitig; ****: p < 0,001, ***: p < 0,01, **: p < 0,05, *: p < 0,1
N: Anzahl der Untersuchungseinheiten, M: Mittwelwert, SD: Standardabweichung
FBMTBM: Ausländeranteil, HETNAT: Heterogenität der Nationalitäten,
NCLBMTBM: Anteil Nicht-Cluster Mitglieder, HETCULT: kulturelle Heterogenität
UVI: Unsicherheitsvermeidungsindex, MDI: Machtdistanzindex, IDV: Individualismusindex, MAS: Maskulinitätsindex

Tabelle 34: Kulturdimensionen nach Hofstede und INIK-Maße
Quelle: Eigene Berechnung.

Die Korrelationskoeffizienten zeigen, dass sich kaum Zusammenhänge zwischen den Kulturdimensionen nach Hofstede und den Ausprägungen der INIK-Maße ergeben. Die wenigen signifikanten Ergebnisse weisen nur schwache Beziehungen auf. So sind Staaten mit einem hohen Machtdistanzindex tendenziell durch einen höheren Ausländeranteil bzw. höhere Werte für die Heterogenität der Nationalitäten im Board gekennzeichnet ($p < 0,1$ bzw. $p < 0,01$). Die Heterogenitätswerte liegen auch in Ländern mit einem höheren Individualismusindex auf einem höheren Niveau ($p < 0,1$). Aufgrund der niedrigen Korrelationskoeffizienten müssen die Ergebnisse im Hinblick auf Kausalität vorsichtig interpretiert werden. Demnach ist von den hergeleiteten Hypothesen lediglich die Hypothese

H3bc: Zwischen dem Ausmaß der Heterogenität der Nationalitäten im Board und dem Individualismusindex nach Hofstede besteht ein signifikant positiver Zusammenhang.

zu bestätigen. Die übrigen Hypothesen zum Einfluss von Hofstedes vier originären Kulturdimensionen können empirisch nicht bestätigt werden. Es ergibt sich für die auf die Nationalität abstellenden INIK-Maße die für die Richtung des Zusammenhangs zu erwartenden negativen Vorzeichen. Jedoch zeigen sich diesbezüglich keine signifikanten Ergebnisse. So kann Hofstedes Erkenntnis eines Zusammenhangs zwischen der Unsicherheitsvermeidung und der Akzeptanz fremder Nationen im Arbeitsalltag nicht bestätigt werden. Betrachtet man die Werte im Einzelnen, so zeigen sich, mit Ausnahme des Individualismusindex, mit Hofstedes Ergebnissen korrespondierende Vorzeichen. Die wenigen signifikanten Ergebnisse können als eine Weiterführung von Hofstedes Gedanken zur Akzeptanz des Fremden im Management aufgefasst werden. Die signifikanten Resultate auf Ebene des Machtdistanzindex bestätigen zwar nicht die theoretisch vermuteten Zusammenhänge, jedoch korrespondieren sie mit dem positiven Vorzeichen in Hofstedes korrelationsanalytischer

[785] Vgl. Ruigrok/ Wagner (2001), S. 11.

Betrachtung.[786] Insofern kann dies als Bestätigung Hofstedes gewertet werden. Es muss jedoch darauf hingewiesen werden, dass Hofstede auf die Akzeptanz fremder Manager abstellt. In diesem Kontext muss im Hinblick auf die INIK-Maße die Problematik diskutiert werden, was letztendlich als „fremd" zu beurteilen ist. So trifft das Gefühl des Fremdseins stärker auf die kulturellen als auf die nationalen Aspekte zu. So dürfte etwa ein deutscher Manager seinen österreichischen Kollegen aufgrund der gemeinsamen Historie und Sprache als weniger fremd empfinden, als z.B. seinen amerikanischen. Die Beträge der Koeffizienten sind insbesondere für die auf den kulturellen Aspekt abstellende Zusammensetzungsmaße so niedrig, dass keine Zusammenhänge zwischen der Internationalität bzw. Interkulturalität im Board und den Kulturdimensionen festgestellt werden können. Exkludiert man bei der Durchführung der Korrelationsanalyse die Schweiz, so ergeben sich signifikante Ergebnisse für den Zusammenhang zwischen dem Unsicherheitsvermeidungs-, dem Machtdistanz- und dem Individualismusindex im Hinblick auf den Ausländeranteil und die Heterogenität der Nationalitäten im Board. Demnach können ohne das Untersuchungsland Schweiz die Hypothesen

H3aa: *Zwischen dem Ausländeranteil im Board und dem Unsicherheitsvermeidungsindex nach Hofstede besteht ein signifikant negativer Zusammenhang.*

H3ba: *Zwischen dem Ausmaß der Heterogenität der Nationalitäten im Board und dem Unsicherheitsvermeidungsindex nach Hofstede besteht ein signifikant negativer Zusammenhang.*

H3ac: *Zwischen dem Ausländeranteil im Board und dem Individualismusindex nach Hofstede besteht ein signifikant positiver Zusammenhang.*

H3bc: *Zwischen dem Ausmaß der Heterogenität der Nationalitäten im Board und dem Individualismusindex nach Hofstede besteht ein signifikant positiver Zusammenhang.*

bestätigt werden.

Betrachtet man die Überlegungen hinsichtlich des Kulturfaktors, so wird deutlich, dass dessen Einfluss im Zusammenhang mit der internationalen bzw. interkulturellen Besetzung von Boards nur eine untergeordnete Rolle zu spielen scheint. So hat die Analyse der Hypothesengruppe H1 und H2

H1: *Die Kulturcluster unterscheiden sich hinsichtlich der Ausprägungen der INIK-Maße im Board signifikant.*

H2: *Die Länder eines Kulturclusters unterscheiden sich hinsichtlich der Ausprägungen der INIK-Maße im Board nicht signifikant.*

[786] Vgl. Hofstede (2001a), S. 479.

gezeigt, dass der Kulturfaktor nicht als Gruppierungsvariable geeignet ist. Diesbezüglich stellt das nordische Cluster, das sehr homogen ist, eine Ausnahme dar.

Die Untersuchung der Hypothesengruppe H3

H3a: *Zwischen den Ausprägungen der INIK-Maße im Board und dem Unsicherheitsvermeidungsindex nach Hofstede besteht ein signifikant negativer Zusammenhang.*

H3b: *Zwischen den Ausprägungen der INIK-Maße im Board und dem Machtdistanzindex nach Hofstede besteht ein signifikant negativer Zusammenhang.*

H3c: *Zwischen den Ausprägungen der INIK-Maße im Board und dem Individualismusindex nach Hofstede besteht ein signifikant positiver Zusammenhang.*

H3d: *Zwischen den Ausprägungen der INIK-Maße im Board und dem Maskulinitätsindex nach Hofstede besteht ein signifikant negativer Zusammenhang.*

liefert keine Bestätigung der Vermutung, dass der auf die Kultur abstellende Einflussfaktor in Form von Hofstedes Kulturdimensionen einen erklärbaren Einfluss auf die Internationalität bzw. die Interkulturalität der Board-Zusammensetzung ausübt. Offensichtlich ist die Board-Zusammensetzung hinsichtlich der internationalen und interkulturellen Dimension nicht besonders an kulturelle Faktoren gebunden. Die konkreten Ursachen bleiben letztlich offen.

Zur Erklärung des vorliegenden Ergebnisses können die spezifischen Charakteristika eines Boards herangezogen werden. Im Falle des Boards kommen die Gruppenmitglieder nur an wenigen Tagen im Jahr zusammen, sodass kulturell bedingten Einflüssen und Konflikten nur eine untergeordnete Rolle zukommen. Die Betrachtung der demographischen Strukturmerkmale kann einen weiteren Erklärungsansatz liefern. So sind die Persönlichkeiten, die in dieses Unternehmensorgan berufen werden, meist ältere, erfahrene Manager, die im Laufe ihrer Karriere bereits Führungs- und Entscheidungsverantwortung getragen haben, meist mehrere Board-Mandate auf sich vereinen können und auch im Geschäftsalltag bereits mit Kollegen aus unterschiedlichen Ländern und Kulturräumen konfrontiert wurden.[787] Daher kann von einer gewissen Professionalisierung im Verständnis der Board-Arbeit gesprochen werden, was sich auch in der Berufung von und im Umgang mit ausländischen Kollegen widerspiegeln dürfte. Demnach ist zu vermuten, dass insbesondere die persönliche und fachliche Eignung bzw. die Einbindung in Managernetzwerke einen größeren Erklärungsgehalt für eine internationale bzw. interkulturelle Ausgestaltung des Boards haben dürfte als der Einfluss-

[787] Vgl. Nollert (2005), S. 289 ff.; vgl. Robinson/ Harris (2000), S. 11 ff.; vgl. Therborn (2000), S. 158 ff.; vgl. Kanter (1996), S. 98 ff. und Sklair (1995), S. 62 ff. zitiert bei Hartmann (1999), S. 113 ff.; vgl. Behrens (1991), S. 46.

faktor Kultur. Dies zu untersuchen, ist jedoch nicht Forschungsziel der vorliegenden Arbeit, da es sich hierbei um personenbezogene und nicht um internationale Einflussgrößen handelt.

Nach der Analyse des Einflusses des Kulturfaktors auf die internationale bzw. interkulturelle Board-Zusammensetzung, widmet sich der folgende Abschnitt der Untersuchung des Einflusses von marktlichen Größen.

- Board-Zusammensetzung und der Einflussfaktor Markt

Unter dem Konstrukt Markt werden drei Ausprägungen subsumiert: die Größe der Volkswirtschaft, der Markt für Direktoren und die Bedeutung Transnationaler Unternehmen in den Untersuchungsländern in Relation zur Größe des Heimatmarktes. Die Analyse des Zusammenhangs zwischen der Internationalität bzw. Interkulturalität von Boards und dem nationalen Einflussfaktor Markt wird zunächst graphisch, dann korrelationsanalytisch durchgeführt.

Abbildung 44 zeigt anhand der Trendlinie, dass mit einer zunehmenden Größe der Volkswirtschaft und des Marktes für Direktoren die internationale bzw. interkulturelle Ausprägung der Boards sinkt. Dieses Ergebnis korrespondiert mit den Überlegungen, dass Unternehmen in kleineren Staaten schneller an ihre Wachstumsgrenze stoßen und Marktchancen sowie Management-Kompetenz zunehmend im Ausland suchen müssen.

Insbesondere die Schweiz und die Vereinigten Staaten fallen als Extrema auf, die den ermittelten Zusammenhang zwischen steigenden INIK-Maßen bei sinkender Größe einer Volkswirtschaft prägen. Die nordischen Staaten sind hinsichtlich dieses Zusammenhang homogen, da diese im Vergleich zu den Ländern des germanischen und angloamerikanischen Kulturraums untereinander die geringsten Unterschiede in den Maßen aufweisen. Österreich sticht mit niedrigen Werten auf Ebene der INIK-Maße hervor. Diese Tatsache entspricht nicht der theoretischen Vermutung, dass Staaten mit einer kleinen Volkswirtschaft, durch hohe Ausprägungen der INIK-Maße gekennzeichnet sind.

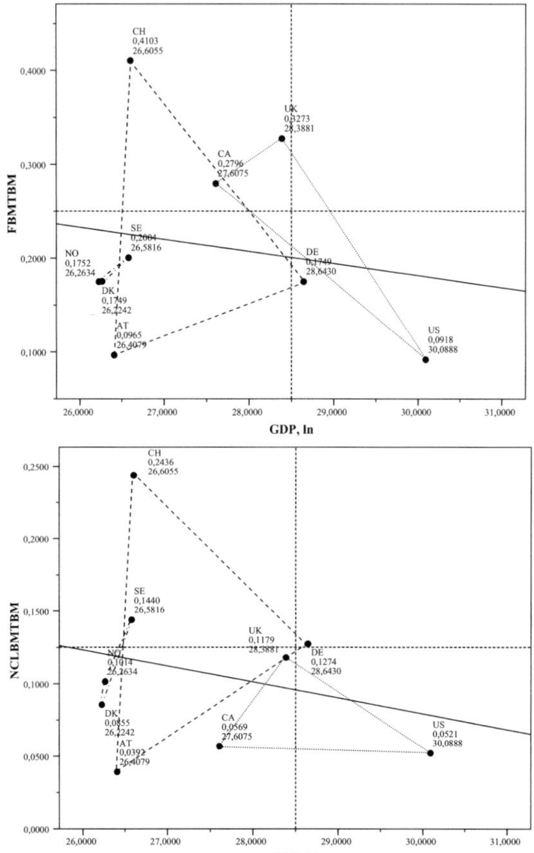

FBMTBM: Ausländeranteil, NCLBMTBM: Anteil Nicht-Cluster Mitglieder, GDP: Bruttoinlandsprodukt

Abbildung 44: Größe der Volkswirtschaft und INIK-Maße
Quelle: Eigene Darstellung.

Deutlicher fallen die graphischen Ergebnisse hinsichtlich der Größe des Marktes für Direktoren eines Landes aus. Die Ergebnisse sind in Abbildung 45 abgetragen. Länder mit einem großen Reservoir an potentiellen Mandatsträgern sind weniger stark auf Kompetenzen aus dem Ausland angewiesen. Auffällig sind die Schweiz, Großbritannien und Kanada, welche alle bei einem kleinen Markt für Direktoren verstärkt im Ausland nach geeigneten Kandidaten suchen. Dieses Bild relativiert sich für die kulturelle Zusammensetzung. Vor allem Kanada weist trotz eines kleinen Personalmarktes für Direktoren geringe Werte für den Anteil an Direktoren, die von außerhalb des Kulturclusters des Unternehmens stammen, auf. Diese Diskrepanz ist dadurch bedingt, dass, wie bereits thematisiert, kanadische Boards zwar ausländische Mandatsträger haben, diese jedoch überwiegend aus dem eigenen Kulturkreis stammen. Die übrigen Untersuchungsländer befinden sich im vierten Quadranten und haben alle relativ große Märkte für Direktoren und damit niedrigere Anteile ausländischer Mandatsträger in den Boards.

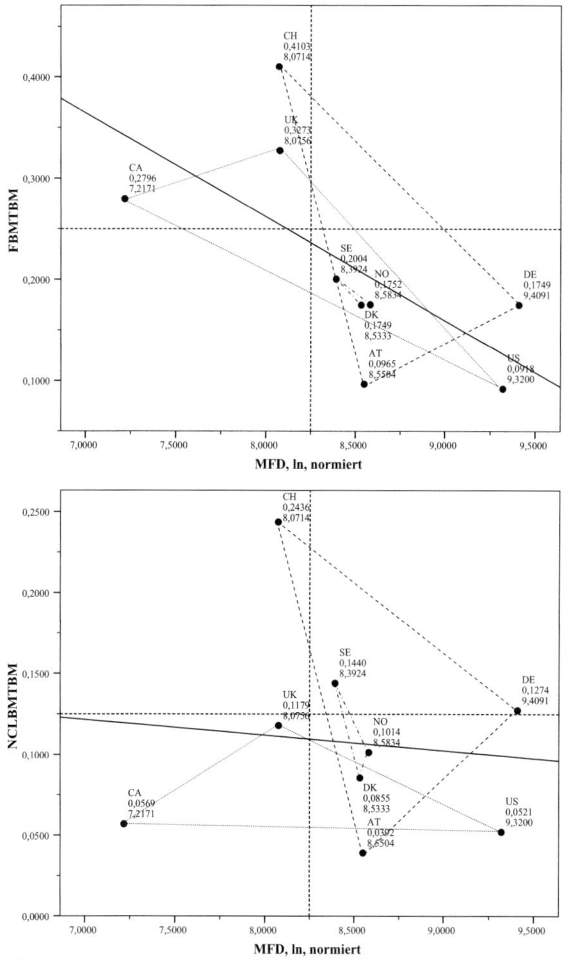

FBMTBM: Ausländeranteil, NCLBMTBM: Anteil Nicht-Cluster Mitglieder, MFD: Markt für Direktoren

Abbildung 45: Markt für Direktoren und INIK-Maße
Quelle: Eigene Darstellung.

Abbildung 46 ist zu entnehmen ist, dass mit einer zunehmenden relativen Bedeutung Transnationaler Unternehmen in den Untersuchungsländern die internationale bzw. interkulturelle Ausprägung der Board-Zusammensetzung steigt. Dies gilt auch für die Kennzahlen zur Heterogenität der Nationalitäten und Kulturen im Board.[788]

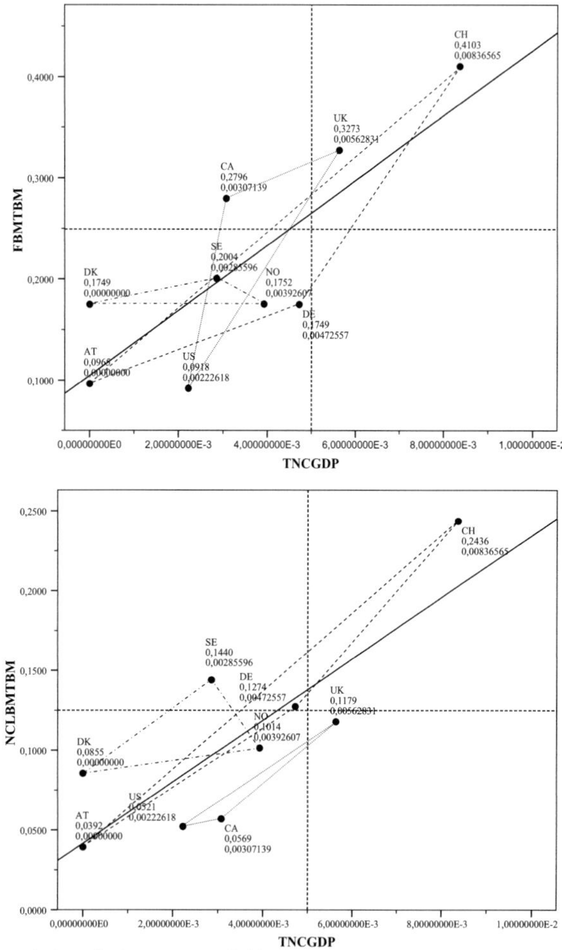

FBMTBM: Ausländeranteil, NCLBMTBM: Anteil Nicht-Cluster Mitglieder, TNCGDP: relative Bedeutung von TNCs

Abbildung 46: Relative Bedeutung von TNCs und INIK-Maßen
Quelle: Eigene Darstellung.

---

788 Die Ergebnisse für die nationale und kulturelle Heterogenität können dem Anhang entnommen werden. Vgl. Anhang 21.

Die Ergebnisse der graphischen Analyse des Einflusses von Marktfaktoren auf die INIK-Maße werden jedoch im Rahmen der Korrelationsanalyse, deren Ergebnisse Tabelle 35 entnommen werden können, nur teilweise bestätigt.

N = 255	M	SD	FBMTBM	HETNAT	NCLBMTBM	HETCULT
GDP, ln	27,4879	1,2908	-0,098	-0,056	-0,096	-0,028
MFD, ln	8,4555	0,6440	-0,303 ****	-0,311 ****	-0,034	-0,017
TNCGDP	0,0035	0,0025	0,374 ****	0,374 ****	0,279 ****	0,280 ****

Korrelation nach Pearson, 2-seitig; ****: p < 0,001, ***: p < 0,01, **: p < 0,05, *: p < 0,1

N: Anzahl der Untersuchungseinheiten, M: Mittwelwert, SD: Standardabweichung

FBMTBM: Ausländeranteil, HETNAT: Heterogenität der Nationalitäten,

NCLBMTBM: Anteil Nicht-Cluster Mitglieder, HETCULT: kulturelle Heterogenität

GDP: Bruttoinlandsprodukt, MFD: Markt für Direktoren, TNCGDP: relative Bedeutung von TNCs, ln: Logarithmus Naturalis

Tabelle 35: Einflussfaktor Markt und INIK-Maße
Quelle: Eigene Berechnung.

Hinsichtlich der Größe der Volkswirtschaft zeigt sich zwar das erwartete Vorzeichen, jedoch sind die Korrelationskoeffizenten niedrig und liefern keine signifikanten Ergebnisse. Für den Ausländeranteil und die Heterogenität der Nationalitäten im Board besteht ein signifikant negativer Zusammenhang ($p < 0,001$) zur Größe des Marktes für Direktoren. So sinkt mit zunehmender Größe des einheimischen Marktes für Direktoren der Anteil ausländischer Mandatsträger in den Boards. In diesem Fall ist eine ausreichende Anzahl an geeigneten inländischen Kandidaten für die Besetzung der Board-Positionen vorhanden. Bezüglich des Zusammenhangs zwischen der Bedeutung großer Unternehmen in den Untersuchungsländern in Relation zur Marktgröße und den INIK-Maßen zeigen sich signifikant positive ($p < 0,001$) Korrelationskoeffizienten. Ein hoher Anteil von Transnationalen Unternehmen auf kleinen Heimatmärkten intensiviert die Suche nach internationalen Direktoren zur Überwachung des Managements. Somit lassen sich von den Hypothesen der Hypothesengruppen H4, H5 und H6

H4a: Zwischen dem Ausländeranteil im Board und der Größe des Heimatmarktes besteht ein signifikant negativer Zusammenhang.

H4b: Zwischen dem Ausmaß der Heterogenität der Nationalitäten im Board und der Größe des Heimatmarktes besteht ein signifikant negativer Zusammenhang.

H4c: Zwischen dem Anteil an Direktoren im Board, die aus anderen Kulturkreisen stammen, und der Größe des Heimatmarktes besteht ein signifikant negativer Zusammenhang.

H4d: Zwischen dem Ausmaß der kulturellen Heterogenität im Board und der Größe des Heimatmarktes besteht ein signifikant negativer Zusammenhang.

H5a: Zwischen dem Ausländeranteil im Board und der Größe des inländischen Marktes für Direktoren besteht ein signifikant negativer Zusammenhang.

H5b: Zwischen dem Ausmaß der Heterogenität der Nationalitäten im Board und der Größe des inländischen Marktes für Direktoren besteht ein signifikant negativer Zusammenhang.

H5c: Zwischen dem Anteil an Direktoren im Board, die aus anderen Kulturkreisen stammen, und der Größe des inländischen Marktes für Direktoren besteht ein signifikant negativer Zusammenhang.

H5d: Zwischen der kulturellen Heterogenität im Board und der Größe des inländischen Marktes für Direktoren besteht ein signifikant negativer Zusammenhang.

H6a: Zwischen dem Ausländeranteil im Board und der Bedeutung der großen internationalen Unternehmen im Verhältnis zur Größe des Heimatmarktes besteht ein signifikant positiver Zusammenhang.

H6b: Zwischen dem Ausmaß der Heterogenität der Nationalitäten im Board und der Bedeutung der großen internationalen Unternehmen im Verhältnis zur Größe des Heimatmarktes besteht ein signifikant positiver Zusammenhang.

H6c: Zwischen dem Anteil an Direktoren im Board, die aus anderen Kulturkreisen stammen, und der Bedeutung der großen internationalen Unternehmen im Verhältnis zur Größe des Heimatmarktes besteht ein signifikant positiver Zusammenhang.

H6d: Zwischen der kulturellen Heterogenität im Board und der Bedeutung der großen internationalen Unternehmen im Verhältnis zur Größe des Heimatmarktes besteht ein signifikant positiver Zusammenhang.

die Hypothesen H5a, H5b sowie H6a, H6a-d bestätigen. Die Effekte der Einflussgröße Markt gehen im Hinblick auf die Maße der internationalen Zusammensetzung von Boards im Wesentlichen vom Markt für Direktoren eines Landes aus. Die Bedeutung Transnationaler Unternehmen eines Untersuchungslandes beeinflusst sowohl die internationale als auch die interkulturelle Zusammensetzung.

Der folgende Abschnitt untersucht den Zusammenhang zwischen dem Einflussfaktor Corporate Governance und der Internationalität bzw. der Interkulturalität von Boards.

- Board-Zusammensetzung und der Einflussfaktor Corporate Governance

Die wissenschaftliche Auseinandersetzung mit der Board-Zusammensetzung wird vielfach vor dem Hintergrund der Corporate Governance-Diskussion geführt.[789] Die vorliegende Untersuchung betrachtet den Einfluss des Corporate Governance-Aspektes auf die nationalen und kulturellen Dimensionen der Board-Zusammensetzung. Es werden neben dem Corporate Governance-, das Rechtssystem sowie die Shareholder Value-, Markt- und Outsiderorientierung als Einflussgrößen analysiert.

[789] Vgl. Clarke (2007), S. 33; vgl. Gerum (2007), S. 26; vgl. Hopt (2003), S. 31 f.

Bezüglich der Shareholder Value-, Markt- und Outsiderorientierung fällt auf, dass diese in der Literatur zumeist als typisches Merkmal angloamerikanischer Staaten angeführt wird. Jedoch hat auch in den Stakeholder-orientierten Staaten, wie Deutschland, Österreich, Schweden, Norwegen und Dänemark, die Bedeutung des Shareholder Value-Gedankens zugenommen.[790] Tabelle 36 beinhaltet die Ergebnisse für die Zusammenhänge zwischen Einflussgrößen der Corporate Governance und der Internationalität bzw. Interkulturalität von Boards.

N = 255	M	SD	FBMTBM	HETNAT	NCLBMTBM	HETCULT
CGSOT	0,588	0,493	0,237 ****	0,259 ****	0,090	0,125 **
CLS	0,353	0,479	0,047	0,105 *	-0,145 **	-0,076
SHVMO	0,353	0,479	0,047	0,105 *	-0,145 **	-0,076

Korrelation nach Pearson, 2-seitig; ****: p < 0,001, ***: p < 0,01, **: p < 0,05, *: p < 0,1
N: Anzahl der Untersuchungseinheiten, M: Mittwelwert, SD: Standardabweichung
FBMTBM: Ausländeranteil, HETNAT: Heterogenität der Nationalitäten,
NCLBMTBM: Anteil Nicht-Cluster Mitglieder, HETCULT: kulturelle Heterogenität
CGSOT: einstufiges CG-System, CLS: Common Law System, SHVMO: Shareholder Value-, Markt- und Outsiderorientierung

Tabelle 36: Einflussfaktor Corporate Governance und INIK-Maße
Quelle: Eigene Berechnung.

Die Ergebnisse zeigen, dass in den Ländern, die ein einstufiges System haben, der Anteil an ausländischen Direktoren und die Heterogenität der Nationalitäten im Board höher sind. Dualistisch geprägte Staaten wie Norwegen, Deutschland, Dänemark und Österreich haben im Vergleich zu den Ländern mit monistischen Corporate Governance-Systemen, wie die Schweiz, Großbritannien, Kanada und Schweden, niedrigere Ausländeranteile in ihren Boards. Die einzige Ausnahme stellen die Vereinigten Staaten von Amerika dar, die den geringsten Ausländeranteil aufweisen. Vergleichbare Verhältnisse herrschen auch bezüglich der Heterogenität der Nationalitäten im Board. Diesbezüglich zeigen sich für Österreich die geringsten Werte. Darüber hinaus ergibt sich für den Zusammenhang zwischen dem einstufigen Corporate Governance-System und der kulturellen Heterogenität ein signifikant schwach positiver Zusammenhang ($p < 0,05$). Dieser dürfte auf die kulturell sehr heterogenen Boards in der Schweiz sowie in Großbritannien und in Schweden zurückzuführen sein. Somit ist für die Hypothesengruppe H7

H7a: Zwischen dem Ausländeranteil im Board und dem einstufigen Corporate Governance-System besteht ein signifikant positiver Zusammenhang.

H7b: Zwischen dem Ausmaß der Heterogenität der Nationalitäten im Board und dem einstufigen Corporate Governance-System besteht ein signifikant positiver Zusammenhang.

H7c: Zwischen dem Anteil an Direktoren im Board, die aus anderen Kulturkreisen stammen, und dem einstufigen Corporate Governance-System besteht ein signifikant positiver Zusammenhang.

[790] Vgl. Sinani et al. (2008), S. 27 ff.; vgl. Jürgens et al. (2000), S. 24.

H7d: Zwischen dem Ausmaß der kulturellen Heterogenität im Board und dem einstufigen Corporate Governance-System besteht ein signifikant positiver Zusammenhang.

festzuhalten, dass Hypothese H7a, H7b und H7d bestätigt werden können. Dies deutet darauf hin, dass das einstufige System der Spitzenverfassung von potentiellen ausländischen Kandidaten für die Besetzung von Board-Mandaten besser verstanden wird und so die Unternehmen der Länder, in denen das einstufige Modell vorherrscht, besser in der Lage sind, Ausländer zu attrahieren.

Wie Tabelle 36 zeigt, ergeben sich bei der Analyse der Zugehörigkeit zum Rechtskreis des Common Laws und der Shareholder Value-, Markt- und Outsiderorientierung jeweils redundante Ergebnisse. Dies ist nicht erstaunlich, da beide Aspekte den Ländern des angloamerikanischen Kulturraumes zugeordnet werden. Unternehmen dieser Staaten, insbesondere die aus Großbritannien und Kanada, berufen in erster Linie Ausländer in ihre Boards, die aus dem eigenen Kulturkreis stammen. Dies spiegelt sich in den signifikant schwach positiven Ergebnisse für die nationale Heterogenität ($p < 0,1$) sowie den signifikant schwach negativen Korrelationskoeffizienten ($p < 0,05$) in Bezug auf den Anteil von Direktoren, die aus anderen Kulturräumen stammen, wider. Das Common Law-Rechtssystem und eine ausgeprägte Kapitalmarktorientierung führen zu heterogen besetzten Boards. Die hohen Werte für den Ausländeranteil und die Heterogenität der Nationalitäten in der Schweiz, welche dem Civil Law-System zuzuordnen ist, verhindern, dass die Ergebnisse deutlicher ausfallen. Demnach können von den Hypothesen der Hypothesengruppen H8 und H9

H8a: Zwischen dem Ausländeranteil im Board und dem Common Law-System besteht ein signifikant positiver Zusammenhang.

H8b: Zwischen dem Ausmaß der Heterogenität der Nationalitäten im Board und dem Common Law System besteht ein signifikant positiver Zusammenhang.

H8c: Zwischen dem Anteil an Direktoren im Board, die aus anderen Kulturkreisen stammen, und dem Common Law-System besteht ein signifikant positiver Zusammenhang.

H8d: Zwischen dem Ausmaß der kulturellen Heterogenität im Board und dem Common Law-System besteht ein signifikant positiver Zusammenhang.

H9a: Zwischen dem Ausländeranteil im Board und der Shareholder Value-, Markt- und Outsiderorientierung besteht ein signifikant positiver Zusammenhang.

H9b: Zwischen dem Ausmaß der Heterogenität der Nationalitäten im Board und der Shareholder-Value-, Markt- und Outsiderorientierung besteht ein signifikant positiver Zusammenhang.

H9c: Zwischen dem Anteil an Direktoren im Board, die aus anderen Kulturkreisen stammen, und der Shareholder-Value-, Markt- und Outsiderorientierung besteht ein signifikant positiver Zusammenhang.

H9d: Zwischen dem Ausmaß der kulturellen Heterogenität im Board und der Shareholder-Value-, Markt- und Outsiderorientierung besteht ein signifikant positiver Zusammenhang.

die Hypothesen H8b und H9b bestätigt werden. Offensichtlich spielt somit auch der im Common Law-System stärker ausgeprägten Investorenschutz für die Attraktivität von Unternehmen in den Augen potentieller ausländischer Mandatsträger aus dem eigenen Kulturraum eine Rolle.

Dieses Ergebnis gilt jedoch nicht uneingeschränkt. Als Erklärungsbeispiel kann die Volksrepublik China herangezogen werden, auch wenn diese im Rahmen der hier vorliegenden Arbeit nicht einbezogen wurde. In der Volksrepublik China wurden in den vergangenen Jahren trotz bestehender Rechtsunsicherheit zahlreiche Investitionen getätigt. Somit können auch Staaten ohne kodifiziertem und vor allem praktiziertem Investorenschutz für Investitionen attraktiv sein. Die schlägt sich nicht in der Besetzung der Spitzenorgane chinesischer Unternehmen mit Ausländern et vice versa nieder.[791] Wachstumspotentiale sprechen für Investitionen in China. Kulturelle und politische Barrieren hingegen sind einem ausländischen Einfluss auf die Führung und Überwachung chinesischer Unternehmen hinderlich. Damit wird ersichtlich, dass die Ergebnisse der hier angestellten Analysen nicht generalisiert werden können, sondern für die hier betrachteten Länder gelten. Dies ist prinzipiell auch für die Analyse des Einflusses einer Shareholder Value-, Markt- und Outsiderorientierung der Fall.

Der folgende Abschnitt untersucht den Einfluss der Branchenzugehörigkeit auf die internationale und interkulturelle Board-Zusammensetzung. Es wird unterstellt, dass die Branchencharakteristika über die Ländergrenzen hinweg für die jeweilige Branche Gültigkeit haben.[792]

- Board-Zusammensetzung und der Einfluss des Faktors Branche

Zunächst werden für die einzelnen Branchen die Ausprägungen der Maße der internationalen und interkulturellen Board-Zusammensetzung dargstellt. Es wird der Frage nachgegangen, ob hinsichtlich dieser Maße Unterschiede zwischen Branchen bestehen. Ferner werden mögliche Zusammenhänge zwischen der Internationalisierung der Branchen und der internationalen und interkulturellen Zusammensetzung der Boards analysiert.

Tabelle 37 stellt die Ausprägungen der INIK-Maße in den unterschiedlichen Branchen dar. Zu Vergleichszwecken wurde der Internationalisierungsgrad der jeweiligen Branche angegeben. Da nur ein

[791] Vgl. Perlitz/ Becker/ Odoi (2007), S. 11 f., S. 16 f.; vgl. Perlitz/ Becker/ Teng (2005), S. 78 f.

[792] Vgl. Kutschker/ Schmid (2008), S. 297 ff.; vgl. Ruigrok/ Greve (2007), S. 7; vgl. Tacheva (2007), S. 47 f.,S. 81; vgl. Perlitz (2004), S. 274 ff.; vgl. Porter (1990), S. 53; vgl. Porter (1989b), S. 20 ff.; vgl. Bartlett (1989), S. 428 f.

Unternehmen dem Bereich Land-, Forstwirtschaft und Fischerei zuzuordnen ist, wurde dies, und damit die gesamte Branche, für die Durchführung der Mittelwertvergleiche aus der Menge der zu untersuchenden Unternehmen exkludiert.

N = 254	IC2: M	IC3: M	IC4: M	IC5: M	IC6: M	Signifikanz
FBMTBM (%)[b]	25,34	22,92	19,50	13,56	28,95	
HETNAT (Blau-Index)[a]	0,3505	0,3058	0,2593	0,2094	0,3411	
NCLBMTBM (%)[b]	11,89	12,58	6,15	4,70	20,25	**
HETCULT (Blau-Index)[b]	0,1693	0,1688	0,0796	0,1103	0,2629	**
DOIICCM (%)	42,49	68,85	36,18	44,27	73,11	
N	23	144	49	23	15	

Signifikanzniveau: ****: $p < 0,001$, ***: $p < 0,01$, **: $p < 0,05$, *: $p < 0,1$; M: Mittelwert; N: Anzahl der Untersuchungseinheiten

a: F-Test der einfaktoriellen ANOVA bei Varianzhomogenität

b: Brown-Forsythe-Test auf Gleichheit der Gruppenmittelwerte bei Ungleichheit der Varianzen der Vergleichsgruppen

IC2: Bergbau und Baugewerbe, IC3: Verarbeitende Industrie, IC4: Transportwesen, Kommunikation sowie Energie- und Versorgungswirtschaft, IC5: Groß- und Einzelhandel, IC6: Dienstleistungen

FBMTBM: Ausländeranteil, HETNAT: Heterogenität der Nationalitäten,

NCLBMTBM: Anteil Nicht-Cluster Mitglieder, HETCULT: kulturelle Heterogenität

DOIICCM: Internationalisierungsgrad der Branche

Tabelle 37: Mittelwertvergleich der INIK-Maße auf Branchenebene
Quelle: Eigene Berechnung.

Die Branchen unterscheiden sich hinsichtlich des Anteils der Direktoren, die von außerhalb des eigenen Kulturkreises stammen, sowie der kulturellen Heterogenität signifikant ($p < 0,05$). Die Zugehörigkeit zu einer bestimmten Branche erklärt somit die Unterschiede in den jeweiligen Ausprägungen der kulturellen Maße der Board-Zusammensetzung. Dieses Ergebnis bestätigt zum einen die Aussage von Gillies und Dickinson, dass kein Zusammenhang zwischen der Zugehörigkeit zu einer bestimmten Industrie und der nationalen Verschiedenartigkeit der Board-Mitglieder festzustellen sei.[793] Zum anderen liefert die Korrelationsanalyse weiterführende Erkenntnisse zum Einfluss der Branche auf die interkulturelle Zusammensetzung von Boards.

Grundsätzlich lässt sich festhalten, dass Boards im Dienstleistungssektor (IC6), gefolgt vom Bergbau und Baugewerbe (IC2) sowie der Verarbeitenden Industrie (IC3), hohe Werte für die INIK-Maße aufweisen. Eine Branche mit geringen Internationalitätswerten hingegen stellt der Groß- und Einzelhandel (IC5) dar. Im Dienstleistungsbereich sind insbesondere forschungs- und personalintensive Unternehmen vertreten. Die Branche umfasst Software/ Informationstechnologie-Unternehmen, Personaldienstleister, Werbeagenturen und Gesundheitsdienstleister. Zum einen handelt es sich um eine sehr international geprägte Branche, in der überwiegend in englischer Sprache kommuniziert wird. Zum anderen sind diese Unternehmen nicht unbedingt an einen Produktionsstandort gebunden und können ihre Leistungen global anbieten. Dies zeigt sich auch darin, dass der Großteil

[793] Vgl. Gillies/ Dickinson (1999), S. 237 ff.

dieser Unternehmen einen Auslandsumsatzanteil von über 60 % aufweist.[794] Auch im Bereich der Forschung & Entwicklung suchen sich die Unternehmen in einer globalisierten Welt die besten Mitarbeiter unabhängig vom Land ihrer Herkunft. Durch die globale Vernetzung der Informations- und Kommunikationstechnologie dürfte diese Vorgehensweise Dienstleistern im Vergleich z.B. zum Verarbeitenden Gewerbe oder Handelsunternehmen leichter fallen.[795] Bei der Interaktion mit dem Kunden muss insbesondere im Dienstleistungsbereich verstärkt auf länderspezifische Aspekte Rücksicht genommen werden.[796] Die Ergebnisse im Hinblick auf die Dienstleistungsbranche korrespondieren mit den Erkenntnissen von Alexander und Esser, die eine Dominanz der Ausländer insbesondere für den Dienstleistungssektor konstatieren.[797] Demgegenüber sind insbesondere Einzelhandelsunternehmen trotz eines einsetzenden Wandels noch relativ gering internationalisiert und zumeist auf den lokalen Markt beschränkt. Daher müssen sie sich mit den jeweiligen Kundenbedürfnissen, die z.T. international differieren, stärker lokal auseinandersetzen.[798] Für den Handel kann im Vergleich zu anderen Branchen die Internationalisierung als neues Phänomen angesehen werden, da sich diese Unternehmen lange Zeit zunächst sehr intensiv auf die Heimatmärkte fokussiert haben.[799] Für den Bereich Transportwesen und die Versorger zeigt ein Blick auf die Werte für den Brancheninternationalisierungsgrad, dass derartige Unternehmen offensichtlich stärker national orientiert sind.

Abbildung 47 beinhaltet für die einzelnen Branchen die graphische Gegenüberstellung des Ausländeranteils und des Anteils an Direktoren, die nicht aus dem Kulturkreis des Unternehmens stammen. Mit einer zunehmend internationalen Besetzung der Boards in den einzelnen Branchen ist auch eine zunehmende Interkulturalität in den Organen zu erwarten. Dies gilt insbesondere für die Dienstleistungsbranche, aber auch für den Sektor Bergbau und Baugewerbe sowie für die Verarbeitende Industrie. In abgeschwächter Form hat diese Aussage auch für die Heterogenität der Nationalitäten und die kulturelle Heterogenität im Board Gültigkeit. Die Resultate für die Gegenüberstellung der Verteilungsmaße kann Anhang 22 entnommen werden.

---

[794] Eigene Berechnung.
[795] Vgl. Zentes/ Swoboda/ Schramm-Klein (2006), S. 241.
[796] Vgl. Perlitz (2004), S. 324.
[797] Vgl. Alexander/ Esser (1999), S. 7.
[798] Vgl. Zentes/ Swoboda/ Schramm-Klein (2006), S. 225.
[799] Vgl. Rudolph/ Knaus/ Einhorn (2002), online.

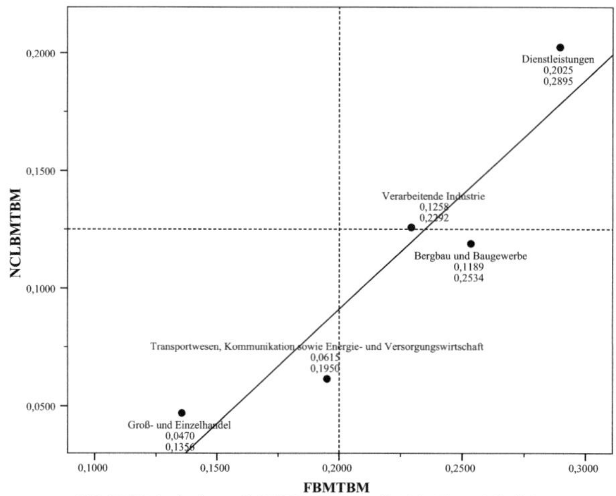

FBMTBM: Ausländeranteil, NCLBMTBM: Anteil Nicht-Cluster Mitglieder

Abbildung 47: Vergleich von INIK-Maßen nach Branchen
Quelle: Eigene Darstellung.

Betrachtet man den Anteil an Mandatsträgern, die von außerhalb des Kulturkreises des jeweiligen Unternehmens stammen, so zeigt sich das in Abbildung 48 dargestellte Bild. Im Dienstleistungssektor und im Bereich des Verarbeitenden Gewerbes kommen die überwiegende Anzahl der ausländischen Board-Mitglieder von außerhalb des Kulturkreises der Unternehmen. Anders verhält es sich im Bereich Bergbau und Baugewerbe, Transportwesen, Kommunikation sowie Energie- und Versorgungswirtschaft und dem Handelssektor. Die entsprechenden Erklärungsansätze dürften, wie bereits oben erläutert, in den Charakteristika der jeweiligen Branchen und der damit verbundenen Intensität der nationalen, regionalen bzw. internationalen Marktorientierung liegen.

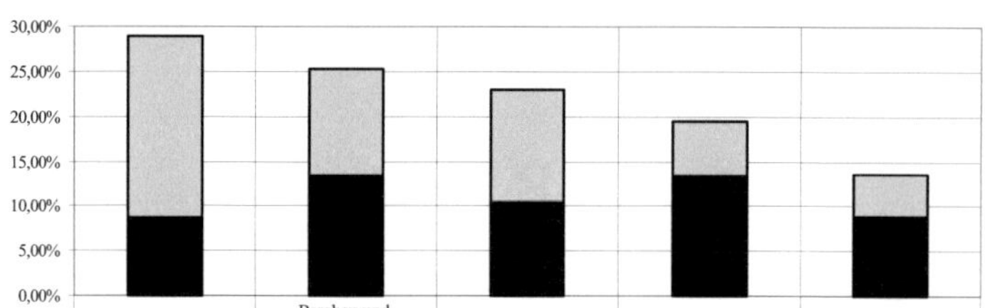

	Dienstleistungen	Bergbau und Baugewerbe	Verarbeitende Industrie	Transportwesen, ...	Groß- und Einzelhandel
◻ Ausländer aus anderen Clustern	20,25%	11,89%	12,58%	6,15%	4,70%
■ Ausländer aus Heimatcluster	8,70%	13,44%	10,34%	13,36%	8,86%

Industrieklassifikation

Abbildung 48: Ausländische Board-Mitglieder nach Cluster-/ und Nicht-Clusterherkunft auf Branchenebene
Quelle: Eigene Darstellung.

Von den Hypothesen der Hypothesengruppe H10

H10aa: Die Branchen unterscheiden sich hinsichtlich des Ausländeranteils im Board signifikant.

H10ba: Die Branchen unterscheiden sich hinsichtlich des Ausmaßes der Heterogenität der Nationalitäten im Board signifikant.

H10ca: Die Branchen unterscheiden sich hinsichtlich des Anteils an Direktoren im Board, die aus anderen Kulturkreisen stammen, signifikant.

H10da: Die Branchen unterscheiden sich hinsichtlich des Ausmaßes der kulturellen Heterogenität im Board signifikant.

bestätigen sich aufgrund der Mittelwertvergleiche, gestützt durch die deskriptiven Auswertungen, die Hypothesen H10ca und H10da.

Im Folgenden werden die Internationalisierungsgrade der einzelnen Branchen als eine mögliche Erklärungsgröße für Unterschiede in den INIK-Maßen untersucht. Im branchenspezifischen Internationalisierungsgrad kommen spezifische Internationalisierungscharakteristika der jeweiligen Branchen zum Ausdruck. In Abbildung 49 sind für die unterschiedlichen Branchen jeweils der Ausländeranteil und der Anteil an Nicht-Cluster Direktoren in den Boards dem Internationalisierungsgrad der Branchen gegenübergestellt.[800]

Die Trendgeraden verdeutlichen, dass mit zunehmender Brancheninternationalisierung auch die Boards stärker international bzw. interkulturell besetzte sind. Diese Zusammenhänge gelten offensichtlich vor allem für die kulturellen Maße der Board-Zusammensetzung.

Eine korrelationsanalytische Überprüfung der Beziehung zwischen der Internationalität der Branchen und der Internationalität bzw. Interkulturalität von Boards führt zu signifikant schwach positiven Ergebnissen, die in Tabelle 38 zusammengefasst sind.

N = 254	M	SD	FBMTBM	HETNAT	NCLBMTBM	HETCULT
DOIICCM	0,5820	0,1454	0,090	0,082	0,178 ***	0,181 ***

Korrelation nach Pearson, 2-seitig; ****: $p < 0{,}001$, ***: $p < 0{,}01$, **: $p < 0{,}05$, *: $p < 0{,}1$
N: Anzahl der Untersuchungseinheiten, M: Mittelwert, SD: Standardabweichung
FBMTBM: Ausländeranteil, HETNAT: Heterogenität der Nationalitäten,
NCLBMTBM: Anteil Nicht-Cluster Mitglieder, HETCULT: kulturelle Heterogenität
DOIICCM: Brancheninternationalisierung

Tabelle 38: Einflussfaktor Brancheninternationalität und INIK-Maße
Quelle: Eigene Berechnung.

800 Die Ergebnisse für die Heterogenitätsmaße werden im Anhang 23 berichtet.

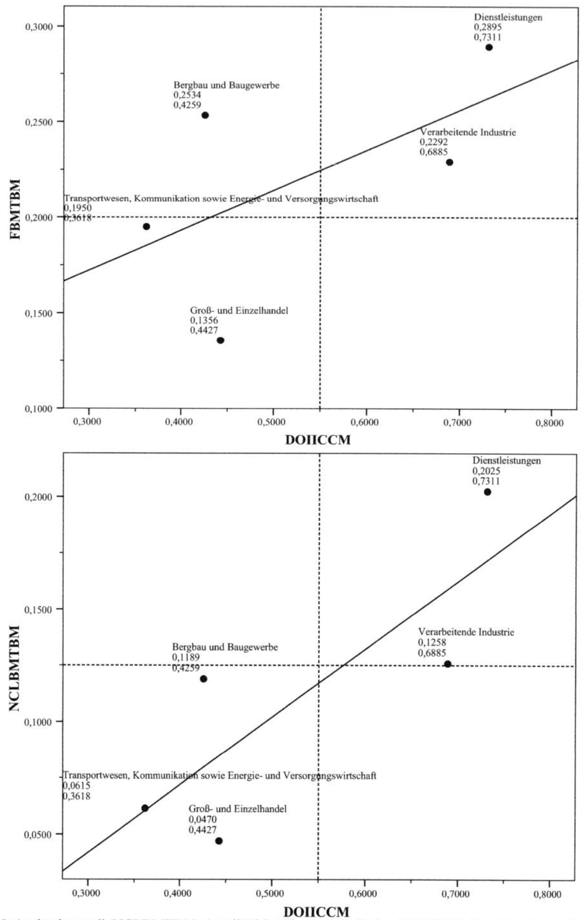

FBMTBM: Ausländeranteil, NCLBMTBM: Anteil Nicht-Cluster Mitglieder, DOIICCM: Brancheninternationalisierung

Abbildung 49: Brancheninternationalisierung und INIK-Maße
Quelle: Eigene Darstellung.

Es besteht ein Zusammenhang zwischen der Brancheninternationalisierung und dem Anteil an Direktoren, die aus anderen Kulturkreisen stammen, bzw. der kulturellen Heterogenität. Dieses Ergebnis ist mit den Erkenntnissen der Mittelwertvergleiche konsistent. Mit steigender Brancheninternationalisierung sind in den Boards mehr ausländische Mandatsträger, insbesondere aus anderen Kulturkreisen, anzutreffen. Die schwache Ausprägung des Zusammenhangs rührt daher, dass die Brancheninternationalisierung nur eine von vielen Einflussgrößen im Bezug auf die internationale bzw. interkulturelle Zusammensetzung von Boards darstellt.

Von Hypothesengruppe H10

H10ab: Zwischen dem Ausländeranteil im Board und dem Internationalisierungsgrad der Branche besteht ein signifikant positiver Zusammenhang!

H10bb: Zwischen der Heterogenität der Nationalitäten im Board und dem Internationalisierungsgrad der Branche besteht ein signifikant positiver Zusammenhang.

H10cb: Zwischen dem Anteil an Direktoren im Board, die aus anderen Kulturkreisen stammen, und dem Internationalisierungsgrad der Branche besteht ein signifikant positiver Zusammenhang!

H10db: Zwischen der kulturellen Heterogenität im Board und dem Internationalisierungs-grad der Branche besteht ein signifikant positiver Zusammenhang!

Können die Hypothesen H10cb und H10db bestätigt werden.

Somit beeinflusst die Zugehörigkeit zu einer Branche die interkulturelle Zusammensetzung von Boards.

Der folgende Abschnitt greift den zweiten Fragenkomplex auf. Er setzt sich mit der Herkunft der ausländischen Direktoren auseinander. Neben einer deskriptiven Darstellung werden auch zentrale Einflussfaktoren aus der Unternehmensumwelt, die die Herkunft der ausländischen Direktoren möglicherweise beeinflussen, analysiert.

5.3.2 Nationale und kulturelle Herkunft von Board-Mitglieder und die Bedeutung zentraler Einflussfaktoren der Unternehmensumwelt

Die vorliegende Untersuchung umfasst insgesamt 2305 Direktorenposten. Wie Tabelle 39 zeigt, stammt das Gros dieser Mandate aus dem angloamerikanischen Raum, gefolgt von den germanischen Ländern. Die nordischen Länder sind mit der geringsten Anzahl an Board-Mandaten vertreten.[801]

[801] An dieser Stelle sei erneut darauf hingewiesen, dass für mitbestimmte Staaten die Arbeitnehmervertreter aus den bereits thematisierten Gründen aus der Analyse ausgeschlossen wurden, was die Board-Größe verringert.

Ländercluster	Länder	Erfasste Board-Mandate
Anglo	US	372 (16,14 %)
	UK	363 (15,75 %)
	CA	360 (15,62 %)
	Gesamt Anglo	1095 (47,51 %)
Germanic	DE	262 (11,37 %)
	CH	249 (10,80 %)
	AT	176 (7,64 %)
	Gesamt Germanic	687 (29,80 %)
Nordic	SE	220 (9,64 %)
	NO	139 (6,03 %)
	DK	164 (7,11 %)
	Gesamt Nordic	523 (22,69 %)
Gesamt		2305

US: Vereinigte Staaten, UK: Großbritannien, CA: Kanada
DE: Deutschland, CH: Schweiz, AT: Österreich
SE: Schweden, NO: Norwegen, DK: Dänemark

Tabelle 39: Überblick über erfasste Board-Mandate
Quelle: Eigene Darstellung.

Die Unternehmen in den Untersuchungsländern verfolgen hinsichtlich der Direktorenposten eine nationale Besetzungsstrategie, da die Mehrzahl der Direktorenposten mit Inländern besetzt ist. Abbildung 50 verdeutlicht, dass sich der Anteil der inländischen Direktoren in allen untersuchten Ländern deutlich über 50 % bewegt. Insbesondere die USA und Österreich dominieren mit ca. 91 % bzw. ca. 90 % Inländern. Deutschland, Dänemark, Norwegen und Schweden bilden die mittlere Gruppe mit etwa 80 % inländischen Organmitgliedern. Kanada, Großbritannien und die Schweiz weisen mit ca. 72 %, 66 % bzw. 58 % die geringsten Anteile inländischer Mandatsträger auf.

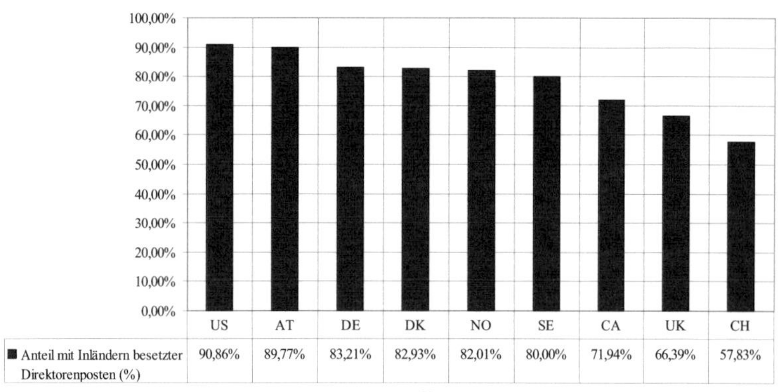

AT: Österreich, CA: Kanada, CH: Schweiz, DE: Deutschland, DK: Dänemark, NO: Norwegen, SE: Schweden, UK: Großbritannien, US: Vereinigte Staaten

Abbildung 50: Anteil der mit Inländern besetzten Direktorenposten pro Untersuchungsland
Quelle: Eigene Darstellung.

Ausgehend von der Feststellung einer Dominanz von Inländern in den Boards Multinationaler Unternehmen, wird im Folgenden die Herkunft der ausländischen Mandatsträger für jedes Untersuchungsland zunächst deskriptiv betrachtet.

a) Vereinigte Staaten von Amerika

Die im Rahmen der empirischen Untersuchung analysierten U.S.-amerikanischen Boards weisen insgesamt 34 ausländische Direktoren aus.[802] Es zeigt sich, dass mit ca. 21 % britischen und ca. 18 % kanadischen respektive mexikanischen Direktoren ausländische Direktoren aus kulturell bzw. geographisch nahen Staaten dominieren. Neben den Direktoren aus Großbritannien kommen ca. 21 % der ausländischen Mandatsträger aus Deutschland und Frankreich. Schließt man ferner die Direktoren aus Irland und der Schweiz mit ein, so stammen nahezu 50 % der ausländischen Mandatsträger aus dem europäischen Wirtschaftsraum. Insgesamt sind in der U.S.-Unternehmensstichprobe Direktoren aus 12 verschiedenen Staaten vertreten.

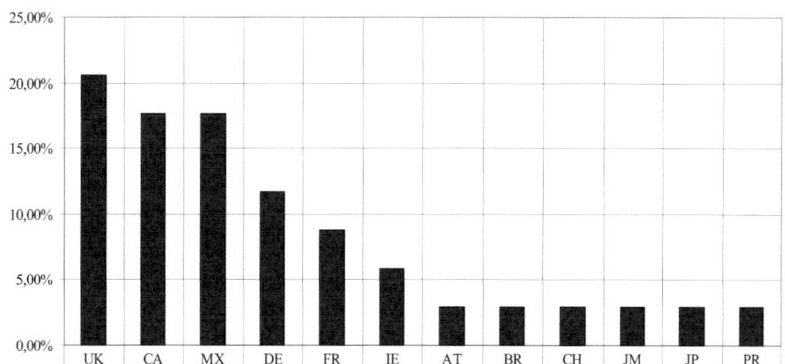

	UK	CA	MX	DE	FR	IE	AT	BR	CH	JM	JP	PR
■ Personen % (nur Ausländer)	20,59%	17,65%	17,65%	11,76%	8,82%	5,88%	2,94%	2,94%	2,94%	2,94%	2,94%	2,94%

Herkunftsländer

AT: Österreich, BR: Brasilien, CA: Kanada, CH: Schweiz, DE: Deutschland, FR: Frankreich, IE: Irland, JM: Jamaika, JP: Japan, MX: Mexiko, NO: Norwegen, PR: Puerto Rico, UK: Großbritannien

Abbildung 51: Herkunft der ausländischen Board-Mitglieder in den Vereinigten Staaten
Quelle: Eigene Darstellung.

b) Großbritannien

In den Boards der untersuchten britischen Unternehmen sitzen 122 Ausländer. Betrachtet man Abbildung 52, so zeigt sich, dass die ausländischen Direktorenposten mit Personen aus insgesamt achtzehn Ländern besetzt sind.

[802] In dieser Aufstellung ist auch Puerto Rico mit einem Anteil von 2,94 % an den ausländischen Direktoren U.S.-amerikanischer Boards vertreten. Obwohl der Freistaat Puerto Rico politisch als U.S.-amerikanisches Außengebiet einzustufen ist, wird er im Rahmen dieser Arbeit aufgrund der fehlenden Stimmrechte bei Präsidentschaftswahlen in den USA, des fehlenden Stimmrechts im U.S.-Repräsentantenhaus, seiner inneren Autonomie und kulturellen Prägung nicht den USA zugerechnet. Vgl. hierzu Fischer Weltalmanach (2007), online.

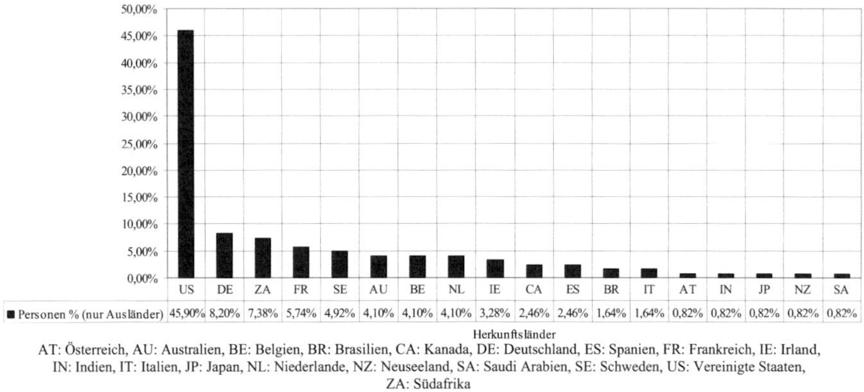

Abbildung 52: Herkunft der ausländischen Board-Mitglieder in Großbritannien
Quelle: Eigene Darstellung.

Es dominieren Direktoren aus dem angloamerikanischen Kultur- und Sprachraum. Die Vereinigten Staaten stechen hierbei mit einem Anteil von ca. 46 % hervor. Es folgen Deutschland mit etwa 8 % und Südafrika mit etwa 7 %. Diese drei Länder repräsentieren über 60 % der ausländischen Mandate. Die Boards britischer Unternehmen sind für ausländische Kandidaten auch von außerhalb des eigenen Kulturkreises offen. Dieser Anteil ist aber in Abgrenzung zu den U.S.-Amerikanern unterrepräsentiert. Großbritanniens Rolle als ehemalige Kolonialmacht und der Commonwealth of Nations leisten einen Erklärungsbeitrag für die Offenheit gegenüber ausländischen Direktoren sowohl aus dem eigenen Kulturraum als auch aus fremden Kulturkreisen.

c) Kanada

Kanada weist mit Großbritannien und den Vereinigten Staaten vergleichbare Strukturen hinsichtlich der Besetzung der Direktorenposten mit ausländischen Staatsbürgern auf. Insgesamt nehmen 101 Ausländer Board-Mandate in den untersuchten Unternehmen war. Obwohl sich die ausländischen Direktoren kanadischer Boards aus 15 verschiedenen Ländern rekrutieren, dominieren die U.S.-Amerikaner mit ca. 60 % gefolgt von Direktoren aus Großbritannien mit ca. 16 %. Die Besetzung erfolgt somit mit über 75 % aus dem eigenen Kultur- und Sprachraum. Obwohl historisch bedingt ein starker frankophilier Einfluss zu erwarten und auch eine der Amtssprachen Französisch ist, sind nur in wenigen Boards Direktoren aus Frankreich tätig. Die kontinentaleuropäischen Staaten Österreich, Deutschland und Frankreich folgen mit großem Abstand und stellen zusammen etwa 13 % der ausländischen Direktoren.

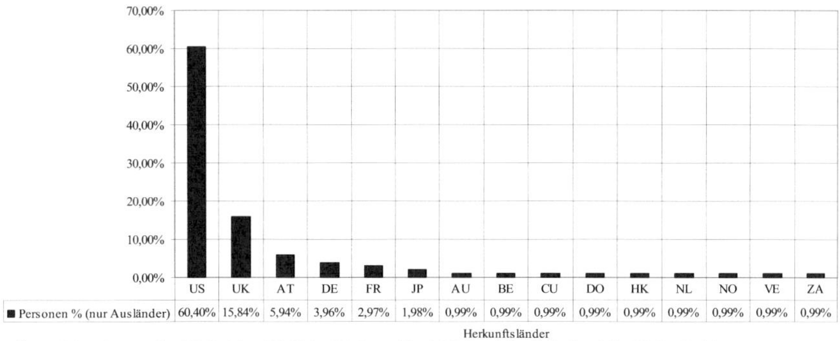

AT: Österreich, AU: Australien, BE: Belgien, CU: Kuba, DE: Deutschland, DO: Dominikanische Republik, FR: Frankreich, HK: Hong Kong, JP: Japan, NL: Niederlande, NO: Norwegen, UK: Großbritannien, US: Vereinigte Staaten, VE: Venezuela, ZA: Südafrika

Abbildung 53: Herkunft der ausländischen Board-Mitglieder in Kanada
Quelle: Eigene Darstellung.

d) Deutschland

Abbildung 54 zeigt die Herkunft der insgesamt 44 ausländischen Board-Mitglieder in Deutschland. Summiert man die Anteile der Österreicher und Schweizer an den ausländischen Mandatsträgern in deutschen Boards, so ist ersichtlich, dass die Direktorenposten überwiegend mit Vertretern aus dem eigenen Kulturkreis besetzt sind.

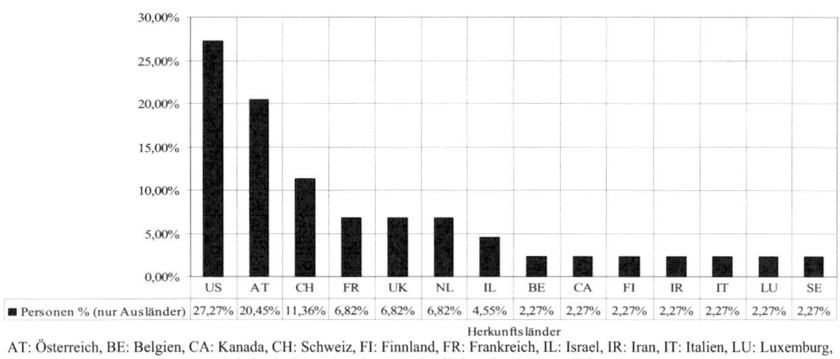

AT: Österreich, BE: Belgien, CA: Kanada, CH: Schweiz, FI: Finnland, FR: Frankreich, IL: Israel, IR: Iran, IT: Italien, LU: Luxemburg, NL: Niederlande, SE: Schweden, UK: Großbritannien, US: Vereinigte Staaten

Abbildung 54: Herkunft der ausländischen Board-Mitglieder in Deutschland
Quelle: Eigene Darstellung.

Wählt man jedoch einen Länderfokus, so ist die USA mit einem Anteil von ca. 27 %, das Land, das den Großteil der ausländischen Direktoren in Deutschland stellt. Hierin könnten die Bedeutung des U.S.-amerikanischen Kapitalmarktes und die Bedeutung von U.S.-amerikanischen Investoren zum Ausdruck kommen.[803] Insgesamt sind in den Boards der untersuchten deutschen Unternehmen 14

[803] Vgl. Oxelheim/ Randøy (2003), S. 2369.

Nationalitäten vertreten, von denen wiederum zehn aus Europa stammen, so dass sich eine regionale Fokussierung konstatieren lässt. Die Kritik, dass das abgeschlossene System der „Deutschland AG“ für ausländische Mandatsträger verschlossen sei, kann im internationalen Vergleich in seiner Absolutheit nicht bestehen bleiben.

e) Schweiz

Die Schweiz weist per se eine internationale Struktur auf. So werden hier neben der deutschen Sprache auch Französisch, Italienisch und Rätoromanisch als offizielle Landessprachen gesprochen.[804] Ferner zeichnet sich die Schweiz durch einen hohen Anteil von Ausländern an der Gesamtbevölkerung aus. Nach offiziellen Angaben haben im Jahr 2004 ca. 20 % der Schweizer einen ausländischen Pass.[805] Das Land scheint demnach gute Voraussetzungen für die Berufung ausländischer Mandatsträger zu bieten. So stammen die insgesamt 105 ausländischen Direktoren aus 16 verschiedenen Nationen. Von diesen bilden die deutschen Mandatsträger mit ca. 34 % die größte Gruppe, gefolgt von den U.S.-Amerikanern mit ca. 15 % und den Franzosen mit etwa 12 %. Fasst man die deutschen und österreichischen Staatsbürger zu einer Gruppe zusammen, so dominieren auch in der Schweiz Direktoren aus dem eigenen Kulturraum. Es tritt hier jedoch eine stärkere Mischung in der Rangfolge der Länder aus unterschiedlichen Kulturkreisen auf. Dies veranschaulicht Abbildung 55.

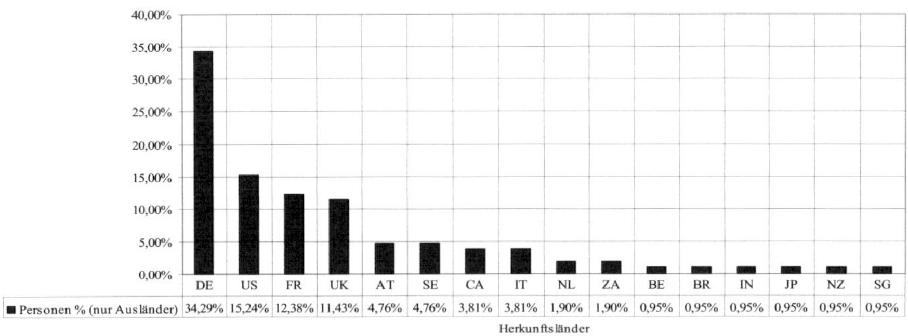

AT: Österreich, BE: Belgien, BR: Brasilien, CA: Kanada, DE: Deutschland, FR: Frankreich, IN: Indien, IT: Italien, JP: Japan, NL: Niederlande, NZ: Neuseeland, SE: Schweden, SG: Singapur, UK: Großbritannien, US: Vereinigte Staaten, ZA: Südafrika

Abbildung 55: Herkunft der ausländischen Board-Mitglieder in der Schweiz
Quelle: Eigene Darstellung.

[804] Vgl. Der Fischer Weltalmanach (2008), online.

[805] Vgl. Bundesamt für Statistik (2008), online.

f) Österreich

Abbildung 56 verdeutlicht, dass Österreich bezüglich der von Ausländern besetzten Board-Positionen von den germanischen Staaten das am stärksten auf den eigenen Kulturkreis fokussierte Land ist.

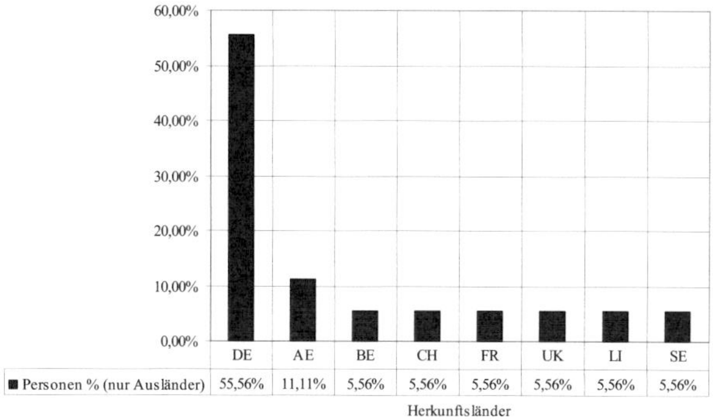

AE: Vereinigte Arabische Emirate, BE: Belgien, CH: Schweiz, DE: Deutschland, FR: Frankreich, LI: Liechtenstein, SE: Schweden, UK: Großbritannien

Abbildung 56: Herkunft der ausländischen Board-Mitglieder in Österreich
Quelle: Eigene Darstellung.

Die 18 ausländischen Board-Mitglieder in Österreich stammen zu etwa 61 % aus dem germanischen Kulturkreis. Deutschland dominiert mit einem Anteil an den ausländischen Board-Positionen von ca. 56 %. Auch lässt sich für Österreich eine geringere Breite der vertretenen Nationen konstatieren, da die ausländischen Mandatsträger lediglich aus acht verschiedenen Nationen stammen. Auffällig ist, dass trotz der geographischen Nähe Österreichs zu den Staaten Mittel- und Osteuropas, keine Vertreter aus diesen Ländern kommen. Dies ist erstaunlich, da Österreich aufgrund seiner Historie und geographischen Lage als Tür zu den Märkten Osteuropas betrachtet werden kann.[806] Verwunderlich ist, dass keine Vertreter der bedeutenden Wirtschaftsmacht USA in den österreichischen Boards anzutreffen sind.

g) Schweden

In schwedischen Boards sind elf Nationalitäten vertreten. Etwa 39 % der ausländischen Direktoren stammen aus den angloamerikanischen Ländern USA und Großbritannien. Es folgen deutsche Mandatsträger mit einem Anteil von ca. 14 %. Vertreter aus den nordischen Ländern Dänemark, Finnland und Norwegen stellen etwa 27 % der mit Ausländern besetzten Mandate. Sie sind nach den angloamerikanischen Ländern der für die Herkunft der insgesamt 44 ausländischen Direktoren

[806] Vgl. Steiner (2008), S. 66.

bedeutsamste Kulturraum. Auch in Schweden ist, wie bei allen europäischen Untersuchungsländern, ein starker regionaler Bezug in der Besetzung zu erkennen. Dies gilt insbesondere, wenn man Großbritannien geographisch Europa zuordnet.

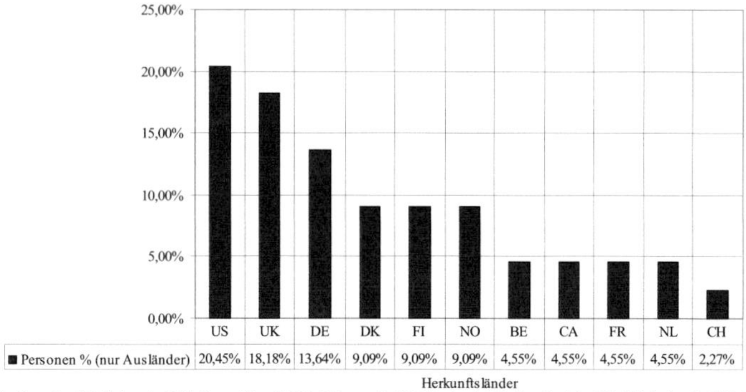

BE: Belgien, CA: Kanada, CH: Schweiz, DE: Deutschland, DK: Dänemark, FI: Finnland, FR: Frankreich, NL: Niederlande, NO: Norwegen, UK: Großbritannien, US: Vereinigte Staaten

Abbildung 57: Herkunft der ausländischen Board-Mitglieder in Schweden
Quelle: Eigene Darstellung.

h) Norwegen

In Norwegen stammen die 25 ausländischen Mandatsträger aus sieben Ländern. Mit jeweils 24 % bilden Personen aus Dänemark und Großbritannien die größte Gruppe ausländischer Direktoren, gefolgt von den USA und Schweden mit 20 % respektive 16 %.

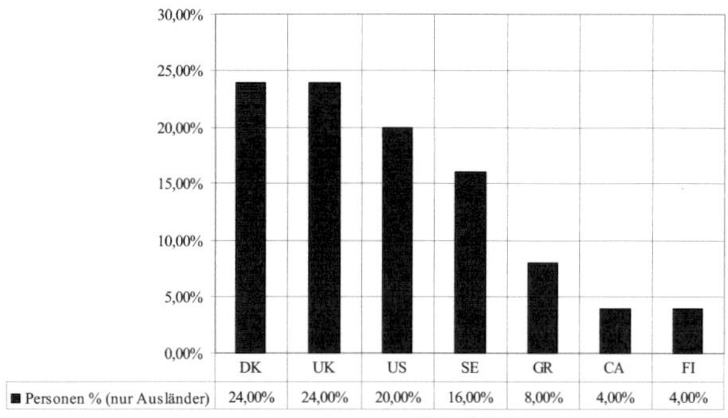

CA: Kanada, DK: Dänemark, FI: Finnland, GR: Griechenland, SE: Schweden, UK: Großbritannien, US: Vereinigte Staaten

Abbildung 58: Herkunft der ausländischen Board-Mitglieder in Norwegen
Quelle: Eigene Darstellung.

Geographisch betrachtet, dominieren mit 48 % bzw. 44 % Vertreter aus dem angloamerikanischen bzw. dem skandinavischen Raum. Die Bedeutung von Briten und U.S.-Amerikanern erschließt sich vor dem Hintergrund, dass der ausländische Anteilsbesitz von diesen Ländern in Norwegen relativ hoch ist.[807] Fasst man die Anteile an ausländischen Direktoren für alle europäischen Herkunftsländer zusammen, so ist für norwegische Boards aus geographischer Sicht ein starker europäischer Bezug zu konstatieren.

i) Dänemark

Wie Abbildung 59 verdeutlicht, sind in dänischen Boards ausländische Mandatsträger aus elf verschiedenen Staaten vertreten.

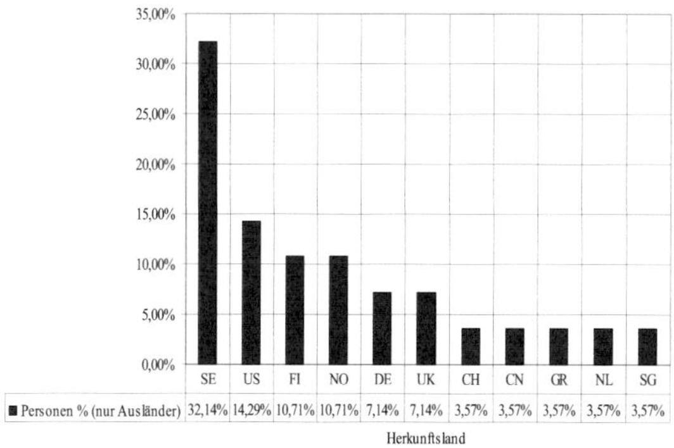

CH: Schweiz, CN: China, DE: Deutschland, FI: Finnland, GR: Griechenland, NL: Niederlande, NO: Norwegen, SE: Schweden, SG: Singapur, UK: Großbritannien, US: Vereinigte Staaten

Abbildung 59: Herkunft der ausländischen Board-Mitglieder in Dänemark
Quelle: Eigene Darstellung.

Die Analyse der Herkunft der insgesamt 28 ausländischen Board-Mitglieder in Dänemark zeigt, dass mit ca. 32 % die überwiegende Anzahl an ausländischen Direktoren-Posten von Schweden wahrgenommen wird. Mit großem Abstand folgen Mandatsträger aus den USA, Finnland und Norwegen. Dies bedeutet, dass in dänischen Boards die ausländischen Board-Mandate überwiegend mit Personen des gleichen Kulturkreises besetzt sind. Direktoren aus den angloamerikanischen Staaten USA und Großbritannien besetzten etwa 21 % der ausländischen Direktorenposten. Innerhalb der Gruppe der ausländischen Organmitglieder sind mit ca. 11 % auch Personen aus dem germanischen Kulturraum vertreten. Auch für Dänemark lässt sich ein starker europäischer Bezug hinsichtlich der Herkunft der ausländischen Board-Mitglieder konstatieren.

In den folgenden Ausführungen wird die Herkunft der Direktoren nicht auf Länderebene sondern unter Berücksichtigung der zehn Kulturcluster von Ronen und Shenkar analysiert.

[807] Vgl. Randøy/ Nielsen (2002), S. 58 ff.

Abbildung 60 unterteilt zunächst die Ausländer in den Boards der Untersuchungsländer in die Kategorien Cluster- und Nicht-Cluster-Ausländer. Während die Vereinigten Staaten, Deutschland, die Schweiz, sowie Schweden und Norwegen einen höheren Anteil an ausländischen Direktoren aus anderen Kulturräumen aufweisen, sind die Boards in Großbritannien, Kanada, Österreich und Dänemark überwiegend mit Mandatsträgern aus dem jeweiligen eigenen Kulturraum besetzt. Auf Grundlage dieser deskriptiven Betrachtung lässt sich keine systematische Kulturraumgebundenheit der Besetzungsentscheidung feststellen.

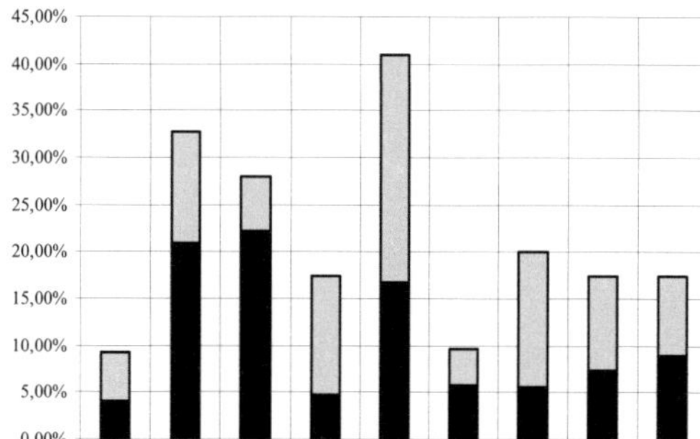

	US	UK	CA	DE	CH	AT	SE	NO	DK
□ Ausländer aus anderen Clustern	5,21%	11,79%	5,69%	12,74%	24,36%	3,92%	14,40%	10,14%	8,55%
■ Ausländer aus Heimatcluster	3,97%	20,94%	22,27%	4,75%	16,66%	5,72%	5,64%	7,38%	8,95%

Untersuchungsländer

AT: Österreich, CA: Kanada, CH: Schweiz, DE: Deutschland, DK: Dänemark, NO: Norwegen, SE: Schweden, UK: Großbritannien, US: Vereinigte Staaten

Abbildung 60: Ausländische Board-Mitglieder nach Cluster-/ Nicht-Clusterherkunft
Quelle: Eigene Darstellung.

Tabelle 40 bildet für die Untersuchungsländern und die Kulturräume die Herkunft der Direktoren aus den kulturellen Ländergruppen von Ronen und Shenkar ab.[808] Dadurch wird ersichtlich, aus welchem Kulturkreis die Direktoren in den einzelnen Ländern stammen. Diese Analyse wird sowohl für die inländischen und ausländischen gemeinsam als auch separat für die ausländischen Direktoren durchgeführt.

[808] Vgl. Ronen/ Shenkar (1985), S. 449. Eine differenzierte Darstellung der zehn, die ausländischen Direktoren entsendenden Ländercluster kann Anhang 28 bis Anhang 37 entnommen werden.

	AN	GE	NOR	LE	LA	FE	AR	NE	IND	ROW
AN	92,24	2,47	0,64	2,19	0,64	0,09	0,09		0,73	0,91
(nur Fremdcluster)		31,76	8,24	28,24	8,24	1,18	1,18		9,41	11,76
US	94,89	1,61		0,81	1,61				0,54	0,54
(nur Ausländer)	44,12	17,65		8,82	17,65				5,88	5,88
UK	87,88	3,03	1,65	4,68			0,28		1,10	1,38
(nur Ausländer)	63,93	9,02	4,92	13,93			0,82		3,28	4,10
CA	93,89	2,78	0,28	1,11	0,28	0,28			0,56	0,83
(nur Ausländer)	78,22	9,90	0,99	3,96	0,99	0,99			1,98	2,97
GE	7,57	85,30	1,16	3,64		0,15	0,29	0,15	0,73	1,02
(nur Fremdcluster)	51,49		7,92	24,75			1,98	0,99	4,95	6,93
DE	6,11	88,55	0,76	1,91				0,38	0,76	1,53
(nur Ausländer)	36,36	31,82	4,55	11,36				2,27	4,55	9,09
CH	14,06	74,30	2,01	7,23		0,40			1,20	0,80
(nur Ausländer)	33,33	39,05	4,76	17,14		0,95			2,86	1,90
AT	0,57	96,02	0,57	1,14			1,14			0,57
(nur Ausländer)	5,56	61,11	5,56	11,11			11,11			5,56
NOR	7,07	1,91	88,72	0,76		0,19		0,57		0,76
(nur Fremdcluster)	62,71	16,95		6,78		1,69		5,08		6,78
SE	8,64	3,18	85,45	1,82						0,91
(nur Ausländer)	43,18	15,91	27,27	9,09						4,55
NO	8,63		89,93					1,44		
(nur Ausländer)	48,00		44,00					8,00		
DK	3,66	1,83	92,07			0,61		0,61		1,22
(nur Ausländer)	21,43	10,71	53,57			3,57		3,57		7,14

AN: Anglo, GE: Germanic, NOR: Nordic, LE: Latin European, LA: Latin American, FE: Far Eastern, AR: Arab, NE: Near Eastern, IND: Independent; ROW: Rest of World
US: Vereinigte Staaten, UK: Großbritannien, CA: Kanada
DE: Deutschland, CH: Schweiz, AT: Österreich
SE: Schweden, NO: Norwegen, DK: Dänemark
alle Angaben in %

Tabelle 40: Herkunft der ausländischen Board-Mitglieder nach Länderclustern
Quelle: Eigene Darstellung.

Die Direktorenposten im Anglo-Cluster werden überwiegend durch Personen aus demselben Kulturkreis besetzt. Betrachtet man lediglich die Nicht-Clusterherkunft, so werden die Direktoren in erster Linie aus germanischen und lateineuropäischen Ländern rekrutiert.

Die Boards in den Vereinigten Staaten rekrutieren ihre ausländischen Direktoren in erster Linie aus dem Heimatcluster, gefolgt zu gleichen Anteilen von den germanischen und lateinamerikanischen Staaten. Bei letzteren spielen offensichtlich die geographische Nähe und der hohe Anteil an Lateinamerikanern in den USA eine zentrale Rolle.[809] In den britischen Boards dominieren ebenfalls die Ausländer aus dem eigenen Kulturraum. Mit großem Abstand folgen Vertreter aus den lateineuropäischen Staaten. Auch die kanadischen Boards sind stark angloamerikanisch geprägt. So sind über 78 % der ausländischen Direktoren aus dem eigenen Kulturraum. Dem folgen mit einem Anteilswert von ca. 10 % Direktoren aus dem germanischen Raum.

Betrachtet man das Germanic-Cluster, so liegt bezüglich der Besetzung der Direktorenposten ein starker Bezug zum eigenen Kulturkreis vor. Etwa 85 % der Direktoren des germanischen Clusters

[809] Vgl. CIA – The World Factbook (2008), online.

stammen aus germanischen Ländern. Betrachtet man die Herkunftscluster der Direktoren unter Ausschluss des germanischen Clusters, so kommen die Mandatsträger in erster Linie aus dem angloamerikanischen Bereich, gefolgt von den lateineuropäischen Staaten.

In Deutschland werden die Board-Positionen, die Ausländer inne haben, in erster Linie mit Direktoren aus dem angloamerikanischen und germanischen Kulturraum besetzt. Ähnlich stellt sich die Situation in der Schweiz dar. Es dominieren hier jedoch nicht die angloamerikanischen Mandatsträger sondern die Vertreter aus dem Heimatcluster. Auch in Österreich vereinigen die Direktoren aus dem eigenen Kulturraum die meisten Mandate auf sich. Es folgen mit großem Abstand Personen aus dem lateineuropäischen und arabischen Raum.

Der Kulturraumbezug hinsichtlich der Besetzung der ausländischen Direktorenposten wird auch in den nordischen Ländern deutlich. Abstrahiert man vom nordischen Cluster, so zeigt sich, dass insbesondere Angloamerikaner den Großteil der mit Ausländern besetzten Direktorenposten inne haben, gefolgt von Personen aus dem germanischen Kulturkreis. Die besondere Rolle von angloamerikanischen Vertretern in den Boards nordischer Unternehmen zeigt sich auch bei einem Blick in die drei Untersuchungsländer.

So stammen in Schweden die ausländischen Direktoren überwiegend aus dem Anglo-Cluster. Erst an zweiter Stelle folgen die nordischen Länder. In Norwegen nähern sich die Anteile ausländischer Mandatsträger aus diesen beiden Clustern an. Jedoch dominieren die Vertreter aus den angloamerikanischen Staaten. Dänische Unternehmen fokussieren sich bei der Besetzung der ausländischen Direktorenposten auf das Heimatcluster. So rekrutieren sich die Ausländer in den Boards in erster Linie aus den anderen nordischen Staaten, gefolgt von Personen aus den angloamerikanischen Ländern. Randøy, Thomsen und Oxelheim konstatieren für die drei skandinavischen Staaten ebenfalls eine große Bedeutung angloamerikanischer Mandatsträger, auch wenn diese in absoluten Zahlen geringer ist. Die Autoren berichten in ihrer Studie für Schweden einen Anteil angloamerikanischer Staatsbürger an allen Board-Mitgliedern in Höhe von 1,7 %, für Norwegen einen Anteil von 5,0 % und für Dänemark einen Anteil von 1,6 %.[810] Diese relativ große Differenz im Vergleich zu den Werten der hier vorgelegten Studie könnte sowohl durch die Berücksichtigung der Arbeitnehmervertreter in den Boards skandinavischer Staaten und den damit verbundenen größeren Boards als auch durch die Integration einer höheren Anzahl an Untersuchungseinheiten in der Studie von Randøy, Thomsen und Oxelheim begründet sein.

[810] Vgl. Randøy/ Thomsen/ Oxelheim (2006), S. 12.

Betrachtet man die Herkunft der ausländischen Board-Mitglieder nach den Länderclustern, so zeigt sich insgesamt die Tendenz, im Rahmen von Besetzungsentscheidung zunächst Direktoren aus dem eigenen Kulturkreis zu bevorzugen. Diese Feststellung gilt in ihrer Absolutheit jedoch nur für die Länder des Anglo-Clusters. Auch Österreich und die Schweiz fokussieren sich wie Dänemark auf die jeweiligen Heimatcluster. Die Länder Deutschland, Schweden und Norwegen weichen von diesem Besetzungsmuster ab. Insofern kann auf Basis einer rein univariat deskriptiven Betrachtung nicht behauptet werden, dass die Besetzungsentscheidungen hinsichtlich der ausländischen Direktorenposten in den Boards der einzelnen Untersuchungsländer grundsätzlich kulturgebunden sei.

An dieser Stelle ist es interessant zu bemerken, dass trotz der von der U.S.-Investmentbank Goldman Sachs propagierten Bedeutung der sog. BRIC-Staaten Brasilien, Russland, Indien und China, ausländische Direktoren aus diesen Staaten in den Boards der Untersuchungsländer nur in sehr geringem Umfang vertreten sind.[811] Insgesamt kommen acht ausländische Direktoren aus den BRIC-Staaten, was einem Anteil von 1,54 % an allen ausländischen Direktoren der gesamten Stichprobe entspricht. Unter diesen befindet sich kein russischer Vertreter. Die meisten BRIC-Vertreter finden sich mit 1,95 % aller ausländischen Direktoren im Anglo-Cluster. Relativ zur Gesamtzahl der ausländischen Mandatsträger innerhalb eines Landes weisen Dänemark mit 3,57 %, die Vereinigten Staaten mit 2,94 % und Großbritannien mit 2,46 % die meisten BRIC-Direktoren auf.[812]

Die ausländischen Direktoren in den Boards der neun Untersuchungsländer stammen aus 38 Ländern. Dazu zählen in alphabetischer Reihenfolge Australien, Belgien, Brasilien, China, Dänemark, Deutschland, die Dominikanische Republik, Finnland, Frankreich, Griechenland, Hongkong, Indien, Iran, Irland, Israel, Italien, Jamaika, Japan, Kanada, Kuba, Liechtenstein, Luxemburg, Mexiko, Neuseeland, die Niederlande, Norwegen, Österreich, Puerto Rico, Saudi Arabien, Schweden, die Schweiz, Singapur, Spanien, Südafrika, Venezuela, die Vereinigten Arabischen Emirate, das Vereinigte Königreich sowie die Vereinigten Staaten.

Es stellt sich die Frage, welche Faktoren aus der Unternehmensumwelt die Herkunft der ausländischen Direktoren beeinflussen. Zur Beantwortung dieser Frage werden erstmalig kulturelle, marktbezogene und Corporate Governance-spezifische Einflussfaktoren mittels einer Korrelationsanalyse auf einen Zusammenhang zum Anteil der ausländischen Direktoren aus den jeweiligen Herkunftsländern untersucht. Die Analyse lehnt sich methodisch an die Untersuchung von Caligiuri, Lazarova und Zehetbauer sowie die Studie von Hofstede an. Beide Untersuchungen verwenden zur Aufde-

[811] Vgl. Wilson/ Purushothaman (2003), S. 1 ff.
[812] Eigene Berechnung.

ckung von Zusammenhängen den Pearson-Korrelationskoeffizienten.[813] Der vorliegende Datensatz für die neun Untersuchungsländer umfasst insgesamt 112 Datenpunkte. Es wurde von der Durchführung einer Regressionsanalyse Abstand genommen, da die Anzahl der zu untersuchenden Variablen im Verhältnis zur Menge der zugrunde liegenden Datenpunkte zu groß gewesen wäre.[814] Bei Anwendung einer Regressionsanalyse hätten nicht alle interessierenden potentiellen Einflussfaktoren untersucht werden können. Ferner überschneiden sich einige der Einflussfaktoren, so dass eine separate Untersuchung zwingend notwendig ist. Die Ergebnisse der Analyse werden analog der Betrachtung der internationalen und interkulturellen Board-Besetzung im Folgenden getrennt nach den Einflussfaktoren Kultur, Markt und Corporate Governance dargestellt.

- Herkunft ausländischer Board-Mitglieder und der Einflussfaktor Kultur

Zur Analyse des kulturellen Einflusses auf die Herkunft der ausländischen Direktoren werden die kulturelle Distanz und die Kongruenz der Amtssprachen herangezogen. Die kulturelle Distanz muss nicht mit der geographischen Distanz zwischen zwei Ländern übereinstimmen. Daher wird zur Betrachtung der Wirkungsstärker der Distanzmaße auch die geographische Distanz in die Analyse integriert. Die Ergebnisse können Tabelle 41 entnommen werden.

Es ergeben sich signifikant negative Zusammenhänge ($p < 0{,}001$) zwischen der kulturellen Distanz bzw. der geographischen Distanz und dem Anteil ausländischer Mandatsträger aus einem Herkunftsland. Dies bedeutet, dass mit zunehmender kultureller bzw. geographischer Distanz zwischen dem Stammland des Unternehmens und dem Herkunftsland eines ausländischen Direktors, der Anteil ausländischer Direktoren sinkt. Anhand der Beträge der Korrelationskoeffizienten ist ersichtlich, dass von der kulturellen Distanz die größte Einflussstärke ausgeht.

N = 108	M	SD	SHAFDIREC
CULTDIS, ln	3,7180	0,5763	-0,363 ****
GEODIS, ln	7,6955	1,1865	-0,233 ***
OLANG	0,2870	0,4545	0,212 **

Korrelation nach Pearson, 2-seitig; ****: p < 0,001, ***: p < 0,01, **: p < 0,05, *: p < 0,10
N: Anzahl der Untersuchungseinheiten, M: Mittelwert, SD: Standardabweichung, ln: Logarithmus Naturalis
SHAFDIREC: Anteil ausländischer Direktoren aus einem bestimmten Herkunftsland pro Untersuchungsland
CULTDIS: Kulturelle Distanz zwischen Untersuchungs- und Herkunftsland
GEODIS: Geographische Distanz zwischen Untersuchungs- und Herkunftsland
OLANG: Kongruenz der Amtssprachen zwischen Untersuchungs- und Herkunftsland

Tabelle 41: Einflussfaktor Kultur und die Herkunft ausländischer Direktoren
Quelle: Eigene Berechnung.

[813] Vgl. Caligiuri/ Lazarova/ Zehetbauer (2004), S. 854; vgl. Hofstede (2001a), S. 476 ff.

[814] Zwar beträgt die Anzahl der Herkunftsländer aus denen die ausländischen Direktoren stammen 38, jedoch werden aus diesen nicht immer nur in ein, sondern durchaus auch in mehrere der neun Untersuchungsländer Mandatsträger entsandt, so dass es zu Mehrfachnennungen der Herkunftsstaaten kommt.

Der Zusammenhang zwischen der Kongruenz der Amtssprachen und dem Anteil ausländischer Direktoren aus einem Herkunftsland ist signifikant positiv ($p < 0{,}05$). Demnach konzentrieren sich Unternehmen bei der Besetzung von Board-Mandaten eher auf Staaten, in denen dieselbe Amtssprache gesprochen wird. Eine gemeinsame Sprachbasis erleichtert die Verständigung, kann Missverständnissen im Entscheidungsfindungsprozess vorbeugen und diesen beschleunigen. An dieser Stelle muss angemerkt werden, dass die Sprache originärer Bestandteil einer Landeskultur ist.[815] Daher verwundern die Ergebnisse in Bezug auf die Amtssprache vor dem Hintergrund signifikanter Resultate für den Einfluss der kulturellen Distanz nicht. Diese Schlussfolgerung legt auch der Betrag des Korrelationskoeffizienten zwischen diesen beiden Größen in Höhe von 0,479 nahe (-0,479; $p < 0{,}001$). Besetzungsentscheidungen sind somit von der geographischen Nähe und von kulturellen Faktoren beeinflusst. Von der Hypothesengruppe H1 können alle drei Hypothesen, die auf den Faktor Kultur abstellen, bestätigt werden:

H1a: *Zwischen der Berufung ausländischer Mandatsträger und der kulturellen Distanz besteht ein signifikant negativer Zusammenhang.*

H1b: *Zwischen der Berufung ausländischer Mandatsträger und der geographischen Distanz besteht ein signifikant negativer Zusammenhang.*

H1c: *Zwischen der Berufung ausländischer Mandatsträger und einer Kongruenz der Amtssprachen besteht ein signifikant positiver Zusammenhang.*

- Herkunft ausländischer Board-Mitglieder und der Einflussfaktor Markt

Der Einflussfaktor Markt drückt sich in der Größe und dem Wachstums der Volkswirtschaften, aus denen die ausländischen Direktoren stammen, aus. Es wird unterstellt, dass diese den Anteil ausländischer Direktoren aus einem Herkunftsland beeinflussen. Die Ergebnisse der korrelationsanalytischen Betrachtung sind in Tabelle 42 wiedergegeben.

Es zeigt sich ein signifikant positiver Zusammenhang ($p < 0{,}01$) zwischen dem Anteil an ausländischen Direktoren aus einem Herkunftsland und der Größe der Volkswirtschaften des jeweiligen Herkunftsstaates gemessen an dessen Einwohnerzahl. Demnach bevorzugen Unternehmen bei der Besetzung von Board-Mandaten mit ausländischen Direktoren, Kandidaten aus größeren Volkswirtschaften. Große Volkswirtschaften können größere Ressourcen an Humankapital zur Verfügung stellen und repräsentieren gleichzeitig bedeutende Märkte.

---

[815] Vgl. Hofstede/ Hofstede (2005), S. 11, S. 18, S. 237 ff.; vgl. Perlitz (2004), S. 250 f.

N = 108	M	SD	SHAFDIREC
POPFC, ln	17,1082	1,4792	0,274 ***
GDPG	0,0349	0,0228	-0,084

Korrelation nach Pearson, 2-seitig; ****: $p < 0,001$, ***: $p < 0,01$, **: $p < 0,05$, *: $p < 0,10$
N: Anzahl der Untersuchungseinheiten, M: Mittelwert, SD: Standardabweichung, ln: Logarithmus Naturalis
SHAFDIREC: Anteil ausländischer Direktoren aus einem bestimmten Herkunftsland pro Untersuchungsland
POPFC: Bevölkerungszahl im Herkunftsland
GDPG: Wachstum des Bruttoinlandsproduktes (BIP)

Tabelle 42: Einflussfaktor Markt und die Herkunft ausländischer Direktoren
Quelle: Eigene Berechnung.

Das Wachstum des Bruttoinlandsproduktes in den Herkunftsländern hingegen ist von nachrangiger Bedeutung für die Herkunft der ausländischen Direktoren. Dieses Ergebnis erschließt sich aus den Überlegungen zur Relativität von Wachstum. So werden aktuell die größten Wachstumsraten in Staaten erzielt, die nicht zu den klassischen Industrienationen zählen, sondern als „emerging markets“, d.h. als sich schnell entwickelnde Märkte, einzustufen sind. Solche Staaten haben ein entsprechend niedrigeres Ausgangsniveau in Bezug auf das Bruttoinlandsprodukt. Zu den Top-Drei-Wachstumsländern im Jahre 2004 zählen unter den Herkunftsländern der ausländischen Direktoren Venezuela mit einer Wachstumsrate von 17,8 %, die Volksrepublik China, mit einem Wachstum von 10,1 % sowie die Vereinigten Arabischen Emirate mit einem Wachstum von 9,70 %.[816] Dabei handelt es sich um Staaten, aus denen nur sehr wenige Mandatsträger in den Boards der neun Untersuchungsländer, die als klassische Industrienationen einzustufen sind, stammen. Es lässt sich festhalten, dass sich von den auf den Einflussfaktor Markt bezogenen Hypothesen

H11d: Zwischen der Berufung ausländischer Mandatsträger und der Größe der Volkswirtschaft des Herkunftslandes besteht ein signifikant positiver Zusammenhang.

H11e: Zwischen der Berufung ausländischer Mandatsträger und der Marktattraktivität des Herkunftslandes besteht ein signifikant positiver Zusammenhang.

Hypothese H11d bestätigen lässt.

- Herkunft ausländischer Board-Mitglieder und der Einflussfaktor Corporate Governance

Der Einflussfaktor Corporate Governance wird durch das Vorliegen einer Systemkongruenz operationalisiert. Es ist anzunehmen, dass ausländische Direktoren in erster Linie aus Ländern mit demselben Corporate Governance-System stammen. Für solche Mandatsträger ist der Corporate Governance-spezifische Erklärungsbedarf geringer. Tabelle 45 beinhaltet die Ergebnisse der Analyse des Zusammenhangs zwischen der Einflussgröße Corporate Governance und der Herkunft der ausländischen Direktoren. Es ergeben sich keine signifikanten Zusammenhänge zwischen der Existenz einer

[816] Vgl. The World Bank Group (2008), online.

Systemkongruenz und dem Anteil ausländischer Direktoren aus einem Herkunftsland. Die Debatte um die Vorteilhaftigkeit des ein- bzw. zweistufigen Corporate Governance-Systems ist somit bezüglich der Besetzung von Board-Positionen mit ausländischen Direktoren eher eine akademische denn eine praktische.

N = 108	M	SD	SHAFDIREC
CCGS	0,5370	0,5010	0,065

Korrelation nach Pearson, 2-seitig; ****: p < 0,001, ***: p < 0,01, **: p < 0,05, *: p < 0,10
N: Anzahl der Untersuchungseinheiten, M: Mittelwert, SD: Standardabweichung
SHAFDIREC: Anteil ausländischer Direktoren aus einem bestimmten Herkunftsland pro Untersuchungsland
CCGS: Corporate Governance-Systemkongruenz zwischen Untersuchungs- und Herkunftsland

Tabelle 43: Einflussfaktor Corporate Governance und die Herkunft ausländischer Direktoren
Quelle: Eigene Berechnung.

Meist werden alters-, lebens- und geschäftserfahrene Manager in die Boards der großen Unternehmen berufen. Diese fokussieren sich in erster Linie auf die Überwachung des Managements und nicht auf die institutionellen Rahmenbedingungen. Hier kann von einem Assimilationsverhalten international erfahrener Board-Mitglieder ausgegangen werden. Ferner kommt den Boards in den einstufigen Corporate Governance-Systemen im Geschäftsalltag eher eine überwachende Rolle zu, während das Executive Committee die operativen Geschäfte führt. Demnach ist in der Praxis die Berufung z.B. in einen amerikanischen Board der Bestellung als Aufsichtsrat einer deutschen Aktiengesellschaft funktional gleichzustellen. Lediglich die Arbeitnehmermitbestimmung dürfte ein gewisses Maß an Erklärungsbedürftigkeit für die ausländischen Mandatsträger aus Systemen, die keine Formen der Mitbestimmung vorsehen, beinhalten. Somit spiegelt sich in der Analyse die Hypothese

H11f: Zwischen der Berufung ausländischer Mandatsträger und einer Kongruenz der Corporate Governance-Systeme besteht ein signifikant positiver Zusammenhang.

nicht wider.

In den vorangegangenen Abschnitten wurde die internationale und interkulturelle Besetzung von Boards multinationaler Unternehmen dargestellt. Ferner wurden Zusammenhängen zwischen kulturellen, marktlichen, Corporate Governance-spezifischen sowie branchenbezogenen Einflussfaktoren und der internationalen bzw. interkulturellen Board-Zusammensetzung analysiert. Des Weiteren wurde gezeigt, aus welchen Herkunftsländern die ausländischen Direktoren stammen und welche Faktoren aus der Unternehmensumwelt diesbezüglich einen Einfluss ausüben. Der folgende Abschnitt stellt den Kern der vorliegenden Arbeit dar und thematisiert die möglichen Folgen, die aus der internationalen bzw. interkulturellen Besetzung der Boards für die Unternehmen resultieren können. Dabei wird auf die potentiellen Zusammenhänge zwischen der Besetzung des Boards und der Internationalisierung der Unternehmen und deren Erfolg abgestellt.

5.3.3 Internationalität und Interkulturalität von Boards und deren Folgen für Unternehmensinternationalisierung und Unternehmenserfolg

Das Untersuchungssample besteht aus 232 Unternehmen. Die Analyse umfasst etwa 91 % der Gesamtstichprobe. Von den Untersuchungseinheiten stammen 28 aus Deutschland, 25 aus der Schweiz, 20 aus Österreich, 27 aus den Vereinigten Staaten, 29 aus Großbritannien, 27 aus Kanada, 29 aus Schweden, 23 aus Norwegen und 24 aus Dänemark. Demnach sind insgesamt 73 Unternehmen aus dem germanischen, 83 aus dem angloamerikanischen und 76 aus dem nordischen Kulturkreis vertreten. Diejenigen Untersuchungseinheiten, für die bezüglich einer oder mehrerer Variablen kein Datenmaterial vorlag, wurden im Zuge der Berechnungen ausgeschlossen.[817] Auf Basis theoretischer Überlegungen und bisheriger Forschungsarbeiten wurde für die Analysen ein Basismodell entwickelt, in dem der Internationalisierungsgrad (DOICM) sowie der bilanzielle (ROA) und der kapitalmarktorientierte Unternehmenserfolg (QRATIO) jeweils die abhängige Variable darstellt. Die vier INIK-Maße, d.h. der Ausländeranteil, der Anteil von Direktoren, die von außerhalb des Kulturkreises des Unternehmens stammen, die Heterogenität der Nationalitäten und die kulturelle Heterogenität, fungieren als getrennt voneinander betrachtete unabhängige Variablen. Dadurch entstehen drei Regressionsmodelle mit jeweils vier durch die INIK-Maße bestimmten Teilmodellen. Allen drei Regressionsmodellen und den jeweiligen vier Teilmodellen liegen jeweils identische Untersuchungseinheiten und Kontrollvariablen zugrunde. Dies erleichtert die Vergleichbarkeit der Ergebnisse bezüglich des Einflusspotentials der internationalen bzw. interkulturellen Board-Zusammensetzung auf die drei abhängigen Größen Unternehmensinternationalisierung, bilanzieller und kapitalmarktorientierter Unternehmenserfolg.[818] Wie für diese Art von Untersuchungen üblich, wird auf das multivariate Verfahren der Regressionsanalyse zurückgegriffen.[819] Es wird kurz auf die Korrelationstabelle eingegangen, die Regressionsgleichungen formuliert und die Prämissenüberprüfung zur prinzipiellen Anwendbarkeit der Regressionsanalyse durchgeführt. Die Vorstellung der Ergebnisse erfolgt getrennt nach dem jeweiligen Explanandum.

---

[817] Vgl. Janssen/ Laatz (2003), S. 409.

[818] Manche Studien integrieren mit der Unternehmensinternationalisierung respektive dem Unternehmenserfolg als abhängige Variable reziprok die jeweils andere Größe als unabhängige Variable. Von dieser Vorgehensweise wurde jedoch im Interesse der Vergleichbarkeit der Auswirkungen international bzw. interkulturell besetzter Boards Abstand genommen.

[819] Vgl. Tacheva (2007), S. 40 f.

In Tabelle 44 sind die Korrelationskoeffizienten für die im Rahmen der Regressionsmodelle verwendeten Variablen unter Ausschluss der Länder und Branchendummies angegeben.

Alle INIK-Maßen (Zeile 10 bis 13) sind untereinander signifikant hoch korreliert ($p < 0{,}001$). Dies legt den Schluss nahe, dass diese getrennt in vier Regressionsmodellen untersucht werden sollten. Die unabhängigen Größen korrelieren mit mehreren der abhängigen Variablen signifikant, so dass die Durchführung von mehreren Regressionsanalysen sinnvoll ist.[820] Der durchschnittliche Ausländeranteil beträgt ca. 23 % bei einer durchschnittlichen Heterogenität der Nationalitäten von 0,3035. Der Anteil der Nicht-Cluster Direktoren liegt bei durchschnittlich 11 %, die kulturelle Heterogenität liegt bei 0,1517. Auf Seiten der abhängigen Größen ergibt sich ein Mittelwert für die Internationalisierung von ca. 59 %, für den ROA von ca. 10 % und für die logarithmierte QRATIO von 0,6530. Im Hinblick auf das kapitalmarktorientierte Erfolgsmaß lässt sich festhalten, dass die Unternehmen in etwa mit dem Zweifachen der Wiederbeschaffungskosten der Vermögensgegenstände am Kapitalmarkt bewertet werden.

[820] Vgl. Weiser (2004), S. 254.

	N = 232	M	SD	1	2	3	4	5	6	7
1	FSIZE, ln	9,5604	1,7825	1						
2	FAGE, ln	3,6839	1,1139	0,093	1					
3	RDINT	0,0302	0,0494	0,072	-0,066	1				
4	PDIV	0,3416	0,2599	0,201 ***	0,110 *	-0,119 *	1			
5	FHOLD	0,0911	0,1277	-0,135 **	-0,097	-0,085	-0,137 **	1		
6	GHOLD	0,0183	0,0942	0,074	-0,061	-0,102	0,005	-0,034	1	
7	BSIZE, ln	2,1529	0,3515	0,594 ****	-0,049	0,036	0,078	0,091	-0,026	1
8	HETAGE	0,1224	0,0409	-0,167 **	-0,032	-0,161 **	-0,048	0,109 *	-0,037	0,032
9	FEMBMTBM	0,1022	0,1074	0,060	0,040	-0,030	0,063	0,063	0,124 *	0,052
10	FBMTBM	0,2269	0,2173	0,073	-0,093	0,026	0,033	0,217 ***	-0,017	0,095
11	HETNAT	0,3035	0,2434	0,107	-0,080	0,036	0,026	0,194 ***	-0,012	0,150 **
12	NCLBMTBM	0,1092	0,1727	0,044	-0,134 **	0,058	-0,044	0,094	-0,105	-0,057
13	HETCULT	0,1517	0,2026	0,113 *	-0,129 *	0,080	-0,059	0,082	-0,118 *	0,004
14	DOICM	0,5911	0,2416	0,102	0,157 **	0,364 ****	0,138 **	-0,115 *	-0,162 **	-0,197 ***
15	ROA	0,0967	0,0626	-0,224 ***	0,050	0,117 *	-0,021	-0,040	-0,055	-0,166 **
16	QRATIO, ln	0,6520	0,4476	-0,231 ****	-0,133 **	0,409 ****	-0,160 **	-0,032	-0,082	-0,112 *

Korrelation nach Pearson, 2-seitig; ****: $p < 0,001$, ***: $p < 0,01$, **: $p < 0,05$, *: $p < 0,10$

N: Anzahl der Untersuchungseinheiten, M: Mittelwert, SD: Standardabweichung, ln: Logarithmus Naturalis

FSIZE: Unternehmensgröße, FAGE: Unternehmensalter, RDINT: F&E-Intensität, PDIV: Produktdiversifikation, FHOLD: ausländischer Anteilsbesitz, GHOLD: staatlicher Anteilsbesitz

BSIZE: Board-Größe, HETAGE: Altersheterogenität im Board, FEMBMTBM: Frauenanteil im Board

FBMTBM: Ausländeranteil, HETNAT: Heterogenität der Nationalitäten, NCLBMTBM: Anteil Nicht-Cluster Mitglieder, HETCULT: kulturelle Heterogenität

DOICM: Internationalisierungsgrad, ROA: Unternehmenserfolg (bilanziell), QRATIO: Unternehmenserfolg (kapitalmarktorientiert)

Tabelle 44: Deskriptive Statistik und Korrelationskoeffizienten

Quelle: Eigene Berechnung.

	N = 232	M	SD	8	9	10	11	12	13	14	15
1	FSIZE, ln	9,5604	1,7825								
2	FAGE, ln	3,6839	1,1139								
3	RDINT	0,0302	0,0494								
4	PDIV	0,3416	0,2599								
5	FHOLD	0,0911	0,1277								
6	GHOLD	0,0183	0,0942								
7	BSIZE, ln	2,1529	0,3515								
8	HETAGE	0,1224	0,0409	1							
9	FEMBMTBM	0,1022	0,1074	0,092	1						
10	FBMTBM	0,2269	0,2173	0,014	-0,056	1					
11	HETNAT	0,3035	0,2434	0,027	-0,010	0,952 ****	1				
12	NCLBMTBM	0,1092	0,1727	0,014	-0,113 *	0,713 ****	0,662 ****	1			
13	HETCULT	0,1517	0,2026	0,027	-0,099	0,660 ****	0,671 ****	0,925 ****	1		
14	DOICM	0,5911	0,2416	-0,193 ***	-0,262 ****	0,250 ****	0,234 ****	0,274 ****	0,259 ****	1	
15	ROA	0,0967	0,0626	-0,052	0,144 **	0,068	0,087	0,128 *	0,141 **	0,041	1
16	QRATIO, ln	0,6520	0,4476	-0,018	0,107	0,099	0,100	0,112 *	0,119 *	0,139 **	0,646 ****

Korrelation nach Pearson, 2-seitig; ****: $p < 0{,}001$, ***: $p < 0{,}01$, **: $p < 0{,}05$, *: $p < 0{,}10$
N: Anzahl der Untersuchungseinheiten, M: Mittelwert, SD: Standardabweichung, ln: Logarithmus Naturalis
FSIZE: Unternehmensgröße, FAGE: Unternehmensalter, RDINT: F&E-Intensität, PDIV: Produktdiversifikation, FHOLD: ausländischer Anteilsbesitz, GHOLD: staatlicher Anteilsbesitz
BSIZE: Board-Größe, HETAGE: Altersheterogenität im Board, FEMBMTBM: Frauenanteil im Board
FBMTBM: Ausländeranteil, HETNAT: Heterogenität der Nationalitäten, NCLBMTBM: Anteil Nicht-Cluster Mitglieder, HETCULT: kulturelle Heterogenität
DOICM: Internationalisierungsgrad, ROA: Unternehmenserfolg (bilanziell), QRATIO: Unternehmenserfolg (kapitalmarktorientiert)

Tabelle 44: Deskriptive Statistik und Korrelationskoeffizienten (Fortsetzung)
Quelle: Eigene Berechnung.

Im Folgenden werden die Hypothesen der Hypothesengruppen H12 und H13 zum Einfluss der internationalen bzw. interkulturellen Besetzung von Boards auf die Unternehmensinternationalisierung sowie den bilanziellen und marktlichen Unternehmenserfolg überprüft. Die Hypothesen lauten wie folgt:

H12a: Zwischen dem Ausländeranteil im Board und dem Internationalisierungsgrad der Unternehmen besteht ein signifikant positiver Zusammenhang.

H12b: Zwischen der Heterogenität der Nationalitäten im Board und dem Internationalisierungsgrad der Unternehmen besteht ein signifikant positiver Zusammenhang.

H12c: Zwischen dem Anteil an Direktoren im Board, die aus anderen Kulturkreisen stammen, und dem Internationalisierungsgrad der Unternehmen besteht ein signifikant positiver Zusammenhang.

H12d: Zwischen der kulturellen Heterogenität im Board und dem Internationalisierungsgrad der Unternehmen besteht ein signifikant positiver Zusammenhang.

H13aa: Zwischen dem Ausländeranteil im Board und dem Unternehmenserfolg gemessen an einer bilanziellen Erfolgsgröße besteht ein signifikant positiver Zusammenhang.

H13ba: Zwischen der Heterogenität der Nationalitäten im Board und dem Unternehmenserfolg gemessen an einer bilanziellen Erfolgsgröße besteht ein signifikant positiver Zusammenhang.

H13ca: Zwischen dem Anteil an Direktoren im Board, die aus anderen Kulturkreisen stammen, und dem Unternehmenserfolg gemessen an einer bilanziellen Erfolgsgröße besteht ein signifikant positiver Zusammenhang.

H13da: Zwischen der kulturellen Heterogenität und dem Unternehmenserfolg gemessen an einer bilanziellen Erfolgsgröße besteht ein signifikant positiver Zusammenhang.

H13ab: Zwischen dem Ausländeranteil im Board und dem Unternehmenserfolg gemessen an einer marktorientierten Erfolgsgröße besteht ein signifikant positiver Zusammenhang.

H13bb: Zwischen der Heterogenität der Nationalitäten im Board und dem Unternehmenserfolg gemessen an einer marktorientierten Erfolgsgröße besteht ein signifikant positiver Zusammenhang.

H13cb: Zwischen dem Anteil an Direktoren im Board, die aus anderen Kulturkreisen stammen, und dem Unternehmenserfolg gemessen an einer marktorientierten Erfolgsgröße besteht ein signifikant positiver Zusammenhang.

H13db: Zwischen der kulturellen Heterogenität und dem Unternehmenserfolg gemessen an einer marktorientierten Erfolgsgröße besteht ein signifikant positiver Zusammenhang.

Zur Analyse der zwölf Hypothesen wurden zwölf Regressionsgleichungen formuliert. Die unabhängigen Variablen werden jeweils durch ein INIK-Maß dargestellt. Die abhängigen Größen bilden der Internationalisierungsgrad sowie der bilanzielle und der kapitalmarktorientierte Unternehmenserfolg.

Für die Untersuchung des Einflusses der internationalen bzw. interkulturellen Besetzung der Boards auf die Unternehmensinternationalisierung ergeben sich folgende vier Regressionsmodelle.

(1a)
$$\begin{aligned} DOICM_{0506} = {} & \beta_0 + \beta_1 INIK1 \\ & + \beta_2 FEMBMTBM + \beta_3 HETAGE + \beta_4 BSIZE \\ & + \beta_5 GHOLD + \beta_6 FHOLD + \beta_7 PDIV + \beta_8 RDINT + \beta_9 FAGE + \beta_{10} FSIZE \\ & + \sum_{i=11;j=1}^{19;9} (\beta_i CD_j) + \sum_{m=20;n=2}^{24;6} (\beta_m IC_n) - \beta_{r+10} CD_r - \beta_{s+18} IC_s \\ & + \varepsilon \end{aligned}$$

(1b)
$$\begin{aligned} DOICM_{0506} = {} & \beta_0 + \beta_1 INIK2 \\ & + \beta_2 FEMBMTBM + \beta_3 HETAGE + \beta_4 BSIZE \\ & + \beta_5 GHOLD + \beta_6 FHOLD + \beta_7 PDIV + \beta_8 RDINT + \beta_9 FAGE + \beta_{10} FSIZE \\ & + \sum_{i=11;j=1}^{19;9} (\beta_i CD_j) + \sum_{m=20;n=2}^{24;6} (\beta_m IC_n) - \beta_{r+10} CD_r - \beta_{s+18} IC_s \\ & + \varepsilon \end{aligned}$$

(1c)
$$\begin{aligned} DOICM_{0506} = {} & \beta_0 + \beta_1 INIK3 \\ & + \beta_2 FEMBMTBM + \beta_3 HETAGE + \beta_4 BSIZE \\ & + \beta_5 GHOLD + \beta_6 FHOLD + \beta_7 PDIV + \beta_8 RDINT + \beta_9 FAGE + \beta_{10} FSIZE \\ & + \sum_{i=11;j=1}^{19;9} (\beta_i CD_j) + \sum_{m=20;n=2}^{24;6} (\beta_m IC_n) - \beta_{r+10} CD_r - \beta_{s+18} IC_s \\ & + \varepsilon \end{aligned}$$

(1d)
$$\begin{aligned} DOICM_{0506} &= \beta_0 + \beta_1 INIK4 \\ &+ \beta_2 FEMBMTBM + \beta_3 HETAGE + \beta_4 BSIZE \\ &+ \beta_5 GHOLD + \beta_6 FHOLD + \beta_7 PDIV + \beta_8 RDINT + \beta_9 FAGE + \beta_{10} FSIZE \\ &+ \sum_{i=11;j=1}^{19;9} (\beta_i CD_j) + \sum_{m=20;n=2}^{24;6} (\beta_m IC_n) - \beta_{r+10} CD_r - \beta_{s+18} IC_s \\ &+ \varepsilon \end{aligned}$$

$DOICM_{0506}$:	Durchschnittlicher Internationalisierungsgrad der Jahre 2005 und 2006 (Degree of Internationalization, Composite Measure)
INIK1:	FBMTBM, Ausländeranteil (Ratio Foreign Board Members to Total Board Members)
INIK2:	HETNAT, Heterogenität der Nationalitäten (National Heterogeneity)
INIK3:	NCLBMTBM, Anteil Nicht-Cluster Mitglieder (Ratio Non-Cluster Board Members to Total Board Members)
INIK4:	HETCULT, kulturelle Heterogenität (Cultural Heterogeneity)
FEMBMTBM:	Frauenanteil (Ratio Female Board Members to Total Board Members)
HETAGE:	Altersheterogenität (Age Heterogeneity)
BSIZE:	Board-Größe (Board Size), logarithmiert
GHOLD	Staatlicher Anteilsbesitz (Governmental Holdings)
FHOLD	Ausländischer Anteilsbesitz (Foreign Holdings)
PDIV:	Produktdiversifikation (Product Diversification)
RDINT:	F&E-Intensität (R&D Intensity)
FAGE:	Unternehmensalter (Firm Age), logarithmiert
FSIZE:	Unternehmensgröße (Firm Size), logarithmiert
CD:	Länder-Dummy (Country Dummy)
IC:	Branchen-Dummy (Industry Dummy)
ε:	Fehlervariable bzw. Residuum
r = 1,…,9	
s = 2,…,6	

Formel 20: Regressionsgleichungen zur Abbildung des Zusammenhangs zwischen der internationalen und interkulturellen Board-Besetzung und der Unternehmensinternationalisierung

Die Regressionsgleichungen zur Untersuchungen der Auswirkungen einer internationalen bzw. interkulturellen Board-Zusammensetzung auf den bilanziellen und den kapitalmarktorientierten Unternehmenserfolg lauten wie folgt:

(2a)
$$\begin{aligned} ROA_{0506} &= \beta_0 + \beta_1 INIK1 \\ &+ \beta_2 FEMBMTBM + \beta_3 HETAGE + \beta_4 BSIZE \\ &+ \beta_5 GHOLD + \beta_6 FHOLD + \beta_7 PDIV + \beta_8 RDINT + \beta_9 FAGE + \beta_{10} FSIZE \\ &+ \sum_{i=11;j=1}^{19;9} (\beta_i CD_j) + \sum_{m=20;n=2}^{24;6} (\beta_m IC_n) - \beta_{r+10} CD_r - \beta_{s+18} IC_s \\ &+ \varepsilon \end{aligned}$$

(2b)
$$\begin{aligned} ROA_{0506} &= \beta_0 + \beta_1 INIK2 \\ &+ \beta_2 FEMBMTBM + \beta_3 HETAGE + \beta_4 BSIZE \\ &+ \beta_5 GHOLD + \beta_6 FHOLD + \beta_7 PDIV + \beta_8 RDINT + \beta_9 FAGE + \beta_{10} FSIZE \\ &+ \sum_{i=11;j=1}^{19;9} (\beta_i CD_j) + \sum_{m=20;n=2}^{24;6} (\beta_m IC_n) - \beta_{r+10} CD_r - \beta_{s+18} IC_s \\ &+ \varepsilon \end{aligned}$$

(2c)
$$\begin{aligned} ROA_{0506} &= \beta_0 + \beta_1 INIK3 \\ &+ \beta_2 FEMBMTBM + \beta_3 HETAGE + \beta_4 BSIZE \\ &+ \beta_5 GHOLD + \beta_6 FHOLD + \beta_7 PDIV + \beta_8 RDINT + \beta_9 FAGE + \beta_{10} FSIZE \\ &+ \sum_{i=11;j=1}^{19;9} (\beta_i CD_j) + \sum_{m=20;n=2}^{24;6} (\beta_m IC_n) - \beta_{r+10} CD_r - \beta_{s+18} IC_s \\ &+ \varepsilon \end{aligned}$$

(2d)
$$\begin{aligned} ROA_{0506} &= \beta_0 + \beta_1 INIK4 \\ &+ \beta_2 FEMBMTBM + \beta_3 HETAGE + \beta_4 BSIZE \\ &+ \beta_5 GHOLD + \beta_6 FHOLD + \beta_7 PDIV + \beta_8 RDINT + \beta_9 FAGE + \beta_{10} FSIZE \\ &+ \sum_{i=11;j=1}^{19;9} (\beta_i CD_j) + \sum_{m=20;n=2}^{24;6} (\beta_m IC_n) - \beta_{r+10} CD_r - \beta_{s+18} IC_s \\ &+ \varepsilon \end{aligned}$$

(3a)
$$\begin{aligned} QRATIO_{0506} &= \beta_0 + \beta_1 INIK1 \\ &+ \beta_2 FEMBMTBM + \beta_3 HETAGE + \beta_4 BSIZE \\ &+ \beta_5 GHOLD + \beta_6 FHOLD + \beta_7 PDIV + \beta_8 RDINT + \beta_9 FAGE + \beta_{10} FSIZE \\ &+ \sum_{i=11;j=1}^{19;9} (\beta_i CD_j) + \sum_{m=20;n=2}^{24;6} (\beta_m IC_n) - \beta_{r+10} CD_r - \beta_{s+18} IC_s \\ &+ \varepsilon \end{aligned}$$

(3b)
$$\begin{aligned} QRATIO_{0506} &= \beta_0 + \beta_1 INIK2 \\ &+ \beta_2 FEMBMTBM + \beta_3 HETAGE + \beta_4 BSIZE \\ &+ \beta_5 GHOLD + \beta_6 FHOLD + \beta_7 PDIV + \beta_8 RDINT + \beta_9 FAGE + \beta_{10} FSIZE \\ &+ \sum_{i=11;j=1}^{19;9} (\beta_i CD_j) + \sum_{m=20;n=2}^{24;6} (\beta_m IC_n) - \beta_{r+10} CD_r - \beta_{s+18} IC_s \\ &+ \varepsilon \end{aligned}$$

(3c)
$$\begin{aligned} QRATIO_{0506} &= \beta_0 + \beta_1 INIK3 \\ &+ \beta_2 FEMBMTBM + \beta_3 HETAGE + \beta_4 BSIZE \\ &+ \beta_5 GHOLD + \beta_6 FHOLD + \beta_7 PDIV + \beta_8 RDINT + \beta_9 FAGE + \beta_{10} FSIZE \\ &+ \sum_{i=11;j=1}^{19;9} (\beta_i CD_j) + \sum_{m=20;n=2}^{24;6} (\beta_m IC_n) - \beta_{r+10} CD_r - \beta_{s+18} IC_s \\ &+ \varepsilon \end{aligned}$$

(3d)
$$QRATIO_{0506} = \beta_0 + \beta_1 INIK4 + \beta_2 FEMBMTBM + \beta_3 HETAGE + \beta_4 BSIZE + \beta_5 GHOLD + \beta_6 FHOLD + \beta_7 PDIV + \beta_8 RDINT + \beta_9 FAGE + \beta_{10} FSIZE + \sum_{i=11;j=1}^{19;9} (\beta_i CD_j) + \sum_{m=20;n=2}^{24;6} (\beta_m IC_n) - \beta_{r+10} CD_r - \beta_{s+18} IC_s + \varepsilon$$

ROA_{0506}:	Durchschnittlicher bilanzieller Unternehmenserfolg der Jahre 2005 und 2006 in Form des ROA
$QRATIO_{0506}$:	Durchschnittlicher marktlicher Unternehmenserfolg der Jahre 2005 und 2006 in Form der Q-Ratio, logarithmiert
INIK1:	FBMTBM, Ausländeranteil (Ratio Foreign Board Members to Total Board Members)
INIK2:	HETNAT, Heterogenität der Nationalitäten (National Heterogeneity)
INIK3:	NCLBMTBM, Anteil Nicht-Cluster Mitglieder (Ratio Non-Cluster Board Members to Total Board Members)
INIK4:	HETCULT, kulturelle Heterogenität im Board (Cultural Heterogeneity)
FEMBMTBM:	Frauenanteil (Ratio Female Board-Members to Total Board Members)
HETAGE:	Altersheterogenität (Age Heterogeneity)
BSIZE:	Board-Größe (Board Size), logarithmiert
GHOLD	Staatlicher Anteilsbesitz (Governmental Holdings)
FHOLD	Ausländischer Anteilsbesitz (Foreign Holdings)
PDIV:	Produktdiversifikation (Product Diversification)
RDINT:	F&E-Intensität (R&D Intensity)
FAGE:	Unternehmensalter (Firm Age), logarithmiert
FSIZE:	Unternehmensgröße (Firm Size) , logarithmiert
CD:	Länder-Dummy (Country Dummy)
IC:	Branchen-Dummy (Industry Dummy)
ε:	Fehlervariable bzw. Residuum
$r = 1,\ldots,9$	
$s = 2,\ldots,6$	

Formel 21: Regressionsgleichungen zur Abbildung des Zusammenhangs zwischen der internationalen und interkulturellen Board-Besetzung und dem bilanziellen sowie dem kapitalmarktorientierten Unternehmenserfolg

Alle zur Anwendbarkeit der Regressionsanalyse notwendigen Prämissen sind erfüllt.[821] Die Linearitätsbedingung wurde für alle Modelle anhand von Streudiagrammen zwischen der abhängigen Variable sowie den einzelnen unabhängigen Variablen bzw. den Kontrollgrößen überprüft. Diese Vorgehensweise ergab keinerlei Anhaltspunkte dafür, dass die Linearitätsbedingung nicht erfüllt sein könnte. Die Homoskedastizitätsbedingung wurde auf Anregung von Backhaus et al. ebenfalls visuell überprüft. Hierfür wurden für die Regressionsgleichungen Streudiagramme der standardisierten abhängigen Variablen und der standardisierten Residualwerte erzeugt. Es konnten für den vorliegenden Datensatz keine Unstimmigkeiten festgestellt werden. Die Forderung nach einer Normalverteilung der Residuen ist nach einer visuellen Prüfung, für die die Residualwerte im Vergleich zur Normalverteilung abgetragen und Histogramme der Residuen erzeugt wurden, ebenfalls als hinreichend zu betrachten. Die Prüfung der unabhängigen Variablen bzw. der Kontrollvariablen auf Multikollinearität fiel negativ aus. Dazu wurde die Korrelationstabelle auf potentielle Abhängig-

[821] Die systematische Überprüfung orientiert sich dabei an den theoretischen Ausführungen in Hildebrand (2008), S. 478 ff., Backhaus et al. (2006), S. 78 ff. und Janssen/ Laatz (2003), S. 329 ff.

keiten zwischen den Variablen untersucht. Hohe Abhängigkeiten werden ab einem Wert des Korrelationskoeffizienten von 0,8 angenommen.[822] Dies war nicht der Fall. Die starken Korrelationen zwischen den INIK-Maßen untereinander sind dabei unerheblich, da diese getrennt in der Regression berücksichtigt werden. Ebenso liefert der Variance Inflation Factor (VIF)[823] keine Verdachtsmomente bezüglich des Vorliegens einer Multikollinearität. Die Überprüfung des Vorliegens einer Autokorrelation wurde mittels des Durbin-Watson-Tests durchgeführt. Da der Wert dieser Prüfgröße für alle Regressionsmodelle jeweils etwa 2 beträgt, liegt kein Autokorrelationsproblem vor.[824]

In Folgenden werden die Ergebnisse für die drei Gruppen von Regressionsmodellen zunächst für die Unternehmensinternationalisierung und dann für den Unternehmenserfolg vorgestellt.

a) Internationale und interkulturelle Board-Zusammensetzung und deren Folgen für die Unternehmensinternationalisierung

Die Ergebnisse der Regressionsanalysen, die in Abhängigkeit zur jeweiligen Ausprägung der INIK-Maße stehen, sind in Tabelle 45 dargestellt. Die Dummyvariablen für die Branchen und Länder werden nicht berichtet.

Die globalen Gütemaße zeigen, dass alle vier Untersuchungsmodelle von sehr guter statistischer Qualität sind. So liegt das R^2 bei allen Modellen über 0,520 und der Blick auf die adjustierten R^2 von nahe 0,500 verdeutlicht, dass in allen vier Fällen etwa 50 % der Gesamtstreuung durch die Modelle erklärt werden.[825] Dies kann gegenüber vergleichbaren Top Management Team- und

[822] Vgl. Farrar/ Glauber (1967), S. 98.

[823] Der Variance Inflation Factor (VIF) dient im Rahmen der Kollinearitätsdiagnose zur Beurteilung der Stärke der Multikollinearität, d.h. der wechselseitigen, linearen Abhängigkeiten zwischen den unabhängigen Variablen bzw. der Kontrollvariablen untereinander. Da der VIF durchgängig < 10 ist, liegt kein Multikollinearitätsproblem vor. Vgl. Oxelheim/ Randøy (2005), S. 478; vgl. Janssen/ Laatz (2003), S. 397.

[824] Vgl. Janssen/ Laatz (2003), S. 397 f.

[825] Im Falle des R^2 handelt es sich um ein globales Gütemaß zur Beurteilung der Regressionsgleichung. Es ist ein Maß für den sog. „Goodness of Fit", d.h. für die Güte der Anpassung der Regressionsfunktion an das empirisch ermittelte Datenmaterial, und schwankt zwischen 1 (Erklärung der Gesamtstreuung durch das Regressionsmodel) und 0. Da das Bestimmtheitsmaß durch die Integration weiterer – auch irrelevanter – Regressoren determiniert wird, bestünde so die Möglichkeiten den Goodness of Fit zu erhöhen, was jedoch wiederum zu einer Verschlechterung der Schätzeigenschaften des Modells führen kann. Das adjustierte Bestimmtheitsmaß (adj. R^2) berücksichtigt diesen Sachverhalt und kann daher für die Beurteilung des Modells als die aussagekräftigere Größe betrachtet werden. Vgl. Backhaus et al. (2006), S. 66 ff.; vgl. Janssen/ Laatz (2003), S. 391 f.

Board-Studien, deren korrigierte R^2 zwischen 0,200 und 0,470 schwanken, als sehr gut eingestuft werden.[826] Die F-Statistik verdeutlicht ferner, dass alle Modelle hoch signifikant ($p < 0,001$) sind.[827]

Abhängige Variable:		*Unternehmensinternationalisierung (DOICM)*			
N = 232		Modell 1	Modell 2	Modell 3	Modell 4
		β-Wert	β-Wert	β-Wert	β-Wert
Unternehmens- & Governance-Kontrollvariablen	FSIZE, ln	0,123	0,119	0,134	0,128
	FAGE, ln	0,099 *	0,096 *	0,109 **	0,105 *
	RDINT	0,177 ***	0,173 ***	0,184 ***	0,180 ***
	PDIV	0,056	0,060	0,073	0,074
	FHOLD	-0,010	-0,003	-0,004	-0,001
	GHOLD	-0,037	-0,040	-0,021	-0,023
Board-Kontrollvariablen	BISZE, ln	-0,146	-0,16 *	-0,154	-0,156
	HETAGE	-0,045	-0,048	-0,047	-0,049
	FEMBMTBM	-0,157 ***	-0,168 ***	-0,148 **	-0,150 **
INIK-Maße	*FBMTBM*	*0,205* ****			
	HETNAT		*0,204* ****		
	NCLBMTBM			*0,146* ***	
	HETCULT				*0,125* **
Globale Gütemaße	R^2	0,540	0,539	0,527	0,523
	adj. R^2	0,492	0,491	0,478	0,473
	F-Statistik	11,153 ****	11,120 ****	10,603 ****	10,415 ****

Signifikanzniveaus: ****: $p < 0,001$, ***: $p < 0,01$, **: $p < 0,05$, *: $p < 0,10$; N: Anzahl der Untersuchungseinheiten; ln: Logarithmus Naturalis

FSIZE: Unternehmensgröße, FAGE: Unternehmensalter, RDINT: F&E-Intensität, PDIV: Produktdiversifikation

FHOLD: ausländischer Anteilsbesitz, GHOLD: staatlicher Anteilsbesitz

BSIZE: Board-Größe, HETAGE: Altersheterogenität im Board, FEMBMTBM: Frauenanteil im Board

FBMTBM: Ausländeranteil, HETNAT: Heterogenität der Nationalitäten

NCLBMTBM: Anteil Nicht-Cluster Mitglieder, HETCULT: kulturelle Heterogenität

Tabelle 45: Regressionsanalyse zum Einfluss einer internationalen bzw. interkulturellen Board-Besetzung auf die Unternehmensinternationalisierung

Quelle: Eigene Berechnung.

Alle vier Maße, die die internationale bzw. interkulturelle Zusammensetzung des Boards abbilden, haben einen signifikanten Einfluss auf die Unternehmensinternationalisierung. Die Kennzahlen, die auf die Nationalität der Mandatsträger abstellen, sind beide signifikant ($p < 0,001$) und leisten mit Beta-Werten[828] von 0,205 bzw. 0,204 einen relativ hohen Erklärungsbeitrag innerhalb der Modelle.

[826] Vgl. Yeoh (2003), S. 527; vgl. Carter et al. (2003), S. 47; vgl. Peyrefitte/ Fadil/ Thomas (2002), S. 495; vgl. Carpenter/ Fredrickson (2001), S. 540; vgl. Sherman/ Kashlak/ Joshi (1998), S. 328; vgl. Bloodgood/ Sapienza/ Almeida (1996), S. 71.

[827] Die F-Statistik ist ebenfalls ein globales Gütemaß und überprüft varianzanalytisch das Gesamtmodell auf Signifikanz und testet die Nullhypothese, inwieweit die Regressionskoeffizienten in der Grundgesamtheit alle den Wert Null annehmen. Für den Fall, dass die empirische F-Statistik einen kritischen Wert überschreitet, kann die Nullhypothese abgelehnt werden. Ist die empirisch ermittelte F-Statistik jedoch zu klein, ist die vermutete Regressionsbeziehung als nicht signifikant einzustufen. Der F-Test überprüft somit, ob mehrere Erklärungsvariablen in ihrer Gesamtheit einen Erklärungsbeitrag innerhalb der Regression leisten können. Die Überprüfung der einzelnen Regressionskoeffizienten auf einen linearen Zusammenhang leistet ein t-Test. Die Signifikanz respektive die Signifikanzniveaus der einzelnen Koeffizienten werden durch die Sterne angezeigt. Vgl. Backhaus et al. (2006), S. 68 ff.; vgl. Janssen/ Laatz (2003), S. 386 ff.

[828] Die Beta-Werte (β-Wert) sind standardisierte Regressionskoeffizienten, die die marginalen Auswirkungen der Änderung einer unabhängigen Variablen auf die abhängige Variable anzeigen. Durch die Standardisierung werden unterschiedliche Messdimensionen der erklärenden Variablen berücksichtigt. Vgl. Backhaus et al. (2006), S. 61 ff.

Die hinsichtlich der Board-Zusammensetzung auf den Kulturaspekt abstellenden Kennzahlen können ebenfalls einen Teil der Internationalisierung von Unternehmen erklären. So haben sowohl der Anteil an Direktoren, die von außerhalb des Kulturkreises des jeweiligen Unternehmens stammen, als auch die kulturelle Heterogenität einen signifikanten ($p < 0,01$ bzw. $p < 0,05$) Einfluss auf den Internationalisierungsgrad. Demnach haben Unternehmen, die höhere Ausprägungen bezüglich der INIK-Maße aufzeigen, auch ein entsprechend höheres Internationalisierungsniveau. Die Beta-Werte deuten jedoch darauf hin, dass die Kennzahlen, die auf die Nationalität der Mandatsträger abstellen, im Vergleich zu den kulturellen Maßen der Board-Zusammensetzung einen moderat höheren Erklärungsgehalt bezüglich der Unternehmensinternationalisierung liefern.

Es wird deutlich, dass die Internationalität der Unternehmen sich durch die Internationalität im Board erklären lässt. Ferner lässt sich konstatieren, dass die reinen Verhältnismaße im Vergleich zu den Heterogenitätsmaßen gemessen an den jeweiligen Beta-Werten eine minimal höhere Erklärungskraft haben. Die Verteilung der ausländischen bzw. der aus anderen Kulturkreisen stammenden Direktoren scheint hinsichtlich der Internationalisierungsentscheidung weniger bedeutend zu sein als die Frage, ob überhaupt derartige Mandatsträger in den Boards vorhanden sind. Die Höhe der Beta-Werte der INIK-Maße verdeutlicht den im Verhältnis zur Unternehmensgröße insgesamt bedeutsamen Einfluss einer relativ kleinen Gruppe von Personen, wie sie der Board eines Unternehmens darstellt. So beträgt der Anteil der durchschnittlichen Board-Größe an der durchschnittlichen Mitarbeiterzahl der Grundgesamtheit ca. 0,02 %.[829] Zusammenfassend lässt sich festhalten, dass Unternehmen mit international bzw. interkulturell besetzten Boards auch insgesamt internationaler ausgerichtet sind.

Betrachtet man die Ergebnisse der wenigen Studien, die sich mit vergleichbaren Fragestellungen auseinandersetzen, so findet sich diese Aussage in ihrer Tendenz bestätigt. Bloodgood, Sapienza und Almeida ermitteln im Rahmen ihrer Regressionsanalyse einen Zusammenhang zwischen der internationalen Erfahrung der Board-Mitglieder und der Unternehmensinternationalisierung.[830] Carpenter, Pollock und Leary können in ihrer Untersuchung ebenfalls einen positiven Zusammenhang bestätigen.[831] Auch die von Caligiuri, Lazarova und Zehetbauer korrelationsanalytisch ermittelten signifikant positiven Zusammenhänge zwischen dem Internationalisierungsgrad des

829 Eigene Berechnung.
830 Vgl. Bloodgood/ Sapienza/ Almeida (1996), S. 71.
831 Vgl. Carpenter/ Pollock/ Leary (2003), S. 814 f.

Boards zu Indikatoren der Unternehmensinternationalisierung spiegeln sich in den gewonnenen Erkenntnissen wider.[832]

Auf Grundlage der empirischen Untersuchung lassen sich die Hypothesen der Hypothesengruppe H12:

H12a: *Zwischen dem Ausländeranteil im Board und dem Internationalisierungsgrad der Unternehmen besteht ein signifikant positiver Zusammenhang.*

H12b: *Zwischen der Heterogenität der Nationalitäten im Board und dem Internationalisierungsgrad der Unternehmen besteht ein signifikant positiver Zusammenhang.*

H12c: *Zwischen dem Anteil an Direktoren im Board, die aus anderen Kulturkreisen stammen, und dem Internationalisierungsgrad der Unternehmen besteht ein signifikant positiver Zusammenhang.*

H12d: *Zwischen der kulturellen Heterogenität im Board und dem Internationalisierungsgrad der Unternehmen besteht ein signifikant positiver Zusammenhang.*

vollständig bestätigen. Diese Erkenntnisse können damit auch die theoretischen Ausführungen zur relativen Vorteilhaftigkeit international bzw. interkulturell besetzter Gruppen bzw. Boards bestätigen. Dies betrifft insbesondere die Aussagen auf Basis der verhaltenswissenschaftlichen Theorie der Unternehmung und der verhaltenswissenschaftlichen Internationalisierungstheorien sowie die Erkenntnisse der Psychologie zu heterogenen Gruppenstrukturen. Ausländische Direktoren sowohl aus demselben Kulturkreis als auch aus fremden Kulturkreisen üben einen Einfluss auf die Strategieentwicklung und -bewertung, ausgedrückt im Internationalisierungsgrad, aus. Die Unternehmen profitieren im Rahmen des Internationalisierungsprozesses von deren Fertigkeiten, Fähigkeiten, Erfahrungen und Informationen sowie von deren Funktion als Verbindungsglied zu externen Ressourcen. Die vorliegende Studie leistet für ein internationales Untersuchungssample erstmalig die Erweiterung des Upper Echelons-Ansatzes auf den Board. Ferner liefert die Untersuchung einen wesentlichen Beitrag zum Abbau der in der wissenschaftlichen Literatur z.T. vorhandenen Skepsis gegenüber der Strategiefunktion des Boards.[833]

Weibliche Direktoren sind in ca. 61 % der Unternehmen vertreten.[834] Betrachtet man die organbezogenen Kontrollgrößen so ist ein signifikant negativer Einfluss ($p < 0,01$ bzw. $p < 0,05$) des Anteils weiblicher Mandatsträger auf den Internationalisierungsgrad festzustellen. Dieses Resultat unterstützt diejenigen Studienergebnisse, die der Existenz von Frauen im Management

[832] Vgl. Caligiuri/ Lazarova/ Zehetbauer (2004), S. 854 ff.
[833] Vgl. Kreitmeier (2001), S. 56 f.
[834] Eigene Berechnung.

bzw. im Board eine negative Auswirkung zuschreiben. Bevor jedoch der Frauenanteil im Board als kritisch im Hinblick auf die Internationalisierung von Unternehmen betrachtet wird, sei an dieser Stelle angemerkt, dass der überwiegende Anteil der Mandatsträgerinnen mit 77 % von nationaler Herkunft ist.[835] Diese nationale Prägung des Frauenanteils könnte den Geschlechtereffekt überlagern. Diese Vermutung lässt sich jedoch nicht bestätigen, da mit Ausnahme eines schwach signifikanten Zusammenhangs ($p < 0,1$) zum Anteil von Nicht-Cluster Board-Mitgliedern zwischen den Maßen der internationalen und interkulturellen Board-Zusammensetzung und dem Frauenanteil keine signifikanten Korrelationen bestehen.[836] Demnach sind Unternehmen, in denen die Boards einen hohen Frauenanteil haben, mit einem geringeren Internationalisierungsgrad assoziiert. Da keine Studien gefunden werden konnten, die sich mit der Bedeutung von Frauen für die Internationalisierung von Unternehmen auseinandersetzen, bleibt nur die Möglichkeit der Spekulation bezüglich der Hintergründe dieses negativen Effektes. Ein potentieller Erklärungsansatz könnte darin bestehen, dass die Rolle von Frauen in der Geschäftswelt sich erst in den letzten Jahren etabliert hat und die Chancen, internationale Erfahrungen zu sammeln im Vergleich zu männlichen Kollegen lange Zeit nicht in dem Maße gegeben war.

Des Weiteren ergibt sich auf Ebene der Kontrollgrößen ein negativer Einfluss der Board-Größe auf den Grad der Unternehmensinternationalisierung, der jedoch nur für das auf die Heterogenität der Nationalitäten im Board abstellende Modell signifikant ($p < 0,1$) ist. Dies könnte als Hinweis darauf gewertet werden, dass größere Gruppen aufgrund der Vielfalt der Meinungen und eines latenten Konfliktpotentials entsprechend mehr Zeit benötigen, eine Entscheidung herbeizuführen. So bedarf z.B. eine vom Management konzipierte internationale Expansionsstrategie eines längeren Abstimmungsprozesses im Board und es besteht in der Folge zumindest die Gefahr einer verzögerten oder modifizierten Umsetzung. Dieser signifikant negative Zusammenhang findet sich in der Untersuchung von Carpenter, Pollock und Leary für den Internationalisierungsgrad bestätigt.[837] Goodstein, Gautam und Boeker konstatieren einen signifikant negativen Einfluss der Board-Größe auf die Fähigkeit zu strategischem Wandel in turbulenten Umfeldbedingungen.[838] Deren Erkenntnis lässt sich auch auf das Verfolgen einer Internationalisierungsstrategie vor dem Hintergrund dynamischer Umfeldbedingungen übertragen.

[835] Eigene Berechnung.
[836] Vgl. Tabelle 44.
[837] Vgl. Capenter/ Pollock/ Leary (2003), S. 814 f.
[838] Vgl. Goodstein/ Gautam/ Boeker (1994), S. 246.

Für die Kontrollvariable F&E-Intensität hingegen zeigen sich signifikant positive Ergebnisse ($p < 0{,}01$). Dieser Zusammenhang steht im Einklang mit den Erkenntnissen des Literaturüberblicks von Hitt et al.[839] Somit sind Unternehmen, die sich hinsichtlich ihrer F&E-Aktivitäten besonders engagieren, internationaler aufgestellt. Obwohl Bloodgood, Sapienza und Almeida diesen Zusammenhang für neu gegründete Unternehmen vermuten, können sie diesen empirisch nicht bestätigen.[840] Demgegenüber ermitteln sowohl Carpenter und Fredrickson als auch Lee und Park einen signifikant positiven Einfluss der F&E-Intensität auf die Unternehmensinternationalisierung.[841]

Die signifikanten Ergebnisse für das Unternehmensalter ($p < 0{,}1$) legen die Vermutung nahe, dass ältere Unternehmen im Vergleich zu relativ jungen Unternehmen bereits Erfahrungen hinsichtlich der Internationalisierung gesammelt haben und daher stärker internationalisiert sind. Dieses Ergebnis stützt die Vorstellung von einem inkrementellen Internationalisierungsprozess innerhalb der verhaltenswissenschaftlich fundierten Internationalisierungsmodelle sowie die Ergebnisse des Literaturüberblicks von Hitt et al.[842] Die Bedeutung wird jedoch dadurch abgeschwächt, dass die Kontrollvariable Unternehmensalter in Anbetracht der niedrigen Beta-Werte nur eine geringe Erklärungskraft aufweist.

Nachdem ein positiver Einfluss der internationalen bzw. interkulturellen Zusammensetzung von Boards auf den Internationalisierungsgrad von Unternehmen ermittelt werden konnte, widmet sich der folgende Abschnitt den Auswirkungen auf den Unternehmenserfolg.

b) Internationale und interkulturelle Board-Zusammensetzung und Unternehmenserfolg

Dieser Abschnitt untersucht in einem ersten Schritt ob sich ein Einfluss der INIK-Maße auf den Return on Assets (ROA) als bilanzielles Unternehmenserfolgsmaß ermitteln lässt. Daran schließt sich in einem zweiten Schritt die Analyse der Bedeutung einer internationalen bzw. interkulturellen Besetzung der Boards für den kapitalmarktorientierten Unternehmenserfolg in Form einer Approximierung von Tobin's Q (QRATIO) an. Die Vorgehensweise erfolgt analog zu den Modellen mit Bezug zur Unternehmensinternationalisierung.

- Bilanzorientierter Unternehmenserfolg: Return on Assets

Die Ergebnisse der Untersuchung des Einflusses einer internationalen bzw. interkulturellen Board-Zusammensetzung auf den bilanziellen Unternehmenserfolg sind in Tabelle 46 zusammengefasst.

839 Vgl. Hitt et al. (2006), S. 835 ff.
840 Vgl. Bloodgood/ Sapienza/ Almeida (1996), S. 71.
841 Vgl. Lee/ Park (2006), S. 206; vgl. Carpenter/ Fredrickson (2001), S. 540.
842 Vgl. Hitt et al. (2006), S. 835.

Die globalen Gütemaße der Modelle zur Erklärung des Einflusses der internationalen bzw. interkulturellen Board-Zusammensetzung auf das bilanzielle Erfolgsmaß ROA zeigen, dass zwar ein Erklärungsbeitrag zur Gesamtstreuung geleistet wird, dieser mit ca. 15 % jedoch nicht hoch ist. Obwohl die F-Statistik relativ niedrige Werte ausgibt, sind die entwickelten Modelle alle signifikant (p < 0,001). Deshalb ist es vertretbar, eine Analyse im Hinblick auf den ROA durchzuführen. Dies ist für Vergleichszwecke im Hinblick auf die kapitalmarktorientierte Größe in Form von Tobin's Q sinnvoll.

Abhängige Variable:		***Unternehmenserfolg, bilanziell (ROA)***			
N = 232		**Modell 1**	**Modell 2**	**Modell 3**	**Modell 4**
		β-Wert	**β-Wert**	**β-Wert**	**β-Wert**
Unternehmens- & Governance-Kontrollvariablen	FSIZE, ln	-0,428 ****	-0,433 ****	-0,433 ****	-0,452 ****
	FAGE, ln	0,102	0,101	0,121 *	0,121 *
	RDINT	0,032	0,029	0,040	0,036
	PDIV	0,040	0,043	0,060	0,066
	FHOLD	-0,041	-0,036	-0,044	-0,044
	GHOLD	0,044	0,041	0,066	0,067
Board-Kontrollvariablen	BISZE, ln	-0,065	-0,077	-0,071	-0,072
	HETAGE	-0,064	-0,067	-0,069	-0,074
	FEMBMTBM	0,119	0,110	0,136 *	0,136 *
INIK-Maße	*FBMTBM*	*0,160* **			
	HETNAT		*0,185* **		
	NCLBMTBM			*0,203* ***	
	HETCULT				*0,217* ***
Globale Gütemaße	R^2	0,220	0,226	0,235	0,239
	adj. R^2	0,138	0,145	0,154	0,159
	F-Statistik	2,684 ****	2,775 ****	2,917 ****	2,988 ****

Signifikanzniveaus: ****: p < 0,001, ***: p < 0,01, **: p < 0,05, *: p < 0,10; N: Anzahl der Untersuchungseinheiten; ln: Logarithmus Naturalis

FSIZE: Unternehmensgröße, FAGE: Unternehmensalter, RDINT: F&E-Intensität, PDIV: Produktdiversifikation

FHOLD: ausländischer Anteilsbesitz, GHOLD: staatlicher Anteilsbesitz

BSIZE: Board-Größe, HETAGE: Altersheterogenität im Board, FEMBMTBM: Frauenanteil im Board

FBMTBM: Ausländeranteil, HETNAT: Heterogenität der Nationalitäten

NCLBMTBM: Anteil Nicht-Cluster Mitglieder, HETCULT: kulturelle Heterogenität

Tabelle 46: Regressionsanalyse zum Einfluss einer internationalen bzw. interkulturellen Board-Besetzung auf den bilanzorientierten Unternehmenserfolg

Quelle: Eigene Berechnung.

Im Rahmen der Regressionsanalyse ergibt sich für alle vier INIK-Maße ein signifikanter Einfluss auf den bilanzorientierten Unternehmenserfolg in Form des ROA. Die Kennzahlen, die auf den kulturellen Aspekt abstellen, weisen mit 0,203 bzw. 0,217 die höheren Beta-Werte und Signifikanzniveaus (p < 0,01) auf. Für den Ausländeranteil und die Heterogenität der Nationalitäten im Board ergeben sich Beta-Werte von 0,160 und 0,185. Auch diese Ergebnisse sind signifikant (p < 0,05). Demnach haben die kulturellen Maße im Vergleich zu den auf die Nationalität abstellenden Größen offensichtlich einen moderat stärkeren Erklärungsgehalt im Hinblick auf den bilanziellen Unternehmenserfolg.

Dies ist ein bemerkenswertes Ergebnis: die Präsenz ausländischer Mandatsträger aus dem eigenen und insbesondere aus anderen Kulturkreisen kann den bilanziellen Unternehmenserfolg beeinflussen. Derartige Direktoren scheinen Kenntnisse und Kontakte mit in den Entscheidungsfindungsprozess einzubringen, die nationale Mandatsträger nicht auf sich vereinen können. Diese Erkenntnis sollten global agierende Unternehmen bzw. die mit der Rekrutierung von Direktoren beauftragten Personalberatungsunternehmen hinsichtlich der Besetzung von Board-Positionen berücksichtigen. Diese Resultate bestätigen die theoretischen Überlegungen, die im Rahmen der Hypothesenherleitung angestellt wurden. Es wird deutlich, welchen bedeutenden Einfluss ein relativ kleiner Personenkreis im Vergleich zur Unternehmensgröße, gemessen an der Gesamtmitarbeiterzahl, haben kann. Die Resultate der Regressionsanalyse zeigen, dass die Hypothesen

H13aa: Zwischen dem Ausländeranteil im Board und dem Unternehmenserfolg gemessen an einer bilanziellen Erfolgsgröße besteht ein signifikant positiver Zusammenhang.

H13ba: Zwischen der Heterogenität der Nationalitäten im Board und dem Unternehmenserfolg gemessen an einer bilanziellen Erfolgsgröße besteht ein signifikant positiver Zusammenhang.

H13ca: Zwischen dem Anteil an Direktoren im Board, die aus anderen Kulturkreisen stammen, und dem Unternehmenserfolg gemessen an einer bilanziellen Erfolgsgröße besteht ein signifikant positiver Zusammenhang.

H13da: Zwischen der kulturellen Heterogenität und dem Unternehmenserfolg gemessen an einer bilanziellen Erfolgsgröße besteht ein signifikant positiver Zusammenhang.

bestätigt werden. Unternehmen, die einen höheren Internationalitäts- bzw. Interkulturalitätsgrad in ihren Boards aufweisen, erreichen ein höheres bilanzielles Erfolgsniveau.

Die Ergebnisse stehen im Gegensatz zur Feststellung von Randøy, Thomsen und Oxelheim. Diese konnten keinen Zusammenhang zwischen Formen der Board-Diversität und dem bilanziellen Unternehmenserfolg ermitteln.[843] Auch die Studie von Bloodgood, Sapienza und Almeida ergab für U.S.-Unternehmen kein Zusammenhang zwischen bilanziellen Erfolgsgrößen und Ausprägungen der Board-Internationalisierung.[844]

Es zeigt sich für die auf den kulturellen Maße der Board-Zusammensetzung abstellenden Modelle ein signifikant positiver Einfluss ($p < 0{,}1$) des Frauenanteils im Board auf die Unternehmensper-

[843] Vgl. Randøy/ Thomsen/ Oxelheim (2006), S. 21 ff.
[844] Vgl. Bloodgood/ Sapienza/ Almeida (1996), S. 71.

formance in Form des ROA. Dadurch finden die theoretischen Überlegungen zur relativen Vorteilhaftigkeit divers besetzter Gruppen, die nicht nur auf die Nationalität sondern auch auf die Geschlechterdiversität abstellen, Bestätigung. Die Ergebnisse zeigen, dass sich der von Huse und Solberg für skandinavische Boards formulierte positive Effekt von Frauen für die Leistung von Boards offensichtlich auch auf Ebene des Unternehmenserfolgs niederschlagen kann.[845] Zu vergleichbaren Resultaten kommen Erhardt, Werbel und Shrader, die einen signifikant positiven Einfluss der Board-Diversität auf die bilanzielle Unternehmensperformance in Form des ROA ermitteln.[846] Zu gegensätzlichen Ergebnissen gelangen Randøy, Thomsen und Oxelheim bzw. Shrader, Blackburn und Iles, die keinen bzw. einen negativen Zusammenhang feststellen.[847] Randøy, Thomsen und Oxelheim weisen darauf hin, dass ein Einfluss des Frauenanteils auf den Unternehmenserfolg nur schwer nachzuweisen sei. In den bisherigen Studien, so die Autoren, wurden unterschiedliche Untersuchungszeitpunkte gewählt. Die Untersuchungen beziehen sich ferner auf verschiedene Länder und damit auf unterschiedliche kulturelle und gesetzliche Hintergründe. Auch sei der Geschlechtereffekt möglicherweise durch andere Diversitätsebenen, wie z.B. Nationalität und Alter, überlagert.[848] Den letzten beiden Aspekten wurde durch die Berücksichtigung von Untersuchungseinheiten aus neun Ländern und der Integration aller drei angesprochenen Diversitätsdimensionen Rechnung getragen. Somit leistet die hier vorgelegte Studie über die postulierte Forschungszielsetzung hinausgehend auch einen weiterführenden Beitrag zur Diskussion hinsichtlich des Geschlechtereffektes in Boards.

Die Analysen liefern in den auf den kulturellen Aspekt der Zusammensetzung abstellenden Untersuchungsmodellen signifikant positive Ergebnisse ($p < 0,1$) für die Kontrollgröße Unternehmensalter. Ältere Unternehmen weisen tendenziell einen höheren bilanziellen Unternehmenserfolg aus. Sie agieren schon längere Zeit auf den Märkten und verfügen demnach auch über einen gewissen Bekanntheitsgrad sowie ein größeres Erfahrungspotential. Dies kann sich positive auf den Unternehmenserfolg auswirken. Zu vergleichbaren Ergebnissen im Hinblick auf die Kontrollgröße Unternehmensalter kommen sowohl Yeoh als auch Zahra, Ireland und Hitt, die die Folgen früher Interna-

845 Vgl. Huse/ Solberg (2006), S. 125.

846 Vgl. Erhardt/ Werbel/ Shrader (2003), S. 107. Board-Diversität ist in dieser Studie operationalisiert „by the representation percentage of women and minorities (African, Hispanic, Asian and Native Americans) to white Anglo-Saxons for executive board of directors.“ Erhardt/ Werbel/ Shrader (2003), S. 106. Da sich die Autoren offensichtlich auf die Executive Directors im Board beziehen und das Diversitätsmaß auch ethnische Minderheiten einbezieht, sind die Ergebnisse jedoch nur eingeschränkt vergleichbar.

847 Vgl. Randøy/ Thomsen/ Oxelheim (2006), S. 23; vgl. Shrader/ Blackburn/ Iles (1997), S. 362 ff.

848 Vgl. Randøy/ Thomsen/ Oxelheim (2006), S. 3.

tionalisierungserfahrung auf organisationale Ergebnisse untersuchen und einen signifikant positiven Zusammenhang zu bilanziellen Formen des Unternehmenserfolgs feststellen.[849]

Innerhalb der auf die bilanzielle Performance abstellenden Modelle, übt die Unternehmensgröße den stärksten Einfluss aus. Die signifikant negativen Ergebnisse ($p < 0,001$) zeigen, dass sich die Unternehmensgröße negativ auf den bilanziellen Unternehmenserfolg auswirkt. Auch Carpenter, Sanders und Gregersen ermitteln einen signifikant negativen Einfluss der Unternehmensgröße auf den Unternehmenserfolg in Form des ROA.[850] Im Gegensatz dazu konstatieren Randøy, Thomsen und Oxelheim für skandinavische Unternehmen einen signifikant positiven Einfluss der Unternehmensgröße auf den bilanziellen Unternehmenserfolg.[851] Auch in der Untersuchung von Bloodgood, Sapienza und Almeida zeigen sich signifikant positive Ergebnisse für den Einfluss der Unternehmensgröße auf das Umsatzwachstum als Erfolgsmaß.[852] Einen moderierenden Einfluss der Unternehmensgröße auf den Unternehmenserfolg konnten Dalton et al. im Rahmen einer Meta-Analyse bestätigen. Nach ihren Ergebnissen ist die Beziehung zwischen der Board-Größe und dem Unternehmenserfolg für kleinere Unternehmen stärker.[853] Dies ist dadurch begründet, dass kleinere Unternehmen flexibler und schneller z.B. auf Absatzveränderungen reagieren können und deren Gemeinkostenniveau meist niedriger ausfällt. In großen Unternehmen besteht durch entsprechend große Verwaltungseinheiten die Möglichkeit des Effizienzverlustes, da Koordinations- und Kommunikationsprobleme einem schnellen Entscheidungsfindungsprozess hinderlich sind. Diese grundsätzlichen Überlegungen bezüglich großer Unternehmen gelten für die hier vorliegende empirische Analyse. Es handelt bei den Untersuchungseinheiten mit einer durchschnittlichen Unternehmensgröße von 52.126 Mitarbeitern überwiegend um größere Unternehmen.[854]

Nachdem ein positiver Einfluss der internationalen bzw. interkulturellen Board-Besetzung auf den bilanziellen Unternehmenserfolg ermittelt werden konnte, thematisiert der folgende Abschnitt den Einfluss der INIK-Maße auf den marktlichen Unternehmenserfolg. Dieser wird durch eine Approximation von Tobin's Q operationalisiert.

---

849 Vgl. Yeoh (2004), S. 527; vgl. Zahra/ Ireland/ Hitt (2000), S. 941.
850 Vgl. Carpenter/ Sanders/ Gregersen (2001), S. 503.
851 Vgl. Randøy/ Thomsen/ Oxelheim (2006), S. 21 ff.
852 Vgl. Bloodgood/ Sapienza/ Almeida (1996), S. 71.
853 Vgl. Dalton et al. (1999), S. 676 ff.
854 Eigene Berechnung.

- Marktorientierter Unternehmenserfolg: Tobin's Q

Die Analyse eines potentiellen Einflusses einer internationalen bzw. interkulturellen Besetzung von Boards auf den kapitalmarktorientierten Unternehmenserfolg erfolgt analog den zuvor durchgeführten Analysen im Hinblick auf die Unternehmensinternationalisierung und den bilanziellen Unternehmenserfolg.

Tabelle 47 beinhaltet eine Zusammenfassung der Ergebnisse der vier Regressionsanalysen. Die globalen Gütemaße verdeutlichen, dass alle Modelle aus statistischer Sicht von sehr guter Qualität sind. Die R^2 liegen für alle Modellen bei etwa 0,45 und die adjustierten R^2 nahe 0,40. In allen vier Fällen werden ca. 40 % der Gesamtstreuung durch die Modelle erklärt. Dies kann im Vergleich z.B. zu der Analyse von Oxelheim und Randøy, deren adjustierte R^2 zwischen 0,435 und 0,257 schwanken, oder Carter, Simkins und Simpson, deren adjustierte R^2 bei ca. 0,25 liegen, als zufriedenstellend bewertet werden.[855] Die F-Statistik zeigt, dass alle Modelle signifikant sind ($p < 0,001$).

	Abhängige Variable:	***Unternehmenserfolg, kapitalmarktorientiert (QRATIO, ln)***			
N = 232		**Modell 1**	**Modell 2**	**Modell 3**	**Modell 4**
		β-Wert	**β-Wert**	**β-Wert**	**β-Wert**
Unternehmens- & Governance-Kontrollvariablen	FSIZE, ln	-0,498 ****	-0,498 ****	-0,492 ****	-0,499 ****
	FAGE, ln	-0,040	-0,042	-0,031	-0,033
	RDINT	0,256 ****	0,253 ****	0,261 ****	0,258 ****
	PDIV	-0,057	-0,055	-0,045	-0,043
	FHOLD	-0,092	-0,087	-0,090	-0,088
	GHOLD	0,097 *	0,095 *	0,109 *	0,108 *
Board-Kontrollvariablen	BISZE, ln	-0,028	-0,037	-0,033	-0,034
	HETAGE	-0,013	-0,015	-0,015	-0,017
	FEMBMTBM	0,110 *	0,103	0,118 *	0,117 *
INIK-Maße	*FBMTBM*	*0,137* **			
	HETNAT		*0,133* **		
	NCLBMTBM			*0,116* **	
	HETCULT				*0,109* *
Globale Gütemaße	R^2	0,448	0,447	0,445	0,444
	adj. R^2	0,390	0,389	0,387	0,386
	F-Statistik	7,704 ****	7,679 ****	7,627 ****	7,590 ****

Signifikanzniveaus: ****: $p < 0,001$, ***: $p < 0,01$, **: $p < 0,05$, *: $p < 0,10$; N: Anzahl der Untersuchungseinheiten; ln: Logarithmus Naturalis

FSIZE: Unternehmensgröße, FAGE: Unternehmensalter, RDINT: F&E-Intensität, PDIV: Produktdiversifikation

FHOLD: ausländischer Anteilsbesitz, GHOLD: staatlicher Anteilsbesitz

BSIZE: Board-Größe, HETAGE: Altersheterogenität im Board, FEMBMTBM: Frauenanteil im Board

FBMTBM: Ausländeranteil, HETNAT: Heterogenität der Nationalitäten

NCLBMTBM: Anteil Nicht-Cluster Mitglieder, HETCULT: kulturelle Heterogenität

Tabelle 47: Regressionsanalyse zum Einfluss einer internationalen bzw. interkulturellen Board-Besetzung auf den marktorientierten Unternehmenserfolg

Quelle: Eigene Berechnung.

Die Ergebnisse bestätigen die Vermutung, dass sowohl international als auch interkulturell besetzte Boards einen positiven Einfluss auf den Unternehmenserfolg haben. So leisten alle vier INIK-Maße

[855] Vgl. Carter/ Simkins/ Simpson (2003), S. 48 ;vgl. Oxelheim/ Randøy (2003), S. 2383.

einen signifikanten Erklärungsbeitrag. Bis auf das kulturelle Heterogenitätsmaß ($p < 0,1$) liegen alle Maße auf einem hohen Signifikanzniveau ($p < 0,05$). Aus den Beta-Werten ist ersichtlich, dass die Einflussstärke der auf die Internationalität abstellenden INIK-Maße gegenüber den Maßen der Interkulturalität höher ist. Auch zeigt sich bei der Betrachtung der Beta-Werte, dass offenbar die Verhältniszahlen im Vergleich zu den Heterogenitätsmaßen einen moderat stärkeren Einfluss haben. Somit steht die Frage im Vordergrund, ob überhaupt ausländische Direktoren bzw. Direktoren von außerhalb des Heimatclusters des Unternehmens im Board vertreten sind. Deren Verteilung auf unterschiedliche Nationalitäten bzw. Kulturräume ist von nachrangiger Bedeutung. Es kann sich keine ausgeprägte Heterogenität in den Boards entwickeln, da der Anteil an ausländischen Board-Mitgliedern im Verhältnis zur durchschnittlichen Organgröße gering ist. So befinden sich bei einer durchschnittlichen Board-Größe von neun Direktoren etwa zwei Ausländer im Board. Bereits die Aufnahme ausländischer Mandatsträger in den Board eines Unternehmens kann als positives Signal in Richtung der Kapitalmärkte betrachtet werden, welches von diesen honoriert wird. Eine hinsichtlich der Nationalitäten ausgewogene Board-Besetzung, die die Anforderungen eines international ausgerichteten Unternehmens berücksichtigt, kann somit einen Beitrag zum kapitalmarktorientierten Unternehmenserfolg leisten. Demnach müssten Unternehmen mit weniger international bzw. interkulturell besetzten Boards auch einen niedrigeren kapitalmarktorientierten Unternehmenserfolg aufweisen. Somit unterstützen die Regressionsanalysen die theoretischen Überlegungen zur Vorteilhaftigkeit heterogen besetzter Boards.

Die Ergebnisse der wenigen Studien, die die Thematik der Board-Zusammensetzung aufgreifen, divergieren. Randøy, Thomsen und Oxelheim können in ihrer Untersuchung die in der vorliegenden Arbeit gewonnen Erkenntnisse nicht bestätigen. Sie stellen keinen signifikanten Einfluss des Anteils ausländischer Board-Mitglieder auf den Unternehmenserfolg fest.[856] Dahingegen finden Oxelheim und Randøy einen signifikanten Einfluss externer angloamerikanischer Board-Mitglieder auf den Unternehmenserfolg.[857] Die beiden Autoren erfassen die angloamerikanischen Mandatsträger in den Boards als binäre Variable. Sie berücksichtigen in der Untersuchung in erster Linie kapitalmarktbezogene Überlegungen. Dennoch kann das Ergebnis von Oxelheim und Randøy im Sinne des eigenen Untersuchungsziels interpretiert werden. So handelt es sich bei angloamerikanischen Board-Mitgliedern um eine spezielle Ausprägung ausländischer Mandatsträger. Andererseits könnten die Ergebnisse der hier vorliegenden Analyse als indirekte Bestätigung der Erkenntnisse von Oxelheim und Randøy gewertet werden. Ein Blick in die univariat-deskriptive Auswertung verdeutlicht näm-

[856] Vgl. Randøy/ Thomsen/ Oxelheim (2006), S. 22.
[857] Vgl. Oxelheim/ Randøy (2003), S. 2382.

lich, dass, mit Ausnahme von Österreich, in den einzelnen Untersuchungsländern unter den ersten drei Herkunftsländern ausländischer Direktoren immer Staaten aus dem angloamerikanischen Kulturkreis vertreten sind. Von den insgesamt 521 ausländischen Mandatsträgern stammen 50,10 % aus dem Anglo-Cluster. Etwa 30 % der im Rahmen der Regression berücksichtigten Untersuchungseinheiten, die nicht dem Anglo-Cluster zuzuordnen sind, haben angloamerikanische Mitglieder in den Boards. Somit könnte von einem angloamerikanischen Einfluss gesprochen werden. Oxelheim und Randøy sehen darin einen Import kapitalmarktorientierter angloamerikanischer Corporate Governance und verbinden dies mit positiven Auswirkungen auf die Unternehmensbewertung.[858] Zur Überprüfung dieser Argumentation wurde eine weitere Regressionsanalyse durchgeführt. Im Rahmen dieser Analyse wurde des Anglo-Clusters ausgeschlossen und eine binär kodierte unabhängige Variable, die die Existenz angloamerikanischer Board-Mitglieder erfasst, integriert.[859] Der Austausch der INIK-Maße durch diese unabhängige Größe lieferte jedoch keine signifikanten Ergebnisse. Zu Kontrollzwecken wurde die Berechnung unter Ausschluss des Anglo-Clusters erneut auch für die INIK-Maße durchgeführt. Hier stellten sich jedoch die erwarteten und bereits empirisch ermittelten signifikant positiven Ergebnisse erneut ein. Demnach muss von der Möglichkeit eines den Ausländer-Effekt überlagernden Anglo-Effektes Abstand genommen werden. Auf Grundlage der Regressionsanalysen lassen sich die Hypothesen

H13ab: Zwischen dem Ausländeranteil im Board und dem Unternehmenserfolg gemessen an einer marktorientierten Erfolgsgröße besteht ein signifikant positiver Zusammenhang.

H13bb: Zwischen der Heterogenität der Nationalitäten im Board und dem Unternehmenserfolg gemessen an einer marktorientierten Erfolgsgröße besteht ein signifikant positiver Zusammenhang.

H13cb: Zwischen dem Anteil an Direktoren im Board, die aus anderen Kulturkreisen stammen, und dem Unternehmenserfolg gemessen an einer marktorientierten Erfolgsgröße besteht ein signifikant positiver Zusammenhang.

H13db: Zwischen der kulturellen Heterogenität und dem Unternehmenserfolg gemessen an einer marktorientierten Erfolgsgröße besteht ein signifikant positiver Zusammenhang.

bestätigen.

Für den Frauenanteil im Board als organbezogene Kontrollgröße ergeben sich, mit Ausnahme des auf die Heterogenität der Nationalität abstellenden Modells, signifikant positive Resultate ($p < 0,1$). Demnach hat die Existenz weiblicher Mandatsträger positive Auswirkungen auf den kapitalmarkt-

[858] Vgl. Oxelheim/ Randøy (2003), S. 2369.
[859] Vgl. Anhang 51 bis Anhang 56.

orientierten Unternehmenserfolg. Die Ergebnisse der vorliegenden Untersuchung bestärken die Forderung zahlreicher Publikationen der Diversitäts-Forschung nach einer Berücksichtigung von Frauen im Management respektive im Board aus Performance-Sicht. Die Existenz von Frauen im Board kann aus Sicht der Agentur- bzw. Stakeholderansatz in Richtung einer positiven Signalfunktion für die Kapitalmärkte interpretiert werden. So antizipieren Unternehmen im Sinne guter Corporate Governance-Strukturen durch eine geschlechterspezifische Diversität im Board die Vielfältigkeit der Unternehmensumwelt.[860] Durch Diversität im Board besteht die Möglichkeit einer erhöhten Überwachungsqualität. Dies ist im Sinne der Anteilseigner.[861] Auch positive Image-Effekte sind nicht auszuschließen.[862] Jedoch muss, wie bereits im Zuge der Ausführungen zum bilanziellen Unternehmenserfolg, auch an dieser Stelle auf die bereits angeführten kritischen Hinweise von Randøy, Thomsen und Oxelheim zur Erforschung der Folgen geschlechtsbezogener Diversität verwiesen werden. Jedoch ermitteln, im Gegensatz zu Randøy, Thomsen und Oxelheim sowie Bøhren und Strøm, auch Carter, Simkins und Simpson in ihrer Analyse der Folgen von Diversität für den finanziellen Unternehmenserfolg der Fortune 1000-Unternehmen einen signifikant positiven Einfluss der Existenz von Frauen (binäre Kodierung) und des Frauenanteils auf den Unternehmenserfolg, operationalisiert durch Tobin's Q.[863] Dies ist als Bestätigung der erzielten Ergebnisse zu werten.

Für staatlichen Anteilsbesitz als Unternehmens- bzw. Governance-Kontrollvariable zeigen sich signifikante Ergebnisse ($p < 0,1$). Staatlicher Anteilsbesitz übt demnach einen positiven Effekt auf die marktorientierte Unternehmensperformance aus. Zwar fallen die Beta-Werte relativ niedrig aus, jedoch scheinen staatliche Akteure als Anteilseigener eine gewisse Sicherheit bzw. Stabilität zu vermitteln, die insbesondere in Krisenzeiten, wie z.B. der Finanzkrise des Jahres 2008, zum Ausdruck kommen dürfte. Obwohl die Studien, die die Erfolgs- bzw. Effizienzwirkungen von staatlichem und privatem Anteilsbesitz betrachten, überwiegend bilanzielle Erfolgsgrößen heranziehen, sei an dieser Stelle auf die im Rahmen der Variablenbeschreibung angeführte Forschung verwiesen. Vor dem Hintergrund, dass von den 232 in die Analyse einbezogenen Untersuchungseinheiten lediglich 15 einen staatlichen Anteilsbesitz aufweisen, sind die im Zuge der Analyse ermittelten Er-

---

860 Vgl. Huse/ Solberg (2006), S. 114.
861 Vgl. Carter/ Simkins/ Simpson (2003), S. 34.
862 Vgl. Smith/ Smith/ Verner (2006), S. 571.
863 Vgl. Randøy/ Thomsen/ Oxelheim (2006), S. 21 f.; vgl. Bøhren/ Strøm (2005), S. 15, S. 17; vgl. Carter/ Simkins/ Simpson (2003), S. 47.

gebnisse mit Vorsicht zu interpretieren. Diese 15 Unternehmen sind Bereichen, wie z.B. Telekommunikation und Logistik sowie Energie und Rüstung zuzuordnen, an denen der Staat ein Einflussinteresse hatte bzw. immer noch hat. Darunter finden sich auch ehemalige Staatsunternehmen wie z.B. die Deutsche Post und die Deutsche Telekom AG. Es ist jedoch möglich, den beschriebenen Effekt bezüglich des staatlichen Anteilsbesitzes entsprechend der theoretischen Vermutung zu interpretieren. So kann von am Kapitalmarkt zumeist höher bewerteten U.S.-Unternehmen kein Effekt ausgehen, da kein Unternehmen mit staatlichem Anteilsbesitz aus den USA stammt.[864] Jedoch müssen im Zuge der Interpretation möglicher positiver Effekte eines staatlichen Anteilsbesitzes immer die kulturellen und ökonomischen Rahmenbedingungen berücksichtigt werden. So können zum einen bestimmte Branchen, wie z.B. die Rüstungsindustrie, durch Vergabe öffentlicher Aufträge oder Subventionsleistungen stärker profitieren, und zum anderen wird staatlichem Einfluss in individualistisch geprägten Kulturen, zu denen z.B. die USA gehören, eine gewisse Skepsis entgegengebracht.[865]

Bedeutsamer als die Kontrollgröße des staatlichen Anteilsbesitzes ist, gemessen an den Beta-Werten, die F&E-Intensität der Unternehmen. Dieses Resultat korrespondiert mit den theoretischen Überlegungen zur Bedeutung von Innovations- und Technologieführerschaft für den Unternehmenserfolg. So können Aufwendungen im F&E-Bereich dem Kapitalmarkt aus strategischer Sicht ein permanentes aktives Portfolio-Management signalisieren, das einer drohenden Überalterung des Güterangebotes und damit verbundenen negativen Konsequenzen für den Fortbestand des Unternehmens entgegenwirkt.[866] Dies schafft Investitionsanreize seitens des Kapitalsmarktes, da hier auch Zukunftswerte gehandelt werden.[867] Somit sind insbesondere Unternehmen mit kapitalmarktorientiertem Erfolg assoziiert, die sich stark im Bereich der F&E engagieren. Agrawal und Knoeber analysieren in ihrer Studie unterschiedliche Mechanismen zur Kontrolle von Agency-Problemen zwischen Managern und Anteilseignern.[868] Die Autoren ermitteln ebenfalls für alle ihre Modelle einen signifikant positiven Einfluss ($p < 0{,}01$) der Kontrollvariable Forschung und Entwicklung auf die Marktbewertungsgröße Tobin's Q.[869] Auch Jose, Nichols und Stevens konnten einen signifikant positiven Effekt des F&E-Engagements auf den Unternehmenserfolg in Form von

[864] So weist die Weltbank für das Jahr 2004 eine Marktkapitalisierung der börsennotierten Unternehmen in den Vereinigten Staaten in Höhe von 16.323.726.330.000 USD aus. Erst an zweiter Stelle folgt Großbritannien mit etwa 1/6 dieses Wertes. Vgl. The World Bank Group (2008), online.

[865] Vgl. Hofstede/ Hofstede (2005), S. 78.

[866] Vgl. Thommen/ Achleitner (2006), S. 941 ff.; vgl. Perlitz/ Seger (2004b), S. 268; vgl. Müller-Stewens/ Lechner (2003), S. 300 f.

[867] Vgl. Bungard/ Schultz-Gambard (1990), S. 141.

[868] Vgl. Agrawal/ Knoeber (1996), S. 377.

[869] Vgl. Agrawal/ Knoeber (1996), S. 390.

Tobin's Q festhalten.[870] Diese Erkenntnisse stimmen darüber hinaus mit den Ergebnissen der Meta-Analyse von Capon, Farley und Hoenig zur Bestimmung der Determinanten des finanziellen Unternehmenserfolgs überein. Diese konstatieren in ihrer Untersuchung mehr signifikant positive denn negative Einflussbeziehungen zwischen der unternehmensbezogenen Forschung & Entwicklung und dem finanziellen Erfolg.[871]

Unter den Kontrollvariablen der hier vorliegenden Untersuchung geht jedoch der stärkste Einfluss auf den marktlichen Unternehmenserfolg von der Unternehmensgröße aus. Dieser Sachverhalt kommt in allen vier Teilmodellen durch die signifikant negativen Beta-Werte von ca. 0,500 ($p < 0,001$) zum Ausdruck. Diese Erkenntnis entspricht den Ergebnissen von Agrawal und Knoeber. Diese stellen fest, dass unternehmensspezifische Wachstumsmöglichkeiten signifikant negativ von der Unternehmensgröße abhängen.[872] Offensichtlich fallen diese Wachstumspotentiale und Q-Ratios für große Unternehmen geringer aus.[873] Ferner konstatieren Oxelheim und Randøy, dass zwischen dem Unternehmenserfolg, gemessen durch die Q-Ratio, und der Größe der Unternehmen ein signifikant negativer Zusammenhang besteht.[874] Auch Bøhren und Strøm stellen einen signifikant negativen Einfluss der Unternehmensgröße auf den marktlichen Unternehmenserfolg in Form von Tobin's Q fest.[875] Diese Feststellungen spiegeln sich ebenfalls in der Meta-Studie von Capon, Farley und Hoenig wider. Jene Autoren ermitteln für die durch die Mitarbeiterzahl gemessene Unternehmensgröße einen überwiegend negativen Einfluss auf den Unternehmenserfolg, auch wenn dieser nicht signifikant ist.[876] Dies stützt die bereits formulierte Vermutung, dass große Unternehmen aus Sicht des Marktes nicht automatisch mit Erfolg zu assoziieren sind. Somit kommt es nicht auf die reine Größe, sondern vielmehr auf die Effizienz im Einsatz begrenzter Mittel an. So können kleine, flexible Organisationen meist schneller auf die Erfordernisse einer dynamischen Umwelt reagieren, als dies großen, starren Organisationen möglich ist.[877] Abweichend von den oben beschriebenen Resultaten zeigt sich in der Studie von Randøy, Thomsen und Oxelheim ein signifikant positiver Zusammenhang zwischen Unternehmensgröße und -erfolg.[878] Diesbezüglich muss jedoch einschränkend darauf hingewiesen werden, dass sich deren Untersuchung auf Unternehmen aus dem skandinavischen Kulturraum und nicht auf ein multikulturelles Sample bezieht.

---

[870] Vgl. Jose/ Nichols/ Stevens (1986), S. 39.
[871] Vgl. Capon/ Farley/ Hoenig (1990), S. 1149.
[872] Vgl. Agrawal/ Knoeber (1996), S. 390.
[873] Vgl. Agrawal/ Knoeber (1996), S. 385.
[874] Vgl. Oxelheim/ Randøy (2003), S. 2384.
[875] Vgl. Bøhren/ Strøm (2005), S. 15.
[876] Vgl. Capon/ Farley/ Hoenig (1990), S. 1149.
[877] Vgl. Becker (2008), S. 173.
[878] Vgl. Randøy/ Thomsen/ Oxelheim (2006), S. 21 f.

Nach der empirischen Analyse der drei Fragekomplexe, fasst der folgende Abschnitt die zentralen Ergebnisse nochmals kurz zusammen. Es werden zentrale Limitationen des Untersuchungsansatzes sowie Implikationen für die Forschung und die Praxis aufgezeigt.

5.3.4 Zusammenfassung der zentralen empirischen Ergebnisse und Implikationen für Forschung und Praxis

a) Zusammenfassung der zentralen Ergebnisse

Die empirische Untersuchung setzt sich mit der internationalen und interkulturellen Besetzung von Boards der größten Unternehmen aus neun Ländern und drei Kulturkreisen auseinander. Zunächst wurden neben der deskriptiven Analyse Faktoren aus der Unternehmensumwelt betrachtet, die Ausprägungen der internationalen und interkulturellen Zusammensetzung beeinflussen. Daran anschließend wurde die Herkunft der ausländischen Direktoren dargestellt und die diese beeinflussenden Faktoren aus der Unternehmensumwelt untersucht. Abschließend wurden die Folgen einer im Hinblick auf Nationalitäten und Kulturen heterogenen Board-Besetzung im Hinblick auf die Unternehmensinternationalisierung und den Unternehmenserfolg analysiert. Die letzte Fragestellung stellt den zentralen Untersuchungsgegenstand dar. Die wesentlichen Ergebnisse werden im Folgenden gegliedert nach den drei Untersuchungskomplexen vorgestellt.

I.) Wie sind die Boards in den gewählten Untersuchungsländern auf Mandatsebene national und kulturell zusammengesetzt? Welche Faktoren beeinflussen diese Zusammensetzung (Abschnitt 5.3.1)?

Im ersten Fragenkomplex wurden die Ausprägungen der für diese Arbeit hergeleiteten Maße der internationalen und interkulturellen Zusammensetzung von Boards, die sog. INIK-Maße, betrachtet. Die INIK-Maße umfassen den Ausländeranteil, den Anteil von Direktoren, die von außerhalb des Kulturkreises des Unternehmens stammen, die Heterogenität der Nationalitäten im Board und die kulturelle Heterogenität. Diese Kennzahlen wurden für die Gesamtstichprobe, die kulturellen Ländercluster sowie die einzelnen Länder und Branchen ermittelt. Ferner wurden kulturelle, marktliche, Corporate Governance-spezifische sowie branchenbezogene Einflussfaktoren analysiert, die die Ausprägungen der Zusammensetzungsmaße beeinflussen können.

Die Boards der Unternehmen in den Untersuchungsländern sind zum Untersuchungszeitpunkt überwiegend mit Inländern besetzt. Obwohl von Seiten der wissenschaftlichen und populärwissenschaftlichen Literatur Ausländer in Boards als Seltenheit betrachtet werden, zeigt sich auf Ebene aller Untersuchungseinheiten das Board-Positionen durchaus mit Ausländern besetzt werden.[879] Da die Interkulturalität der Organe geringer ausfällt, ist die Besetzungsstrategie in erster Linie auf den Kulturraum des Unternehmens ausgerichtet. Das Internationalitätsniveau innerhalb der Unternehmensorgane wird im Wesentlichen vom angloamerikanischen und germanischen Kulturcluster bestimmt. Unter den Kulturclustern weist das nordische Cluster eine geringere Internationalisierung der Board-Zusammensetzung auf. Innerhalb der jeweiligen Kulturcluster fallen Großbritannien, die Schweiz und Schweden als diejenigen Staaten mit den höchsten Ausländeranteilen auf. Insbesondere die Schweiz sticht mit hohen Maßen für die internationale und interkulturelle Zusammensetzung hervor. Dies legt die Vermutungen nahe, dass in kleineren bzw. aufgrund ihrer Größe international ausgerichteten Staaten auch die Unternehmensorgane internationaler besetzt sind.

Ferner wurden potentielle Einflussfaktoren, die die Ausprägungen der Internationalitäts- und Interkulturalitäts-Maße beeinflussen können, untersucht. Hinsichtlich des Einflusses des Kulturfaktors ergab sich, wie aus Tabelle 48 zu entnehmen, ein ambivalentes Bild. Der Faktor Kultur eignet sich nur eingeschränkt als Segmentierungsgröße, die die kulturellen Ländercluster in Bezug auf die INIK-Maße voneinander unterscheidet. So ergeben sich zwischen den Kulturräumen nur für das Maß, das die Anteile von Direktoren erfasst, die von außerhalb des Kulturkreises der Unternehmen stammen, signifikante Unterschiede. Zwischen den Ländern eines Kulturclusters jedoch lassen sich nur für die drei nordischen Staaten keine signifikanten Unterschiede in Bezug auf die Ausprägungen der vier INIK-Maße ermitteln. Somit ist das Segmentierungserfordernis, dass sich die Elemente eines Clusters zueinander homogen und die Cluster untereinander heterogen verhalten, nicht erfüllt.

H1-H2	**Hypothesengruppe bezogen auf den Einflussfaktor Kultur (Segmentierungsaspekt)**	Bestätigt
H1a	*Die Kulturcluster unterscheiden sich hinsichtlich des Ausländeranteils im Board signifikant.*	
H1b	*Die Kulturcluster unterscheiden sich hinsichtlich des Ausmaßes der Heterogenität der Nationalitäten im Board signifikant.*	
H1c	*Die Kulturcluster unterscheiden sich hinsichtlich des Anteils an Direktoren im Board, die aus anderen Kulturkreisen stammen, signifikant.*	+
H1d	*Die Kulturcluster unterscheiden sich hinsichtlich des Ausmaßes der kulturellen Heterogenität im Board signifikant.*	
H2a	*Die Länder eines Kulturclusters unterscheiden sich hinsichtlich des Ausländeranteils im Board nicht signifikant.*	(+)
H2b	*Die Länder eines Kulturclusters unterscheiden sich hinsichtlich des Ausmaßes der Heterogenität der Nationalitäten im Board nicht signifikant.*	(+)
H2c	*Die Länder eines Kulturclusters unterscheiden sich hinsichtlich des Anteils an Direktoren im Board, die aus anderen Kulturkreisen stammen, nicht signifikant.*	(+)
H2d	*Die Länder eines Kulturclusters unterscheiden sich hinsichtlich des Ausmaßes der kulturellen Heterogenität im Board nicht signifikant.*	(+)

(+): Hypothese nur für das nordische Cluster bestätigt.

Tabelle 48: Hypothesen bezogen auf den Einfluss der Kultur
Quelle: Eigene Darstellung.

[879] Vgl. Scheele (2008), S. 2; vgl. Palmer/ Varner (2007), S. 22 f.; vgl. Staples (2007), S. 311; vgl. Randøy/ Thomsen/ Oxelheim (2006), S. 10; vgl. Schmid/ Kretschmer (2005), S. 13.

Der Einfluss der vier originären Kulturdimensionen von Hofstede auf die internationale bzw. interkulturelle Board-Besetzung konnte, wie Tabelle 48 zeigt, nur eingeschränkt bestätigt werden. Die Hypothesen bestätigten sich nur für die Beziehung zwischen dem Individualismusindex und dem Anteil von Direktoren, die von außerhalb des Stammlandes des Unternehmens kommen. Die Höhe des Korrelationskoeffizienten deutet jedoch nur auf einen sehr schwachen Zusammenhang hin. Gleiches gilt für den Machtdistanzindex. Hier zeigen sich signifikant schwach positive Ergebnisse. Demnach weisen entgegen den theoretischen Überlegungen insbesondere Staaten mit einer hohen Ausprägung der Machtdistanz einen entsprechend höheren Internationalitätsgrad im Board auf.

H3	**Hypothesengruppe bezogen auf den Einflussfaktor Kultur (Kulturdimensionen)**	Bestätigt
H3aa	*Zwischen dem Ausländeranteil im Board und dem Unsicherheitsvermeidungsindex nach Hofstede besteht ein signifikant negativer Zusammenhang.*	(+)
H3ba	*Zwischen dem Ausmaß der Heterogenität der Nationalitäten im Board und dem Unsicherheitsvermeidungsindex nach Hofstede besteht ein signifikant negativer Zusammenhang.*	(+)
H3ca	*Zwischen dem Anteil an Direktoren im Board, die aus anderen Kulturkreisen stammen, und dem Unsicherheitsvermeidungsindex nach Hofstede besteht ein signifikant negativer Zusammenhang.*	
H3da	*Zwischen dem Ausmaß der kulturellen Heterogenität im Board und dem Unsicherheitsvermeidungsindex nach Hofstede besteht ein signifikant negativer Zusammenhang.*	
H3ab	*Zwischen dem Ausländeranteil im Board und dem Machtdistanzindex nach Hofstede besteht ein signifikant negativer Zusammenhang.*	
H3bb	*Zwischen dem Ausmaß der Heterogenität der Nationalitäten im Board und dem Machtdistanzindex nach Hofstede besteht ein signifikant negativer Zusammenhang.*	
H3cb	*Zwischen dem Anteil an Direktoren im Board, die aus anderen Kulturkreisen stammen, und dem Machtdistanzindex nach Hofstede besteht ein signifikant negativer Zusammenhang.*	
H3db	*Zwischen dem Ausmaß der kulturellen Heterogenität im Board und dem Machtdistanzindex nach Hofstede besteht ein signifikant negativer Zusammenhang.*	
H3ac	*Zwischen dem Ausländeranteil im Board und dem Individualismusindex nach Hofstede besteht ein signifikant positiver Zusammenhang.*	(+)
H3bc	*Zwischen dem Ausmaß der Heterogenität der Nationalitäten im Board und dem Individualismusindex nach Hofstede besteht ein signifikant positiver Zusammenhang.*	+
H3cc	*Zwischen dem Anteil an Direktoren im Board, die aus anderen Kulturkreisen stammen, und dem Individualismusindex nach Hofstede besteht ein signifikant positiver Zusammenhang.*	
H3dc	*Zwischen dem Ausmaß der kulturellen Heterogenität im Board und dem Individualismusindex nach Hofstede besteht ein signifikant positiver Zusammenhang.*	
H3ad	*Zwischen dem Ausländeranteil im Board und dem Maskulinitätsindex nach Hofstede besteht ein signifikant negativer Zusammenhang.*	
H3bd	*Zwischen dem Ausmaß der Heterogenität der Nationalitäten im Board und dem Maskulinitätsindex nach Hofstede besteht ein signifikant negativer Zusammenhang.*	
H3cd	*Zwischen dem Anteil an Direktoren im Board, die aus anderen Kulturkreisen stammen, und dem Maskulinitätsindex nach Hofstede besteht ein signifikant negativer Zusammenhang.*	
H3dd	*Zwischen dem Ausmaß der kulturellen Heterogenität im Board und dem Maskulinitätsindex nach Hofstede besteht ein signifikant negativer Zusammenhang.*	

(+): Hypothesen nur unter Ausschluss der Schweiz bestätigt.

Tabelle 48: Hypothesen bezogen auf den Einfluss der Kultur (Fortsetzung)
Quelle: Eigene Darstellung.

Lediglich die nordischen Länder sind entsprechend der Vorstellung der Kulturisten hinsichtlich der internationalen und interkulturellen Board-Besetzung homogen. Dies kommt nicht nur in der Korrelationsanalyse, sondern auch in den graphischen Auswertungen zum Ausdruck. Alle drei nordischen Staaten liegen in der graphischen Gegenüberstellung der Ausprägungen von Kulturdimensionen und INIK-Maßen eng zusammen. Die Schweiz weist sehr hohe und Österreich sehr niedrige Werte für die Maße der internationalen und interkulturellen Board-Zusammensetzung auf. Diesen Staaten kommt demnach eine Sonderrolle zu. Hier verdeutlichen bereits die Ausprägungen der Internationalitäts- bzw. Interkulturalitäts-Maße die fehlende Homogenität im germanischen Cluster. Diese Erkenntnis trifft grundsätzlich auch auf das Anglo-Cluster zu.

H4-H6	**Hypothesengruppe bezogen auf den Einflussfaktor Markt**	Bestätigt
H4a	*Zwischen dem Ausländeranteil im Board und der Größe des Heimatmarktes besteht ein signifikant negativer Zusammenhang.*	
H4b	*Zwischen dem Ausmaß der Heterogenität der Nationalitäten im Board und der Größe des Heimatmarktes besteht ein signifikant negativer Zusammenhang.*	
H4c	*Zwischen dem Anteil an Direktoren im Board, die aus anderen Kulturkreisen stammen, und der Größe des Heimatmarktes besteht ein signifikant negativer Zusammenhang.*	
H4d	*Zwischen dem Ausmaß der kulturellen Heterogenität im Board und der Größe des Heimatmarktes besteht ein signifikant negativer Zusammenhang.*	
H5a	*Zwischen dem Ausländeranteil im Board und der Größe des inländischen Marktes für Direktoren besteht ein signifikant negativer Zusammenhang.*	+
H5b	*Zwischen dem Ausmaß der Heterogenität der Nationalitäten im Board und der Größe des inländischen Marktes für Direktoren besteht ein signifikant negativer Zusammenhang.*	+
H5c	*Zwischen dem Anteil an Direktoren im Board, die aus anderen Kulturkreisen stammen, und der Größe des inländischen Marktes für Direktoren besteht ein signifikant negativer Zusammenhang.*	
H5d	*Zwischen der kulturellen Heterogenität im Board und der Größe des inländischen Marktes für Direktoren besteht ein signifikant negativer Zusammenhang.*	
H6a	*Zwischen dem Ausländeranteil im Board und der Bedeutung der großen internationalen Unternehmen im Verhältnis zur Größe des Heimatmarktes besteht ein signifikant positiver Zusammenhang.*	+
H6b	*Zwischen dem Ausmaß der Heterogenität der Nationalitäten im Board und der Bedeutung der großen internationalen Unternehmen im Verhältnis zur Größe des Heimatmarktes besteht ein signifikant positiver Zusammenhang.*	+
H6c	*Zwischen dem Anteil an Direktoren im Board, die aus anderen Kulturkreisen stammen, und der Bedeutung der großen internationalen Unternehmen im Verhältnis zur Größe des Heimatmarktes besteht ein signifikant positiver Zusammenhang.*	+
H6d	*Zwischen der kulturellen Heterogenität im Board und der Bedeutung der großen internationalen Unternehmen im Verhältnis zur Größe des Heimatmarktes besteht ein signifikant positiver Zusammenhang.*	+

Tabelle 49: Hypothesen bezogen auf den Einfluss des Marktes
Quelle: Eigene Darstellung.

Betrachtet man die Resultate für die Kontextgröße Markt, so wird deutlich, dass sowohl die Größe des Marktes für Direktoren eines Landes als auch die Bedeutung Transnationaler Unternehmen innerhalb eines Landes relativ zu dessen Bruttoinlandsprodukt die INIK-Maße beeinflussen. Dies gilt jedoch im Falle des Marktes für Direktoren nur für den Ausländeranteil und die Heterogenität der Nationalitäten im Board. Die Ausländeranteile und die Heterogenität der Nationalitäten in den Boards sinken mit der Größe des Marktes für Direktoren. Die Internationalität und Interkulturalität in den Boards steigt mit einer zunehmenden Bedeutung Transnationaler Unternehmen innerhalb eines Landes. So kann zum einen der Bedarf im eigenen Land nicht gedeckt werden und zum anderen strahlt die Konzentration von derartigen Unternehmen eine hohe Attraktivität für ausländische

Board-Kandidaten aus. Hinsichtlich der vermuteten Einflussbeziehungen ergeben sich die in Tabelle 49 dargestellten Resultate.

Boards in einstufigen Corporate Governance-Systeme sind durch eine höhere Internationalität und z.T. durch eine höhere Interkulturalität gekennzeichnet. Dies gilt nicht für den Anteil von Nicht-Cluster Direktoren im Board. Unternehmen monistisch geprägter Staaten ziehen somit im verstärkten Maße Ausländer aus dem eigenen Kulturkreis an. Unternehmen in kapitalmarktorientierten Staaten des Common Law-Rechtskreises weisen höhere Werte im Hinblick auf die Heterogenität der Nationalitäten im Board und tendenziell niedrigere Ausprägungen des Anteils von Nicht-Cluster Direktoren auf. Tabelle 50 beinhaltet die Ergebnisse zum Einfluss des Corporate Governance-Aspektes auf die internationale und interkulturelle Board-Zusammensetzung.

H7-H9	Hypothesengruppe bezogen auf den Einflussfaktor Corporate Governance	Bestätigt
H7a	*Zwischen dem Ausländeranteil im Board und dem einstufigen Corporate Governance-System besteht ein signifikant positiver Zusammenhang.*	+
H7b	*Zwischen dem Ausmaß der Heterogenität der Nationalitäten im Board und dem einstufigen Corporate Governance-System besteht ein signifikant positiver Zusammenhang.*	+
H7c	*Zwischen dem Anteil an Direktoren im Board, die aus anderen Kulturkreisen stammen, und dem einstufigen Corporate Governance-System besteht ein signifikant positiver Zusammenhang.*	
H7d	*Zwischen dem Ausmaß der kulturellen Heterogenität im Board und dem einstufigen Corporate Governance-System besteht ein signifikant positiver Zusammenhang.*	+
H8a	*Zwischen dem Ausländeranteil im Board und dem Common Law-System besteht ein signifikant positiver Zusammenhang.*	
H8b	*Zwischen dem Ausmaß der Heterogenität der Nationalitäten im Board und dem Common Law-System besteht ein signifikant positiver Zusammenhang.*	+
H8c	*Zwischen dem Anteil an Direktoren im Board, die aus anderen Kulturkreisen stammen, und dem Common Law-System besteht ein signifikant positiver Zusammenhang.*	
H8d	*Zwischen dem Ausmaß der kulturellen Heterogenität im Board und dem Common Law-System besteht ein signifikant positiver Zusammenhang.*	
H9a	*Zwischen dem Ausländeranteil im Board und der Shareholder Value-, Markt- und Outsiderorientierung besteht ein signifikant positiver Zusammenhang.*	
H9b	*Zwischen dem Ausmaß der Heterogenität der Nationalitäten im Board und der Shareholder Value-, Markt- und Outsiderorientierung besteht ein signifikant positiver Zusammenhang.*	+
H9c	*Zwischen dem Anteil an Direktoren im Board, die aus anderen Kulturkreisen stammen, und der Shareholder Value-, Markt- und Outsiderorientierung besteht ein signifikant positiver Zusammenhang.*	
H9d	*Zwischen dem Ausmaß der kulturellen Heterogenität im Board und der Shareholder Value-, Markt- und Outsiderorientierung besteht ein signifikant positiver Zusammenhang.*	

Tabelle 50: Hypothesen bezogen auf den Einfluss der Corporate Governance
Quelle: Eigene Darstellung.

Ausgehend von der Überlegung, dass spezifische Branchencharakteristika eine länderübergreifende Gültigkeit besitzen, wurden die Branchen auf Unterschiede hinsichtlich der Internationalitäts- bzw. Interkulturalitäts-Maße untersucht. Ferner wurden die INIK-Maße hinsichtlich eines möglichen Einflusses der Brancheninternationalisierung untersucht. Es kristallisieren sich die Dienstleistungsbranche, die Verarbeitende Industrie sowie das Bergbau und Baugewerbe als diejenigen Branchen mit den am stärksten international bzw. interkulturell ausgeprägten Boards heraus. In Bezug auf die

INIK-Maße unterscheiden sich die Branchen jedoch nur hinsichtlich des Anteils von Nicht-Cluster Direktoren und der kulturellen Heterogenität. Betrachtet man die Werte für den durchschnittlichen Anteil von Nicht-Cluster Direktoren verwundert das Resultat nicht, da dieser größeren Schwankungen zwischen den Branchen unterliegt. Es lässt sich festhalten, dass die Zugehörigkeit zu einer bestimmten Branche den Anteil an Nicht-Cluster Direktoren und die kulturelle Heterogenität erklärt. Für diese Maße besteht ferner ein Zusammenhang zur Brancheninternationalisierung. Dies bedeutet, dass die Unternehmen international geprägter Branchen auch ein entsprechend höheres Niveau einer interkulturellen Zusammensetzung der Boards aufweisen. Tabelle 51 fasst die Ergebnisse bezüglich des Brancheneinflusses zusammen.

H10	**Hypothesengruppe bezogen auf den Einflussfaktor Branche**	Bestätigt
H10aa	*Die Branchen unterscheiden sich hinsichtlich des Ausländeranteils im Board signifikant.*	
H10ba	*Die Branchen unterscheiden sich hinsichtlich des Ausmaßes der Heterogenität der Nationalitäten im Board signifikant.*	
H10ca	*Die Branchen unterscheiden sich hinsichtlich des Anteils an Direktoren im Board, die aus anderen Kulturkreisen stammen, signifikant.*	+
H10da	*Die Branchen unterscheiden sich hinsichtlich des Ausmaßes der kulturellen Heterogenität im Board signifikant.*	+
H10ab	*Zwischen dem Ausländeranteil im Board und dem Internationalisierungsgrad der Branche besteht ein signifikant positiver Zusammenhang.*	
H10bb	*Zwischen der Heterogenität der Nationalitäten im Board und dem Internationalisierungsgrad der Branche besteht ein signifikant positiver Zusammenhang.*	
H10cb	*Zwischen dem Anteil an Direktoren im Board, die aus anderen Kulturkreisen stammen, und dem Internationalisierungsgrad der Branche und besteht ein signifikant positiver Zusammenhang.*	+
H10db	*Zwischen der kulturellen Heterogenität im Board und dem Internationalisierungsgrad der Branche besteht ein signifikant positiver Zusammenhang.*	+

Tabelle 51: Hypothesen bezogen auf den Einfluss der Branche
Quelle: Eigene Darstellung.

II.) Aus welchen Ländern bzw. Kulturkreisen stammen die ausländischen Direktoren in den Boards? Welche Faktoren beeinflussen die Herkunft eines ausländischen Board-Mitglieds? (Abschnitt 5.3.2)

Hinsichtlich der Herkunft der ausländischen Direktoren zeigt sich, dass ein Großteil der Direktoren aus kulturell bzw. geographisch nahen Staaten kommt. Betrachtet man die Herkunft getrennt nach Cluster- bzw. Nicht-Cluster-Zugehörigkeit, so stammen in fünf der neun Untersuchungsländer die ausländischen Vertreter überwiegend von außerhalb des eigenen Kulturclusters. Insgesamt ist eine Tendenz zur Aufnahme von Direktoren aus dem angloamerikanischen Kulturraum festzustellen. Darin kommt dessen wirtschaftliche Bedeutung zum Ausdruck. Ferner kann dies im Sinne von Oxelheim und Randøy als ein Import angloamerikanischer Corporate Governance und dem damit verbundenen Signal in Richtung einer zunehmenden Kapitalmarktorientierung verstanden werden.[880]

[880] Vgl. Oxelheim/ Randøy (2003), S. 2371.

Die Herkunft eines Direktors ist abhängig von der kulturellen Distanz zwischen Stammsitzland des Unternehmens und dem Herkunftsland des ausländischen Direktors. Die Unternehmen bevorzugen ausländische Direktoren, die aus kulturell nahen Herkunftsländern kommen. Die Sprache eines Landes ist ein Ausdruck dessen kultureller Prägung. Das Vorliegen einer Kongruenz der Amtssprachen zwischen Herkunftsland des ausländischen Direktors und dem Stammland eines Unternehmens ist somit im Sinne einer kulturellen Nähe zu interpretieren. Dies erklärt die Tatsache, dass die Unternehmen ausländische Vertreter in ihre Boards berufen, die aus Ländern mit derselben Amtssprache stammen. Die Analyse der geographischen Distanz als Einflussfaktor auf die Herkunft der ausländischen Mandatsträger liefert mit den Resultaten der kulturellen Distanz vergleichbare Ergebnisse. Die ausländischen Direktoren stammen tendenziell aus Ländern, die nahe dem Stammsitzland eines Unternehmens liegen. Die kulturelle ist jedoch bedeutsamer als die geographische Nähe. Die Berufung eines ausländischen Board-Mitglieds aus einem bestimmten Herkunftsland ist demnach kulturgebunden.

Die Untersuchung marktlicher Einflussfaktoren auf die Berufung ausländischer Mandatsträger zeigt einen Bezug zur Größe des Heimatmarktes eines ausländischen Direktors. Ausländer werden vor allem aus großen Volkswirtschaften rekrutiert. Große Volkswirtschaften repräsentieren gemessen an der Gesamtbevölkerung zum einen große Absatzmärkte und zum anderen einen entsprechenden Pool an Humanressourcen.

H11	**Hypothesengruppe bezogen auf den Zusammenhang zwischen der Herkunft ausländischer Direktoren und den Einflussfaktoren Kultur, Markt und Corporate Governance**	Bestätigt
H11a	*Zwischen der Berufung ausländischer Mandatsträger und der kulturellen Distanz besteht ein signifikant negativer Zusammenhang.*	+
H11b	*Zwischen der Berufung ausländischer Mandatsträger und der geographischen Distanz besteht ein signifikant negativer Zusammenhang.*	+
H11c	*Zwischen der Berufung ausländischer Mandatsträger und einer Kongruenz der Amtssprachen besteht ein signifikant positiver Zusammenhang!*	+
H11d	*Zwischen der Berufung ausländischer Mandatsträger und der Größe der Volkswirtschaft des Herkunftslandes besteht ein signifikant positiver Zusammenhang.*	+
H11e	*Zwischen der Berufung ausländischer Mandatsträger und der Marktattraktivität des Herkunftslandes besteht ein signifikant positiver Zusammenhang.*	
H11f	*Zwischen der Berufung ausländischer Mandatsträger und einer Kongruenz der Corporate Governance-Systeme besteht ein signifikant positiver Zusammenhang.*	

Tabelle 52: Hypothesen bezogen auf den Einfluss der Einflussfaktoren Kultur, Markt und Corporate Governance im Hinblick auf die Herkunft ausländischer Direktoren

Quelle: Eigene Darstellung.

Einflussfaktoren, die sich auf Aspekte der Corporate Governance beziehen, leisten keinen signifikanten Erklärungsbeitrag. Tabelle 52 fasst die Ergebnisse für die im Hinblick auf die Herkunft der ausländischen Direktoren formulierten Hypothesen zusammen.

III.) Welche Folgen hat das Ausmaß der internationalen bzw. interkulturellen Zusammensetzung der Boards für den Internationalisierungsgrad von Unternehmen und den Unternehmenserfolg? (Abschnitt 5.3.3)

Die Analyse der Internationalität und Interkulturalität von Boards sowie der Herkunft der ausländischen Direktoren mündet in die Betrachtung möglicher Folgen einer national und kulturell heterogenen Board-Zusammensetzung für den Internationalisierungsgrad von Unternehmen und den Unternehmenserfolg. Der Unternehmenserfolg wurde aus bilanzieller und kapitalmarktorientierter Perspektive betrachtet. Die Ergebnisse zeigt Tabelle 53.

H12-H13	**Hypothesengruppe zur Auswirkung international bzw. interkulturell besetzter Boards auf den Internationalisierungsgrad von Unternehmen und den Unternehmenserfolg**	Bestätigt
H12a	*Zwischen dem Ausländeranteil im Board und dem Internationalisierungsgrad der Unternehmen besteht ein signifikant positiver Zusammenhang.*	+
H12b	*Zwischen der Heterogenität der Nationalitäten im Board und dem Internationalisierungsgrad der Unternehmen besteht ein signifikant positiver Zusammenhang.*	+
H12c	*Zwischen dem Anteil an Direktoren im Board, die aus anderen Kulturkreisen stammen, und dem Internationalisierungsgrad der Unternehmen besteht ein signifikant positiver Zusammenhang.*	+
H12d	*Zwischen der kulturellen Heterogenität im Board und dem Internationalisierungsgrad der Unternehmen besteht ein signifikant positiver Zusammenhang.*	+
H13aa	*Zwischen dem Ausländeranteil im Board und dem Unternehmenserfolg gemessen an einer bilanziellen Erfolgsgröße besteht ein signifikant positiver Zusammenhang.*	+
H13ba	*Zwischen der Heterogenität der Nationalitäten im Board und dem Unternehmenserfolg gemessen an einer bilanziellen Erfolgsgröße besteht ein signifikant positiver Zusammenhang.*	+
H13ca	*Zwischen dem Anteil an Direktoren im Board, die aus anderen Kulturkreisen stammen, und dem Unternehmenserfolg gemessen an einer bilanziellen Erfolgsgröße besteht ein signifikant positiver Zusammenhang.*	+
H13da	*Zwischen der kulturellen Heterogenität und dem Unternehmenserfolg gemessen an einer bilanziellen Erfolgsgröße besteht ein signifikant positiver Zusammenhang.*	+
H13ab	*Zwischen dem Ausländeranteil im Board und dem Unternehmenserfolg gemessen an einer marktorientierten Erfolgsgröße besteht ein signifikant positiver Zusammenhang.*	+
H13bb	*Zwischen der Heterogenität der Nationalitäten im Board und dem Unternehmenserfolg gemessen an einer marktorientierten Erfolgsgröße besteht ein signifikant positiver Zusammenhang.*	+
H13cb	*Zwischen dem Anteil an Direktoren im Board, die aus anderen Kulturkreisen stammen, und dem Unternehmenserfolg gemessen an einer marktorientierten Erfolgsgröße besteht ein signifikant positiver Zusammenhang.*	+
H13db	*Zwischen der kulturellen Heterogenität und dem Unternehmenserfolg gemessen an einer marktorientierten Erfolgsgröße besteht ein signifikant positiver Zusammenhang.*	+

Tabelle 53: Hypothesen zum Einfluss der internationalen und interkulturellen Board-Besetzung auf die Unternehmensinternationalisierung und den Unternehmenserfolg

Quelle: Eigene Darstellung.

Alle vier Maße der internationalen und interkulturellen Board-Zusammensetzung beeinflussen den Internationalisierungsgrad der Unternehmen. Der Ausländeranteil und die Heterogenität der Nationalitäten haben einen stärkeren Erklärungsgehalt als der Anteil von Nicht-Cluster Direktoren und die kulturelle Heterogenität.

Vergleichbare Ergebnisse konnten sowohl für den bilanziellen als auch den kapitalmarktorientierten Unternehmenserfolg ermittelt werden. In den Regressionsgleichungen zur Analyse des Einflusses der internationalen bzw. interkulturellen Board-Besetzung auf den bilanziellen und den kapitalmarktorientierten Unternehmenserfolg wurden lediglich die abhängigen Variablen geändert. Somit können die Einflussstärken der unabhängigen Variablen zwischen den Modellen verglichen werden. Es zeigt sich anhand der Modellgüte, dass die Board-Besetzung einen stärkeren Einfluss auf den kapitalmarktorientierten Unternehmenserfolg hat. Hierfür dürfte die Signalfunktion des Boards ursächlich sein. Diese Signalfunktion kommt insbesondere in unternehmerischen Krisenzeiten zum Ausdruck, in denen der Board oft im Fokus der Öffentlichkeit steht. Die Beeinflussung des operativen Geschäftes hingegen geht in erster Linie vom Management aus.

Zusammenfassend kann festgehalten werden, dass ausländische Direktoren sowohl des eigenen Kulturkreises als auch von außerhalb des Kulturraumes eines Unternehmens offensichtlich mittels ihrer Erfahrungen, Fähigkeiten, Fertigkeiten und Kontakte sowie ihres Wissens in der Lage sind, die Internationalisierung von Unternehmen voranzutreiben. Ferner sind Unternehmen mit einem internationalen bzw. interkulturellen Board erfolgreicher.

b) Implikationen für Forschung und Praxis

Die vorliegende Untersuchung liefert sowohl für die Forschung als auch für die Praxis interessante Erkenntnisse. Ferner zeigt sie Ansätze für zukünftige Forschungsvorhaben auf.

Die Betrachtung der bisherigen wissenschaftlichen Publikationen in Kapitel 3 deckte zahlreiche Forschungslücken auf. Studien, die die internationale bzw. interkulturelle Zusammensetzung von Boards zum Gegenstand haben sind selten und meist nur auf bestimmte Länder, wie z.B. die Vereinigten Staaten, fokussiert. Auf den kulturellen Aspekt wird nicht eingegangen. Es findet sich zunehmend die Forderung nach einer weiterführenden Untersuchung der Internationalisierung von Boards. Ein realistischer und systematischer Blick soll so die bis heute anekdotenhaften Äußerungen hinsichtlich des Untersuchungsgegenstandes ablösen. Internationale Vergleiche sollen erleichtert und Entwicklungstendenzen aufgezeigt werden. In diesem Zusammenhang wird die Integration mehrerer Staaten, die Berücksichtigung des Kulturaspektes als originäre Determinante des Internationalen Managements sowie die Beachtung von Heterogenitätsmaßen bezüglich der Zusammensetzung von Boards und ein Aufgreifen der Stakeholder-Sicht gefordert. Auf diese Art und Weise soll die bis dato national bzw. regional geprägte Forschung um eine internationale Ebene erweitert werden. Bisherige Studien thematisieren keine Determinanten aus der Makroumwelt der Unternehmen, die die internationale bzw. interkulturelle Board-Besetzung bzw. die Herkunft der ausländischen Mandatsträger beeinflussen.[881]

Die hier vorgelegte Arbeit leistet einen Beitrag zur Schließung der herausgearbeiteten Forschungslücken hinsichtlich Methodik und Grundgesamtheit. Die Stichprobe ist international angelegt. Die internationale und interkulturelle Board-Zusammensetzung wird für die größten Unternehmen aus neun bedeutenden Industrienationen, die drei große Kulturräume repräsentieren, analysiert. Die vorliegende Arbeit berücksichtigt im Rahmen der Analyse der internationalen und interkulturellen Besetzung von Boards neben Verhältnisgrößen auch Heterogenitätsmaße. Diese umfassen nicht, wie in den wenigen bisherigen Forschungsarbeiten üblich, ausschließlich den nationalen Aspekt, sondern auch die kulturelle Prägung der Direktoren. Es wurden erstmals Einflussfaktoren aus der Makroumwelt der Unternehmen untersucht, die die internationalen bzw. interkulturellen Besetzungsstrukturen sowie die Herkunft der ausländischen Direktoren beeinflussen können. Die bereits 1996 von Finckelstein und Hambrick geforderte Übertragung des Upper-Echelons-Ansatzes auf das Board wird erstmalig für eine große internationale Stichprobe durchgeführt. Diese Analyse stellt die Auswirkungen international bzw. interkulturell besetzter Boards sowohl für die Unternehmensinternationalisierung als auch den Unternehmenserfolg dar. Dabei wird die Internationalisierung im Gegensatz zu den meisten bisherigen Studien, durch eine mehrdimensionale Kennzahl gemessen. Nur wenige der bisher durchgeführten Studien vergleichen die Auswirkungen der Board-Zusammensetzung im Hinblick auf bilanzielle und kapitalmarktorientierte Maße des Unternehmenserfolgs.

Im Rahmen des ersten Fragenkomplexes wurden die Boards durch die INIK-Maße, d.h. den Ausländeranteil, den Anteil an Nicht-Cluster Direktoren, die Heterogenität der Nationalitäten und die kulturelle Heterogenität im Board, beschrieben. Ferner wurden die Kultur, der Markt, die Corporate Governance und die Branche als Einflussfaktoren auf die Ausprägungen der INIK-Maße betrachtet. Diesbezüglich konnte die im Rahmen des Internationalen Managements häufig betonte und von den Kulturisten formulierte These der Kulturgebundenheit hinsichtlich der internationalen und interkulturellen Board-Besetzung nur eingeschränkt bestätigt werden. Betrachtet man die Einflussfaktoren Markt und Corporate Governance, so deuten die Korrelationskoeffizienten auf einen Einfluss auf die internationale bzw. interkulturelle Board-Besetzung hin. Die theoretischen Überlegungen, dass eine Branche jeweils durch spezifische Charakteristika gekennzeichnet ist, die diese von anderen abgrenzt, konnte nur für die interkulturelle Zusammensetzung von Boards bestätigt werden.

[881] Vgl. Staples (2008), S. 32 f.; vgl. Ruigrok/ Peck/ Tacheva (2007), S. 555; vgl. Staples (2007), S. 311 f.; vgl. Randøy/ Thomsen/ Oxelheim (2006), S. 3; vgl. Schmid/ Kretschmer (2005), S. 22; Caligiuri/ Lazarova/ Zehetbauer (2004), S. 855 f.

Das Wissen um derartige Einflussgrößen können Unternehmen bzw. Executive Search Firmen für die den Board betreffende Besetzungsentscheidungen nutzen. Haben Staaten einen kleinen Markt für Direktoren empfiehlt es sich, die Suche nach geeigneten Kandidaten schon frühzeitig auf das Ausland zu konzentrieren. Diese Überlegung korrespondiert mit den Aussagen eines im Rahmen der Nacherhebung zur empirischen Studie kontaktierten deutschen Unternehmens. Es wurde darauf hingewiesen, dass die Suche nach qualifizierten Kandidaten für Aufsichtsratsposten auf der Kapitalseite immer schwieriger werde. Man sehe sich zunehmend gezwungen, die Kandidatensuche im Ausland zu betreiben.

Auch die relative Bedeutung Transnationaler Unternehmen im Inland kann als ein Indikator für die Nachfrage nach ausländischen Direktoren für die Besetzung von Board-Positionen gewertet werden. Gerade in solchen Unternehmen besteht ein erhöhter Bedarf an qualifizierten ausländischen Mandatsträgern. Die ausländischen Direktoren sollten im Sinne eines Fits zwischen der internationalen Unternehmenstätigkeit und den Persönlichkeitsmerkmalen eines Direktors im Sinne einer Professionalisierung der Board-Arbeit ausgewählt werden.

Personalberater und Unternehmen in zweistufigen Corporate Governance-Systemen sollten bei der Suche nach ausländischen Mandatsträgern eine systemimmanente Erklärungsbedürftigkeit antizipieren. Dies betrifft Systemcharakteristika, wie sie z.B. die Mitbestimmung im deutschen Corporate Governance-System darstellt. Dies gilt insbesondere für den Fall, dass die potentiellen Kandidaten aus einstufigen Systemen stammen.

Im Rahmen des zweiten Fragenkomplexes wurde die Herkunft der ausländischen Direktoren untersucht. Die deskriptive Beschreibung der Herkunftsländer wird erstmals für eine internationale Stichprobe durch die Analyse von kulturellen, marktlichen und Corporate Governance bezogenen Faktoren, die die Herkunft der ausländischen Direktoren potentiell beeinflussen können, ergänzt. Derartige Untersuchungen konnten im Rahmen der Literaturrecherche für den Untersuchungsgegenstand der internationalen und interkulturellen Besetzung von Boards nicht eruiert werden. Aus Sicht der Forschung zum Internationalen Management und aus Perspektive der Personalwissenschaft handelt es sich um neue, aufschlussreiche Erkenntnisse.

So verdeutlicht die Analyse des kulturellen Einflusses, dass der Kulturaspekt bezüglich der Herkunft der ausländischen Direktoren eine entscheidende Rolle spielt. Die Berufung eines Mandatsträgers aus einem bestimmten Herkunftsland, ist kulturgebunden. Die kulturelle Distanz einen stärkeren Einfluss auf die Besetzungsentscheidung als die geographische. Auch die Sprache stellt einen mit der Kultur verbundenen Einflussfaktor auf die Berufung von Ausländern als Board-Mitglieder dar. Feiner bestimmt der Einflussfaktor Markt die Auswahl ausländischer Mandatsträger. Diese Erkenntnisse sind den Unternehmen als auch den Executive Search Firmen im Rahmen anstehender Besetzungsentscheidung von Nutzen. Die Suche nach geeigneten ausländischen Kandidaten sollte sich demnach zunächst auf Personen aus kulturell bzw. geographisch nahen großen Volkswirtschaften mit einer gemeinsamen Amtssprache fokussieren. Ist es jedoch nicht möglich, Direktoren aus dem kulturell bzw. geographisch nahen Ausland berufen zu können, so implizieren die Ergebnisse dieser Arbeit, dass nicht nur das Management durch interkulturelles Coaching betreut werden sollte, sondern auch der Board. So kann es gelingen, einen möglichen negativen Einfluss der kulturellen Distanz abzumildern. Dieser Vorschlag muss jedoch dahingehend hinterfragt werden, inwieweit erfahrene Managerpersönlichkeiten in den Boards bereit sein werden, sich einem derartigen Training zu unterziehen.

Der dritte Fragenkomplex setzt sich mit dem zentralen Untersuchungsgegenstand dieser Arbeit auseinender. Erstmals wurde für ein multinationales Untersuchungssample der Upper Echelons-Ansatzes von Hambrick und Mason auf den Board übertragen. Dabei wurde der Frage nachgegangen, inwieweit die internationale und interkulturelle Besetzung des Boards einen Einfluss auf die Unternehmensinternationalisierung und den Unternehmenserfolg ausübt. Die Beantwortung dieser Fragestellung sowie die Analyse von Einflussfaktoren der internationalen und interkulturellen Board-Zusammensetzung und der Herkunft ausländischer Direktoren, stellen den wissenschaftlichen Innovationsgehalt dieser Arbeit dar.

Die Untersuchung zeigt, dass die theoretischen Überlegungen von Finkelstein und Hambrick, den Upper Echelons-Ansatz auf den Zusammenhang zwischen Board-Charakteristika und Unternehmensergebnissen zu übertragen, gerechtfertigt und sinnvoll sind. Nicht nur das Top Management Team, sondern auch der Board beeinflusst organisationale Ergebnisse. Es konnte gezeigt werden, dass eine relativ kleine Gruppe von Personen, wie sie der Board darstellt, einen großen Einfluss ausübt. Eine internationale und interkulturelle Board-Zusammensetzung beeinflusst die Unternehmensinternationalisierung sowie den bilanziellen und den marktlichen Unternehmenserfolg. Diese Ergebnisse widerlegen die von einigen Autoren in der wissenschaftlichen Literatur geäußerte Skepsis gegenüber der Strategiefunktion des Boards.[882]

[882] Vgl. dazu Kreitmeier (2001), S. 54 ff.

Die im Deutschen Corporate Governance Kodex und in einigen Unternehmenssatzungen hinterlegte Forderung einer internationalen Ausgestaltung der Boards, die das internationale Geschäft widerspiegelt, ist demnach gerechtfertigt.[883] Im Fokus dieser Arbeit steht nicht die Überlegung, ob das internationale Geschäft in der Vergangenheit die personelle Struktur von Boards beeinflusst, sondern die vorausschauende Perspektive, ob die internationale Struktur des Boards die Unternehmensinternationalisierung und den Unternehmenserfolg beeinflussen kann. Die Ergebnisse zeigen, dass Unternehmen mit einer internationalen bzw. interkulturellen Board-Struktur internationaler und erfolgreicher sind. Eine im Hinblick auf Nationalitäten und Kulturen heterogene Organstruktur wirkt sich insbesondere auf den kapitalmarktorientierten Erfolg eines Unternehmens aus. Dies bedeutet, dass solche Unternehmen bessere Wachstumschancen und Investitionsmöglichkeiten haben und es ihnen leichter fällt, sich am Kapitalmarkt zu refinanzieren.

Ausländische Board-Mitglieder fungieren im Sinne der Resource Dependence-Theorie als Verbindungsglied zu externen Kapitalressourcen.[884] Es gelingt Unternehmen, die Vorteilhaftigkeit eines national und kulturell heterogen besetzten Boards und die Ressourcen, die solche Direktoren an Wissen, Fähigkeiten und Fertigkeiten mit sich bringen, zu erkennen und zu nutzen. Die Berufung ausländischer Mandatsträger in den Board eines Unternehmens muss jedoch die Unternehmensgeschichte und die Unternehmensstrategie sowie das jeweilige Branchenumfeld berücksichtigen. Ein aus verschiedenen Nationalitäten und Kulturen zusammengesetzter Board führt nicht automatisch zu einem höheren Internationalisierungsgrad bzw. zur Steigerung des Unternehmenserfolgs. So befinden sich in der Grundgesamtheit Unternehmen wie die Beiersdorf AG, die bei rein national besetzten Boards, international und erfolgreich sind. Eine Organisation muss offen für ausländische Mandatsträger sein. Ferner sollten nicht alle Mandate mit Ausländern besetzt werden. Andernfalls ist die Gefahr von Kommunikationsproblemen und Widerständen groß. Die Chancen einer heterogenen Gruppenstruktur können dann nicht genutzt werden. Ein internationaler bzw. interkultureller Board ist demnach kein Selbstzweck.

Die Hypothesen zu den Auswirkungen international bzw. interkulturell besetzter Boards auf die Unternehmensinternationalisierung und den Unternehmenserfolg wurden in Kapitel 4 auf Grundlage zahlreicher Theorien hergeleitet. Diese Theorien konnten aus unterschiedlichen Blickwinkeln heraus einen Erklärungsbeitrag leisten, warum ein international und interkulturell besetzter Board mit positiven Folgen für ein Unternehmen verbunden ist. Die empirische Untersuchung weist nach,

[883] Vgl. Deutscher Coporate Governance Kodex (2008), Abschnitt 5.4.1; vgl. u.a. AEGON (2004), S. 2.
[884] Vgl. Schmid/ Kretschmer (2005), S. 22; vgl. Beiner et al. (2004), S. 8.

dass Unternehmen mit einem internationalen bzw. interkulturellen Board internationaler und erfolgreicher sind. Demnach spiegeln sich in den Ergebnissen der empirischen Analyse auch die zur Herleitung der Hypothesen genutzten Theorien wider. Diese sind offensichtlich auf den Untersuchungsgegenstand der internationalen und interkulturellen Board-Besetzung anwendbar.

Im Sinne des Upper Echelons-Ansatzes ist die Unternehmensentwicklung abhängig von den Direktoren im Board und deren demographischen Merkmalen. Mit den persönlichen Merkmalen der Mandatsträger gewinnen die Erkenntnisse der Gruppenpsychologie an Bedeutung. Offensichtlich profitieren Unternehmen von hinsichtlich Nationalität und kultureller Herkunft heterogen besetzten Boards. Solche Unternehmen sind internationaler und erfolgreicher. Dieses Ergebnis bekräftigt die von den verhaltenswissenschaftlichen Internationalisierungstheorien betonte Bedeutung von Personen für den Prozess der Unternehmensinternationalisierung. Die Heterogenität im Board schlägt sich nicht nur in der Unternehmensentwicklung nieder, sondern beeinflusst auch die Ausübung der Board-Funktionen. Die Agenturtheorie setzt sich mit der Überwachungsfunktion des Organs auseinander. Eine internationale bzw. interkulturelle Besetzung erhöht die Unabhängigkeit des Boards und damit die Effizienz der Überwachung in der Internationalen Unternehmung. Die ressourcenorientierten Ansätze verdeutlichen die Bedeutung des internationalen bzw. interkulturellen Boards für die Bereitstellung spezifischen Wissens. Auch die Rolle des Boards als Verbindungsglied zu bedeutenden Ressourcen außerhalb des Unternehmens ist im Hinblick auf die Unternehmensinternationalisierung und den Unternehmenserfolg von zentraler Bedeutung. Der Stewardshipansatz weist dem Board eine Beratungs- bzw. Strategiefunktion zu. Die Internationale Unternehmung kann von der Erfahrung und den Kenntnissen ausländischer Direktoren profitieren. Dies betrifft sowohl den Internationalisierungsprozess als auch den Unternehmenserfolg. Auch die Koordinationsfunktion des Boards wird durch ausländische Mandatsträger gestärkt. Diese können Kontakte zu kritischen Stakeholdern des Unternehmens im Ausland leichter herstellen. Davon kann eine internationale Expansionsstrategie profitieren, was sich langfristig im Unternehmenserfolg niederschlagen dürfte. Somit wirken sich die verschiedenen Board-Funktionen unter heterogenen Board-Strukturen im internationalen Kontext positiv auf die betrachteten Unternehmenscharakteristika aus. Die Vielzahl der herangezogenen Theorien zeigt ferner, dass die Analyse von Boards nicht ausschließlich vor dem Hintergrund der Agenturtheorie erfolgen darf, die bis dato die Board-Forschung dominiert. Durch den interdisziplinären Fokus liefern die Ergebnisse dieser Untersuchung für die Nachbardisziplinen Psychologie und Soziologie wertvolle Hinweise zur Diskussion um die Vor- und Nachteile heterogen besetzter Gruppen.

Zusammenfassend kann festgehalten werden, dass die hier vorgelegte Arbeit einen Beitrag zu Schließung der herausgearbeiteten Forschungslücke leisten soll. Wissenschaft und Praxis erhalten erstmalig Informationen über Faktoren, die die internationale und interkulturelle Board-Besetzung sowie die Herkunft der ausländischen Mandatsträger in internationalen Unternehmen beeinflussen. Die bisherigen Kenntnisse über internationale und interkulturelle Board-Strukturen werden um die Folgen einer derartigen Zusammensetzung für die Unternehmensinternationalisierung und den Unternehmenserfolg erweitert. Die Ergebnisse der Arbeit können demnach Unternehmen dazu ermuntern, im Rahmen der Besetzung von Board-Positionen zukünftig verstärkt ausländische Kandidaten zu berücksichtigen. Das Forschungsdesign und die behandelte Thematik bieten jedoch noch zahlreiche Anknüpfungspunkte für weitere Untersuchungen. Diese werden im Folgenden aufgezeigt.[885]

In zukünftigen Forschungsvorhaben zur Internationalität und Interkulturalität von Boards sollten weitere Länder und Kulturkreise berücksichtigt werden. Auch die Anzahl an Unternehmen pro Land sollte erhöht werden. Dies ermöglicht zum einen weitere kulturorientierte Vergleiche zwischen den Ländern bzw. Kulturclustern sowie die Betrachtung der Einflussgrößen mittels einer Regressionsanalyse. In dieser multivariaten Analyse sollten sowohl nationale als auch unternehmensspezifische Einflussfaktoren, wie z.B. die Größe des Unternehmens und des Boards, die Vergütung sowie der von Ausländern gehaltene Anteilsbesitz berücksichtigt werden.

Im Zusammenhang mit den Einflussfaktoren ist eine genauere Untersuchung der Internationalisierungserfordernisse und -charakteristika in den einzelnen Branchen sinnvoll. So kann die relative Wichtigkeit national und kulturell heterogen besetzter Boards in den jeweiligen Branchen besser beurteilt werden. Diese Überlegung resultiert aus den im Rahmen der empirischen Untersuchung ermittelten unterschiedlichen Internationalisierungsgrade der Branchen und den z.T. signifikanten Unterschieden hinsichtlich der kulturellen Zusammensetzungsmaßen.

Durch die Berücksichtigung weiterer Länder kann der Frage genauer nachgegangen werden, ob Regionalisierungstendenzen und Netzwerkeffekte bezüglich der Board-Besetzung bestehen. Durch eine personalisierte Auswertung der internationalen bzw. interkulturellen Board-Mandate lässt sich herausfinden, ob ein bestimmter Kreis von Personen die Board-Besetzungen bestimmt und welche Konsequenzen damit für die Unternehmen verbunden sind.

[885] Vgl. Staples (2008), S. 33; vgl. Palmer/ Varner (2007), S. 23; vgl. Staples (2007), S. 311; vgl. Schmid/ Kretschmer (2005), S. 20 ff.

Da nicht nur große Unternehmen, sondern auch kleinere Firmen einen Großteil des Umsatzes im Ausland generieren, sollten deren Boards ebenfalls auf Internationalität und Interkulturalität untersucht werden.

Darüber hinaus ist eine Modifikation hinsichtlich des Untersuchungsobjektes sinnvoll. Viele Entscheidungen des Boards werden in Ausschüssen, den sog. Committees, vorbereitet und z.T. exekutiert. Daher empfiehlt sich eine genauere Analyse der personellen Zusammensetzung dieser Sub-Organe im Hinblick auf Nationalitäten und Kulturräume. Vergleichbare Überlegungen gelten auch für die das Management beratenden Beiräte von Unternehmen. Eine solche Analyse umfasst jedoch keine institutionalisierten Corporate Governance-Organe. Somit könnte die Ermittlung der personenbezogenen Daten im Vergleich zum Board noch schwieriger sein.

Der Board hat de lege lata maßgeblichen Einfluss auf die Berufung des Top Management Teams. Somit wäre es interessant herauszufinden, ob sich die internationale bzw. interkulturelle Zusammensetzung des Boards auch in der des Top Managements des jeweiligen Unternehmens widerspiegelt. Erste Ansätze hierzu finden sich bei Tacheva.[886]

Die Aussagekraft der Ergebnisse kann durch eine Längsschnittanalyse, die einen größeren Zeitraum hinsichtlich der internationalen bzw. interkulturelle Board-Besetzung erfasst, erhöht werden. So können Entwicklungen aufgezeigt und z.B. die Übertragbarkeit der Überlegungen des Uppsala-Modells auf die Board-Internationalisierung besser beurteilt werden.

Die Analyse der Einflussfaktoren bezüglich der Herkunft der ausländischen Direktoren kann um weitere nationale sowie unternehmensspezifische Aspekte, wie z.B. die wirtschaftlichen Verflechtungen zwischen den Volkswirtschaften sowie den Unternehmen, ergänzt werden. Diese Betrachtung könnte in weiterführenden Studien mittels einer Regressionsanalyse durchgeführt werden, um die Einflussstrukturen genauer und umfassender abzubilden. Als problematisch dürfte sich jedoch erweisen, dass nicht für jedes Herkunftsland und für alle Variablen Datenmaterial zur Verfügung steht. Zur Abklärung der persönlichen Motivation eines Direktors, ein ausländisches Board-Mandat wahrzunehmen, bietet sich die Durchführung von qualitativen Befragungen, z.B. in Form von Tiefeninterviews, an.

Auch die Analyse der Folgen einer internationalen und interkulturellen Board-Zusammensetzung beinhaltet sowohl seitens der Ergebnisse als auch seitens des Untersuchungsdesigns weiterführende

[886] Vgl. Tacheva (2007), S. 70.

Implikationen für die Forschung. Grundsätzlich bietet sich für Vergleiche die Durchführung einer Längsschnittanalyse an. Ferner sollte eine größere Anzahl von Ländern und Untersuchungseinheiten pro Land berücksichtigt werden, um die vermuteten Zusammenhänge nicht nur auf multinationaler Ebene für das Gesamtsample, sondern auch für die einzelnen Kulturcluster und Länder genauer überprüfen zu können. Diese Erweiterung leistet einen Beitrag zur Sicherstellung der in sozialwissenschaftlichen Untersuchungen niemals abschließend zu gewährleistenden Kausalität. Die Anwendung der Fallstudientechnik ermöglicht die Konzentration auf einige wenige Unternehmen, z.B. aus unterschiedlichen Kulturkreisen. Der Forscher kann so die internationale bzw. interkulturelle Board-Zusammensetzung sowie die Internationalisierungs- und Performanceentwicklung einzelner Unternehmen detailliert analysieren.

In der Literatur wird die Forderung nach gleichzeitiger Berücksichtigung unterschiedlicher Diversitätsmaße erhoben. Daher ist es sinnvoll, die vorgelegte Studie in Bezug auf Zusammensetzungsmaße, die z.B. auf die internationale Erfahrung, die internationale Ausbildung und die Wahrnehmung internationaler Positionen in Wirtschaft und Politik abstellen, zu erweitern.[887] Zukünftige Forschungsdesigns sollten um Interviews mit den Vorsitzenden der Boards sowie den ausländischen und den einheimischen Board-Mitgliedern ergänzt werden. So kann auch die Sicht der Organmitglieder bezüglich einer internationalen bzw. interkulturellen Besetzung und deren Folgen für die Unternehmen Beachtung finden.

Zur tieferen Analyse der Prozesse und des Verhaltens der einzelnen Board-Mitglieder bietet sich ferner die Wahl eines Untersuchungsansatzes der Behavioral Economics an. So kann psychologisch-kognitiven Elementen im Forschungsdesign Rechnung getragen werden. Dies kann durch die Analyse von Entscheidungsprozessen in Gruppen mit unterschiedlichen Heterogenitätsgraden erfolgen. Derartige Gruppen können sich z.B. aus Executive MBA-Studenten zusammensetzen.[888]

Es sollte ferner untersucht werden, ob zwischen den Maßen der internationalen und interkulturellen Board-Zusammensetzung und der Unternehmensinternationalisierung bzw. dem Unternehmenserfolg systematische Zusammenhänge bestehen. Solche Zusammenhänge können z.B. U- oder S-förmige Beziehungsverläufen haben. Dies umfasst auch die Frage, ob sich ein Optimum der heterogenen Besetzung von Boards mit ausländischen Mandatsträgern bestimmen lässt. Derartige Untersuchungen sind jedoch nur für Boards sinnvoll, die bereits eine ausgeprägte internationale bzw. inter-

---

[887] Vgl. Ruigrok/ Peck/ Tacheva (2007), S. 547.

[888] Vgl. u.a. Wagner (2001), S. 59 ff. und Elron (1997), S. 394 ff. zur Berücksichtigung von Kognitionen von Mitgliedern des Top Managements.

kulturelle Besetzung aufweisen. Aufgrund der relativ geringen Ausprägungen der INIK-Maße, wurde auf derartige Analysen im Rahmen der vorliegenden Arbeit verzichtet.

Boards delegieren einen Teil ihrer Arbeit an Committees. Daher sollte die Analyse der internationalen bzw. interkulturellen Zusammensetzung auf die Ausschüsse erweitert werden. Hier dürften vor allem das Audit Committee, das mit der Überwachung des Finanz- und Rechnungswesens sowie der Kontrollsysteme beauftragt ist, das Nomination Committee, welches sich mit der Nominierung von Managementpositionen auseinandersetzt, sowie das Remuneration Committee, das sich mit Vergütungsfragen beschäftigt, von Interesse sein.[889] Ähnliches gilt ebenfalls für die meist prominent besetzten und stärker im Hintergrund agierenden Beiräte von Unternehmen, die das operative Management beraten.

Aufgrund des komparativen Charakters der vorliegenden Studie wurde die Arbeitnehmermitbestimmung im Board, wie sie z.B. in Deutschland, Österreich und skandinavischen Staaten existiert, bewusst ausgeblendete. Ein Forschungsdesign, das die Mitbestimmung berücksichtigt, ermöglicht einen Vergleich der Internationalität und Interkulturalität von Boards in mitbestimmten Unternehmensverfassungen in Europa. Ferner können weiterführende Erkenntnisse bezüglich des ambivalent diskutierten Einflusses der Mitbestimmung auf Board-Strukturen und Unternehmenscharakteristika gewonnen werden. In diesem Zusammenhang muss jedoch darauf hingewiesen werden, dass Daten für die weniger im Blickpunkt der Öffentlichkeit stehenden Arbeitsnehmervertreter kaum zu ermitteln sind.

[889] Vgl. Perlitz/ Seger/ Becker (2006), S. 76 f.

6 Fazit

Die Globalisierung von Güter- und Faktormärkten, die Internationalisierung der Unternehmenstätigkeit und die Auseinandersetzung mit verschiedenen Kulturen stellen bedeutende Entwicklungen dar, denen sich in der heutigen Zeit kaum ein Unternehmen entziehen kann. Diese Entwicklungen betreffen nicht nur die Wertkettenaktivitäten eines Unternehmens, sondern auch deren Spitzenverfassung, die maßgeblich für die Unternehmensentwicklung verantwortlich ist. Die Akteure der Spitzenverfassung sehen sich zunehmend mit komplexen internationalen und interkulturellen Herausforderungen konfrontiert. In diesem Kontext setzt sich die Corporate Governance-Forschung vor allem mit der Rolle des Boards auseinander. In jüngster Zeit rückt die internationale Erfahrung von Direktoren bzw. die internationale Zusammensetzung der Boards in den Fokus von Wissenschaftlern und Personalberatern. Die Kenntnisse über das Ausmaß der sog. Board-Internationalisierung sind jedoch rudimentär. Dies ist erstaunlich, da zahlreiche ökonomische Theorien und psychologische Untersuchungen zeigen, dass derart besetzte Boards in einer globalisierten Geschäftswelt aufgrund entsprechender demographischer Charakteristika sowohl die Überwachungsfunktion als auch die Ressourcen-, Strategie- und Koordinationsfunktion besser erfüllen. Im Rahmen der vorliegenden Untersuchung konnte die Vorteilhaftigkeit internationaler bzw. interkultureller Boards im Hinblick auf die Internationalisierung und den Erfolg von Unternehmen nachgewiesen werden. Ferner wurden zentrale Faktoren der Unternehmensumwelt, die die Internationalität und Interkulturalität von Boards beeinflussen, herausgearbeitet.

Unternehmen haben ihre Boards z.T. international bzw. interkulturell besetzt. Das Ausmaß hat sich in den letzten Jahren jedoch kaum verändert. Im Vergleich zu der überwiegend starken internationalen Ausrichtung der Unternehmen erscheint die Internationalisierung des Boards relativ niedrig. Die Organe sind grundsätzlich stärker international als interkulturell ausgestaltet. Insbesondere Unternehmen aus kleinen Staaten und aus dem Dienstleistungssektor haben international bzw. interkulturell besetzte Boards. Von einer Kulturgebundenheit kann nicht gesprochen werden. Vielmehr beeinflussen der Markt für Direktoren, die Bedeutung der multinationalen Unternehmen eines Landes, das Corporate Governance-System und die Branchenzugehörigkeit die Ausprägungen von Internationalität bzw. Interkulturalität. Die Berufung eines ausländischen Direktors hingegen ist abhängig von der kulturellen und geographischen Distanz sowie der Größe der Volkswirtschaften, aus denen die ausländischen Mandatsträger stammen. Auffällig ist die Dominanz angloamerikanischer Direktoren in den Boards der Unternehmen.

Unternehmen mit internationalen bzw. interkulturellen Boards sind internationaler und erfolgreicher. Mit heterogenen Board-Strukturen gehen offensichtlich vielfältige Kenntnisse, Fähigkeiten, Fertigkeiten und Ressourcen einher, die im Unternehmensinteresse genutzt werden. Dieses Ergebnis muss im Hinblick auf die Kausalität und die kritische Diskussion um sog. Erfolgsfaktoren mit Bedacht interpretiert werden. So sind die Internationalisierung und der Erfolg von Unternehmen durch eine Vielzahl von Faktoren beeinflusst. Vor diesem Hintergrund eröffnen sich der Forschung zahlreiche Ansätze für weiterführende Untersuchungen im Hinblick auf die Internationalität und Interkulturalität von Boards. Grundsätzlich zeigt diese Arbeit, dass das komplexe System der Internationalen Unternehmung durch entsprechend komplexe Corporate Governance-Strukturen gestalterisch beeinflusst werden kann. Dies gilt sowohl im Hinblick auf die Unternehmensinternationalisierung als auch den Unternehmenserfolg. Unternehmen mit internationalen und interkulturellen Boards sind demnach in besonderem Maße für die Herausforderungen einer durch Internationalisierung und Globalisierung geprägten Unternehmensumwelt gerüstet.

Anhang

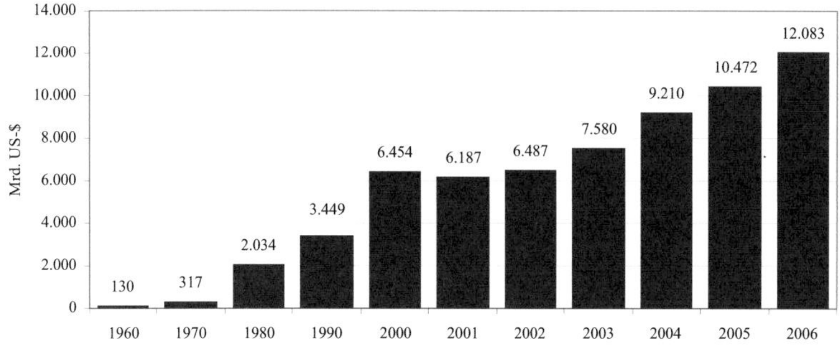

Anhang 1: Entwicklung des Welthandelsvolumens
Quelle: Eigene Darstellung auf Basis WTO 2008, online.

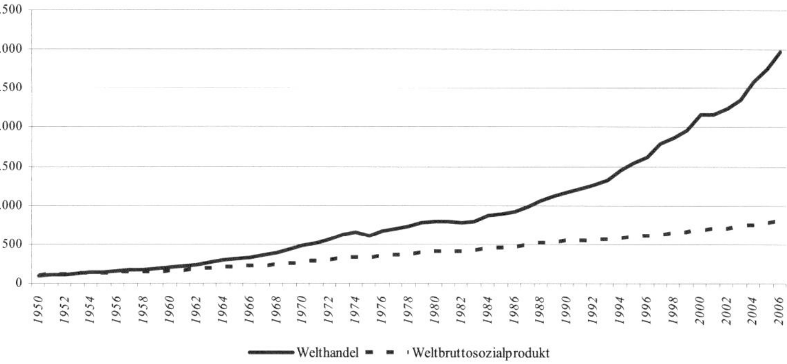

Anhang 2: Welthandel und Weltbruttosozialprodukt im Vergleich
Quelle: Eigene Darstellung aus Basis WTO 2008, online.

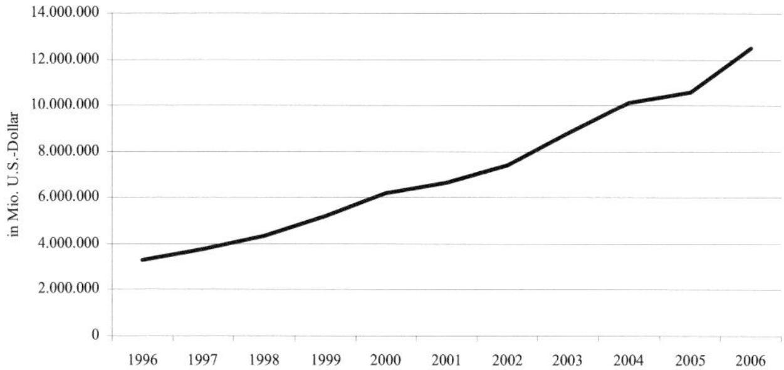

Anhang 3: Bestand an weltweiten ausländischen Direktinvestitionen
Quelle: Eigene Darstellung auf Basis UNCTAD 2008, online.

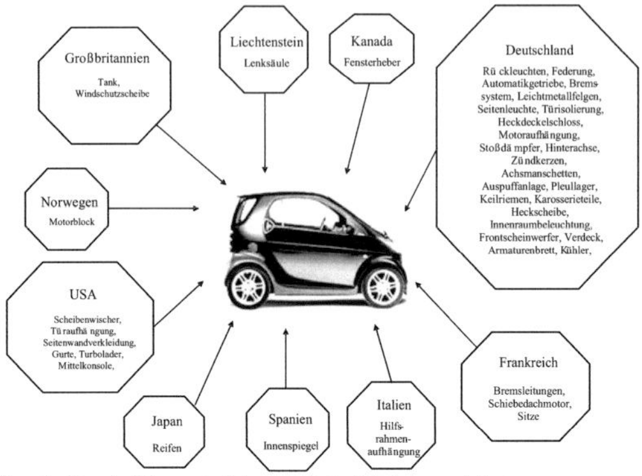

Anhang 4: Internationale Beschaffungsstruktur am Beispiel des smart fortwo
Quelle: Perlitz (2004), S. 19.

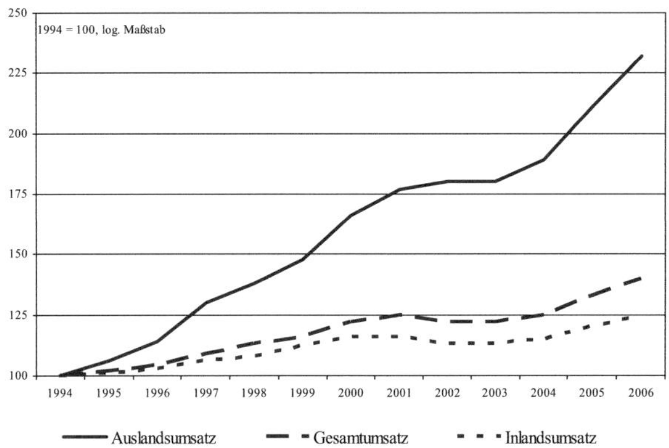

Anhang 5: Auslandsumsatz deutscher Unternehmen
Quelle: Eigene Darstellung auf Basis Deutsche Bundesbank, 2007.

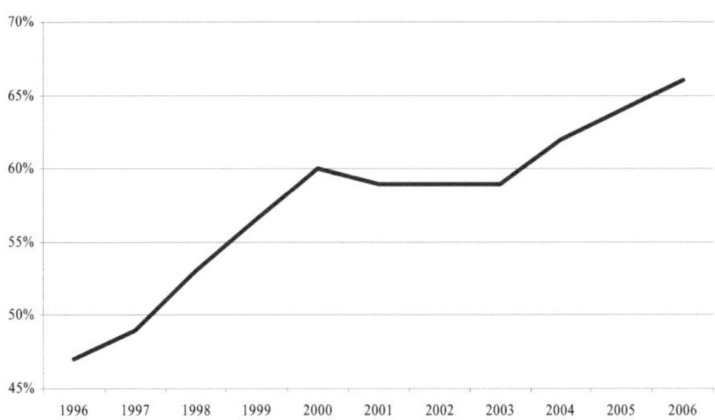

Anhang 6: Entwicklung des Anteils ausländischer Mitarbeiter der Siemens AG
Quelle: Eigene Darstellung auf Basis Geschäftsberichte der Siemens AG.

	Vereinigte Staaten (US)	Großbritannien (UK)	Kanada (CA)
1	General Electric Company	BP P.L.C.	The Thomson Corporation
2	Exxon Mobil Corporation	Vodafone Group PLC	BCE Inc.
3	Microsoft Corporation	GlaxoSmithKline PLC	Alcan Inc.
4	Wal-Mart Stores, Inc.	AstraZeneca PLC	Canadian National Railway Company
5	Pfizer Inc.	Tesco PLC	Suncor Energy Inc.
6	Johnson & Johnson	Diageo PLC	Research in Motion Limited
7	International Business Machines Corporation	British American Tobacco P.L.C.	Nortel Networks Corporation
8	Intel Corporation	Anglo American PLC	Petro-Canada
9	The Procter & Gamble Company	BT Group PLC	Barrick Gold Corporation
10	CISCO SYSTEMS, Inc.	BG Group PLC	HUSKY ENERGY INC.
11	Altria Group, Inc.	Reckitt Benckister Group PLC	TransCanada Corporation
12	Verizon Communications Inc.	British Sky Broadcasting Group PLC	George Weston Limited
13	ChevronTexaco Corporation	Imperial Tobacco Group PLC	Canadian Natural Resources Limited
14	Dell Inc.	Cadbury Schweppes PLC	Talisman Energy Inc.
15	The Coca-Cola Company	GUS PLC	Potash Corporation of Saskatchewan Inc.
16	The Home Depot, Inc.	Centrica PLC	Enbridge Inc.
17	PepsiCo, Inc.	Scottish Power PLC	Magna International Inc.
18	Time Warner Inc.	Scottish and Southern Energy PLC	Shoppers Drug Mart Corporation
19	SBC Communications Inc.	Kingfisher PLC	Teck Cominco Limited
20	Amgen Inc.	BAE SYSTEMS PLC	Cameco Corporation
21	Ebay Inc.	WPP Group	TELUS Corporation
22	Abbott Laboratories	BAA PLC	Brookfield Properties Corporation
23	Oracle Corporation	Associated British Foods PLC	Canadian Pacific Railway
24	Merck & Co., Inc.	Wolseley PLC	Nexen Inc.
25	QUALCOMM Incorporated	Marks and Spencer Group PLC	Cognos Incorporated
26	Eli Lilly and Company	Reuters Group PLC	NOVA Chemicals Corporation
27	3M Company	Compass Group PLC	Shaw Communications Inc.
28	Hewlett-Packard Company	Gallaher Group PLC	Precision Drilling Corporation
29	Medtronic, Inc.	Pearson PLC	Canadian Tire Corporation, Limited
30	Wyeth	Smith & Nephew PLC	Saputo Inc.

Anhang 7: Untersuchungseinheiten aus dem angloamerikanischen Kulturcluster

Quelle: Eigene Darstellung.

	Deutschland (DE)	Schweiz (CH)	Österreich (AT)
1	Deutsche Telekom AG	Novartis International AG	Telekom Austria AG
2	Siemens AG	Nestlé AG	OMV AG
3	E.ON Energie AG	Swisscom AG	Wienerberger AG
4	SAP AG	Roche Group	Österreichische Elektrizitätswirtschafts-AG (Verbundgesellschaft)
5	DaimlerChrysler AG	Compagnie Financière Richemont SA	voestalpine AG
6	BASF AG	Holcim Ltd	EVN AG
7	RWE AG	Syngenta International AG	Mayr-Melnhof Karton AG
8	BMW AG	ABB Ltd	Flughafen Wien AG
9	Deutsche Post AG	Adecco S.A. (Holding)	Böhler-Uddeholm AG
10	Bayer AG	SGS SA	Andritz AG
11	Metro AG	Ciba Speciality Chemicals Inc.	Lenzing AG
12	Volkswagen AG	Kühne + Nagel International AG	Josef MANNER & Comp. AG
13	ThyssenKrupp AG	Givaudan SA	BWT AG
14	Beiersdorf AG	Nobel Biocare Holding AG	RHI AG
15	Altana AG	The Swatch Group Ltd	Semperit AG Holding
16	Continental AG	Clariant International AG	Palfinger AG
17	Infineon Technologies AG	BKW FMB Energie AG	Constantia Packaging AG
18	Linde AG	Straumann Holding AG	Austrian Airlines Österreichische Luftverkehrs-AG
19	adidas-Salomon AG	Schindler Holding AG	Schoeller-Bleckmann Oilfield Equipment AG
20	Celesio AG	Geberit AG	ATB Austria Antriebstechnik AG
21	Deutsche Lufthansa AG	Logitech International S.A.	Allgemeine Baugesellschaft - A. Porr AG
22	HeidelbergCement AG	Lonza Group AG	BETandWIN.com interactive Entertainment AG
23	Fresenius Medical Care AG	EMS-Chemie Holding AG	UBM Realitätenentwicklung AG
24	MAN AG	Actelion Ltd	
25	Puma AG	EGL Elektrizitäts-Gesellschaft Laufenburg AG	
26	TUI AG	Phonak Holding AG	
27	Axel Springer AG	Chocoladefabriken Lindt & Sprüngli AG	
28	Fraport AG	Kudelski SA	
29	Südzucker AG	Micronas Semiconductor Holding AG	
30	Heidelberger Druckmaschinen AG	SIG Holding AG	

Anhang 8: Untersuchungseinheiten aus dem germanischen Kulturcluster
Quelle: Eigene Darstellung.

	Schweden (SE)	Norwegen (NO)	Dänemark (DK)
1	H&M Hennes & Mauritz AB	Statoil ASA	A.P. Møller-Mærsk A/S
2	Sandvik AB	Norsk Hydro ASA	Novo Nordisk A/S
3	AB Electrolux	Telenor ASA	TDC A/S
4	Atlas Copco AB	Orkla ASA	H. Lundbeck A/S
5	Securitas AB	Norske Skogindustrier ASA	William Demant Holding A/S
6	Assa Abloy AB	Schibsted ASA	Novozymes A/S
7	AB Volvo	TANDBERG asa	Danisco A/S
8	Tele2 AB	Petroleum Geo-Services ASA	Coloplast A/S
9	Skanska AB	Odfjell ASA	GN Store Nord A/S
10	Telefonaktiebolaget LM Ericsson	Tomra Systems ASA	Vestas Wind Systems A/S
11	Scania AB	Wilh.Wilhelmsen ASA	Copenhagen Airports A/S
12	Swedish Match AB	ProSafe ASA	Carlsberg A/S
13	Getinge AB	Fred. Olsen Energy ASA	A/S Dampskibsselskabet TORM
14	Axfood AB	Ekornes ASA	DSV A/S
15	SSAB Svensk Stål AB	Hafslund ASA	Dampskibsselskabet "NORDEN" A/S
16	Saab AB	Rieber & Søn ASA	The East Asiatic Company Ltd. A/S (A/S Det Østasiatiske Kompagni)
17	Svenska Cellulosa Aktiebolaget	TGS-NOPEC Geophysical Company ASA	FLSmidth & Co. A/S
18	L E Lundbergföretagen AB	Fast Search & Transfer ASA	Bang & Olufsen a/s
19	Eniro AB	TANDBERG Television ASA	NKT Holding A/S
20	SAS AB	Farstad Shipping ASA	Rockwool International A/S
21	Trelleborg AB	Veidekke ASA	Genmab A/S
22	Lundin Petroleum AB	Solstad Offshore ASA	Bavarian Nordic A/S
23	Modern Times Group MTG AB	Ocean Rig ASA	The Danish Brewery Group A/S
24	Clas Ohlson AB	DNO ASA	DFDS A/S
25	Höganäs AB		Auriga Industries A/S
26	Elekta AB		SimCorp A/S
27	Cardo AB		IC Companys A/S
28	Hexagon AB		Aktieselskabet Schouw & Co.
29	JM AB		
30	Peab AB		

Anhang 9: Untersuchungseinheiten aus dem nordischen Kulturcluster
Quelle: Eigene Darstellung.

Variable	N	M	SD	Min.	Max.
		Anglo			
Board-Größe (Personen)	90	12,17	2,22	7	19
Board-Durchschnittsalter (Jahre)	90	58,73	3,52	50,87	65,94
Board-Frauenanteil (%)	90	11,88	8,34	0	37,50
		Germanic			
Board-Größe (Personen)	83	8,28	2,25	4	15
Board-Durchschnittsalter (Jahre)	83	58,67	3,93	47,12	66,30
Board-Frauenanteil %	83	3,86	6,12	0	25,00
		Nordic			
Board-Größe (Personen)	82	6,38	1,28	4	9
Board-Durchschnittsalter (Jahre)	82	55,83	3,51	45,14	62,75
Board-Frauenanteil %	82	14,40	13,87	0	50,00

N: Anzahl der Untersuchungseinheiten; M: Mittelwert; SD: Standardabweichung; Min./Mix.: Minimal-/ Maximalwert

Anhang 10: Demographische Strukturmerkmale auf Ebene der Kulturcluster
Quelle: Eigene Darstellung.

Variable	N	M	SD	Min.	Max.
Anglo					
US					
Board -Größe (Personen)	30	12,40	2,04	8	16
Board -Durchschnittsalter (Jahre)	30	60,68	3,03	50,88	65,94
Board -Frauenanteil (%)	30	15,81	7,04	7,69	37,50
UK					
Board-Größe (Personen)	30	12,10	2,06	9	19
Board-Durchschnittsalter (Jahre)	30	55,60	2,38	51,27	60,42
Board-Frauenanteil (%)	30	11,44	9,02	0	30,77
CA					
Board-Größe (Personen)	30	12,00	2,59	7	16
Board-Durchschnittsalter (Jahre)	30	59,94	2,77	50,86	64,45
Board-Frauenanteil (%)	30	8,39	7,33	0	25,00
Germanic					
DE					
Board-Größe (Personen)	30	8,73	1,82	4	11
Board-Durchschnittsalter (Jahre)	30	60,42	2,87	55,50	66,30
Board-Frauenanteil (%)	30	3,07	5,33	0	16,67
CH					
Board-Größe (Personen)	30	8,30	2,423	5	13
Board-Durchschnittsalter (Jahre)	30	58,67	3,88	50,00	65,00
Board-Frauenanteil (%)	30	5,54	7,17	0	25,00
AT					
Board-Größe (Personen)	23	7,65	2,50	4	15
Board-Durchschnittsalter (Jahre)	23	56,41	4,20	47,13	65,14
Board-Frauenanteil (%)	23	2,72	5,32	0	14,29
Nordic					
SE					
Board-Größe (Personen)	30	7,33	1,16	5	9
Board-Durchschnittsalter (Jahre)	30	55,48	3,41	45,14	61,25
Board-Frauenanteil (%)	30	17,13	11,58	0	44,44
NO					
Board-Größe (Personen)	24	5,79	0,977	4	7
Board-Durchschnittsalter (Jahre)	24	53,92	2,63	49,25	58,67
Board-Frauenanteil (%)	24	20,02	16,39	0	50,00
DK					
Board-Größe (Personen)	28	5,86	1,04	4	9
Board-Durchschnittsalter (Jahre)	28	57,87	3,32	50,33	62,75
Board-Frauenanteil (%)	28	6,67	10,34	0	33,33

N: Anzahl der Untersuchungseinheiten; M: Mittelwert; SD: Standardabweichung; Min./Mix.: Minimal-/ Maximalwert

Anhang 11: Demographische Strukturmerkmale auf Ebene der Untersuchungsländer
Quelle: Eigene Darstellung.

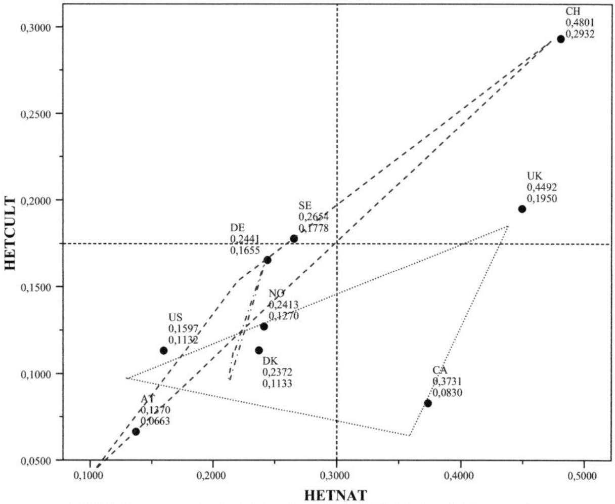

HETNAT: Heterogenität der Nationalitäten, HETCULT: kulturelle Heterogenität

Anhang 12: INIK-Maße von Boards im Vergleich

Quelle: Eigene Darstellung.

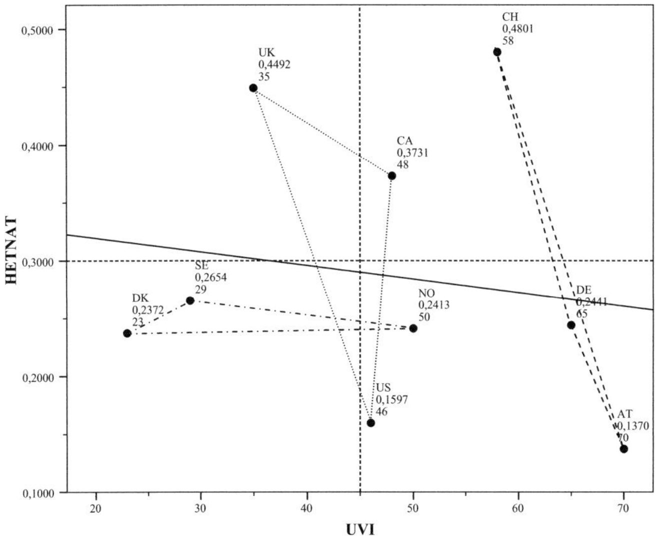

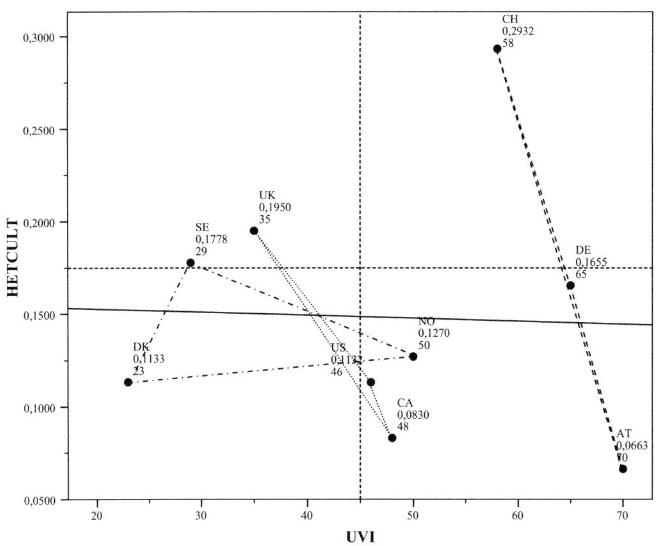

HETNAT: Heterogenität der Nationalitäten, HETCULT: kulturelle Heterogenität, UVI: Unsicherheitsvermeidungsindex

Anhang 13: INIK-Maße und Unsicherheitsvermeidung

Quelle: Eigene Darstellung.

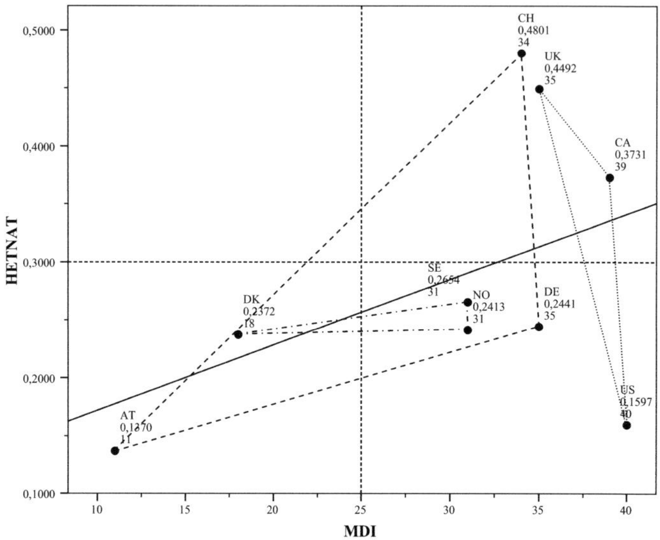

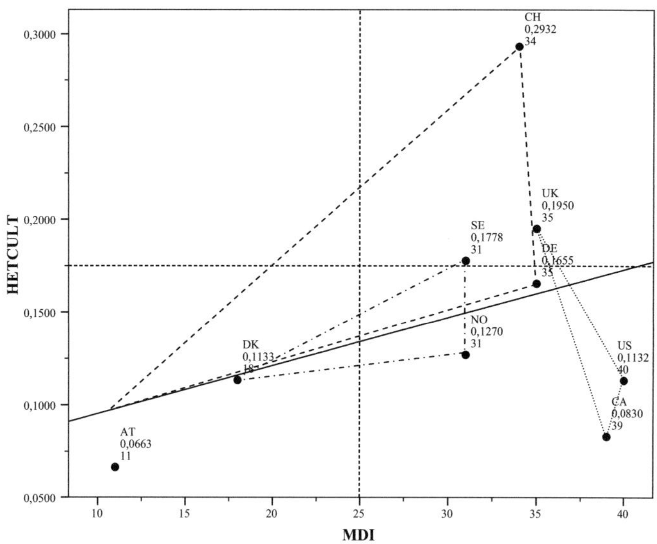

HETNAT: Heterogenität der Nationalitäten, HETCULT: kulturelle Heterogenität, MDI: Machtdistanzindex

Anhang 14: INIK-Maße und Machtdistanz

Quelle: Eigene Darstellung.

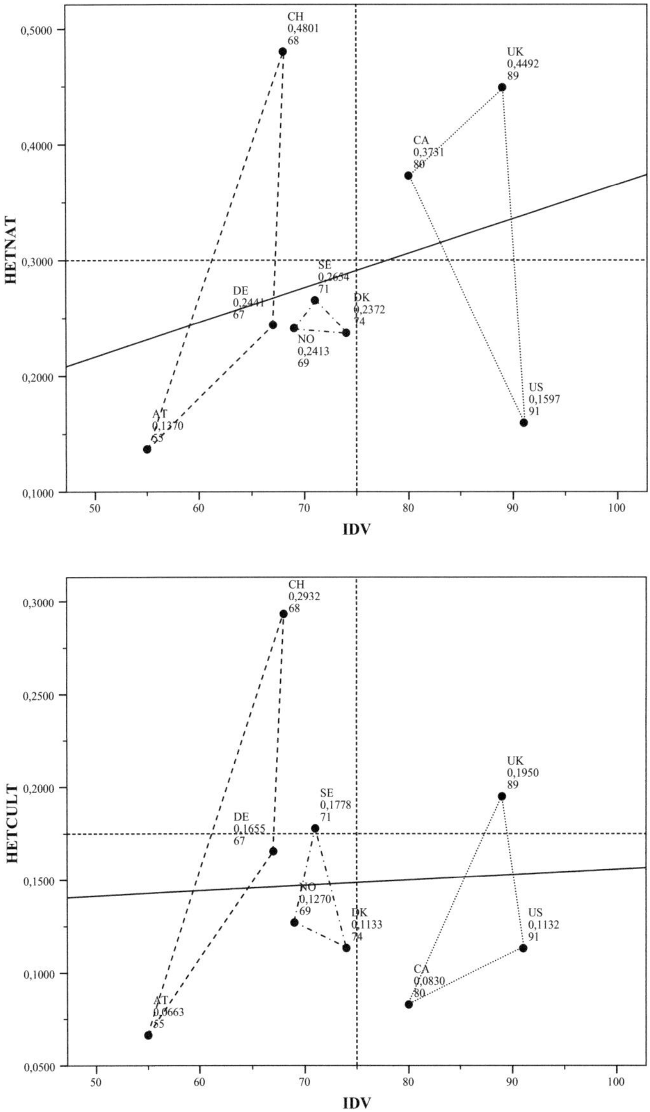

HETNAT: Heterogenität der Nationalitäten, HETCULT: kulturelle Heterogenität, IDV: Individualismusindex

Anhang 15: INIK-Maße und Individualismus

Quelle: Eigene Darstellung.

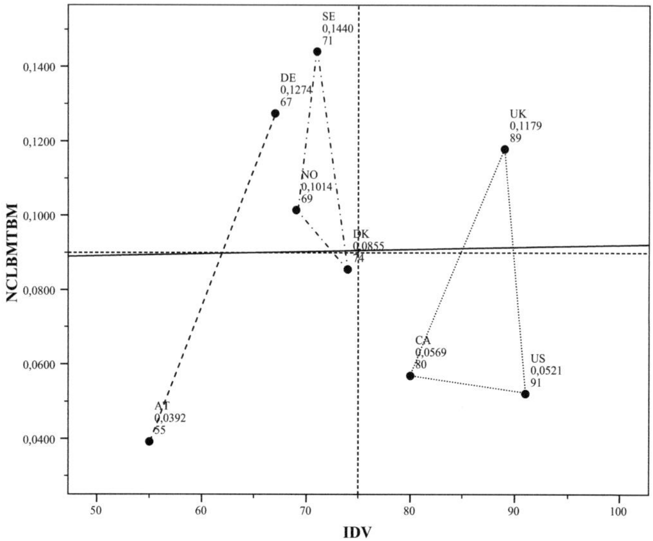

NCLBMTBM: Anteil Nicht-Cluster Mitglieder, IDV: Individualismusindex

Anhang 16: INIK-Maße und Individualismus (ohne Schweiz)
Quelle: Eigene Darstellung.

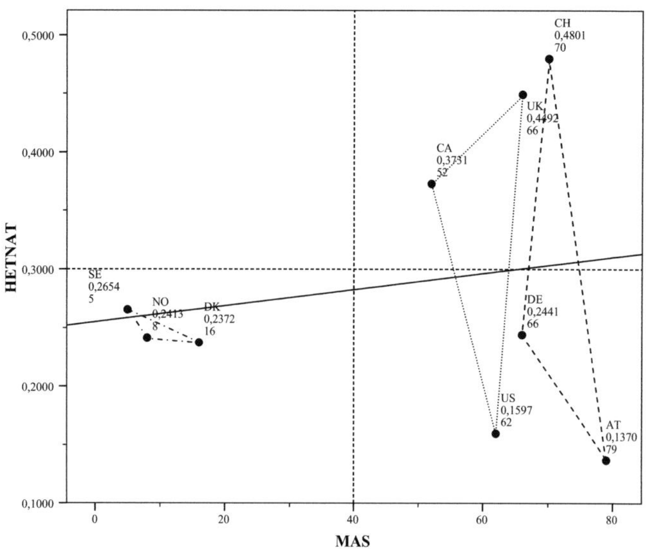

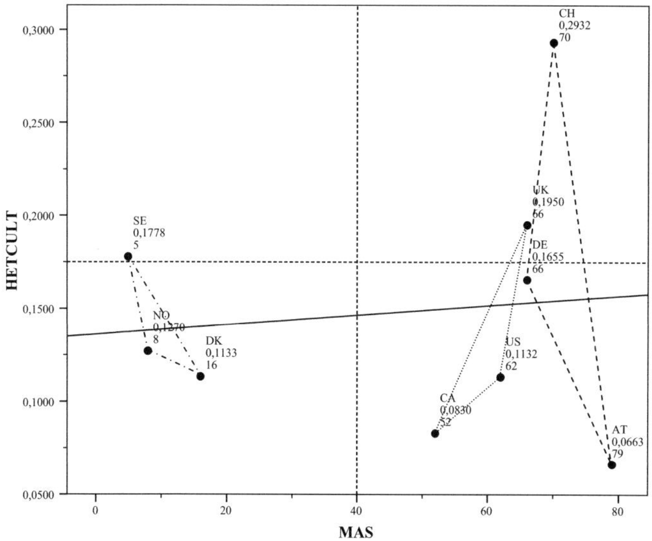
HETCULT
MAS
CH
0,2932
70
UK
0,1950
66
DE
0,1655
66
SE
0,1778
5
NO
0,1270
8
DK
0,1133
16
US
0,1132
62
CA
0,0830
52
AT
0,0663
79

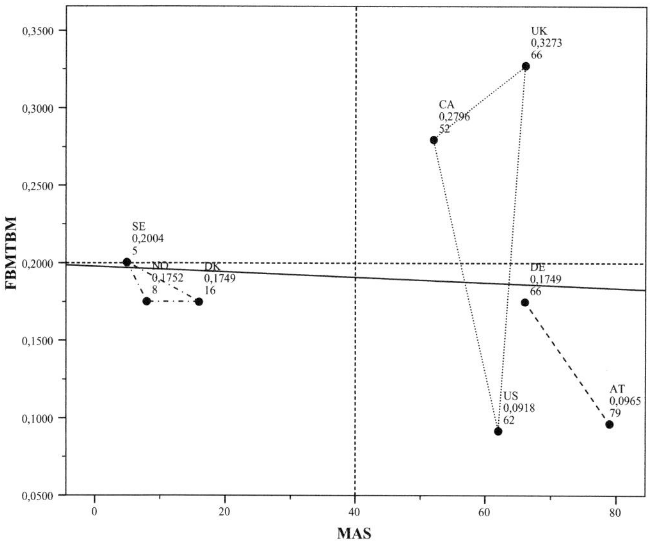
FBMTBM
MAS
UK
0,3273
66
CA
0,2796
52
SE
0,2004
5
NO
0,1752
8
DK
0,1749
16
DE
0,1749
66
US
0,0918
62
AT
0,0965
79

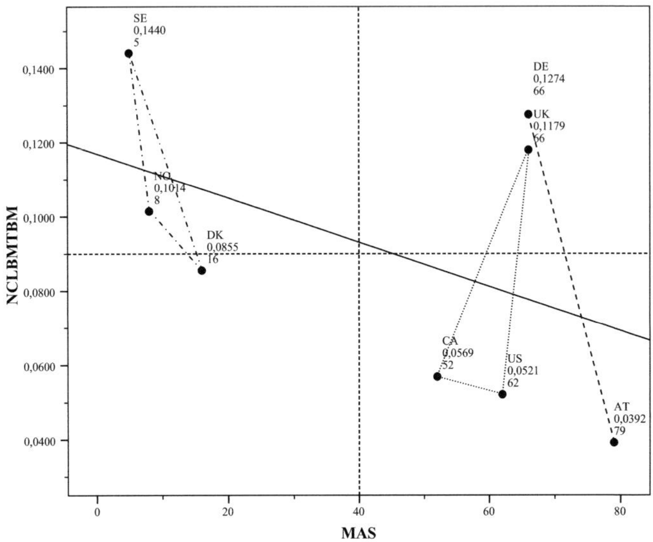
SE
0,1440
5
DE
0,1274
66
UK
0,1179
66
NO
0,1014
8
DK
0,0855
16
CA
0,0569
52
US
0,0521
62
AT
0,0392
79
NCLBMTBM
0,1400
0,1200
0,1000
0,0800
0,0600
0,0400
0
20
40
60
80
MAS

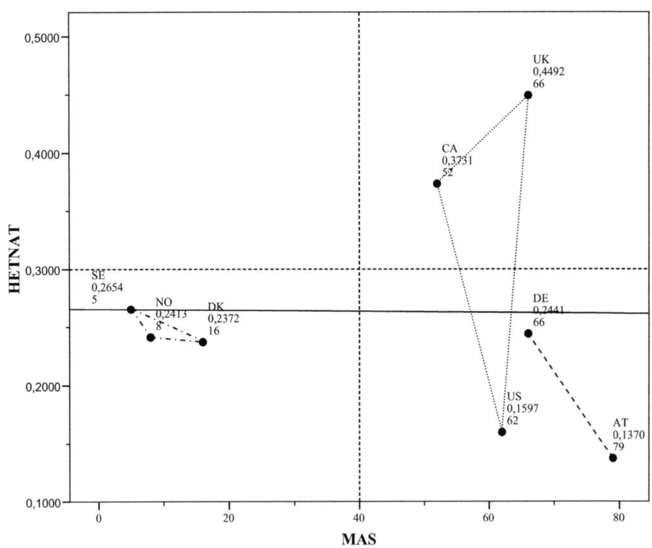
UK
0,4492
66
CA
0,3731
52
SE
0,2654
5
NO
0,2413
8
DK
0,2372
16
DE
0,2441
66
US
0,1597
62
AT
0,1370
79
HETNAT
0,5000
0,4000
0,3000
0,2000
0,1000
0
20
40
60
80
MAS

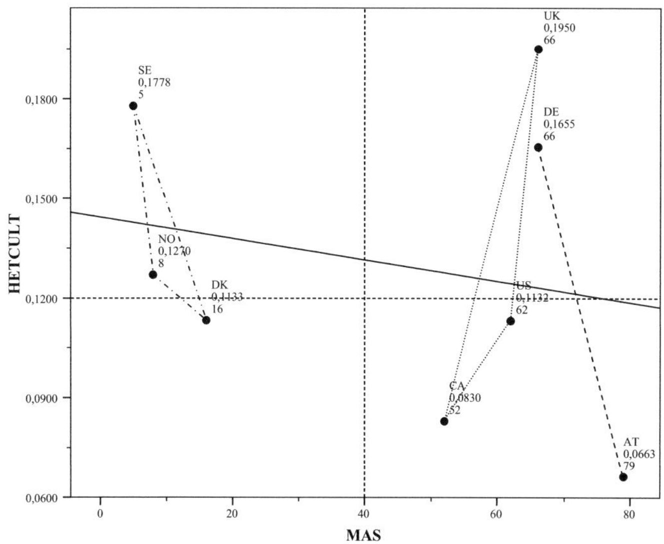

FBMTBM: Ausländeranteil; NCLBMTBM: Anteil Nicht-Cluster Mitglieder, HETNAT: Heterogenität der Nationalitäten, HETCULT: kulturelle Heterogenität, MAS: Maskulinitätsindex

Anhang 17: INIK-Maße und Maskulinität (mit und ohne Schweiz)
Quelle: Eigene Darstellung.

N = 225	M	SD	FBMTBM	HETNAT	NCLBMTBM	HETCULT
UVI	45,0844	15,1636	-0,145 **	-0,154 **	-0,080	-0,083
MDI	30,6711	9,2625	0,144 **	0,180 ***	0,047	0,082
IDV	75,2578	10,9355	0,150 **	0,196 ***	-0,014	0,061
MAS	44,3867	27,3459	-0,012	0,011	-0,103	-0,040

Korrelation nach Pearson, 2-seitig; ****: p < 0,001, ***: p < 0,01, **: p < 0,05, *: p < 0,1
N: Anzahl der Untersuchungseinheiten, M: Mittwelwert, SD: Standardabweichung
FBMTBM: Ausländeranteil, HETNAT: Heterogenität der Nationalitäten,
NCLBMTBM: Anteil Nicht-Cluster Mitglieder, HETCULT: kulturelle Heterogenität
UVI: Unsicherheitsvermeidungsindex, MAS: Maskulinitätsindex, IDV: Individualismusindex, MDI: Machtdistanzindex

Anhang 18: INIK-Maßen und Kulturdimensionen nach Hofstede (ohne Schweiz)
Quelle: Eigene Berechnung.

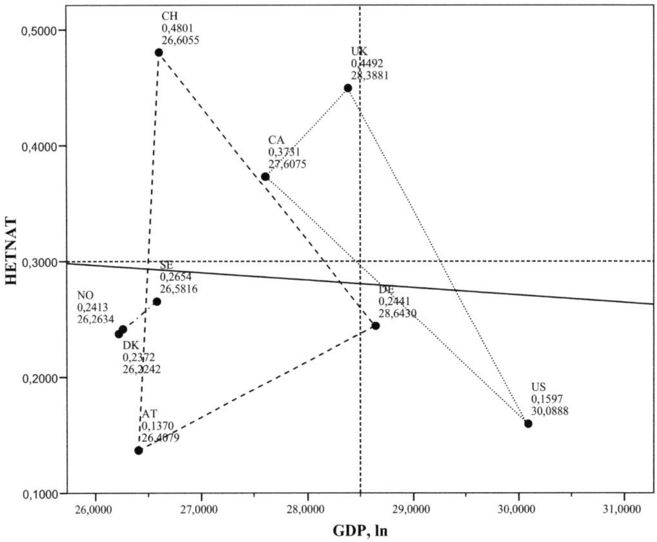

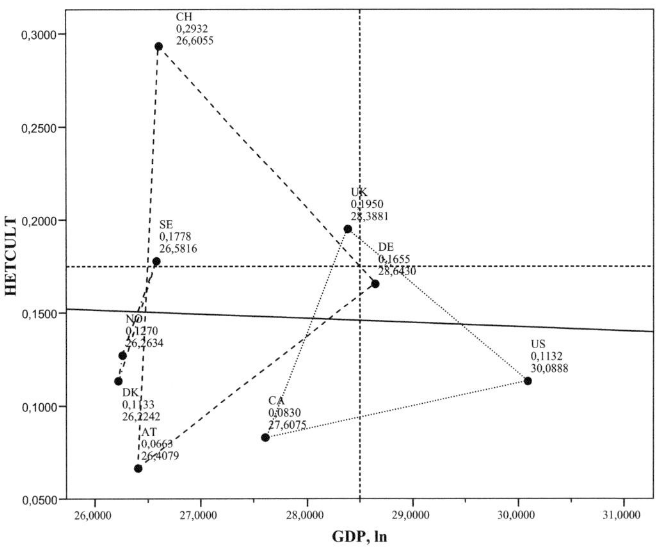

HETNAT: Heterogenität der Nationalitäten, HETCULT: kulturelle Heterogenität, GDP: Bruttoinlandsprodukt

Anhang 19: INIK-Maße und Größe der Volkswirtschaft

Quelle: Eigene Darstellung.

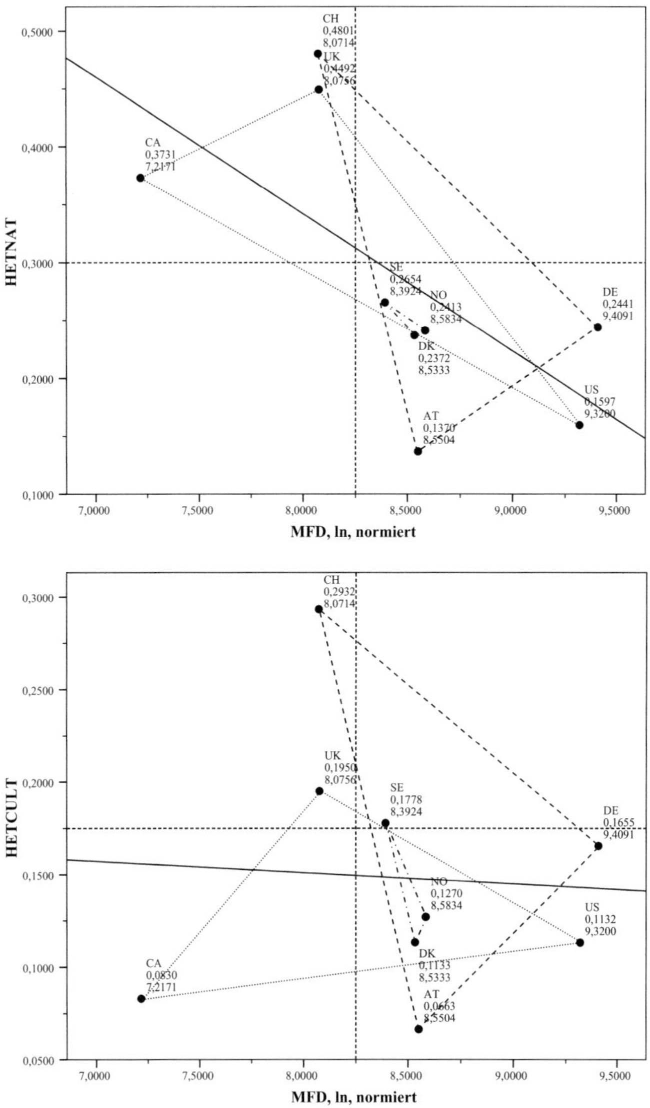

HETNAT: Heterogenität der Nationalitäten, HETCULT: kulturelle Heterogenität, MFD: Markt für Direktoren

Anhang 20: INIK-Maße und Markt für Direktoren

Quelle: Eigene Darstellung.

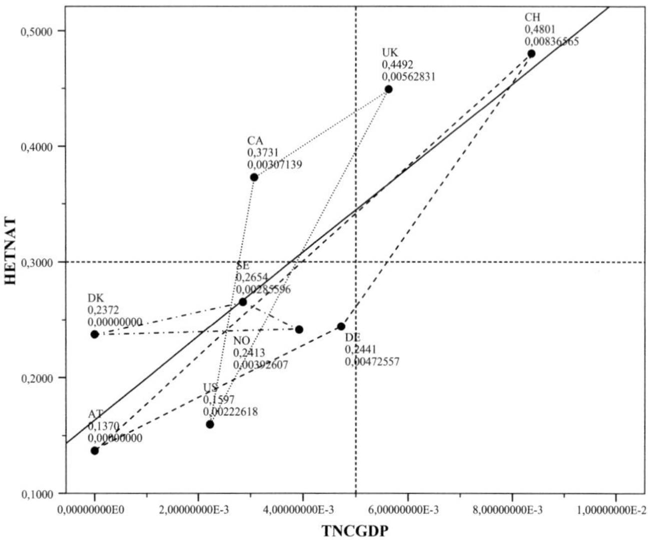

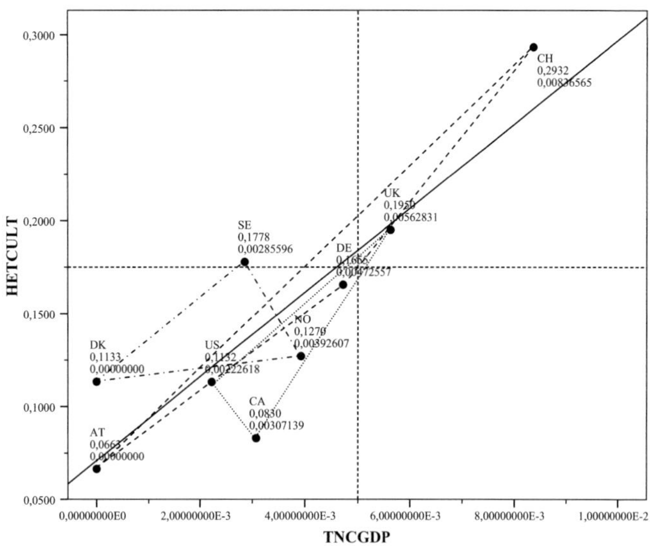

HETNAT: Heterogenität der Nationalitäten, HETCULT: kulturelle Heterogenität, TNCGDP: relative Bedeutung von TNCs

Anhang 21: INIK-Maße und relative Bedeutung von TNCs

Quelle: Eigene Darstellung.

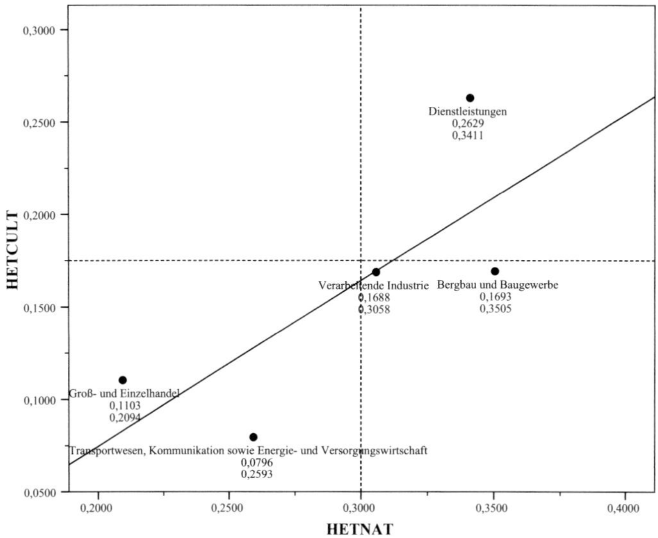

HETNAT: Heterogenität der Nationalitäten, HETCULT: kulturelle Heterogenität

Anhang 22: Vergleich von INIK-Maßen nach Branchen

Quelle: Eigene Darstellung.

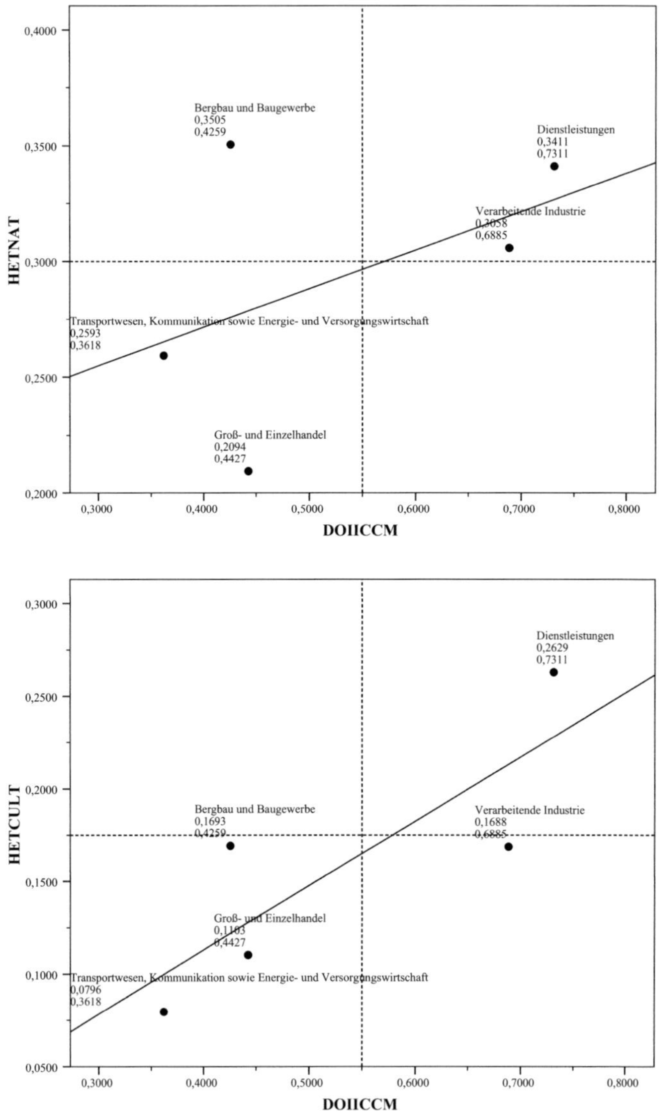

HETNAT: Heterogenität der Nationalitäten, HETCULT: kulturelle Heterogenität, DOIICCM: Brancheninternationalisierung

Anhang 23: INIK-Maße und Brancheninternationalisierung

Quelle: Eigene Darstellung.

Branchen:	IC1	IC2	IC3	IC4	IC5	IC6
ANGLO						
Anzahl		11	45	17	12	5
FBMTBM		0,3033	0,2297	0,1889	0,2149	0,2998
NCLBMTBM		0,0806	0,0823	0,0405	0,0782	0,1182
HETNAT		0,4267	0,3154	0,2783	0,3270	0,3833
HETCULT		0,1425	0,1266	0,0677	0,1910	0,2059
DOIICCM		0,4259	0,6885	0,3618	0,4427	0,7311
GERMANIC						
Anzahl		2	58	16	2	5
FBMTBM		0,0625	0,2692	0,1216	0,0000	0,4186
NCLBMTBM		0,0625	0,1726	0,0125	0,0000	0,3393
HETNAT		0,1094	0,3402	0,1627	0,0000	0,4650
HETCULT		0,1094	0,2184	0,0225	0,0000	0,4077
DOIICCM		0,4259	0,6885	0,3618	0,4427	0,7311
NORDIC						
Anzahl	1	10	41	16	9	5
FBMTBM	0,0000	0,2367	0,1721	0,2750	0,0600	0,1500
NCLBMTBM	0,0000	0,1724	0,1074	0,1327	0,0159	0,1500
HETNAT	0,0000	0,3149	0,2466	0,3357	0,0990	0,1750
HETCULT	0,0000	0,2107	0,1448	0,1493	0,0272	0,1750
DOIICCM		0,4259	0,6885	0,3618	0,4427	0,7311

IC1: Land-, Forstwirtschaft und Firscherei, IC2: Bergbau und Baugewerbe, IC3: Verarbeitende Industrie, IC4: Transportwesen, Kommunikation sowie Energie- und Versorgungswirtschaft, IC5: Groß- und Einzelhandel, IC6: Dienstleistungen

FBMTBM: Ausländeranteil, NCLBMTBM: Anteil Nicht-Cluster Mitglieder, HETNAT: Heterogenität der Nationalitäten, HETCULT: kulturelle Heterogenität

DOIICCM: Brancheninternationalisierung

Anhang 24: INIK-Maße nach Branchen und Kulturclustern
Quelle: Eigene Berechnung.

Branchen:	IC1	IC2	IC3	IC4	IC5	IC6
ANGLO						
US						
Anzahl			21	3	3	3
FBMTBM			0,0951	0,0303	0,0694	0,1525
NCLBMTBM			0,0384	0,0303	0,0694	0,1525
HETNAT			0,1650	0,0551	0,1238	0,2632
HETCULT			0,0679	0,0551	0,3385	0,2632
DOIICCM			0,6885	0,3618	0,4427	0,7311
UK						
Anzahl		1	15	7	6	1
FBMTBM		0,2500	0,3743	0,2634	0,2407	0,6667
NCLBMTBM		0,0000	0,1384	0,0854	0,1217	0,1333
HETNAT		0,4028	0,4971	0,3859	0,3866	0,5956
HETCULT		0,0000	0,2231	0,1408	0,2128	0,2400
DOIICCM		0,4259	0,6885	0,3618	0,4427	0,7311
CA						
Anzahl		10	9	7	3	1
FBMTBM		0,3086	0,3028	0,1823	0,3089	0,3750
NCLBMTBM		0,0887	0,0912	0,0000	0,0000	0,0000
HETNAT		0,4291	0,3638	0,2663	0,4110	0,5313
HETCULT		0,1568	0,1025	0,0000	0,0000	0,0000
DOIICCM		0,4259	0,6885	0,3618	0,4427	0,7311

IC1: Land-, Forstwirtschaft und Firscherei, IC2: Bergbau und Baugewerbe, IC3: Verarbeitende Industrie, IC4: Transportwesen, Kommunikation sowie Energie- und Versorgungswirtschaft, IC5: Groß- und Einzelhandel, IC6: Dienstleistungen

FBMTBM: Ausländeranteil, NCLBMTBM: Anteil Nicht-Cluster Mitglieder, HETNAT: Heterogenität der Nationalitäten, HETCULT: kulturelle Heterogenität

DOIICCM: Brancheninternationalisierung

US: Vereinigte Staaten von Amerika, UK: Großbritannien, CA: Kanada

DE: Deutschland, CH: Schweiz, AT: Österreich

SE: Schweden, NO: Norwegen, DK: Dänemark

Anhang 25: INIK-Maße nach Branchen und Ländern (Anglo-Cluster)
Quelle: Eigene Berechnung.

Branchen:	IC1	IC2	IC3	IC4	IC5	IC6
GERMANIC						
DE						
Anzahl			19	7	2	2
FBMTBM			0,2258	0,0714	0,0000	0,2292
NCLBMTBM			0,1666	0,0286	0,0000	0,2292
HETNAT			0,3014	0,1257	0,0000	0,3594
HETCULT			0,2046	0,0514	0,0000	0,3594
DOIICCM			0,6885	0,3618	0,4427	0,7311
CH						
Anzahl			24	4		2
FBMTBM			0,3980	0,2801		0,8175
NCLBMTBM			0,2529	0,0000		0,6190
HETNAT			0,4847	0,2912		0,8032
HETCULT			0,3115	0,0000		0,6599
DOIICCM			0,6885	0,3618		0,7311
AT						
Anzahl		2	15	5		1
FBMTBM		0,0625	0,1179	0,0650		0,0000
NCLBMTBM		0,0625	0,0518	0,0000		0,0000
HETNAT		0,1094	0,1582	0,1118		0,0000
HETCULT		0,1094	0,0871	0,0000		0,0000
DOIICCM		0,4259	0,6885	0,3618		0,7311

IC1: Land-, Forstwirtschaft und Firscherei, IC2: Bergbau und Baugewerbe, IC3: Verarbeitende Industrie, IC4: Transportwesen, Kommunikation sowie Energie- und Versorgungswirtschaft, IC5: Groß- und Einzelhandel, IC6: Dienstleistungen

FBMTBM: Ausländeranteil, NCLBMTBM: Anteil Nicht-Cluster Mitglieder, HETNAT: Heterogenität der Nationalitäten, HETCULT: kulturelle Heterogenität

DOIICCM: Brancheninternationalisierung

US: Vereinigte Staaten von Amerika, UK: Großbritannien, CA: Kanada

DE: Deutschland, CH: Schweiz, AT: Österreich

SE: Schweden, NO: Norwegen, DK: Dänemark

Anhang 26: INIK-Maße nach Branchen und Ländern (Germanic-Cluster)
Quelle: Eigene Berechnung.

Branchen:	IC1	IC2	IC3	IC4	IC5	IC6
NORDIC						
SE						
Anzahl	1	4	17	3	4	1
FBMTBM	0,0000	0,1905	0,1650	0,6825	0,0992	0,0000
NCLBMTBM	0,0000	0,1548	0,1364	0,4127	0,0357	0,0000
HETNAT	0,0000	0,2765	0,2404	0,7079	0,1616	0,0000
HETCULT	0,0000	0,2132	0,1844	0,3670	0,0612	0,0000
DOIICCM	0,2226	0,4259	0,6885	0,3618	0,4427	0,7311
NO						
Anzahl		6	9	6	2	1
FBMTBM		0,2675	0,1450	0,1087	0,0714	0,5000
NCLBMTBM		0,1841	0,0603	0,0476	0,0000	0,5000
HETNAT		0,3406	0,2219	0,1677	0,1224	0,5000
HETCULT		0,2090	0,0983	0,0680	0,0000	0,5000
DOIICCM		0,4259	0,6885	0,3618	0,4427	0,7311
DK						
Anzahl			15	7	3	3
FBMTBM			0,1965	0,2429	0,0000	0,0833
NCLBMTBM			0,1029	0,0857	0,0000	0,0833
HETNAT			0,2683	0,3203	0,0000	0,1250
HETCULT			0,1277	0,1257	0,0000	0,1250
DOIICCM			0,6885	0,3618	0,4427	0,7311

IC1: Land-, Forstwirtschaft und Firscherei, IC2: Bergbau und Baugewerbe, IC3: Verarbeitende Industrie, IC4: Transportwesen, Kommunikation sowie Energie- und Versorgungswirtschaft, IC5: Groß- und Einzelhandel, IC6: Dienstleistungen

FBMTBM: Ausländeranteil, NCLBMTBM: Anteil Nicht-Cluster Mitglieder, HETNAT: Heterogenität der Nationalitäten, HETCULT: kulturelle Heterogenität

DOIICCM: Brancheninternationalisierung

US: Vereinigte Staaten von Amerika, UK: Großbritannien, CA: Kanada

DE: Deutschland, CH: Schweiz, AT: Österreich

SE: Schweden, NO: Norwegen, DK: Dänemark

Anhang 27: INIK-Maße nach Branchen und Ländern (Nordic-Cluster)
Quelle: Eigene Berechnung.

AN		US	UK	CA	ZA	NZ	IE	AU
AN	92,24%	41,55%	24,11%	24,47%	0,91%	0,09%	0,55%	0,55%
(nur Fremdcluster)								
US	94,89%	90,86%	1,88%	1,61%	0,00%	0,00%	0,54%	0,00%
(nur Ausländer)	44,12%		20,59%	17,65%	0,00%	0,00%	5,88%	0,00%
UK	87,88%	15,43%	66,39%	0,83%	2,48%	0,28%	1,10%	1,38%
(nur Ausländer)	63,93%	45,90%		2,46%	7,38%	0,82%	3,28%	4,10%
CA	93,89%	16,94%	4,44%	71,94%	0,28%	0,00%	0,00%	0,28%
(nur Ausländer)	78,22%	60,40%	15,84%		0,99%	0,00%	0,00%	0,99%
GE	7,57%	4,08%	2,33%	0,73%	0,29%	0,15%	0,00%	0,00%
(nur Fremdcluster)	51,49%	27,72%	15,84%	4,95%	1,98%	0,99%	0,00%	0,00%
DE	6,11%	4,58%	1,15%	0,38%	0,00%	0,00%	0,00%	0,00%
(nur Ausländer)	36,36%	27,27%	6,82%	2,27%	0,00%	0,00%	0,00%	0,00%
CH	14,06%	6,43%	4,82%	1,61%	0,80%	0,40%	0,00%	0,00%
(nur Ausländer)	33,33%	15,24%	11,43%	3,81%	1,90%	0,95%	0,00%	0,00%
AT	0,57%	0,00%	0,57%	0,00%	0,00%	0,00%	0,00%	0,00%
(nur Ausländer)	5,56%	0,00%	5,56%	0,00%	0,00%	0,00%	0,00%	0,00%
NOR	7,07%	3,44%	3,06%	0,57%	0,00%	0,00%	0,00%	0,00%
(nur Fremdcluster)	62,71%	30,51%	27,12%	5,08%	0,00%	0,00%	0,00%	0,00%
SE	8,64%	4,09%	3,64%	0,91%	0,00%	0,00%	0,00%	0,00%
(nur Ausländer)	43,18%	20,45%	18,18%	4,55%	0,00%	0,00%	0,00%	0,00%
NO	8,63%	3,60%	4,32%	0,72%	0,00%	0,00%	0,00%	0,00%
(nur Ausländer)	48,00%	20,00%	24,00%	4,00%	0,00%	0,00%	0,00%	0,00%
DK	3,66%	2,44%	1,22%	0,00%	0,00%	0,00%	0,00%	0,00%
(nur Ausländer)	21,43%	14,29%	7,14%	0,00%	0,00%	0,00%	0,00%	0,00%

AN: Anglo, GE: Germanic, NOR: Nordic
US: Vereinigte Staaten, UK: Großbritannien, CA: Kanada, ZA: Südafrika, NZ: Neuseeland, IE: Irland, AU: Australien
DE: Deutschland, CH: Schweiz, AT: Österreich
SE: Schweden, NO: Norwegen, DK: Dänemark

Anhang 28: Direktoren aus dem Anglo-Cluster
Quelle: Eigene Berechnung.

GE		DE	CH	AT
AN	2,47%	1,64%	0,09%	0,73%
(nur Fremdcluster)	31,76%	21,18%	1,18%	9,41%
US	1,61%	1,08%	0,27%	0,27%
(nur Ausländer)	17,65%	11,76%	2,94%	2,94%
UK	3,03%	2,75%	0,00%	0,28%
(nur Ausländer)	9,02%	8,20%	0,00%	0,82%
CA	2,78%	1,11%	0,00%	1,67%
(nur Ausländer)	9,90%	3,96%	0,00%	5,94%
GE	85,30%	38,43%	21,83%	25,04%
(nur Fremdcluster)				
DE	88,55%	83,21%	1,91%	3,44%
(nur Ausländer)	31,82%		11,36%	20,45%
CH	74,30%	14,46%	57,83%	2,01%
(nur Ausländer)	39,05%	34,29%		4,76%
AT	96,02%	5,68%	0,57%	89,77%
(nur Ausländer)	61,11%	55,56%	5,56%	
NOR	1,91%	1,53%	0,38%	0,00%
(nur Fremdcluster)	16,95%	13,56%	3,39%	0,00%
SE	3,18%	2,73%	0,45%	0,00%
(nur Ausländer)	15,91%	13,64%	2,27%	0,00%
NO	0,00%	0,00%	0,00%	0,00%
(nur Ausländer)	0,00%	0,00%	0,00%	0,00%
DK	1,83%	1,22%	0,61%	0,00%
(nur Ausländer)	10,71%	7,14%	3,57%	0,00%

AN: Anglo, GE: Germanic, NOR: Nordic
US: Vereinigte Staaten, UK: Großbritannien, CA: Kanada
DE: Deutschland, CH: Schweiz, AT: Österreich
SE: Schweden, NO: Norwegen, DK: Dänemark

Anhang 29: Direktoren aus dem Germanic-Cluster
Quelle: Eigene Berechnung.

NOR		SE	NO	DK	FI
AN	0,64%	0,55%	0,09%	0,00%	0,00%
(nur Fremdcluster)	8,24%	7,06%	1,18%	0,00%	0,00%
US	0,00%	0,00%	0,00%	0,00%	0,00%
(nur Ausländer)	0,00%	0,00%	0,00%	0,00%	0,00%
UK	1,65%	1,65%	0,00%	0,00%	0,00%
(nur Ausländer)	4,92%	4,92%	0,00%	0,00%	0,00%
CA	0,28%	0,00%	0,28%	0,00%	0,00%
(nur Ausländer)	0,99%	0,00%	0,99%	0,00%	0,00%
GE	1,16%	1,02%	0,00%	0,00%	0,00%
(nur Fremdcluster)	7,92%	6,93%	0,00%	0,00%	0,99%
DE	0,76%	0,38%	0,00%	0,00%	0,38%
(nur Ausländer)	4,55%	2,27%	0,00%	0,00%	2,27%
CH	2,01%	2,01%	0,00%	0,00%	0,00%
(nur Ausländer)	4,76%	4,76%	0,00%	0,00%	0,00%
AT	0,57%	0,57%	0,00%	0,00%	0,00%
(nur Ausländer)	5,56%	5,56%	0,00%	0,00%	0,00%
NOR	88,72%	36,14%	23,14%	27,92%	1,53%
(nur Fremdcluster)					
SE	85,45%	80,00%	1,82%	1,82%	1,82%
(nur Ausländer)	27,27%		9,09%	9,09%	9,09%
NO	89,93%	2,88%	82,01%	4,32%	0,72%
(nur Ausländer)	44,00%	16,00%		24,00%	4,00%
DK	92,07%	5,49%	1,83%	82,93%	1,83%
(nur Ausländer)	53,57%	32,14%	10,71%		10,71%

AN: Anglo, GE: Germanic, NOR: Nordic
US: Vereinigte Staaten, UK: Großbritannien, CA: Kanada
DE: Deutschland, CH: Schweiz, AT: Österreich
SE: Schweden, NO: Norwegen, DK: Dänemark, FI: Finnland

Anhang 30: Direktoren aus dem Nordic-Cluster
Quelle: Eigene Berechnung.

LE		BE	FR	IT	ES
AN	2,19%	0,55%	1,19%	0,18%	0,27%
(nur Fremdcluster)	28,24%	7,06%	15,29%	2,35%	3,53%
US	0,81%	0,00%	0,81%	0,00%	0,00%
(nur Ausländer)	8,82%	0,00%	8,82%	0,00%	0,00%
UK	4,68%	1,38%	1,93%	0,55%	0,83%
(nur Ausländer)	13,93%	4,10%	5,74%	1,64%	2,46%
CA	1,11%	0,28%	0,83%	0,00%	0,00%
(nur Ausländer)	3,96%	0,99%	2,97%	0,00%	0,00%
GE	3,64%	0,44%	2,47%	0,73%	0,00%
(nur Fremdcluster)	24,75%	2,97%	16,83%	4,95%	0,00%
DE	1,91%	0,38%	1,15%	0,38%	0,00%
(nur Ausländer)	11,36%	2,27%	6,82%	2,27%	0,00%
CH	7,23%	0,40%	5,22%	1,61%	0,00%
(nur Ausländer)	17,14%	0,95%	12,38%	3,81%	0,00%
AT	1,14%	0,57%	0,57%	0,00%	0,00%
(nur Ausländer)	11,11%	5,56%	5,56%	0,00%	0,00%
NOR	0,76%	0,38%	0,38%	0,00%	0,00%
(nur Fremdcluster)	6,78%	3,39%	3,39%	0,00%	0,00%
SE	1,82%	0,91%	0,91%	0,00%	0,00%
(nur Ausländer)	9,09%	4,55%	4,55%	0,00%	0,00%
NO	0,00%	0,00%	0,00%	0,00%	0,00%
(nur Ausländer)	0,00%	0,00%	0,00%	0,00%	0,00%
DK	0,00%	0,00%	0,00%	0,00%	0,00%
(nur Ausländer)	0,00%	0,00%	0,00%	0,00%	0,00%

AN: Anglo, GE: Germanic, NOR: Nordic; LE: Latin European
US: Vereinigte Staaten, UK: Großbritannien, CA: Kanada
DE: Deutschland, CH: Schweiz, AT: Österreich
SE: Schweden, NO: Norwegen, DK: Dänemark
BE: Belgien, FR: Frankreich, IT: Italien, ES: Spanien

Anhang 31: Direktoren aus dem Latin European-Cluster
Quelle: Eigene Berechnung.

LA		MX	VE
AN	0,64%	0,55%	0,09%
(nur Fremdcluster)	8,24%	7,06%	1,18%
US	1,61%	1,61%	0,00%
(nur Ausländer)	17,65%	17,65%	0,00%
UK	0,00%	0,00%	0,00%
(nur Ausländer)	0,00%	0,00%	0,00%
CA	0,28%	0,00%	0,28%
(nur Ausländer)	0,99%	0,00%	0,99%
GE	0,00%	0,00%	0,00%
(nur Fremdcluster)	0,00%	0,00%	0,00%
DE	0,00%	0,00%	0,00%
(nur Ausländer)	0,00%	0,00%	0,00%
CH	0,00%	0,00%	0,00%
(nur Ausländer)	0,00%	0,00%	0,00%
AT	0,00%	0,00%	0,00%
(nur Ausländer)	0,00%	0,00%	0,00%
NOR	0,00%	0,00%	0,00%
(nur Fremdcluster)	0,00%	0,00%	0,00%
SE	0,00%	0,00%	0,00%
(nur Ausländer)	0,00%	0,00%	0,00%
NO	0,00%	0,00%	0,00%
(nur Ausländer)	0,00%	0,00%	0,00%
DK	0,00%	0,00%	0,00%
(nur Ausländer)	0,00%	0,00%	0,00%

AN: Anglo, GE: Germanic, NOR: Nordic; LE: Latin American
US: Vereinigte Staaten, UK: Großbritannien, CA: Kanada
DE: Deutschland, CH: Schweiz, AT: Österreich
SE: Schweden, NO: Norwegen, DK: Dänemark
MX: Mexiko, VE: Venezuela

Anhang 32: Direktoren aus dem Latin American-Cluster
Quelle: Eigene Berechnung.

FE		HK	SG
AN	0,09%	0,09%	0,00%
(nur Fremdcluster)	1,18%	1,18%	0,00%
US	0,00%	0,00%	0,00%
(nur Ausländer)	0,00%	0,00%	0,00%
UK	0,00%	0,00%	0,00%
(nur Ausländer)	0,00%	0,00%	0,00%
CA	0,28%	0,28%	0,00%
(nur Ausländer)	0,99%	0,99%	0,00%
GE	0,15%	0,00%	0,15%
(nur Fremdcluster)	0,00%	0,00%	0,99%
DE	0,00%	0,00%	0,00%
(nur Ausländer)	0,00%	0,00%	0,00%
CH	0,40%	0,00%	0,40%
(nur Ausländer)	0,95%	0,00%	0,95%
AT	0,00%	0,00%	0,00%
(nur Ausländer)	0,00%	0,00%	0,00%
NOR	0,19%	0,00%	0,19%
(nur Fremdcluster)	1,69%	0,00%	1,69%
SE	0,00%	0,00%	0,00%
(nur Ausländer)	0,00%	0,00%	0,00%
NO	0,00%	0,00%	0,00%
(nur Ausländer)	0,00%	0,00%	0,00%
DK	0,61%	0,00%	0,61%
(nur Ausländer)	3,57%	0,00%	3,57%

AN: Anglo, GE: Germanic, NOR: Nordic; FE: Far Eastern
US: Vereinigte Staaten, UK: Großbritannien, CA: Kanada
DE: Deutschland, CH: Schweiz, AT: Österreich
SE: Schweden, NO: Norwegen, DK: Dänemark
HK: Hong Kong, SG: Singapur

Anhang 33: Direktoren aus dem Far Eastern-Cluster
Quelle: Eigene Berechnung.

AR		SA	AE
AN	0,09%	0,09%	0,00%
(nur Fremdcluster)	1,18%	1,18%	0,00%
US	0,00%	0,00%	0,00%
(nur Ausländer)	0,00%	0,00%	0,00%
UK	0,28%	0,28%	0,00%
(nur Ausländer)	0,82%	0,82%	0,00%
CA	0,00%	0,00%	0,00%
(nur Ausländer)	0,00%	0,00%	0,00%
GE	0,29%	0,00%	0,29%
(nur Fremdcluster)	1,98%	0,00%	1,98%
DE	0,00%	0,00%	0,00%
(nur Ausländer)	0,00%	0,00%	0,00%
CH	0,00%	0,00%	0,00%
(nur Ausländer)	0,00%	0,00%	0,00%
AT	1,14%	0,00%	1,14%
(nur Ausländer)	11,11%	0,00%	11,11%
NOR	0,00%	0,00%	0,00%
(nur Fremdcluster)	0,00%	0,00%	0,00%
SE	0,00%	0,00%	0,00%
(nur Ausländer)	0,00%	0,00%	0,00%
NOR	0,00%	0,00%	0,00%
(nur Ausländer)	0,00%	0,00%	0,00%
DK	0,00%	0,00%	0,00%
(nur Ausländer)	0,00%	0,00%	0,00%

AN: Anglo, GE: Germanic, NOR: Nordic; AR: Arabic
US: Vereinigte Staaten, UK: Großbritannien, CA: Kanada
DE: Deutschland, CH: Schweiz, AT: Österreich
SE: Schweden, NO: Norwegen, DK: Dänemark
SA: Saudi Arabien, AE: Vereinigte Arabische Emirate

Anhang 34: Direktoren aus dem Arabic-Cluster
Quelle: Eigene Berechnung.

NE		IR	GR
AN	0,00%	0,00%	0,00%
(nur Fremdcluster)	0,00%	0,00%	0,00%
US	0,00%	0,00%	0,00%
(nur Ausländer)	0,00%	0,00%	0,00%
UK	0,00%	0,00%	0,00%
(nur Ausländer)	0,00%	0,00%	0,00%
CA	0,00%	0,00%	0,00%
(nur Ausländer)	0,00%	0,00%	0,00%
GE	0,15%	0,15%	0,00%
(nur Fremdcluster)	0,99%	0,99%	0,00%
DE	0,38%	0,38%	0,00%
(nur Ausländer)	2,27%	2,27%	0,00%
CH	0,00%	0,00%	0,00%
(nur Ausländer)	0,00%	0,00%	0,00%
AT	0,00%	0,00%	0,00%
(nur Ausländer)	0,00%	0,00%	0,00%
NOR	0,57%	0,00%	0,57%
(nur Fremdcluster)	5,08%	0,00%	5,08%
SE	0,00%	0,00%	0,00%
(nur Ausländer)	0,00%	0,00%	0,00%
NO	1,44%	0,00%	1,44%
(nur Ausländer)	8,00%	0,00%	8,00%
DK	0,61%	0,00%	0,61%
(nur Ausländer)	3,57%	0,00%	3,57%

AN: Anglo, GE: Germanic, NOR: Nordic; NE: Near Eastern
US: Vereinigte Staaten, UK: Großbritannien, CA: Kanada
DE: Deutschland, CH: Schweiz, AT: Österreich
SE: Schweden, NO: Norwegen, DK: Dänemark
IR: Iran, GR: Griechenland

Anhang 35: Direktoren aus dem Near Eastern-Cluster
Quelle: Eigene Berechnung.

IND		BR	JP	IL	IN
AN	0,73%	0,27%	0,37%	0,00%	0,09%
(nur Fremdcluster)	9,41%	3,53%	4,71%	0,00%	1,18%
US	0,54%	0,27%	0,27%	0,00%	0,00%
(nur Ausländer)	5,88%	2,94%	2,94%	0,00%	0,00%
UK	1,10%	0,55%	0,28%	0,00%	0,28%
(nur Ausländer)	3,28%	1,64%	0,82%	0,00%	0,82%
CA	0,56%	0,00%	0,56%	0,00%	0,00%
(nur Ausländer)	1,98%	0,00%	1,98%	0,00%	0,00%
GE	0,73%	0,15%	0,15%	0,29%	0,15%
(nur Fremdcluster)	4,95%	0,99%	0,99%	1,98%	0,99%
DE	0,76%	0,00%	0,00%	0,76%	0,00%
(nur Ausländer)	4,55%	0,00%	0,00%	4,55%	0,00%
CH	1,20%	0,40%	0,40%	0,00%	0,40%
(nur Ausländer)	2,86%	0,95%	0,95%	0,00%	0,95%
AT	0,00%	0,00%	0,00%	0,00%	0,00%
(nur Ausländer)	0,00%	0,00%	0,00%	0,00%	0,00%
NOR	0,00%	0,00%	0,00%	0,00%	0,00%
(nur Fremdcluster)	0,00%	0,00%	0,00%	0,00%	0,00%
SE	0,00%	0,00%	0,00%	0,00%	0,00%
(nur Ausländer)	0,00%	0,00%	0,00%	0,00%	0,00%
NO	0,00%	0,00%	0,00%	0,00%	0,00%
(nur Ausländer)	0,00%	0,00%	0,00%	0,00%	0,00%
DK	0,00%	0,00%	0,00%	0,00%	0,00%
(nur Ausländer)	0,00%	0,00%	0,00%	0,00%	0,00%

AN: Anglo, GE: Germanic, NOR: Nordic; IND: Independent
US: Vereinigte Staaten, UK: Großbritannien, CA: Kanada
DE: Deutschland, CH: Schweiz, AT: Österreich
SE: Schweden, NO: Norwegen, DK: Dänemark
BR: Brasilien, JP: Japan, IL: Israel, IN: Indien

Anhang 36: Direktoren aus dem Independent-Cluster
Quelle: Eigene Berechnung.

ROW		JM	PR	NL	CU	DO	CN	LI	LU
AN	0,91%	0,09%	0,09%	0,55%	0,09%	0,09%	0,00%	0,00%	0,00%
(nur Fremdcluster)	11,76%	1,18%	1,18%	7,06%	1,18%	1,18%	0,00%	0,00%	0,00%
US	0,54%	0,27%	0,27%	0,00%	0,00%	0,00%	0,00%	0,00%	0,00%
(nur Ausländer)	5,88%	2,94%	2,94%	0,00%	0,00%	0,00%	0,00%	0,00%	0,00%
UK	1,38%	0,00%	0,00%	1,38%	0,00%	0,00%	0,00%	0,00%	0,00%
(nur Ausländer)	4,10%	0,00%	0,00%	4,10%	0,00%	0,00%	0,00%	0,00%	0,00%
CA	0,83%	0,00%	0,00%	0,28%	0,28%	0,28%	0,00%	0,00%	0,00%
(nur Ausländer)	2,97%	0,00%	0,00%	0,99%	0,99%	0,99%	0,00%	0,00%	0,00%
GE	1,02%	0,00%	0,00%	0,73%	0,00%	0,00%	0,00%	0,15%	0,15%
(nur Fremdcluster)	6,93%	0,00%	0,00%	4,95%	0,00%	0,00%	0,00%	0,99%	0,99%
DE	1,53%	0,00%	0,00%	1,15%	0,00%	0,00%	0,00%	0,00%	0,38%
(nur Ausländer)	9,09%	0,00%	0,00%	6,82%	0,00%	0,00%	0,00%	0,00%	2,27%
CH	0,80%	0,00%	0,00%	0,80%	0,00%	0,00%	0,00%	0,00%	0,00%
(nur Ausländer)	1,90%	0,00%	0,00%	1,90%	0,00%	0,00%	0,00%	0,00%	0,00%
AT	0,57%	0,00%	0,00%	0,00%	0,00%	0,00%	0,00%	0,57%	0,00%
(nur Ausländer)	5,56%	0,00%	0,00%	0,00%	0,00%	0,00%	0,00%	5,56%	0,00%
NOR	0,76%	0,00%	0,00%	0,57%	0,00%	0,00%	0,19%	0,00%	0,00%
(nur Fremdcluster)	6,78%	0,00%	0,00%	5,08%	0,00%	0,00%	1,69%	0,00%	0,00%
SE	0,91%	0,00%	0,00%	0,91%	0,00%	0,00%	0,00%	0,00%	0,00%
(nur Ausländer)	4,55%	0,00%	0,00%	4,55%	0,00%	0,00%	0,00%	0,00%	0,00%
NO	0,00%	0,00%	0,00%	0,00%	0,00%	0,00%	0,00%	0,00%	0,00%
(nur Ausländer)	0,00%	0,00%	0,00%	0,00%	0,00%	0,00%	0,00%	0,00%	0,00%
DK	1,22%	0,00%	0,00%	0,61%	0,00%	0,00%	0,61%	0,00%	0,00%
(nur Ausländer)	7,14%	0,00%	0,00%	3,57%	0,00%	0,00%	3,57%	0,00%	0,00%

AN: Anglo, GE: Germanic, NOR: Nordic; ROW: Rest of World
US: Vereinigte Staaten, UK: Großbritannien, CA: Kanada
DE: Deutschland, CH: Schweiz, AT: Österreich
SE: Schweden, NO: Norwegen, DK: Dänemark
JM: Jamaika, PR: Puerto Rico, NL: Niederlande, CU: Kuba, DO: Dominikanische Republik, CN: China, LI: Liechtenstein, LU: Luxemburg

Anhang 37: Direktoren aus Rest of World-Cluster
Quelle: Eigene Berechnung.

	N = 232	M	SD	1	2	3	4	5	6	7	8	9	10
1	IC2	0,0948	0,2936	1									
2	IC3	0,5474	0,4988	-0,356 ****	1								
3	IC4	0,2069	0,4060	-0,165 **	-0,562 ****	1							
4	IC5	0,0991	0,2995	-0,107	-0,365 ****	-0,169 **	1						
5	IC6	0,0517	0,2219	-0,076	-0,257 ****	-0,119 *	-0,077	1					
6	DE	0,1207	0,3265	-0,120 *	0,044	0,039	-0,034	0,033	1				
7	AT	0,0862	0,2813	0,005	0,063	0,033	-0,102	-0,072	-0,114 *	1			
8	CH	0,1078	0,3107	-0,112 *	0,148 **	-0,040	-0,115 *	0,044	-0,129 *	-0,107	1		
9	US	0,1164	0,3214	-0,117 *	0,114 *	-0,086	0,015	0,037	-0,134 **	-0,111 *	-0,126 *	1	
10	GB	0,1250	0,3314	-0,078	-0,049	0,032	0,136 **	-0,029	-0,140 **	-0,116 *	-0,131 **	-0,137 **	1
11	CA	0,1164	0,3214	0,295 ****	-0,210 ***	0,047	0,015	-0,024	-0,134 **	-0,111 *	-0,126 *	-0,132 **	-0,137 **
12	SE	0,1250	0,3314	0,056	0,029	-0,097	0,049	-0,029	-0,140 **	-0,116 *	-0,131 **	-0,137 **	-0,143 **
13	NO	0,0991	0,2995	0,188 ***	-0,133 **	0,044	-0,014	-0,012	-0,123 *	-0,102	-0,115 *	-0,120 *	-0,125 *
14	DK	0,1034	0,3052	-0,110 *	-0,004	0,036	0,029	0,048	-0,126 *	-0,104	-0,118 *	-0,123 *	-0,128 *
15	FSIZE, ln	9,5604	1,7825	-0,324 ****	0,149 **	-0,060	0,132 **	0,025	0,308 ****	-0,200 ***	-0,012	0,349 ****	0,221 ***
16	FAGE, ln	3,6839	1,1139	-0,119 *	0,178 ***	-0,068	-0,049	-0,053	0,070	0,092	-0,061	0,027	-0,130 **
17	RDINT	0,0302	0,0494	-0,154 **	0,350 ****	-0,298 ****	-0,172 ***	0,194 ***	-0,002	-0,133 **	0,094	0,324 ****	-0,073
18	PDIV	0,3416	0,2599	-0,048	0,191 ***	-0,101	-0,141 **	0,010	0,132 **	0,019	0,009	0,024	-0,059
19	FHOLD	0,0911	0,1277	0,090	-0,118 *	0,025	0,036	0,053	-0,179 ***	0,001	0,099	-0,210 ***	0,118 *
20	GHOLD	0,0183	0,0942	-0,063	-0,169 **	0,324 ****	-0,063	-0,043	0,105	0,023	0,025	-0,071	-0,064
21	BSIZE, ln	2,1529	0,3515	0,016	-0,085	0,112 *	0,034	-0,081	-0,009	-0,125 *	-0,037	0,361 ****	0,356 ****
22	HETAGE	0,1224	0,0409	0,245 ****	-0,193 ***	0,032	-0,019	0,075	-0,085	0,144 **	-0,073	-0,085	0,024
23	FEMBMTBM	0,1022	0,1074	0,014	-0,081	0,076	0,064	-0,064	-0,260 ****	-0,203 ***	-0,137 **	0,191 ***	0,057
24	FBMTBM	0,2269	0,2173	0,047	0,056	-0,074	-0,140 **	0,136 **	-0,079	-0,164 **	0,330 ****	-0,233 ****	0,195 ***
25	HETNAT	0,3035	0,2434	0,069	0,067	-0,094	-0,129 *	0,104	-0,081	-0,185 ***	0,283 ****	-0,227 ***	0,251 ****
26	NCLBMTBM	0,1092	0,1727	0,029	0,085	-0,138 **	-0,120 *	0,184 ***	0,045	-0,114 *	0,249 ****	-0,127 *	0,028
27	HETCULT	0,1517	0,2026	0,041	0,078	-0,178 ***	-0,068	0,187 ***	0,027	-0,115 *	0,215 ***	-0,076	0,094
28	DOICM	0,5911	0,2416	-0,186 ***	0,521 ****	-0,460 ****	-0,184 ***	0,165 **	0,108	0,011	0,234 ****	-0,007	-0,070
29	ROA	0,0967	0,0626	0,033	0,045	-0,144 **	0,047	0,055	-0,185 ***	-0,099	-0,015	0,116 *	0,043
30	QRATIO, ln	0,6520	0,4476	0,030	0,092	-0,305 ****	0,084	0,196 ***	-0,239 ****	-0,170 ***	0,063	0,211 ***	0,036

	N = 232	M	SD	11	12	13	14	15	16	17	18	19	20
1	IC2	0,0948	0,2936										
2	IC3	0,5474	0,4988										
3	IC4	0,2069	0,4060										
4	IC5	0,0991	0,2995										
5	IC6	0,0517	0,2219										
6	DE	0,1207	0,3265										
7	AT	0,0862	0,2813										
8	CH	0,1078	0,3107										
9	US	0,1164	0,3214										
10	GB	0,1250	0,3314										
11	CA	0,1164	0,3214	1									
12	SE	0,1250	0,3314	-0,137 **	1								
13	NO	0,0991	0,2995	-0,120 *	-0,125 *	1							
14	DK	0,1034	0,3052	-0,123 *	-0,128 *	-0,113 *	1						
15	FSIZE, ln	9,5604	1,7825	-0,082	-0,046	-0,373 ****	-0,238 ****	1					
16	FAGE, ln	3,6839	1,1139	-0,050	-0,017	-0,013	0,098	0,093	1				
17	RDINT	0,0302	0,0494	-0,074	-0,100	-0,091	0,043	0,072	-0,066	1			
18	PDIV	0,3416	0,2599	-0,052	0,039	-0,081	-0,038	0,201 ***	0,110 *	-0,119 *	1		
19	FHOLD	0,0911	0,1277	0,321 ****	-0,070	0,053	-0,131 **	-0,135 **	-0,097	-0,085	-0,137 **	1	
20	GHOLD	0,0183	0,0942	-0,071	-0,024	0,101	-0,015	0,074	-0,061	-0,102	0,005	-0,034	1
21	BSIZE, ln	2,1529	0,3515	0,336 ****	-0,190 ***	-0,390 ****	-0,370 ****	0,594 ****	-0,049	0,036	0,078	0,091	-0,026
22	HETAGE	0,1224	0,0409	0,143 **	0,071	0,061	-0,191 ***	-0,167 **	-0,032	-0,161 **	-0,048	0,109 *	-0,037
23	FEMBMTBM	0,1022	0,1074	-0,063	0,249 ****	0,263 ****	-0,121 *	0,060	0,040	-0,030	0,063	0,063	0,124 *
24	FBMTBM	0,2269	0,2173	0,121 *	-0,034	-0,067	-0,090	0,073	-0,093	0,026	0,033	0,217 ***	-0,017
25	HETNAT	0,3035	0,2434	0,135 **	-0,045	-0,071	-0,089	0,107	-0,080	0,036	0,026	0,194 ***	-0,012
26	NCLBMTBM	0,1092	0,1727	-0,103	0,087	-0,007	-0,073	0,044	-0,134 **	0,058	-0,044	0,094	-0,105
27	HETCULT	0,1517	0,2026	-0,116 *	0,060	-0,031	-0,076	0,113 *	-0,129 *	0,080	-0,059	0,082	-0,118 *
28	DOICM	0,5911	0,2416	-0,249 ****	-0,025	-0,151 **	0,158 **	0,102	0,157 **	0,364 ****	0,138 **	-0,115 *	-0,162 **
29	ROA	0,0967	0,0626	-0,120 *	0,038	0,088	0,135 **	-0,224 ***	0,050	0,117 *	-0,021	-0,040	-0,055
30	QRATIO, ln	0,6520	0,4476	-0,037	0,024	0,024	0,076	-0,231 ****	-0,133 **	0,409 ****	-0,160 **	-0,032	-0,082

Korrelation nach Pearson, 2-seitig; ****: $p < 0,001$, ***: $p < 0,01$, **: $p < 0,05$, *: $p < 0,10$

N: Anzahl der Untersuchungseinheiten, M: Mittelwert, SD: Standardabweichung, ln: Logarithmus Naturalis

FSIZE: Unternehmensgröße FAGE: Unternehmensalter, RDINT: F&E-Intensität, PDIV: Produktdiversifikation, FHOLD: ausländischer Anteilsbesitz, GHOLD: staatlicher Anteilsbesitz

BSIZE: Board-Größe, HETAGE: Altersheterogenität im Board, FEMBMTBM: Frauenanteil im Board

FBMTBM: Ausländeranteil, HETNAT: Heterogenität der Nationalitäten, NCLBMTBM: Anteil Nicht-Cluster Mitglieder, HETCULT: kulturelle Heterogenität

DOICM: Internationalisierungsgrad, ROA: Unternehmenserfolg (bilanziell), QRATIO: Unternehmenserfolg (kapitalmarktorientiert)

Anhang 38: Deskriptive Statistik und Korrelationskoeffizienten zum Zusammenhang zwischen den INIK-Maßen und der Unternehmensinternationalisierung sowie den Formen des Unternehmenserfolgs (inkl. Dummyvariablen)

Quelle: Eigene Berechnung.

	N = 232	M	SD	21	22	23	24	25	26	27	28	29
1	IC2	0,0948	0,2936									
2	IC3	0,5474	0,4988									
3	IC4	0,2069	0,4060									
4	IC5	0,0991	0,2995									
5	IC6	0,0517	0,2219									
6	DE	0,1207	0,3265									
7	AT	0,0862	0,2813									
8	CH	0,1078	0,3107									
9	US	0,1164	0,3214									
10	GB	0,1250	0,3314									
11	CA	0,1164	0,3214									
12	SE	0,1250	0,3314									
13	NO	0,0991	0,2995									
14	DK	0,1034	0,3052									
15	FSIZE, ln	9,5604	1,7825									
16	FAGE, ln	3,6839	1,1139									
17	RDINT	0,0302	0,0494									
18	PDIV	0,3416	0,2599									
19	FHOLD	0,0911	0,1277									
20	GHOLD	0,0183	0,0942									
21	BSIZE, ln	2,1529	0,3515	1								
22	HETAGE	0,1224	0,0409	0,032	1							
23	FEMBMTBM	0,1022	0,1074	0,052	0,092	1						
24	FBMTBM	0,2269	0,2173	0,095	0,014	-0,056	1					
25	HETNAT	0,3035	0,2434	0,150 **	0,027	-0,010	0,952 ****	1				
26	NCLBMTBM	0,1092	0,1727	-0,057	0,014	-0,113 *	0,713 ****	0,662 ****	1			
27	HETCULT	0,1517	0,2026	0,004	0,027	-0,099	0,660 ****	0,671 ****	0,925 ****	1		
28	DOICM	0,5911	0,2416	-0,197 ***	-0,193 ***	-0,262 ****	0,250 ****	0,234 ****	0,274 ****	0,259 ****	1	
29	ROA	0,0967	0,0626	-0,166 **	-0,052	0,144 **	0,068	0,087	0,128 *	0,141 **	0,041	1
30	QRATIO, ln	0,6520	0,4476	-0,112 *	-0,018	0,107	0,099	0,100	0,112 *	0,119 *	0,139 **	0,646 ****

Korrelation nach Pearson, 2-seitig; ****: $p < 0{,}001$, ***: $p < 0{,}01$, **: $p < 0{,}05$, *: $p < 0{,}10$

N: Anzahl der Untersuchungseinheiten, M: Mittelwert, SD: Standardabweichung, ln: Logarithmus Naturalis

FSIZE: Unternehmensgröße FAGE: Unternehmensalter, RDINT: F&E-Intensität, PDIV: Produktdiversifikation, FHOLD: ausländischer Anteilsbesitz, GHOLD: staatlicher Anteilsbesitz

BSIZE: Board-Größe, HETAGE: Altersheterogenität im Board, FEMBMTBM: Frauenanteil im Board

FBMTBM: Ausländeranteil, HETNAT: Heterogenität der Nationalitäten, NCLBMTBM: Anteil Nicht-Cluster Mitglieder, HETCULT: kulturelle Heterogenität

DOICM: Internationalisierungsgrad, ROA: Unternehmenserfolg (bilanziell), QRATIO: Unternehmenserfolg (kapitalmarktorientiert)

Anhang 38: Deskriptive Statistik und Korrelationskoeffizienten zum Zusammenhang zwischen den INIK-Maßen und der Unternehmensinternationalisierung sowie den Formen des Unternehmenserfolges (inkl. Dummyvariablen) (Fortsetzung)

Quelle: Eigene Berechnung.

Modellzusammenfassung[b]

Modell	R	R-Quadrat	Korrigiertes R-Quadrat	Standardfehler des Schätzers
1	,735[a]	,540	,492	,1722527

a. Einflußvariablen : (Konstante), FBMTBM, HETAGE, GHOLD, PDIV, SE, IC6, FAGE, NO, IC5, DE, CA, DK, RDINT, FHOLD, IC2, AT, FEMBMTBM, CH, IC4, US, FSIZE, BISZE

b. Abhängige Variable: DOICM

ANOVA[b]

Modell		Quadratsumme	df	Mittel der Quadrate	F	Signifikanz
1	Regression	7,280	22	,331	11,153	,000[a]
	Residuen	6,201	209	,030		
	Gesamt	13,482	231			

a. Einflußvariablen : (Konstante), FBMTBM, HETAGE, GHOLD, PDIV, SE, IC6, FAGE, NO, IC5, DE, CA, DK, RDINT, FHOLD, IC2, AT, FEMBMTBM, CH, IC4, US, FSIZE, BISZE

b. Abhängige Variable: DOICM

Koeffizienten[a]

		Nicht standardisierte Koeffizienten		Standardisierte Koeffizienten		
Modell		B	Standardfehler	Beta	T	Signifikanz
1	(Konstante)	,607	,155		3,918	,000
	IC2	-,100	,049	-,122	-2,026	,044
	IC4	-,225	,037	-,377	-6,121	,000
	IC5	-,144	,044	-,179	-3,283	,001
	IC6	,008	,054	,008	,155	,877
	DE	,027	,056	,037	,485	,628
	AT	,039	,062	,045	,631	,529
	CH	,067	,053	,086	1,262	,208
	US	-,009	,053	-,012	-,176	,860
	CA	-,081	,050	-,108	-1,617	,107
	SE	,010	,056	,014	,184	,854
	NO	-,018	,067	-,022	-,266	,791
	DK	,092	,065	,116	1,418	,158
	FSIZE	,016	,011	,119	1,456	,147
	FAGE	,021	,011	,099	1,965	,051
	RDINT	,863	,290	,177	2,971	,003
	PDIV	,052	,048	,056	1,089	,278
	FHOLD	-,020	,102	-,010	-,193	,847
	GHOLD	-,095	,133	-,037	-,714	,476
	BISZE	-,100	,065	-,146	-1,551	,122
	HETAGE	-,264	,305	-,045	-,867	,387
	FEMBMTBM	-,354	,132	-,157	-2,691	,008
	FBMTBM	,228	,062	,205	3,655	,000

a. Abhängige Variable: DOICM

Anhang 39: Regressionsanalyse Ausländeranteil und Unternehmensinternationalisierung
Quelle: Eigene Berechnung.

Modellzusammenfassung[b]

Modell	R	R-Quadrat	Korrigiertes R-Quadrat	Standardfehler des Schätzers
1	,734[a]	,539	,491	,1723906

a. Einflußvariablen : (Konstante), HETNAT, FEMBMTBM, RDINT, FAGE, BISZE, GHOLD, PDIV, HETAGE, IC6, IC5, FHOLD, CH, SE, IC2, AT, DE, GB, IC4, DK, CA, FSIZE, NO

b. Abhängige Variable: DOICM

ANOVA[b]

Modell		Quadratsumme	df	Mittel der Quadrate	F	Signifikanz
1	Regression	7,270	22	,330	11,120	,000[a]
	Residuen	6,211	209	,030		
	Gesamt	13,482	231			

a. Einflußvariablen : (Konstante), HETNAT, FEMBMTBM, RDINT, FAGE, BISZE, GHOLD, PDIV, HETAGE, IC6, IC5, FHOLD, CH, SE, IC2, AT, DE, GB, IC4, DK, CA, FSIZE, NO

b. Abhängige Variable: DOICM

Koeffizienten[a]

Modell		Nicht standardisierte Koeffizienten		Standardisierte Koeffizienten	T	Signifikanz
		B	Standardfehler	Beta		
1	(Konstante)	,619	,160		3,874	,000
	IC2	-,102	,050	-,124	-2,062	,040
	IC4	-,219	,037	-,369	-5,955	,000
	IC5	-,143	,044	-,178	-3,251	,001
	IC6	,015	,054	,014	,272	,786
	DE	,030	,057	,040	,522	,602
	AT	,043	,066	,050	,650	,516
	CH	,076	,061	,097	1,247	,214
	GB	-,001	,054	-,001	-,013	,989
	CA	-,078	,060	-,103	-1,304	,194
	SE	,016	,059	,022	,276	,783
	NO	-,016	,072	-,019	-,219	,827
	DK	,091	,067	,115	1,344	,181
	FSIZE	,016	,011	,119	1,449	,149
	FAGE	,021	,011	,096	1,916	,057
	RDINT	,846	,291	,173	2,911	,004
	PDIV	,056	,048	,060	1,168	,244
	FHOLD	-,005	,102	-,003	-,048	,962
	GHOLD	-,102	,133	-,040	-,766	,445
	BSIZE	-,110	,065	-,160	-1,705	,090
	HETAGE	-,282	,305	-,048	-,925	,356
	FEMBMTBM	-,378	,132	-,168	-2,871	,005
	HETNAT	,202	,056	,204	3,606	,000

a. Abhängige Variable: DOICM

Anhang 40: Regressionsanalyse Heterogenität der Nationalitäten und Unternehmensinternationalisierung
Quelle: Eigene Berechnung.

Modellzusammenfassung[b]

Modell	R	R-Quadrat	Korrigiertes R-Quadrat	Standardfehler des Schätzers
1	,726[a]	,527	,478	,1745959

a. Einflußvariablen : (Konstante), NCLBMTBM, NO, HETAGE, PDIV, GB, GHOLD, IC6, FAGE, FHOLD, IC5, SE, AT, DK, IC2, RDINT, CH, FEMBMTBM, IC4, DE, FSIZE, US, BISZE

b. Abhängige Variable: DOICM

ANOVA[b]

Modell		Quadratsumme	df	Mittel der Quadrate	F	Signifikanz
1	Regression	7,111	22	,323	10,603	,000[a]
	Residuen	6,371	209	,030		
	Gesamt	13,482	231			

a. Einflußvariablen : (Konstante), NCLBMTBM, NO, HETAGE, PDIV, GB, GHOLD, IC6, FAGE, FHOLD, IC5, SE, AT, DK, IC2, RDINT, CH, FEMBMTBM, IC4, DE, FSIZE, US, BISZE

b. Abhängige Variable: DOICM

Koeffizienten[a]

Modell		Nicht standardisierte Koeffizienten		Standardisierte Koeffizienten	T	Signifikanz
		B	Standardfehler	Beta		
1	(Konstante)	,563	,157		3,591	,000
	IC2	-,097	,050	-,118	-1,939	,054
	IC4	-,225	,037	-,378	-6,030	,000
	IC5	-,153	,044	-,190	-3,453	,001
	IC6	,009	,055	,009	,171	,864
	DE	,060	,062	,081	,975	,331
	AT	,078	,061	,091	1,287	,200
	CH	,139	,058	,178	2,405	,017
	US	,020	,058	,026	,339	,735
	GB	,077	,051	,105	1,506	,133
	SE	,048	,060	,065	,787	,432
	NO	,023	,068	,028	,336	,737
	DK	,139	,067	,175	2,058	,041
	FSIZE	,018	,011	,134	1,613	,108
	FAGE	,024	,011	,109	2,127	,035
	RDINT	,898	,294	,184	3,048	,003
	PDIV	,068	,049	,073	1,390	,166
	FHOLD	-,008	,103	-,004	-,079	,937
	GHOLD	-,053	,136	-,021	-,392	,695
	BISZE	-,106	,065	-,154	-1,623	,106
	HETAGE	-,279	,309	-,047	-,904	,367
	FEMBMTBM	-,332	,134	-,148	-2,477	,014
	NCLBMTBM	,204	,075	,146	2,726	,007

a. Abhängige Variable: DOICM

Anhang 41: Regression Nicht-Cluster Mitglieder und Unternehmensinternationalisierung
Quelle: Eigene Berechnung.

Modellzusammenfassung[b]

Modell	R	R-Quadrat	Korrigiertes R-Quadrat	Standardfehler des Schätzers
1	,723[a]	,523	,473	,1754162

a. Einflußvariablen : (Konstante), HETCULT, BISZE, DE, IC5, HETAGE, FAGE, GHOLD, IC6, PDIV, FHOLD, AT, CH, IC2, SE, RDINT, FEMBMTBM, GB, IC4, DK, CA, FSIZE, NO

b. Abhängige Variable: DOICM

ANOVA[b]

Modell		Quadratsumme	df	Mittel der Quadrate	F	Signifikanz
1	Regression	7,051	22	,320	10,415	,000[a]
	Residuen	6,431	209	,031		
	Gesamt	13,482	231			

a. Einflußvariablen : (Konstante), HETCULT, BISZE, DE, IC5, HETAGE, FAGE, GHOLD, IC6, PDIV, FHOLD, AT, CH, IC2, SE, RDINT, FEMBMTBM, GB, IC4, DK, CA, FSIZE, NO

b. Abhängige Variable: DOICM

Koeffizienten[a]

Modell		Nicht standardisierte Koeffizienten		Standardisierte Koeffizienten	T	Signifikanz
		B	Standardfehler	Beta		
1	(Konstante)	,594	,162		3,661	,000
	IC2	-,101	,050	-,123	-2,001	,047
	IC4	-,224	,037	-,377	-5,983	,000
	IC5	-,160	,044	-,198	-3,602	,000
	IC6	,012	,056	,011	,216	,829
	DE	,046	,058	,063	,803	,423
	AT	,059	,067	,068	,873	,383
	CH	,127	,059	,164	2,169	,031
	GB	,057	,052	,078	1,098	,273
	CA	-,016	,058	-,022	-,282	,778
	SE	,035	,059	,048	,592	,554
	NO	,008	,072	,010	,111	,912
	DK	,120	,068	,152	1,770	,078
	FSIZE	,017	,011	,128	1,528	,128
	FAGE	,023	,011	,105	2,051	,042
	RDINT	,882	,296	,180	2,980	,003
	PDIV	,069	,049	,074	1,392	,166
	FHOLD	-,003	,104	-,001	-,027	,979
	GHOLD	-,060	,137	-,023	-,437	,662
	BISZE	-,107	,066	-,156	-1,629	,105
	HETAGE	-,292	,311	-,049	-,939	,349
	FEMBMTBM	-,338	,135	-,150	-2,513	,013
	HETCULT	,149	,064	,125	2,327	,021

a. Abhängige Variable: DOICM

Anhang 42: Regressionsanalyse kulturelle Heterogenität und Unternehmensinternationalisierung
Quelle: Eigene Berechnung.

Modellzusammenfassung[b]

Modell	R	R-Quadrat	Korrigiertes R-Quadrat	Standardfehler des Schätzers
1	,469[a]	,220	,138	,0581351

a. Einflußvariablen : (Konstante), FBMTBM, HETAGE, GHOLD, PDIV, SE, IC6, FAGE, NO, IC5, DE, CA, DK, RDINT, FHOLD, IC2, AT, FEMBMTBM, CH, IC4, US, FSIZE, BISZE

b. Abhängige Variable: ROA

ANOVA[b]

Modell		Quadratsumme	df	Mittel der Quadrate	F	Signifikanz
1	Regression	,200	22	,009	2,684	,000[a]
	Residuen	,706	209	,003		
	Gesamt	,906	231			

a. Einflußvariablen : (Konstante), FBMTBM, HETAGE, GHOLD, PDIV, SE, IC6, FAGE, NO, IC5, DE, CA, DK, RDINT, FHOLD, IC2, AT, FEMBMTBM, CH, IC4, US, FSIZE, BISZE

b. Abhängige Variable: ROA

Koeffizienten[a]

Modell		Nicht standardisierte Koeffizienten		Standardisierte Koeffizienten	T	Signifikanz
		B	Standardfehler	Beta		
1	(Konstante)	,260	,052		4,979	,000
	IC2	-,001	,017	-,003	-,040	,968
	IC4	-,017	,012	-,107	-1,334	,184
	IC5	,018	,015	,086	1,208	,228
	IC6	,009	,018	,033	,509	,611
	DE	-,029	,019	-,153	-1,545	,124
	AT	-,049	,021	-,220	-2,358	,019
	CH	-,033	,018	-,165	-1,867	,063
	US	,022	,018	,115	1,254	,211
	CA	-,042	,017	-,213	-2,458	,015
	SE	-,028	,019	-,147	-1,480	,140
	NO	-,043	,023	-,204	-1,875	,062
	DK	-,022	,022	-,105	-,989	,324
	FSIZE	-,015	,004	-,428	-4,003	,000
	FAGE	,006	,004	,102	1,559	,121
	RDINT	,041	,098	,032	,415	,678
	PDIV	,010	,016	,040	,587	,558
	FHOLD	-,020	,034	-,041	-,578	,564
	GHOLD	,029	,045	,044	,650	,516
	BISZE	-,012	,022	-,065	-,535	,593
	HETAGE	-,098	,103	-,064	-,957	,340
	FEMBMTBM	,069	,044	,119	1,558	,121
	FBMTBM	,046	,021	,160	2,193	,029

a. Abhängige Variable: ROA

Anhang 43: Regressionsanalyse Ausländeranteil und Unternehmenserfolg (ROA)
Quelle: Eigene Berechnung.

Modellzusammenfassung[b]

Modell	R	R-Quadrat	Korrigiertes R-Quadrat	Standardfehler des Schätzers
1	,475[a]	,226	,145	,0579195

a. Einflußvariablen : (Konstante), HETNAT, FEMBMTBM, RDINT, FAGE, BISZE, GHOLD, PDIV04, HETAGE, IC6, IC5, FHOLD, CH, SE, IC2, AT, DE, GB, IC4, DK, CA, FSIZE, NO

b. Abhängige Variable: ROA

ANOVA[b]

Modell		Quadratsumme	df	Mittel der Quadrate	F	Signifikanz
1	Regression	,205	22	,009	2,775	,000[a]
	Residuen	,701	209	,003		
	Gesamt	,906	231			

a. Einflußvariablen : (Konstante), HETNAT, FEMBMTBM, RDINT, FAGE, BISZE, GHOLD, PDIV, HETAGE, IC6, IC5, FHOLD, CH, SE, IC2, AT, DE, GB, IC4, DK, CA, FSIZE, NO

b. Abhängige Variable: ROA

Koeffizienten[a]

Modell		Nicht standardisierte Koeffizienten		Standardisierte Koeffizienten		
		B	Standardfehler	Beta	T	Signifikanz
1	(Konstante)	,288	,054		5,373	,000
	IC2	-,001	,017	-,007	-,084	,933
	IC4	-,015	,012	-,097	-1,211	,227
	IC5	,019	,015	,091	1,290	,198
	IC6	,010	,018	,036	,554	,580
	DE	-,054	,019	-,281	-2,820	,005
	AT	-,073	,022	-,329	-3,290	,001
	CH	-,058	,020	-,290	-2,867	,005
	GB	-,027	,018	-,142	-1,477	,141
	CA	-,067	,020	-,344	-3,356	,001
	SE	-,052	,020	-,276	-2,642	,009
	NO	-,068	,024	-,325	-2,819	,005
	DK	-,047	,023	-,231	-2,095	,037
	FSIZE	-,015	,004	-,433	-4,070	,000
	FAGE	,006	,004	,101	1,545	,124
	RDINT	,036	,098	,029	,373	,710
	PDIV	,010	,016	,043	,637	,525
	FHOLD	-,018	,034	-,036	-,516	,607
	GHOLD	,028	,045	,041	,614	,540
	BSIZE	-,014	,022	-,077	-,633	,528
	HETAGE	-,103	,102	-,067	-1,004	,316
	FEMBMTBM	,064	,044	,110	1,444	,150
	HETNAT	,048	,019	,185	2,531	,012

a. Abhängige Variable: ROA

Anhang 44: Regressionsanalyse Heterogenität der Nationalitäten und Unternehmenserfolg (ROA)
Quelle: Eigene Berechnung.

Modellzusammenfassung[b]

Modell	R	R-Quadrat	Korrigiertes R-Quadrat	Standardfehler des Schätzers
1	,485[a]	,235	,154	,0575863

a. Einflußvariablen : (Konstante), NCLBMTBM, NO, HETAGE, PDIV, GB, GHOLD, IC6, FAGE, FHOLD, IC5, SE, AT, DK, IC2, RDINT, CH, FEMBMTBM, IC4, DE, FSIZE, US, BISZE

b. Abhängige Variable: ROA

ANOVA[b]

Modell		Quadratsumme	df	Mittel der Quadrate	F	Signifikanz
1	Regression	,213	22	,010	2,917	,000[a]
	Residuen	,693	209	,003		
	Gesamt	,906	231			

a. Einflußvariablen : (Konstante), NCLBMTBM, NO, HETAGE, PDIV, GB, GHOLD, IC6, FAGE, FHOLD, IC5, SE, AT, DK, IC2, RDINT, CH, FEMBMTBM, IC4, DE, FSIZE4, US, BISZE

b. Abhängige Variable: ROA

Koeffizienten[a]

Modell		Nicht standardisierte Koeffizienten		Standardisierte Koeffizienten		
		B	Standardfehler	Beta	T	Signifikanz
1	(Konstante)	,227	,052		4,384	,000
	IC2	-,001	,017	-,004	-,057	,955
	IC4	-,015	,012	-,098	-1,230	,220
	IC5	,019	,015	,091	1,301	,195
	IC6	,006	,018	,022	,344	,732
	DE	7,79E-005	,020	,000	,004	,997
	AT	-,016	,020	-,073	-,812	,418
	CH	,001	,019	,004	,047	,963
	US	,053	,019	,274	2,788	,006
	GB	,039	,017	,204	2,297	,023
	SE	,001	,020	,005	,050	,960
	NO	-,013	,023	-,061	-,562	,574
	DK	,011	,022	,054	,499	,618
	FSIZE	-,015	,004	-,433	-4,102	,000
	FAGE	,007	,004	,121	1,852	,065
	RDINT	,051	,097	,040	,528	,598
	PDIV	,015	,016	,060	,902	,368
	FHOLD	-,022	,034	-,044	-,636	,526
	GHOLD	,044	,045	,066	,983	,327
	BSIZE	-,013	,022	-,071	-,583	,561
	HETAGE	-,105	,102	-,069	-1,032	,303
	FEMBMTBM	,079	,044	,136	1,789	,075
	NCLBMTBM	,074	,025	,203	2,984	,003

a. Abhängige Variable: ROA

Anhang 45: Regressionsanalyse Nicht-Cluster Mitglieder und Unternehmenserfolg (ROA)
Quelle: Eigene Berechnung.

Modellzusammenfassung[b]

Modell	R	R-Quadrat	Korrigiertes R-Quadrat	Standardfehler des Schätzers
1	,489[a]	,239	,159	,0574217

a. Einflußvariablen : (Konstante), HETCULT, BISZE, DE, IC5, HETAGE, FAGE, GHOLD4, IC6, PDIV, FHOLD, AT, CH, IC2, SE, RDINT, FEMBMTBM, GB, IC4, DK, CA, FSIZE, NO

b. Abhängige Variable: ROA

ANOVA[b]

Modell		Quadratsumme	df	Mittel der Quadrate	F	Signifikanz
1	Regression	,217	22	,010	2,988	,000[a]
	Residuen	,689	209	,003		
	Gesamt	,906	231			

a. Einflußvariablen : (Konstante), HETCULT, BISZE, DE, IC5, HETAGE, FAGE, GHOLD, IC6, PDIV, FHOLD, AT, CH, IC2, SE, RDINT, FEMBMTBM, GB, IC4, DK, CA, FSIZE, NO

b. Abhängige Variable: ROA

Koeffizienten[a]

Modell		Nicht standardisierte Koeffizienten		Standardisierte Koeffizienten		
		B	Standardfehler	Beta	T	Signifikanz
1	(Konstante)	,285	,053		5,374	,000
	IC2	-,003	,017	-,015	-,191	,848
	IC4	-,014	,012	-,092	-1,157	,249
	IC5	,018	,015	,085	1,221	,224
	IC6	,006	,018	,020	,308	,759
	DE	-,052	,019	-,271	-2,751	,006
	AT	-,070	,022	-,315	-3,187	,002
	CH	-,052	,019	-,257	-2,692	,008
	GB	-,016	,017	-,085	-,954	,341
	CA	-,052	,019	-,266	-2,717	,007
	SE	-,051	,019	-,271	-2,642	,009
	NO	-,066	,024	-,315	-2,774	,006
	DK	-,043	,022	-,209	-1,931	,055
	FSIZE	-,016	,004	-,452	-4,262	,000
	FAGE	,007	,004	,121	1,857	,065
	RDINT	,046	,097	,036	,476	,635
	PDIV	,016	,016	,066	,980	,328
	FHOLD	-,021	,034	-,044	-,633	,527
	GHOLD	,045	,045	,067	1,001	,318
	BISZE	-,013	,022	-,072	-,595	,553
	HETAGE	-,113	,102	-,074	-1,110	,268
	FEMBMTBM	,079	,044	,136	1,797	,074
	HETCULT	,067	,021	,217	3,187	,002

a. Abhängige Variable: ROA

Anhang 46: Regressionsanalyse kulturelle Heterogenität und Unternehmenserfolg (ROA)
Quelle: Eigene Berechnung.

Modellzusammenfassung[b]

Modell	R	R-Quadrat	Korrigiertes R-Quadrat	Standardfehler des Schätzers
1	,669[a]	,448	,390	,349647111473257

a. Einflußvariablen : (Konstante), FBMTBM, HETAGE, GHOLD, PDIV, SE, IC6, FAGE, NO, IC5, DE, CA, DK, RDINT, FHOLD, IC2, AT, FEMBMTBM, CH, IC4, US, FSIZE, BISZE

b. Abhängige Variable: QRATIO (ln)

ANOVA[b]

Modell		Quadratsumme	df	Mittel der Quadrate	F	Signifikanz
1	Regression	20,720	22	,942	7,704	,000[a]
	Residuen	25,551	209	,122		
	Gesamt	46,271	231			

a. Einflußvariablen : (Konstante), FBMTBM, HETAGE, GHOLD, PDIV, SE, IC6, FAGE, NO, IC5, DE, CA, DK, RDINT, FHOLD, IC2, AT, FEMBMTBM, CH, IC4, US, FSIZE, BISZE

b. Abhängige Variable: QRATIO(ln)

Koeffizienten[a]

Modell		Nicht standardisierte Koeffizienten		Standardisierte Koeffizienten		
		B	Standardfehler	Beta	T	Signifikanz
1	(Konstante)	2,068	,314		6,576	,000
	IC2	-,075	,100	-,049	-,747	,456
	IC4	-,256	,074	-,232	-3,434	,001
	IC5	,201	,089	,134	2,250	,026
	IC6	,238	,110	,118	2,160	,032
	DE	-,235	,114	-,172	-2,064	,040
	AT	-,397	,125	-,250	-3,175	,002
	CH	-,163	,107	-,113	-1,517	,131
	US	,181	,108	,130	1,682	,094
	CA	-,164	,102	-,118	-1,610	,109
	SE	-,195	,113	-,144	-1,726	,086
	NO	-,374	,137	-,250	-2,729	,007
	DK	-,239	,131	-,163	-1,820	,070
	FSIZE	-,125	,023	-,498	-5,546	,000
	FAGE	-,016	,022	-,040	-,729	,467
	RDINT	2,314	,590	,256	3,925	,000
	PDIV	-,099	,098	-,057	-1,013	,312
	FHOLD	-,322	,207	-,092	-1,556	,121
	GHOLD	,459	,271	,097	1,696	,091
	BISZE	-,035	,131	-,028	-,270	,787
	HETAGE	-,143	,618	-,013	-,231	,817
	FEMBMTBM	,457	,267	,110	1,709	,089
	FBMTBM	,281	,127	,137	2,222	,027

a. Abhängige Variable: QRATIO (ln)

Anhang 47: Regressionsanalyse Ausländeranteil und Unternehmenserfolg (QRATIO)
Quelle: Eigene Berechnung.

Modellzusammenfassung[b]

Modell	R	R-Quadrat	Korrigiertes R-Quadrat	Standardfehler des Schätzers
1	,669[a]	,447	,389	,349902390126063

a. Einflußvariablen : (Konstante), HETNAT, FEMBMTBM, RDINT, FAGE, BISZE, GHOLD, PDIV, HETAGE, IC6, IC5, FHOLD, CH, SE, IC2, AT, DE, GB, IC4, DK, CA, FSIZE, NO

b. Abhängige Variable: QRATIO (ln)

ANOVA[b]

Modell		Quadratsumme	df	Mittel der Quadrate	F	Signifikanz
1	Regression	20,683	22	,940	7,679	,000[a]
	Residuen	25,588	209	,122		
	Gesamt	46,271	231			

a. Einflußvariablen : (Konstante), HETNAT, FEMBMTBM, RDINT, LNFIRMAGE, LNBISZE, GHOLD, PDIV, HETAGE, IC6, IC5, FHOLD, CH, SE, IC2, AT, DE, GB, IC4, DK, CA, FSIZE, NO

b. Abhängige Variable: QRATIO (ln)

Koeffizienten[a]

Modell		Nicht standardisierte Koeffizienten		Standardisierte Koeffizienten		
		B	Standardfehler	Beta	T	Signifikanz
1	(Konstante)	2,274	,324		7,015	,000
	IC2	-,077	,100	-,051	-,767	,444
	IC4	-,250	,075	-,227	-3,339	,001
	IC5	,201	,089	,135	2,251	,025
	IC6	,246	,110	,122	2,239	,026
	DE	-,424	,116	-,309	-3,670	,000
	AT	-,584	,134	-,367	-4,349	,000
	CH	-,342	,123	-,238	-2,781	,006
	GB	-,192	,110	-,142	-1,747	,082
	CA	-,351	,121	-,252	-2,902	,004
	SE	-,379	,119	-,281	-3,181	,002
	NO	-,562	,146	-,376	-3,865	,000
	DK	-,432	,137	-,295	-3,154	,002
	FSIZE	-,125	,023	-,498	-5,537	,000
	FAGE	-,017	,022	-,042	-,759	,449
	RDINT	2,294	,590	,253	3,887	,000
	PDIV	-,094	,098	-,055	-,964	,336
	FHOLD	-,303	,206	-,087	-1,469	,143
	GHOLD	,451	,271	,095	1,664	,098
	BISZE	-,048	,131	-,037	-,363	,717
	HETAGE	-,165	,619	-,015	-,266	,790
	FEMBMTBM	,427	,267	,103	1,598	,112
	HETNAT	,245	,114	,133	2,150	,033

a. Abhängige Variable: QRATIO (ln)

Anhang 48: Regressionsanalyse Heterogenität der Nationalitäten und Unternehmenserfolg (QRATIO)
Quelle: Eigene Berechnung.

Modellzusammenfassung[b]

Modell	R	R-Quadrat	Korrigiertes R-Quadrat	Standardfehler des Schätzers
1	,667[a]	,445	,387	,350431200637089

a. Einflußvariablen : (Konstante), NCLBMTBM, NO, HETAGE, PDIV, GB, GHOLD, IC6, FAGE, FHOLD, IC5, SE, AT, DK, IC2, RDINT, CH, FEMBMTBM IC4, DE, FSIZE, US, BISZE

b. Abhängige Variable: QRATIO (ln)

ANOVA[b]

Modell		Quadratsumme	df	Mittel der Quadrate	F	Signifikanz
1	Regression	20,605	22	,937	7,627	,000[a]
	Residuen	25,666	209	,123		
	Gesamt	46,271	231			

a. Einflußvariablen : (Konstante), NCLBMTBM, NO, HETAGE, PDIV, GB, GHOLD, IC6, FAGE, FHOLD, IC5, SE, AT, DK, IC2, RDINT, CH, FEMBMTBM, IC4, DE, FSIZE, US, BISZE

b. Abhängige Variable: QRATIO (ln)

Koeffizienten[a]

Modell		Nicht standardisierte Koeffizienten		Standardisierte Koeffizienten		
		B	Standardfehler	Beta	T	Signifikanz
1	(Konstante)	1,951	,315		6,196	,000
	IC2	-,073	,101	-,048	-,721	,472
	IC4	-,254	,075	-,230	-3,394	,001
	IC5	,194	,089	,130	2,175	,031
	IC6	,235	,111	,116	2,115	,036
	DE	-,135	,123	-,098	-1,093	,276
	AT	-,285	,122	-,179	-2,330	,021
	CH	-,018	,116	-,013	-,159	,873
	US	,280	,117	,201	2,405	,017
	GB	,155	,102	,115	1,519	,130
	SE	-,091	,121	-,067	-,749	,455
	NO	-,265	,137	-,177	-1,931	,055
	DK	-,120	,135	-,082	-,889	,375
	FSIZE	-,124	,023	-,492	-5,479	,000
	FAGE	-,012	,022	-,031	-,557	,578
	RDINT	2,362	,591	,261	3,996	,000
	PDIV	-,077	,098	-,045	-,782	,435
	FHOLD	-,314	,207	-,090	-1,515	,131
	GHOLD	,520	,273	,109	1,906	,058
	BISZE	-,042	,131	-,033	-,323	,747
	HETAGE	-,167	,620	-,015	-,270	,788
	FEMBMTBM	,492	,269	,118	1,830	,069
	NCLBMTBM	,300	,150	,116	1,995	,047

a. Abhängige Variable: QRATIO (ln)

Anhang 49: Regressionsanalyse Nicht-Cluster Mitglieder und Unternehmenserfolg (QRATIO)
Quelle: Eigene Berechnung.

Modellzusammenfassung[b]

Modell	R	R-Quadrat	Korrigiertes R-Quadrat	Standardfehler des Schätzers
1	,666[a]	,444	,386	,350804777203210

a. Einflußvariablen : (Konstante), HETCULT, BISZE, DE, IC5, HETAGE, FAGE, GHOLD, IC6, PDIV, FHOLD, AT, CH, IC2, SE, RDINT, FEMBMTBM, GB, IC4, DK, CA, FSIZE, NO

b. Abhängige Variable: QRATIO (ln)

ANOVA[b]

Modell		Quadratsumme	df	Mittel der Quadrate	F	Signifikanz
1	Regression	20,550	22	,934	7,590	,000[a]
	Residuen	25,720	209	,123		
	Gesamt	46,271	231			

a. Einflußvariablen : (Konstante), HETCULT, BISZE, DE, IC5, HETAGE, FAGE, GHOLD, IC6, PDIV, FHOLD, AT, CH, IC2, SE, RDINT, FEMBMTBM, GB, IC4, DK, CA, FSIZE, NO

b. Abhängige Variable: QRATIO (ln)

Koeffizienten[a]

Modell		Nicht standardisierte Koeffizienten		Standardisierte Koeffizienten		
		B	Standardfehler	Beta	T	Signifikanz
1	(Konstante)	2,250	,324		6,933	,000
	IC2	-,080	,101	-,052	-,789	,431
	IC4	-,252	,075	-,229	-3,360	,001
	IC5	,186	,089	,124	2,095	,037
	IC6	,236	,111	,117	2,122	,035
	DE	-,408	,115	-,297	-3,537	,000
	AT	-,566	,134	-,356	-4,218	,000
	CH	-,290	,117	-,202	-2,470	,014
	GB	-,128	,103	-,094	-1,237	,217
	CA	-,275	,117	-,198	-2,356	,019
	SE	-,363	,119	-,269	-3,061	,002
	NO	-,540	,145	-,362	-3,731	,000
	DK	-,401	,136	-,273	-2,953	,004
	FSIZE	-,125	,023	-,499	-5,512	,000
	FAGE	-,013	,022	-,033	-,587	,558
	RDINT	2,339	,592	,258	3,955	,000
	PDIV	-,074	,098	-,043	-,754	,452
	FHOLD	-,309	,207	-,088	-1,490	,138
	GHOLD	,516	,273	,108	1,888	,060
	BISZE	-,043	,131	-,034	-,331	,741
	HETAGE	-,191	,621	-,017	-,307	,759
	FEMBMTBM	,487	,269	,117	1,809	,072
	HETCULT	,241	,128	,109	1,878	,062

a. Abhängige Variable: QRATIO (ln)

Anhang 50: Regressionsanalyse kulturelle Heterogenität und Unternehmenserfolg (QRATIO))
Quelle: Eigene Berechnung.

	N = 149	M	SD	1	2	3	4	5	6	7	8	9	10
1	IC2	0,0805	0,2730	1									
2	IC3	0,5839	0,4946	-0,351 ****	1								
3	IC4	0,2081	0,4073	-0,152 *	-0,607 ****	1							
4	IC5	0,0738	0,2624	-0,084	-0,334 ****	-0,145 *	1						
5	IC6	0,0537	0,2262	-0,070	-0,282 ****	-0,122	-0,067	1					
6	DE	0,1879	0,3920	-0,142 *	0,023	0,050	-0,004	0,038	1				
7	AT	0,1342	0,3420	0,028	0,053	0,041	-0,111	-0,094	-0,189 **	1			
8	CH	0,1678	0,3749	-0,133	0,160 *	-0,053	-0,127	0,052	-0,216 ***	-0,177 **	1		
9	SE	0,1946	0,3973	0,104	0,002	-0,127	0,121	-0,042	-0,236 ***	-0,194 **	-0,221 ***	1	
10	NO	0,1544	0,3625	0,283 ****	-0,205 **	0,056	0,021	-0,019	-0,206 **	-0,168 **	-0,192 **	-0,210 **	1
11	DK	0,1611	0,3688	-0,130	-0,038	0,045	0,086	0,058	-0,211 **	-0,173 **	-0,197 **	-0,215 ***	-0,187 **
12	FSIZE, ln	9,1206	1,7860	-0,302 ****	0,210 **	-0,054	-0,023	0,028	0,518 ****	-0,159 *	0,095	0,062	-0,374 ****
13	FAGE, ln	3,7708	1,1624	-0,116	0,147 *	0,028	-0,115	-0,100	0,051	0,084	-0,109	-0,058	-0,048
14	RDINT	0,0259	0,0422	-0,153 *	0,303 ****	-0,299 ****	-0,153 *	0,237 ***	0,046	-0,159 *	0,189 **	-0,103	-0,094
15	PDIV	0,3531	0,2542	-0,151 *	0,205 **	-0,075	-0,087	-0,029	0,153 *	0,007	-0,008	0,030	-0,126
16	FHOLD	0,0763	0,1173	-0,050	-0,055	0,074	-0,042	0,094	-0,192 **	0,051	0,195 **	-0,037	0,128
17	GHOLD	0,0281	0,1165	-0,072	-0,235 ***	0,409 ****	-0,068	-0,058	0,070	-0,009	-0,011	-0,066	0,070
18	BSIZE	1,9664	0,2767	-0,051	-0,015	0,180 **	-0,082	-0,136 *	0,311 ****	0,062	0,243 ***	0,018	-0,351 ****
19	HETAGE	0,1208	0,0421	0,260 ***	-0,116	0,053	-0,212 **	0,089	-0,088	0,195 **	-0,074	0,110	0,094
20	FEMBMTBM	0,0922	0,1177	0,099	-0,139 *	0,091	0,066	-0,056	-0,267 ***	-0,204 **	-0,124	0,338 ****	0,346 ****
21	ANGLOBM	0,2819	0,4514	0,143 *	0,075	-0,174 **	-0,177 **	0,182 **	0,004	-0,203 **	0,278 ***	0,031	0,021
22	FBMTBM	0,2174	0,2301	-0,013	0,084	-0,040	-0,207 **	0,143 *	-0,076	-0,183 **	0,422 ****	-0,022	-0,064
23	HETNAT	0,2832	0,2534	-0,003	0,129	-0,071	-0,226 ***	0,110	-0,063	-0,196 **	0,387 ****	-0,017	-0,053
24	NCLBMTBM	0,1265	0,1965	0,042	0,075	-0,135	-0,164 **	0,218 ***	0,009	-0,164 **	0,244 ***	0,056	-0,045
25	HETCULT	0,1613	0,2161	0,045	0,112	-0,173 **	-0,182 **	0,224 ***	0,011	-0,155 *	0,241 ***	0,052	-0,057
26	QRATIO, ln	0,6049	0,4522	0,079	-0,045	-0,260 ***	0,183 **	0,258 ***	-0,257 ***	-0,175 **	0,128	0,082	0,075

	N = 149	M	SD	11	12	13	14	15	16	17	18	19	20
1	IC2	0,0805	0,2730										
2	IC3	0,5839	0,4946										
3	IC4	0,2081	0,4073										
4	IC5	0,0738	0,2624										
5	IC6	0,0537	0,2262										
6	DE	0,1879	0,3920										
7	AT	0,1342	0,3420										
8	CH	0,1678	0,3749										
9	SE	0,1946	0,3973										
10	NO	0,1544	0,3625										
11	DK	0,1611	0,3688	1									
12	FSIZE, ln	9,1206	1,7860	-0,198 **	1								
13	FAGE, ln	3,7708	1,1624	0,088	0,120	1							
14	RDINT	0,0259	0,0422	0,111	0,032	-0,122	1						
15	PDIV	0,3531	0,2542	-0,070	0,335 ****	0,130	-0,092	1					
16	FHOLD	0,0763	0,1173	-0,128	-0,180 **	-0,055	-0,055	-0,179 **	1				
17	GHOLD	0,0281	0,1165	-0,052	0,149 *	-0,091	-0,127	-0,007	-0,017	1			
18	BSIZE	1,9664	0,2767	-0,310 ****	0,587 ****	0,016	-0,058	0,159 *	-0,042	0,114	1		
19	HETAGE	0,1208	0,0421	-0,221 ***	-0,183 **	0,033	-0,202 **	-0,031	0,030	-0,036	0,028	1	
20	FEMBMTBM	0,0922	0,1177	-0,105	-0,045	0,057	-0,128	0,062	0,089	0,165 **	-0,090	0,198 **	1
21	ANGLOBM	0,2819	0,4514	-0,153 *	0,037	-0,156 *	0,220 ***	-0,035	-0,027	-0,151 *	0,115	0,174 **	0,024
22	FBMTBM	0,2174	0,2301	-0,092	0,121	-0,130	0,131	0,050	0,120	-0,013	0,085	0,041	-0,021
23	HETNAT	0,2832	0,2534	-0,075	0,151 *	-0,110	0,180 **	0,053	0,069	0,001	0,122	0,054	0,031
24	NCLBMTBM	0,1265	0,1965	-0,122	0,056	-0,175 **	0,118	-0,025	0,111	-0,137 *	0,047	0,052	-0,106
25	HETCULT	0,1613	0,2161	-0,111	0,084	-0,153 *	0,165 **	-0,016	0,080	-0,151 *	0,058	0,079	-0,094
26	QRATIO, ln	0,6049	0,4522	0,142 *	-0,328 ****	-0,156 *	0,321 ****	-0,211 **	0,016	-0,075	-0,282 ****	-0,104	0,083

Korrelation nach Pearson, 2-seitig; ****: $p < 0,001$, ***: $p < 0,01$, **: $p < 0,05$, *: $p < 0,10$

N: Anzahl der Untersuchungseinheiten, M: Mittelwert, SD: Standardabweichung, ln: Logarithmus Naturalis

FSIZE: Unternehmensgröße FAGE: Unternehmensalter, RDINT: F&E-Intensität, PDIV: Produktdiversifikation, FHOLD: ausländischer Anteilsbesitz, GHOLD: staatlicher Anteilsbesitz

BSIZE: Board-Größe, HETAGE: Altersheterogenität im Board, FEMBMTBM: Frauenanteil im Board

ANGLOBM: Existenz von angloamerikanischen Mitgliedern (binär)

FBMTBM: Ausländeranteil, HETNAT: Heterogenität der Nationalitäten, NCLBMTBM: Anteil Nicht-Cluster Mitglieder, HETCULT: kulturelle Heterogenität

QRATIO: Unternehmenserfolg (kapitalmarktorientiert)

Anhang 51: Deskriptive Statistik und Korrelationskoeffizienten zur Analyse des Einfluss angloamerikanischer Mitglieder im Board auf den Unternehmenserfolg (QRATIO)

Quelle: Eigene Berechnung.

	N = 149	M	SD	21	22	23	24	25
1	IC2	0,0805	0,2730					
2	IC3	0,5839	0,4946					
3	IC4	0,2081	0,4073					
4	IC5	0,0738	0,2624					
5	IC6	0,0537	0,2262					
6	DE	0,1879	0,3920					
7	AT	0,1342	0,3420					
8	CH	0,1678	0,3749					
9	SE	0,1946	0,3973					
10	NO	0,1544	0,3625					
11	DK	0,1611	0,3688					
12	FSIZE, ln	9,1206	1,7860					
13	FAGE, ln	3,7708	1,1624					
14	RDINT	0,0259	0,0422					
15	PDIV	0,3531	0,2542					
16	FHOLD	0,0763	0,1173					
17	GHOLD	0,0281	0,1165					
18	BSIZE	1,9664	0,2767					
19	HETAGE	0,1208	0,0421					
20	FEMBMTBM	0,0922	0,1177					
21	ANGLOBM	0,2819	0,4514	1				
22	FBMTBM	0,2174	0,2301	0,566 ****	1			
23	HETNAT	0,2832	0,2534	0,630 ****	0,952 ****	1		
24	NCLBMTBM	0,1265	0,1965	0,669 ****	0,780 ****	0,733 ****	1	
25	HETCULT	0,1613	0,2161	0,754 ****	0,741 ****	0,755 ****	0,954 ****	1
26	QRATIO, ln	0,6049	0,4522	0,133	0,188 **	0,170 **	0,190 **	0,186 **

Korrelation nach Pearson, 2-seitig; ****: p < 0,001, ***: p < 0,01, **: p < 0,05, *: p < 0,10

N: Anzahl der Untersuchungseinheiten, M: Mittelwert, SD: Standardabweichung, ln: Logarithmus Naturalis

FSIZE: Unternehmensgröße FAGE: Unternehmensalter, RDINT: F&E-Intensität, PDIV: Produktdiversifikation, FHOLD: ausländischer Anteilsbesitz, GHOLD: staatlicher Anteilsbesitz

BSIZE: Board-Größe, HETAGE: Altersheterogenität im Board, FEMBMTBM: Frauenanteil im Board

ANGLOBM: Existenz von angloamerikanischen Mitgliedern (binär)

FBMTBM: Ausländeranteil, HETNAT: Heterogenität der Nationalitäten, NCLBMTBM: Anteil Nicht-Cluster Mitglieder, HETCULT: kulturelle Heterogenität

QRATIO: Unternehmenserfolg (kapitalmarktorientiert)

Anhang 51: Deskriptive Statistik und Korrelationskoeffizienten zur Analyse des Einfluss angloamerikanischer Mitglieder im Board auf den Unternehmenserfolg (QRATIO) (Fortsetzung)

Quelle: Eigene Berechnung.

Modellzusammenfassung

Modell	R CLUSTER ~= Anglo (ausgewählt)	R-Quadrat	Korrigiertes R-Quadrat	Standardfehler des Schätzers
1	,637[a]	,406	,319	,373281863272467

a. Einflußvariablen : (Konstante), ANGLOBM, DE, IC3, FHOLD, FAGE, HETAGE, SE, GHOLD, PDIV, IC6, NO, IC5, BISZE, AT, RDINT, IC2, FEMBMTBM, DK, FSIZE

ANOVA[b,c]

Modell		Quadratsumme	df	Mittel der Quadrate	F	Signifikanz
1	Regression	12,292	19	,647	4,643	,000[a]
	Residuen	17,975	129	,139		
	Gesamt	30,267	148			

a. Einflußvariablen : (Konstante), ANGLOBM, DE, IC3, FHOLD, FAGE, HETAGE, SE, GHOLD, PDIV, IC6, NO, IC5, BISZE, AT, RDINT, IC2, FEMBMTBM, DK, FSIZE

b. Abhängige Variable: QRATIO (ln)

c. Ausschließliche Auswahl von Fällen, bei denen CLUSTER ~= Anglo

Koeffizienten[a,b]

Modell		Nicht standardisierte Koeffizienten		Standardisierte Koeffizienten		
		B	Standardfehler	Beta	T	Signifikanz
1	(Konstante)	1,497	,374		4,005	,000
	IC2	,250	,144	,151	1,737	,085
	IC3	,208	,100	,228	2,078	,040
	IC5	,495	,146	,287	3,400	,001
	IC6	,657	,179	,328	3,666	,000
	DE	-,180	,117	-,156	-1,539	,126
	AT	-,255	,127	-,193	-2,011	,046
	SE	-,073	,118	-,064	-,616	,539
	NO	-,226	,139	-,181	-1,618	,108
	DK	-,126	,127	-,103	-,994	,322
	FSIZE	-,104	,030	-,409	-3,489	,001
	FAGE	,003	,029	,007	,090	,928
	RDINT	2,216	,896	,207	2,473	,015
	PDIV	-,131	,135	-,074	-,973	,333
	FHOLD	-,285	,290	-,074	-,983	,327
	GHOLD	,406	,309	,105	1,315	,191
	BSIZE	,036	,168	,022	,216	,829
	HETAGE	-1,292	,876	-,120	-1,475	,143
	FEMBMTBM	,452	,342	,118	1,319	,189
	ANGLOBM	,034	,080	,034	,426	,671

a. Abhängige Variable: QRATIO (ln)

b. Ausschließliche Auswahl von Fällen, bei denen CLUSTER ~= Anglo

Anhang 52: Regressionsanalyse angloamerikanische Board-Mitglieder und Unternehmenserfolg (QRATIO)
Quelle: Eigene Berechnung.

Modellzusammenfassung

Modell	R CLUSTER ~= Anglo (ausgewählt)	R-Quadrat	Korrigiertes R-Quadrat	Standardfehler des Schätzers
1	,660[a]	,436	,353	,363879698339784

a. Einflußvariablen : (Konstante), FBMTBM, IC2, GHOLD, SE, FHOLD, BISZE, FAGE, IC6, AT, PDIV, IC5, HETAGE, RDINT, DK, FEMBMTBM, IC4, CH, FSIZE, NO

ANOVA[b,c]

Modell		Quadratsumme	df	Mittel der Quadrate	F	Signifikanz
1	Regression	13,186	19	,694	5,241	,000[a]
	Residuen	17,081	129	,132		
	Gesamt	30,267	148			

a. Einflußvariablen : (Konstante), FBMTBM, IC2, GHOLD, SE, FHOLD, BISZE, FAGE, IC6, AT, PDIV, IC5, HETAGE, RDINT, DK, FEMBMTBM, IC4, CH, FSIZE, NO

b. Abhängige Variable: QRATIO (ln)

c. Ausschließliche Auswahl von Fällen, bei denen CLUSTER ~= Anglo

Koeffizienten[a,b]

Modell		Nicht standardisierte Koeffizienten		Standardisierte Koeffizienten	T	Signifikanz
		B	Standardfehler	Beta		
1	(Konstante)	1,494	,368		4,063	,000
	IC2	,026	,136	,015	,188	,851
	IC4	-,220	,097	-,199	-2,263	,025
	IC5	,333	,132	,193	2,521	,013
	IC6	,430	,144	,215	2,984	,003
	AT	-,071	,126	-,053	-,562	,575
	CH	,082	,120	,068	,687	,493
	SE	,083	,120	,073	,691	,491
	NO	-,064	,148	-,051	-,432	,666
	DK	,031	,125	,025	,248	,805
	FSIZE	-,115	,029	-,454	-3,928	,000
	FAGE	,010	,028	,025	,347	,729
	RDINT	2,206	,869	,206	2,538	,012
	PDIV	-,149	,131	-,084	-1,138	,257
	FHOLD	-,349	,282	-,091	-1,240	,217
	GHOLD	,419	,299	,108	1,403	,163
	BISZE	,078	,164	,048	,476	,635
	HETAGE	-1,411	,846	-,131	-1,667	,098
	FEMBMTBM	,486	,334	,126	1,457	,148
	FBMTBM	,399	,151	,203	2,635	,009

a. Abhängige Variable: QRATIO (ln)

b. Ausschließliche Auswahl von Fällen, bei denen CLUSTER ~= Anglo

Anhang 53: Regressionsanalyse Ausländeranteil und Unternehmenserfolg (QRATIO), ohne Anglo
Quelle: Eigene Berechnung.

Modellzusammenfassung

Modell	R CLUSTER ~= Anglo (ausgewählt)	R-Quadrat	Korrigiertes R-Quadrat	Standardfehler des Schätzers
1	,654[a]	,428	,344	,366247737284922

a. Einflußvariablen : (Konstante), HETNAT, GHOLD, PDIV, HETAGE, SE, IC6, FHOLD, FAGE, BISZE, IC2, IC5, AT, RDINT, DK, FEMBMTBM, IC4, CH, FSIZE, NO

ANOVA[b,c]

Modell		Quadratsumme	df	Mittel der Quadrate	F	Signifikanz
1	Regression	12,963	19	,682	5,086	,000[a]
	Residuen	17,304	129	,134		
	Gesamt	30,267	148			

a. Einflußvariablen : (Konstante), HETNAT, GHOLD, PDIV, HETAGE, SE, IC6, FHOLD, FAGE, BISZE, IC2, IC5, AT, RDINT, DK, FEMBMTBM, IC4, CH, FSIZE, NO

b. Abhängige Variable: QRATIO (ln)

c. Ausschließliche Auswahl von Fällen, bei denen CLUSTER ~= Anglo

Koeffizienten[a,b]

Modell		Nicht standardisierte Koeffizienten		Standardisierte Koeffizienten		
		B	Standardfehler	Beta	T	Signifikanz
1	(Konstante)	1,532	,370		4,141	,000
	IC2	,032	,136	,019	,233	,816
	IC4	-,207	,098	-,187	-2,117	,036
	IC5	,333	,133	,193	2,497	,014
	IC6	,447	,145	,224	3,088	,002
	AT	-,071	,127	-,054	-,561	,576
	CH	,107	,119	,088	,895	,373
	SE	,090	,121	,079	,747	,456
	NO	-,065	,149	-,052	-,437	,663
	DK	,027	,126	,022	,210	,834
	FSIZE	-,113	,029	-,447	-3,847	,000
	FAGE	,008	,028	,020	,279	,780
	RDINT	2,110	,877	,197	2,406	,018
	PDIV	-,141	,132	-,079	-1,068	,288
	FHOLD	-,317	,283	-,082	-1,121	,265
	GHOLD	,401	,301	,103	1,332	,185
	BISZE	,051	,164	,031	,308	,758
	HETAGE	-1,423	,853	-,133	-1,668	,098
	FEMBMTBM	,437	,336	,114	1,302	,195
	HETNAT	,313	,137	,175	2,278	,024

a. Abhängige Variable: QRATIO (ln)

b. Ausschließliche Auswahl von Fällen, bei denen CLUSTER ~= Anglo

Anhang 54: Regressionsanalyse Heterogenität der Nationalitäten und Unternehmenserfolg (QRATIO), ohne Anglo
Quelle: Eigene Berechnung.

Modellzusammenfassung

Modell	R CLUSTER ~= Anglo (ausgewählt)	R-Quadrat	Korrigiertes R-Quadrat	Standardfehler des Schätzers
1	,652[a]	,425	,341	,36721120190983

a. Einflußvariablen : (Konstante), NCLBMTBM, DE, IC3, HETAGE, FHOLD, FAGE, SE, GHOLD, PDIV, BISZE, IC6, AT, IC2, RDINT, FEMBMTBM, IC! DK, NO, FSIZE

ANOVA[b,c]

Modell		Quadratsumme	df	Mittel der Quadrate	F	Signifikanz
1	Regression	12,872	19	,677	5,024	,000[a]
	Residuen	17,395	129	,135		
	Gesamt	30,267	148			

a. Einflußvariablen : (Konstante), NCLBMTBM, DE, IC3, HETAGE, FHOLD, FAGE, SE, GHOLD, PDIV, BISZE, IC6, AT, IC2, RDINT, FEMBMTBM, IC5, DK, NO, FSIZE

b. Abhängige Variable: QRATIO (ln)

c. Ausschließliche Auswahl von Fällen, bei denen CLUSTER ~= Anglo

Koeffizienten[a,b]

Modell		Nicht standardisierte Koeffizienten		Standardisierte Koeffizienten	T	Signifikanz
		B	Standardfehler	Beta		
1	(Konstante)	1,419	,370		3,839	,000
	IC2	,241	,141	,146	1,715	,089
	IC3	,201	,098	,219	2,039	,044
	IC5	,527	,144	,306	3,662	,000
	IC6	,608	,177	,304	3,446	,001
	DE	-,158	,115	-,137	-1,372	,172
	AT	-,210	,123	-,159	-1,707	,090
	SE	-,067	,115	-,059	-,579	,563
	NO	-,206	,137	-,165	-1,502	,136
	DK	-,096	,124	-,078	-,771	,442
	FSIZE	-,106	,029	-,421	-3,640	,000
	FAGE	,010	,028	,026	,355	,723
	RDINT	2,318	,878	,216	2,642	,009
	PDIV	-,127	,132	-,071	-,959	,340
	FHOLD	-,339	,284	-,088	-1,194	,235
	GHOLD	,460	,303	,118	1,517	,132
	BSIZE	,045	,165	,028	,276	,783
	HETAGE	-1,307	,852	-,122	-1,534	,127
	FEMBMTBM	,533	,338	,139	1,576	,117
	NCLBMTBM	,366	,173	,159	2,119	,036

a. Abhängige Variable: QRATIO (ln)

b. Ausschließliche Auswahl von Fällen, bei denen CLUSTER ~= Anglo

Anhang 55: Regressionsanalyse Nicht-Cluster Mitglieder und Unternehmenserfolg (QRATIO), ohne Anglo
Quelle: Eigene Berechnung.

Modellzusammenfassung

Modell	R CLUSTER ~= Anglo (ausgewählt)	R-Quadrat	Korrigiertes R-Quadrat	Standardfehler des Schätzers
1	,651[a]	,424	,339	,367759644530280

a. Einflußvariablen : (Konstante), HETCULT, DE, IC3, HETAGE, FHOLD, FAGE, SE, GHOLD, PDIV, BISZE, AT, IC6, IC2, RDINT, FEMBMTBM, IC5, DK, NO, FSIZE

ANOVA[b,c]

Modell		Quadratsumme	df	Mittel der Quadrate	F	Signifikanz
1	Regression	12,820	19	,675	4,989	,000[a]
	Residuen	17,447	129	,135		
	Gesamt	30,267	148			

a. Einflußvariablen : (Konstante), HETCULT, DE, IC3, HETAGE, FHOLD, FAGE, SE, GHOLD, PDIV, BISZE, AT, IC6, IC2, RDINT, FEMBMTBM, IC5, DK, NO, FSIZE

b. Abhängige Variable: QRATIO (ln)

c. Ausschließliche Auswahl von Fällen, bei denen CLUSTER ~= Anglo

Koeffizienten[a,b]

Modell		Nicht standardisierte Koeffizienten		Standardisierte Koeffizienten		
		B	Standardfehler	Beta	T	Signifikanz
1	(Konstante)	1,452	,369		3,935	,000
	IC2	,236	,141	,142	1,669	,097
	IC3	,196	,099	,215	1,989	,049
	IC5	,523	,144	,303	3,628	,000
	IC6	,609	,177	,304	3,440	,001
	DE	-,158	,115	-,137	-1,370	,173
	AT	-,217	,123	-,164	-1,768	,079
	SE	-,066	,115	-,058	-,571	,569
	NO	-,208	,137	-,167	-1,520	,131
	DK	-,103	,124	-,084	-,828	,409
	FSIZE	-,108	,029	-,427	-3,685	,000
	FAGE	,009	,028	,023	,311	,756
	RDINT	2,232	,878	,208	2,542	,012
	PDIV	-,125	,133	-,071	-,946	,346
	FHOLD	-,326	,284	-,085	-1,147	,254
	GHOLD	,459	,304	,118	1,511	,133
	BISZE	,044	,165	,027	,267	,790
	HETAGE	-1,373	,855	-,128	-1,605	,111
	FEMBMTBM	,517	,338	,135	1,529	,129
	HETCULT	,319	,158	,153	2,022	,045

a. Abhängige Variable: QRATIO (ln)

b. Ausschließliche Auswahl von Fällen, bei denen CLUSTER ~= Anglo

Anhang 56: Regressionsanalyse kulturelle Heterogenität und Unternehmenserfolg (QRATIO), ohne Anglo
Quelle: Eigene Berechnung.

Literatur

A

Acar, W./ Sankaran, K. (1999): The Myth of the Unique Decomposability: Specializing the Herfindahl and Entropy Measures?, in: Strategic Management Journal, Vol. 20, No. 10, 1999, pp. 969-975.

Achleitner, A.-K. (1995): Going Concern Prinzip vor dem Hintergrund der Corporate Governance-Debatte. Neue Anforderungen an die Abschlussprüfung und Berichterstattung, in: Schweizer Treuhänder, Nr. 69, 1995, S. 881-890.

Adams, S. M./ Flynn, P. M. (2005): Local Knowledge Advances Women's Access to Corporate Boards, in: Corporate Governance: An International Review, Vol. 13, No. 6, 2005, pp. 836-846.

Adler, N. J./ Gundersen, A. (2008): International Dimensions of Organizational Behavior, Thomson, 2008.

AEGON Group (2004): Attachment 1 to the AEGON N.V. Supervisory Board Rules, AEGON, 2004.

Agrawal, A./ Knoeber, C. R. (1996): Firm Performance and Mechanisms to Control Agency Problems between Managers and Shareholders, in: The Journal of Financial and Quantitative Analysis, Vol. 31, No. 3, 1996, pp. 377-397.

Agrawal, N. C. (1979): On the Interchangeability of Size Measures, in: The Academy of Management Journal, Vol. 22, No. 2, 1979, pp. 404-409.

Aharoni, Y. (1966): The Foreign Investment Decision Process, Boston, 1966.

Albach, H. (2003): Führung durch Vorstand und Aufsichtsrat, in: Hommelhoff, P./ Hopt, K. J./ von Werder, A. (Hrsg.): Handbuch Corporate Governance. Leitung und Überwachung börsennotierter Unternehmen in der Rechts- und Wirtschaftspraxis, Verlag Dr. Otto Schmidt KG Köln, Schäffer-Poeschel Verlag Stuttgart, 2003, S. 361-375.

Albers, M. (2002): Corporate Governance in Aktiengesellschaften: Entscheidungsprozess und Wirkungsanalyse zum Gesetz zur Kontrolle und Transparenz im Unternehmensbereich (KonTraG), Europäische Hochschulschriften: Reihe 5, Volks- und Betriebswirtschaft, Bd. 2844, Lang, 2002.

Alexander, L./ Esser S. U. (1999): Globalizing the Board of Directors: Trends and Strategies, The Conference Board Inc., 1999.

Allison, R. (1995): Cross-Cultural Factors in Global Advertising, in: Bolton, J. (Hrsg.): Cross Culture: Interkulturelles Handeln in der Wirtschaft, 1. A., Sternenfels, 1995, S. 92-101.

Altmeyer, W. (2003): Unternehmenskontrolle in der EU, Teil 4, Schweden, in: Mitbestimmung, Nr. 4, 2003, S. 66-67.

Andersen, O. (1993): On the Internationalization Process of Firms: A Critical Analysis, in: Journal of International Business Studies, Vol. 24, No. 2, 1993, pp. 209-231.

Arfken, D. E./ Bellar, S. L./ Helms, M. M. (2004): The Ultimate Glass Ceiling Revisited: The Presence of Women on Corporate Boards, in: Journal of Business Ethics, Vol. 50, No. 2, 2004, pp. 177-186.

Argote, L./ McGarth, J. E. (1993): Group Process in Organizations: Continuity and Change, in: Cooper, C. L./ Robertson, I. T. (Eds.): International Review of Industrial and Organizational Psychology, Wiley, 1993, pp. 333-389.

Argyris, C. (1964): Integrating the individual and the organization, Wiley, 1964.

Argyris, C. (1973): Organization man: Rational and Self-Actualizing, in: Public Administration Review, Vol. 33, No. 4, 1973, pp. 354-357.

Ashby, W. R. (1957): An Introduction to Cybernetics, 2nd Impression, Chapman & Hall, 1957.

Athanassiou, N./ Nigh, D. (2002): The Impact of the Top Management Team's International Business Experience on the Firm's Internationalization: Social Networks at Work, in: Management International Review, Vol. 4, No. 2, 2002, pp. 157-181.

Auge-Dickhut, S. (1999): Der Aufsichtsrat als Intermediär: Delegation von Kontrollaufgaben bei asymmetrischer Informationsverteilung, Wiesbaden: Gabler, 1999.

B

Bachmann, A. S. (2006): Melting Pot or Tossed Salad? Implications for Designing Effective Multicultural Workgroups, in: Management International Review, Vol. 46, No. 6, 2006, pp. 721-747.

Bachmann, A./ Wolf, J. (2007): Führung multikultureller Teams: Eine Konzeptualisierung und empirische Analyse der Notwendigkeit unterschiedlicher Führungsstile, in: Zeitschrift für Betriebswirtschaftslehre, Vol. 77, Nr. 10, 2007, S. 1035-1064.

Backhaus, P./ Erichson, B./ Plinke, W./ Weiber, R. (2006): Multivariate Analysemethoden. Eine anwendungsorientierte Einführung, 11. Auflage, Springer 2006.

Badawy, M. R. (1979): Managerial attitudes and need orientations of Mid-Eastern executives: An empirical cross-cultural analysis. Paper presented at the annual meeting of the Academy of Management, Atlanta 1979.

Bain, J. A. (1956): Barriers to New Competition, Harvard University Press, 1956.

Bain, J. A. (1968): Industrial Organization, 2. Ed., John Wiley & Sons Inc, 1968.

Baltes-Götz, B. (2006): Lineare Regressionsanalyse mit SPSS, Universitäts-Rechenzentrum Trier, Trier 2006.

Bamberg, G./ Bauer, F. (1996): Statistik, 9. A., R. Oldenbourg Verlag München Wien, 1996.

Barbosa, N./ Louri, H. (2005): Corporate Performance: Does Ownership Matter? A Comparison of Foreign- and Domestic-Owned Firms in Greece and Portugal, in: Review of Industrial Organization, Vol. 27, No. 1, 2005, pp. 73-102.

Barkema, H. G./ Shvyrkov, O. (2007): Does Top Management Team Diversity promote or hamper foreign Expansion?, in: Strategic Management Journal, Vol. 28, No. 7, 2007, pp. 663-680.

Barney, J. (1991): Firm Resources and Sustained Competitive Advantage, in: Journal of Management, Vol. 17, No. 1, 1991, pp. 99-120.

Bartlett, C. A. (1989): Aufbau und Management der transnationalen Unternehmung: Die neue organisatorische Herausforderung, in: Porter, M. E. (Hrsg.): Globaler Wettbewerb. Strategien der neuen Internationalisierung, Wiesbaden, 1989, S. 425-464.

Bartlett, C. A./ Goshal, S. (1990): Internationale Unternehmensführung. Innovation, globale Effizienz, differenziertes Marketing, Campus Verlag, 1990.

Bassen, A./ Böcking, H.-J./ Loistl, O./ Strenger, C. (2000): Die Analyse von Unternehmen mit der „Scorecard for German Corporate Governance“, in: Finanzmanagement, Nr. 11, 2000, S. 693-698.

Baums, T. (2001): Die Regierungskommission Corporate Governance: Ziele und Wirkungen für Deutschland, in: von Rosen, R. (Hrsg.): Corporate Governance – Nutzen und Umsetzung, Studien des Deutschen Aktieninstituts (DAI), Heft 15, 2001, S. 12-17.

Bäurle, I. (1996): Internationalisierung als Prozeßphänomen. Konzepte – Besonderheiten – Handhabung, Gabler, 1996.

Baysinger, B. D./ Butler, H. N. (1985): Corporate Governance and the Board of Directors: Performance Effects of Changes in Board Composition ,in: Journal of Law, Economics and Organization, Vol. 1, No. 1, 1985, pp. 101-122.

Bea, F. X. (1997): Entscheidungen des Unternehmens, in: Bea, F. X./ Dichtl, E./ Schweitzer, M. (Hrsg.): Allgemeine Betriebswirtschaftlehre, Bd. 1: Grundfragen, 7. Auflage, Lucius & Lucius, 1997, S. 376-507.

Bea, F. X./ Haas, J. (2005): Strategisches Management, 4. Auflage, Lucius & Lucius, 2005.

Becker, A. (2008): Corporate Strategy and Environmental Constraints, in: Niederkorn, M./ Barth, A./ Becker, A./ Schulze, L. (Eds.): Managing Challenges in A Globalized World, Mannheim University Press, 2008, pp. 163-175.

Beckmann, C. (1997): Internationalisierung von Forschung und Entwicklung in multinationalen Unternehmen. Explorative Analyse der Einflußfaktoren auf die Gestaltung internationaler F&E-Netzwerke am Beispiel der deutschen chemischen und pharmazeutischen Industrie, Dissertation, Shaker Verlag, 1997.

Behrens, B. (1991): Aufsichtsräte: Die Machtverflechtungen in Europa. Grenzenlose Kontrolle, in: Wirtschaftswoche, Nr. 33, 09.08.1991, S. 46.

Beiner, S./ Drobetz, W./ Schmid, M./ Zimmermann, H. (2004): Corporate Governance und Unternehmensbewertung in der Schweiz, Arbeitspapier, Abteilung Corporate Finance, Wirtschaftswissenschaftliches Zentrum, Universität Basel, 2004.

Bergemann, B./ Bergemann, N. (2005): Interkulturelle Managementkompetenz. Anforderungen und Ausbildung, Physica-Verlag, 2005.

Berger, U./ Bernhard-Mehlich, I. (2006): Die Verhaltenswissenschaftliche Entscheidungstheorie, in: Kieser, A./ Ebers, M. (Hrsg.): Organisationstheorien, 6. Auflage, Kohlhammer, 2006, S. 169-214.

Berle, A. A./ Means, G. C. (1932): The Modern Corporation and Private Property, Macmillan, 1932.

Bhagat, S./ Black, B. S. (1999): The Uncertain Relationship Between Board Composition and Firm Performance, Stanford Law School, John M. Olin Program in Law and Economics, Working Paper No. 175, 1999.

Birkner, M. (2005): The Status and Dynamics of Change of Top Management Team (TMT) Demographics and Capabilities in German Large Firms Between 1997-2002: A Theoretical Exploration and Extension of the Upper Echelon Perspective, Dissertation no. 2972, University of St. Gallen, Kopierfabrik 2005.

Black, S. S. (1997): Top management team characteristics: A study of their impact on the magnitude of international operations and international performance, Dissertation, Columbia University, 1997.

Blau, P. M. (1977): Inequality and Heterogeneity. A Primitive Theory of Social Structure, The Free Press, 1977.

Bleicher, K./ Leberl D./ Paul, H. (1989): Unternehmungsverfassung und Spitzenorganisation: Führung und Überwachung von Aktiengesellschaften im internationalen Vergleich, Wiesbaden: Gabler, 1989.

Bleicher, K./ Paul, H. (1986): Das amerikanische Board-Modell im Vergleich zur deutschen Vorstands-Aufsichtsratsverfassung – Stand und Entwicklungstendenzen, in: Die Betriebswirtschaft, 46, 1986, S. 263-288.

Bloningen, B. A./ Wooster, R. B. (2003): CEO Turnover and Foreign Market Participation, National Bureau of Economic Research, Working Paper 9527, February 2003.

Bloodgood, J. M./ Sapienza, H. J./ Almeida, J. G. (1996): The Internationalization of New High-Potential U.S. Ventures: Antecedents and Outcomes, in: Entrepreneurship Theory and Practice, Summer 1996, pp. 61-76.

Bochner, S./ Hesketh, B. (1994): Power Distance, Individualism/Collectivism, and Job-related Attitudes in a Culturally Diverse Work Group, in: Journal of Cross-Cultural Psychology, Vol. 25, No. 2, 1994, pp. 233-257.

Böckli, P. (2003): Konvergenz: Annäherung des monistischen und des dualistischen Führungs- und Aufsichtssystems, in: Hommelhoff, P./ Hopt, K. J./ von Werder, A. (Hrsg.): Handbuch Corporate Governance. Leitung und Überwachung börsennotierter Unternehmen in der Rechts- und Wirtschaftspraxis, Verlag Dr. Otto Schmidt KG Köln, Schäffer-Poeschel Verlag Stuttgart, 2003, S. 201-222.

Bøhren, ø./ Strøm, R.ø. (2005): Aligned, informed, and decisive: Characteristics of value-creating boards, Working Paper, 2005.

Boone, A. L./ Field, L. C./ Karpoff, J. M./ Raheja, C. G. (2007): The determinants of corporate board size and composition: An empirical analysis, in: Journal of Financial Economics, Vol. 85, No. 1, 2007, pp. 66-101.

Bortz, J. (2005): Statistik für Human- und Sozialwissenschaftler, 6. Auflage, Springer , 2005.

Boycko, M./ Shleifer, A./ Vishny, R. W. (1996): A Theory of Privatisation, in: The Economic Journal, Vol. 106, No. 435, 1996, pp. 309-319.

Brehm, S. S./ Kassin, S. M./ Fein, S. (2005): Social Psychology, Sixth Edition, Houghton Mifflin Company, 2005.

Brück, F. (2002): Interkulturelles Management. Kulturvergleich Österreich, Deutschland, Schweiz, IKO, 2002.

Brunello, G./ Granziano, C./ Parigi, B. M. (2003): CEO turnover in insider-dominated boards: The Italian Case, in: Journal of Banking and Finance, Vol. 27, No. 6, pp. 1027-1051.

Buchholtz, A. K./ Amason, A. C./ Rutherford, M. A. (2005): The Impact of Board Monitoring and Involvement on Top Management Team Affective Conflict, in: Journal of Managerial Issues, Vol. 17, No. 4, 2005, pp. 405-422.

Bühl, A. (2006): SPSS 14. Einführung in die moderne Datenanalyse, 10. Auflage, Pearson Studium 2006.

Bundesamt für Statistik (2008): Bevölkerungsdaten im Zeitvergleich, 2008, online, http://www.bfs.admin.ch/bfs/portal/de/index/themen/01/02/blank/key/bevoelkerungsstand.html, 17.01.2008.

Bungard, W./ Schultz-Gambard, J. (1990): Überlegungen zum Verhalten von Börsenakteuren aus kontrolltheoretischer Sicht, in: Maas, P./ Weibler, J. (Hrsg.): Börse und Psychologie. Plädoyer für eine neue Perspektive, DIV, 1990, S. 140-161.

Burke, R./ Mattis, M. (2000): Women on Corporate Boards of Directors: International Challenges and Opportunities, Kluwer Academic Publishers, 2000.

Burns, L./ Stalker, G. M. (1961): The Management of Innovation, Tavistock, 1961.

Burr, W./ Musil, A./ Stephan, M./ Werkmeister, C. (2005): Unternehmensführung. Strategien der Gestaltung und des Wachstums von Unternehmen, Verlag Vahlen, 2005.

Byrne, D. (1971): The Attraction Paradigm, Academic Press, 1971.

C

Caligiuri, P./ Lazarova, M./ Zehetbauer, S. (2004): Top manager's national diversity and boundary spanning: Attitudinal indicators of a firm's internationalization, in: Journal of Management Development, Vol. 23, No. 9, 2004, pp. 848-859.

Capon, N./ Farley, J. U./ Hoenig, S. (1990): Determinants of Financial Performance: A Meta-Analysis, in: Management Science, Vol. 36., No. 10, Focussed Issue on the State of the Art in Theory and Method in Strategy Research, 1990, pp. 1143-1159.

Carpenter, M. A./ Fredrickson, J. W. (2001): Top Management Teams, Global Strategic Posture, and the Moderating Role of Uncertainty, in: The Academy of Management Journal, Vol. 44, No. 3, 2001, pp. 533-545.

Carpenter, M. A./ Geletkanycz, M. A./ Sanders, Wm. G. (2004): Upper Echelons Research Revisited: Antecedents, Elements, and Consequences of Top Management Team Composition, in: Journal of Management, Vol. 30, No. 6, 2004, pp. 749-778.

Carpenter, M. A./ Pollock, T. G./ Leary, M. M. (2003): Testing a Model of Reasoned Risk-Taking: Governance, the Experience of Principals and Agents, and Global Strategy in High-Technology IPO Firms, in: Strategic Management Journal, Vol. 24, No. 9, pp. 803-820.

Carpenter, M. A./ Sanders, Wm. G./ Gregersen, H. B. (2001): Building Human Capital with Organizational Context: the Impact of International Assignment Experience on Multinational Firm Performance and CEO Pay, in: Academy of Management Journal, Vol. 44, No. 3, 2001, pp. 493-511.

Carpenter, M. A./ Westphal, J. D. (2001): The Strategic Context of External Network Ties: Examining the Impact of Director Appointments on Board Involvement in Strategic Decision Making, in: The Academy of Management Journal, Vol. 44, No. 4, 2001, pp. 639-660.

Carroll, W. K./ Fennema, M. (2002): Is There a Transnational Business Community? in: International Sociology, Vol. 17, No. 3, 2002, pp. 393-419.

Carter, D A./ Simkins, B. J./ Simpson, W. G. (2003): Corporate Governance, Board Diversity, and Firm Value, in: The Financial Review, Vol. 38, No. 1, 2003, pp. 33-35.

Carter, E. E. (1971): The Behavioral Theory of the Firm and Top-Level Corporate Decisions, in: Administrative Science Quarterly, Vol. 16, No. 4, 1971, pp. 413-429.

Caves, D. W./ Christensen, L. R. (1980): The Relative Efficiency of Public and Private Firms in a Competitive Environment: The Case of Canadian Railroads, in: The Journal of Political Economy, Vol. 88, No. 5, 1980, pp. 958-976.

Cavusgil, S. T./ Knight, G./ Riesenberger, J. R. (2008): International Business. Strategy, Management, and the New Realities, Pearson Education, 2008.

Charkham, J. P./ Simpson, A. (1999): Fair Shares: The Future of Shareholder Power and Responsibility, Oxford University Press, 1999.

Chhibber, P. K./ Majumdar, S. K. (1999): Foreign Ownership and Profitability: Property Rights, Control, and the Performance of Firms in Indian Industry, in: The Journal of Law and Economics, Vol. 42, No. 4, 1999, pp. 209-238.

Child, J. (1972): Organizational Structure, Environment and Performance: The Role of Strategic Choice, in: Sociology, Vol. 6, No. 1, 1972, pp. 1-22.

Chirinko, R. S. (1986): Tobin's Q and Financial Policy, Working Paper No. 2082, National Bureau of Economic Research, November 1986.

Chung, K. H./ Pruitt, S. W. (1994): A Simple Approximation of Tobin's q, in: Financial Management, Vol. 23, No. 3, 1994, pp. 70-74.

CIA – The World Factbook (2008): United States, online, 19.08.2008, https://www.cia.gov/library/publications/the-world-factbook/geos/us.html#Intro.

Clarke, T. (2007): International Corporate Governance. A Comparative Approach, Routledge, 2007.

Cohen, J./ Cohen, P./ West, S. G./ Aiken, L. S. (2003): Applied Multiple Regression/ Correlation Analysis for the Behavioral Science, 3rd ed., Lawrence Erlbaum Associates Publishers, London 2003.

Coles, J. L./ Daniel, N. D./ Naveen, L. (2008): Boards: Does one size fit all? In: Journal of Financial Economics, Vol. 87, No. 2, 2008, pp. 329-356.

Cook, T. D./ Campell, D. T. (1979): Quasi experimentation: Design and analysis for field settings, Houghton-Mifflin, 1979.

Cooper, J. (2006): Russia as a BRIC: Only a Dream?, European Research Working Paper Series Number 13, University of Birmingham, European Research Institute, 2006.

Corporate Board Member Europe (2004): Board Insights 2004. What Europe's Board Directors Think. Corporate Board Member Europe, 2004.

Cox, T. H./ Lobel, S. A./ McLeod, P. L. (1991): Effects of Ethnic Group Cultural Differences on Cooperative and Competitive Behavior on a Group Task, in: The Academy of Management Journal, Vol. 34, No. 4, 1991, pp. 827-847.

Cullen, J. B./ Parboteeah, K. P. (2005): Multinational Management: A Strategic Approach, Third Edition, South-Western, 2005.

CulturalFactor (2008): CulturalFactor. Training for today's culturally diverse business world, 13.02.2008, online, http://culturalfactor.com/.

Cyert, R. M./ March, J. G. (1963): A Behavioral Theory of the Firm, Prentice-Hall, 1963.

Cyert, R. M./ March, J. G. (1995): Eine verhaltenswissenschaftliche Theorie der Unternehmung, Schäffer-Poeschel, 1995.

Czinkota, M. R./ Ronkainen, I. A. (2005): A forecast of globalization, international business and trade: report from a Delphi study, in: Journal of World Business, Vol. 40, No. 2, 2005, pp. 111-123.

D

Daboub, J. A./ Rasheed, A. M. A./ Priem, R. L./ Gray, D. A. (1995): Top Management Team Characteristics and Corporate Illegal Activity, in: Academy of of Management Review, Vol. 20, No. 1, 1995, pp. 138-170.

Dahlin, K. B./ Weingart, L. R./ Hinds, P. J. (2005): Team Diversity and Information Use, in: Academy of Management Journal, Vol. 48, No. 6, 2005, pp. 1107-1123.

Daily, C. M./ Certo, S. T./ Dalton, D. R. (1999): A Decade of Corporate Women: Some Progress in the Boardroom, None in the Executive Suite, in: Strategic Management Journal, Vol. 20, No. 1, 1999, pp. 93-99.

Daily, C. M./ Certo, S. T./ Dalton, D. R. (2000): International Experience in the Executive Suite: The Path to Prosperity?, in: Strategic Management Journal, Vol. 21, No. 4, 2000, pp. 515-523.

Daily, C. M./ Dalton, D. R. (2003): Are Director Equity Policies Exclusionary?, in: Business Ethics Quarterly, Vol. 13, No. 4, 2003, pp. 415-432.

Dalton, C. M./ Dalton, D. R. (2005): Boards of Directors: Utilizing Empirical Evidence in Developing Practical Prescriptions, in: British Journal of Management, Vol. 16, No. S1, 2005, pp. S91-S97.

Dalton, D. R./ Daily, C. M./ Ellstrand, A. E./ Johnson, J. L. (1998): Meta-Analytic Reviews of Board Composition, Leadership Structure, and Financial Performance, in: Strategic Management Journal, Vol. 19, No. 3, 1998, pp. 269-290.

Dalton, D. R./ Daily, C. M./ Johnson, J. L./ Ellstrand, A. E. (1999): Number of Directors and Financial Performance: A Meta-Analysis, in: The Academy of Management Journal, Vol. 42, No. 6, 1999, pp. 674-686.

Davis, J. H./ Schoorman, D./ Donaldson, L. (1997): Toward a Stewardship Theory of Management, in: The Academy of Management Review, Vol. 22, No. 1, 1997, pp. 20-47.

DeCarolis, D. M./ Deeds, D. L. (1999): The impact of stocks and flows of organizational knowledge on firm performance: an empirical investigation of the biotechnology industry, in: Strategic Management Journal, Vol. 20, No. 10, 1999, pp. 953-968.

Dedeoglu, A./ Dreiling, C./ Fleischhauer, A./ Moongamackal, S./ Wong, S. (2004): Diversity Online: Analyse der Kommunikation von Diversity Management auf Unternehmens-Homepages – Ranking der 25 umsatzstärksten US-Unternehmen, in: Wächter, H./ Führing, M. (Hrsg.): Anwendungsfelder des Diversity Managements: Diversity Homepages, Fußball-Bundesliga, Diversitätspolitik in Städten, Trierer Beiträge zum Diversity Management, Band 3, 1. Auflage, Rainer Hampp Verlag, 2004.

Deloitte (2004): How to set up a business in Denmark, Deloitte Statsautoriseret Revisionsaktieselskab, 2004.

Demb, A./ Neubauer F.-F. (1992): The Corporate Board. Confronting the Paradoxes, Oxford University Press, 1992.

Demise, N. (2006): Board of Directors, in: Demise, N./ Miwa, Y./ Nakabayashi, M./ Nakoshi, Y. (Hrsg.): Corporate Governance in Japan. From the Viewpoint of Management, Accounting, and the Market, Springer-Verlag, 2006, pp. 59-66.

Der Fischer Weltalmanach (2008): Staaten: Schweiz, 2008, online, http://www.weltalmanach.de /staat/staat_detail.php?fwa_id=schweiz.

Deresky, H. (2006): International Management. Managing Across Borders and Cultures, 5. Ed., Pearson, 2006.

Dess, G. G./ Lumpkin, G. T./ Eisner, A. B. (2008): Strategic Management. Text and Cases, 4th Edition, McGraw-Hill, 2008.

Deutsche Börse AG (2008): Börsenlexikon online, http://deutsche-boerse.com/dbag/dispatch/de/kir/gdb_navigation/info_center/40_Know_how/10_Stock_Exchange_A_Z?glossaryWord=pi_glos_Streubesitz, 14.01.2008.

Dewenter, K. L./ Malatesta, P. H. (2001): State-Owned and Privately Owned Firms: An Empirical Analysis of Profitability, Leverage, and Labor Intensity, in: The American Economic Review, Vol. 91, No. 1, 2001, pp. 320-334.

Dillerup, R./ Stoi, R. (2006): Unternehmensführung, Verlag Vahlen, 2006.

DiStefano, J. J./ Maznevski, M. L. (2000): Creating Value with Diverse Teams in Global Management, in: Organizational Dynamics, Vol. 29, No. 1, 2000, pp. 45-63.

Donaldson, L. (2001): The Contingency Theory of Organizations, Sage Publications, 2001.

Donaldson, L./ Davis, J. H. (1991): Stewardship Theory or Agency Theory: CEO Governance and Shareholder Returns, in: Australian Journal of Management, Vol. 16, No. 1, 1991, pp. 49-65.

Donaldson, L./ Davis, J. H. (1994): Boards and Company Performance - Research Challenges the Conventional Wisdom, in: Corporate Governance: An International Review, Vol. 2, No. 3, 1994, pp. 151-160.

Donaldson, T./ Preston, L. E. (1995): The Stakeholder Theory of the Corporation: Concepts, Evidence, and Implications, in: Academy of Management Review, Vol. 20, No. 1, 1995, pp. 65-91.

Dörrenbächer, C. (2000): Measuring Corporate Internationalisation. A Review of Measurement Concepts and their Use, in: Intereconomics, May/June 2000, pp. 119-126.

Dow, D. (2000): A Note on Psychological Distance and Export Market Selection, in: Journal of International Marketing, Vol. 8, No. 1, 2000, pp. 51-60.

Dutton, J. E./ Duncan, R. B. (1987): The Creation of Momentum for Change Through the Process of Strategic Issue Diagnosis, in: Strategic Management Journal, Vol. 8, No. 3, 1987, pp. 279-295.

Dutzi, A. (2005): Der Aufsichtsrat als Instrument der Corporate Governance. Ökonomische Analyse der Veränderungen im Corporate-Governance-System börsennotierter Aktiengesellschaften, Gabler, 2005.

E

Earley, P. C./ Mosakowski, E. (2000): Creating Hybrid Team Cultures: An Empirical Test of Transnational Team Functioning, in: The Academy of Management Journal, Vol. 43, No. 1, 2000, pp. 26-49.

Ebers, M./ Gotsch, W. (1999): Institutionenökonomische Theorien der Organisation, in: Kieser, A. (Hrsg.): Organisationstheorien, 3. Aufl., Stuttgart 1999, S. 199-251.

Edmans, A./ Manso, G. (2008): Governance Through Exit and Voice: A Theory of Multiple Blockholders, University of Pennsylvania, Institute for Law & Economics, Research Paper No. 08-09, 2008.

Eichhorn, P. (2005): Das Prinzip Wirtschaftlichkeit. Basiswissen der Betriebswirtschaftlehre, 3. Auflage, Gabler Verlag, 2005.

Eisenberg, T./ Sundgren, S./ Wells, M. T. (1998): Larger board size and decreasing firm value in small firms, in: Journal of Financial Economics, Vol. 48, No. 1, 1998, pp. 35-54.

Eisenhardt, K. M. (1989): Agency Theory: An Assessment and Review, in: Academy of Management Review, Vol. 14, No. 1, 1989, pp. 57-74.

Elron, E. (1997): Top management teams within multinational corporations: Effects of cultural heterogeneity, in: The Leadership Quarterly, Vol. 8, No. 4, 1997, pp. 393-412.

Emerson, R. M. (1962): Power-dependence relations, in: American Sociological Review, Vol. 27, No. 1, 1962, pp. 32-41.

Enayati, J. (2002): The Research: Effective Communication and Decision-making in Diverse Groups, in: Hemmati, M. (Ed.): Multi-Stakeholder Processes for Governance and Sustainability - Beyond Deadlock and Conflict, Earthscan 2002, pp. 74-95.

Erhardt, N. L./ Werbel, J. D./ Shrader, C. B. (2003): Board of Director Diversity and Firm Financial Performance, in: Corporate Governance: An International Review, Vol. 11, No. 2, 2003, pp. 102-111.

F

Fama, E. F./ Jensen, M. C. (1983): Separation of Ownership and Control, in: Journal of Law and Economics, Vol. 26, No. 2, 1983, pp. 1-30.

Farrar, D. E./ Glauber, R. R. (1967): Multicollinearity in Regression Analysis – the Problem Revisited, in: Review of Economics and Statistics, Vol. 49, No. 1, 1967, pp. 92-107.

Feddersen, D. (2003): Überwachung durch den Aufsichtsrat, in: Hommelhoff, P./ Hopt, K. J./ von Werder, A. (Hrsg.): Handbuch Corporate Governance. Leitung und Überwachung börsennotierter Unternehmen in der Rechts- und Wirtschaftspraxis, Verlag Dr. Otto Schmidt KG Köln, Schäffer-Poeschel Verlag Stuttgart, 2003, S. 441-474.

Ferdman, B. M. (1995): Cultural Identity and Diversity in Organizations. Bridging the Gap Between Group Differences and Individual Uniqueness, in: Chemers, M. M./ Oskamp, S./ Costanzo, M. A. (Eds.): Diversity in Organizations. New Perspectives for a Changing Workplace, Sage Publications, 1995, pp. 37-61.

Figge, F./ Schaltegger, S. (2000): Was ist "Stakeholder Value"? Vom Schlagwort zur Messung, Universität Lüneburg, 2000.

Finkelstein, S./ Hambrick, D. C. (1996): Strategic leadership: top executives and their effects on organizations, West Pub. Co., 1996.

Fisch, J. H. (2001): Structure Follows Knowledge. Internationale Verteilung der Forschung und Entwicklung in multinationalen Unternehmen, Gabler Verlag, 2001.

Fisch, J. H./ Oesterle, M.-J. (2003): Exploring The Globalization Of German Mncs With The Complex Spread And Diversity Measure; in: Schmalenbach Business Review, Vol. 55, No. 1, 2003, pp. 2-21.

Fischer Weltalmanach (2007): Stichwort „USA, Puerto Rico", 2007, online, http://ibplus2003.bib. uni-mannheim.de/session/Fischer-4dd60ec1.html, 14.01.2008.

Fombrun, C./ Shanley, M. (1990): What's in a Name? Reputation Building and Corporate Strategy, in: The Academy of Management Journal, Vol. 33, No. 2, 1990, pp. 233-258.

Franko, G. L. (1989): Global Corporate Competition: Who's Winning, Who's Losing, and the R&D Factor as One Reason Why, in: Strategic Management Journal, Vol. 10, No. 5, 1989, pp. 449-474.

Franks, J./ Meyer, C. (2001): Ownership and Control of German Corporations, in: The Review of Financial Studies, Vol. 14, No. 4, 2001, pp. 943-977.

Freeman, R. E. (1984): Strategic Management: A Stakeholder Approach, Pitman, 1984.

Freeman, R. E./ McVea, J. (2005): A Stakeholder Approach to Strategic Management, in: Hitt, M./ Freeman, R. E./ Harrison, J. (Eds.): The Blackwell Handbook of Strategic Management, Blackwell, 2005, pp. 189-207.

Freeman, R. E./ Reed, D. L. (1983): Stockholders and Stakeholders: A New Perspective on Corporate Governance, in: California Management Review, Vol. 25, No. 3, 1983, pp. 88-106.

Frese, E. (2000): Grundlagen der Organisation. Konzept – Prinzipien – Strukturen, 8. Auflage, Gabler, 2000.

Friedman, S. D. (1991): Why hire from within? Causes and Consequences of internal promotion systems, in: Academy of Management Best Papers Proceedings, 1991, pp. 272-276.

G

Gebert, D. (2004): Durch Diversity zu mehr Teaminnovativität? Ein vorläufiges Resümee der empirischen Forschung sowie Konsequenzen für das Diversity Management, in: Die Betriebswirtschaft, Vol. 64, Nr. 4, 2004, S. 412-430.

Gerum, E. (1998): Organisation der Unternehmensführung im internationalen Vergleich – insbesondere Deutschland, USA und Japan, in: Glase, H./ Schröder, E. F./ von Werder, A. (Hrsg.): Organisation im Wandel der Märkte: Erich Frese zum 60. Geburtstag, Wiesbaden: Gabler, 1998, S. 135-153.

Gerum, E. (2000): Unternehmensordnung, in: Bea, F. X./ Dichtl, E./ Schweitzer, M. (Hrsg.): Allgemeine Betriebswirtschaftslehre, Band 1: Grundfragen, Lucius & Lucius, 2000, S. 220-301.

Gerum, E. (2007): Das deutsche Corporate Governance. Eine empirische Untersuchung, Schäffer-Poeschel, 2007.

Gerybadze, A./ Reger, G. (1999): Globalization of R&D: recent changes in the management of innovation in transnational corporations, in: Research Policy, Vol. 28, No. 2-3, 1999, pp. 251-274.

Gillies, J./ Dickinson, M. (1999): The Governance of Transnational Firms: some preliminary hypotheses, in: Corporate Governance: An International Journal, Vol. 7, No. 3, 1999, pp. 237-247.

Glaser, M./ Müller, S. (2006): Der Diversification Discount in Deutschland: Existiert ein Bewertungsabschlag für diversifizierte Unternehmen?, Working Paper, Universität Mannheim, 2006.

Glaum, M./ Oesterle, M.-J. (2007): 40 Years of Research on Internationalization and Firm Performance: More Questions than Answers?, in: Management International Review, Vol. 47, No. 3, 2007, pp. 307-317.

Glunk, U./ Heijltjes, M. G., Olie, R. (2001): Design characteristics and functioning of top management teams in Europe, in: European Management Journal, Vol. 19, No. 3, 2001, pp. 291-300.

Göbel, E. (2002): Neue Institutionenökonomik, Stuttgart 2002.

Gohde, H. (2003): Unternehmenskontrolle in der EU, Teil 6: Österreich, in: Mitbestimmung, Nr. 7, 2003, S. 60-63.

Gómez-Mejia, L. R. (1992): Structure and Process of Diversification, Compensation Strategy, and Firm Performance, in: Strategic Management Journal, Vol. 13, No. 5, 1992, pp. 381-397.

Gómez-Mejia, L. R./ Palich, L. E. (1997): Cultural Diversity and the Performance of Multinational Firms, Journal of International Business Studies, Vol. 28, No. 2, 1997, pp. 309-335.

Gong, Y. (2006): The Impact of Subsidiary Top Management Team National Diversity on Subsidiary Performance: Knowledge and Legitimacy Perspectives, in: Management International Review, Vol. 46, No. 6, 2006, pp. 771-789.

Goodstein, J./ Gautam, K./ Boeker, W. (1994): The Effects of Board Size and Diversity on Strategic Change, in: Strategic Management Journal, Vol. 15, No. 3, 1994, pp. 241-250.

Google.de (2008): Suchwörter „Globalisierung" und „Globalization", online, http://www.google.de/search?hl=de&q=%22Globalisierung%22&btnG=Suche&meta= und http://www.google.de/search?hl=de&q=%22Globalization%22&btnG=Suche&meta=, 13.02.2008.

Grabatin, G. (1981): Effizienz von Organisationen, de Gruyter, 1981.

Gretzinger, S. (2008): Strategisches Ressourcen-Management. Die Perspektive des Resource-Dependence-Ansatzes, Discussion Paper Nr. 18, Universität Flensburg, Internationales Institut für Management, 2008.

Griffeth, R. W./ Hom, P. W./ DeNisi, A./ Kirchner, W. (1980): A multivariate, multinational comparison of managerial attitudes. Paper presented at the annual meeting of the Academy of Management, Detroit 1980..

Gutenberg, E. (1962): Unternehmensführung. Organisation und Entscheidungen, Wiesbaden, 1962.

H

Haas, H.-D. (2006a): Ländermarktauswahl und Timingstrategien, in: Haas, H.-D./ Neumair, S.-M. (Hrsg.): Internationale Wirtschaft. Rahmenbedingungen, Akteure, räumliche Prozesse, R. Oldenbourg Wissenschaftsverlag, 2006, S. 579-604.

Haas, H.-D. (2006b): Globalisierung der Märkte und Internationalisierung der Wirtschaft, in: Haas, H.-D./ Neumair, S.-M. (Hrsg.): Internationale Wirtschaft. Rahmenbedingungen, Akteure, räumliche Prozesse, R. Oldenbourg Wissenschaftsverlag, 2006, S. 3-16.

Haire, M./ Ghiselli, E. E./ Porter, L. W. (1966): Managerial thinking: An international study, Wiley, 1966.

Hall, E. T./ Hall, M. R. (1990): Understanding Cultural Differences : Germans, French and Americans, Intercultural Press, 1990.

Hambrick, D. C. (2007): Upper Echelons Theory: An Update, in: The Academy of Management Review, Vol. 37, No. 2, 2007, pp. 334-343.

Hambrick, D. C./ Davison, S. C./ Snell, S. A./ Snow, C. C. (1998): When Groups Consist of Multiple Nationalities: Towards a New Understanding of the Implications, in: Organization Studies, Vol. 19, No. 2, 1998, pp. 181-205.

Hambrick, D. C./ Mason, P. A. (1984): Upper Echelons: The Organization as a Reflection of Its Top Managers, in: The Academy of Management Review, Vol. 9, No. 2, 1984, pp. 193-206.

Harrison, D. A./ Klein, K. J. (2007): What's the Difference? Diversity Constructs as Separation, Variety, or Disparity in Organizations, in: Academy of Management Review, Vol. 32, No. 4, 2007, pp. 1199-1228.

Harrison, D. A./ Sin, H.-P. (2006): What Is Diversity And How Should It Be Measured?, in: Konrad, A. M./ Prasad, P./ Pringle, J. K. (Eds.): Handbook of Workplace Diversity, Sage, 2006, pp. 191-212.

Hartmann, M. (1999): Auf dem Weg zur transnationalen Bourgeoisie? Die Internationalisierung der Wirtschaft und die Internationalität der Spitzenmanager Deutschlands, Frankreichs, Großbritanniens und der USA, in: Leviathan, Band 1, Heft 1999, S. 113-141.

Hassel, A./ Höpner, M./ Kurdelbusch, A./ Rehder, B./ Zugehör, R. (2000): Zwei Dimensionen der Internationalisierung: Eine empirische Analyse deutscher Großunternehmen, in: Kölner Zeitschrift für Soziologie und Sozialpsychologie, Vol. 52, No. 3, 2000, S. 500-519.

Hassel, A./ Höpner, M./ Kurdelbusch, A./ Rehder, B./ Zugehör, R. (2003): Two Dimensions of the Internationalization of Firms, in: Journal of Management Studies, Vol. 40, No. 3, 2003, pp. 705-723.

Hauser, P./ Brauchlin, E. (2004): Integriertes Management in der Praxis: Die Umsetzung des St. Galler Erfolgskonzeptes, Campus Verlag, 2004.

Heenan, D. A./ Perlmutter, H. V. (1979): Multinational Organization Development: A Social Architectural Perspective, Addison-Wessley, 1979.

Heidrick & Struggles (1999): Is your board fit for the global challenge? Corporate Governance in Europe, Heidrick & Struggles International Inc., 1999.

Heidrick & Struggles (2001): Is your board fit for the global challenge? Corporate Governance in Europe, Heidrick & Struggles International Inc., 2001.

Heidrick & Struggles (2003): Is your board fit for the global challenge? Corporate Governance in Europe, Heidrick & Struggles International Inc., 2003.

Heidrick & Struggles (2005): Corporate Governance in Europe: what's the outlook? 2005 Study, Heidrick & Struggles International Inc., 2005.

Heidrick & Struggles (2007): Raising the bar – Corporate Governance in Europe 2007 report, Heidrick & Struggles International Inc., 2007.

Heidrick & Struggles (oJ): Der Aufsichtsrat im Wandel. Aktivierung einer ungenutzten Ressource, Heidrick & Struggles, oJ.

Heijltjes, M./ Olie, R./ Glunk, U. (2003): Internationalization of Top Management Teams in Europe, in: European Management Journal, Vol. 21, No. 1, 2003, pp. 89-97.

Henderson, J. K. (2005): Language Diversity in International Management Teams, in: International Studies of Management and Organization, Vol. 35, No. 1, 2005, pp. 66-82.

Henkel, H.-O. (2008): Globalisierung und ihr Einfluss auf Wirtschaft und Gesellschaft, in: Niederkorn, M./ Barth, A./ Becker, A./ Schulze, L. (Eds.): Managing Challenges in A Globalized World, Mannheim University Press, 2008, pp. 35-39.

Heracleous, L. (2001): What is the Impact of Corporate Governance on Organisational Performance?, in: Corporate Governance: An International Review, Vol. 9, No. 3, 2001, pp. 165-173.

Hermalin, B . E./ Weisbach, M. S. (2001): Boards of Directors as an Endogenously Determined Institution: A Survey of the Economic Literature, NBER Working Paper No. 8161, 2001.

Hermalin, B. E./ Weisbach, M. S. (1988): The determinants of board composition, in: RAND Journal of Economics, Vol. 19, No. 4, 1988, pp. 589-606.

Herrmann, P./ Datta, D. K. (2002): CEO Successor Characteristics and the Choice of Foreign Market Entry Mode: An Empirical Study, in: Journal of International Business Studies, Vol. 33, No. 3, 2002, pp. 551-569.

Heslin, P. A./ Donaldson, L. (1999): An Organizational Portfolio Theory of Board Composition, in: Corporate Governance: An International Review, Vol. 7, No. 1, 1999, pp. 81-88.

Heß, M. (2006): Wirtschaftliche Aktivitäten im Wandel – Frühformen und Entwicklungen bis heute, in: Haas, H.-D./ Neumair, S.-M. (Hrsg.): Internationale Wirtschaft. Rahmenbedingungen, Akteure, räumliche Prozesse, R. Oldenbourg Verlag, 2006, S. 17-40.

Hildebrand, L. (2008): Hypothesenbildung und empirische Überprüfung, in: Homburg, C./ Herrmann, A./ Klarmann, M. (Hrsg.): Handbuch Marktforschung. Methoden – Anwendungen – Praxisbeispiele, 3. A., Gabler, 2008, S. 83-105.

Hill, C. W./ Jones, T. M. (1992): Stakeholder-Agency Theory, in: Journal of Management Studies, Vol. 29, No. 2, 1992, pp. 131-154.

Hillman, A. J./ Cannella, A. A./ Harris, I. C. (2002): Women and Racial Minorities in Boardroom: how do Directors Differ, in: Journal of Management, Vol. 28, No. 6, 2002, pp. 747-763.

Hillman, A. J./ Cannella, A. A./ Paetzold, R. L. (2000): The Resource Dependence Role of Corporate Directors: Strategic Adaptation of Board Composition in Response to Environmental Change, in: Journal of Management Studies, Vol. 32, No. 2, 2000, pp. 235-255.

Hillman, A. J./ Dalziel, T. (2003): Boards of directors and firm performance: Integrating agency and resource dependence perspectives, in: The Academy of Management Review, Vol. 28, No. 3, 2003, pp. 383-396.

Hillman, A. J./ Harris, I. C./ Cannella, A. A. (2002): Diversity on the Board: An Examination of the Relationship between Director Diversity and Firm Performance, in: Auer-Rizzi, W./ Szabo, E./ Innreiter-Moser, C. (Hrsg.): Management in einer Welt der Globalisierung und Diversität. Europäische und nordamerikanische Sichtweisen. Festschrift für Professor Dr. Dr. h.c.mult. Gerhard Reber zum 65. Geburtstag, Schäffer-Poeschel Verlag, 2002, S. 91-110.

Hitt, M. A./ Tihanyi, L./ Miller, T./ Connelly, B. (2006): International Diversification: Antecedents, Outcomes, and Moderators, in: Journal of Management, Vol. 32, No. 6, 2006, pp. 831-867.

Hofstede, G. (1980): Culture's consequences: International differences in work related values, Beverly Hills: Sage.

Hofstede, G. (2001a): Culture’s consequences: Comparing values, behaviors, institutions, and organizations across nations, 2nd ed., Sage Publications, 2001.

Hofstede, G. (2001b): Lokales denken, globales Handeln. Interkulturelle Zusammenarbeit und globales Management, 2. Auflage, dtv, 2001.

Hofstede, G./ Hofstede, G. J. (2005): Cultures and Organizations. Software of the Mind, 2. Ed., McGraw-Hill, 2005.

Hofstetter, K. (2002): Corporate Governance in der Schweiz. Bericht im Zusammenhang mit den Arbeiten der Expertengruppe „Corporate Governance“, Verband der Schweizer Unternehmen, 2002.

Homburg, C./ Herrmann, A./ Pflesser, C./ Klarmann, M. (2008): Methoden der Datenanalyse im Überblick, in: Homburg, C./ Herrmann, A./ Klarmann, M. (Hrsg.): Handbuch Marktforschung. Methoden – Anwendungen – Praxisbeispiele, 3. A., Gabler, 2008, S. 152-173.

Homburg, C./ Krohmer, H. (2003): Marketingmanagement. Strategie – Instrumente – Umsetzung – Unternehmensführung, Gabler 2003.

Hopt, K. J. (2003): Die rechtlichen Rahmenbedingungen der Corporate Governance, in: Hommelhoff, P./ Hopt, K. J./ von Werder, A. (Hrsg.): Handbuch Corporate Governance. Leitung und Überwachung börsennotierter Unternehmen in der Rechts- und Wirtschaftspraxis, Verlag Dr. Otto Schmidt KG Köln, Schäffer-Poeschel Verlag Stuttgart, 2003, S. 29-50.

Horner, S. V. (2006): Director Ties, Board Experience, and Firm Strategic Outcomes: Board Experience Effects on Post-Acquisition Performance, Dissertation, University of Missouri-Columbia, December 2006.

How, J. C. Y./ Khoo, I. C./ Ng, H. G./ Verhoeven, P. (2002): Internationalisation and Corporate Governance: Australian Evidence, Working Paper, http://ssrn.com/ abstract=314119, 17.01.2008, zugleich How, J. C. Y./ Khoo, I. C./ Ng, H. G./ Verhoeven, P. (2002): Internationalisation and Corporate Governance, in: Asia-Pacific Journal of Economics and Business, Vol. 6, No. 1, 2002, pp. 42-63.

Hu, Y.-S. (1992): Global or Stateless Corporations Are National Firms with International Operations, in: California Management Review, Vol. 34, No. 2, 1992, pp. 107-126.

Hunt, S. D. (1991): Modern Marketing Theory: Critical Issues in the Philosophy of Marketing Science, South Western Publishing, 1991.

Huse, M./ Solberg, A. G. (2006): Gender-related boardroom dynamics: how Scandinavian women make and can make contributions on corporate boards, in: Women in Management Review, Vol. 21, No. 2, 2006, pp. 113-130.

I

Ietto-Gillies, G. (1998): Different conceptual frameworks for the assessment of the degree of internationalization: an empirical analysis of various indices for the top 100 transnational companies, in: Transnational Corporations, Vol. 7, No. 1, 1998, pp. 17-40.

Ingley, C. B./ van der Walt, N. T. (2001): The Strategic Board: the changing role of directors in developing and maintaining corporate capability, in: Corporate Governance: An International Review, Vol. 9, No. 3, 2001, pp. 174-185.

Ito, K./ Pucik, V. (1993): R&D Spending, Domestic Competition, and Export Performance of Japanese Manufacturing Firms, in: Strategic Management Journal, Vol. 14, No. 1, 1993, pp. 61-75.

J

Jackson, S. E. (1992): Consequences of Group Composition for the Interpersonal Dynamics of Strategic Issue Processing, in: Shrivastava, P./ Huff, A./ Dutton, J. (Eds.): Advances in Strategic Management, Vol. 8, No. 3, 1992, pp. 345-382.

Jackson, S. E. (1996): The Consequences of Diversity in Multidisciplinary Work Teams, in: West, M. A. (Ed.): Handbook of Work Group Psychology, John Wiley & Sons, 1996.

Jackson, S. E./ Joshi, A./ Erhardt, N. L. (2003): Recent Research on Team and Organizational Diversity: SWOT Analysis and Implications, in: Journal of Management, Vol. 29, No. 6, 2003, pp. 801-830.

Janis, I. L. (1972): Victims of Groupthink: A Psychologiocal Study of Foreign-Policy Decisions and Fiascoes, Houghton Mifflin Company, 1972.

Janssen, J./ Laatz, W. (2003): Statistische Datenanalyse mit SPSS für Windows, 4. Auflage, Springer, 2003.

Jensen, M. C./ Meckling, W. H. (1976): Theory of the Firm: Managerial Behavior, Agency Costs and Ownership Structure, in: Journal of Financial Economics, Vol. 3, No. 4, 1976, pp. 305-360.

Johanson, J./ Mattson, L.-G. (1986): International Marketing and Internationalization Processes – A Network Approach, in: Paliwoda, S./ Turnbull, P. W. (Eds.): Research in International Marketing, Croom Helm, 1986, pp. 234-265.

Johanson, J./ Mattsson, L.-G. (1988): Internationalization in Industrial Systems – A Network Approach, in: Hood, N./ Vahlne, J.-E. (Eds.): Strategies in Global Competition, Croom Helm, 1988, pp. 287-314.

Johanson, J./ Vahlne, J.-E. (1977): The Internationalization Process of the Firm – A Model of Knowledge Development and Increasing Foreign Market Commitments, in: Journal of International Business Studies, Vol. 8, No. 1, 1977, pp. 23-32.

Johanson, J./ Vahlne, J.-E. (1990): The Mechanism of Internationalization, in: International Marketing Review, Vol. 7, No. 4, 1990, pp. 11-24.

Johanson, J./ Wiedersheim-Paul, F. (1975): The Internationalization of the Firm – Four Swedish Cases, in: The Journal of Management Studies, Vol. 12, No. 3, 1975, pp. 305-322.

John, K./ Senbet, L. W. (1998): Corporate governance and board effectiveness, in: Journal of Banking & Finance, Vol. 22, No. 4, 1998, 371-403.

Johnson, J. L./ Daily, C. M./ Ellstrand, A. E. (1996): Board of Directors: A Review and Research Agenda, in: Journal of Management, Vol. 22, No. 3, 1996, pp. 409-438.

Jose, M. L./ Nichols, L. M./ Stevens, J. L (1986): Contributions of Diversification, Promotion, and R&D to the Value of Multiproduct Firms: A Tobin's q Approach, in: Financial Management, Vol. 15, No. 4, 1986, pp. 33-43.

Jürgens, U./ Rupp, J./ Vitols, K./ Jäschke-Werthmann, B. (2000): Corporate Governance und Shareholder Value in Deutschland, Arbeitspapier FS II 00-202, Wissenschaftszentrum Berlin für Sozialforschung gGmbH, 2000.

K

Kanter, R. M. (1996): Weltklasse: im globalen Wettbewerb lokal triumphieren, Ueberreuther, 1996.

Keats, B. W./ Hitt, M. A: (1988): A Casual Model of Linkages among Environmental Dimensions, Macro Organizational Characteristics, and Performance, in: The Academy of Management Journal, Vol. 31, No. 3, 1988, pp. 570-598.

Keller, H.-U. (2003): The Determinants and Effects of Interlocking Directorships and Board Composition: An Empirical Analysis of Corporate Governance in Switzerland, Dissertation Nr. 2813, Universität St. Gallen, Difo-Druck GmbH, 2003.

Khandwalla, P. N. (1977): Design of Organizations, Harcourt Brace Jovanovich, 1977.

Khanna, T./ Kogan, J./ Palepu, K. (2006): Globalization and Similarities in Corporate Governance: A Cross-Country Analysis, in: The Review of Economics and Statistics, Vol. 88, No. 1, 2006, pp. 69-90.

Kidluff, M/ Angelmar, R./ Mehra, A. (2000): Top Management-Team Diversity and Firm Performance: Examining the Role of Cognitions, in: Organization Science, Vol. 11, No. 1, 2000, pp. 21-34.

Kiel, G. C./ Nicholson, G. J. (2003): Board Composition and Corporate Performance: how the Australian experience informs contrasting theories of corporate governance, in: Corporate Governance: An International Review, Vol. 11, No. 3, 2003, pp. 189-205.

Kieser, A. (2001): Der Situative Ansatz, in: Kieser, A. (Hrsg.): Organisationstheorien, 4. Auflage, Kohlhammer, 2001, S. 169-198.

Kieser, A./ Walgenbach, P. (2007): Organisation, 5. Auflage, Schäffer-Poeschel, 2007.

Kim, W. C./ Hwang, P./ Burgers, W. P. (1989): Global Diversification Strategy and Corporate Profit Performance, in: Strategic Management Journal, Vol. 10, No. 1, 1989, pp. 45-57.

Kindler, A. (1997): Der amerikanische Aufsichtsrat – Der Funktionswandel des Board of Directors großer Aktiengesellschaften in den USA, Dissertation, Juristische Fakultät der Friedrich Alexander Universität, Nürnberg-Erlangen, 1997.

Kirkman, B. L./ Shapiro, D. L. (2005): The Impact of Cultural Value Diversity on Multicultural Team Performance, in: Shapiro, D. L./ von Glinow, M. A./ Cheng, J. L. C. (Eds.): Managing Multinational Teams: Global Perspectives, Advances in International Management, Volume 18, 2005, pp. 33-67.

Knight, D./ Pearce, C. L./ Smith, K. G./ Olian, J. D./ Sims, H. P./ Smith, K. A./ Flood, P. (1999): Top Management Team Diversity, Group Process, and Strategic Consensus, in: Strategic Management Journal, Vol. 20, No. 5, 1999, pp. 445-465.

Koen, C. I. (2005): Comparative International Management, McGraw-Hill, 2005.

Kogut/ B./ Singh, H. (1988): The Effect of National Culture on the Choice of Entry Mode, in: Journal of International Business Studies, , Vol. 19, No. 3, 1988, pp. 411-432.

Kole, S. R./ Mulherin, J. H. (1997): The Government as a Shareholder: A Case from the United States, in: Journal of Law and Economics, Vol. 40, No. 1, 1997, pp. 1-22.

Kor, Y. Y./ Mahoney, J. T. (2004): Edith Pensore's (1959) Contributions to the Resource-based View of Strategic management, in: Journal of Management Studies, Vol. 41, No. 1, 2004, pp. 183-191.

Korn/Ferry International (2004): Aufsichtsratsstudie 2003, Korn/Ferry International GmbH, 2004.

Korn/Ferry International (2006): 33nd Annual Board of Directors Study – Celebrating More Than Three Decades of Governance Analysis, Korn/Ferry International 2006.

Kosnik, R. D. (1990): Effects of Board Demography and Directors' Incentives on Corporate Greenmail Decisions, in: The Academy of Management Journal, Vol. 33, No. 1, 1990, pp. 129-150.

Krause, H.-U./ Arora, D. (2008): Controlling-Kennzahlen. Key Performance Indicators, Oldenbourg, 2008.

Kreikebaum, H. (1998): Organisationsmanagement internationaler Unternehmen. Grundlagen und neue Strukturen, Gabler, 1998.

Kreikebaum, H./ Gilbert, D. U./ Reinhardt, G. O. (2002): Organisationsmanagement internationaler Unternehmen. Grundlagen und moderne Netzwerkstrukturen, Gabler, 2002.

Kreitmeier, F. (2001): Corporate Governance: Aufsichtsgremien und Unternehmensstrategien, Verlag Barbara Kirsch, 2001.

Kröhne, U./ Nachtigall, C./ Weyrauch, A. (2003): Zusammenhangsmaß „Korrelation" (Pearsons Produkt-Moment-Korrelation r). Ergänzende Hinweise zur Interpretation. Thüringer Kompetenztest 2003, Friedrich-Schiller-Universität Jena, 2003.

Krugman, P. R./ Obstfeld, M. (1995): International Economics – Theory and Policy, Fourth Edition, Addison Wesley, 1995.

Kutschker, M./ Schmid, S. (2008): Internationales Management, 6. Auflage, Oldenbourg Wissenschaftsverlag, 2008.

L

La Porta, R./ Lopez-de-Silanes, F./ Shleifer, A. (1999): Corporate Ownership around the World, in: The Journal of Finance, Vol. 54, No. 2, 1999, pp. 471-517.

La Porta, R./ Lopez-de-Silanes, F./ Shleifer, A./ Vishny, R. W. (1998): Law and Finance, in: The Journal of Political Economy, Vol. 106, No. 6, 1998, pp. 1113-1155.

Lang, L. H. P./ Stulz, R. M. (1994): Tobin's q, Corporate Diversification, and Firm Performance, in: The Journal of Political Economy,Vol. 102, No. 6, 1994, pp. 1248-1280.

Lau, D. C./ Murnighan, J. K. (1998): Demographic Diversity and Faultlines: The Compositional Dynamics of Organizational Groups, in: Academy of Management Review, Vol. 23, No. 2, 1998, pp. 325-340.

Lausten, M. (2002): CEO turnover, firm performance and corporate governance: empirical evidence on Danish firms, in: International Journal of Industrial Organization, Vol. 20, No. 3, 2002, pp. 391-414.

Lawrence, P./ Lorsch, J. (1967): Organization and Environment, Harvard University Press, 1967.

Lee, H.-U./ Park, J.-H. (2006): Top Team Diversity, Internationalization and the Mediating Effect of International Alliances, in: British Journal of Management, Vol. 17, No. 3, 2006, pp. 195–213.

Leendertse, J. (2000): Deutsche Gemütlichkeit, Wirtschaftwoche, Nr. 20, 11.5.2000, S. 116-119.

Lewellen, W. G./ Badrinath, S. G. (1997): On the measurement of Tobin's q, in: Journal of Financial Economics, Vol. 44, No. 1, 1997, pp. 77-122.

Leyens, P. C. (2003): Deutscher Aufsichtsrat und U.S.-Board: ein- oder zweistufiges Verwaltungssystem? Zum Stand der rechtsvergleichenden Corporate Governance-Debatte, in: Rabels Zeitschrift für ausländisches und internationales Privatrecht, Band 67, Heft 1, 2003, S. 57-105.

Licht, A. N. (2001): The Mother of All Path Dependencies: Toward a Cross-Cultural Theory of Corporate Governance Systems, in: Delaware Journal of Corporate Law, Vol. 26, No. 1, 2001, pp. 147-209.

Liebl, F. (1996): Strategische Frühaufklärung: Trends – Issues – Stakeholders, Oldenbourg, 1996.

Lindenberg, E. B./ Ross, S. A. (1981): Tobin's q Ratio and Industrial Organization, in: Journal of Business, Vol. 54, No. 1, 1981, pp. 1-32.

Lynall, M. D./ Golden, B. R./ Hillman, A. J. (2003): Board Composition from Adolescence to Maturity: A Multitheoretic View, in: Academy of Management Review, Vol. 28, No. 3, 2003, pp. 416-431.

M

Macharzina, K./ Oesterle, M.-J. (2002): Das Konzept der Internationalisierung im Spannungsfeld zwischen praktischer Relevanz und theoretischer Unschärfe, in: Macharzina, K./ Oesterle, M.-J. (Hrsg.): Handbuch Internationales Management. Grundlagen – Instrumente – Perspektiven, 2. Auflage, Gabler, 2002, S. 3-21.

Macharzina, K./ Wolf, J. (2005): Unternehmensführung. Das internationale Managementwissen. Konzepte – Methoden – Praxis, 5. Auflage, Gabler Verlag, 2005.

Mahoney, J. T. (2005): Economic Foundations of Strategy, Sage, 2005.

Mahoney, R. J. (2000): Board Composition and Globalization, in: Corporate Board, Vol. 21, No. 121, 2000, pp. 12-16.

Manev, I. M./ Stevenson, W. B. (2001): Nationality, Cultural Distance, and Expatriate Status: Effects on the Managerial Network in a Multinational Enterprise, in: Journal of International Business Studies, Vol. 32, No. 2, 2001, pp. 285-303.

Mankiw, N. G. (1999): Grundzüge der Volkswirtschaftslehre, Schäffer-Poeschel, 1999.

March, J. G./ Simon, H. A. (1958): Organizations, Wiley, 1958.

Marschan, R./ Welch, D./ Welch, L. (1997): Language: The Forgotten Factor in Multinational Management, in: European Management Journal, Vol. 15, No. 5, 1997, pp. 591-598.

Marschan-Piekkari, R./ Welch, D./ Welch, L. (1999): In the shadow: the impact of language on structure, power and communication in the multinational, in: International Business Review, Vol. 8, No. 4, 1999, pp. 421-440.

Martens, K. (2000): Managementüberwachung durch den Aufsichtsrat: Ein Beitrag zur Corporate Governance-Diskussion aus agencytheoretischer Sicht, Eul, 2000.

Martin, S./ Parker, D. (1995): Privatization and Economic Performance Throughout the UK Business Cycle, in: Managerial and Decision Economics, Vol. 16, No. 3, 1995, pp. 225-237.

Maslow, A. H. (1970): Motivation and Personality, Harper & Row, 1970.

Matsumoto, D. (2001): The Handbook of Culture & Psychology, Oxford University Press, 2001.

Maznevski, M . L. (1994): Understanding Our Differences: Performance in Decision-Making Groups with Diverse Members, in: Human Relations, Vol. 47, No. 5, 1994, pp. 531-552.

McConaughy, D. L./ Walker, M. C./ Henderson, G. V./ Mishra, C. S. (1998): Founding Family Controlled Firms: Efficiency and Value, in: Review of Financial Economics, Vol. 7, No. 1, 1998, pp. 1-19.

McConnell, J. J./ Servaes, H. (1990): Additional evidence on equity ownership and corporate value, in: Journal of Financial Economics, Vol. 27, No. 2, 1990, pp. 595-612.

McIntyre, M. L./ Murphy, S. A./ Mitchell, P. (2007): The top team: examining board composition and firm performance, in: Corporate Governance, Vol. 7, No. 5, 2007, pp. 547-561.

Meckl, R. (2006): Internationales Management, Vahlen, 2006.

Meffert, H. (1986): Marketing im Spannungsfeld von weltweitem Wettbewerb und nationalen Bedürfnissen, in: Zeitschrift für Betriebswirtschaft, Jg. 56, Heft 8, S. 689-712.

Megginson, W. L./ Nash, R. C./ Randenborgh, M. van (1994): The Financial and Operating Performance of Newly Privatized Firms: An International Empirical Analysis, in: The Journal of Finance, Vol. 49, No. 2, 1994, pp. 403-452.

Milliken, F. J./ Martins, L. L. (1996): Searching for Common Threads: Understanding the Multiple Effects of Diversity in Organizational Groups, in: The Academy of Management Review, Vol. 21, No. 2, 1996, pp. 402-433.

Mintzberg, H. (1979): The Structuring of Organization: A Synthesis of Research, Prentice-Hall, 1979.

Morck, R./ Shleifer, A./ Vishny, R. W. (1988): Management ownership and market valuation: An empirical analysis, in: Journal of Financial Economics, Vol. 20, No. 1-2, 1988, pp. 293-315.

Morosini, P./ Shane, S./ Singh, H. (1998): National Cultural Distance and Cross-Border Acquisition Performance, in: Journal of International Business Studies, Vol. 29, No. 1, 1998, pp. 137-158.

MSCI Barra (2007): MSCI Standard Index Series Methodology. Index Construction Objectives, Guiding Principles and Methodology for the MSCI Standard Equity Index Series, Mai 2007.

Mühlbacher, H./ Vallaster, C. (2002): Managing Diversity in Multicultural Project Teams, in: Auer-Rizzi, W./ Szabo, E./ Innreiter-Moser, C. (Hrsg.): Management in einer Welt der Globalisierung und Diversität. Europäische und nordamerikanische Sichtweisen, Schäffer-Poeschel, 2002, S. 75-90.

Müller, S./ Gelbrich, K. (2004): Interkulturelles Marketing, Verlag Vahlen, 2004.

Müller-Stewens, G./ Lechner, C. (2003): Strategisches Management. Wie strategische Initiativen zum Wandel führen, 2. Auflage, Schäffer-Poeschel, 2003.

Muth, M. M./ Donaldson, L. (1998): Stewardship Theory and Board Structure: a contingency approach, in: Corporate Governance: An International Review, Vol. 6, No. 1, 1998, pp. 5-28.

N

Nachum, L. (2004): Geographic and Industrial Diversification of Developing Country Firms, in: Journal of Management Studies, Vol. 41, No. 2, 2004, pp. 273-294.

Nass, O. (1998): Interkulturelles Management in Südostasien, Gabler, 1998.

Nassauer, F. (2000): „Corporate Governance" und die Internationalisierung von Unternehmungen, Europäische Hochschulschriften: Reihe 5, Volks- und Betriebswirtschaft, Bd. 2671, Lang, 2000.

Neumair, S.-M. (2006): Handel und Direktinvestitionen – Eine Bestandsaufnahme, in: Haas, H.-D./ Neumair, S.-M. (Hrsg.): Internationale Wirtschaft. Rahmenbedingungen, Akteure, räumliche Prozesse, R. Oldenbourg Verlag, 2006, S. 41-60.

Neubürger, H.-J. (2003): Die deutsche Mitbestimmung aus Sicht eines international operierenden Unternehmens, in: Hommelhoff, P./ Hopt, K. J./ von Werder, A. (Hrsg.): Handbuch Corporate Governance. Leitung und Überwachung börsennotierter Unternehmen in der Rechts- und Wirtschaftspraxis, Verlag Dr. Otto Schmidt KG Köln, Schäffer-Poeschel Verlag Stuttgart, 2003, S. 177-197.

Nicholson, G. J./ Kiel, G. C. (2007): Can Directors Impact Performance? A Case-Based Test of Three Theories of Corporate Governance, in: Corporate Governance: An International Review, Vol. 15, No. 4, 2007, pp. 585-608.

Niederkorn, M./ Barth, A./ Becker, A./ Schulze, L. (2008): Major Challenges in a Globalized World, in: Niederkorn, M./ Barth, A./ Becker, A./ Schulze, L. (Eds.): Managing Challenges in a Globalized World, Mannheim University Press, 2008, pp. 19-31.

Nienhüser, W. (1991): Organisationale Demographie - Darstellung und Kritik eines Forschungsansatzes, in: Die Betriebswirtschaft, Jg. 31, Nr. 6, 1991, S. 763-780.

Nienhüser, W. (2004): Die Resource Dependence-Theorie – wie (gut) erklärt sie Unternehmensverhalten, in: Festing, M./ Martin, A./ Mayrhofer, W./ Nienhüser, W. (Hrsg.): Personaltheorie als Beitrag zur Theorie der Unternehmung, Rainer Hampp Verlag, 2004, S. 87-119.

Nienhüser, W. (2008): Resource Dependence Theory – How Well Does It Explain Behavior of Organizations?, in: management revue, Vol. 19, No. 1+2, 2008, pp. 9-32.

Nollert, M. (2005): Transnational Corporate Ties: A Synopsis of Theories and Empirical Findings, in: Journal of World-Systems Research, Vol. XI, No. 2, 2005, pp. 289-314.

Nordström, K. A. (1991): The Internationalization Process of the Firm – Searching for New Patterns and Explanations, Dissertation, Stockholm, Handelshögskolan, 1991.

O

Oberg, W. (1963): Cross-Cultural Perspectives on Management Principles, in: Academy of Management Journal, Vol. 6, No. 2, 1963, pp. 129-143.

OECD (2004): Corporate Governance: A Survey of OECD Countries, OECD, 2004.

OECD Observer (2007): OECD in Figures, 2007 Edition, OECD, 2007.

Oechsler, W. A. (2003): Qualifikation und personelle Besetzung des Vorstands und Aufsichtsrats, in: Hommelhoff, P./ Hopt, K. J./ von Werder, A. (Hrsg.): Handbuch Corporate Governance. Leitung und Überwachung börsennotierter Unternehmen in der Rechts- und Wirtschaftspraxis, Verlag Dr. Otto Schmidt KG Köln, Schäffer-Poeschel Verlag Stuttgart, 2003, S. 305-321.

Oetker, H. (2003): Aufsichtsrat/ Board: Aufgaben, Besetzung, Organisation, Entscheidungsfindung und Willensbildung – Rechtlicher Rahmen, in: Hommelhoff, P./ Hopt, K. J./ von Werder, A. (Hrsg.): Handbuch Corporate Governance. Leitung und Überwachung börsennotierter Unternehmen in der Rechts- und Wirtschaftspraxis, Verlag Dr. Otto Schmidt KG Köln, Schäffer-Poeschel Verlag Stuttgart, 2003, S. 261-284.

Österreichischer Arbeitskreis für Corporate Governance (2007): Österreichischer Corporate Governance Kodex, 2007.

Ohmae, K. (1985): Die Macht der Triade: die neue Form weltweiten Wettbewerbs, Gabler, 1985.

Olie, R./ van Iterson, A. (2004): Top management teams in their national context, in: Cheng, J. L. C./ Hitt, M. A. (Hrsg.): Managing Multinationals in a Knowledge Economy: Economics, Culture, and Human Resources, Advances in International Management, Vol. 15, Elsevier, 2004, pp. 129-157.

Opp, K.-H. (1999): Wissenschaftstheoretische Grundlagen der empirischen Sozialforschung, in: Roth, E./ Holling, H. (Hrsg.): Sozialwissenschaftliche Methoden: Lehr- und Handbuch für Forschung und Praxis, 5., durchges. Auflage, Oldenbourg Wissenschaftsverlag, 1999, S. 49-73.

Oppenländer, K. H. (2002): Einflußfaktoren der internationalen Standortwahl, in: Macharzina, K./ Oesterle, M.-J. (Hrsg.): Handbuch Internationales Management. Grundlagen – Instrumente – Perspektiven, 2. A., Gabler, S. 361-379.

Orlitzky, M./ Schmidt, F. L./ Rynes, S. L. (2003): Corporate Social and Financial Performance: A Meta-Analysis, in: Organization Studies, Vol. 24, No. 3, 2003, pp. 403-441.

Osgood, C. E. (1951): Culture, its Empirical and Non-Empirical Character, in: Southwestern Journal of Anthropology, Vol. 7, No. 2, 1951, pp. 202-214.

Osterloh, M. (1994): Kulturalismus versus Universalismus – Reflektionen zu einem Grundlagenproblem des interkulturellen Managements, in: Schiemenz, B./ Wurl, H.-J. (Hrsg.): Internationales Management – Beiträge zur Zusammenarbeit, Gabler, 1994, S. 95-116.

Österreichischer Arbeitskreis für Corporate Governance (2007): Österreichischer Corporate Governance Kodex, 2007.

Owtscharov, A. (2007): The German system of finance and corporate governance: Gateways to change and implications for firm performance, Dissertation no. 3306, University of St. Gallen, Studentendruckerei Zürich, 2007.

Oxelheim, L./ Randøy, T. (2003): The impact of foreign board membership on firm value, in: Journal of Banking and Finance, Vol. 27, No. 12, 2003, pp. 2369-2392.

Oxelheim, L./ Randøy, T. (2005): The Anglo-American influence on CEO compensation in non-Anglo-American firms, in: Journal of International Business Studies, Vol. 36, No. 4, 2005, pp. 470-483.

P

Palepu, K. (1985): Diversification Strategy, Profit Performance and the Entropy Measure, in: Strategic Management Journal, Vol. 6, No. 3, 1985, pp. 239-255.

Palmer, T. M./ Varner, I. I. (2007): A Comparison of the International Diversity on Top Management Teams of Multinational Firms Based in the United States, Europe, and Asia: Status and Implications, in: Singapore Management Review, Vol. 29, No. 1, 2007, pp. 1-30.

Park, H./ Hwang, S. D./ Harrison, J. K. (1996): Sources and Consequences of Communication Problems in Foreign Subsidiaries: the Case of United States Firms in South Korea, in: International Business Review, Vol. 5, No. 1, 1996, pp. 79-98.

Pearce, J. A./ Zahra, S. A. (1992): Board Composition from a Strategic Contingency Perspective, in: The Journal of Management Studies, Vol. 29, No. 4, 1992, pp. 411-438.

Peltzer, M. (2003): Vorstand/ Board: Aufgaben, Organisation, Entscheidungsfindung und Willensbildung – Rechtlicher Rahmen, in: Hommelhoff, P./ Hopt, K. J./ von Werder, A. (Hrsg.): Handbuch Corporate Governance. Leitung und Überwachung börsennotierter Unternehmen in der Rechts- und Wirtschaftspraxis, Verlag Dr. Otto Schmidt KG Köln, Schäffer-Poeschel Verlag Stuttgart, 2003, S. 223-244.

Penrose, E. (1959): The Theory of the Growth of the Firm, John Wiley, 1959.

Penrose, E. (1995): The Theory of the Growth of the Firm, 3. Ed., Oxford University Press, 1995.

Perfect, S. B./ Wiles, K. W. (1994): Alternative constructions of Tobin's q: An empirical comparison, in: Journal of Empirical Finance, Vol. 1, No. 3-4, 1994, pp. 313-341.

Perlitz, M. (1993): Why Most Strategies Fail Today: The Need for Strategy Innovations, in: European Management Journal, Vol. 11, No. 1, 1993, pp. 114-121.

Perlitz, M. (1999): Territorialität des Rechts als Problem des internationalen Managements, in: Schenk, K.-E./ Schmidtchen, D./ Streit, M. E./ Vanberg, V. (Hrsg.): Jahrbuch für Neue Politische Ökonomie, 18. Band, Globalisierung und Rechtsordnung: Zur Neuen Institutionenökonomik internationaler Transaktionen, Morh Siebeck, 1999, S. 213-243.

Perlitz, M. (2004): Internationales Management, 5. Auflage, Lucius & Lucius, 2004.

Perlitz, M./ Becker, A./ Heubischl, J. (2004): International Corporate Governance Dynamics. A Network Approach, Working Paper No. 16, Department of Bunsiness Administration and International Management, University of Mannheim, 2004.

Perlitz, M./ Becker, A./ Odoi, T. (2007): Erfolgsfaktor Beschaffung - Eine Analyse des Beschaffungsmarktes China aus der Sicht mittelständischer Unternehmen, Arbeitspapier Nr. 19, Lehrstuhl für ABWL and Internationales Management, Universität Mannheim, 2007.

Perlitz, M./ Becker, A./ Schmidt, C. (2007): Marketing-Controlling aus der Sicht multinationaler Unternehmen. Eine empirische Analyse der Aufgaben, Organisation und Instrumente, in: Bayón, T./ Herrmann, A./ Huber, F. (Hrsg.): Vielfalt und Einheit in der Marketingwissenschaft. Ein Spannungsverhältnis, Galber, 2007, S. 420-446.

Perlitz, M./ Becker, A./ Teng, Y. (2005): Business Environment in China: An Analysis of Franchising for Foreign Investors, Working Paper No. 17, Department of Business Administration and International Management, University of Mannheim, Mannheim 2005.

Perlitz, M./ Seger, F. (2004a): European cultures and management styles, in: International Journal of Asian Management, Vol. 3, No. 1, 2004, pp. 1-26.

Perlitz, M./ Seger, F. (2004b): Strategische Unternehmensführung, in: Kieser, A./ Oechsler, W. A. (Hrsg.): Unternehmenspolitik, 2. Auflage, Schäffer-Poeschel, 2004, S. 233-294.

Perlitz, M./ Seger, F./ Becker, A. (2006): Die Überwachungsfunktion des deutschen Aufsichtsrats im internationalen Vergleich – Eine empirische Analyse der DAX 100 Unternehmen, Arbeitspapier Nr. 18, Lehrstuhl für ABWL and Internationales Management, Universität Mannheim, Mannheim 2006.

Perlmutter, H. V. (1969): The tortuous evolution of the multinational corporation, in: Columbia Journal of World Business, Vol. 4, No. 1, 1969, pp. 9-18.

Perlmutter, H. V./ Heenan, D. A. (1974): How multinational should your top managers be? In: Harvard Business Review, Vol 52, No. 6, 1974, pp. 121-132.

Perridon, L./ Steiner, M. (1997): Finanzwirtschaft der Unternehmung, 9. Auflage, Verlag Vahlen, 1997.

Perry, T./ Shivdasani, A. (2005): Do Boards Affect Performance? Evidence from Corporate Restructuring, in: Journal of Business, Vol. 78, No. 4, 2005, pp. 1403-1432.

Pettigrew, A. M. (1992): On Studying Managerial Elites, in: Strategic Management Journal, Vol. 13, Special Issue: Fundamental Themes in Strategy Process Research, 1992, pp. 163-182.

Peyrefitte, J./ Fadil, P. A./ Thomas, A. S. (2002): The Influence of Managerial Experiences on Large Firm Internationalization, in: International Journal of Management, Vol. 19, No. 3, 2002, pp. 495-502.

Pfeffer, J. (1972): Size and Composition of Corporate Boards of Directors: The Organization and its Environment, in: Administrative Science Quarterly, Vol. 17, No. 2, 1972, pp. 218-228.

Pfeffer, J. (1983): Organizational Demography, in: Research in Organizational Behavior, Vol. 5, 1983, pp. 299-357.

Pfeffer, J. (1985): Organizational Demography: Implications for Management, in: California Management Review, Vol. 28, No. 1, 1985, pp. 67-81.

Pfeffer, J./ Salancik, G. R. (1978): The External Control of Organizations: A Resource Dependence Perspective, Harper and Row, 1978.

Pfeffer, J./ Salancik, G. R. (2003): The External Control of Organizations. A Ressource Dependence Perspective, Stanford University Press, 2003.

Podsiadlowski, A. (2002a): Multikulturelle Arbeitsgruppen in Unternehmen. Bedingungen für erfolgreiche Zusammenarbeit am Beispiel deutscher Unternehmen in Südostasien, Waxmann, 2002.

Podsiadlowski, A. (2002b): Multikulturelle Arbeitsgruppen. Eine differenzierte Betrachtung der Wirkung von Heterogenität in Arbeitsgruppen nach Untersuchungstyp und Form der Gruppenzusammensetzung, in: Zeitschrift für Sozialpsychologie, Band 33, Nr. 4, 2002, S. 241-259.

Podsiadlowski, A. (2007): Multinationale Teams, in: Straub, J./ Weidemann, A./ Weidemann, D. (Hrsg.): Handbuch interkulturelle Kommunikation und Kompetenz. Grundbegriffe – Theorien – Anwendungsfelder, Verlag J.B. Metzler, 2007, S. 576-586.

Porter, M. E. (1988): Wettbewerbsstrategie. Methoden zur Analyse von Branchen und Konkurrenten, 5. A., Campus, 1988.

Porter, M. E. (1989a): Wettbewerbsvorteile (Competitive Advantage): Spitzenleistungen erreichen und behaupten, Campus Verlag, 1989.

Porter, M. E. (1989b): Der Wettbewerb auf globalen Märkten: Ein Rahmenkonzept, in: Porter, M. E. (Hrsg.): Globaler Wettbewerb. Strategien der neuen Internationalisierung, Wiesbaden, 1989, S. 17-68.

Porter, M. E. (1990): The Competitive Advantage of Nations, MacMillan, 1990.

Potthoff, E./ Trescher, K. (2003): Das Aufsichtsratsmitglied. Ein Handbuch der Aufgaben, Rechte und Pflichten, 6. A. bearbeitet von Manuel René Theisen, Schäffer-Poeschel, 2003.

Prahalad, C. K./ Doz, Y. L. (1987): The Multinational Mission. Balancing Local Demands and Global Vision, The Free Press, 1987.

Prahalad, C. K./ Hamel, G. (1990): The Core Competence of the Corporation, in: Harvard Business Review, Vol. 68, No. 3, 1990, pp. 79-91.

Prahalad, C. K./ Lieberthal, K. (1998): The End of Corporate Imperialism, in: Harvard Business Review, July-August 1998, pp. 69-79.

Pugh, D. S./ Hickson, D. J. (1976): Organizational Structure in its Context, Westmead, 1976.

Punnett, B. J./ Clemens, J. (1999): Cross-National Diversity: Implications for International Expansion Decisions, in: Journal of World Business, Vol. 34, No. 2, 1999, pp. 128-138.

R

Ramaswany, K./ Kroeck, K. G./ Renforth, W. (1996): Measuring the Degree of Internationalization of a Firm: A Comment, in: Journal of International Business Studies, Vol. 27, No. 1, 1996, pp. 167-177.

Randøy, T./ Nielsen, J. (2002): Company Performance, Corporate Governance, and CEO Compensation in Norway and Sweden, in: Journal of Management and Governance, Vol. 6, No. 1, 2002, pp. 57-81.

Randøy, T./ Thomsen, S./ Oxelheim, L. (2006): A Nordic Perspective on Corporate Board Diversity, Nordic Innovation Centre, Oslo 2006.

Redding, G. (1976): Some perceptions of psychological needs among managers in South-East Asia, in: Poortinga, Y. H. (Ed.): Basic problems in cross-cultural psychology, Swets & Zeitlinger B. V., pp. 338-343.

Regierungskommission Deutscher Corporate Governance Kodex (2008): Deutscher Corporate Governance Kodex, 2008.

Rehner, J. (2006): Nation und Kultur, in: Haas, H.-D./ Neumair, S.-M. (Hrsg.): Internationale Wirtschaft. Rahmenbedingungen, Akteure, räumliche Prozesse, R. Oldenbourg Wissenschaftsverlag, 2006, S. 349-375.

Reuber, A. R./ Fischer, E. (1997): The Influence of the Management Teams International Experience on the Internationalization Behavior of SMEs, in: Journal of International Business Studies, Vol. 28, No. 4, 1997, pp. 807-825.

Ridder-Aab, C.-M. (1980): Die moderne Aktiengesellschaft im Lichte der Theorie der Eigentumsrechte – Zur Revision von Managementtheorien, Campus Verlag, 1980.

Rieker, J./ Wirth, B. (1996): „I'm a Bavarian", in: manager-magazin, Jg. 26, Nr. 4, 1996, S. 244-252.

Robinson, W. I./ Harris, J. (2000): Towards A Global Ruling Class? Globalization and the Transnational Capitalist Class, in: Science & Society, Vol. 64, No. 1, 2000, pp. 11-54.

Ronen, S./ Kraut, A. I. (1977): Similarities among countries based on employee work values and attitudes, in: Columbia Journal of World Business, Vol. 12, No. 2, 1977, pp. 89-96.

Ronen, S./ Shenkar, O. (1985): Clustering Countries on Attitudinal Dimensions: A Review and Synthesis, in: The Academy of Management Review, Vol. 10, No. 3, 1985, pp. 435-454.

Rose, C./ Mejer, C. (2003): The Danish Corporate Governance System: from stakeholder orientation towards shareholder value, in: Corporate Governance: An International Review, Vol. 11, No. 4, 2003, pp. 335-344.

Rössler, S. (2001): Das Audit-Committee als Überwachungsinstrument des Aufsichtsrats: ein Beitrag zur Verbesserung der Corporate Governance vor dem Hintergrund des Gesetzes zur Kontrolle und Transparenz im Unternehmensbereich (KonTraG), Verlag Moderne Industrie, 2001.

Roth, K. (1995): Managing International Interdependence: CEO Characteristics in a Resource-Based Framework, in: The Academy of Management Journal, Vol. 38, No. 1, 1995, pp. 200-231.

Rubin, P. H. (2004): Why Was the Common Law Efficient?, EMORY School of Law, Law & Economics Research Paper Series, Working Paper No. 04-06, 2004.

Rudolf, M./ Müller, J. (2004): Multivariate Verfahren. Eine praxisorientierte Einführung mit Anwendungsbeispielen in SPSS, Hogrefe 2004.

Rudolph, T./ Knaus, A./ Einhorn, M. (2002): Internationalisierung Die neuen Hausaufgaben des Handels, in: Absatzwirtschaft, Nr. 2 vom 01.02.2002, online, http://www.wiso-net.de/webcgi?START=A60&DOKV_DB=ZGEH&DOKV_NO=ASW020201011&DOKV_HS=0&PP=1.

Rugman, A. M./ Collinson, S. (2006): International Business, 4th Ed., Prentice Hall, 2006.

Rugman, A. M./ Verbeke, A. (2004): A perspective on regional and global strategies of multinational enterprises, in: Journal of International Business Studies, Vol. 35, No. 1, 2004, pp. 3-18.

Ruigrok, W./ Greve, P. (2007):The Rise of an International Market for Executive Labour (Chapter to be contributed to Oxelheim, L. & Wihlborg, C., Markets and Compensation for Executives in Europe (forthcoming 2008)), University of St. Gallen, 2007.

Ruigrok, W./ Peck, S./ Keller, H. (2006): Board Characteristics and Involvement in Strategic Decision Making: Evidence from Swiss Companies, in: Journal of Management Studies, Vol. 43, No. 5, 2006, pp. 1201-1226.

Ruigrok, W./ Peck, S./ Tacheva, S. (2007): Nationality and Gender Diversity on Swiss Corporate Boards, in: Corporate Governance: An International Review, Vol. 15, No. 4, 2007, pp. 546-557.

Ruigrok, W./ Peck, S./ Tacheva, S./ Greve, P./ Hu, Y. (2006): The Determinants and Effects of Board Nomination Committees, in: Journal of Management Governance, Vol. 10, No. 2, 2006, pp. 119-148.

Ruigrok, W./ van der Linde, C./ Peck, S. (2001): Strange bedfellows: Foreigners on top management teams and supervisory boards, Working Paper, University of St. Gallen, 2001.

Ruigrok, W./ Wagner, H. (2000): "Mehr unabhängige und ausländische Aufsichtsräte nutzen nichts", in: Frankfurter Allgemeine Zeitung, 15.03.2000, S. W1.

Ruigrok, W./ Wagner, H. (2001): Matching Managers to Strategies: Do Multinational Companies Need Multicultural Top Management Teams?, Working Paper, University of St. Gallen, 2001.

Ruigrok, W./ Wagner, H. (2003): Internationalization and Performance: An Organizational Learning Perspective, in: Management International Review, Vol. 43, No. 1, 2003, pp. 63-83.

Rytz, R. (2002): Kompetente Verwaltungsräte dringend gesucht, in: new management. Die europäische Zeitschrift für Unternehmenswissenschaften und Führungspraxis, Jg. 71, Heft: 4, 2002, S. 26-30.

S

Sambharya, R. B. (1996): Foreign Experience of Top Management Teams and International Diversification Strategies of U.S. Multinational Corporations, in: Strategic Management Journal, Vol. 17, No. 9, 1996, pp. 739-746.

Sanders, G./ Carpenter, M. A. (1998): Internationalization and Firm Governance: The Roles of CEO Compensation, Top Team Composition, and Board Structure, in: The Academy of Management Journal, Vol. 41, No. 2, Special Research Forum on Managerial Compensation and Firm Performance, 1998, pp. 158-178.

Schanz, G. (1997): Wissenschaftsprogramme der Betriebswirtschaftslehre, in: Bea, F. X./ Dichtl, E./ Schweitzer, M. (1997): Allgemeine Betriebswirtschaftslehre, Band 1: Grundfragen, 7. Auflage, Lucius & Lucius, 1997, S. 81-198.

Scheele, M. (2008): Man spricht nicht nur Deutsch, in: Financial Times Deutschland, 26. Juni 2008, S. 2.

Scherm, E./ Süß, S. (2001): Internationales Management, Verlag Vahlen, 2001.

Scherm, E./ Süß, S. (2002): Personalmanagement im internationalen Unternehmen, in: Macharzina, K./ Oesterle, M.-J. (Hrsg.): Handbuch Internationales Management. Grundlagen – Instrumente – Perspektiven, 2. Auflage, 2002, S. 844-840.

Schlereth, D./ Tissen, K. (2007): Kommanditgesellschaft auf Aktien, in: Freidank, C.-C./ Lachnit, L./ Tesch, J. (Hrsg.): Vahlens Großes Auditing Lexikon, C. H. Beck Vahlen 2007, S. 796-798.

Schmid, S. (1996): Multikulturalität in der internationalen Unternehmung, Konzepte – Reflexionen – Implikationen, Gabler, 1996.

Schmid, S. (2007): Wie international sind Vorstände und Aufsichtsräte? Deutsche Corporate-Governance-Gremien auf dem Prüfstand, ESCP-EAP Working Paper Nr. 26, September 2007.

Schmid, S./ Daniel, A. (2006): Measuring Board Internationalization – Towards a More Holistic Approach, ESCP-EAP Working Paper No. 21, December 2006.

Schmid, S./ Kretschmer, K. (2005): How International Are German Supervisory Boards? – An Exploratory Study, ESCP-EAP Working Paper No. 14, December 2005.

Schmid, S./ Machulik, M. (2006): What has Perlmutter really written? A Comprehensive Analysis of the EPRG Concept, Working Paper No. 16, 2006.

Schmidt, R. H./ Weiß, M. (2003): Shareholder vs. Stakeholder: Ökonomische Fragestellungen, in: Hommelhoff, P./ Hopt, K. J./ von Werder, A. (Hrsg.): Handbuch Corporate Governance. Leitung und Überwachung börsennotierter Unternehmen in der Rechts- und Wirtschaftspraxis, Verlag Dr. Otto Schmidt KG Köln, Schäffer-Poeschel Verlag Stuttgart, 2003, S. 107-127.

Schmidt, S. M. (2001): Corporate Governance in deutschen und amerikanischen Aktiengesellschaften: eine Untersuchung unter besonderer Berücksichtigung der Bedeutung und Entstehung der Anteilseignerstrukturen, Regensburger Beiträge zur betriebswirtschaftlichen Forschung, Bd. 24, Lang, 2001.

Schneider, J. (2000): Erfolgsfaktoren der Unternehmensüberwachung: Corporate Governance aktienrechtlicher Aufsichtsorgane im internationalen Vergleich, Berlin: Erich Schmidt Verlag, 2000.

Schneider-Lenné, E. R. (1995): Das anglo-amerikanische Board-System, in: Scheffler, E. (Hrsg.): Corporate Governance, SzU, Band 56, Wiesbaden 1995, S. 27-55.

Schürings, F.-J. (2008): Stichwort „Außenhandel“, in: Häberle, S. G. (Hrsg.): Das neue Lexikon der Betriebswirtschaftlehre, Band A-E, Oldenbourg Verlag, S. 81-83.

Schweitzer, M. (1997): Gegenstand und Methoden der Betriebswirtschaftslehre, in: Bea, F. X./ Dichtl, E./ Schweitzer, M. (Hrsg.): Allgemeine Betriebswirtschaftlehre, Bd. 1: Grundfragen, 7. Auflage, 1997, S. 23-80.

Seger, F. (1997): Banken, Erfolg und Finanzierung. Eine Analyse für deutsche Industrieunternehmen, Gabler, 1997.

Seger, F./ Gaa, F. (2000): Shareholder- versus Stakeholderinteressen? Eine empirische Analyse für deutsche Industrieunternehmen, Arbeitspapier Nr. 9, Lehrstuhl für Allgemeine Betriebswirtschaftslehre und Internationales Management, Universität Mannheim, 2000.

Selznick, P. (1957): Leadership in Administration: A Sociological Interpretation, Harper and Row, 1957.

Sherman, H. D./ Kashlak, R. J./ Joshi, M. P. (1998): The effect of the board and executive committee characteristics on the degree of internationalization, in: Journal of International Management, Vol. 4, No. 4, 1998, pp. 311-335.

Shleifer, A. (1998): State versus Private Ownership, in: Journal of Economic Perspectives, Vol. 12, No. 4, 1998, pp. 133-150.

Shrader, C. B./ Blackburn, V. B./ Iles, P. (1997): Women in Management and Firm Financial Performance: An Exploratory Study, in: Journal of Managerial Issues, Vol. 9, No. 3, 1997, pp. 355-372.

Siciliano, J. I. (1996): The Relationship of Board Member Diversity to Organizational Performance, in: Journal of Business Ethics, Vol. 15, No. 12, 1996, pp. 1313-1320.

Simmonds, K./ Smith, H. (1968): The First Export Order: A Marketing Innovation, in: British Journal of Marketing, Vol. 2, No. 2, 1968, pp. 93-100.

Sinani, E./ Stafsudd, A./ Thomsen, S./ Edling, C./ Randøy, T. (2008): Corporate governance in Scandinavia: comparing networks and formal institutions, in: European Management Review, Vol. 5, No. 1, 2008, pp. 27-40.

Sirota, D./ Greenwood, J. M. (1971): Understand your overseas work force, in: Harvard Business Review, Vol. 49, No. 1, 1971, pp. 53-60.

Skiera, B./ Albers, S. (2008): Regressionsanalyse, in: Homburg, C./ Herrmann, A./ Klarmann, M. (Hrsg.): Handbuch Marktforschung. Methoden – Anwendungen – Praxisbeispiele, 3. A., Gabler, 2008, S. 467-497.

Sklair, L. (1995): Sociology of the Global System, Harvester, 1995.

Smith, A. (1776): The Wealth of Nations, 2. Band, Neudruck Oxford 1976.

Smith, N./ Smith, V./ Verner, M. (2006): Do women in top management affect firm performance? A panel study of 2,500 Danish firms, in: International Journal of Productivity and Performance Management, Vol. 55, No. 7, 2006, pp. 569-593.

Smith, P. B./ Bond, M. H./ Kâğıtçıbaşı, C. (2006): Understanding Social Psychology Across Cultures. Living and Working in a Changing World, Sage, 2006.

SpencerStuart (2004a): Der Spencer Stuart Board Index. Deutschland 2004, Frankfurt, 2004.

SpencerStuart (2004b): Spencer Stuart Board Index 2004, SpencerStuart, 2004.

SpencerStuart (2004c): 2004 SVERIGE Board Index – Aktuella Trender och Aktuell Praxis I 60 Svenska Bolagsstyrelser, SpencerStuart, 2004.

SpencerStuart (2005a): 2004 UK Board Index – Current Board Trends and Practices at Major UK Companies, SpencerStuart, 2004.

SpencerStuart (2005b): 2004 Canadian Board Index – Board Trends & Practices at Leading Canadian Companies, SpencerStuart, 2005.

SpencerStuart (2006a): Der Spencer Stuart Board Index Österreich 2006, Wien 2006.

SpencerStuart (2006b): 2006 UK Board Index – Current Board Trends and Practices at Major UK Companies, Spencer Stuart, 2006.

SpencerStuart (2006c): 2006 Canadian Board Index – Board Trends and Practices at Leading Canadian Companies, SpencerStuart, 2006.

SpencerStuart (2006d): Der Spencer Stuart Board Index. Deutschland 2006, SpencerStuart, 2006.

SpencerStuart (2006e): Spencer Stuart Board Index 2006. The Changing Profile of Directors. SpencerStuart 2006.

SpencerStuart (2007a): Spencer Stuart Board Index 2007, SpencerStuart 2007.

SpencerStuart (2007b): SpencerStuart 2007 UK Board Index. Current Board Trends and Practices at Major UK Companies, SpencerStuart, 2007.

SpencerStuart (2007c): SpencerStuart Canadian Board Index. Board Trends and Practices at leading Canadian Companies, SpencerStuart, 2007.

Spies, B.-G. (2003): Internationale Netzwerke – oder die Bedeutung der Globalisierung für Executive-Search-Berater, in: Vereinigung Deutscher Executive Search Berater (Hrsg.): Führungspositionen optimal besetzen, Redline Wirtschaft, 2003, S. 87-94.

Sriramesh, K./ Kim, Y./ Takasaki, M. (1999): Public relations in Three Asian Cultures – an Analysis, in: Journal of Public Relations Research, Vol. 11, No. 4, 1999, pp. 271-292.

Sriramesh, K./ Kim, Y./ Takasaki, M. (1999): Public Relations in Three Asian Cultures: An Analysis, in: Journal of Public Relations Research, Vol. 11, No. 4, 1999, pp. 271-292.

Staehle, W. (1991): Management, 6. Aufl., Verlag Vahlen, 1991.

Stahl, G./ Maznevski, M./ Voigt, A./ Jonsen, K. (2007): Unraveling the Diversity-Performance Link in Multicultural Teams: Meta-analysis of Studies on the Impact of Cultural Diversity in Teams, Faculty & Research Working Paper, INSEAD, 2007.

Staples, C. L. (2007): Board Globalisation in the World's Largest TNCs 1993-2005, in: Corporate Governance: An International Review, Vol. 15, No. 2, 2007, pp. 311-321.

Staples, C. L. (2008): Cross-Border Acquisitions And Board Globalization in the World's Largest TNCs, 1995-2005, in: Sociological Quarterly, Vol. 49, No. 1, 2008, pp. 31-51.

Steiner, R. (2008): Auswirkungen der EU-Osterweiterung auf Österreich, in: Volkswirtschaftliches Institut für Mittelstand und Handwerk (Hrsg.): EU-Osterweiterung: Erste Zwischenbilanz für das Handwerk, Verlag Mecke Druck, 2008, S. 63-85.

Stimpert, J. L./ Duhaime, I. M. (1997): Seeing the Big Picture: The Influence of Industry, Diversification, and Business Strategy on Performance, in: The Academy of Management Journal, Vol. 40, No. 3, 1997, pp. 560-583.

Stopford, J. M./ Wells, L. T. jr. (1972): Managing the Multinational Enterprise/ Organization of the Firm and Ownership of Subsidiaries, Basic Books, 1972.

Strenger, C. (2001): Corporate Governance – The Viewpoint of a Large Institutional Investor, in: Schwalbach, J. (Ed.): Corporate Governance: Essays in Honor of Horst Albach, Springer 2001, pp. 163-171.

Strenger, C. (2003): Corporate Governance und Anteilseigner, insbesondere institutionelle Anleger, in: Hommelhoff, P./ Hopt, K. J./ von Werder, A. (Hrsg.): Handbuch Corporate Governance. Leitung und Überwachung börsennotierter Unternehmen in der Rechts- und Wirtschaftspraxis, Verlag Dr. Otto Schmidt KG Köln, Schäffer-Poeschel Verlag Stuttgart, 2003, S. 697-712.

Sullivan, D. (1994): Measuring the Degree of Internationalization of a Firm, in: Journal of International Business Studies, Vol. 25, No. 2, 1994, pp. 325-342.

Sun, Q./ Tong, W. S./ Tong, J. (2002): How Does Government Ownership Affect Firm Performance? Evidence from China's Privatization Experience, in: Journal of Business Finance & Accounting, Vol. 29, No. 1/2, 2002, pp. 1-27.

T

Tacheva, S. (2007): Top Management Team Diversity: A Multilevel Exploration of Antecedents and Consequences, Dissertation No. 3316, University of St. Gallen, 2007.

Tajfel, H. (1981): Human Groups and Social Categories: Studies in Social Psychology, Cambridge: Cambridge University Press, 1981.

Tajfel, H./ Turner, J. C. (1986): The Social Identity Theory of Intergroup Behavior, in: Worchel, S./ Austin, W. G. (Eds.): Psychology of Intergroup Relations, 2. Ed., Nelson-Hall, 1986, pp. 7-24.

Tajfel, H./ Turner, J. C. (2004): An Integrative Theory of Intergroup Conflict, in: Hatch, M. J./ Schultz, M. (Eds.): Organizational Identity: A Reader, Oxford University Press, 2004, pp. 56-65.

Tasler, J. (2001): The International Composition of Top Management Teams: Implications of Executive Nationality, Dissertation, Universität St. Gallen, 2001.

Tayeb, M. (2003): Cultural Differences across the World, in: Tayeb, M. (Ed.): International Management. Theories and Practices, Prentice Hall, 2003, pp. 8-27.

Tayeb, M. H. (1988): Organizations and National Culture – a Comparative Analysis, Sage, 1988.

The World Bank Group (2008): World Development Indicators Data Query, online, http://devdata.worldbank.org/data-query/, 10.01.2008.

Theisen, M. R. (2002): Corporate Governance als Gegenstand der Internationalisierung, in: Macharzina, K./ Oesterle, M.-J. (Hrsg.): Handbuch Internationales Management, 2. Aufl., Wiesbaden, 2002, S. 1-41, http://www.steuern.bwl.uni-muenchen.de/Download/ABWL/ BeitragCGInternatio nal.pdf, 12.02.2003.

Therborn, G. (2000): Globalizations. Dimensions, Historical Waves, Regional Effects, Normative Governance, in: International Sociology, Vol. 15, No. 2, 2000, pp. 151-179.

Thommen, J.-P./ Achleitner, A.-K. (2006): Allgemeine Betriebswirtschaftslehre. Umfassende Einführung aus managementtheoretischer Sicht, 5. Auflage, Gabler, 2007.

Thompson, J. D. (1967): Organizations in Action. Social Science Bases of Administrative Theory, McGraw-Hill, 1967.

Thomsen, S./ Pedersen, T. (2000): Ownership Structure and Economic Performance in the Largest European Companies, in: Strategic Management Journal, Vol. 21, No. 6, 2000, pp. 689-705.

Tihanyi, L./ Ellstrand, A. E./ Daily, C. M./ Dalton, D. R. (2000): Composition of the Top Management Team and Firm International Diversification, in: Journal of Management, 2000, Vol. 26, No. 6, 1157-1177.

Tobin, J. (1969): A General Equilibrium Approach To Monetary Theory, in: Journal of Money, Credit and Banking, Vol. 1, No. 1, 1969, pp. 15-29.

Triandis, H. C. (1995): A Theoretical Framework for the Study of Diversity, in: Chemers, M. M./ Oskamp, S./ Costanzo, M. A. (Eds.): Diversity in Organizations. New Perspectives for a Changing Workplace, Sage Publications, 1995, pp. 11-36.

U

U.S. Department of Labor (2008): SIC Division Structure, online, http://www.osha.gov/pls/imis/sic_manual.html, 15.01.2008.

Ulrich, P. (1977): Die Großunternehmung als quasiöffentliche Institution: eine politische Theorie der Unternehmung, Poeschel, 1977.

Ulrich, P./ Fluri, E. (1995): Management – eine konzentrierte Einführung, 7. Auflage, Haupt, 1995.

United Nations Conference on Trade and Development (1995): UNCTAD World Investment Report 1995, UNCTAD, 1995.

United Nations Conference on Trade and Development (2006): UNCTAD World Investment Report 2006, UNCTAD, 2006.

V

Vahlne, J.-E./ Nordström, K. A. (1992): Is the globe shrinking? Psychic distance and the establishment of Swedish sales subsidiaries during the last 100 years. Working paper 92/3, Institute of International Business, Stockholm School of Economics, 1992.

Vahlne, J.-E./ Nordström, K. A. (1993): The internationalization process: impact of competition and performance, in: International Trade Journal, Vol. 7, No. 5, 1993, pp. 529-548.

Valcárel, S. (2002): Theorie der Unternehmung und Corporate Governance: Eine vertrags- und ressourcentheoretische Betrachtung, Gabler, 2002.

van der Walt, N./ Ingley, C. (2003): Board Dynamics and the Influence of Professional Background, Gender and Ethnic Diversity of Directors, in: Corporate Governance, Vol. 11, No. 3, 2003, pp. 218-234.

Vernon. R. (1971): Sovereignty at bay: The multinational spread of U.S. Enterprises, Basic Books, 1971.

Vernon-Wortzel, H./ Wortzel, L. H. (1989): Privatization: Not the Only Answer, in: World Development, Vol. 17, No. 5, 1989, pp. 633-641.

Vining, A. R./ Boardman, A. E. (1992): Ownership versus competition: Efficiency in public enterprise, in: Public Choice, Vol. 73, No. 2, 1992, pp. 205-239.

von Boehmer, A. (1995): Internationalisierung industrieller Forschung und Entwicklung: Typen, Bestimmungsgründe und Erfolgsbeurteilung, Dissertation, DUV, 1995.

von Keller, E. (1982): Management in fremden Kulturen: Ziele, Ergebnisse und methodische Probleme der kulturvergleichenden Managementforschung, Paul Haupt, 1982.

von Rosen, R. (2001): Corporate Governance – Eine Bilanz, in: Die Bank, 4/2001, S. 283-287.

von Werder, A. (2003a): Implikationen des deutschen Corporate Governance Kodex für internationale Unternehmen, in: von Werder, A./ Wiedmann, H. (Hrsg.): Internationalisierung der Rechnungslegung und Corporate Governance, Schäffer-Poeschel, 2003, S. 431-456.

von Werder, A. (2003b): Ökonomische Grundfragen der Corporate Governance, in: Hommelhoff, P./ Hopt, K. J./ von Werder, A. (Hrsg.): Handbuch Corporate Governance. Leitung und Überwachung börsennotierter Unternehmen in der Rechts- und Wirtschaftspraxis, Verlag Dr. Otto Schmidt KG Köln, Schäffer-Poeschel Verlag Stuttgart, 2003, S. 3-27.

W

Wagner, H. (2001): Towards a contingency theory on the internationalization – performance relationship: Four complementary essays, Dissertation Nr. 2534, Universität St. Gallen, Difo-Druck GmbH, 2001.

Wagner, J. A./ Stimpert, J. L./ Fubara, E. I. (1998): Board Composition and Organizational Performance: Two Studies of Insider/Outsider Effects, in: Journal of Management Studies, Vol. 35, No. 5, 1998, pp. 655-677.

Wagner, W. G./ Pfeffer, J./ O'Reilly, C. A. (1984): Organizational Demography and Turnover in Top-Management Groups, in: Administrative Science Quarterly, Vol. 29, No. 1, 1984, pp. 74-92.

Wally, S./ Beccera, M. (2001): Top Management Team Characteristics and Strategic Changes in International Diversification, in: Group & Organization Management, Vol. 26, No. 2, 2001, pp. 165-188.

Watrin, C. (2001): Internationale Rechnungslegung und Regulierungstheorie, Gabler, 2001.

Watson, W. E./ Kumar, K./ Michaelsen, L. K. (1993): Cultural Diversity's impact on interaction process and performance: comparing homogeneous and diverse task groups, in: Academy of Management Journal, Vol. 36, No. 3, 1993, pp. 590-602.

Weber, M. (1964): Wirtschaft und Gesellschaft, Zweiter Halbband, Kiepenheuer & Witsch, 1964.

Weiser, A. (2004): Public Affairs Management in Japan. Ein interkultureller Vergleich in der chemischen und pharmazeutischen Industrie, Gabler, 2004.

Welch, L. S./ Luostarinen, R. (1988): Internationalization: Evolution of a Concept, in: Journal of General Management, Vol. 14, No. 2, 1988, pp. 34-55.

Welge, M. K./ Al-Laham, A. (2003): Strategisches Management, 4. Auflage, Gabler, 2003.

Wernerfelt, B. (1984): A Resource-based View of the Firm, in: Strategic Management Journal, Vol. 5, No. 2, 1984, pp. 171-180.

Westphal, J. D./ Fredrickson, J. W. (2001): Who Directs Strategic Change? Director Experience, the Selection of New CEOs, and Change in Corporate Strategy, in: Strategic Management Journal, Vol. 22, No. 12, 2001, pp. 1113-1137.

Wiethölter, R. (1961): Interessen und Organisation der Aktiengesellschaft im amerikanischen und deutschen Recht, Kölner Reihe, Band I, Verlag C. F. Müller Karlsruhe, 1961.

Wilson, D./ Purushothaman, R. (2003): Dreaming with the BRICs: The Path to 2050, , Global Economics Paper No: 99, Goldman Sachs, 2003.

Windolf, P./ Nollert, M. (2001): Institutionen, Interessen, Netzwerke. Unternehmensverflechtung im internationalen Vergleich, in: Politische Vierteljahresschrift, Vol. 42, Heft 1, 2001, S. 51-78.

Witt, H. (2003a): Kosten am Nutzen messen – oder warum guter Rat nicht billig sein kann, in: Vereinigung Deutscher Executive Search Berater (Hrsg.): Führungspositionen optimal besetzen, Redline Wirtschaft, 2003, S. 225-231.

Witt, H. (2003b): Executive Search im Internet, in: Vereinigung Deutscher Executive Search Berater (Hrsg.): Führungspositionen optimal besetzen, Redline Wirtschaft, 2003, S. 157-164.

Witt, P. (2000): Corporate Governance im Wandel – Auswirkungen des Systemwettbewerbs auf deutsche Aktiengesellschaften, in: Zeitschrift für Organisation, 69. Jg., Heft 3, 2000, S. 159-163.

Witt, P. (2003): Corporate Governance-Systeme im Wettbewerb, Gabler, 2003.

Wöhe, G./ Döring, U. (2008): Einführung in die Allgemeine Betriebswirtschaftlehre, Verlag Franz Vahlen, 2008.

Wollnik, M. (1980): Einflußgrößen der Organisation, in: Grochla, E. (Hrsg.): Handwörterbuch der Organisation, 2. Auflage, Poeschel, 1980, Sp. 592-613.

Woodward, J. (1958): Management and Technology, H.M.S.O., 1958.

Woodward, J. (1965): Industrial Organization: Theory and Practice, Oxford University Press, 1965.

Wymeersch, E. (2003): Corporate Governance Regeln in ausgewählten Rechtskreisen, in: Hommelhoff, P./ Hopt, K. J./ von Werder, A. (Hrsg.): Handbuch Corporate Governance. Leitung und Überwachung börsennotierter Unternehmen in der Rechts- und Wirtschaftspraxis, Verlag Dr. Otto Schmidt KG Köln, Schäffer-Poeschel Verlag Stuttgart, 2003, S. 87-104.

Y

Yeoh, P.-L. (2004): International learning: antecedents and performance implications among newly internationalizing companies in an exporting context, in: International Marketing Review, Vol. 21, No. 4-5, 2004, pp. 511-535.

Yermack, D. (1996): Higher market valuation of companies with a small board of directors, in: Journal of Financial Economics, Vol. 40, No. 2, 1996, pp. 185-211.

Yip, G. S. (1989): Global Stratey. . . In a World of Nations?, in: Sloan Management Review, Vol. 31, No. 1, 1989, pp. 29-41.

Z

Zahra, S. A./ Ireland, R. D./ Hitt, M. A. (2000): International Expansion by New Venture Firms: International Diversity, Mode of Market Entry, Technological Learning, and Performance, in: The Academy of Management Journal, Vol. 43, No. 5, 2000, pp. 925-950.

Zentes, J./ Swoboda, B./ Schramm-Klein, H. (2006): Internationales Marketing, Verlag Vahlen, 2006.

Lebenslauf

- geboren am 29. Mai 1977 in Limburg an der Lahn
- 1996 Erwerb der Allgemeinen Hochschulreife an der Fürst-Johann-Ludwig Schule, Hadamar
- 1996 bis 1999 Studium der Wirtschaftswissenschaften an der Philipps-Universität, Marburg
- 1999 bis 2000 Sokrates-Stipendiat und Studium „European Management Science“ an der Canterbury Business School, Kent University, Großbritannien, mit den Schwerpunkten Strategic Behaviour, International Trade und International Finance
- 2000 Abschluss mit Diploma „European Management Science“
- 2000 bis 2003 Studium der Betriebswirtschaftslehre an der Universität Mannheim mit den Schwerpunkten Internationales Management, Marketing und Psychologie für Wirtschaftswissenschaftler
- 2003 Diplomarbeit zum Thema „Eine Analyse der Aufsichtsratsarbeit in deutschen Aktiengesellschaften vor dem Hintergrund der international geführten Corporate Governance-Debatte“
- 2003 Abschluss als Diplom-Kaufmann
- 2003 bis 2009 Tätigkeit als Wissenschaftlicher Mitarbeiter und Doktorand am Lehrstuhl für Internationales Management, Prof. Dr. Manfred Perlitz, Fakultät für Betriebswirtschaftslehre, Universität Mannheim
- 2004 Management-Trainer im Rahmen innerbetrieblicher Fortbildungsveranstaltungen der Fakultät für Betriebswirtschaftslehre, Universität Mannheim
- 2005 Dozent im Rahmen des „Multi-regional International Business Programme“ (MIBP)
- 2005 bis 2008 Mitarbeit innerhalb des European-MBA- und des Executive-MBA-Programmes der Mannheim Business School gGmbH
- 2006 Stipendium für die Sino-German Summer School „Culture and Negotiation in Management: Experimental Methods in Intercultural Relationships" unter der Leitung von Nobelpreisträger Prof. Dr. Dr. h.c. mult. Reinhard Selten, Sichuan University, Chengdu, VR China
- 2009 Promotion zum Dr. rer. pol., Thema der Dissertation: „Boards, Internationalisierung und Erfolg – Eine Analyse der internationalen und interkulturellen Zusammensetzung von Boards aus dem angloamerikanischen, germanischen und nordischen Kulturkreis und deren Einfluss auf die Unternehmensinternationalisierung und den Unternehmenserfolg“, Wahlfach: Psychologie
- Praktische Erfahrungen sowie nationale und internationale Projektarbeit in den Branchen Automobil, Bekleidungsindustrie, Chemie/ Pharma, Elektrotechnik, Finanzdienstleister/ Private Equity, Maschinenbau und Werbung
- 2009 Wechsel zur Deutschen Bahn AG als Specialist Marketing Statistics

Mannheim, im Oktober 2009

Andreas Becker

EINZELSCHRIFTEN

Diana Nolte
Hedge-Fonds im Portfolio von Privatinvestoren – Konsequenzen für die Anlageberatung
Lohmar – Köln 2009 • 304 S. • € 59,- (D) • ISBN 978-3-89936-857-4

Peter Klausmann, Claus Wetzel und Bertram Anderer
Personenzählung für kundenorientiertes Shop-Controlling
Lohmar – Köln 2009 • 104 S. • € 39,- (D) • ISBN 978-3-89936-861-1

Nils Horch
Management Control of Global Supply Chains
Lohmar – Köln 2009 • 400 S. • € 66,- (D) • ISBN 978-3-89936-865-9

Monique Dorsch
Werthaltungen und umweltorientiertes Handeln bei der Verkehrsmittelwahl – Von der Erklärungs- zur Gestaltungsperspektive
Lohmar – Köln 2009 • 308 S. • € 59,- (D) • ISBN 978-3-89936-871-0

Zahlja Steiff
Risikomanagement in der Logistik von Unternehmensnetzwerken – Eine Analyse der Übertragbarkeit der Mindestanforderungen an das Risikomanagement von Kreditinstituten
Lohmar – Köln 2009 • 252 S. • € 57,- (D) • ISBN 978-3-89936-874-1

André Schneider
PR-Management für Hochschulen
Lohmar – Köln 2010 • 240 S. • € 56,- (D) • ISBN 978-3-89936-880-2

Thomas Holtfort
Emotionsökonomie – Der Faktor Mensch im Finanzdienstleistungssektor
Lohmar – Köln 2010 • 104 S. • € 38,- (D) • ISBN 978-3-89936-884-0

Andreas Becker
Corporate Governance, Internationalisierung und Erfolg – Eine Analyse der internationalen und interkulturellen Zusammensetzung von Boards aus dem angloamerikanischen, germanischen und nordischen Kulturkreis
Lohmar – Köln 2010 • 400 S. • € 66,- (D) • ISBN 978-3-89936-891-8